OPERE MATEMATICHE

DI

FRANCESCO BRIOSCHI.

Tipografia Matematica di Palermo, Piazza Regalmici, Vicolo Guccia, 6. (751.1500.71) 12-6-1903.

OPERE MATEMATICHE

DI

FRANCESCO BRIOSCHI

PUBBLICATE
PER CURA DEL *COMITATO PER LE ONORANZE A FRANCESCO BRIOSCHI*
(G. ASCOLI, V. CERRUTI, G. COLOMBO, L. CREMONA, G. NEGRI, G. SCHIAPARELLI).

TOMO QUINTO
ED ULTIMO.

ULRICO HOEPLI
EDITORE-LIBRAJO DELLA REAL CASA
MILANO

1909

INDICE DEL TOMO V

ED ULTIMO.

AVVERTENZA

Tutte le Memorie di questo volume furono preparate per la stampa e rivedute dai professori FRANCESCO GERBALDI ed ERNESTO PASCAL.

CXCI.

SUR UNE CLASSE D'ÉQUATIONS DIFFÉRENTIELLES LINÉAIRES DU SECOND ORDRE.

Comptes Rendus des séances de l'Académie des Sciences, t. XCI (1880), pp. 317-319.

La classe d'équations différentielles du second ordre que je vais considérer dans cette Communication comprend, entre autres, l'équation de LAMÉ, celles de M. HERMITE *) et de M. GYLDÉN **), enfin celles que j'ai étudiées dans deux articles publiés dans les « Annali di Matematica » ***).

Soient y_1, y_2 deux intégrales particulières de l'équation différentielle

$$y'' + p y' + q y = 0;$$

en posant $y_1 y_2 = z$, on a

$$y_1 = \sqrt{z}\, e^{\frac{1}{2} C Z(x)}, \qquad y_2 = \sqrt{z}\, e^{-\frac{1}{2} C Z(x)},$$

C étant une constante, et $Z(x) = \int \frac{e^{-\int p dx}}{z} dx$.

Soit $\varphi(x) = 4x^3 - g_2 x - g_3$ et e une racine quelconque de l'équation $\varphi(x) = 0$. Supposons

$$p = \frac{1}{2}\left(\frac{\varphi'}{\varphi} + \frac{\rho}{x - e}\right), \qquad q = \frac{\alpha x + \beta}{\varphi},$$

---

*) HERMITE, *Sur l'intégration de l'équation de* LAMÉ [Journal für die reine und angewandte Mathematik, t. LXXXIX (1880), pp. 9-18].

**) GYLDÉN, *Sur une équation différentielle linéaire du second ordre* [Comptes Rendus des séances de l'Académie des Sciences, t. XC (1880), pp. 208-209]; *Sur quelques équations différentielles linéaires du second ordre* [Ibid., pp. 344-345].

***) [LXXIII: t. II, pp. 177-187; LXXVII: t. II, pp. 203-208].

équations dans lesquelles ρ, α, β sont trois indéterminées; et indiquons par $F(x)$ un polynôme du degré n:

$$F(x) = x^n + a x^{n-1} + b x^{n-2} + \cdots + k.$$

On a trois cas à considérer:

I. Les valeurs de α, β, z, $Z(x)$ sont:

$$\alpha = -n(n+\rho+1), \qquad \beta = (2n+\rho-1)a - \rho n e,$$

$$z = F(x), \qquad Z(x) = \int \frac{dx}{(x-e)^{\frac{\rho}{2}} F(x)\sqrt{\varphi(x)}}.$$

Les coefficients a, b, ... de $F(x)$ sont tous déterminés en fonction de n, ρ et des racines de l'équation $\varphi(x) = 0$, sauf dans le cas où $\rho = 0$, car dans ce cas l'un de ces coefficients, par exemple a, reste indéterminé. C'est le cas de l'équation de Lamé pour laquelle on a, comme il est connu:

$$\alpha = -n(n+1), \qquad \beta = (2n-1)a,$$

$$z = F(x), \qquad Z(x) = \int \frac{dx}{F(x)\sqrt{\varphi(x)}}.$$

On voit tout de suite que, en supposant ρ nombre entier, positif ou négatif, pour ρ impair les intégrales y_1, y_2 sont algébriques, pour ρ pair elles sont elliptiques.

II. On a:

$$\alpha = -\tfrac{1}{4}(2n-\rho+1)(2n+\rho+3), \qquad \beta = 2na - \tfrac{1}{2}(2n-\rho^2+\rho)e,$$

$$z = (x-e)^{\frac{1-\rho}{2}} F(x), \qquad Z(x) = \int \frac{dx}{(x-e)^{\frac{1}{2}} F(x)\sqrt{\varphi(x)}},$$

les coefficients a, b, ... sont tous déterminés et les intégrales y_1, y_2 sont algébriques pour une valeur quelconque de ρ.

III. Dans le troisième cas:

$$\alpha = -(n-\rho+1)(n+2), \qquad \beta = (2n-\rho+1)a - (2n-\rho n-\rho+1)e,$$

$$z = (x-e)^{1-\rho} F(x), \qquad Z(x) = \int \frac{dx}{(x-e)^{1-\frac{\rho}{2}} F(x)\sqrt{\varphi(x)}}.$$

Les coefficients a, b, ... sont tous déterminés, sauf que pour $\rho = 2$ l'un d'eux, par exemple a, reste indéterminé. Ainsi, si $\rho = 2$, et par conséquent

$$\alpha = -(n-1)(n+2), \qquad \beta = (2n-1)a + e,$$

$$z = \frac{F(x)}{x-e}, \qquad Z(x) = \int \frac{dx}{F(x)\sqrt{\varphi(x)}},$$

les intégrales y_1, y_2 sont elliptiques et le coefficient β est indéterminé, comme dans l'équation de LAMÉ.

Dans ce troisième cas aussi, pour ρ impair, les intégrales sont algébriques; pour ρ pair, elliptiques.

Quant à la valeur de la constante C, si l'on indique par ω une racine de l'équation $F(x) = 0$, on trouve, pour les trois cas :

I. $$C = \pm(\omega - e)^{\frac{\rho}{2}} F'(\omega)\sqrt{\varphi(\omega)},$$

II. $$C = \pm(\omega - e)^{\frac{1}{2}} F'(\omega)\sqrt{\varphi(\omega)},$$

III. $$C = \pm(\omega - e)^{1-\frac{\rho}{2}} F'(\omega)\sqrt{\varphi(\omega)}.$$

9 août 1880.

CXCII.

SUR QUELQUES ÉQUATIONS DIFFÉRENTIELLES LINÉAIRES.

(Extrait d'une lettre adressée à M. HERMITE).

Comptes Rendus des séances de l'Académie des Sciences, t. XCI (1880), pp. 807-809.

Je désire vous communiquer une remarque que j'ai faite ces jours-ci et qui pourra vous intéresser, si pourtant elle ne s'est déjà présentée à vous.

En désignant par z, v deux intégrales particulières des équations différentielles linéaires

$$\frac{d^2 z}{du^2} = Pz, \qquad \frac{d^2 v}{du^2} = Qv,$$

et posant $y = zv$, on obtient:

$$\frac{d^3 y}{du^3} = (3P + Q)\frac{dy}{du} + \left(\frac{dP}{du} + \frac{dQ}{du}\right)y + 2(Q - P)v\frac{dz}{du}.$$

Soit $\frac{dz}{du} = \lambda z$, λ étant une constante; on a

$$P = \lambda^2,$$

et l'équation précédente devient:

$$\frac{d^3 y}{du^3} = (3\lambda^2 + Q)\frac{dy}{du} + \left(\frac{dQ}{du} + 2\lambda Q - 2\lambda^3\right)y.$$

Soit $Q = 2k^2 \operatorname{sn}^2 u + h$, h étant une constante; on aura:

$$\frac{d^3 y}{du^3} = (2k^2 \operatorname{sn}^2 u + h + 3\lambda^2)\frac{dy}{du} + 2(2k^2 \operatorname{sn} u \operatorname{cn} u \operatorname{dn} u + 2\lambda k^2 \operatorname{sn}^2 u + \lambda h - \lambda^3)y.$$

Or on a:

$$\frac{dv}{du} = \frac{\operatorname{sn} u \operatorname{cn} u \operatorname{dn} u - \operatorname{sn}\omega \operatorname{cn}\omega \operatorname{dn}\omega}{\operatorname{sn}^2 u - \operatorname{sn}^2\omega} v;$$

en multipliant par z et en posant $\frac{dy}{du} - v\frac{dz}{du} = \frac{dy}{du} - \lambda y$ au lieu de $z\frac{dv}{du}$, on trouve:

$$o = (\operatorname{sn}^2 u - \operatorname{sn}^2\omega)\frac{dy}{du} - [\lambda(\operatorname{sn}^2 u - \operatorname{sn}^2\omega) + \operatorname{sn} u \operatorname{cn} u \operatorname{dn} u - \operatorname{sn}\omega \operatorname{cn}\omega \operatorname{dn}\omega] y.$$

J'ajoute cette équation, multipliée par ρk^2 (ρ coefficient numérique), à la dernière; on a:

$$(1) \quad \left\{ \begin{aligned} \frac{d^3 y}{du^3} &= [(\rho + 2) k^2 \operatorname{sn}^2 u - \alpha]\frac{dy}{du} \\ &+ [(4 - \rho)\lambda k^2 \operatorname{sn}^2 u + (4 - \rho) k^2 \operatorname{sn} u \operatorname{cn} u \operatorname{dn} u - \beta] y, \end{aligned} \right.$$

en posant

$$\alpha + 3\lambda^2 + h - \rho k^2 \operatorname{sn}^2\omega = o,$$

$$\beta - 2\lambda^3 + 2\lambda h + \rho\lambda k^2 \operatorname{sn}^2\omega + \rho k^2 \operatorname{sn}\omega \operatorname{cn}\omega \operatorname{dn}\omega = o.$$

Mais $h = k^2 \operatorname{sn}^2\omega - (1 + k^2)$; on aura donc:

$$(2) \quad \left\{ \begin{aligned} & 3\lambda^2 - (\rho - 1)\Omega + \alpha - (\rho + 2)\frac{1 + k^2}{3} = o, \\ & 2\lambda^3 - (\rho + 2)\lambda\Omega - \rho\Omega_1 - \beta - (\rho - 4)\frac{1 + k^2}{3} = o, \end{aligned} \right.$$

en faisant:

$$\Omega = k^2 \operatorname{sn}^2\omega - \frac{1 + k^2}{3}, \qquad \Omega_1 = k^2 \operatorname{sn}\omega \operatorname{cn}\omega \operatorname{dn}\omega.$$

Si l'on pose $\rho = 4$, on a l'équation différentielle du troisième ordre de M. PICARD, et, pour $\rho = 1$, on a celle que vous avez donnée dans les « Comptes Rendus » du 5 avril *). On voit tout de suite que ces types sont les seuls.

On a ainsi ce théorème: *Une intégrale particulière de l'équation différentielle linéaire du troisième ordre* (1) *est égale au produit de deux intégrales particulières de deux équations de* LAMÉ *dont pour l'une* $n = o$, *pour l'autre* $n = 1$, *et les valeurs des constantes* λ, ω *de ces équations sont données par les relations* (2).

15 novembre 1880.

---

*) HERMITE, *Sur quelques applications des fonctions elliptiques*, § XXVIII [Comptes Rendus des séances de l'Académie des Sciences, t. XC (1880), pp. 761-766].

CXCIII.

THÉORÈMES RELATIFS À L'ÉQUATION DE LAMÉ.

Comptes Rendus des séances de l'Académie des Sciences, t. XCII (1881), pp. 325-328.

M. HERMITE, dans l'introduction à ses importantes recherches sur l'équation différentielle de LAMÉ, a énoncé le théorème suivant *):

Soient

$$v = \frac{H(u+\omega)}{\Theta(u)} e^{\left[\lambda - \frac{\Theta'(\omega)}{\Theta(\omega)}\right] u},$$

et y une intégrale particulière de l'équation différentielle

$$\frac{d^2 y}{d u^2} = [n(n+1)k^2 \operatorname{sn}^2 u + h] y;$$

on pourrait exprimer y au moyen de v et de ses dérivées de cette manière:

$$y = \frac{d^{n-1} v}{d u^{n-1}} - a_1 \frac{d^{n-3} v}{d u^{n-3}} + a_2 \frac{d^{n-5} v}{d u^{n-5}} - \cdots.$$

Les quantités $\operatorname{sn}^2 \omega$ et λ^2 sont, ajoute-t-il, des fonctions rationnelles du module et de h, et les coefficients a_1, a_2, ... des fonctions entières. M. HERMITE, dans les feuilles lithographiées de son *Cours d'Analyse* donné en 1872 à l'École Polytechnique, avait déjà démontré que

$$y = \frac{H(u+\omega_1) H(u+\omega_2) \ldots H(u+\omega_n)}{\Theta^n(u)} e^{-u \sum \frac{\Theta'(\omega)}{\Theta(\omega)}}.$$

*) HERMITE, *Sur quelques applications des fonctions elliptiques* [Comptes Rendus des séances de l'Académie des Sciences, t. LXXXV (1877), pp. 689-695].

Or, le but de cette Communication est:

1° de démontrer qu'entre les quantités $\omega_1, \omega_2, \ldots, \omega_n$ de l'ancienne solution de M. Hermite et la quantité ω de la nouvelle a lieu la relation

$$\omega_1 + \omega_2 + \cdots + \omega_n + \omega = \text{const.};$$

2° d'exposer une méthode très simple pour la détermination de $\operatorname{sn}^2\omega$, λ^2, a_1, a_2, ... en fonction de h, k.

En posant

$$\varphi(x) = 4x^3 - g_2 x - g_3, \qquad y' = \frac{dy}{dx}, \qquad y'' = \frac{d^2 y}{dx^2},$$

j'écris l'équation de Lamé comme il suit:

$$y'' + \frac{1}{2}\frac{\varphi'(x)}{\varphi(x)}y' = \frac{1}{\varphi(x)}[n(n+1)x + n(2n-1)\rho]y,$$

et je rappelle que, en indiquant par y_1, y_2 deux intégrales particulières de cette équation, on a:

$$y_1 y_2 = F(x),$$

$F(x)$ étant un polynôme du degré n dont les coefficients sont des fonctions de ρ. En posant

$$x - \rho = X,$$

on peut donner à $F(x)$ la forme

$$F(x) = X^n + \alpha_2 X^{n-2} + \alpha_3 X^{n-3} + \cdots + \alpha_n,$$

et l'on trouve entre quatre coefficients consécutifs la relation

$$A\alpha_r + B\alpha_{r-1} + D\alpha_{r-2} + E\alpha_{r-3} = 0,$$

dans laquelle

$$A = -4r(2n - r + 1)(2n - 2r + 1),$$

$$B = -24(r-1)(n-r+1)(2n-r+1)\rho,$$

$$D = (n-r+2)(n-r+1)(2n-2r+3)\varphi'(\rho),$$

$$E = 2(n-r+3)(n-r+2)(n-r+1)\varphi(\rho),$$

et, par conséquent, les coefficients α_4, α_5, ... sont des fonctions de ρ, α_2, α_3.

Je rappelle aussi que la constante C de l'équation

$$y_2 y_1' - y_1 y_2' = \frac{C}{\sqrt{\varphi(x)}}$$

doit satisfaire à la relation

$$C^2 = (F'^2 - 2FF'')\varphi - FF'\varphi' + 4[n(n+1)x + n(2n-1)\rho]F^2;$$

on aura donc, si l'on désigne par $x_1, x_2, \ldots, x_n$ les racines de l'équation $F(x) = 0$:

$$C = \pm F'(x_r)\sqrt{\varphi(x_r)} \quad \text{pour} \quad r = 1, 2, \ldots, n,$$

et aussi, en posant dans l'équation précédente $x = \rho$:

$$C^2 = (\alpha_{n-1}^2 - 4\alpha_{n-2}\alpha_n)\varphi(\rho) - \alpha_{n-1}\alpha_n\varphi'(\rho) + 12n^2\rho\alpha_n^2,$$

c'est-à-dire C^2 exprimé par un polynôme en ρ du degré $2n+1$. Je remarque, en passant, que la première détermination de C nous donne les relations suivantes:

$$\sum \sqrt{\varphi(x_r)} = 0,$$

$$\sum X_r\sqrt{\varphi(x_r)} = 0, \quad \ldots, \quad \sum X_r^{n-2}\sqrt{\varphi(x_r)} = 0, \qquad \sum X_r^{n-1}\sqrt{\varphi(x_r)} = \pm C.$$

Soit maintenant

$$v_1 = \sqrt{x - \xi}.e^{\frac{1}{2}Z(x)}, \qquad Z(x) = \int \frac{2\mu(x-\xi) - \sqrt{\varphi(\xi)}}{(x-\xi)\sqrt{\varphi(x)}}d\xi,$$

si l'on pose

$$\psi(x) = \frac{1}{2}\frac{\sqrt{\varphi(x)} - \sqrt{\varphi(\xi)}}{x - \xi},$$

et que l'on désigne par $A_1, A_2, A_3, \ldots$ les expressions

$$A_1 = \mu + \psi(x), \quad A_2 = A_1^2 + A_1'\sqrt{\varphi(x)}, \ \ldots, \ A_r = A_1 A_{r-1} + A_{r-1}'\sqrt{\varphi(x)}, \ \ldots,$$

où $A_{r-1}' = \frac{dA_{r-1}}{dx}$, le théorème de M. Hermite, rappelé ci-dessus, pourra s'exprimer au moyen de la formule suivante:

$$y_1 = (A_{n-1} - a_1 A_{n-3} + a_2 A_{n-5} - \cdots)v_1,$$

ξ et μ^2 étant des fonctions rationnelles de ρ, et $a_1, a_2, \ldots$ des fonctions entières de la même quantité.

Ces expressions $A_1, A_2, \ldots$ ont des propriétés remarquables *), entre autre celle-ci, que, étant identiquement

$$\psi^2(x) + \psi'(x)\sqrt{\varphi(x)} = 2x + \xi,$$

*) [LXXVIII: t. II, pp. 209-213].

on aura :

$$A_r(x-\xi) = L_r + M_r\sqrt{\varphi(x)},$$

où L_r, M_r sont deux polynômes en x, L_r des degrés $\frac{r+1}{2}$ ou $\frac{r+2}{2}$, et M_r des degrés $\frac{r-1}{2}$ ou $\frac{r-2}{2}$, selon que r est impair ou pair.

Je me borne à considérer le cas de n impair, parce que l'on verra tout de suite que les mêmes considérations sont valables pour n pair.

Soient, en premier lieu,

$$P = \frac{1}{\Pi_n}\left[A_{n-1} - a_1 A_{n-3} + a_2 A_{n-5} - \cdots + (-1)^{\frac{n-1}{2}} a_{\frac{n-1}{2}}\right]$$

et

$$\Pi_n = 1.2.3 \ldots n.$$

La propriété des fonctions A_r, que j'ai indiquée plus haut, conduit aux deux relations

$$P(x-\xi) = \Phi(X) + \Psi(X)\sqrt{\varphi(x)},$$

$$0 = \Phi(Y) + \Psi(Y)\sqrt{\varphi(\xi)},$$

Φ et Ψ étant les deux polynômes en X, des degrés $\frac{n+1}{2}$, $\frac{n-3}{2}$:

$$\Phi(X) = X^{\frac{n+1}{2}} + \beta_1 X^{\frac{n-1}{2}} + \cdots + \beta_{\frac{n+1}{2}},$$

$$\Psi(X) = \gamma_0 X^{\frac{n-3}{2}} + \gamma_1 X^{\frac{n-5}{2}} + \cdots + \gamma_{\frac{n-3}{2}},$$

et

$$Y = \xi - \rho.$$

Soient, de plus, B_1, B_2, ... les fonctions qu'on déduit des A_1, A_2, ..., en posant $-\mu$, $-\sqrt{\varphi(\xi)}$ au lieu de μ et de $\sqrt{\varphi(\xi)}$, et Q l'expression qu'on déduit de P en substituant dans celle-ci B_1, B_2, ... à A_1, A_2, ...; on aura :

$$Q(x-\xi) = \Phi(X) - \Psi(X)\sqrt{\varphi(x)},$$

$$0 = \Phi(Y) - \Psi(Y)\sqrt{\varphi(\xi)},$$

et aussi, en indiquant par v_2 l'expression qu'on déduit de v_1 par le même changement dans les signes de μ et de $\sqrt{\varphi(\xi)}$, on aura :

$$y_1 = Pv_1, \qquad y_2 = Qv_2,$$

et, par conséquent:

$$F(x) = PQ(x-\xi),$$

étant

$$v_1 v_2 = x - \xi.$$

Les expressions précédentes de P, Q conduiront donc enfin à la relation remarquable:

$$\Phi^2(X) - \Psi^2(X)\varphi(x) = F(x)(x-\xi),$$

de laquelle, par le théorème d'ABEL, on arrive à notre première proposition sous la forme

$$\frac{dx_1}{\sqrt{\varphi(x_1)}} + \frac{dx_2}{\sqrt{\varphi(x_2)}} + \cdots + \frac{dx_n}{\sqrt{\varphi(x_n)}} + \frac{d\xi}{\sqrt{\varphi(\xi)}} = 0,$$

et, en posant $x = \rho$, on trouve pour ξ la valeur

$$\xi = \rho + \frac{1}{\alpha_n}\left[\varphi(\rho)\gamma^2_{\frac{n-3}{2}} - \beta^2_{\frac{n+1}{2}}\right].$$

La recherche des valeurs analogues pour μ^2, a_1, a_2, ... en fonction de ρ dépasserait les limites de cette Communication, quelques développements sur les propriétés des expressions A, B étant nécessaires; pourtant je puis avancer qu'en général on a: $\mu = 2\gamma_0$.

14 février 1881.

CXCIV.

SUR LA SURFACE DE KUMMER À SEIZE POINTS SINGULIERS.

Comptes Rendus des séances de l'Académie des Sciences, t. XCII (1881), pp. 944-946.

M. Darboux, dans une Note insérée récemment dans les « Comptes Rendus » *), après avoir rappelé les travaux de MM. Klein, Cayley, Borchardt, Weber sur les rapports que présente la théorie de la surface de Kummer avec celle des fonctions à quatre périodes **), énonce une méthode qui lui est propre pour obtenir les expressions des coordonnées de la surface au moyen des fonctions Θ à caractéristique paire.

Dans un Mémoire qui est sous presse et qui va paraître dans les « Annali di Matematica » ***), après avoir donné l'expression générale de l'équation biquadratique de Göpel pour les fonctions à $2n$ périodes et d'autres formules relatives à ce cas, je me suis proposé le problème d'exprimer les coordonnées de la surface de Kummer en fonctions (irrationnelles) de deux paramètres. A cet effet, au lieu de considérer les fonctions Θ, je prends comme point de départ les quinze fonctions algébriques irrationnelles qui peuvent s'exprimer par le rapport de deux fonctions Θ, et les propriétés de ces fonctions algébriques, qui ont été établies par M. Weierstrass dans son Mémoire: *Zur Theorie der* Abel'*schen Functionen* ****).

---

*) Darboux, *Sur la surface à seize points singuliers et les fonctions Θ à deux variables* [Comptes Rendus des séances de l'Académie des Sciences, t. XCII (1881), pp. 685-688].

**) Voir aussi: Rohn, *Transformation der hyperelliptischen Functionen $p = 2$ und ihre Bedeutung für die* Kummer'*sche Fläche* [Mathematische Annalen, t. XV (1879), pp. 315-354].

***) [LXXXII: t. II, pp. 247-259].

****) [Journal für die reine und angewandte Mathematik, t. XLVII (1854), pp. 289-306, t. LII (1856), pp. 285-380].

En posant

$$P(x) = (x - a_1)(x - a_2) \dots (x - a_n),$$

$$Q(x) = A(x - a_{n+1})(x - a_{n+2}) \dots (x - a_{2n+1}),$$

et

$$R(x) = P(x)\,Q(x), \quad \varphi(x) = (x - x_1)(x - x_2) \dots (x - x_n),$$

enfin

$$l_m = P(a_m) \text{ pour } m > n, \qquad l_m = -\,Q(a_m) \text{ pour } m \overline{\gtrless} n,$$

on doit considérer, d'après M. WEIERSTRASS, $2n + 1$ fonctions algébriques irrationnelles à indice simple

$$p_m = \sqrt{\frac{\varphi(a_m)}{l_m}},$$

et $n(2n + 1)$ fonctions à indice double

$$p_{rs} = p_{sr} = p_r p_s \sum_1^n {}^i \frac{\sqrt{R(x_i)}}{(x_i - a_r)(x_i - a_s)\,\varphi'(x_i)}.$$

Soit $n = 2$. En considérant les six fonctions $p_3, p_4; p_{13}, p_{14}; p_{23}, p_{24}$, on déduit des propriétés rappelées ci-dessus les relations suivantes:

$$(A) \quad \begin{cases} (12)Np_3^2 = (14)(25)w^2 + (24)(35)x^2 - (24)(15)y^2 - (14)(35)z^2, \\ (12)Np_4^2 = (23)(45)w^2 + (13)(25)x^2 - (13)(45)y^2 - (23)(15)z^2, \\ (12)p_3 p_4 = wx - yz, \end{cases}$$

en posant

$$w = (13)\sqrt{(15)}\,p_{13}, \quad x = (14)\sqrt{(15)}\,p_{14}, \quad y = (23)\sqrt{(25)}\,p_{23}, \quad z = (24)\sqrt{(25)}\,p_{24},$$

$$(rs) = a_r - a_s,$$

$$N = (13)(45) + (24)(15) = (13)(25) + (24)(35)$$

$$= (14)(25) + (23)(45) = (14)(35) + (23)(15).$$

Des relations (A) on obtient une équation biquadratique analogue à celle de GÖPEL, équation qui, si l'on pose

$$a = \frac{(15) + (25)}{(21)}, \quad b = \frac{(35) + (45)}{(43)}, \quad c = \frac{(13)(24) + (14)(23)}{(12)(43)},$$

et par conséquent

$$a+1=2\frac{(25)}{(21)},\qquad b+1=2\frac{(45)}{(43)},\qquad c+1=2\frac{(14)(23)}{(12)(43)},$$

$$a-1=2\frac{(15)}{(21)},\qquad b-1=2\frac{(35)}{(43)},\qquad c-1=2\frac{(13)(24)}{(12)(43)},$$

$$K=a^2+b^2+c^2-2abc-1=-\frac{1}{2}\rho N^2,\qquad \rho=-\frac{8}{(12)^2(34)^2},$$

peut s'exprimer de la manière suivante, tous les termes étant divisibles par ρ :

$$\begin{aligned}0=&(a+1)(b+1)(c+1)w^4+(a+1)(b-1)(c-1)x^4\\&+(a-1)(b+1)(c-1)y^4+(a-1)(b-1)(c+1)z^4\\&+2(a-bc)[(a+1)w^2x^2+(a-1)y^2z^2]\\&+2(b-ca)[(b+1)w^2y^2+(b-1)z^2x^2]\\&+2(c-ab)[(c+1)w^2z^2+(c-1)x^2y^2]-4Kwxyz,\end{aligned}$$

équation de la surface de KUMMER sous la forme considérée par M. BORCHARDT. Si l'on désigne par w_0, x_0, y_0, z_0 les coordonnées d'un des points singuliers de la surface, on démontre facilement que leurs valeurs sont proportionnelles aux expressions

$$\sqrt{(a-1)(b-1)(c-1)},\qquad \sqrt{(a-1)(b+1)(c+1)},$$

$$\sqrt{(a+1)(b-1)(c+1)},\qquad \sqrt{(a+1)(b+1)(c-1)}.$$

18 avril 1881.

CXCV.

SUR UN SYSTÈME D'ÉQUATIONS DIFFÉRENTIELLES.

Comptes Rendus des séances de l'Académie des Sciences, t. XCII (1881), pp. 1389-1393.

Le système d'équations différentielles que je vais considérer ici a une grande analogie avec celui qui a été étudié par M. HALPHEN dans sa Communication à l'Académie des Sciences du 9 mai de cette année *).

En posant $\frac{d u_i}{d x} = u'_i$, ce système d'équations différentielles est le suivant

$$(1)\quad u'_2 + u'_3 = u_2 u_3 + \varphi(x), \quad u'_3 + u'_1 = u_3 u_1 + \varphi(x), \quad u'_1 + u'_2 = u_1 u_2 + \varphi(x),$$

$\varphi(x)$ étant une fonction de x qu'on déterminera plus tard. Pour M. HALPHEN, $\varphi(x) = 0$. J'observe, avant tout, que ces équations conduisent aux suivantes:

$$(2)\quad (u_3 - u_2) u_1 = u'_3 - u'_2, \quad (u_3 - u_1) u_2 = u'_3 - u'_1, \quad (u_1 - u_2) u_3 = u'_1 - u'_2,$$

dont l'une quelconque est conséquence des deux autres. On pourra donc poser

$$u_2 = u_1 - z_3, \qquad u_3 = u_1 + z_2,$$

et les u_1, u_2, u_3 seront donnés en fonction de z_2, z_3 de cette manière:

$$u_1 = \frac{d \log(z_2 + z_3)}{d x}, \quad u_2 = \frac{d \log z_2}{d x}, \quad u_3 = \frac{d \log z_3}{d x}.$$

*) HALPHEN, *Sur un système d'équations différentielles* [Comptes Rendus des séances de l'Académie des Sciences, t. XCII (1881), pp. 1101-1103].

Mais, étant

$$u_3 - u_2 = z_2 + z_3,$$

on aura, pour les valeurs de u_2, u_3:

$$\frac{d \log \frac{z_3}{z_2}}{dx} = z_2\left(1 + \frac{z_3}{z_2}\right);$$

par conséquent, si l'on pose

$$z_2 = \frac{d \log \xi}{dx},$$

on aura :

$$z_3 = \frac{\xi}{1-\xi} z_2 = -\frac{d \log(1-\xi)}{dx}.$$

Les équations différentielles (2) seront donc satisfaites en posant

$$(3) \qquad u_1 = \frac{\xi''}{\xi'} - \frac{1 - 2\xi}{\xi(1-\xi)}\xi', \quad u_2 = \frac{\xi''}{\xi'} - \frac{\xi'}{\xi}, \quad u_3 = \frac{\xi''}{\xi'} + \frac{\xi'}{1-\xi},$$

ξ étant une fonction indéterminée de x.

D'autre part, en substituant ces valeurs de u_1, u_2, u_3 dans les équations différentielles données (1), on voit tout de suite qu'elles seront satisfaites si

$$(4) \qquad \varphi(x) = 2\frac{\xi'''}{\xi'} - 3\frac{\xi''^2}{\xi'^2} + \frac{1 - \xi + \xi^2}{\xi^2(1-\xi)^2}\xi'^2.$$

Considérons maintenant les deux équations différentielles du second ordre:

$$(5) \qquad \begin{cases} \dfrac{d^2 y}{dx^2} + p\dfrac{dy}{dx} + ry = 0, \\[2ex] \dfrac{d^2 w}{d\xi^2} + P\dfrac{dw}{d\xi} + Rw = 0. \end{cases}$$

On sait depuis longtemps, par les recherches de M. KUMMER sur les séries hypergéométriques *), que de ces équations on déduit l'équation différentielle du troisième ordre

$$(6) \qquad 2\frac{\xi'''}{\xi'} - 3\frac{\xi''^2}{\xi'^2} + \left(4R - P^2 - 2\frac{dP}{d\xi}\right)\xi'^2 - \left(4r - p^2 - 2\frac{dp}{dx}\right) = 0;$$

*) KUMMER, *Über die hypergeometrische Reihe* [Journal für die reine und angewandte Mathematik, t. XV (1836), pp. 39-83, 127-172].

or, si l'on pose

$$4R - P^2 - 2\frac{dP}{d\xi} = \frac{1 - \xi + \xi^2}{\xi^2(1-\xi)^2}, \qquad 4r - p^2 - 2\frac{dp}{dx} = \varphi(x),$$

l'équation de condition (4) se réduit à celle de M. KUMMER, et l'on pourra obtenir la valeur de ξ dans les cas connus d'intégration de cette équation différentielle.

Les valeurs de P, R qui donnent, pour $4R - P^2 - 2\frac{dP}{d\xi}$, l'expression ci dessus sont:

$$P = \frac{1-2\xi}{\xi(1-\xi)}, \qquad R = -\frac{1}{4\xi(1-\xi)}.$$

La seconde des équations différentielles (5) pourra donc s'intégrer au moyen de séries hypergéométriques, ou, en indiquant par w_0, w_1 deux intégrales particulières, on aura:

$$w_0 = F\left(\tfrac{1}{2}, \tfrac{1}{2}, 1, \xi\right),$$

$$w_1 = F\left(\tfrac{1}{2}, \tfrac{1}{2}, 1, 1-\xi\right),$$

$F(\alpha, \beta, \gamma, \xi)$ étant, selon l'algorithme ordinaire, une série hypergéométrique.

Si la première des équations différentielles (5) a la même propriété, on pourra poser

$$y_0 = F(\alpha, \beta, \gamma, x)$$

$$y_1 = F(\alpha, \beta, \alpha + \beta - \gamma + 1, 1 - x),$$

et l'intégrale générale de l'équation (6) sera donnée par la relation

$$\frac{w_1}{w_0} = \frac{a y_0 + b y_1}{c y_0 + d y_1},$$

a, b, c, d étant des constantes.

Les séries hypergéométriques w_0, w_1 peuvent s'exprimer, comme il est connu, par des intégrales définies de la manière suivante:

$$w_0 = \frac{2}{\pi}\int_0^{\frac{\pi}{2}} \frac{d\varphi}{\sqrt{1 - \xi\sin^2\varphi}}, \quad w_1 = \frac{2}{\pi}\int_0^{\frac{\pi}{2}} \frac{d\varphi}{\sqrt{1 - (1-\xi)\sin^2\varphi}}.$$

Si donc on suppose $\xi = k^2$, k étant le module des fonctions elliptiques, on aura:

$$w_0 = \frac{2}{\pi}K, \qquad w_1 = \frac{2}{\pi}K',$$

et, en posant $q = e^{-\pi\frac{K'}{K}}$, on pourra écrire :

$$\log q = \frac{a y_0 + b y_1}{c y_0 + d y_1}.$$

Si enfin l'on suppose $p = r = 0$, et en conséquence $\varphi(x) = 0$ (c'est le cas de M. Halphen), on aura $\frac{d^2 y}{d x^2} = 0$, et l'on pourra poser $x = \log q$; les valeurs de u_1, u_2, u_3 seront donc, dans ce cas :

$$u_1 = \frac{d \log K^2}{d x}, \quad u_2 = \frac{d \log k'^2 K^2}{d x}, \quad u_3 = \frac{d \log k^2 K^2}{d x}.$$

L'équation différentielle du troisième ordre (6) contient trois termes qui sont formés de la même manière. En effet, si l'on pose

$$\frac{d^2 \log \xi'}{d x^2} - \frac{1}{2}\left(\frac{d \log \xi'}{d x}\right)^2 = [\xi]_x$$

et

$$Z = \frac{w_1}{w_0}, \qquad Y = \frac{a y_0 + b y_1}{c y_0 + d y_1},$$

on peut donner à l'équation même la forme:

$$[\xi]_x + [Z]_\xi \xi'^2 - [Y]_x = 0.$$

Soit x une fonction d'une nouvelle variable z; on obtiendra facilement les formules de transformation:

$$[\xi]_x = [\xi]_z z'^2 + [z]_x, \qquad [y]_x = [y]_z z'^2 + [z]_x,$$

par lesquelles la dernière devient, sans aucun changement de forme, la suivante :

$$[\xi]_z + [Z]_\xi \left(\frac{d\xi}{dz}\right)^2 - [Y]_z = 0.$$

Mais, en indiquant par v_1, v_2, v_3 les trois fonctions qu'on déduit de u_1, u_2, u_3 en substituant au lieu de ξ', ξ'' les $\frac{d\xi}{dz}$, $\frac{d^2\xi}{dz^2}$, on trouve, pour une fonction quelconque u_s:

$$u_s = \frac{z''}{z'} + v_s z',$$

et l'on aura évidemment :

$$v'_s + v'_r = v_s v_r + \psi(z),$$

étant $\frac{1}{2}\psi(z) = [y]_z$.

Dans le cas considéré par M. Halphen : $[y]_x = 0$, $[y]_z = 0$; en conséquence, $[z]_x = 0$, ou

$$z = \frac{\alpha x + \beta}{\gamma x + \delta},$$

comme il a supposé.

13 juin 1881.

CXCVI.

SUR LA THÉORIE DES ÉQUATIONS DIFFÉRENTIELLES LINÉAIRES DU SECOND ORDRE.

Comptes Rendus des séances de l'Académie des Sciences, t. XCIII (1881), pp. 941-942.

KUMMER a démontré *) qu'étant données deux équations différentielles linéaires du second ordre:

(*a*) $$\frac{d^2 y}{d x^2} + p \frac{d y}{d x} + q y = 0,$$

(*b*) $$\frac{d^2 z}{d t^2} + P \frac{d z}{d t} + Q z = 0,$$

en posant

(1) $$y = w z$$

et en supposant t fonction de x, on a:

(2) $$[t]_x = T \left(\frac{d t}{d x}\right)^2 - X,$$

en faisant

$$[t]_x = \frac{t'''}{t'} - \frac{3}{2}\left(\frac{t''}{t'}\right)^2,$$

$$T = \frac{d P}{d t} + \frac{1}{2} P^2 - 2 Q, \qquad X = \frac{d p}{d x} + \frac{1}{2} p^2 - 2 q,$$

et

(3) $$w^2 = c \frac{e^{\int P dt}}{e^{\int p dx}} \frac{d x}{d t}.$$

---

*) KUMMER, *Über die hypergeometrische Reihe* [Journal für die reine und angewandte Mathematik, t. XV (1836), pp. 39-83, 127-172].

Si P, Q peuvent s'exprimer en t comme p, q en x et que $y = F(x)$ soit une intégrale de (a), $z = F(t)$ sera pareillement une intégrale de (b), et l'on aura:

$$F(x) = w F(t).$$

La théorie des fonctions hypergéométriques et celle des fonctions elliptiques donnent des exemples de cette propriété des fonctions P, Q, p, q. Le plus important est dû à LEGENDRE.

Si l'on suppose $x = k$, $t = \lambda$ (λ, k modules), $w = M$ (M multiplicateur), $y = aK + bK'$, $z = \alpha\Lambda + \beta\Lambda'$ *), l'équation (3) devient dans ce cas

$$M^2 = \frac{1}{n} \frac{\lambda(1-\lambda^2)}{k(1-k^2)} \frac{dk}{d\lambda}, \qquad \left(c = \frac{1}{n}\right);$$

l'équation différentielle du troisième ordre ainsi obtenue est un résultat auquel JACOBI attache une grande importance: *Inter affectus æquationum modularium, id maxime memorabile ac singulare mihi videor animadvertere ...* **).

On trouve d'autres exemples dans un Mémoire de KUMMER, de l'année 1834, publié dans le *Programme du Gymnase de Liegnitz* ***). Les recherches plus récentes de MM. SCHWARZ, KLEIN, CAYLEY, FUCHS, et les miennes, ont toutes pour point de départ le système d'équations ci-dessus.

5 décembre 1881.

---

*) JACOBI, *Fundamenta nova theoriæ functionum ellipticarum*, Regiomonti, 1829 [p. 76].

**) Ibid., p. 74.

***) KUMMER, *De generali quadam æquatione differentiali tertii ordinis* (Abdruck aus dem Programm des evangelischen König. und Stadtgymnasiums in Liegnitz vom Jahre 1834) [Journal für die reine und angewandte Mathematik, t. C (1887), pp. 1-9].

CXCVII.

SUR UNE APPLICATION DU THÉORÈME D'ABEL.

Comptes Rendus des séances de l'Académie des Sciences, t. XCIV (1882), pp. 686-690.

1. Dans une Communication à l'Académie du 14 février 1881 *), j'ai démontré comment le théorème d'ABEL se prêtait à l'étude de l'équation différentielle de LAMÉ. Les formules que j'ai données dans cette première Communication contiennent, je pense, les éléments nécessaires pour la solution de l'équation de LAMÉ dans toute sa généralité. Parmi les nombreuses conséquences de ces formules, celles qui suivent conduisent facilement aux résultats publiés par M. HERMITE, pour le cas de $n = 3$, dans les « Comptes Rendus » du 13 février dernier **).

Je considère ici, comme dans ma première Communication, le cas de n impair, et je rappelle l'équation fondamentale

$$\Phi^2(X) - \Psi^2(X)\varphi(x) = F(x)(x - \xi), \tag{1}$$

dans laquelle $X = x - \rho$. On aura donc, pour les racines $x_1, x_2, \ldots, x_n$ de l'équation $F(x) = 0$:

$$\Phi(X) + \Psi(X)\sqrt{\varphi(x)} = 0,$$

desquelles, si l'on pose $S_r = \sum X^r$, on déduit les relations suivantes:

*) [CXCIII; t. V, pp. 7-11].

**) HERMITE, *Sur quelques applications des fonctions elliptiques*, §§ 36-37 [Comptes Rendus des séances de l'Académie des Sciences, t. XCII (1881), pp. 372-377].

$$S_0\beta_{\frac{n+1}{2}} + S_1\beta_{\frac{n-1}{2}} + \cdots + S_{\frac{n-1}{2}}\beta_1 + S_{\frac{n+1}{2}} = 0,$$

$$\cdots\cdots\cdots\cdots\cdots\cdots\cdots$$

$$S_{\frac{n-1}{2}}\beta_{\frac{n+1}{2}} + S_{\frac{n+1}{2}}\beta_{\frac{n-1}{2}} + \cdots + S_{n-1}\beta_1 + S_n = 0,$$

$$S_{\frac{n+1}{2}}\beta_{\frac{n+1}{2}} + S_{\frac{n+3}{2}}\beta_{\frac{n-1}{2}} + \cdots + S_n\beta_1 + S_{n+1} \pm C\gamma_0 = 0;$$

ou, en posant

$$\Delta = \begin{vmatrix} S_0 & S_1 & \ldots & S_{\frac{n+1}{2}} \\ S_1 & S_2 & \ldots & S_{\frac{n+3}{2}} \\ \ldots & \ldots & \ldots & \ldots \\ S_{\frac{n+1}{2}} & S_{\frac{n+3}{2}} & \ldots & S_{n+1} \end{vmatrix}, \qquad \Delta_1 = \frac{\partial\Delta}{\partial S_{n+1}},$$

on aura:

$$\Delta = \pm C\gamma_0\Delta_1,$$

Δ étant le discriminant de l'équation $F(x) = 0$.

Or j'ai énoncé, dans ma première Communication, que $\mu = 2\gamma_0$; on aura ainsi :

$$\mu^2 = 4\frac{\Delta^2}{C^2\Delta_1^2}.$$

Si maintenant on se rappelle que

$$C = \pm F'(x_r)\sqrt{\varphi(x_r)} \tag{2}$$

pour $r = 1, 2, \ldots, n$, on voit tout de suite que la valeur de C^2 en fonction des coefficients de l'équation $F(x) = 0$, donnée dans ma Communication antérieure, devra avoir comme facteur le discriminant Δ, et l'on aura:

$$C^2 = D\Delta, \tag{3}$$

et, en conséquence:

$$\mu^2 = 4\frac{\Delta}{D\Delta_1^2}. \tag{4}$$

D'autre part, n étant impair,

$$\prod F'(x_r) = -\Delta,$$

on déduit de la relation (2):

$$C^{2n} = \Delta^2 \prod \varphi(x_r);$$

mais:

$$\prod \varphi(x_r) = -4^n F(e_1) F(e_2) F(e_3),$$

e_1, e_2, e_3 étant les racines de l'équation $\varphi(x) = 0$, et l'on aura, en conséquence:

$$D^n \Delta^{n-2} = -4^n F(e_1) F(e_2) F(e_3),$$

par laquelle l'expression (4) de μ^2 devient:

$$\mu^2 = -4^{n+1} \frac{F(e_1) F(e_2) F(e_3)}{\Delta_1^2 D^{n+1} \Delta^{n-3}}.$$

La relation (1) donne:

$$\xi - e_s = -\frac{\Phi^2(e_s)}{F(e_s)};$$

mais, étant identiquement

$$4e_s^3 - g_2 e_s - g_3 = 0,$$

on pourra poser:

$$F(e_s) = f_0 e_s^2 + f_1 e_s + f_2, \qquad \Phi(e_s) = \varphi_0 e_s^2 + \varphi_1 e_s + \varphi_2,$$

f_0, f_1, f_2 étant des polynômes en ρ des degrés $n-1$, $n-2$, n, et φ_0, φ_1, φ_2 des fonctions rationnelles, mais fractionnaires, de ρ. Or, en posant

$$L = f_1^2 - f_0 f_2 - \tfrac{1}{4} g_2 f_0^2,$$

$$M = \tfrac{1}{4} g_3 f_0^2 - f_1 f_2,$$

$$N = f_2^2 + \tfrac{1}{4} g_2 f_0 f_2 - \tfrac{1}{4} g_3 f_0 f_1,$$

on a:

$$F(e_2) F(e_3) = L e_1^2 + M e_1 + N - \tfrac{1}{4} g_2 L,$$

$$e_1 F(e_2) F(e_3) = M e_1^2 + N e_1 + \tfrac{1}{4} g_3 L,$$

$$e_1^2 F(e_2) F(e_3) = N e_1^2 + \tfrac{1}{4}(g_3 L + g_2 M) e_1 + \tfrac{1}{4} g_3 M;$$

en conséquence, on déduira:

$$F(e_2) F(e_3) \Phi(e_1) = H R(e_1),$$

étant

$$H = F(e_1) F(e_2) F(e_3), \qquad R(e_s) = r_0 e_s^2 + r_1 e_s + r_2,$$

et

$$Hr_0 = L\varphi_2 + M\varphi_1 + N\varphi_0,$$

$$Hr_1 = M\varphi_2 + N\varphi_1 + \tfrac{1}{4}(g_3 L + g_2 M)\varphi_0,$$

$$Hr_2 = (N - \tfrac{1}{4}g_2 L)\varphi_2 + \tfrac{1}{4}g_3 L\varphi_1 + \tfrac{1}{4}g_3 M\varphi_0.$$

On obtient ainsi les relations suivantes:

$$\xi - e_s = - F(e_s) R^2(e_s).$$

Enfin, entre autres formules générales, je cite la suivante, qui nous sera utile plus tard:

(5) $$\xi - \mu^2 = \rho - 2\beta_1,$$

par laquelle on trouve la valeur de ξ en fonction de ρ.

2. Soit $n = 3$, on a:

$$F(x) = (x-\rho)^3 + \alpha_2(x-\rho) + \alpha_3,$$

étant

$$\alpha_2 = \tfrac{1}{4}\varphi'(\rho), \qquad \alpha_3 = \tfrac{1}{4}\varphi(\rho) - \rho\varphi'(\rho).$$

On trouve:

$$\beta_1 = -\frac{3}{2}\frac{\alpha_3}{\alpha_2}, \qquad \beta_2 = \frac{2}{3}\alpha_2,$$

et

$$\Delta = -(4\alpha_2^3 + 27\alpha_3^2), \qquad D = -4\rho, \qquad \Delta_1 = -6\alpha_2.$$

Les équations (4) et (5) donnent, pour les valeurs de μ^2, ξ en fonctions de ρ, les expressions suivantes:

$$\mu^2 = \frac{4\alpha_2^3 + 27\alpha_3^2}{36\rho\alpha_2^2}, \qquad \xi = \mu^2 + \rho + 3\frac{\alpha_3}{\alpha_2}.$$

Ensuite, étant

$$f_0 = -3\rho, \qquad f_1 = 6\rho^2, \qquad f_2 = -\rho(15\rho^2 - g_2),$$

on déduit:

$$L = -3\rho^2\alpha_2, \quad M = -3\rho^2(\rho\alpha_2 + 3\alpha_3), \quad N = -3\rho^2(6\rho\alpha_3 - \alpha_2^2 + \tfrac{1}{12}g_2\alpha_2),$$

et, à cause de

$$\varphi_0 = 1, \qquad \varphi_1 = \beta_1 - 2\rho, \qquad \varphi_2 = \beta_2 - \beta_1\rho + \rho^2,$$

on obtient:

$$r_0 = -\frac{1}{2\rho\alpha_2}, \quad r_1 = -\frac{1}{2\alpha_2}, \quad r_2 = \frac{1}{2\rho\alpha_2}\left(\rho^2 + \frac{1}{12}g_2\right).$$

Par conséquent, si l'on pose

$$P(e_s) = 15\rho^2 - 6e_s\rho + 3e_s^2 - g_2,$$

$$A(e_s) = 3\rho^2 - 3e_s\rho - 3e_s^2 + \tfrac{1}{4}g_2,$$

on a:

$$F(e_s) = -\rho P(e_s), \qquad R(e_s) = \frac{A(e_s)}{6\rho\alpha_2},$$

et

$$\mu^2 = \frac{P(e_1)P(e_2)P(e_3)}{36\rho\alpha_2^2}, \qquad \xi - e_s = \frac{P(e_s)A^2(e_s)}{36\rho\alpha_2^2},$$

formules déjà données par M. Hermite dans sa Communication du 13 février.

3. Pour une racine quelconque de l'équation $F(x) = 0$, étant

$$F'(x)\,dx + \frac{\partial F}{\partial \rho}\,d\rho = 0,$$

on aura, en se rappelant les relations (2) et (3):

$$\frac{dx}{\sqrt{\varphi(x)}} + \frac{\partial F}{\partial \rho}\frac{d\rho}{\sqrt{D\Delta}} = 0;$$

mais, comme j'ai démontré, dans ma première Communication:

$$\sum \frac{dx}{\sqrt{\varphi(x)}} + \frac{d\xi}{\sqrt{\varphi(\xi)}} = 0,$$

on aura donc:

$$\frac{d\xi}{\sqrt{\varphi(\xi)}} = \frac{\varepsilon}{\sqrt{D\Delta}}\,d\rho,$$

ayant posé $\varepsilon = \sum \frac{\partial F}{\partial \rho}$. Or ε est évidemment un polynôme en ρ du degré $n - 1$, et $D\Delta$ ou C^2 un polynôme du degré $2n + 1$; la relation générale (5) conduit, par conséquent, à la réduction d'une intégrale hyperelliptique de la classe $n - 1$ à l'intégrale elliptique de première espèce. Pour $n = 3$, $\varepsilon = -6(5\alpha_2 + g_2)$, on aura donc:

$$\frac{(5\alpha_2 + g_2)\,d\rho}{\sqrt{\rho(4\alpha_2^3 + 27\alpha_3^2)}} = -\frac{1}{3}\frac{d\xi}{\sqrt{4\xi^3 - g_2\xi - g_3}},$$

la relation entre ξ et ρ étant

$$\xi = \frac{1}{36\rho\alpha_2^2}(16\alpha_2^3 + 27\alpha_3^2 + 108\rho\alpha_2\alpha_3 + 3g_2\alpha_2^2),$$

comme M. HERMITE l'a déjà démontré. Dans une prochaine Communication, je me propose de donner les formules générales pour le cas de n pair.

13 mars 1882.

CXCVIII.

SUR LES FONCTIONS DE SEPT LETTRES.

Comptes Rendus des séances de l'Académie des Sciences, t. XCV (1882), pp. 665-669, 814-816, 1254-1256.

1. M. Hermite, dans sa Communication du 9 novembre 1863 *), a démontré:

I) Que toutes les substitutions d'un système de sept lettres, $x_0, x_1, x_2, \ldots, x_6$, au nombre de 5040, peuvent se représenter de la manière suivante:

$$\begin{vmatrix} x_r \\ x_{\alpha r+\beta} \end{vmatrix}, \qquad \begin{vmatrix} x_r \\ x_{\alpha\theta(r+\beta)+\gamma} \end{vmatrix},$$

la fonction $\theta(r)$ prenant successivement ces formes:

$$(1) \qquad \begin{cases} r^4 \pm 3r, \qquad r^5 \pm 2r^2, \\ r^5 + ar^3 + 3a^2 r \qquad (a \text{ quelconque}), \\ r^5 + ar^3 \pm r^2 + 3a^2 r \qquad (a \text{ non résidu quadratique de } 7); \end{cases}$$

II) Que les produits et les puissances des substitutions

$$S \equiv ar, \qquad T \equiv \alpha\varpi(r) + \beta \qquad (\text{mod. } 7),$$

dans lesquelles: a résidu quadratique, α non résidu quadratique de 7 et

$$\varpi(r) = r^5 + 2r^2,$$

*) Hermite, *Sur les fonctions de sept lettres* [Comptes Rendus des séances de l'Académie des Sciences, t. LVII (1863), pp. 750-757].

sont des substitutions de la même forme, et que, par conséquent, on a un système de 168 substitutions conjuguées, ou des fonctions de sept lettres, qui, étant invariables par ce système de substitutions, ne peuvent avoir que trente valeurs distinctes *).

Ce dernier théorème avait déjà été énoncé, sous une autre forme, par M. KRONECKER dans une Communication à l'Académie de Berlin du 22 avril 1858 **), et dans cette même Communication se trouve le premier exemple d'une fonction de sept lettres, huit fois cyclique, ayant seulement trente valeurs.

En désignant par (r) une fonction *cyclique* de sept lettres, et par $[\alpha\theta(r)+\beta]$ les fonctions qu'on obtient en opérant sur la fonction (r) avec une des substitutions (1), la forme générale d'une fonction de sept lettres à trente valeurs peut s'exprimer de la manière suivante:

$$\varphi(r)=(r)+(2r)+(4r)$$
$$+\sum_0^6{}_s\{[6(r^5+2r^2)+s]+[5(r^5+2r^2)+s]+[3(r^5+2r^2)+s]\}.$$

En opérant sur cette fonction avec les substitutions

$$6(r^5-2r^2)+t,\qquad (r^4+3r)+t,\qquad (t=0,1,2,\ldots,6),$$

on a avec elle quinze valeurs; et, par les substitutions

$$(6r),\qquad (r^5+2r^2)+t,\qquad (r^4-3r)+t,$$

les quinze autres.

Je supposerai, dans la suite, que, pour les sept lettres $x_0, x_1, \ldots, x_6$, soient vérifiées les deux conditions

$$\sum_0^6{}_s x_s=0,\qquad \sum_0^6{}_s x_s^2=0,$$

et, en posant $\rho=e^{\frac{2i\pi}{7}}$, j'exprime x_s comme il suit:

$$x_s=\rho^s l+\rho^{4s}m+\rho^{2s}n+\rho^{6s}p+\rho^{3s}q+\rho^{5s}r; \tag{2}$$

la première condition est ainsi satisfaite. Pour la seconde, en posant $lp=f$, $mq=g$, $nr=h$, on aura

$$f+g+h=0.$$

---

*) J'ai démontré un théorème analogue pour les fonctions de onze lettres: *Des substitutions de la forme* $\theta(r)\equiv\varepsilon\left(r^{n-2}+ar^{\frac{n-3}{2}}\right)$ *pour un nombre premier de lettres* [Nachrichten von der k. Gesellschaft der Wissenschaften zu Göttingen (1869), pp. 491-499].

**) KRONECKER, *Notiz über Gleichungen des siebenten Grades* [Monatsberichte der k. Preuss. Akademie der Wissenschaften zu Berlin (1858), pp. 287-289].

Or, si des relations (2) on déduit les valeurs de l, m, n, p, q, r, on démontre très facilement que

$$7^2 f = bA + cB + aC,$$
$$7^2 g = cA + aB + bC,$$
$$7^2 h = aA + bB + cC,$$

en faisant

$$a = \rho^4 + \rho^3, \qquad b = \rho + \rho^6, \qquad c = \rho^2 + \rho^5,$$

et

$$A = x_0 x_1 + x_1 x_2 + x_2 x_3 + x_3 x_4 + x_4 x_5 + x_5 x_6 + x_6 x_0,$$

puis B, C les fonctions qu'on obtient de A par les substitutions $(2r)$, $(4r)$.

On aura ainsi, en observant que $A + B + C = 0$, la relation suivante:

(3) $$BC + CA + AB = 7^3(gh + hf + fg).$$

2. Je prends comme point de départ de ces recherches la fonction de sept lettres

$$(r) = BC + CA + AB = \eta_\infty.$$

Elle est évidemment invariable par les substitutions $(2r)$, $(4r)$; et, en indiquant par

$$B_s C_s + C_s A_s + A_s B_s = \eta_s$$

celle qu'on obtient par la substitution $6(r^5 + 2r^2) + s$, on verra que la valeur $\varphi(r)$ d'une fonction de sept lettres à trente valeurs pourra s'écrire:

$$\varphi(r) = \eta_\infty + \eta_0 + \eta_1 + \cdots + \eta_6.$$

Soient l_s, m_s, n_s; p_s, q_s, r_s les valeurs qu'on déduit de l, m, n; p, q, r, en opérant sur les sept lettres avec les substitutions $6(r^5 + 2r^2) + s$; si dans ces valeurs on pose, au lieu de x_0, x_1, ..., x_6, leurs valeurs exprimées en l, m, n; p, q, r, on arrive aux relations suivantes:

$$l_s = \beta^2\rho^s l + \gamma^2\rho^{4s} m + \alpha^2\rho^{2s} n - (\omega + 1)(\beta\gamma\rho^{6s} p + \gamma\alpha\rho^{3s} q + \alpha\beta\rho^{5s} r),$$
$$m_s = \gamma^2\rho^s l + \alpha^2\rho^{4s} m + \beta^2\rho^{2s} n - (\omega + 1)(\gamma\alpha\rho^{6s} p + \alpha\beta\rho^{3s} q + \beta\gamma\rho^{5s} r),$$
$$n_s = \alpha^2\rho^s l + \beta^2\rho^{4s} m + \gamma^2\rho^{2s} n - (\omega + 1)(\alpha\beta\rho^{6s} p + \beta\gamma\rho^{3s} q + \gamma\alpha\rho^{5s} r),$$
$$p_s = \omega(\beta\gamma\rho^s l + \gamma\alpha\rho^{4s} m + \alpha\beta\rho^{2s} n) + \beta^2\rho^{6s} p + \gamma^2\rho^{3s} q + \alpha^2\rho^{5s} r,$$
$$q_s = \omega(\gamma\alpha\rho^s l + \alpha\beta\rho^{4s} m + \beta\gamma\rho^{2s} n) + \gamma^2\rho^{6s} p + \alpha^2\rho^{3s} q + \beta^2\rho^{5s} r,$$
$$r_s = \omega(\alpha\beta\rho^s l + \beta\gamma\rho^{4s} m + \gamma\alpha\rho^{2s} n) + \alpha^2\rho^{6s} p + \beta^2\rho^{3s} q + \gamma^2\rho^{5s} r,$$

dans lesquelles :

$$\rho + \rho^2 + \rho^4 = \omega,$$

$$\alpha = \frac{\rho^2 - \rho^5}{\sqrt{-7}}, \qquad \beta = \frac{\rho^4 - \rho^3}{\sqrt{-7}}, \qquad \gamma = \frac{\rho - \rho^6}{\sqrt{-7}}.$$

De ces équations, en posant $l_s p_s = f_s$, $m_s q_s = g_s$, $n_s r_s = h_s$, on déduit d'abord:

$$f_s + g_s + h_s = f + g + h = 0;$$

en second lieu, si l'on pose

$$(4) \qquad \begin{cases} l = \mu^2, \quad m = \nu^2, \quad n = \lambda^2, \\ p = \omega(\mu\nu + u), \quad q = \omega(\nu\lambda + v), \quad r = \omega(\lambda\mu + w), \end{cases}$$

les valeurs précédentes de l_s, m_s, ... deviennent:

$$(5) \qquad \begin{cases} l_s = \mu_s^2 + 2(v_s - w_s), \quad m_s = \nu_s^2 + 2(w_s - u_s), \quad n_s = \lambda_s^2 + 2(u_s - v_s), \\ p_s = \omega(\mu_s\nu_s + u_s), \quad q_s = \omega(\nu_s\lambda_s + v_s), \quad r_s = \omega(\lambda_s\mu_s + w_s), \end{cases}$$

dans lesquelles:

$$(6) \qquad \mu_s = \beta\rho^{4s}\mu + \gamma\rho^{2s}\nu + \alpha\rho^s\lambda, \qquad u_s = \beta^2\rho^{6s}u + \gamma^2\rho^{3s}v + \alpha^2\rho^{5s}w,$$

et ν_s, λ_s, v_s, w_s s'obtiennent en substituant à β, γ, α les γ, α, β; α β, γ.

3. Si dans les formules ci-dessus on suppose $u = v = w = 0$, et en conséquence $u_s = v_s = w_s = 0$, on voit tout de suite que les quantités λ, μ, ν doivent satisfaire à l'équation biquadratique

$$(7) \qquad \mu^3\nu + \nu^3\lambda + \lambda^3\mu = 0;$$

la relation (3) conduira aux valeurs

$$(8) \qquad \begin{cases} \eta = 7^3\omega^2\lambda\mu\nu(\mu^2\nu^3 + \nu^2\lambda^3 + \lambda^2\mu^3), \\ \eta_s = 7^3\omega^2\lambda_s\mu_s\nu_s(\mu_s^2\nu_s^3 + \nu_s^2\lambda_s^3 + \lambda_s^2\mu_s^3), \end{cases}$$

et, dans ce cas, les expressions η_∞, η_0, η_1, ..., η_6 seront racines d'une équation du huitième degré résoluble par les fonctions elliptiques, comme je le démontrerai.

4. Pour démontrer que les expressions η_∞, η_0, ..., η_6 sont, dans le cas indiqué, racines d'une équation du huitième degré, je considère les fonctions suivantes de

λ, μ, ν:

$$L = \mu^2\nu^3 + \nu^2\lambda^3 + \lambda^2\mu^3, \qquad M = \mu\nu^5 + \nu\lambda^5 + \lambda\mu^5, \qquad N = \lambda^7 + \mu^7 + \nu^7,$$

entre lesquelles, à cause de l'équation identique (7), on a les relations suivantes:

$$L^2 = -\lambda\mu\nu.N, \qquad LN = M^2 + 3\lambda^2\mu^2\nu^2 M + 9\lambda^4\mu^4\nu^4,$$

et, en conséquence:

$$(9) \qquad \begin{cases} L^3 = -\lambda\mu\nu(M^2 + 3\lambda^2\mu^2\nu^2 M + 9\lambda^4\mu^4\nu^4), \\ \lambda\mu\nu N^2 = \quad -L(M^2 + 3\lambda^2\mu^2\nu^2 M + 9\lambda^4\mu^4\nu^4). \end{cases}$$

La forme ternaire biquadratique (7) a, comme il est connu, trois covariants des ordres 6, 14, 21. Les deux premiers, que j'indique par H, K, peuvent s'exprimer, la forme étant identiquement nulle, par L, M, N de la manière suivante:

$$H = 5\lambda^2\mu^2\nu^2 - M, \qquad K = N^2 - 1192\lambda^3\mu^3\nu^3 L - 232\lambda\mu\nu LM.$$

Ces relations et les précédentes (9) conduisent à démontrer que

$$L^3 = -\lambda\mu\nu(49\lambda^4\mu^4\nu^4 - 13H\lambda^2\mu^2\nu^2 + H^2),$$

$$\lambda\mu\nu K = -L(7^4\lambda^4\mu^4\nu^4 - 5.7^2 H\lambda^2\mu^2\nu^2 + H^2);$$

or, les expressions H, K étant des covariants de la forme ternaire biquadratique (7), sont invariables par les substitutions des quantités λ_s, μ_s, ν_s (6) aux quantités λ, μ, ν; par conséquent, si l'on pose

$$z_\infty = -7\lambda\mu\nu, \qquad z_s = -7\lambda_s\mu_s\nu_s,$$

et si l'on désigne par z l'une quelconque des quantités z_∞, z_0, z_1, ..., z_6, on trouve que chacune d'elles satisfait à l'équation

$$K^3 z^2 = (z^4 - 13Hz^2 + 49H^2)(z^4 - 5Hz^2 + H^2)^3.$$

Mais, si l'on indique par Θ le covariant de l'ordre 21, on a:

$$K^3 + 12^3 H^7 = \Theta^2.$$

On verra donc, en posant

$$\frac{K^3}{12^3 H^7} = -J, \qquad z = y\sqrt{H},$$

que

(10) $$-12^3 J y^2 = P Q^3, \qquad 12^3(1-J)y^2 = R^2,$$

en faisant

$$P = y^4 - 13y^2 + 49, \qquad Q = y^4 - 5y^2 + 1,$$

$$R = y^8 - 14y^6 + 63y^4 - 70y^2 - 7.$$

Or, en déterminant le module k des fonctions elliptiques au moyen de la relation

$$J = \frac{4}{27}\frac{(1-k^2+k^4)^3}{k^4(1-k^2)^2},$$

les équations (10) sont deux formes différentes de l'équation modulaire pour la transformation du septième ordre des fonctions elliptiques *); en conséquence, une quelconque des expressions η_∞, η_0, η_1, ..., η_6 données par les relations (8) satisfaisant à l'équation

$$\eta = 7.12.\omega^2 J^{\frac{1}{3}} H^{\frac{4}{3}} \frac{y^2}{Q},$$

on conclut que η_∞, η_0, η_1, ..., η_6 sont exprimables par les fonctions elliptiques.

Enfin, si l'on pose l'une quelconque des racines x_0, x_1, ..., x_6,

$$x = \xi \sqrt[3]{H},$$

et si l'on désigne par ε la fonction (3), mais relative aux sept lettres ξ_0, ξ_1, ..., ξ_6, on aura :

$$\varepsilon = 7.12.\omega^2 J^{\frac{1}{3}} \frac{y^2}{Q},$$

et les ξ_0, ξ_1, ..., ξ_6 seront racines de l'une ou de l'autre des équations

$$-12^3 J = \xi^3 S^3, \qquad 12^3(1-J) = J^2 U,$$

dans lesquelles

$$S = \xi^6 + 7\omega\xi^3 - 7(\omega+3), \qquad J = \xi^6 + 4\omega\xi^3 - (\omega+3),$$

$$U = \xi^9 + 13\omega\xi^6 - (46\omega+111)\xi^3 - 27(5\omega-2).$$

---

*) Voir les travaux de M. Klein : *Über die Transformation siebenter Ordnung der elliptischen Functionen* [Mathematische Annalen, t. XIV (1879), pp. 428-471]; *Über die Auflösung gewisser Gleichungen vom siebenten und achten Grade* [Mathematische Annalen, t. XV (1879), pp. 251-282]; et ma Note: *Über die* Jacobi'*sche Modulargleichung vom achten Grad* [Mathematische Annalen, t. XV (1879), pp. 241-250].

Ces équations sont deux formes différentes de la réduite de l'équation modulaire du huitième degré, réduite calculée la première fois par M. HERMITE *).

5. Les huit fonctions de sept lettres, que nous avons désignées dans le n° 2 par

$$\eta_\infty, \eta_0, \eta_1, \ldots, \eta_6,$$

jouissent, comme il est connu, de cette propriété que, en opérant sur elles avec les substitutions

(11) $$ar, \qquad \alpha D(r) + \beta,$$

a étant résidu quadratique, α non résidu quadratique de 7 et $D(r) = r^5 + 2r^2$, se permutent, et, par conséquent, une fonction symétrique quelconque de ces huit fonctions est invariable pour les substitutions précédentes.

Je vais démontrer que cette même propriété a lieu pour cinq autres séries, chacune composée de huit fonctions de sept lettres. Soient

$$D(r) = r^5 + 2r^2, \qquad L(r) = r^4 + 3r,$$

$$E(r) = r^5 - 2r^2, \qquad M(r) = r^4 - 3r,$$

$$F_a(r) = r^5 + ar^3 + 3a^2 r \qquad (a \text{ quelconque}),$$

$$\left.\begin{aligned} G_a(r) &= r^5 + ar^3 + r^2 + 3a^2 r, \\ H_a(r) &= r^5 + ar^3 - r^2 + 3a^2 r, \end{aligned}\right\} \qquad (a \text{ non résidu quadratique de } 7),$$

et, en indiquant par $[L(r)]$ la fonction de sept lettres qu'on forme au moyen de substitutions $L(r)$, $2L(r)$, $4L(r)$ de la même manière que η_∞ est formé avec les substitutions (r), $(2r)$, $(4r)$, je pose

$$\varphi_\infty = \sum_0^6{}_t [L(r) + t],$$

et j'observe que, en opérant sur la fonction $[L(r) + t]$ avec la substitution $6D(r)$, on obtient les fonctions

$$[2F_{6t^2}(r) + 3t^2] \qquad \text{pour } t \text{ résidu quadratique de } 7,$$

$$[3H_{6t^2}(r) + 6t^2] \qquad \text{pour } t \text{ non résidu quadratique de } 7,$$

$$[6E(r)] \qquad \text{pour } t = 0.$$

*) HERMITE, *Sur l'abaissement de l'équation modulaire du huitième degré* [Annali di Matematica pura ed applicata, serie I, t. II (1859), pp. 59-61].

Soit

$$\varphi_s = [6E(r) + s] + \sum^t [2F_{6t^2}(r) + 3t^2 + s] + \sum^t [3H_{6t^2}(r) + 6t^2 + s];$$

les huit fonctions de sept lettres

$$\varphi_\infty, \varphi_0, \varphi_1, \ldots, \varphi_6$$

jouissent de la propriété indiquée, c'est-à-dire qu'elles ne font que se permuter pour les substitutions (11).

De même, si l'on pose

$$\gamma_\infty = \sum_0^6{}^t [M(r) + t],$$

et

$$\gamma_s = [D(r) + s] + \sum^t [5F_{6t^2}(r) + 3t^2 + s] + \sum^t [4G_{6t^2}(r) + 6t^2 + s)],$$

on obtient les huit fonctions

$$\gamma_\infty, \gamma_0, \gamma_1, \ldots, \gamma_6,$$

pour lesquelles la propriété se vérifie, et enfin les substitutions $(6r)$, $6L(r)$, $6M(r)$ conduisent aux trois autres séries de huit fonctions.

Les six séries indiquées comprennent toutes les 720 substitutions d'une fonction cyclique de sept lettres. On a ainsi le théorème suivant:

Étant donnée une fonction de sept lettres, on peut former avec elle six séries de huit fonctions, et seulement six, pour chacune desquelles les fonctions symétriques des huit fonctions correspondantes sont invariables pour les substitutions de la forme (11).

6. Les huit fonctions spéciales η, que nous avons considérées au n° 2, sont les suivantes:

$$\eta_\infty = 7^3 e, \qquad \eta_s = 7^3 e_s,$$

étant $e = gh + hf + fg$, $e_s = g_s h_s + h_s f_s + f_s g_s$. Or, pour la fonction $[L(r)]$, les quantités L, M, N; P, Q, R qui correspondent aux l, m, n; p, q, r de la fonction (r), sont liées à ces dernières par les relations

$$L = \frac{1}{\sqrt{-7}}[\omega(m + n) + l + r - q],$$

$$P = \frac{1}{\sqrt{-7}}[(\omega + 1)(r + q) - p + n - m],$$

et les analogues; en conséquence, les mêmes quantités relatives à la fonction $[L(r)+t]$

s'obtiendront en posant $\rho^{t} l$, $\rho^{4t} m$, $\rho^{2t} n$; $\rho^{6t} p$, $\rho^{3t} q$, $\rho^{5t} r$ au lieu de l, m, n; p, q, r. De ces relations on déduit, pour les valeurs de φ_∞, φ_0, ...:

$$\varphi_\infty = 7^2(7e - P), \qquad \varphi_s = 7^2(7e_s - P_s),$$

étant

$$P = \omega a - (\omega + 1)b - 2(\omega + 3)c + 2(\omega - 2)d + 2e,$$

et

$$a = m^3 n + n^3 l + l^3 m, \qquad c = p m n_2 + q n l^2 + r l m^2,$$

$$b = q^3 r + r^3 p + p^3 q, \qquad d = l q r^2 + m r p^2 + n p q^2,$$

et a_s, b_s, c_s, d_s, P_s les mêmes expressions pour l_s, m_s, n_s; p_s, q_s, r_s.

Or les fonctions P, P_s s'annullent si l'on adopte, pour l, m, ...; l_s, m_s, ..., les valeurs (4), (5) du n° 2, en supposant $u = v = w = 0$, et, dans ce cas, les valeurs des huit fonctions φ_∞, φ_0, ..., φ_6 viennent à coïncider avec celles de η_∞, η_0, ..., η_6.

La même propriété a lieu pour γ_∞, γ_0, ..., γ_6; en effet, leurs expressions s'obtiennent en permutant les L, M, N avec P, Q, R, et réciproquement; en conséquence, dans le cas considéré, les trois premières séries de huit fonctions se réduisent à la première.

De même pour les autres, dont les valeurs s'obtiennent en changeant ω en $-(\omega + 1)$ dans les valeurs (8) du n° 3 de η_∞, η_0, ..., η_6. On a ainsi le second théorème:

Si les sept lettres $\varkappa_0$, $\varkappa_1$, ..., $\varkappa_6$ sont les racines de la réduite de l'équation modulaire du huitième degré, les trois séries de huit fonctions η, φ, γ n'en forment qu'une seule, et les huit fonctions de celles-ci sont racines d'une équation du huitième degré, qui n'est qu'une transformée de l'équation modulaire. De même pour les trois autres séries en changeant ω en $-(\omega + 1)$ dans la réduite et dans les valeurs des fonctions η.

16 octobre, 6 novembre, 18 décembre 1882.

CXCIX.

SUR QUELQUES PROPRIÉTÉS D'UNE FORME BINAIRE DU HUITIÈME ORDRE.

Comptes Rendus des séances de l'Académie des Sciences, t. XCVI (1883), pp. 1689-1692.

Les propriétés des formes binaires $f(x_1, x_2)$ des ordres quatrième, sixième, douzième, pour lesquelles le covariant

$$g_2 = \frac{1}{2}(ff)_4$$

est identiquement nul, sont connues d'après les travaux de MM. SCHWARZ, FUCHS, KLEIN, JORDAN, HALPHEN, CAYLEY et les miens.

Dans cette Communication, je vais considérer le cas de la forme binaire f du huitième ordre, pour laquelle

$$g_2 = mf,$$

m étant une constante. Une forme binaire qui jouit de cette propriété peut s'exprimer de la manière suivante:

$$f = x_1 x_2 (x_1^6 + \tfrac{7}{4}\sqrt{2}.\, x_1^3 x_2^3 - x_2^6),$$

et l'on a:

$$g_2 = -\frac{3\sqrt{2}}{5 \cdot 4^2} f.$$

Soient h, k les deux covariants de la forme f des ordres douzième, dix-huitième:

$$h = \frac{1}{2}(ff)_2, \qquad k = 2(fh);$$

on aura:

$$8^2 h = -[(x_1^6 - x_2^6)^2 - 10\sqrt{2}.\, x_1^3 x_2^3 (x_1^6 - x_2^6) + 50 x_1^6 x_2^6],$$

$$4.8^2 k = x_1^{18} + x_2^{18} + 17\sqrt{2}.\, x_1^3 x_2^3 (x_1^{12} - x_2^{12}) - 221\, x_1^6 x_2^6 (x_1^6 + x_2^6).$$

L'élimination de x_1, x_2 de f, h, k donne entre ces trois formes la relation identique:

$$k^2 + 4h^3 + \frac{\sqrt{2}}{4^2} h f^3 = 0; \tag{1}$$

et, en posant $x_1 x_2 = \frac{1}{3} 2^{\frac{3}{8}} f^{\frac{1}{4}} y$, l'élimination de $x_1^6 - x_2^6$ de f, h conduit à l'équation:

$$(y^4 - 3)^2 + 8^2 . 2^{\frac{3}{4}} \frac{h}{f\sqrt{f}} y^2 = 0. \tag{2}$$

Or, en introduisant une nouvelle variable x liée au rapport $\frac{x_1}{x_2}$ par la relation

$$x = -32\sqrt{2}\,\frac{h^2}{f^3}, \tag{3}$$

on déduira d'abord de l'équation (1):

$$1 - x = -8\sqrt{2}\frac{k^2}{hf^3}, \tag{3'}$$

et l'équation (2) prendra l'une ou l'autre des formes suivantes:

$$x = -\frac{1}{4^4}\frac{(y^4-3)^4}{y^4}, \qquad 1 - x = \frac{1}{4^4}\frac{(y^4+1)^2 P}{y^4}, \tag{4}$$

en faisant

$$P = y^8 - 14y^4 + 81.$$

Ces dernières équations donnent:

$$\frac{dx}{dy} = -\frac{3}{4^3 . y^5}(y^4-3)^3(y^4+1);$$

par conséquent, si l'on pose

$$p = \frac{1}{4}\frac{3-5x}{x(1-x)},$$

on aura, pour les mêmes relations (4):

$$e^{\int p\,dx} . y' = -\frac{1}{3 . 4^2}\sqrt{iP},$$

où $y' = \frac{dy}{dx}$, $i = \sqrt{-1}$. Une première différentiation logarithmique de celle-ci conduit à l'équation suivante:

$$y'' + py' = \frac{1}{2P}\frac{dP}{dy}y'^2,$$

laquelle différentiée de nouveau, et en ajoutant au résultat cette dernière multipliée par $2p$, donne:

$$y''' + 3py'' + (p' + 2p^2)y' = \frac{1}{2P}\frac{d^2P}{dy^2}y'^3 = 28\frac{y^2(y^4-3)}{P}y'^3.$$

Je pose en second lieu

$$q = \frac{7}{3^2.4^3}\frac{1}{x(1-x)};$$

on déduira des relations précédentes que

$$q = -\frac{7}{4}\frac{(y^4-3)^2}{y^2P}y'^2,$$

et aussi:

$$q' + 2pq = -\frac{21}{2}\frac{(y^4-3)(y^4+1)}{y^3P}y'^3,$$

et, en conséquence:

$$y''' + 3py'' + (p' + 2p^2 + 4q)y' + 2(q' + 2pq)y = 0.$$

Cette équation différentielle démontre que, en indiquant par v_1, v_2 deux intégrales fondamentales de l'équation différentielle linéaire du second ordre

(5) $$v'' + pv' + qv = 0,$$

on a $y = v_1v_2$.

Pour déterminer les valeurs des intégrales v_1, v_2, je transforme la dernière équation différentielle en prenant y comme variable principale; on obtient:

$$\frac{d^2v}{dy^2} + \frac{1}{2P}\frac{dP}{dy}\frac{dv}{dy} - \frac{7}{4}\frac{(y^4-3)^2}{y^2P}v = 0,$$

laquelle donne très facilement:

$$v_1 = \frac{1}{2^{\frac{5}{12}}}\frac{(9\sqrt{P} - 7y^4 + 81)^{\frac{1}{6}}}{y^{\frac{1}{6}}},$$

$$v_2 = \frac{1}{2^{\frac{5}{12}}}\frac{(9\sqrt{P} + 7y^4 - 81)^{\frac{1}{6}}}{y^{\frac{1}{6}}}.$$

On a ainsi:

$$v_1^6 - v_2^6 = -\frac{\sqrt{2}}{4y}(7y^4 - 81),$$

et, par conséquent:

$$v_1v_2\left(v_1^6 + \frac{7\sqrt{2}}{4}v_1^3v_2^3 - v_2^6\right) = \frac{3^4}{4}\sqrt{2}.$$

Si l'on se rappelle maintenant la valeur du produit $x_1 x_2$, on voit tout de suite qu'on peut poser $v_1 = x_1$, $v_2 = x_2$, c'est-à-dire que, les x_1, x_2 étant deux intégrales fondamentales de l'équation différentielle du second ordre (5), on a, dans ce cas, pour f, h, k les valeurs suivantes:

$$f(x_1, x_2) = \frac{3^4}{4}\sqrt{2}, \qquad h(x_1, x_2) = \frac{3^6}{2.4^2}\sqrt{-x},$$

$$k(x_1, x_2) = \frac{3^3\sqrt{2}}{2.4^3}\sqrt{x-1}\,\sqrt[4]{-x}.$$

La forme binaire du huitième ordre pour laquelle $g_2 = mf$ jouit donc de propriétés analogues à celles relatives aux formes des quatrième, sixième, douzième ordres déjà considérées. Il y a pourtant une différence caractéristique, parce que, pour l'équation différentielle (5), deux des trois éléments α, β, γ de la série hypergéométrique sont irrationnels.

11 juin 1883.

CC.

LES RELATIONS ALGÉBRIQUES ENTRE LES FONCTIONS HYPERELLIPTIQUES D'ORDRE n.

Comptes Rendus des séances de l'Académie des Sciences, t. IC (1884), pp. 889-892, 951-953, 1050-1053.

1. La recherche des relations algébriques entre les fonctions hyperelliptiques d'ordre n, où entrent les fonctions thêta à n arguments, peut être considérée comme la base, le point de départ de la théorie de ces fonctions comme l'ont démontré ROSENHAIN, GÖPEL et HERMITE dans leurs travaux.

M. WEIERSTRASS, dans son Mémoire: *Zur Theorie der* ABEL'*schen Functionen* *) a signalé quatre relations quadratiques très importantes entre ces fonctions, auxquelles j'en ai ajouté deux, dans un Mémoire publié dans les « Annali di Matematica » de l'année 1858 **). Ces résultats sont, encore aujourd'hui, ce qui existe de plus général sur le sujet, et c'est peut-être au manque de leur connaissance que sont dues les tentatives entreprises dans d'autres voies. Ce qui reste à faire, c'est de tirer des nombreuses conséquences de ces formules celles qui conduisent plus directement à la résolution du problème, et c'est le but que je me suis proposé dans ces Communications à l'Académie.

Soient $a_0, a_1, \ldots, a_{2n}$ $2n+1$ quantités réelles, et

$$f(x) = \prod_0^{2n}{}_r (x - a_r)^{\frac{1}{2}}.$$

Si l'on pose

$$u_1 = \sum_1^n{}_r \int_{a_{2r-1}}^{x_r} \frac{f_1(x)dx}{f(x)}, \quad u_2 = \sum_1^n{}_r \int_{a_{2r-1}}^{x_r} \frac{f_2(x)dx}{f(x)}, \quad \ldots, \quad u_n = \sum_1^n{}_r \int_{a_{2r-1}}^{x_r} \frac{f_n(x)dx}{f(x)},$$

*) [Journal für die reine und angewandte Mathematik, t. LII (1856), pp. 285-380].

**) [XLIII: t. I, pp. 285-299].

$f_1(x)$, $f_2(x)$, ..., $f_n(x)$ étant des polynômes de degrés non supérieurs à $n-1$, les fonctions

$$p_r(u_1, u_2, \ldots, u_n) = \sqrt{\varphi(a_r)},$$

$$p_{rs} = p_r p_s \sum_1^n {}^i \frac{f(x_i)}{(x_i - a_r)(x_i - a_s)\varphi'(x_i)},$$

$$p_{rst} = p_r p_s p_t \sum_1^n {}^i \frac{f(x_i)}{(x_i - a_r)(x_i - a_s)(x_i - a_t)\varphi'(x_i)},$$

et ainsi de suite, dans lesquelles $\varphi(x) = (x - x_1)(x - x_2) \ldots (x - x_n)$, sont des fonctions hyperelliptiques de l'ordre n dont le nombre est $4^n - 1$.

Dans ce qui va suivre, j'indiquerai les $2n+1$ quantités a_0, a_1, ..., a_{2n+1}, de cette manière: pour n d'entre elles, par a_{r_1}, a_{r_2}, ..., a_{r_n}; pour $n-1$ autres, par a_{m_1}, a_{m_2}, ..., $a_{m_{n-1}}$; pour les deux dernières, par a_s, a_t. Enfin je pose:

$$g(x) = (x - a_{r_1})(x - a_{r_2}) \ldots (x - a_{r_n}),$$

$$k(x) = (x - a_{m_1})(x - a_{m_2}) \ldots (x - a_{m_{n-1}}),$$

et, en conséquence:

$$h(x) = f^2(x) = g(x)k(x)(x - a_s)(x - a_t).$$

2. Je vais signaler, avant tout, quelques relations algébriques qu'on peut nommer *générales,* parce qu'elles restent les mêmes, quelle que soit la valeur de n. En indiquant par (st) l'expression $a_s - a_t$, ces relations sont les suivantes:

$$(1) \quad \begin{cases} (st)p_\mu p_{st} + (\mu s)p_t p_{\mu s} + (t\mu)p_s p_{\mu t} = 0, \\ (\mu\nu)(st)p_{\mu\nu}p_{st} + (s\nu)(t\mu)p_{s\nu}p_{t\mu} + (s\mu)(\nu t)p_{s\mu}p_{\nu t} = 0, \\ (st)p_{\mu st} = p_t p_{\mu s} - p_s p_{\mu t}, \qquad (st)p_{\mu\nu st} = p_t p_{s\mu\nu} - p_s p_{t\mu\nu}, \end{cases}$$

ainsi de suite. Je dois rappeler, pour le moment, quatre équations entre les six relations quadratiques mentionnées ci-dessus; mais, pour les simplifier dans la forme, je pose

$$p_{rs} = \sqrt{(rs)(rt)g'(a_r)}\frac{x_r}{(rs)}, \qquad p_{rt} = \sqrt{(rs)(rt)g'(a_r)}\frac{y_r}{(rt)}$$

pour $r = r_1, r_2, \ldots, r_n$.

Je pose encore

$$P = \sum^r x_r^2, \qquad Q = \sum^r y_r^2, \qquad R = \sum^r x_r y_r,$$

$$S = \sum^r \frac{x_r^2}{(r\,m)}, \qquad T = \sum^r \frac{y_r^2}{(r\,m)}, \qquad U = \sum^r \frac{x_r y_r}{(r\,m)},$$

$$V = \sum^r \frac{x_r^2}{(r\,s)}, \qquad W = \sum^r \frac{y_r^2}{(r\,t)},$$

dans lesquelles les S, T, U s'écrivent S_1, T_1, U_1; S_2, T_2, U_2, ... pour $m = m_1$, m_2, ... Par l'introduction de ces dénominations, on peut donner aux quatre relations quadratiques la forme très simple qui suit:

$$(2)\quad \left\{ \begin{aligned} p_s^2 &= (st)k(a_s) - P - (st)V, & p_s p_t &= -R, \\ \frac{(sm)}{g(a_m)} p_{ms}^2 &= (st)k(a_s) - (tm)S - (st)V, & \frac{1}{g(a_m)} p_{ms} p_{mt} &= -U. \end{aligned} \right.$$

De la troisième de ces relations on déduit que

$$\frac{1}{g(a_t)} p_{ts}^2 = k(a_s) - V$$

et, par la permutation de s, t:

$$\frac{1}{g(a_s)} p_{st}^2 = k(a_t) - W;$$

on aura en conséquence:

$$(3)\qquad M p_{st}^2 = k(a_t)V - k(a_s)W,$$

en supposant $M = \frac{k(a_s)}{g(a_s)} - \frac{k(a_t)}{g(a_t)}$. Le carré de la fonction p_{st} est, par cette formule, exprimé en fonction linéaire des carrés des fonctions p_{rs}, p_{rt} correspondant à $r = r_1$, r_2, ..., r_n. Mais, au moyen des deux valeurs de p_{st}^2, on déduit les relations suivantes:

$$(4)\qquad p_s^2 = \frac{(st)}{g(a_t)} p_{st}^2 - P, \qquad \frac{(sm)}{g(a_m)} p_{ms}^2 = \frac{(st)}{g(a_t)} p_{st}^2 - (tm)S,$$

et, en permutant s, t:

$$(5)\qquad p_t^2 = -\frac{(st)}{g(a_s)} p_{st}^2 - Q, \qquad \frac{(tm)}{g(a_m)} p_{mt}^2 = -\frac{(st)}{g(a_s)} p_{st}^2 - (sm)T.$$

On aura donc, en désignant par x_1, x_2, ..., x_n; y_1, y_2, ..., y_n les fonctions

x_r, y_r pour $r = r_1, r_2, \ldots, r_n$, ce premier résultat: *Les carrés des deux fonctions à un seul indice* p_s, p_t *et les carrés des* $2n - 1$ *fonctions à deux indices* p_{st}, p_{ms}, p_{mt} $(m = m_1, m_2, \ldots, m_{n-1})$ *peuvent s'exprimer en fonctions linéaires des carrés de* $x_1, x_2, \ldots, x_n; y_1, y_2, \ldots, y_n$.

3. Avant de rechercher si d'autres fonctions hyperelliptiques existent qui jouissent de la propriété établie dans ce qui précède, je vais démontrer que les $2n$ fonctions $x_1, x_2, \ldots, x_n, y_1, y_2, \ldots, y_n$ sont liées entre elles par $n - 1$ relations biquadratiques homogènes. On arrive tout de suite à ces équations au moyen des relations précédentes. En effet, en multipliant entre elles la première des relations (4) et la première des relations (5), on a, à cause de la seconde des équations (2):

$$(6)\qquad -\frac{(st)^2}{g(a_s)g(a_t)}p_{st}^4 + (st)p_{st}^2\left[\frac{P}{g(a_s)} - \frac{Q}{g(a_t)}\right] + PQ - R^2 = 0,$$

laquelle, en se rappelant la valeur (3) de p_{st}^2, est évidemment une équation biquadratique homogène entre $x_1, x_2, \ldots, y_1, y_2, \ldots$.

De la même manière, les autres relations (4), (5), (6) conduisent à la suivante:

$$(7)\qquad -\frac{(st)^2}{g(a_s)g(a_t)}p_{st}^4 + (st)p_{st}^2\left[\frac{(tm)S}{g(a_s)} - \frac{(sm)T}{g(a_t)}\right] + (sm)(tm)(ST - U^2) = 0,$$

qui donne $n - 1$ équations biquadratiques homogènes entre $x_1, x_2, \ldots, y_1, y_2, \ldots$ pour $m = m_1, m_2, \ldots, m_{n-1}$.

Mais, en divisant les termes de cette dernière équation par $(sm)(tm)k'(a_m)$ et en additionnant celles qui en dérivent en posant $m = m_1, m_2, \ldots, m_{n-1}$, on retrouve, en ayant égard à la valeur (3) de p_{st}^2, l'équation précédente (6); on a donc ce second résultat: *Les* $2n$ *fonctions* $x_1, x_2, \ldots, x_n; y_1, y_2, \ldots, y_n$ *sont liées entre elles par* $n - 1$ *équations biquadratiques homogènes.*

4. Cela posé, je reviens aux relations générales (1). Si dans la première on suppose $\mu = r$, on a:

$$(st)p_r p_{st} = \sqrt{(rs)(rt)g'(a_r)}(p_s y_r - p_t x_r),$$

et, en conséquence:

$$(8)\qquad (st)^2 p_{st}^2 \frac{p_r^2}{g'(a_r)} = (rs)(rt)\left\{(st)p_{st}^2\left[\frac{y_r^2}{g(a_t)} - \frac{x_r^2}{g(a_s)}\right] - A\right\},$$

où

$$A = Py_r^2 + Qx_r^2 - 2Rx_r y_r.$$

Or, le second membre de cette équation n'étant pas, *en général,* divisible par p_{st}^2, on a ce résultat: *Les carrés des fonctions à un indice* $p_{r_1}, p_{r_2}, \ldots, p_{r_n}$ *s'expriment en fonction de* $x_1, x_2, \ldots, y_1, y_2, \ldots$ *par des fonctions dont les numérateurs sont des fonctions biquadratiques homogènes, et le dénominateur commun est une fonction linéaire des carrés de ces fonctions.*

De même, si l'on pose dans la relation indiquée $\mu = m$, on arrive à l'équation

$$(9)\quad (st)^2 p_{st}^2 \frac{p_m^2}{g(a_m)} = -(st)^2 \frac{p_{st}^4}{g(a_s)g(a_t)}[(sm)+(tm)] + (st)p_{st}^2 H + (sm)(tm)B,$$

dans laquelle

$$H = \frac{(tm)}{g(a_s)}[P + (sm)S] - \frac{(sm)}{g(a_t)}[Q + (tm)T],$$

$$B = QS + PT - 2RU.$$

En opérant de la même manière sur la seconde des relations (1), on arrive à ces formules: pour $\mu = r$, $\nu = m$,

$$(10)\quad (st)^2 p_{st}^2 \frac{(rm)^2 p_{rm}^2}{g(a_m)g'(a_r)} = (rs)(rt)\left\{(st)p_{st}^2\left[\frac{(sm)}{g(a_t)}y_r^2 - \frac{(tm)}{g(a_s)}x_r^2\right] - (sm)(tm)C\right\},$$

$$C = Sy_r^2 + Tx_r^2 - 2Ux_r y_r;$$

pour $\mu = r_1$, $\nu = r_2$,

$$(11)\quad (st)^2 p_{st}^2 \frac{(r_1 r_2)^2 p_{r_1 r_2}^2}{g'(a_{r_1})g'(a_{r_2})} = (r_1 s)(r_2 t)(r_2 s)(r_2 t)(x_1 y_2 - x_2 y_1)^2;$$

enfin, pour $\mu = m_1$, $\nu = m_2$,

$$(12)\quad \left\{\begin{aligned}(st)^2 p_{st}^2 \frac{(m_1 m_2)^2 p_{m_1 m_2}^2}{g(a_{m_1})g(a_{m_2})} &= -(st)^2 \frac{p_{st}^4}{g(a_s)g(a_t)}[sm_1)(tm_2) + (sm_2)(tm_1)] \\ &\quad + (st)p_{st}^2 K + (sm_1)(sm_2)(tm_1)(tm_2)D,\end{aligned}\right.$$

où

$$K = \frac{(tm_1)(tm_2)}{g(a_s)}[(sm_1)S_1 + (sm_2)S_2] - \frac{(sm_1)(sm_2)}{g(a_t)}[(tm_1)T_1 + (tm_2)T_2],$$

$$D = S_1 T_2 + S_2 T_1 - 2U_1 U_2.$$

En conclusion: *les seuls carrés des fonctions hyperelliptiques* p_s, p_t, p_{st}, p_{ms}, p_{mt} *peuvent s'exprimer par des fonctions linéaires de* $x_1^2, x_2^2, \ldots, y_1^2, y_2^2, \ldots$, *tandis que les carrés des autres* $2n - 1$ *fonctions à un seul indice et les carrés des autres* $(n-1)(2n-1)$ *fonctions à deux indices, multipliés par* p_{st}^2, *sont des fonctions biquadratiques homogènes de* $x_1, x_2, \ldots, y_1, y_2, \ldots$.

CAS D'EXCEPTION. — Supposons $n=2$; dans ce cas, on trouve que

$$PQ - R^2 = (x_1 y_2 - x_2 y_1)^2,$$

et que A, B, C, D sont égaux à cette même expression multipliée par des facteurs constants. Les relations (8) à (12) seront donc, à cause de l'équation (6), divisibles par p_{st}^2, et, en conséquence, les carrés de toutes les fonctions hyperelliptiques du second ordre peuvent s'exprimer en fonctions linéaires de quatre d'entre elles, qui sont liées par une relation biquadratique, comme il est connu.

Pourtant ce cas, qui semble exceptionnel, rentrera dans la règle générale lorsque j'aurai démontré ce théorème, qui découle des formules précédentes:

Les carrés de toutes les fonctions hyperelliptiques d'ordre n, à un et à deux indices, peuvent s'exprimer par des fonctions linéaires des carrés de $\frac{1}{2}(n^2+n+2)$ *d'entre elles.*

5. Pour démontrer le théorème énoncé, je rappelle les équations (7) et (12), que j'écris de la manière suivante:

$$(13)\qquad \begin{cases} ST - U^2 = (st)p_{st}^2 L, \\ S_1 T_2 + S_2 T_1 - 2U_1 U_2 = (st)p_{st}^2 N_{12}, \end{cases}$$

ayant posé

$$(14)\qquad (sm)(tm)L = \frac{(st)}{g(a_s)g(a_t)}p_{st}^2 - \left[\frac{(tm)}{g(a_s)}S - \frac{(sm)}{g(a_t)}T\right],$$

$$(sm_1)(sm_2)(tm_1)(tm_2)N_{12} = (st)\left\{\frac{(m_1 m_2)^2 p_{m_1 m_2}^2}{g(a_{m_1})g(a_{m_2})} + [(sm_1)(tm_2)+(sm_2)(tm_1)]p_{st}^2\right\} - K.$$

Dans ces relations, L peut prendre les $n-1$ valeurs $L_1, L_2, \ldots, L_{n-1}$ correspondant à $m = m_1, m_2, \ldots, m_{n-1}$ et N_{12} ou, en général, N_{ij} les $\frac{(n-1)(n-2)}{2}$ valeurs qui correspondent aux combinaisons deux à deux de ces mêmes valeurs de m, et l'on voit, par les équations (14), que les $\frac{n(n-1)}{2}$ valeurs de L_i, N_{ij} sont exprimées par des fonctions linéaires des carrés des $2n$ fonctions $x_1, x_2, \ldots; y_1, y_2, \ldots$, et des $\frac{(n-1)(n-2)}{2}$ fonctions $p_{m_i m_j}$.

Or, en désignant par $\alpha_1, \alpha_2, \ldots, \alpha_{n-1}$ $n-1$ indéterminées, on déduit des équations précédentes (13) celle-ci:

$$\sum_1^{n-1}{}^{i}\,\alpha_i^2(S_i T_i - U_i^2) + \frac{1}{2}\sum_1^{n-1}{}^{i,j}\,\alpha_i\alpha_j(S_i T_j + S_j T_i - 2U_i U_j)$$

$$= (st)p_{st}^2\left(\sum_1^{n-1}{}^{i}\,\alpha_i^2 L_i + \frac{1}{2}\sum_1^{n-1}{}^{i,j}\,\alpha_i\alpha_j N_{ij}\right);$$

mais le premier membre de cette équation peut s'écrire :

$$\sum_{1}^{n-1}{}^{i} \alpha_i S_i \sum_{1}^{n-1}{}^{i} \alpha_i T_i - \left(\sum_{1}^{n-1}{}^{i} \alpha_i U_i\right)^2,$$

ou aussi, à cause des valeurs de S, T, U, comme il suit :

$$\sum_{1}^{n}{}^{\mu,\nu} \lambda_\mu \lambda_\nu \chi_{\mu\nu},$$

ayant posé

$$(15) \qquad \lambda_\mu = \sum_{1}^{n-1}{}^{i} \frac{\alpha_i}{r_\mu m_i}, \qquad \chi_{\mu\nu} = (x_\mu y_\nu - x_\nu y_\mu)^2.$$

On aura, en conséquence :

$$\sum_{1}^{n}{}^{\mu,\nu} \lambda_\mu \lambda_\nu \chi_{\mu\nu} = (s\,t) p_{st}^2 \left(\sum_{1}^{n-1}{}^{i} \alpha_i^2 L_i + \tfrac{1}{2} \sum_{1}^{n-1}{}^{i,j} \alpha_i \alpha_j N_{ij}\right),$$

et par l'élimination des indéterminées α_i des n équations (15), on aura entre les n quantités λ_μ la relation

$$\frac{k(a_{r_1})}{g'(a_{r_1})}\lambda_1 + \frac{k(a_{r_2})}{g'(a_{r_2})}\lambda_2 + \cdots + \frac{k(a_{r_n})}{g'(a_{r_n})}\lambda_n = 0.$$

Si l'on dispose maintenant des $n-1$ indéterminées α_i de manière à annuler $n-2$ de ces quantités λ_μ, sauf, par exemple, λ_μ, λ_ν, on déduit de la précédente :

$$(16) \qquad \lambda_\mu \lambda_\nu \chi_{\mu\nu} = (s\,t) p_{st}^2 \left(\sum_{1}^{n-1}{}^{i} \alpha_i^2 L_i + \tfrac{1}{2} \sum_{1}^{n-1}{}^{i,j} \alpha_i \alpha_j N_{ij}\right),$$

dans laquelle les α_i, α_j ont les valeurs particulières indiquées.

On a donc ce résultat : *les* $\frac{n(n-1)}{2}$ *expressions* $\chi_{\mu\nu}$ *sont égales au produit de* p_{st}^2 *par des fonctions linéaires des carrés des* $\frac{1}{2}(n^2+n+2)$ *fonctions* x_r, y_r, $p_{m_i m_j}$. Mais les expressions que nous avons nommées A, B, C dans les équations (8), (9), (10) et le second membre de l'équation (11) sont des fonctions linéaires d'un certain nombre de ces quantités $\chi_{\mu\nu}$; en conséquence, les quatre équations indiquées, après la substitution de la valeur supérieure de $\chi_{\mu\nu}$, deviennent divisibles par p_{st}^2 et l'on n'aura que les n valeurs de p_r^2; les $n-1$ valeurs de p_m^2, les $n(n-1)$ valeurs de p_{rm}^2, les $\frac{n(n-1)}{2}$ valeurs de $p_{r_\mu r_\nu}^2$ sont exprimables par les carrés des fonctions x_r, y_r, $p_{m_i m_j}$.

On a donc pour les fonctions hyperelliptiques d'ordre n, à un et à deux indices, ce théorème:

Les carrés de $\frac{n(3n+5)}{2}$ *de ces fonctions sont exprimables en fonctions linéaires des carrés des autres* $\frac{1}{2}(n^2+n+2)$; *ou, en d'autres termes, les carrés de* $\frac{1}{2}(n+1)(3n+2)$ *fonctions* θ, *à un et à deux indices, sont exprimables linéairement par les carrés des autres* $\frac{1}{2}(n^2+n+2)$.

Je vais signaler encore, avant d'aborder l'étude des fonctions hyperelliptiques à un plus grand nombre d'indices, une propriété des fonctions considérées jusqu'ici. On voit très facilement que de l'équation (16) on peut déduire les suivantes:

$$x_\mu y_\nu - x_\nu y_\mu = p_{st}\sqrt{D_{\mu\nu}},$$

$$x_\nu y_\lambda - x_\lambda y_\mu = p_{st}\sqrt{D_{\nu\lambda}},$$

$$x_\lambda y_\mu - x_\mu y_\lambda = p_{st}\sqrt{D_{\lambda\mu}};$$

on aura, en conséquence:

$$x_\lambda\sqrt{D_{\mu\nu}} + x_\mu\sqrt{D_{\nu\lambda}} + x_\nu\sqrt{D_{\lambda\mu}} = 0,$$

$$y_\lambda\sqrt{D_{\mu\nu}} + y_\mu\sqrt{D_{\nu\lambda}} + y_\nu\sqrt{D_{\lambda\mu}} = 0,$$

qui établissent des relations entre les $\frac{1}{2}(n^2+n+2)$ fonctions.

24 novembre, 1 décembre, 15 décembre 1884.

CCI.

SUR QUELQUES FORMULES HYPERELLIPTIQUES.

Comptes Rendus des séances de l'Académie des Sciences, t. CII (1886), pp. 239-242 e 297-298.

1. Soient y, z, w trois fonctions hyperelliptiques à deux variables u_1, u_2, toutes paires, ou deux impaires et la troisième paire. J'indique par y_1, y_2; z_1, z_2; w_1, w_2 les dérivées de ces fonctions relativement à u_1, u_2; on trouve entre ces dérivées les six relations suivantes:

$$(1)\qquad \left\{\begin{aligned} wz_1 - zw_1 &= a_1 y_1 + a_2 y_2, & wz_2 - zw_2 &= -a_0 y_1 - a_1 y_2,\\ yw_1 - wy_1 &= b_1 z_1 + b_2 z_2, & yw_2 - wy_2 &= -b_0 z_1 - b_1 z_2,\\ zy_1 - yz_1 &= c_1 w_1 + c_2 w_2, & zy_2 - yz_2 &= -c_0 w_1 - c_1 w_2,\end{aligned}\right.$$

les constantes a, b, c étant des fonctions des modules pour lesquelles on a:

$$a_1^2 - a_0 a_2 = b_1^2 - b_0 b_2 = c_1^2 - c_0 c_2 = 1.$$

L'élimination des dérivées y_1, y_2, ... des six relations précédentes conduit à une équation du quatrième degré entre y, z, w, ou à l'équation de Göpel. En posant

$$\begin{aligned} 2b_1 c_1 - b_0 c_2 - b_2 c_0 &= 2A,\\ 2c_1 a_1 - c_0 a_2 - c_2 a_0 &= 2B,\\ 2a_1 b_1 - a_0 b_2 - a_2 b_0 &= 2C,\end{aligned}\qquad 2k = \begin{vmatrix} a_0 & b_0 & c_0\\ a_1 & b_1 & c_1\\ a_2 & b_2 & c_2\end{vmatrix},$$

et, en conséquence,

$$k^2 = A^2 + B^2 + C^2 - 2ABC - 1,$$

cette équation a la forme:

$$0 = 1 + y^4 + z^4 + w^4 + 2A(y^2 + z^2w^2)$$
$$+ 2B(z^2 + w^2y^2) + 2C(w^2 + y^2z^2) + 4kyzw.$$

Au moyen des relations (1) on peut obtenir des expressions très simples pour les carrés des dérivées y_1, y_2, ...; pour leurs produits deux à deux; pour les dérivées secondes y_{11}, y_{12}, y_{22}, ... et, en conséquence, pour toutes les dérivées d'ordre pair. J'observe d'abord que, en indiquant par $f(y, z, w) = 0$ cette dernière équation, on a:

$$z_1 w_2 - z_2 w_1 = \frac{1}{4}\rho\frac{\partial f}{\partial y}, \qquad w_1 y_2 - w_2 y_1 = \frac{1}{4}\rho\frac{\partial f}{\partial z}, \qquad y_1 z_2 - y_2 z_1 = \frac{1}{4}\rho\frac{\partial f}{\partial w},$$

ρ étant, comme a, b, c, une fonction des modules.

Cela posé, on déduit tout de suite des relations (1) les suivantes:

$$(a_0 y_{11}) = \frac{1}{2}\rho\frac{\partial f}{\partial y}, \qquad (b_0 z_{11}) = \frac{1}{2}\rho\frac{\partial f}{\partial z}, \qquad (c_0 w_{11}) = \frac{1}{2}\rho\frac{\partial z}{\partial w},$$

$$(a_0 y_1^2) = -\frac{1}{4}\rho\left(z\frac{\partial f}{\partial z} + w\frac{\partial f}{\partial w}\right),$$

$$(b_0 z_1^2) = -\frac{1}{4}\rho\left(w\frac{\partial f}{\partial w} + y\frac{\partial f}{\partial y}\right),$$

$$(c_0 w_1^2) = -\frac{1}{4}\rho\left(y\frac{\partial f}{\partial y} + z\frac{\partial f}{\partial z}\right),$$

ayant écrit $(a_0 y_{11})$ au lieu de $a_0 y_{11} + 2a_1 y_{12} + a_2 y_{22}$, et semblablement pour les autres.

De même, en désignant par $(a_0 z_1 w_1)$ l'expression

$$a_0 z_1 w_1 + a_1(z_1 w_2 + z_2 w_1) + a_2 z_2 w_2,$$

on trouve:

$$(b_0 z_1 w_1) = \frac{1}{4}\rho w\frac{\partial f}{\partial z}, \qquad (c_0 w_1 y_1) = \frac{1}{4}\rho y\frac{\partial f}{\partial w}, \qquad (a_0 y_1 z_1) = \frac{1}{4}\rho z\frac{\partial f}{\partial y},$$

$$(c_0 z_1 w_1) = \frac{1}{4}\rho z\frac{\partial f}{\partial w}, \qquad (a_0 w_1 y_1) = \frac{1}{4}\rho w\frac{\partial f}{\partial y}, \qquad (b_0 y_1 z_1) = \frac{1}{4}\rho y\frac{\partial f}{\partial z}.$$

Pour déterminer la valeur des quinze autres expressions, j'introduis les trois fonctions du second degré Y, Z, W données par les relations:

$$\frac{1}{4}\frac{\partial f}{\partial y} = yY + kzw, \qquad \frac{1}{4}\frac{\partial f}{\partial z} = zZ + kwy, \qquad \frac{1}{4}\frac{\partial f}{\partial w} = wW + kyz,$$

et, en posant
$$l = A - BC, \qquad m = B - CA, \qquad n = C - AB,$$
on arrive au résultat suivant:
$$(b_0 y_{11}) = 2\rho y[Z - m], \qquad (c_0 z_{11}) = 2\rho z[W - n], \qquad (a_0 w_{11}) = 2\rho w[Y - l],$$
$$(c_0 y_{11}) = 2\rho y[W - n], \qquad (a_0 z_{11}) = 2\rho z[Y - l], \qquad (l_0 w_{11}) = 2\rho w[Z - m],$$
et, en conséquence, on a ce premier théorème: *Les dérivées partielles secondes de trois fonctions hyperelliptiques y, z, w, peuvent s'exprimer par des polynômes du troisième degré des mêmes fonctions.*

On a, en second lieu:
$$(a_0 z_1 w_1) = \rho[(Y - 2l)zw - ky],$$
$$(b_0 w_1 y_1) = \rho[(Z - 2m)wy - kz],$$
$$(c_0 y_1 z_1) = \rho[(W - 2n)yz - kw];$$
de ces relations et des précédentes on peut déduire les expressions de
$$z_1 w_1, \qquad z_1 w_2 + z_2 w_1, \qquad \ldots,$$
du quatrième degré en y, z, w.

Enfin on trouve que
$$(b_0 y_1^2) = \rho[W + (Z - 2m)y^2], \qquad (c_0 y_1^2) = \rho[Z + (W - 2n)y^2],$$
$$(c_0 z_1^2) = \rho[Y + (W - 2n)z^2], \qquad (a_0 z_1^2) = \rho[W + (Y - 2l)z^2],$$
$$(a_0 w_1^2) = \rho[Z + (Y - 2l)w^2], \qquad (b_0 w_1^2) = \rho[Y + (Z - 2m)w^2],$$
et l'on a ce second théorème: *Les carrés et les produits deux à deux des dérivées partielles premières de trois fonctions hyperelliptiques y, z, w s'expriment par des polynômes du quatrième degré des mêmes fonctions.*

Ainsi les dérivées partielles d'ordre $2n$ sont exprimables par des polynômes de degré $2n + 1$.

Ces formules, par leur simplicité, peuvent conduire à des conséquences nouvelles, soit dans la théorie des fonctions hyperelliptiques, soit dans celle des équations différentielles. Je me borne, pour le moment, à signaler la suivante. Les formules précédentes donnent
$$w(a_0 y_1 z_1) - z(a_0 y_1 z_1) = 0,$$
$$w(b_0 y_1 z_1) - z(b_0 y_1 w_1) = \rho[k(z^2 + y^2 w^2) + 2myzw],$$
$$w(c_0 y_1 z_1) - z(c_0 y_1 w_1) = -\rho[k(w^2 + y^2 z^2) + 2nyzw].$$

Si dans ces équations on pose $z = wt$, on obtient:

$$(a_0 y_1 t_1) = 0,$$

$$(b_0 y_1 t_1) = -\rho[k(y^2 + t^2) + 2myt],$$

$$(c_0 y_1 t_1) = -\rho[k(1 + y^2 t^2) + 2nyt],$$

où les $y_1 t_1$, $y_1 t_2 + y_2 t_1$, $y_2 t_2$ sont exprimées par des polynômes en y, t.

Mais les relations (1) donnent

$$\left(\frac{1}{w} y_1 + w t_1\right)^2 = 2(a_1 + 1) y_1 t_1 + a_2(y_1 t_2 + y_2 t_1),$$

$$\left(\frac{1}{w} y_2 - w t_2\right)^2 = 2(1 - a_1) y_2 t_2 - a_0(y_1 t_2 + y_2 t_1),$$

et, par conséquent:

$$\frac{1}{w} dy + w\,dt = du_1 \sqrt{P}, \qquad \frac{1}{w} dy - w\,dt = du_2 \sqrt{Q},$$

P, Q étant des polynômes du quatrième degré en y, t. C'est la forme des équations différentielles comme elles se sont présentées à GÖPEL.

2. En indiquant par α_0, β_0, ... les déterminants mineurs du déterminant

$$\sum (\pm\, a_0 b_1 c_2) = 2k$$

ou

$$\alpha_0 = b_1 c_2 - b_2 c_1, \qquad \beta_0 = c_1 a_2 - c_2 a_1, \qquad \ldots,$$

on peut déduire des vingt-sept formules données les valeurs des expressions de la forme

$$(\alpha_2 y_1^2) = \alpha_2 y_1^2 - \alpha_1 y_1 y_2 + \alpha_0 y_1^2.$$

On obtient ainsi, par exemple:

$$(\alpha_2 y_{11}) = -2\rho[ky(y^2 + A) + \lambda z w],$$

$$(\alpha_2 y_1^2) = -\rho[k(1 + 2Ay^2 + y^4) + 2\lambda y z w],$$

$$(\alpha_2 z_1 w_1) = -\rho[k(y^2 - A) z w + y(m z^2 + n w^2 - \lambda)],$$

en faisant $\lambda = A^2 - 1$. En posant $\mu = B^2 - 1$, $\nu = C^2 - 1$, on trouve des valeurs analogues pour les vingt-quatre autres expressions. Les deux premières conduisent à la suivante

$$\left(\alpha_2 \frac{\partial^2 \log y}{\partial u_1^2}\right) = \rho k \left(\frac{1}{y^2} - y^2\right),$$

et, d'une façon analogue,

$$\left(\beta_2 \frac{\partial^2 \log z}{\partial u_1^2}\right) = \rho k \left(\frac{1}{z^2} - z^2\right),$$

$$\left(\gamma_2 \frac{\partial^2 \log w}{\partial u_1^2}\right) = \rho k \left(\frac{1}{w^2} - w^2\right),$$

ce qui démontre l'existence, pour les trois fonctions hyperelliptiques y, z, w, d'une propriété caractéristique des fonctions elliptiques.

On a encore

$$z(\gamma_2 z_{11}) - (\gamma_2 z_1^2) = w(\beta_2 w_{11}) - (\beta_2 w_1^2) = \rho k (y^2 - z^2 w^2),$$

$$w(\alpha_2 w_{11}) - (\alpha_2 w_1^2) = y(\gamma_2 y_{11}) - (\gamma_2 y_1^2) = \rho k (z^2 - w^2 y^2),$$

$$y(\beta_2 y_{11}) - (\beta_2 y_1^2) = z(\alpha_2 z_{11}) - (\alpha_2 z_1^2) = \rho k (w^2 - y^2 z^2),$$

et, en conséquence :

$$\left(\alpha_2 \frac{\partial^2 \log w}{\partial u_1^2}\right) - \left(\alpha_2 \frac{\partial^2 \log z}{\partial u_1^2}\right) = \rho k \left(\frac{z^2}{w^2} - \frac{w^2}{z^2}\right),$$

$$\left(\beta_2 \frac{\partial^2 \log y}{\partial u_1^2}\right) - \left(\beta_2 \frac{\partial^2 \log w}{\partial u_1^2}\right) = \rho k \left(\frac{w^2}{y^2} - \frac{y^2}{w^2}\right),$$

$$\left(\gamma_2 \frac{\partial^2 \log z}{\partial u_1^2}\right) - \left(\gamma_2 \frac{\partial^2 \log y}{\partial u_1^2}\right) = \rho k \left(\frac{y^2}{z^2} - \frac{z^2}{y^2}\right),$$

ou, en d'autres termes, la propriété indiquée pour les fonctions y, z, w subsiste pour les rapports de ces fonctions $\frac{w}{z}$, $\frac{y}{w}$, $\frac{z}{y}$.

1 février, 8 février 1886.

CCII.

LES DISCRIMINANTS DES RÉSOLVANTES DE GALOIS.

Comptes Rendus des séances de l'Académie des Sciences, t. CVIII (1889), pp. 878-879.

On peut donner, comme il est connu, aux trois résolvantes de GALOIS la forme commune

$$f(x) = A^3 B + 12^3 J = 0,$$

et, en posant

$$C = \frac{1}{\rho}\left(A\frac{dB}{dx} + 3B\frac{dA}{dx}\right),$$

cette autre

$$C^2 D = 12^3(1 - J),$$

A, B, C, D étant des polynômes en x, et ρ un coefficient numérique égal au degré de la résolvante.

Les valeurs de A, B, C, D sont, pour $n = 5$:

$$A = x - 3, \qquad B = x^2 - 11x + 64, \qquad C = x^2 - 10x + 45, \qquad D = x;$$

pour $n = 7$:

$$A = x^2 + 7\omega x - 7(\omega + 3), \qquad B = x, \qquad C = x^2 + 4\omega x - (\omega + 3),$$

$$D = x^3 + 13\omega x^2 - (46\omega + 11)x - 27(5\omega - 2),$$

étant $2\omega + 1 = \sqrt{-7}$.

Et pour $n = 11$:

$$A = x^3 + x^2 - 3(\omega + 1)x - (\omega - 3),$$

$$B = x^2 - 3x - 2(\omega - 2),$$

$$C = x^4 - 2x^3 - 3\omega x^2 + 2(\omega + 3)x - 3(\omega + 3),$$

$$D = x^3 + 4x^2 - (5\omega - 1)x - 2(6\omega + 1),$$

dans lesquelles $2\omega + 1 = \sqrt{-11}$.

Pour chacune de ces résolvantes, on a :

$$f'(x) = \rho A^2 C;$$

en conséquence, en indiquant par Δ le discriminant, on trouve :

$$\text{pour } n = 5: \qquad \Delta = 12^{12} J^2 (1 - J)^2,$$

$$\text{pour } n = 7: \qquad \Delta = 12^{18} J^4 (1 - J)^2,$$

$$\text{pour } n = 11: \qquad \Delta = 12^{30} J^6 (1 - J)^4,$$

où, dans les trois cas, le discriminant est un carré.

29 avril 1889.

CCIII.

SUR LA DERNIÈRE COMMUNICATION D'HALPHEN À L'ACADÉMIE.

Comptes Rendus des séances de l'Académie des Sciences, t. CIX (1889), pp. 520-522.

HALPHEN, dans les derniers mois de sa vie laborieuse, était occupé à la rédaction du troisième Volume de son excellent *Traité des fonctions elliptiques et de leurs applications* *). Sa dernière Communication à l'Académie (séance du 11 mars 1889), qui porte le titre : *Sur la résolvante de* GALOIS *dans la division des périodes elliptiques par 7* **), donne les résultats du calcul d'une nouvelle résolvante, d'une grande simplicité. Le mérite principal de cette résolvante consiste, à mon avis, dans l'expression des racines de l'équation du septième degré en fonction des racines de l'équation modulaire jacobienne de huitième degré.

On voit qu'entre ces équations modulaires, que j'ai nommées autrefois *jacobiennes,* à cause de la propriété spéciale indiquée par JACOBI, celles dont les racines y s'expriment de la manière suivante

$$y = \left[\mu \sqrt{\frac{\lambda\lambda'}{kk'}\mu}\right]^{\frac{2}{3}},$$

μ étant le multiplicateur ; k, k' ; λ, λ' ayant les significations ordinaires, donnent les équations modulaires les plus simples.

On sait encore qu'en posant

$$\sqrt{y} = \Delta^{\frac{n-1}{24}} f,$$

*) [Paris, Gauthier-Villars, 1886-1891].

**) [Comptes Rendus des séances de l'Académie des Sciences, t. CVIII (1889), pp. 476-477].

où Δ est le déterminant, on a

$$f = e^{-\frac{n^2-1}{12n}\omega\eta}\,\sigma\left(\frac{2\omega}{n}\right)\sigma\left(\frac{4\omega}{n}\right)\ldots\sigma\left(\frac{n-1}{n}\omega\right)$$

pour une transformation d'ordre n, nombre premier.

Enfin, la fonction σ est celle introduite par M. WEIERSTRASS dans la théorie des fonctions elliptiques, et, en conséquence, en posant

$$f^{-2} = -P,$$

on a:

$$P = \prod_1^{\frac{n-1}{2}}\left[\wp\left(\frac{2r\omega}{n}\right) - \wp\left(\frac{4r\omega}{n}\right)\right].$$

Cela posé, les racines de l'équation calculée par HALPHEN s'expriment avec une petite modification de la manière suivante:

$$x^2 = \frac{1}{(\sqrt{-7})^{\frac{3}{2}}}(y_\infty - y_0)(y_1 - y_3)(y_2 - y_6)(y_4 - y_5),$$

et l'on obtient la résolvante

$$x^3(x-1)\left(x + \frac{3+\sqrt{-7}}{2}\right)^3 = \alpha,$$

étant

$$\alpha = \frac{12^3}{7^3\sqrt{-7}}J,$$

et J l'invariant absolu.

Il m'a semblé de quelque intérêt de rechercher si cette résolvante pouvait être transformée dans celle calculée par M. HERMITE il y a bien des années. La formule de transformation est très simple:

$$z = (x-1)\sqrt{-7},$$

et l'on obtient la transformée:

$$A^3 B + 12^3 J = 0 \text{ *)},$$

dans laquelle

$$A = z^2 + 7\omega z - 7(\omega + 3), \qquad B = z,$$

*) Voir ma Communication: *Les discriminants des résolvantes de* GALOIS [CCII; t. V, pp. 59-60].

et

$$2\omega + 1 = \sqrt{-7}.$$

Je vais enfin indiquer une autre forme de la même résolvante. La valeur de A peut s'écrire :

$$A = (z + 2\omega + 1)(z + 5\omega - 1),$$

et en observant que

$$5\omega - 1 = -(2\omega + 1)(\omega + 1)^3,$$

si l'on pose

$$z = (2\omega + 1)\xi^3,$$

on arrive à la transformée

$$7\xi(\xi^3 + 1)[\xi^3 - (\omega + 1)^3] + \beta = 0,$$

dans laquelle :

$$\beta = \frac{12}{(\sqrt{-7})^{\frac{1}{3}}} J^{\frac{1}{3}}.$$

30 septembre 1889.

CCIV.

SUR UNE CLASSE D'ÉQUATIONS MODULAIRES.

Comptes Rendus des séances de l'Académie des Sciences, t. CXII (1891), pp. 28-32.

1. Dans une Communication que j'ai présentée à l'Académie des Sciences au mois de novembre de l'année 1874 *), j'ai démontré que la formule de transformation d'ordre n, nombre premier, des fonctions elliptiques

$$(1) \qquad \frac{d\xi}{\sqrt{4\xi^3 - \gamma_2\xi - \gamma_3}} = \frac{dx}{\sqrt{4x^3 - g_2 x - g_3}} = du,$$

est la suivante :

$$\xi = \frac{U}{J^2},$$

en faisant

$$J = x^\nu + \nu a_1 x^{\nu-1} + \frac{\nu(\nu-1)}{2} a_2 x^{\nu-2} + \cdots + a_\nu,$$

et

$$U = \varphi(x)(J'^2 - JJ'') - \tfrac{1}{2}\varphi'(x)JJ' + (nx + 2\nu a_1)J^2,$$

dans laquelle

$$\varphi(x) = 4x^3 - g_2 x - g_3, \qquad \nu = \frac{n-1}{2}, \qquad J' = \frac{dJ}{dx}, \qquad J'' = \frac{d^2J}{dx^2}.$$

Le polynôme J, comme l'a démontré JACOBI, doit satisfaire à une équation différentielle du second ordre

$$\varphi(x)J'' - [2(2n-3)x^2 - \tfrac{1}{6}(4n-3)g_2]J' + (n-1)(nx - 3a_1)J = nD(J),$$

*) [CLXXXV : t. IV, pp. 379-387].

en indiquant avec D le symbole d'opération

$$D = 12 g_3 \frac{\partial}{\partial g_2} + \frac{2}{3} g_2^2 \frac{\partial}{\partial g_3},$$

pour laquelle

$$D(g_2) = 12 g_3, \qquad D(g_3) = \tfrac{2}{3} g_2^2, \qquad D(\delta) = 0,$$

étant

$$\delta = g_2^3 - 27 g_3^2.$$

De l'équation supérieure on déduit entre les coefficients $a_1, a_2, \ldots$ la formule de récursion suivante:

$$(2) \qquad \begin{cases} (n - 2s - 1)(2s + 3) a_{s+1} - 3(n - 1) a_1 a_s \\ \qquad + \tfrac{1}{6} s(n + 6s) g_2 a_{s-1} - s(s - 1) g_3 a_{s-2} = n D(a_s), \end{cases}$$

laquelle donne:

$$5(n - 3) a_2 = n D(a_1) + 3(n - 1) a_1^2 - \tfrac{1}{6}(n + 6) g_2,$$

$$7(n - 5) a_3 = n D(a_2) + 3(n - 1) a_1 a_2 - \tfrac{1}{3}(n + 12) g_2 a_1 + 2 g_3,$$

$$9(n - 7) a_4 = n D(a_3) + 3(n - 1) a_1 a_3 - \tfrac{1}{2}(n + 18) g_2 a_2 + 6 g_3 a_1,$$

ainsi de suite.

Les coefficients $a_2, a_3, \ldots$ peuvent en conséquence s'exprimer en fonction de $a_1, D(a_1), D^2(a_1), \ldots, g_2, g_3$.

2. Si l'on pose

$$V = \varphi(x)(U'^2 - U U'') - \tfrac{1}{2} \varphi'(x) U U' + [(2n + 1)x + 4 \nu a_1] U^2,$$

on déduit de l'équation différentielle (1) qu'on aura identiquement:

$$V - x U^2 + \tfrac{1}{2} \gamma_2 U J^2 + \gamma_3 J^4 = 0.$$

Les coefficients de x^{2n+1}, x^{2n} dans les premiers membres de cette équation sont nuls; ceux de x^{2n-1}, x^{2n-2}, x^{2n-3} donnent les trois relations:

$$(3) \quad \begin{cases} \gamma_2 = 30(n-1)[(n-1) a_1^2 - (n-3) a_2] - (5n - 6) g_2, \\ \gamma_3 = -\tfrac{35}{2}(n-1)[2(n-1)^2 a_1^3 - 3(n-1)(n-3) a_1 a_2 + (n-3)(n-5) a_3] \\ \quad + 21(n-1) g_2 a_1 - (14n - 15) g_3, \end{cases}$$

$$(4)\quad \begin{cases} 0 = (n-1)^3 a_1^4 - 2(n-1)^2(n-3)a_1^2 a_2 - \frac{5}{2}(n-1)(n-3)^2 a_2^2 \\ \quad + \frac{14}{3}(n-1)(n-3)(n-5)a_1 a_3 - \frac{7}{6}(n-3)(n-5)(n-7)a_4 \\ \quad + 2(n-4)g_2[(n-1)a_1^2 - (n-3)a_2] + 8g_3 a_1 - \frac{1}{6}(n-2)g_2^2. \end{cases}$$

Opérant sur les deux formules (3) avec le symbole D, on obtient, au moyen de la formule de récursion (2), ce premier résultat:

$$nD(\gamma_2) = 12\gamma_3 + 8(n-1)\gamma_2 a_1,$$

et, en substituant dans la valeur de $D(\gamma_3)$ pour a_4 la valeur donnée par l'équation (4), on arrive à cette seconde relation:

$$nD(\gamma_3) = \frac{2}{3}\gamma_2^2 + 12(n-1)\gamma_3 a_1,$$

et, en conséquence, en posant

$$\Delta = \gamma_2^3 - 27\gamma_3^2,$$

on aura:

$$a_1 = \frac{1}{24}\frac{n}{n-1}\frac{D(\Delta)}{\Delta},$$

ou enfin:

$$(5)\qquad a_1 = \frac{n}{n-1}\frac{D(z)}{z}, \quad z = \left(\frac{\Delta}{\delta}\right)^{\frac{1}{24}}.$$

L'application successive de l'opération D sur l'équation (4) et sur celles qu'on obtient par cette application conduit aux équations nécessaires pour la détermination de $a_2, a_3, \ldots$ en fonction de a_1 et à l'équation modulaire du degré $n+1$ en a_1.

3. Les $n+1$ valeurs de

$$z^2 = \left(\frac{\Delta}{\delta}\right)^{\frac{1}{12}}$$

sont, comme il est connu, racines d'une équation modulaire que j'ai nommée *jacobienne*, en considération de la propriété caractéristique de ces racines indiquée par Jacobi. La propriété est celle-ci: les $n+1$ quantités $z_\infty, z_0, z_1, \ldots, z_{n-1}$ sont liées par $\frac{n+1}{2}$ relations linéaires. La même propriété se vérifie pour $z_\infty^3, z_0^3, z_1^3, \ldots, z_{n-1}^3$.

Cela rappelé, on voit tout de suite que la même propriété aura encore lieu pour

$$\left.\begin{matrix} D(z_r), & D^2(z_r), & D^3(z_r), & \ldots \\ D(z_r^3), & D^2(z_r^3), & D^3(z_r^3), & \ldots \end{matrix}\right\} \qquad (r = \infty, 0, \ldots, n-1).$$

Soit

$$\alpha_s = z^3 a_s, \quad \alpha_0 = z^3;$$

on déduit à cause de la relation (5):

$$\alpha_1 = \frac{n}{3(n-1)} D(\alpha_0), \qquad n D(\alpha_s) = z^3[3(n-1)a_1 a_s + n D(a_s)],$$

et la formule de récursion (2) se transformera dans la suivante

$$(6) \quad (n-2s-1)(2s+3)\alpha_{s+1} + \tfrac{1}{6}s(n+6s)g_2\alpha_{s-1} - s(s-1)g_3\alpha_{s-2} = n D(\alpha_s).$$

Les quantités $\alpha_1, \alpha_2, \ldots, \alpha_r$ peuvent, en conséquence, s'exprimer en fonctions linéaires de α_0, $D(\alpha_0)$, $D^2(\alpha_0)$, ..., et les quantités

$$\alpha_0, \quad D(\alpha_0), \quad \ldots, \quad D^{\frac{n-1}{2}}(\alpha_0),$$

sont liées entre elles par une équation linéaire.

En posant

$$(7) \qquad y = z^3 J(x),$$

l'équation modulaire, dont les racines sont $y_\infty^2, y_0^2, \ldots, y_{n-1}^2$, sera donc une *équation modulaire jacobienne.*

4. Soient e_1, e_2, e_3 les racines de l'équation

$$4x^3 - g_2 x - g_3 = 0,$$

et $\varepsilon_1, \varepsilon_2, \varepsilon_3$ celles de l'équation

$$4\xi^3 - \gamma_2\xi - \gamma_3 = 0;$$

on démontre facilement que

$$(8) \quad \left\{ \begin{aligned} &[(e_1-e_3)(e_1-e_2)]^{\frac{n-1}{4}} \left(\frac{\varepsilon_2-\varepsilon_3}{e_2-e_3}\right)^{\frac{1}{4}} = z^3 J(e_1), \\ &[(e_2-e_3)(e_1-e_2)]^{\frac{n-1}{4}} \left(\frac{\varepsilon_3-\varepsilon_1}{e_3-e_1}\right)^{\frac{1}{4}} = z^3 J(e_2), \\ &[(e_1-e_3)(e_2-e_3)]^{\frac{n-1}{4}} \left(\frac{\varepsilon_1-\varepsilon_2}{e_1-e_2}\right)^{\frac{1}{4}} = z^3 J(e_3), \end{aligned} \right.$$

et, en conséquence,

$$(\varepsilon_2-\varepsilon_3)^{\frac{1}{2}}, \quad (\varepsilon_3-\varepsilon_1)^{\frac{1}{2}}, \quad (\varepsilon_1-\varepsilon_2)^{\frac{1}{2}}$$

sont racines de trois équations modulaires jacobiennes qu'on déduit de la supérieure en y.

En multipliant les trois équations (8) entre elles, on obtient, en se rappelant la valeur (5) de z:

$$\delta^{\frac{n-1}{4}} = 2^{n-1} z^6 J(e_1) J(e_2) J(e_3),$$

ou

$$\delta^{\frac{n-1}{4}} = (-1)^{\frac{n-1}{2}} z^6 \prod \wp'^2\left(\frac{2\alpha\omega}{n}\right) \quad \left(\alpha = 1, 2, \ldots, \frac{n-1}{2}\right).$$

Mais de la formule d'addition *) on a:

$$[\wp(u-v) - \wp(u+v)][\wp(u) - \wp(v)]^2 = \wp'(u)\wp'(v),$$

et, en conséquence:

$$\prod \wp'^2\left(\frac{2\alpha\omega}{n}\right) = \prod \left[\wp\left(\frac{2\alpha\omega}{n}\right) - \wp\left(\frac{4\alpha\omega}{n}\right)\right]^3,$$

et enfin:

$$(-1)^{\frac{n-1}{6}} z^2 = \frac{\delta^{\frac{n-1}{12}}}{\prod \left[\wp\left(\frac{2\alpha\omega}{n}\right) - \wp\left(\frac{4\alpha\omega}{n}\right)\right]},$$

laquelle conduit à l'expression déjà donnée par M. KIEPERT **):

$$z = \delta^{\frac{n-1}{24}} e^{-\frac{n^2-1}{12n}\eta\omega} \prod \sigma\left(\frac{2\alpha\omega}{n}\right).$$

5 janvier 1891.

*) HALPHEN, *Traité des fonctions elliptiques et de leurs applications* (Paris, 1886-91), t. I, pag. 39.

**) KIEPERT, *Zur Transformationstheorie der elliptischen Functionen* [Journal für die reine und angewandte Mathematik, t. LXXXVII (1879), pp. 199-216].

CCV.

SUR LES RACINES MULTIPLES DES ÉQUATIONS ALGÉBRIQUES.

Comptes Rendus des séances de l'Académie des Sciences, t. CXXI (1895), pp. 582-585.

1. Si une équation $f(x) = 0$ a deux racines égales, le discriminant de $f(x)$ est identiquement nul.

Je me suis proposé la question suivante: Quelles sont les propriétés et les valeurs des covariants et des invariants de $f(x)$ dans le cas où un nombre r de racines de l'équation $f(x) = 0$ sont égales. Cette question a été considérée dans quelques cas particuliers par MM. Clebsch, Gordan, Hilbert, et d'autres.

Soit

$$f(x) = (x - y)^r \varphi(x)$$

et $f(x)$ de l'ordre n. On peut démontrer les deux théorèmes suivants dont l'un est conséquence de l'autre:

Un covariant quelconque de $f(x)$, covariant de l'ordre m et du degré p, peut s'exprimer en fonction entière et rationnelle de covariants et d'invariants de $\varphi(y)$, fonction de l'ordre $m + rp$ et du degré p.

Un invariant quelconque de $f(x)$, invariant du degré p, peut s'exprimer en fonction entière et rationnelle de covariants et d'invariants de $\varphi(y)$ de l'ordre rp et du degré p.

On voit très facilement que, si l'équation $\varphi(x) = 0$ a des racines égales, mais différentes de y, en appliquant à $\varphi(x)$ les mêmes théorèmes, on aura pour les covariants et les invariants de $\varphi(x)$ les valeurs qui doivent être introduites dans les covariants et les invariants de $f(x)$, ainsi de suite.

2. Un exemple très simple peut donner une idée claire du résultat. Soient $n = 6$, $r = 2$, et A, B, C, D, R les invariants des degrés 2, 4, 6, 10, 15 de $f(x)$.

La forme biquadratique $\varphi(y)$ a les deux invariants g_2, g_3 et les covariants

$$h = \tfrac{1}{2}(\varphi\varphi)_2, \qquad t = 2(\varphi h),$$

entre lesquels on a la relation connue

$$t^2 = -4h^3 + g_2 h\varphi^2 - g_3\varphi^3.$$

Or on trouve que

$$A = \frac{2}{5}h, \qquad B = \frac{4^2}{3\cdot 5^4}h^2 + \frac{1}{3^2\cdot 5^3}g_2\varphi^2,$$

$$C = \frac{1}{3^3\cdot 5^6}(4^3h^3 - 5\cdot 8g_2h\varphi^2 + 5^2g_3\varphi^3),$$

$$D = \frac{1}{3^5\cdot 5^{10}}(3^3\cdot 4^6h^5 - 4^4\cdot 5^3g_2h^3\varphi^2 + 2\cdot 3^2\cdot 4^3\cdot 5^2g_3h^2\varphi^3$$
$$+ 3\cdot 4^2\cdot 5^2g_2^2h\varphi^4 - 4^2\cdot 5^3g_2g_3\varphi^5),$$

$$R = -\frac{2\cdot 4^2}{3^3\cdot 5^{10}}(g_2^3 - 27g_3^2)t\varphi^6,$$

ayant écrit φ, h, t au lieu de $\varphi(y)$, $h(y)$, $t(y)$.

L'élimination de g_2, g_3, h des valeurs de A, B, C, D donne

$$2\cdot 4^2A^2[5^4C + 5^3AB - 4A^3] - 5^5[8AB^2 + 3\cdot 4^2BC + 3D] = 0,$$

et le premier membre, sauf un coefficient numérique, est la valeur connue du discriminant.

Des valeurs de A, B, C on déduit :

$$h = \tfrac{5}{2}A, \qquad g_2\varphi^2 = 3\cdot 5[3\cdot 5^2B - 4A^2],$$

$$g_3\varphi^3 = 5[3^3\cdot 5^3C + 4\cdot 3^2\cdot 5^2AB - 7\cdot 8A^3],$$

et, en conséquence :

$$t^2 = \frac{3^3\cdot 5}{2}[A^3 - 5^2AB - 2\cdot 5^3C].$$

On peut considérer trois cas. Si $\varphi(y) = 0$, ou l'équation $f(x) = 0$ a trois racines égales :

$$R = 0, \qquad 4A^2 - 3\cdot 5^2B = 0, \qquad 7\cdot 8\cdot A^3 - 4\cdot 3^2\cdot 5^2AB - 3^3\cdot 5^3C = 0.$$

Si $g_2^3 - 27g_3^2 = 0$ et, en conséquence, l'équation $f(x) = 0$ a deux couples de racines égales, on a :

$$5(3.5^2 B - 4A^2)^3 - (3^3.5^3 C + 4.3^2.5^2 AB - 7.8 A^3)^2 = 0 \quad \text{et} \quad R = 0.$$

Si enfin l'équation $\varphi(y) = 0$ a deux couples de racines égales, ou la forme biquadratique $\varphi(y)$ est le carré d'une forme quadratique, la forme $f(x)$ est le carré d'une forme cubique; comme dans ce cas, $t = 0$, on a:

$$R = 0, \qquad A^3 - 5^2 AB - 2.5^3 C = 0.$$

Ces résultats conduisent aussi à la démonstration d'une propriété relative à la résolution des équations du sixième degré ayant une racine double. La remarquable réduite d'une équation quelconque du sixième degré due au P. JOUBERT

$$z^6 + 2.3.5 A z^4 + 3^2.4.5(3A^2 - 5^2 B)z^2 + 6^3 \Delta^{\frac{1}{2}} z$$
$$+ 5.8.3^3(2.5^3 C + 5^2 AB - A^3) = 0,$$

dans laquelle Δ est le discriminant, se transforme dans le cas où $\Delta = 0$ dans la suivante:

$$z^6 + 3.4 h z^4 + 4(3.4 h^2 - g_2 \varphi^2) z^2 - 4^2 t^2 = 0,$$

ou

$$(z^2 + 4h)^3 - 4 g_2 \varphi^2 (z^2 + 4h) + 4^2 g_3 \varphi^3 = 0,$$

et, en conséquence :

$$z_1^2 = -4(\varphi e_1 + h), \qquad z_2^2 = -4(\varphi e_2 + h), \qquad z_3^2 = -4(\varphi e_3 + h),$$

e_1, e_2, e_3 étant les racines de l'équation

$$4e^3 - g_2 e - g_3 = 0.$$

28 octobre 1895.

CCVI.

SUR LA TRANSFORMATION DES ÉQUATIONS ALGÉBRIQUES.

Comptes Rendus des séances de l'Académie des Sciences, t. CXXIV (1897), pp. 661-665.

1. Soient $x_0, x_1, \ldots, x_{n-1}$ les racines de l'équation

$$f(x) = a_0 x^n + n a_1 x^{n-1} + \frac{n(n-1)}{2} a_2 x^{n-2} + \cdots + a_n = 0$$

et

$$(1)\quad \left\{ \begin{array}{l} p_r = a_0 x^r + n a_1 x^{r-1} + \cdots \\ \cdots + \dfrac{n(n-1)\ldots(n-r+2)}{1.2\ldots(r-1)} a_{r-1} x + \dfrac{(n-1)(n-2)\ldots(n-r+1)}{1.2\ldots(r-1)} a_r, \end{array} \right.$$

le dernier coefficient numérique étant déterminé de manière que

$$\sum_0^{n-1}{}^s\, p_r(x_s) = 0.$$

En posant

$$f_1 = \frac{1}{n} f'(x), \qquad f_2 = \frac{1}{n(n-1)} f''(x), \qquad \ldots$$

et

$$A_{r,s} = \frac{(n-1)(n-2)\ldots(n-r)}{1.2\ldots(s-1).1.2\ldots(r-s)} \frac{1}{n-r+s-1},$$

on peut exprimer la fonction p_r, comme il suit :

$$(2)\quad p_r = A_{r,1} f_{n-r} - A_{r,2} x f_{n-r+1} + A_{r,3} x^2 f_{n-r+2} + \cdots + (-1)^{r-1} A_{r,r} x^{r-1} f_{n-1}.$$

Soit

$$(3)\qquad y = p_1\alpha_{n-2} - p_2\alpha_{n-3} + \cdots + (-1)^n p_{n-1}\alpha_0,$$

la formule de transformation, et

$$(4)\qquad \psi = \alpha_0 x^{n-2} + (n-2)\alpha_1 x^{n-3} + \frac{(n-2)(n-3)}{2}\alpha_2 x^{n-4} + \cdots + \alpha_{n-2};$$

en substituant les expressions (2) dans la formule (3), on obtient :

$$(5)\qquad \left\{\begin{aligned} y &= f_{n-1}\psi_0 - (n-1)f_{n-2}\psi_1 \\ &+ \frac{(n-1)(n-2)}{2}f_{n-3}\psi_2 + \cdots + (-1)^n(n-1)f_1\psi_{n-2}, \end{aligned}\right.$$

dans laquelle

$$\psi_0 = \psi, \qquad \psi_1 = \frac{1}{n-2}\psi'(x), \qquad \psi_2 = \frac{1}{(n-2)(n-3)}\psi''(x), \qquad \cdots\cdot$$

Supposons que dans la formule (4), qui doit subsister pour une racine quelconque x_s de l'équation $f(x) = 0$, on ait posé $x = x_s$, et soit

$$f(x) = (x - x_s)\varphi(x);$$

on aura :

$$f_1(x_s) = \frac{1}{n}\varphi_0(x_s), \qquad f_2(x_s) = \frac{2}{n}\varphi_1(x_s), \qquad f_{n-1}(x_s) = \frac{n-1}{n}\varphi_{n-2}(x_s),$$

et la formule (5) devient

$$y = \frac{n-1}{n}[\varphi_{n-2}\psi_0 - (n-2)\varphi_{n-3}\psi_1 + \cdots + (-1)^n\varphi_0\psi_{n-2}],$$

ou dans la notation adoptée

$$(6)\qquad y = \frac{n-1}{n}(\varphi\psi)_{n-2},$$

et en conséquence y est un covariant simultané des formes φ, ψ.

Si l'on suppose que $\psi(x)$ soit un covariant de l'ordre $n-2$ et du degré m de la forme $f(x)$ par un théorème que j'ai démontré autrefois, on a que $\psi(x)$ est un covariant de l'ordre $m+n-2$ et du degré m de la forme $\varphi(x)$; et dans ce cas, y sera un covariant de l'ordre $m+1$ et du degré $m+1$ de la forme $\varphi(x)$.

2. La formule de transformation (3), sauf quelques petites modifications, est due à M. Hermite. Cayley en a fait l'application à l'équation du cinquième degré, mais

avec un calcul très laborieux. Elle comprend aussi certaines formules données par MM. KLEIN et GORDAN *).

Mais la propriété caractéristique de cette formule, propriété qui en démontre la valeur, est la suivante. J'en ferai l'application aux équations du septième degré, pour ne pas écrire des formules trop longues, et la méthode reste la même dans chaque cas.

Je pose

$$F(\alpha) = p_1 \alpha_{n-2} - p_2 \alpha_{n-3} + \cdots + (-1)^n p_{n-1} \alpha_0,$$

et en conséquence

$$y = F(\alpha), \qquad \sum y = 0.$$

Or, l'on démontre que

$$(7) \qquad y^2 = H(\alpha) - F(\beta),$$

dans laquelle $H(\alpha)$ est une forme quadratique en $\alpha_0, \alpha_1, \ldots, \alpha_{n-2}$, invariant simultané des formes $f(x)$ et

$$\alpha = \alpha_0 x^{n-2} + (n-2)\alpha_1 x^{n-3} + \cdots + \alpha_{n-2},$$

et $\beta_0, \beta_1, \ldots,$ fonctions quadratiques de $\alpha_0, \alpha_1, \ldots,$ sont les coefficients d'une forme

$$\beta = \beta_0 x^{n-2} + (n-2)\beta_1 x^{n-3} + \cdots + \beta_{n-2},$$

covariant simultané de $f(x)$ et $\alpha(x)$.

La forme quadratique $H(\alpha)$ jouit de cette propriété remarquable que son discriminant est égal, sauf un coefficient numérique, au discriminant de la forme $f(x)$. Cette propriété trouve une application opportune dans la recherche des valeurs de $\alpha_0, \alpha_1, \ldots$ qui rendent $H(\alpha) = 0$. En indiquant par $S_1, S_2, \ldots$ les sommes des puissances des racines de la transformée, l'équation (7), ou

$$(8) \qquad F^2(\alpha) = H(\alpha) - F(\beta),$$

en observant que $\sum F(\beta) = 0$, donne

$$S_2 = n H(\alpha).$$

*) HERMITE, *Sur quelques théorèmes d'Algèbre, et la résolution de l'équation de quatrième degré* [Comptes Rendus des séances de l'Académie des Sciences, t. XLVI (1858), pp. 961-967].

CAYLEY, *On* TSCHIRNHAUSEN'*s Transformation* [Philosophical Transactions of the Royal Society of London, t. CLI (1861), pp. 561-578; The Collected Mathematical Papers (Cambridge 1889-98), t. IV, pp. 375-394 (p. 386)].

KLEIN, *Zur Theorie der allgemeinen Gleichungen sechsten und siebenten Grades* [Mathematische Annalen, t. XXVIII (1887), pp. 499-532].

GORDAN, *Ueber Gleichungen fünften Grades* [Mathematische Annalen, t. XXVIII (1887), pp. 152-166].

D'une manière analogue à l'équation précédente (8) on aura:

$$F^2(\beta) = H(\beta) - F(\gamma);$$

dans cette relation

$$\gamma = \gamma_0 x^{n-2} + (n-2)\gamma_1 x^{n-3} + \cdots + \gamma_{n-2}$$

est un covariant simultané de $f(x)$, $\beta(x)$, et en conséquence de $f(x)$, $\alpha(x)$; et les $\gamma_0, \gamma_1, \ldots$ s'expriment avec les $\beta_0, \beta_1, \ldots$ comme ces dernières par les $\alpha_0, \alpha_1, \ldots$. On déduit que

$$S_4 = n[H^2(\alpha) + H(\beta)].$$

L'équation (8) donne

$$2F(\alpha)\frac{\partial F(\alpha)}{\partial \alpha_r} = \frac{\partial H(\alpha)}{\partial \alpha_r} - \frac{\partial F(\beta)}{\partial \alpha_r}$$

pour $r = 0, 1, \ldots, n-2$. Mais $F(\alpha)$ est une fonction linéaire de $\alpha_0, \alpha_1, \ldots$, on aura donc:

$$\sum_0^{n-2} {}_r \beta_r \frac{\partial F(\alpha)}{\partial \alpha_r} = F(\beta);$$

ainsi:

$$2F(\alpha)F(\beta) = \sum_0^{n-2} {}_r \beta_r \frac{\partial H(\alpha)}{\partial \alpha_r} - \sum_0^{n-2} {}_r \beta_r \frac{\partial F(\beta)}{\partial \alpha_r}, \tag{9}$$

et

$$\sum F(\alpha)F(\beta) = nK(\alpha, \beta);$$

ayant posé

$$K(\alpha, \beta) = \frac{1}{2}\sum_0^{n-2} {}_r \beta_r \frac{\partial H(\alpha)}{\partial \alpha_r} = \frac{1}{2}\sum_0^{n-2} {}_r \alpha_r \frac{\partial H(\beta)}{\partial \beta_r}.$$

Les trois sommes S_3, S_5, S_6 ont, en conséquence, les valeurs

$$S_3 = -nK(\alpha, \beta), \qquad S_5 = -n[2H(\alpha)K(\alpha, \beta) + K(\alpha, \gamma)],$$

$$S_6 = n[H^3(\alpha) + 3H(\alpha)H(\beta) + K(\beta, \gamma)].$$

Enfin, vu que, évidemment,

$$\sum_0^{n-2} {}_r \beta_r \frac{\partial F(\beta)}{\partial \alpha_r} = \sum_0^{n-2} {}_r \alpha_r \frac{\partial F(\gamma)}{\partial \beta_r},$$

l'équation (9) peut s'écrire

$$F(\alpha)F(\beta) = K(\alpha, \beta) - \frac{1}{2}\sum_0^{n-2} {}_r \alpha_r \frac{\partial F(\gamma)}{\partial \beta_r},$$

l'on aura ainsi:

$$\sum F(\alpha)F(\beta)F(\gamma) = -nK(\alpha, \beta, \gamma),$$

où

$$K(\alpha, \beta, \gamma) = \frac{1}{2} \sum_{0}^{n-2} {}_r \alpha_r \frac{\partial H(\gamma)}{\partial \beta_r},$$

et

$$S_7 = -n[3H^2(\alpha)K(\alpha, \beta) + 3H(\alpha)K(\alpha, \gamma) + H(\beta)K(\alpha, \beta) + K(\alpha, \beta, \gamma)].$$

On voit donc que, dans chaque cas particulier, l'application de la méthode se réduit à déterminer l'invariant simultané H et les invariants simultanés β, γ, ...

3. Soit $n = 7$; $\alpha(x)$ étant, dans ce cas, une forme du cinquième ordre, les covariants simultanés

$$a = (f\alpha)_3, \qquad a' = (f\alpha)_4, \qquad a'' = (f\alpha)_5$$

sont des ordres 6, 4, 2. Un calcul très facile donne

$$\beta = (a\alpha)_3 + 3(a'\alpha)_2 + \frac{3.11}{2.5}(a''\alpha).$$

De même, en posant

$$b = (f\beta)_3, \qquad b' = (f\beta)_4, \qquad b'' = (f\beta)_5,$$

on aura :

$$\gamma = (b\beta)_3 + 3(b'\beta)_2 + \frac{3.11}{2.5}(b''\beta),$$

ainsi de suite.

Les invariants $H(\alpha)$, $H(\beta)$, ..., $K(\alpha, \beta)$, $K(\alpha, \gamma)$, ... sont aussi des invariants des formes a, a', a''; b, b', b''. En effet, soient

$$L = \tfrac{1}{2}(aa)_6, \qquad M = \tfrac{1}{2}(a'a')_4, \qquad N = \tfrac{1}{2}(a''a'')_2,$$

$$P = (ab)_6, \qquad Q = (a'b')_4, \qquad R = (a''b'')_2,$$

on a :

$$H(\alpha) = -2L + \frac{2.5}{3}M - \frac{3^3}{2.5}N,$$

$$K(\alpha, \beta) = -\ P + \frac{5}{3}Q - \frac{3^3}{4.5}R.$$

On peut encore observer que si, dans ce cas ($n = 7$) on détermine les quantités

$\alpha_0, \alpha_1, \ldots,$ de manière que

$$H(\alpha) = 0, \qquad K(\alpha, \beta) = 0,$$

on a

$$S_2 = 0, \qquad S_3 = 0, \qquad S_4 = \quad 7H(\beta),$$

$$S_5 = -7K(\alpha, \gamma), \qquad S_6 = 7K(\beta, \gamma), \qquad S_7 = -7K(\alpha, \beta, \gamma).$$

29 mars 1897.

CCVII.

SUR DES DÉTERMINANTS DES FORMES QUADRATIQUES *).

Nouvelles Annales de Mathématiques, 1ère série, t. XI (1852), pp. 307-311.

On nomme *déterminant* des n^2 quantités:

$$\begin{array}{ccccc} \alpha_1, & \beta_1, & \gamma_1, & \ldots, & \omega_1, \\ \alpha_2, & \beta_2, & \gamma_2, & \ldots, & \omega_2, \\ \ldots & \ldots & \ldots & \ldots & \ldots \\ \alpha_n, & \beta_n, & \gamma_n, & \ldots, & \omega_n, \end{array}$$

le dénominateur commun qui résulte de la résolution des n équations de premier degré à n inconnues:

$$\begin{array}{l} \alpha_1 x_1 + \beta_1 x_2 + \cdots + \omega_1 x_n = A_1, \\ \alpha_2 x_1 + \beta_2 x_2 + \cdots + \omega_2 x_n = A_2, \\ \ldots\ldots\ldots\ldots\ldots\ldots\ldots \\ \alpha_n x_1 + \beta_n x_2 + \cdots + \omega_n x_n = A_n; \end{array}$$

et on représente cette expression par la notation symbolique:

$$\text{Dét.} \left\{ \begin{array}{l} \alpha_1, \ \beta_1, \ \gamma_1, \ldots \omega_1 \\ \alpha_2, \ \beta_2, \ \gamma_2, \ldots \omega_2 \\ \ldots\ldots\ldots\ldots\ldots \\ \alpha_n, \ \beta_n, \ \gamma_n, \ldots \omega_n \end{array} \right\},$$

*) [Per la storia della teoria dei determinanti, si è qui conservata la notazione adoperata in quel tempo (anno 1852) dal BRIOSCHI].

Nous appellerons ce dénominateur, suivant M. JACOBI, *déterminant du* $n^{\text{ième}}$ *degré;* et par conséquent,

$$\text{Dét.}\begin{Bmatrix}\alpha_1, & \beta_1\\ \alpha_2, & \beta_2\end{Bmatrix} = \alpha_1\beta_2 - \alpha_2\beta_1$$

sera un déterminant du second degré.

On sait, et on démontre aisément, qu'un déterminant d'un degré quelconque peut être représenté par une somme algébrique des produits de plusieurs déterminants de degrés inférieurs; mais on n'a pas aperçu, que je sache, comment la loi suivante de dérivation peut être utile dans la recherche des déterminants des expressions à formes quadratiques.

Si l'on pose

$$\text{Dét.}\begin{Bmatrix}\alpha_1, & \beta_1\\ \alpha_2, & \beta_2\end{Bmatrix} = d_1, \qquad \text{Dét.}\begin{Bmatrix}\alpha_1, & \gamma_1\\ \alpha_2, & \gamma_2\end{Bmatrix} = d_2,$$

$$\text{Dét.}\begin{Bmatrix}\alpha_1, & \beta_1\\ \alpha_3, & \beta_3\end{Bmatrix} = d_3, \qquad \text{Dét.}\begin{Bmatrix}\alpha_1, & \gamma_1\\ \alpha_3, & \gamma_3\end{Bmatrix} = d_4,$$

et

$$\text{Dét.}\begin{Bmatrix}\alpha_1, & \beta_1, & \gamma_1\\ \alpha_2, & \beta_2, & \gamma_2\\ \alpha_3, & \beta_3, & \gamma_3\end{Bmatrix} = D_1,$$

on aura:

$$\alpha_1 D_1 = d_1 d_4 - d_2 d_3.$$

De même, si l'on pose

$$\text{Dét.}\begin{Bmatrix}\alpha_1, & \beta_1, & \lambda_1\\ \alpha_2, & \beta_2, & \lambda_2\\ \alpha_3, & \beta_3, & \lambda_3\end{Bmatrix} = D_2, \qquad \text{Dét.}\begin{Bmatrix}\alpha_1, & \beta_1, & \gamma_1\\ \alpha_2, & \beta_2, & \gamma_2\\ \alpha_4, & \beta_4, & \gamma_4\end{Bmatrix} = D_3,$$

$$\text{Dét.}\begin{Bmatrix}\alpha_1, & \beta_1, & \lambda_1\\ \alpha_2, & \beta_2, & \lambda_2\\ \alpha_4, & \beta_4, & \lambda_4\end{Bmatrix} = D_4,$$

on aura:

$$d_1\Delta = D_1 D_4 - D_2 D_3,$$

étant

$$\Delta = \text{Dét.}\left\{\begin{matrix} \alpha_1, & \beta_1, & \gamma_1, & \lambda_1 \\ \alpha_2, & \beta_2, & \gamma_2, & \lambda_2 \\ \alpha_3, & \beta_3, & \gamma_3, & \lambda_3 \\ \alpha_4, & \beta_4, & \gamma_4, & \lambda_4 \end{matrix}\right\},$$

et ainsi de suite.

Une expression de la forme

$$a_1 x_1^2 + a_2 x_2^2 + 2 b_1 x_1 x_2,$$

est généralement nommée *forme quadratique binaire* ou à deux indéterminées. On appellera forme quadratique à n indéterminées la suivante :

$$a_1 x_1^2 + a_2 x_2^2 + \cdots + a_n x_n^2 + 2 b_1 x_1 x_2 + \cdots + 2 b_{n-1} x_1 x_n + 2 c_1 x_2 x_3 + \cdots + 2 k_1 x_{n-1} x_n.$$

Représentant cette fonction par u, le déterminant de cette forme quadratique à n indéterminées sera

$$\text{Dét.}\left\{\begin{matrix} u_{11}, & u_{12}, & u_{13}, & \ldots & u_{1n} \\ u_{21}, & u_{22}, & u_{23}, & \ldots & u_{2n} \\ \ldots & \ldots & \ldots & \ldots & \ldots \\ u_{n1}, & u_{n2}, & u_{n3}, & \ldots & u_{nn} \end{matrix}\right\},$$

u_{rs} étant la dérivée seconde de la fonction u par rapport aux variables x_r, x_s. Cela posé, si l'on applique la loi ci-dessus à la formation des déterminants des formes quadratiques à deux, trois indéterminées, on aura :

(1) $$u_{11} D_1 = d_1 d_4 - d_2^2, \qquad d_1 \Delta = D_1 D_4 - D_2^2, \qquad \ldots,$$

en observant que

$$d_1 = \text{Dét.}\left\{\begin{matrix} u_{11}, & u_{12} \\ u_{21}, & u_{22} \end{matrix}\right\}, \qquad d_2 = \text{Dét.}\left\{\begin{matrix} u_{11}, & u_{13} \\ u_{21}, & u_{23} \end{matrix}\right\},$$

$$d_3 = \text{Dét.}\left\{\begin{matrix} u_{11}, & u_{12} \\ u_{31}, & u_{32} \end{matrix}\right\}, \qquad d_4 = \text{Dét.}\left\{\begin{matrix} u_{11}, & u_{13} \\ u_{31}, & u_{33} \end{matrix}\right\},$$

et par conséquent $d_2 = d_3$; et ainsi de suite.

On sait que si le déterminant $a_1 a_2 - b_1^2$ de la forme quadratique à deux indéterminées

$$a_1 x_1^2 + a_2 x_2^2 + 2 b_1 x_1 x_2,$$

est égal à zéro, on a

$$a_1 x_1^2 + a_2 x_2^2 + 2 b_1 x_1 x_2 = \frac{1}{a_1}(a_1 x_1 + b_1 x_2)^2.$$

Considérons la forme quadratique à trois indéterminées

$$(2) \qquad a_1 x_1^2 + a_2 x_2^2 + a_3 x_3^2 + 2 b_1 x_1 x_2 + 2 b_2 x_1 x_3 + 2 c_1 x_2 x_3;$$

on prouvera bien facilement que si le déterminant de cette expression est nul et en outre sont nuls les déterminants des deux formes quadratiques suivantes :

$$a_1 x_1^2 + a_2 x_2^2 + 2 b_1 x_1 x_2,$$

$$a_1 x_1^2 + a_3 x_3^3 + 2 b_2 x_1 x_3,$$

l'expression considérée sera égale à

$$(3) \qquad \frac{1}{a_1}(a_1 x_1 + b_1 x_2 + b_2 x_3)^2.$$

Si l'on considère, en troisième lieu, une forme quadratique à quatre indéterminées, on pourra la réduire à

$$\frac{1}{a_1}(a_1 x_1 + b_1 x_2 + b_2 x_3 + b_3 x_4)^2,$$

en supposant: 1° nul le déterminant de cette forme; 2° nuls les déterminants des formes quadratiques suivantes à trois indéterminées:

$$a_1 x_1^2 + a_2 x_2^2 + a_3 x_3^2 + 2 b_1 x_1 x_2 + 2 b_2 x_1 x_3 + 2 c_1 x_2 x_3,$$

$$a_1 x_1^2 + a_2 x_2^2 + a_4 x_4^2 + 2 b_1 x_1 x_2 + 2 b_3 x_1 x_4 + 2 c_2 x_2 x_4;$$

3° nuls les trois déterminants des formes quadratiques binaires:

$$a_1 x_1^2 + a_2 x_2^2 + 2 b_1 x_1 x_2,$$

$$a_1 x_1^2 + a_3 x_3^2 + 2 b_2 x_1 x_3,$$

$$a_1 x_1^2 + a_4 x_4^2 + 2 b_3 x_1 x_4.$$

La loi s'étend aux formes quadratiques à n indéterminées.

On doit remarquer que, les relations (1) subsistant, si l'on a $D_1 = 0$ et $d_1 = d_4 = 0$, l'on aura aussi $d_2 = 0$; par conséquent, la forme quadratique à trois indéterminées

(2) pourra se réduire à l'expression (3) si l'on a

$$d_1 = d_2 = d_4 = 0.$$

De même pour les autres formes.

Ces propriétés des déterminants des formes quadratiques seront très utiles dans la recherche des équations différentielles qui donnent les caractères du maximum et du minimum dans le calcul des variations, équations que l'on sait intégrer d'après la belle méthode de M. JACOBI *).

*) [Cfr. CII: t. III, pp. 109-118].

CCVIII.

SUR LA QUESTION 267 *).

Nouvelles Annales de Mathématiques, 1ère série, t. XII (1853), pp. 167-168.

A_1, A_2, A_3, A_4, A_5, M sont six points situés sur un ellipsoïde:

$d_1 =$ distance rectiligne de A_1 à M,	$D_1 =$ demi-diamètre parallèle à d_1,
$d_2 =$ id. A_2 à M,	$D_2 =$ id. à d_2,
etc.	etc.

$v_1 =$ volume du tétraèdre $A_2 A_3 A_4 A_5$,

$v_2 =$ id. $A_1 A_3 A_4 A_5$, etc.

On a la relation analytique $\sum \pm \frac{d_r^2}{D_r^2} v_r = 0$.

---

*) [Si tratta di una questione proposta nel periodico « Nouvelles Annales de Mathématiques », t. XI (1852), pag. 402, e così enunciata:

« A_1, A_2, A_3, A_4, A_5, M *sont six points situés sur une sphère:*

« $d_1 =$ *distance rectiligne de* A_1 *à* M
« $d_2 =$ *id.* A_2 *à* M
« $d_3 =$ *id.* A_3 *à* M, etc.
« $v_1 =$ *volume du tétraèdre* $A_2 A_3 A_4 A_5$
« $v_2 =$ *id.* $A_1 A_3 A_4 A_5$
« $v_3 =$ *id.* $A_1 A_2 A_4 A_5$
« $v_4 =$ *id.* $A_1 A_2 A_3 A_5$
« $v_5 =$ *id.* $A_1 A_2 A_3 A_4$.

« *On a la relation analytique*

$$v_1 d_1^2 - v_2 d_2^2 + v_3 d_3^2 - v_4 d_4^2 + v_5 d_5^2 = 0 \text{ »}$$ (LUCHTERHAND).

A pag. 402 del t. XI dei « Nouvelles Annales » per errore sta scritto

$$v_1 d_1 + v_2 d_2 + v_3 d_3 + v_4 d_4 + v_5 d_5 = 0].$$

Soient

$$\frac{x^2}{a^2} + \frac{y^2}{b^2} + \frac{z^2}{c^2} = 1$$

l'équation de l'ellipsoïde; α, β, γ les coordonnées du point M; x_r, y_r, z_r celles d'un quelconque des points A_1, A_2, ...; la relation connue

$$\frac{d_r^2}{D_r^2} = \frac{(\alpha - x_r)^2}{a^2} + \frac{(\beta - y_r)^2}{b^2} + \frac{(\gamma - z_r)^2}{c^2}$$

nous donne

$$\frac{1}{2}\frac{d_r^2}{D_r^2} = 1 - \frac{\alpha x_r}{a^2} - \frac{\beta y_r}{b^2} - \frac{\gamma z_r}{c^2};$$

et, en posant $r = 1, 2, \ldots, 5$, on aura cinq équations linéaires entre les quatre quantités 1, $\frac{\alpha}{a^2}$, $\frac{\beta}{b^2}$, $\frac{\gamma}{c^2}$, et par conséquent:

$$\begin{vmatrix} \frac{d_1^2}{D_1^2} & 1 & x_1 & y_1 & z_1 \\ \frac{d_2^2}{D_2^2} & 1 & x_2 & y_2 & z_2 \\ \cdots & \cdots & \cdots & \cdots & \cdots \\ \frac{d_5^2}{D_5^2} & 1 & x_5 & y_5 & z_5 \end{vmatrix} = 0.$$

Or

$$\frac{1}{6}\begin{vmatrix} 1 & x_2 & y_2 & z_2 \\ 1 & x_3 & y_3 & z_3 \\ 1 & x_4 & y_4 & z_4 \\ 1 & x_5 & y_5 & z_5 \end{vmatrix} = v_1, \text{ etc.};$$

donc, en développant le déterminant supérieur:

$$\sum \pm \frac{d_r^2}{D_r^2} v_r = 0.$$

Si l'ellipsoïde devient une sphère, on a:

$$D_1 = D_2 = \cdots, \quad \text{et} \quad \sum \pm d_r^2 v_r = 0;$$

cette dernière relation a lieu aussi lorsque le point M n'est pas sur la sphère.

CCIX.

SUR LES FONCTIONS DE STURM.

Nouvelles Annales de Mathématiques, 1ère série, t. XIII (1854), pp. 71-80.

On appelle généralement *fonctions de* STURM, les résidus que l'on obtient en appliquant la méthode du célèbre auteur à la recherche du nombre des racines réelles d'une équation algébrique. Il y a déja quelques années que M. SYLVESTER a donné *sans démonstration* des formules qui représentent ces fonctions par des expressions formées avec les racines de ces équations. Ces formules ont été démontrées depuis par M. STURM *). Partant de ces formules, MM. CAYLEY et BORCHARDT sont parvenus à mettre ces formules sous la forme de *déterminants des puissances* des racines de l'équation **). Enfin, M. CAYLEY, en faisant usage de *moyens indirects,* a représenté ces fonctions au moyen des coefficients de l'équation ***). Le but de cette Note est de parvenir *directement* à des formules analogues à celles de M. CAYLEY †).

---

*) STURM, *Démonstration d'un théorème de M.* SYLVESTER [Journal de Mathématiques pures et appliquées, 1ère série, t. VII (1842), pp. 356-368].

**) CAYLEY, *Note sur les fonctions de M.* STURM [Journal de Mathématiques pures et appliquées, 1ère série, t. XI (1846), pp. 297-299].

BORCHARDT, *Développements de l'équation à l'aide de laquelle on détermine les inégalités séculaires du mouvement des planètes* [Journal de Mathématiques pures et appliquées, 1ère série, t. XII (1847), pp. 50-67].

***) CAYLEY, *Nouvelles recherches sur les fonctions de* STURM [Journal de Mathématiques pures et appliquées, 1ère série, t. XIII (1848), pp. 269-274].

†) [Il Redattore dei « Nouvelles Annales » ha intercalato a questo punto alcuni teoremi elementari sui determinanti, che qui si omettono].

1. Soit
$$\varphi(x) = x^n + a_1 x^{n-1} + a_2 x^{n-2} + \cdots + a_{n-1} x + a_n = 0$$
l'équation proposée; et soient $\varphi_1(x)$ la dérivée du polynôme $\varphi(x)$, et $\varphi_2(x)$, $\varphi_3(x)$, ... les résidus obtenus par la méthode de M. STURM. Nous aurons

$$\varphi_2 = \varphi_1 q_1 - \varphi, \qquad \varphi_3 = \varphi_2 q_2 - \varphi_1, \qquad \ldots, \qquad \varphi_r = \varphi_{r-1} q_{r-1} - \varphi_{r-2};$$

et de là

$$\varphi_2 = \varphi_1 D_1 - \varphi N_1, \qquad \varphi_3 = \varphi_1 D_2 - \varphi N_2, \qquad \ldots, \qquad \varphi_r = \varphi_1 D_{r-1} - \varphi N_{r-1};$$

$$\frac{N_1}{D_1}, \quad \frac{N_2}{D_2}, \quad \ldots, \quad \frac{N_{r-1}}{D_{r-1}}$$

étant les réduites successives de la fraction continue

$$\cfrac{1}{q_1 - \cfrac{1}{q_2 - \cfrac{1}{q_3 - \cdots}}}$$

où $q_1, q_2, q_3, \ldots$ sont les quotients du premier degré en x.

Les deux équations
$$\varphi_{r-1} = \varphi_1 D_{r-2} - \varphi N_{r-2},$$
$$\varphi_r = \varphi_1 D_{r-1} - \varphi N_{r-1}$$
donnent, ayant égard à ce que $N_{r-1} D_{r-2} - N_{r-2} D_{r-1} = 1$,
$$\varphi = \varphi_{r-1} D_{r-1} - \varphi_r D_{r-2},$$
$$\varphi_1 = \varphi_{r-1} N_{r-1} - \varphi_r N_{r-2},$$
où
$$\varphi_r \text{ est de degré } n - r,$$
$$D_{r-1} \text{ est de degré } r - 1,$$
$$N_{r-1} \text{ est de degré } r - 2.$$
Faisons
$$\varphi_{r-1} = A_{r-1} x^{n-r+1} + \cdots,$$
$$N_{r-1} = b_{r-2} x^{r-2} + \cdots,$$
$$D_{r-1} = c_{r-1} x^{r-1} + \cdots;$$

donc la valeur de φ donne :

$$A_{r-1} c_{r-1} = 1;$$

mais :

$$\varphi_1 = \frac{1}{n} x,$$

et pour avoir le plus haut terme de D_{r-1}, il faut multiplier le plus haut terme de N_{r-1} par q_1 ; donc, ainsi

$$b_{r-2} = n c_{r-1},$$

$$(1) \qquad c_{r-1} = \frac{1}{A_{r-1}}, \qquad b_{r-2} = \frac{n}{A_{r-1}};$$

c_{r-1} et b_{r-2} ont donc les mêmes signes ; ainsi les trois séries

$$\begin{array}{cccccc} \varphi, & \varphi_1, & \varphi_2, & \ldots, & \varphi_{r-1}, & \varphi_r, \\ 1, & D_1, & D_2, & \ldots, & D_{r-1}, & D_r, \\ 0, & 1, & N_2, & \ldots, & N_{r-1}, & N_r, \end{array}$$

lorsqu'on y fait $x = +\infty$, présentent les mêmes successions de permanences et de variations ; de même en y faisant $x = -\infty$.

Ce sont des séries équivalentes par rapport aux signes.

2. Soient $\alpha_1, \alpha_2, \ldots, \alpha_n$ les n racines de l'équation

$$\varphi(x) = 0.$$

Si l'on substitue une quelconque de ces racines, soit α_s, dans l'identité

$$\varphi_r = \varphi_1 D_{r-1} - \varphi N_{r-1},$$

on obtient :

$$\varphi_r(\alpha_s) = \varphi_1(\alpha_s) D_{r-1}(\alpha_s);$$

par les formules connues de la décomposition des fractions, on a :

$$\sum_1^n \frac{\varphi_r(\alpha_s)}{\varphi_1(\alpha_s)} = 0, \qquad \sum_1^n \frac{\alpha_s \varphi_r(\alpha_s)}{\varphi_1(\alpha_s)} = 0, \quad \ldots,$$

$$\sum_1^n \frac{\alpha_s^{r-2} \varphi_r(\alpha_s)}{\varphi_1(\alpha_s)} = 0, \qquad \sum_1^n \frac{\alpha_s^{r-1} \varphi_r(\alpha_s)}{\varphi_1(\alpha_s)} = A_r,$$

où A_r est le coefficient de x^{n-r} dans la fonction $\varphi_r(x)$.

Donc:

$$\sum_1^n D_{r-1}(\alpha_s) = 0, \qquad \sum_1^n \alpha_s D_{r-1}(\alpha_s) = 0, \quad \ldots,$$

$$\sum_1^n \alpha_s^{r-2} D_{r-1}(\alpha_s) = 0, \qquad \sum_1^n \alpha_s^{r-1} D_{r-1}(\alpha_s) = A_r;$$

faisons

(2) $$D_{r-1}(\alpha_s) = c_{r-1}\alpha_s^{r-1} + c_{r-2}\alpha_s^{r-2} + \cdots + c_1\alpha_s + c_0$$

et

$$s_m = \alpha_1^m + \alpha_2^m + \cdots + \alpha_n^m = \sum_1^n \alpha_s^m;$$

nous aurons:

$$\begin{aligned}
c_0 s_0 + c_1 s_1 + \cdots + c_{r-1} s_{r-1} &= 0,\\
c_0 s_1 + c_1 s_2 + \cdots + c_{r-1} s_r &= 0,\\
\cdots\cdots\cdots\cdots\cdots\cdots\cdots&\cdots\\
c_0 s_{r-2} + c_1 s_{r-1} + \cdots + c_{r-1} s_{2r-3} &= 0,\\
c_0 s_{r-1} + c_1 s_r + \cdots + c_{r-1} s_{2r-2} &= A_r;
\end{aligned}$$

posons

$$\Delta_r = \begin{vmatrix} s_0 & s_1 & \cdots & s_{r-1} \\ s_1 & s_2 & \cdots & s_r \\ \cdots & \cdots & \cdots & \cdots \\ s_{r-2} & s_{r-1} & \cdots & s_{2r-3} \\ s_{r-1} & s_r & \cdots & s_{2r-2} \end{vmatrix};$$

on a, en résolvant les équations:

$$c_0 = \frac{A_r}{\Delta_r}\frac{\partial \Delta_r}{\partial s_{r-1}}, \qquad c_1 = \frac{A_r}{\Delta_r}\frac{\partial \Delta_r}{\partial s_r}, \qquad \ldots, \qquad c_{r-1} = \frac{A_r}{\Delta_r}\frac{\partial \Delta_r}{\partial s_{2r-2}};$$

et ayant égard aux équations (2) et (1), l'on a:

(3) $$D_{r-1} = \frac{A_r}{\Delta_r}\left[\frac{\partial \Delta_r}{\partial s_{2r-2}} x^{r-1} + \frac{\partial \Delta_r}{\partial s_{2r-3}} x^{r-2} + \cdots + \frac{\partial \Delta_r}{\partial s_r} x + \frac{\partial \Delta_r}{\partial s_{r-1}}\right],$$

$$\frac{A_r}{\Delta_r}\frac{\partial \Delta_r}{\partial s_{2r-2}} = \frac{1}{A_{r-1}};$$

d'où

$$A_r = \frac{1}{A_{r-1}} \cdot \frac{\Delta_r}{\Delta_{r-1}}; \qquad \text{car} \qquad \Delta_{r-1} = \frac{\partial \Delta_r}{\partial s_{2r-2}};$$

et comme

$$A_1 = n = \Delta_1 = s_0,$$

on aura, pour r pair:

$$A_r = \frac{(\Delta_2 \Delta_4 \dots \Delta_{r-2})^2}{(\Delta_1 \Delta_3 \dots \Delta_{r-1})^2} \Delta_r;$$

et pour r impair:

$$A_r = \frac{(\Delta_1 \Delta_3 \dots \Delta_{r-2})^2}{(\Delta_2 \Delta_4 \dots \Delta_{r-1})^2} \Delta_r;$$

ainsi le signe de A_r dépend de Δ_r; c'est ce qui constitue le théorème de M. Borchardt (l. c., pag. 58), et au moyen de l'équation (3), on a la valeur de D_{r-1} en fonction des puissances des racines.

3. ***Calcul de*** A_r. — Calculons maintenant A_r en fonction des *coefficients* de l'équation; pour fixer les idées, prenons $r = 4$; alors

$$\Delta_4 = \begin{vmatrix} s_0 & s_1 & s_2 & s_3 \\ s_1 & s_2 & s_3 & s_4 \\ s_2 & s_3 & s_4 & s_5 \\ s_3 & s_4 & s_5 & s_6 \end{vmatrix} = \begin{vmatrix} 1 & 0 & 0 & 0 & 0 & 0 \\ 0 & 1 & 0 & 0 & 0 & 0 \\ 0 & 0 & s_0 & s_1 & s_2 & s_3 \\ 0 & s_0 & s_1 & s_2 & s_3 & s_4 \\ s_0 & s_1 & s_2 & s_3 & s_4 & s_5 \\ s_1 & s_2 & s_3 & s_4 & s_5 & s_6 \end{vmatrix}.$$

Ajoutons à la deuxième colonne la première multipliée par a_1, on a les six termes

$$(a) \qquad \begin{cases} 0 + a_1 . 1; \quad & 1 + a_1 . 0; \quad & 0 + a_1 . 0; \\ s_0 + a_1 . 0; \quad & s_1 + a_1 . s_0; \quad & s_2 + a_1 s_1; \end{cases}$$

ajoutons à la troisième colonne la deuxième multipliée par a_1, et la première multipliée par a_2, on a les six termes

$$(b) \qquad \begin{cases} 0 + a_1 . 0 + a_2 . 1; \quad & 0 + a_1 . 1 + a_2 . 0; \quad & s_0 + a_1 . 0 + a_2 . 0; \\ s_1 + a_1 . s_0 + a_2 . 0; \quad & s_2 + a_1 . s_1 + a_2 . s_0; \quad & s_3 + a_1 . s_2 + a_2 . s_1; \end{cases}$$

de même pour la quatrième colonne on a les termes

$$(c) \qquad \begin{cases} 0 + a_1 . 0 + a_2 . 0 + a_3 . 1; \quad & 0 + a_1 . 0 + a_2 . 1 + a_3 . 0; \\ s_1 + a_1 . s_0 + a_2 . 0 + a_3 . 0; \quad & \text{etc.}; \end{cases}$$

et, en vertu des relations connues entre les puissances des racines et les coefficients de l'équation, on a :

$$\Delta_4 = - \begin{vmatrix} 1 & a_1 & a_2 & a_3 & a_4 & a_5 \\ 0 & 1 & a_1 & a_2 & a_3 & a_4 \\ 0 & 0 & n & (n-1)a_1 & (n-2)a_2 & (n-3)a_3 \\ 0 & n & (n-1)a_1 & (n-2)a_2 & (n-3)a_3 & (n-4)a_4 \\ n & (n-1)a_1 & (n-2)a_2 & (n-3)a_3 & (n-4)a_4 & (n-5)a_5 \\ a_1 & 2a_2 & 3a_3 & 4a_4 & 5a_5 & 6a_6 \end{vmatrix}.$$

La première colonne est la même que celle de la première expression de Δ_4; la deuxième colonne est la ligne (b); la troisième colonne est la ligne (c), etc.; la loi de formation est évidente.

Ainsi, on a A_1, et par conséquent A_4, et en général A_r, en fonction des coefficients de l'équation.

4. ***Calcul de*** D_r. — On peut, du reste, obtenir de la même manière D_{r-1} en fonction des coefficients de l'équation. En effet, on a, par exemple, pour $r = 3$:

$$D_2 = \left(\frac{\Delta_1}{\Delta_2}\right)^2 \begin{vmatrix} s_0 & s_1 & s_2 \\ s_1 & s_2 & s_3 \\ 1 & x & x^2 \end{vmatrix}$$

$$= \left(\frac{\Delta_1}{\Delta_2}\right)^2 \begin{vmatrix} s_0 & s_1 + a_1 s_0 & s_2 + a_1 s_1 + a_2 s_0 \\ s_1 & s_2 + a_1 s_1 & s_3 + a_1 s_2 + a_2 s_0 \\ 1 & x + a_1 & x^2 + a_1 x + a_2 \end{vmatrix}$$

$$= - \left(\frac{\Delta_1}{\Delta_2}\right)^2 \begin{vmatrix} n & (n-1)a_1 & (n-2)a_2 \\ a_1 & 2a_2 & 3a_3 \\ 1 & x + a_1 & x^2 + a_1 x + a_2 \end{vmatrix};$$

où :

$$\Delta_1 = s_0 = n;$$

$$\Delta_2 = \begin{vmatrix} s_0 & s_1 \\ s_1 & s_2 \end{vmatrix} = \begin{vmatrix} s_0 & s_1 + a_1 s_0 \\ s_1 & s_2 + a_1 s_1 \end{vmatrix} = - \begin{vmatrix} n & (n-1)a_1 \\ a_1 & 2a_2 \end{vmatrix}.$$

5. ***Calcul de*** φ_r. — Les fonctions de STURM peuvent, par le même procédé, s'exprimer facilement en fonction des coefficients de l'équation. La théorie de la décomposition des fractions rationnelles donne (v. n° 2):

$$\frac{\varphi_r(x)}{\varphi(x)} = \sum_1^n \frac{\varphi_r(\alpha_s)}{(x-\alpha_s)\varphi_1(\alpha_s)} = \sum_1^n \frac{D_{r-1}(\alpha_s)}{x-\alpha_s}.$$

Faisons

$$u_m = \frac{\alpha_1^m}{x-\alpha_1} + \frac{\alpha_2^m}{x-\alpha_2} + \cdots + \frac{\alpha_n^m}{x-\alpha_n},$$

donc:

$$\frac{\Delta_r}{A_r}\frac{\varphi_r(x)}{\varphi(x)} = \begin{vmatrix} s_0 & s_1 & \ldots & s_{r-1} \\ s_1 & s_2 & \ldots & s_r \\ \ldots & \ldots & \ldots & \ldots \\ s_{r-2} & s_{r-1} & \ldots & s_{2r-3} \\ u_0 & u_1 & \ldots & u_{r-1} \end{vmatrix} \qquad \text{[v. éq. (3)];}$$

or:

$$u_m = x u_{m-1} - s_{m-1} \qquad \text{et} \qquad u_0 = \frac{\varphi_1(x)}{\varphi(x)};$$

donc on obtient, par substitutions successives:

$$\varphi(x) u_m = x^m \varphi_1(x) - f_{m-1}(x)\varphi(x), \tag{4}$$

où

$$f_{m-1}(x) = x^{m-1}s_0 + x^{m-2}s_1 + \cdots + x s_{m-2} + s_{m-1};$$

l'équation (4) donne

$$(a) \quad \left\{ \begin{aligned} &\varphi(x)(u_m + a_1 u_{m-1} + a_2 u_{m-2} + \cdots + a_m u_0) \\ &\quad = \varphi_1(x)(x^m + a_1 x^{m-1} + \cdots + a_m) \\ &- \varphi(x)[n x^{m-1} + (n-1)a_1 x^{m-2} + \cdots + (n-m+1)a_{m-1}]. \end{aligned} \right.$$

Faisons, par exemple, $r = 4$, on a (*voir* ci-dessus):

$$\frac{\varphi_4(x)}{\varphi(x)} = \left(\frac{\Delta_2}{\Delta_1\Delta_3}\right)^2 \begin{vmatrix} s_0 & s_1 & s_2 & s_3 \\ s_1 & s_2 & s_3 & s_4 \\ s_2 & s_3 & s_4 & s_5 \\ u_0 & u_1 & u_2 & u_3 \end{vmatrix} = \left(\frac{\Delta_2}{\Delta_1\Delta_3}\right)^2 \begin{vmatrix} 1 & 0 & 0 & 0 & 0 \\ 0 & s_0 & s_1 & s_2 & s_3 \\ s_0 & s_1 & s_2 & s_3 & s_4 \\ s_1 & s_2 & s_3 & s_4 & s_5 \\ 0 & u_0 & u_1 & u_2 & u_3 \end{vmatrix};$$

procédant par la même méthode de multiplication suivie plus haut, et ayant égard à l'équation (a), on obtient:

$$\varphi_4(x) = -\left(\frac{\Delta_2}{\Delta_1\Delta_3}\right)^2 \begin{vmatrix} 1 & a_1 & a_2 & a_3 & a_4 \\ 0 & n & (n-1)a_1 & (n-2)a_2 & (n-3)a_3 \\ n & (n-1)a_1 & (n-2)a_2 & (n-3)a_3 & (n-4)a_4 \\ a_1 & 2a_2 & 3a_3 & 4a_4 & 5a_5 \\ 0 & \varphi_1(x) & \nu_1 & \nu_2 & \nu_3 \end{vmatrix},$$

où

$$\nu_1 = (x + a_1)\varphi_1(x) - n\varphi(x),$$

$$\nu_2 = (x^2 + a_1 x + a_2)\varphi_1(x) - [nx + (n-1)a_1]\varphi(x),$$

$$\nu_3 = (x^3 + a_1 x^2 + a_2 x + a_3)\varphi_1(x) - [nx^2 + (n-1)a_1 x + (n-2)a_2]\varphi(x).$$

6. ***Calcul de*** N_r. — Soit, par exemple, $r = 4$; on a:

$$\varphi_4(x) = -\left(\frac{\Delta_2}{\Delta_1\Delta_3}\right)^2 \times$$

$$\times \begin{vmatrix} 1 & a_1 & a_2 & a_3 & a_4 \\ 0 & n & (n-1)a_1 & (n-2)a_2 & (n-3)a_3 \\ n & (n-1)a_1 & (n-2)a_2 & (n-3)a_3 & (n-4)a_4 \\ a_1 & 2a_2 & 3a_3 & 4a_4 & 5a_5 \\ 0 & \varphi_1(x) & (x+a_1)\varphi_1(x) & (x^2+a_1x+a_2)\varphi_1(x) & (x^3+a_1x^2+a_2x+a_3)\varphi_1(x) \end{vmatrix}$$

$$+ \left(\frac{\Delta_2}{\Delta_1\Delta_3}\right)^2 \times$$

$$\times \begin{vmatrix} 1 & a_1 & a_2 & a_3 & a_4 \\ 0 & n & (n-1)a_1 & (n-2)a_2 & (n-3)a_3 \\ n & (n-1)a_1 & (n-2)a_2 & (n-3)a_3 & (n-4)a_4 \\ a_1 & 2a_2 & 3a_3 & 4a_4 & 5a_5 \\ 0 & 0 & n\varphi(x) & [nx+(n-1)a_1]\varphi(x) & [nx^2+(n-1)a_1x+(n-2)a_2]\varphi(x) \end{vmatrix}.$$

Dans le premier déterminant, divisant tous les termes de la dernière ligne par

$\varphi_1(x)$, le nouveau déterminant est D_3 (n° 4); dans le deuxième déterminant, divisant tous les termes de la dernière ligne par $\varphi(x)$, on obtient un déterminant que je désigne par P; ainsi

$$\varphi_4(x) = D_3\varphi_1(x) + \left(\frac{\Delta_2}{\Delta_1\Delta_3}\right)^2 \varphi(x).P;$$

or:

$$N_3\varphi(x) = D_3\varphi_1(x) - \varphi_4(x) \qquad (\text{n}^\circ\ 2);$$

donc:

$$N_3 = -\left(\frac{\Delta_2}{\Delta_1\Delta_3}\right)^2 P;$$

la loi de formation se voit facilement *).

*) [A questo lavoro il Redattore dei « Nouvelles Annales » fece succedere la seguente « *Note*. — Le savant analyste a trouvé aussi la valeur générale de N_r, celles des quotients et des « relations entre ces valeurs que nous insérerons prochainement, ... ».

La continuazione qui annunziata non si trova nei « Nouvelles Annales ». Si confronti invece la memoria XX: t. I, pp. 127-142].

CCX.

SOLUTION DES QUESTIONS 285-286 *).

Nouvelles Annales de Mathématiques, t. XIII (1854), pp. 402-409.

Je me propose, dans cette Note, la démonstration des théorèmes suivants:

Si $u = 0$ est l'équation rendue homogène d'une courbe plane de degré m entre trois coordonnées linéaires:

1° *Lorsque le déterminant (Hessien) Δ de la fonction u est identiquement nul, l'équation représente un faisceau de m droites,*

2° *Les points d'intersection des courbes représentées par les équations*

$$u = 0, \qquad \Delta = 0$$

sont des points d'inflexion ou des points doubles pour la première courbe.

Si $v = 0$ est l'équation rendue homogène d'une courbe plane de la classe n entre trois coordonnées tangentielles:

3° *Lorsque le déterminant ∇ de la fonction v est identiquement nul, l'équation représente des points situés sur une même droite,*

---

*) [Queste due questioni sono proposte nel periodico «Nouvelles Annales de Mathématiques», t. XII (1853), pag. 443, e sono:

285). *$u = 0$ est l'équation rendue homogène d'une courbe plane de degré m entre trois coordonnées. Lorsque le déterminant de cette fonction est identiquement nul, l'équation représente un faisceau de m droites.* (O. Hesse).

286). *$u = 0$ est l'équation rendue homogène d'une surface de degré m entre quatre variables. Lorsque le déterminant de la fonction est identiquement nul, l'équation représente un cône.* (O. Hesse)].

4° *Les tangentes communes aux courbes représentées par les équations* $v = 0$, $\nabla = 0$ *sont les tangentes de rebroussement pour la première courbe.*

Si $u = 0$ *est l'équation rendue homogène d'une surface de degré* m *entre quatre coordonnées linéaires :*

5° *Lorsque le déterminant* Δ *de cette fonction est identiquement nul, l'équation représente un cône,*

6° *La ligne d'intersection des surfaces représentées par les équations* $u = 0$, $\Delta = 0$ *est une ligne d'inflexion (ligne des points paraboliques), pour la première surface.*

Si $v = 0$ *est l'equation rendue homogène d'une surface de la classe* n *entre quatre coordonnées planaires :*

7° *Lorsque le déterminant* ∇ *de cette fonction est identiquement nul, l'équation représente une courbe plane,*

8° *La développable circonscripte aux surfaces représentées par les équations* $v = 0$, $\nabla = 0$ *est enveloppée par les plans tangents le long de la ligne de rebroussement de la première surface.*

Soit u une fonction algébrique, entière et rationnelle, du degré m, des variables $x_1, x_2, \ldots, x_r$. Si l'on rend homogène l'équation $u = 0$ en posant, au lieu des variables $x_1, x_2, \ldots, x_r$, les rapports $\frac{x_1}{x_0}, \frac{x_2}{x_0}, \ldots, \frac{x_r}{x_0}$, et en multipliant par x_0^m, alors un théorème d'Euler, très connu, nous donnera :

$$(1)\quad \begin{cases} (m-1)u_0 = x_0 u_{0,0} + x_1 u_{0,1} + \cdots + x_r u_{0,r}, \\ (m-1)u_1 = x_0 u_{1,0} + x_1 u_{1,1} + \cdots + x_r u_{1,r}, \\ \dots\dots\dots\dots\dots\dots\dots\dots\dots\dots, \\ (m-1)u_r = x_0 u_{r,0} + x_1 u_{r,1} + \cdots + x_r u_{r,r}, \\ \quad m u = x_0 u_0 + x_1 u_1 + \cdots + x_r u_r, \end{cases}$$

où

$$u_s = \frac{\partial u}{\partial x_s}, \qquad u_{i,s} = u_{s,i} = \frac{\partial^2 u}{\partial x_i \partial x_s}.$$

Ces formules donnent le moyen de transformer le déterminant suivant :

$$H = \begin{vmatrix} u_1 & u_{1,1} & u_{1,2} & \ldots & u_{1,r} \\ u_2 & u_{2,1} & u_{2,2} & \ldots & u_{2,r} \\ \ldots & \ldots & \ldots & \ldots & \ldots \\ u_r & u_{r,1} & u_{r,2} & \ldots & u_{r,r} \\ 0 & u_1 & u_2 & \ldots & u_r \end{vmatrix}.$$

En effet, ce déterminant peut s'écrire:

$$H = \frac{1}{m-1}\begin{vmatrix} (m-1)u_1 & u_{1,1} & u_{1,2} & \ldots & u_{1,r} \\ (m-1)u_2 & u_{2,1} & u_{2,2} & \ldots & u_{2,r} \\ \ldots & \ldots & \ldots & \ldots & \ldots \\ (m-1)u_r & u_{r,1} & u_{r,2} & \ldots & u_{r,r} \\ 0 & u_1 & u_2 & \ldots & u_r \end{vmatrix},$$

et comme, en ajoutant respectivement aux éléments de la première colonne ceux de la deuxième multipliés par $-x_1$, ceux de la troisième multipliés par $-x_2$, etc., la valeur du déterminant H ne change pas, et, ayant égard aux équations (1), on aura:

$$H = \frac{1}{m-1}\begin{vmatrix} x_0 u_{1,0} & u_{1,1} & u_{1,2} & \ldots & u_{1,r} \\ x_0 u_{2,0} & u_{2,1} & u_{2,2} & \ldots & u_{2,r} \\ \ldots & \ldots & \ldots & \ldots & \ldots \\ x_0 u_{r,0} & u_{r,1} & u_{r,2} & \ldots & u_{r,r} \\ x_0 u_0 - mu & u_1 & u_2 & \ldots & u_r \end{vmatrix},$$

c'est-à-dire:

$$H = -\frac{m}{m-1}u\begin{vmatrix} u_{1,1} & u_{1,2} & \ldots & u_{1,r} \\ u_{2,1} & u_{2,2} & \ldots & u_{2,r} \\ \ldots & \ldots & \ldots & \ldots \\ u_{r,1} & u_{r,2} & \ldots & u_{r,r} \end{vmatrix} + \frac{x_0}{m-1}\begin{vmatrix} u_{1,0} & u_{1,1} & \ldots & u_{1,r} \\ u_{2,0} & u_{2,1} & \ldots & u_{2,r} \\ \ldots & \ldots & \ldots & \ldots \\ u_{r,0} & u_{r,1} & \ldots & u_{r,r} \\ u_0 & u_1 & \ldots & u_r \end{vmatrix}.$$

J'observe que le second de ces deux déterminants est égal au suivant:

$$\frac{1}{m-1}\begin{vmatrix} u_{1,0} & u_{1,1} & \ldots & u_{1,r} \\ u_{2,0} & u_{2,1} & \ldots & u_{2,r} \\ \ldots & \ldots & \ldots & \ldots \\ u_{r,0} & u_{r,1} & \ldots & u_{r,r} \\ (m-1)u_0 & (m-1)u_1 & \ldots & (m-1)u_r \end{vmatrix},$$

ou, en répétant l'opération indiquée ci-dessus, en ayant soin toutefois de substituer les lignes aux colonnes, on aura :

$$\frac{x_0}{m-1}\begin{vmatrix} u_{1,0} & u_{1,1} & \cdots & u_{1,r} \\ u_{2,0} & u_{2,1} & \cdots & u_{2,r} \\ \cdots & \cdots & \cdots & \cdots \\ u_{r,0} & u_{r,1} & \cdots & u_{r,r} \\ u_{0,0} & u_{0,1} & \cdots & u_{0,r} \end{vmatrix},$$

et, par conséquent :

$$(2)\qquad H = -\frac{m}{m-1}u\begin{vmatrix} u_{1,1} & u_{1,2} & \cdots & u_{1,r} \\ u_{2,1} & u_{2,2} & \cdots & u_{2,r} \\ \cdots & \cdots & \cdots & \cdots \\ u_{r,1} & u_{r,2} & \cdots & u_{r,r} \end{vmatrix} + (-1)^r\frac{x_0^2}{(m-1)^2}\Delta.$$

Analoguement, si v est une fonction algébrique entière rationnelle de degré n des variables $z_1, z_2, \ldots, z_r$, et si l'on pose

$$K = \begin{vmatrix} v_1 & v_{1,1} & v_{1,2} & \cdots & v_{1,r} \\ v_2 & v_{2,1} & v_{2,2} & \cdots & v_{2,r} \\ \cdots & \cdots & \cdots & \cdots & \cdots \\ v_r & v_{r,1} & v_{r,2} & \cdots & v_{r,r} \\ 0 & v_1 & v_2 & \cdots & v_r \end{vmatrix},$$

on aura :

$$K = -\frac{n}{n-1}v\begin{vmatrix} v_{1,1} & v_{1,2} & \cdots & v_{1,r} \\ v_{2,1} & v_{2,2} & \cdots & v_{2,r} \\ \cdots & \cdots & \cdots & \cdots \\ v_{r,1} & v_{r,2} & \cdots & v_{r,r} \end{vmatrix} + (-1)^r\frac{z_0^2}{(n-1)^2}\nabla.$$

Les déterminants Δ et ∇ sont respectivement des degrés $(r+1)(m-2)$ et $(r+1)(n-2)$.

Je suppose les variables $x_0, x_1, \ldots, x_r$; $z_0, z_1, \ldots, z_r$ liées par les deux systèmes d'équations

$$(3)\qquad \begin{cases} v_0 = x_0, & v_1 = x_1, & v_2 = x_2, & \ldots, & v_r = x_r, \\ u_0 = z_0, & u_1 = z_1, & u_2 = z_2, & \ldots, & u_r = z_r. \end{cases}$$

En prenant la dérivée de chacune des équations du premier système selon x_0, $x_1, \ldots, x_r$, en ayant égard aux équations du second système, on aura $(r+1)^2$ équations, lesquelles peuvent se déduire des deux suivantes :

$$v_{s,0} u_{s,0} + v_{s,1} u_{s,1} + \cdots + v_{s,r} u_{s,r} = 1,$$
$$v_{s,0} u_{i,0} + v_{s,1} u_{i,1} + \cdots + v_{s,r} u_{i,r} = 0, \qquad (s \neq i)$$

en posant s et $i = 0, 1, 2, \ldots, r$. Ces équations nous donnent

$$\Delta . \nabla = 1, \tag{4}$$

et, à cause des équations (3), on a, pour toutes les valeurs de $x_0, x_1, \ldots, x_r$ et de $z_0, z_1, \ldots, z_r$ qui satisfont aux équations $u = 0$, $v = 0$, la suivante :

$$x_0 z_0 + x_1 z_1 + x_2 z_2 + \cdots + x_r z_r = 0.$$

J'observe que si le déterminant Hessien Δ est identiquement nul, on a, par l'équation (2) :

$$\begin{vmatrix} (m-1)u_1 & u_{1,1} & \ldots & u_{1,r} \\ (m-1)u_2 & u_{2,1} & \ldots & u_{2,r} \\ \cdots & \cdots & \cdots & \cdots \\ (m-1)u_r & u_{r,1} & \ldots & u_{r,r} \\ mu & u_1 & \ldots & u_r \end{vmatrix} = 0$$

identiquement, et l'équation

$$u(x_1, x_2, \ldots, x_r) = 0$$

est elle-même homogène. Analoguement si $\nabla = 0$ identiquement, l'équation

$$v(z_1, z_2, \ldots, z_r) = 0$$

est homogène.

Pour toutes les valeurs de $x_1, x_2, \ldots, x_r$ qui satisfont à l'équation $u = 0$, et rendent $H = 0$, on a $\Delta = 0$.

Applications géométriques. — Si l'on suppose $r = 2$ et $\Delta = 0$ ou $\nabla = 0$ identiquement, les équations :

$$u(x_1, x_2) = 0, \qquad v(x_1, x_2) = 0,$$

sont homogènes, et l'on a les théorèmes 1er et 3e.

Si l'on suppose $r = 3$ et $\Delta = 0$ ou $\nabla = 0$ identiquement, les équations

$$u(x_1, x_2, x_3) = 0, \qquad v(x_1, x_2, x_3) = 0$$

sont homogènes, et l'on a les théorèmes 5e et 7e *).

En désignant par R le rayon de courbure d'une courbe plane représentée par l'équation $u = 0$, on a :

$$R = \pm \frac{(u_1^2 + u_2^2)^{\frac{3}{2}}}{H}.$$

Aux points d'inflexion de cette courbe, on a $R = \infty$, par conséquent $H = 0$, et

$$(5) \qquad \begin{vmatrix} u_{0,0} & u_{0,1} & u_{0,2} \\ u_{1,0} & u_{1,1} & u_{1,2} \\ u_{2,0} & u_{2,1} & u_{2,2} \end{vmatrix} = 0.$$

Cette équation représentant une courbe plane du degré $3(m-2)$, les points d'inflexion de la proposée seront, en général, $3m(m-2)$. Aux points doubles de la courbe $u = 0$, on a

$$u_1 = 0, \qquad u_2 = 0;$$

par conséquent $H = 0$, et l'équation (5) aura lieu aussi pour ces points (théorème 2e) **).

Aux points de rebroussement de la courbe $v = 0$, on a $R = 0$, par conséquent $H = \infty$ et $\Delta = \infty$, ou, en ayant égard à l'équation (4) :

$$\begin{vmatrix} v_{0,0} & v_{0,1} & v_{0,2} \\ v_{1,0} & v_{1,1} & v_{1,2} \\ v_{2,0} & v_{2,1} & v_{2,2} \end{vmatrix} = 0.$$

Cette équation représente une courbe plane de la classe $3(n-2)$, et les tangentes de rebroussement de la proposée qui, en général, seront en nombre $3n(n-2)$ seront les tangentes communes à cette courbe et à la courbe $v = 0$ (théorème 4e) ***).

On doit se rappeler que, les équations $u = 0$, $v = 0$ représentant une même

*) PLÜCKER, *System der Geometrie des Raumes*, Dusseldorf, 1846, p. 17.

**) Voyez l'excellent traité de M. SALMON, *Treatise on the higher plane curves*, Dublin, 1852, p. 72.

***) HESSE, *Ueber Curven dritter Classe und Curven dritter Ordnung* [Journal für die reine und angewandte Mathematik, t. XXXVIII (1849), pp. 241-256].

courbe, on a:

$$n = m(m - 1).$$

En dénotant par R_1, R_2 les rayons principaux de courbure d'une surface $u = 0$, on a:

$$R_1 R_2 = \frac{(u_1^2 + u_2^2 + u_3^2)^2}{H}.$$

Si l'un des deux rayons est infini, on a $H = 0$, par conséquent $\Delta = 0$. Cette équation représente une surface du degré $4(m - 2)$, et la ligne d'intersection de cette surface avec la surface $u = 0$ sera une ligne d'inflexion, ou ligne des points paraboliques, pour cette surface (théorème 6e) *).

Si l'un des deux rayons est nul, on a $H = \infty$; par conséquent, $\nabla = 0$. Cette équation représente une surface de la classe $4(n - 2)$, et la développable circonscripte à cette surface et à la surface $v = 0$ sera enveloppée par les plans tangents le long de la ligne de rebroussement pour cette dernière surface (théorème 8e).

*) GERGONNE, *De la courbure des surfaces courbes* [Annales de Mathématiques pures et appliquées, t. XXI (1830-31), pp. 217-248 (pag. 233)]. — SALMON, *On the condition that a plane should touch a surface along a curve line* [Cambridge and Dublin Mathematical Journal, t. III (1848), pp. 44-46]; *On the cone circumscribing a surface of the mth order* [Cambridge and Dublin Mathematical Journal, t. IV (1849), pp. 188-191].

CCXI.

SUR LES QUESTIONS 241 ET 141 *).

Nouvelles Annales de Mathématiques, 1ère série, t. XIV (1855), pp. 20-24.

Question 241. — *Théorème d'*EULER *démontré par* M. LOXHAY **).

$$A_0, \quad A_1, \quad A_2, \ldots, A_r$$

sont les termes d'une série récurrente; si l'on a

$$A_{r+2} = a A_{r+1} - b A_r,$$

on a aussi:

$$\frac{A_{r+1}^2 - a A_r A_{r+1} + b A_r^2}{b^r} = \text{const.}$$

Théorème plus général. En supposant

$$A_{r+s} = a_1 A_{r+s-1} + a_2 A_{r+s-2} + \cdots + a_s A_r,$$

---

*) [La questione 241 è proposta nel periodico «Nouvelles Annales de Mathématiques», t. X (1851), pag. 357, ed è:

Soit $T_{n+2} = a T_{n+1} - b T_n$ *l'équation caractéristique d'une série récurrente, on a:*

$$\frac{T_{n+1}^2 - a T_n T_{n+1} + b T_n^2}{b^n} = \text{const.} \qquad \text{(EULER).}$$

La questione 141 è poi proposta a pag. 134 del t. VI (1847) del medesimo periodico ed è:

Soient A_n, A_{n+1}, A_{n+2} *trois termes consecutifs d'une série récurrente. Si l'on forme la série qui a pour terme générale* $A_n A_{n+2} - A_{n+1}^2$, *elle est aussi récurrente.* (FOURIER)].

**) LOXHAY, *Solution de la question 241* [Nouvelles Annales de Mathématiques, t. XI (1852), pp. 424-426].

on a :

$$\frac{1}{a_s^r}\begin{vmatrix} A_r & A_{r+1} & \dots & A_{r+s-1} \\ A_{r+1} & A_{r+2} & \dots & A_{r+s} \\ \dots & \dots & \dots & \dots \\ A_{r+s-1} & A_{r+s} & \dots & A_{r+2s-2} \end{vmatrix} = \text{const.}$$

En effet, en substituant au lieu des éléments de la dernière ligne de ce déterminant les valeurs données par l'équation caractéristique, on a :

$$\begin{vmatrix} A_r & A_{r+1} & \dots & A_{r+s-1} \\ A_{r+1} & A_{r+2} & \dots & A_{r+s} \\ \dots & \dots & \dots & \dots \\ A_{r+s-1} & A_{r+s} & \dots & A_{r+2s-2} \end{vmatrix} = (-1)^{(s-1)} a_s \begin{vmatrix} A_{r-1} & A_r & \dots & A_{r+s-2} \\ A_r & A_{r+1} & \dots & A_{r+s-1} \\ \dots & \dots & \dots & \dots \\ A_{r+s-2} & A_{r+s-1} & \dots & A_{r+2s-3} \end{vmatrix}.$$

et, par consequént *):

$$\begin{vmatrix} A_r & A_{r+1} & \dots & A_{r+s-1} \\ A_{r+1} & A_{r+2} & \dots & A_{r+s} \\ \dots & \dots & \dots & \dots \\ A_{r+s-1} & A_{r+s} & \dots & A_{r+2s-2} \end{vmatrix} = (-1)^{r(s-1)} a_s^r \begin{vmatrix} A_0 & A_1 & \dots & A_{s-1} \\ A_1 & A_2 & \dots & A_s \\ \dots & \dots & \dots & \dots \\ A_{s-1} & A_s & \dots & A_{2s-2} \end{vmatrix}.$$

Si, dans le premier membre de cette équation, on met pour A_{r+s}, A_{r+s+1}, etc. leurs valeurs données par l'équation caractéristique, on a:

$$\varphi(a_1, a_2, \dots, a_s, A_r, A_{r+1}, \dots, A_{r+s-1}) = a_s^r . \text{const.}$$

La *Question 141* est un théorème énoncé par FOURIER **). M. TARDY ***) pense qu'il s'est glissé quelque erreur dans ce qu'avance FOURIER à propos de l'application du même théorème à la recherche des racines d'une équation par l'emploi des séries

---

*) Tous les a, à l'exception de a_s, s'en vont; ensuite on passe de A_{r-1} à A_{r-2}, de là à A_{r-3}, etc.

**) FOURIER, *Analyse des équations déterminées,* Paris 1831, 1ère Partie (*seule*), p. 72.

***) TARDY, *Solution de la question 141* [Nouvelles Annales de Mathématiques, t. XIII (1854), pp. 23-25].

récurrentes. Je suis conduit à partager l'opinion de mon savant ami en m'appuyant sur les considérations suivantes.

Soit $f(x) = 0$ l'équation donnée; soient $x_1, x_2, \ldots, x_n$ ses racines; je suppose

$$A_r = \sum_s \frac{c_s}{x_s^{r+1}}, \tag{1}$$

et je considère les deux séries récurrentes

$$L_0, \ L_1, \ \ldots, \ L_r, \ \ldots, \qquad M_0, \ M_1, \ \ldots, \ M_r, \ \ldots,$$

dans lesquelles

$$L_r = \begin{vmatrix} A_r & A_{r+1} \\ A_{r+2} & A_{r+3} \end{vmatrix}, \qquad M_r = \begin{vmatrix} A_r & A_{r+1} \\ A_{r+1} & A_{r+2} \end{vmatrix}.$$

En substituant pour A_r, A_{r+1}, etc. les valeurs données par l'équation (1), on a:

$$L_r = \begin{vmatrix} \sum_s \frac{c_s}{x_s^{r+1}} & \sum_t \frac{c_t}{x_t^{r+2}} \\ \sum_s \frac{c_s}{x_s^{r+3}} & \sum_t \frac{c_t}{x_t^{r+4}} \end{vmatrix} = \sum_s \sum_t \frac{c_s c_t}{(x_s x_t)^{r+1}} \begin{vmatrix} 1 & \frac{1}{x_t} \\ \frac{1}{x_s^2} & \frac{1}{x_t^3} \end{vmatrix},$$

c'est-à-dire:

$$L_r = \sum_s \sum_t \frac{c_s c_t}{(x_s x_t)^{r+3}} \cdot \frac{1}{x_t} (x_t^2 - x_s^2),$$

et analoguement:

$$M_r = \sum_s \sum_t \frac{c_s c_t}{(x_s x_t)^{r+2}} \cdot \frac{1}{x_t} (x_t - x_s).$$

J'observe que les séries des quotients $\frac{L_r}{L_{r-1}}$, $\frac{M_r}{M_{r-1}}$ ne peuvent avoir pour limites que le produit $x_s x_t$ des deux premières racines de la proposée; et cela est contraire à ce qu'avance FOURIER à propos de la première série $\frac{L_r}{L_{r-1}}$.

Mais nous pouvons former une autre série de termes de la forme $\frac{L_r}{M_{r+1}}$, qui évidemment a pour limite la somme $x_s + x_t$ des deux premières racines.

Pour déterminer les trois premières racines on pourra former trois séries récurrentes: $L_0, L_1, \ldots, L_r, \ldots$; $M_0, M_1, \ldots, M_r, \ldots$; $N_0, N_1, \ldots, N_r, \ldots$, en posant:

$$L_r = \begin{vmatrix} A_r & A_{r+1} & A_{r+2} \\ A_{r+3} & A_{r+4} & A_{r+5} \\ A_{r+2} & A_{r+3} & A_{r+4} \end{vmatrix}, \qquad M_r = \begin{vmatrix} A_r & A_{r+1} & A_{r+2} \\ A_{r+1} & A_{r+2} & A_{r+3} \\ A_{r+3} & A_{r+4} & A_{r+5} \end{vmatrix},$$

$$N_r = \begin{vmatrix} A_r & A_{r+1} & A_{r+2} \\ A_{r+1} & A_{r+2} & A_{r+3} \\ A_{r+2} & A_{r+3} & A_{r+4} \end{vmatrix}.$$

En effet, on a :

$$L_r = \begin{vmatrix} \sum^s \frac{c_s}{x_s^{r+1}} & \sum^t \frac{c_t}{x_t^{r+2}} & \sum^i \frac{c_i}{x_i^{r+3}} \\ \sum^s \frac{c_s}{x_s^{r+4}} & \sum^t \frac{c_t}{x_t^{r+5}} & \sum^i \frac{c_i}{x_i^{r+6}} \\ \sum^s \frac{c_s}{x_s^{r+3}} & \sum^t \frac{c_t}{x_t^{r+4}} & \sum^i \frac{c_i}{x_i^{r+5}} \end{vmatrix},$$

ou :

$$L_r = \sum^s \sum^t \sum^i \frac{c_s c_t c_i}{(x_s x_t x_i)^{r+4}} \cdot \frac{1}{x_t x_i^2} \begin{vmatrix} x_s^3 & x_t^3 & x_i^3 \\ 1 & 1 & 1 \\ x_s & x_t & x_i \end{vmatrix},$$

ou bien :

$$L_r = -\sum^s \sum^t \sum^i \frac{c_s c_t c_i}{(x_s x_t x_i)^{r+4}} \cdot \frac{\Delta(x_s + x_t + x_i)}{x_t x_i^2};$$

et analoguement :

$$M_r = \sum^s \sum^t \sum^i \frac{c_s c_t c_i}{(x_s x_t x_i)^{r+4}} \cdot \frac{\Delta(x_s x_t + x_s x_i + x_t x_i)}{x_t x_i^2},$$

$$N_r = \sum^s \sum^t \sum^i \frac{c_s c_t c_i}{(x_s x_t x_i)^{r+3}} \cdot \frac{\Delta}{x_t x_i^2},$$

ayant posé

$$\Delta = \begin{vmatrix} x_s^2 & x_t^2 & x_i^2 \\ x_s & x_t & x_i \\ 1 & 1 & 1 \end{vmatrix}.$$

Les trois séries composées des quotients $\frac{L}{L_{r-1}}$, $\frac{M_r}{M_{r-1}}$, $\frac{N_r}{N_{r-1}}$ ne peuvent donner que le produit $x_s x_t x_i$; mais les deux séries $\frac{L_r}{N_{r+1}}$, $\frac{M_r}{N_{r+1}}$ peuvent donner la somme

$x_s + x_t + x_i$ des trois premières racines, et la somme des produits deux à deux $x_s x_t + x_s x_i + x_t x_i$.

Quoique, pour l'application des séries récurrentes à la recherche des racines selon les vues de FOURIER, il n'y ait besoin que des séries qui donnent les sommes et les produits des racines ; cependant je vais donner le moyen de former aussi les autres séries en considérant s racines. Je nomme $L_{r,1}$, $L_{r,2}$, ..., $L_{r,s}$ les termes généraux de ces séries récurrentes, et je pose

$$L_{r,s} = \begin{vmatrix} A_r & A_{r+1} & \dots & A_{r+s-1} \\ A_{r+1} & A_{r+2} & \dots & A_{r+s} \\ \dots & \dots & \dots & \dots \\ A_{r+s-1} & A_{r+s} & \dots & A_{r+2s-2} \end{vmatrix}.$$

On obtient $L_{r,1}$ en substituant aux éléments de la seconde ligne de $L_{r,s}$ les éléments suivants :

$$A_{r+s}, \quad A_{r+s+1}, \quad \dots, \quad A_{r+2s-1};$$

de même on obtient $L_{r,2}$ en substituant aux éléments de la troisième ligne de $L_{r,s}$ ces dernières quantités, et ainsi de suite. Les séries des quotients

$$\frac{L_{r,1}}{L_{r,s}}, \quad \frac{L_{r,2}}{L_{r,s}}, \quad \dots, \quad \frac{L_{r,s-1}}{L_{r,s}}$$

donnent la somme des racines, la somme des produits deux à deux, etc., la somme des produits à $s - 1$ à $s - 1$, et chacune des séries $\frac{L_{r,1}}{L_{r-1,1}}$, $\frac{L_{r,2}}{L_{r-1,2}}$, etc., donnera le produit des racines.

L'exposé synoptique des recherches de FOURIER sur l'application des séries récurrentes à la résolution des équations se termine par ces paroles : « *Au reste, nous ne pensons point que l'on parvienne assez promptement par cette voie à la connaissance des racines. Les exemples cités par* EULER *sont ingénieusement choisis, mais ce mode d'approximation exige en général trop de calculs. Nous ne considérons donc cette question que sous les rapports théoriques* ». C'est pour cela que je crois inutile d'entrer en de plus longs détails.

CCXII.

MÉTHODE POUR DÉTERMINER LES RACINES COMMUNES À DEUX ÉQUATIONS.

Nouvelles Annales de Mathématiques, 1ère série, t. XIV (1855), pp. 81-83.

Soient

$$(1)\qquad \begin{cases} f(x) = a_0 x^n + a_1 x^{n-1} + \cdots + a_{n-1}\, x + a_n = 0, \\ \varphi(x) = b_0 x^m + b_1 x^{m-1} + \cdots + b_{m-1}\, x + b_m = 0, \end{cases}$$

les deux équations; $x_1, x_2, \ldots x_n$ les racines de la première supposées inégales, et

$$(2)\qquad V = \varphi(x_1)\varphi(x_2)\ \ldots\ \varphi(x_n).$$

Supposons que les équations (1) aient r (et seulement r) racines communes; on a la proposition suivante:

THÉORÈME. — *Les r racines communes aux deux équations* (1) *sont les racines de l'équation suivante:*

$$\frac{\partial^r V}{\partial b_m^r} x^r - r \frac{\partial^r V}{\partial b_m^{r-1} \partial b_{m-1}} x^{r-1} + \frac{r(r-1)}{2} \frac{\partial^r V}{\partial b_m^{r-2} \partial b_{m-1}^2} x^{r-2} - \cdots$$

$$\cdots - (-1)^r r \frac{\partial^r V}{\partial b_m \partial b_{m-1}^{r-1}} x + (-1)^r \frac{\partial^r V}{\partial b_{m-1}^r} = 0,$$

ou de la suivante:

$$\frac{\partial^r V}{\partial a_n^r} x^r - r \frac{\partial^r V}{\partial a_n^{r-1} \partial a_{n-1}} x^{r-1} + \cdots - (-1)^r r \frac{\partial^r V}{\partial a_n \partial a_{n-1}^{r-1}} x + (-1)^r \frac{\partial^r V}{\partial a_{n-1}^r} = 0.$$

En effet, de l'équation (2) on déduit:

$$\frac{\partial V}{\partial b_{s_1}} = x_1^{r_1} V_1 + x_2^{r_2} V_2 + \cdots + x_n^{r_n} V_n,$$

$$(3) \qquad \frac{\partial^2 V}{\partial b_{s_1} \partial b_{s_2}} = (x_1^{r_1} x_2^{r_2} + x_1^{r_2} x_2^{r_1}) V_{1,2} + (x_1^{r_1} x_3^{r_2} + x_1^{r_2} x_3^{r_1}) V_{1,3} + \cdots$$

$$\frac{\partial^3 V}{\partial b_{s_1} \partial b_{s_2} \partial b_{s_3}} = [x_3^{r_3}(x_1^{r_1} x_2^{r_2} + x_1^{r_2} x_2^{r_1}) + x_2^{r_3}(x_1^{r_1} x_3^{r_2} + x_1^{r_2} x_3^{r_1}) + x_1^{r_3}(x_2^{r_1} x_3^{r_2} + x_2^{r_2} x_3^{r_1})] V_{1,2,3} + \cdots$$

et ainsi de suite. On a posé

$$V_1 = \frac{V}{\varphi(x_1)}, \qquad V_{1,2} = \frac{V_1}{\varphi(x_2)}, \qquad V_{1,2,3} = \frac{V_{1,2}}{\varphi(x_3)}, \quad \cdots$$

$$r_1 = m - s_1, \qquad r_2 = m - s_2, \quad \ldots.$$

Si les équations (1) ont une seule racine commune, par exemple x_1, la première des équations (3) donne:

$$\frac{\partial V}{\partial b_{s_1}} = x_1^{r_1} V_1,$$

et, par conséquent:

$$\frac{\partial V}{\partial b_m} x_1 - \frac{\partial V}{\partial b_{m-1}} = 0,$$

résultat déjà obtenu par M. Richelot.

Si les équations (1) ont deux seules racines x_1, x_2 communes, la seconde des équations (3) donne:

$$\frac{\partial^2 V}{\partial b_{s_1} \partial b_{s_2}} = (x_1^{r_1} x_2^{r_2} + x_1^{r_2} x_2^{r_1}) V_{1,2},$$

de laquelle

$$\frac{\partial^2 V}{\partial b_m^2} = 2 V_{1,2}, \qquad \frac{\partial^2 V}{\partial b_m \partial b_{m-1}} = (x_1 + x_2) V_{1,2}, \qquad \frac{\partial^2 V}{\partial b_{m-1}^2} = 2 x_1 x_2 V_{1,2},$$

et les x_1, x_2 seront les racines de l'équation

$$\frac{\partial^2 V}{\partial b_m^2} x^2 - 2 \frac{\partial^2 V}{\partial b_m \partial b_{m-1}} x + \frac{\partial^2 V}{\partial b_{m-1}^2} = 0.$$

De même, si les équations (1) ont trois seules racines communes x_1, x_2, x_3, de la troisième équation (3), on a:

$$\frac{\partial^3 V}{\partial b_m^3} = 6\,V_{1,2,3}, \qquad \frac{\partial^3 V}{\partial b_m^2 \partial b_{m-1}} = 2(x_1 + x_2 + x_3)\,V_{1,2,3},$$

$$\frac{\partial^3 V}{\partial b_m \partial b^2_{m-1}} = 2(x_1 x_2 + x_1 x_3 + x_2 x_3)\,V_{1,2,3}, \qquad \frac{\partial^3 V}{\partial b_{m-1}^3} = x_1 x_2 x_3\,V_{1,2,3},$$

et en conséquence les trois racines communes seront les racines de l'équation

$$\frac{\partial^3 V}{\partial b_m^3} x^3 - 3\frac{\partial^3 V}{\partial b_m^2 \partial b_{m-1}} x^2 + 3\frac{\partial^3 V}{\partial b_m \partial b_{m-1}^2} x - \frac{\partial^3 V}{\partial b_{m-1}^3} = 0.$$

En se laissant guider par l'analogie, on pourrait conclure à la généralité du théorème *); mais la méthode suivante, plus féconde en conséquences, ne laissera aucun doute à ce sujet.

Représentons par P_1 le symbole d'opération

$$x^s \frac{\partial V}{\partial b_m} - s x^{s-1}\frac{\partial V}{\partial b_{m-1}} + \frac{s(s-1)}{2} x^{s-2}\frac{\partial V}{\partial b_{m-2}} - \cdots - (-1)^s s x \frac{\partial V}{\partial b_{m-s+1}} + (-1)^s \frac{\partial V}{\partial b_{m-s}}.$$

En substituant pour $\dfrac{\partial V}{\partial b_m}, \dfrac{\partial V}{\partial b_{m-1}}, \ldots,$ leurs valeurs déduites de la première (3), on obtient:

$$(a) \qquad P_1 = V_1(x - x_1)^s + V_2(x - x_2)^s + \cdots + V_n(x - x_n)^s.$$

Répétons sur la fonction V une seconde fois l'opération P_1, c'est-à-dire formons le carré du polynôme P_1 en changeant dans les dérivées les exposants en indices; on aura de la sorte

$$P_2 = x^{2s}\frac{\partial^2 V}{\partial b_m^2} - 2 s x^{2s-1}\frac{\partial^2 V}{\partial b_m \partial b_{m-1}} + x^{2s-2}\left(2\frac{s(s-1)}{1.2}\frac{\partial^2 V}{\partial b_m \partial b_{m-2}} + s^2 \frac{\partial^2 V}{\partial b_{m-1}^2}\right)$$
$$- 2\frac{s(s-1)(s-2)}{1.2.3} x^{2s-3}\frac{\partial^2 V}{\partial b_m \partial b_{m-3}} + \cdots,$$

*) [A questo punto termina la pubblicazione nel periodico « Nouvelles Annales » ed il Redattore appose la nota seguente: « M. BRIOSCHI a trouvé depuis une démonstration rigoureuse ». Quanto segue è tolto dall'*Appendice* alla « *Théorie des Déterminants et leurs principales applications*, par F. BRIOSCHI, traduit de l'italien par E. COMBESCURE » (Paris, 1856), pp. 177-182].

ou, en mettant pour $\frac{\partial^2 V}{\partial b_m^2}$, $\frac{\partial^2 V}{\partial b_m \partial b_{m-1}}$, ... leurs valeurs tirées de la seconde (3),

$$(b) \qquad P_2 = 2V_{1,2}(x - x_1)^s(x - x_2)^s + 2V_{1,3}(x - x_1)^s(x - x_3)^s + \cdots.$$

Si l'on fait subir à la fonction V une troisième fois l'opération P_1, c'est-à-dire si l'on forme le cube du polynôme P_1 en changeant dans les dérivées les exposants en indices, et qu'on ait égard à la troisième (3), on trouvera :

$$(c) \quad P_3 = 6V_{1,2,3}(x-x_1)^s(x-x_2)^s(x-x_3)^s + 6V_{1,2,4}(x-x_1)^s(x-x_2)^s(x-x_4)^s + \cdots,$$

et généralement l'opération P_1, répétée r fois de suite, conduira à

$$(d) \qquad P_r = 1.2.3 \ldots r V_{1,2,3,\ldots,r}(x - x_1)^s(x - x_2)^s \ldots (x - x_r)^s + \cdots.$$

Actuellement, si les équations $f(x) = 0$, $\varphi(x) = 0$ ont une seule racine commune x_1, on a :

$$V = 0, \qquad P_1 = V_1(x - x_1)^s;$$

si deux racines communes x_1, x_2:

$$V = 0, \qquad P_1 = 0, \qquad P_2 = 2V_{1,2}(x - x_1)^s(x - x_2)^s;$$

si trois racines communes x_1, x_2, x_3:

$$V = 0, \qquad P_1 = 0, \qquad P_2 = 0, \qquad P_3 = 6V_{1,2,3}(x - x_1)^s(x - x_2)^s(x - x_3)^s;$$

et généralement, pour r racines communes $x_1, x_2, \ldots, x_r$, on aura:

$$V = 0, \qquad P_1 = 0, \qquad P_2 = 0, \qquad \ldots, \qquad P_{r-1} = 0,$$

$$P_r = 1.2.3 \ldots r V_{1,2,3\ldots r}(x - x_1)^s(x - x_2)^s \ldots (x - x_r)^s.$$

Donc, si, dans le symbole d'opération P_1, on fait $s = 1$, les équations du premier, second, ..., $r^{\text{ième}}$ degré

$$P_1 = 0, \qquad P_2 = 0, \qquad \ldots, \qquad P_r = 0$$

auront pour racines respectivement la seule racine x_1 commune aux deux équations $f(x) = 0$, $\varphi(x) = 0$; les deux seules racines communes x_1, x_2; etc., les r seules racines communes $x_1, x_2, \ldots, x_r$.

Maintenant en faisant $s = 1$ dans l'expression de P_1, et répétant r fois cette même opération P_1, on obtient:

$$P_r = \frac{\partial^r V}{\partial b_m^r} x^r - r \frac{\partial^r V}{\partial b_m^{r-1} \partial b_{m-1}} x^{r-1} + \cdots - (-1)^r r \frac{\partial^r V}{\partial b_m \partial b_{m-1}^{r-1}} x + (-1)^r \frac{\partial^r V}{\partial b_{m-1}^r},$$

ce qui fournit la démonstration générale du théorème énoncé au commencement.

Supposons présentement que l'équation $f(x) = 0$ contienne i groupes de racines, pour le premier desquels le degré de multiplicité des racines soit r_1, pour le second $r_2, \ldots$, pour le $i^{\text{ième}}$, r_i; et soit fait $r_1 + r_2 + \cdots + r_i = r$. En désignant par V le discriminant de l'équation $f(x) = 0$, et par P_1 le symbole d'opération

$$x^s \frac{\partial V}{\partial a_n} - s x^{s-1} \frac{\partial V}{\partial a_{n-1}} + \cdots - (-1)^s s x \frac{\partial V}{\partial a_{n-s+1}} + (-1)^s \frac{\partial V}{\partial a_{n-s}},$$

on aura:

$$V = 0, \quad P_1 = 0, \quad P_2 = 0, \quad \ldots, \quad P_{r-1} = 0,$$

$$P_r = \frac{\partial^r V}{\partial a_n^r} [(x - x_1)^{r_1} (x - x_2)^{r_2} \ldots (x - x_i)^{r_i}]^s,$$

$x_1, x_2, \ldots, x_i$ étant les racines qui correspondent respectivement à chacun des groupes dont on a parlé; et conséquemment, pour $s = 1$, l'équation $P_r = 0$ aura pour racines les $x_1, x_2, \ldots, x_i$ aux degrés de multiplicité respectifs $r_1, r_2, \ldots, r_i$. Il va sans dire que dans la démonstration directe de ce théorème les équations que l'on rencontre et qui sont les homologues de (a), (b), (c), (d) n'ont nullement la forme de ces dernières.

Dans le cas de $s = n$, ce théorème coïncide avec celui de M. SYLVESTER, relatif au discriminant d'une fonction homogène à deux variables *).

Le grand avantage de l'indétermination de s consiste dans la possibilité de déterminer les équations qui ont pour racines les racines communes ou les racines multiples; et cela par la simple supposition de $s = 1$.

Si $x_1 = x_2 = \cdots = x_i$, c'est-à-dire si l'équation $f(x) = 0$ admet $r + 1$ fois la racine x_1, en faisant $s = 1$, on aura, comme corollaire du dernier théorème:

$$P_r = \frac{\partial^r V}{\partial a_n^r} (x - x_1)^r,$$

et, par suite,

$$x_1 = \frac{\partial^r V}{\partial a_n^{r-1} \partial a_{n-1}} : \frac{\partial^r V}{\partial a_n^r}$$

pour l'expression de la racine multiple.

L'extension de la méthode au cas de trois équations à deux variables ne présente aucune difficulté. Sopposons que les équations $f(x, y) = 0$, $\varphi(x, y) = 0$ admettent les couples de racines communes

$$(h) \qquad (x_1, y_1), \quad (x_2, y_2), \quad \ldots, \quad (x_\mu, y_\mu),$$

---

*) SYLVESTER, *On a remarkable theorem in the theory of equal roots and multiple points* [Philosophical Magazine, t. III (1852), pp. 375-378].

et soit

$$\psi(x, y) = a_{0,0}x^m + (a_{1,0} + a_{1,1}y)x^{m-1} + (a_{2,0} + a_{2,1}y + a_{2,2}y^2)x^{m-2} + \cdots$$
$$\cdots + (a_{m,0} + a_{m,1}y + \cdots + a_{m,m}y^m) = 0$$

une troisième équation. Si l'on fait

$$V = \psi(x_1, y_1)\psi(x_2, y_2) \ldots \psi(x_\mu, y_\mu),$$

$$V_1 = \frac{V}{\psi(x_1, y_1)}, \qquad V_{1,2} = \frac{V_1}{\psi(x_2, y_2)}, \qquad \ldots,$$

on aura:

$$\frac{\partial V}{\partial a_{r_1,s_1}} = x_1^{m-r_1}y_1^{s_1}V_1 + x_2^{m-r_1}y_2^{s_1}V_2 + \cdots + x_\mu^{m-r_1}y_\mu^{s_1}V_\mu.$$

Lors donc que le seul groupe (x_1, y_1) donnera $\psi(x, y) = 0$, il viendra

$$\frac{\partial V}{\partial a_{r_1,s_1}} = x_1^{m-r_1}y_1^{s_1}V_1,$$

d'où

$$\frac{\partial V}{\partial a_{m,0}} = V_1, \qquad \frac{\partial V}{\partial a_{m,1}} = y_1 V_1, \qquad \frac{\partial V}{\partial a_{m-1,0}} = x_1 V_1,$$

ce qui fait connaître x_1 et y_1. De même, si les deux seuls groupes (x_1, y_1), (x_2, y_2) de la suite (h) annulent $\psi(x, y)$, on a:

$$\frac{\partial^2 V}{\partial a_{m,0}^2} = 2V_{1,2}, \qquad \frac{\partial^2 V}{\partial a_{m,0}\partial a_{m,1}} = (y_1 + y_2)V_{1,2}, \qquad \frac{\partial^2 V}{\partial a_{m,1}^2} = 2y_1y_2V_{1,2},$$

$$\frac{\partial^2 V}{\partial a_{m,0}\partial a_{m-1,0}} = (x_1 + x_2)V_{1,2}, \qquad \frac{\partial^2 V}{\partial a_{m-1,0}^2} = 2x_1x_2V_{1,2},$$

et ainsi de suite.

On pourrait donner à ces résultats une forme plus générale, comme dans le cas de deux équations; mais la chose ne présente pas de difficulté. On pourrait aussi obtenir les conditions analogues à celles de Lagrange, pour que trois ou un plus grand nombre d'équations admettent des racines communes. Pour le cas précédent, par exemple, on aurait:

$$V = 0, \qquad \frac{\partial V}{\partial a_{m,0}} = 0, \qquad \frac{\partial^2 V}{\partial a_{m,0}^2} = 0.$$

CCXIII.

SOLUTION DE LA QUESTION 278 *).

Nouvelles Annales de Mathématiques, 1ère série, t. XIV (1855), pp. 170-172.

En posant

$$R = \begin{vmatrix} a & b & c \\ a_1 & b_1 & c_1 \\ a_2 & b_2 & c_2 \end{vmatrix},$$

$$\alpha = \frac{\partial R}{\partial a}, \qquad \beta = \frac{\partial R}{\partial b}, \qquad \gamma = \frac{\partial R}{\partial c}, \qquad \ldots,$$

on a, par un théorème connu:

$$R^2 = \begin{vmatrix} \alpha & \beta & \gamma \\ \alpha_1 & \beta_1 & \gamma_1 \\ \alpha_2 & \beta_2 & \gamma_2 \end{vmatrix}. \tag{I}$$

*) [La questione 278 è proposta nel periodico «Nouvelles Annales de Mathématiques» t. XII (1853), pag. 260, ed è la seguente:

$$[(b'c'')x + (c'a'')y + (a'b'')z]^2 + [(b''c)x + (c''a)y + (a''b)z]^2 + [(bc')x + (ca')y + (ab')z]^2 = k^2$$

$$[(b'c'')x + (b''c)y + (bc')z]^2 + [(c'a'')x + (c''a)y + (ca')z]^2 + [(a'b'')x + (a''b)y + (ab')z]^2 = k^2$$

étant les équations de deux ellipsoïdes, axes rectangulaires, les ellipsoïdes sont égaux.

Les crochets désignent des déterminants binaires. (JACOBI)].

Si de plus on pose :

$$\begin{aligned}
&\alpha^2 + \beta^2 + \gamma^2 = A, && \alpha\alpha_1 + \beta\beta_1 + \gamma\gamma_1 = D,\\
&\alpha_1^2 + \beta_1^2 + \gamma_1^2 = B, && \alpha\alpha_2 + \beta\beta_2 + \gamma\gamma_2 = E,\\
&\alpha_2^2 + \beta_2^2 + \gamma_2^2 = C, && \alpha_1\alpha_2 + \beta_1\beta_2 + \gamma_1\gamma_2 = F,
\end{aligned}$$

et

$$\begin{aligned}
&\alpha^2 + \alpha_1^2 + \alpha_2^2 = A_1, && \alpha\beta + \alpha_1\beta_1 + \alpha_2\beta_2 = D_1,\\
&\beta^2 + \beta_1^2 + \beta_2^2 = B_1, && \alpha\gamma + \alpha_1\gamma_1 + \alpha_2\gamma_2 = E_1,\\
&\gamma^2 + \gamma_1^2 + \gamma_2^2 = C_1, && \beta\gamma + \beta_1\gamma_1 + \beta_2\gamma_2 = F_1,
\end{aligned}$$

les équations des deux ellipsoïdes, à cause des notations ci-dessus, reçoivent la forme :

$$A x^2 + B x^2 + C z^2 + 2 D xy + 2 E xz + 2 F yz = k^2,$$

$$A_1 x^2 + B_1 y^2 + C_1 z^2 + 2 D_1 xy + 2 E_1 xz + 2 F_1 yz = k^2.$$

Ces deux ellipsoïdes sont égaux lorsque les coefficients des mêmes puissances de θ dans les deux équations suivantes sont égaux :

$$\begin{vmatrix} A-\theta & D & E \\ D & B-\theta & F \\ E & F & C-\theta \end{vmatrix} = 0, \qquad \begin{vmatrix} A_1-\theta & D_1 & E_1 \\ D_1 & B_1-\theta & F_1 \\ E_1 & F_1 & C_1-\theta \end{vmatrix} = 0,$$

ou lorsqu'on aura :

(1) $$A + B + C = A_1 + B_1 + C_1,$$

(2) $$\begin{vmatrix} A & D \\ D & B \end{vmatrix} + \begin{vmatrix} A & E \\ E & C \end{vmatrix} + \begin{vmatrix} B & F \\ F & C \end{vmatrix} = \begin{vmatrix} A_1 & D_1 \\ D_1 & B_1 \end{vmatrix} + \begin{vmatrix} A_1 & E_1 \\ E_1 & C_1 \end{vmatrix} + \begin{vmatrix} B_1 & F_1 \\ F_1 & C_1 \end{vmatrix},$$

(3) $$\begin{vmatrix} A & D & E \\ D & B & F \\ E & F & C \end{vmatrix} = \begin{vmatrix} A_1 & D_1 & E_1 \\ D_1 & B_1 & F_1 \\ E_1 & F_1 & C_1 \end{vmatrix}.$$

La première de ces équations est évidente. Pour vérifier la seconde, j'observe que, par un théorème connu, on a :

$$\begin{vmatrix} A & D \\ D & B \end{vmatrix} = \begin{vmatrix} \alpha & \beta \\ \alpha_1 & \beta_1 \end{vmatrix}^2 + \begin{vmatrix} \alpha_2 & \beta_2 \\ \alpha & \beta \end{vmatrix}^2 + \begin{vmatrix} \alpha_1 & \beta_1 \\ \alpha_2 & \beta_2 \end{vmatrix}^2,$$

et que, par un autre théorème, on a :

$$\begin{vmatrix} \alpha & \beta \\ \alpha_1 & \beta_1 \end{vmatrix} = R\frac{\partial^2 R}{\partial a \partial b_1} = R c_2,$$

par conséquent :

$$\begin{vmatrix} A & D \\ D & B \end{vmatrix} = R^2(c^2 + c_1^2 + c_2^2).$$

On trouve de même :

$$\begin{vmatrix} A & E \\ E & C \end{vmatrix} = R^2(b^2 + b_1^2 + b_2^2),$$

$$\begin{vmatrix} B & F \\ F & C \end{vmatrix} = R^2(a^2 + a_1^2 + a_2^2),$$

$$\begin{vmatrix} A_1 & D_1 \\ D_1 & B_1 \end{vmatrix} = R^2(a_2^2 + b_2^2 + c_2^2),$$

$$\begin{vmatrix} A_1 & E_1 \\ E_1 & C_1 \end{vmatrix} = R^2(a_1^2 + b_1^2 + c_1^2),$$

$$\begin{vmatrix} B_1 & F_1 \\ F_1 & C_1 \end{vmatrix} = R^2(a^2 + b^2 + c^2);$$

expressions qui vérifient la seconde équation. La troisième est vérifiée tout de suite en carrant l'équation (I), et, en exécutant le carré par ligne et par colonne, on aura ainsi :

$$R^4 = \begin{vmatrix} A & D & E \\ D & B & F \\ E & F & C \end{vmatrix} = \begin{vmatrix} A_1 & D_1 & E_1 \\ D_1 & B_1 & F_1 \\ E_1 & F_1 & C_1 \end{vmatrix}.$$

CCXIV.

RELATIONS DE DISTANCE ENTRE DES POINTS.

Nouvelles Annales de Mathématiques, 1ère série, t. XIV (1855), pp. 172-173.

Notation. — Désignons par a_{rs} le carré de la distance des deux points désignés par a_r, a_s, de sorte que:

$$a_{rs} = a_{sr} \quad \text{et} \quad a_{rr} = 0.$$

1°. *Trois points en ligne droite.*

$$\begin{vmatrix} a_{11} & a_{12} & a_{13} & 1 \\ a_{21} & a_{22} & a_{23} & 1 \\ a_{31} & a_{32} & a_{33} & 1 \\ 1 & 1 & 1 & a_{44} \end{vmatrix} = 0,$$

$$a_{11} = a_{22} = a_{33} = a_{44} = 0,$$

a_{44} est mis pour la symétrie.

2°. *Quatre points dans un plan.*

$$\begin{vmatrix} a_{11} & a_{12} & a_{13} & a_{14} & 1 \\ a_{21} & a_{22} & a_{23} & a_{24} & 1 \\ a_{31} & a_{32} & a_{33} & a_{34} & 1 \\ a_{41} & a_{42} & a_{43} & a_{44} & 1 \\ 1 & 1 & 1 & 1 & a_{55} \end{vmatrix} = 0,$$

$$a_{11} = a_{22} = \cdots = a_{55} = 0.$$

3°. *Cinq points dans l'espace.*

$$\begin{vmatrix} a_{11} & a_{12} & a_{13} & a_{14} & a_{15} & 1 \\ a_{21} & a_{22} & a_{23} & a_{24} & a_{25} & 1 \\ a_{31} & a_{32} & a_{33} & a_{34} & a_{35} & 1 \\ a_{41} & a_{42} & a_{43} & a_{44} & a_{45} & 1 \\ a_{51} & a_{52} & a_{53} & a_{54} & a_{55} & 1 \\ 1 & 1 & 1 & 1 & 1 & a_{66} \end{vmatrix} = 0,$$

$$a_{11} = a_{22} = \cdots = a_{66} = 0.$$

Les barres désignent des déterminants. Ces valeurs ne sont pas nouvelles (Carnot); la nouveauté est dans la forme.

CCXV.

SUR LES QUESTIONS 301 ET 302 *).

Nouvelles Annales de Mathématiques, 1ère série, t. XV (1856), pp. 61-62.

Soient

$$r = u = s = v = t = w = 0$$

les équations des côtés successifs d'un hexagone; en supposant que chaque point

a_1 soit déterminé par $r = v = 0$,

a_2 » » » $r = u = 0$,

a_3 » » » $u = s = 0$,

a_4 » » » $s = v = 0$,

a_9 » » » $t = w = 0$,

*) [Si tratta di due questioni proposte nel periodico « Nouvelles Annales de Mathématiques », t. XIV (1855), pag. 138:

301). *Soient* a_1, a_2, a_3, ..., a_9 *neuf points d'intersection de deux courbes du troisième degré; par les quatre points* $a_1\, a_2\, a_3\, a_4$ *et successivement par chacun des points* $a_5\, a_6\, a_7\, a_8$ *faisons passer une conique; on aura quatre coniques.*

Les quatres polaires d'un point quelconque du plan, par rapport à ces coniques, forment un faisceau dont le rapport anharmonique est constant, ce rapport est égal au rapport anharmonique du faisceau que l'on obtient en joignant par des droites le point a_9 *aux points* $a_5\, a_6\, a_7\, a_8$. (CHASLES).

302). *Problème. — Toutes les courbes planes du troisième degré qui passent par huit points donnés se croisent en un seul et même neuvième point; construire ce point au moyen du théorème énoncé dans la question précédente.* (CHASLES)].

et en choisissant convenablement les constantes α, β, γ, δ, l'équation

$$\alpha rst + \beta uvt + \gamma rsw + \delta uvw = 0$$

représentera une ligne du troisième ordre qui passe par les neuf points a_1, a_2, a_3, ..., a_9.

L'équation d'une conique C_i menée par les points a_1, a_2, a_3, a_4, a_i sera

$$C_i = (uv)_i rs - (rs)_i uv = 0,$$

$(rs)_i$ étant la valeur de rs correspondante au point a_i, et $(uv)_i$ la valeur correspondante de uv. Mais si le point a_i est situé sur la ligne du troisième ordre, on aura identiquement :

$$(rs)_i(\alpha t_i + \gamma w_i) + (uv)_i(\beta t_i + \delta w_i) = 0,$$

et, par conséquent:

$$C_i = (\alpha t_i + \gamma w_i) rs + (\beta t_i + \delta w_i) uv = 0.$$

Le rapport anharmonique des polaires d'un point quelconque relativement aux coniques C_5, C_6, C_7, C_8 sera donc

$$\varphi = \frac{(w_7 t_5 - w_5 t_7)(w_6 t_8 - w_8 t_6)}{(w_6 t_7 - w_7 t_6)(w_8 t_5 - w_5 t_8)};$$

(w_i est la valeur de w en y mettant les coordonnées du point a_i et ainsi des autres), évidemment égal au rapport anharmonique du faisceau que l'on obtient en joignant par des droites le point a_9 aux points a_5, a_6, a_7, a_8. En effet, la droite $(a_9 a_i)$ est représentée par l'équation

$$w_i t - t_i w = 0.$$

On sait que le lieu géométrique du point a_9, déterminé par la propriété d'être le centre d'un faisceau de droites menées par quatre points dont le rapport anharmonique est donné, est une conique sur laquelle sont situés les quatre points. Soit

$$\varphi(a_5 a_6 a_7 a_8) = 0$$

l'équation de cette conique. Analoguement on aura une seconde conique

$$\psi(a_4 a_6 a_7 a_8) = 0,$$

sur laquelle sera situé le point a_9.

Le point a_9 sera, par conséquent, le quatrième point d'intersection de ces deux coniques dont les trois autres sont a_6, a_7, a_8.

CCXVI.

SUR LES SÉRIES QUI DONNENT LE NOMBRE DE RACINES RÉELLES DES ÉQUATIONS ALGÉBRIQUES À UNE OU À PLUSIEURS INCONNUES *).

Nouvelles Annales de Mathématiques, 1ère série, t. XV (1856), pp. 264-286.

I.

Quelques propriétés des formes quadratiques.

1. Soit

$$f = \sum^r \sum^s A_{r,s} u_r u_s \qquad (A_{r,s} = A_{s,r})$$

une forme quadratique à n indéterminées $u_1, u_2, \ldots, u_n$; si on la transforme au moyen de la substitution linéaire

$$(1) \qquad u_r = a_{r,1} v_1 + a_{r,2} v_2 + \cdots + a_{r,n} v_n,$$

en posant

$$(2) \qquad A_{1,s} a_{1,r} + A_{2,s} a_{2,r} + \cdots + A_{n,s} a_{n,r} = b_{s,r},$$

et en supposant

$$(3) \qquad \begin{cases} b_{1,r} a_{1,s} + b_{2,r} a_{2,s} + \cdots + b_{n,r} a_{n,s} = 0, \\ b_{1,r} a_{1,r} + b_{2,r} a_{2,r} + \cdots + b_{n,r} a_{n,r} = p_r, \end{cases}$$

on aura :

$$(4) \qquad f = \sum^r p_r v_r^2,$$

*) [Questo lavoro fu riprodotto in *Zeitschrift für Mathematik und Physik*, von SCHLÖMILCH, t. II (1857), pp. 209-222].

où les rectangles ont disparu. La substitution linéaire

(5) $$u_r = c_{r,1} w_1 + c_{r,2} w_2 + \cdots + c_{r,n} w_n$$

transformera d'une manière semblable la forme f dans celle-ci

(6) $$f = \sum^r q_r w_r^2,$$

en faisant

$$A_{1,s} c_{1,r} + A_{2,s} c_{2,r} + \cdots + A_{n,s} c_{n,r} = k_{s,r},$$

$$k_{1,r} c_{1,s} + k_{2,r} c_{2,s} + \cdots + k_{n,r} c_{n,s} = 0,$$

$$k_{1,r} c_{1,r} + k_{2,r} c_{2,r} + \cdots + k_{n,r} c_{n,r} = q_r.$$

Si l'on indique par A et C les déterminants

$$\sum (\pm a_{1,1} a_{2,2} \ldots a_{n,n}), \qquad \sum (\pm c_{1,1} c_{2,2} \ldots c_{n,n}),$$

et par $\alpha_{r,s}$, $\gamma_{r,s}$ les expressions $\dfrac{\partial A}{\partial a_{r,s}}$, $\dfrac{\partial C}{\partial c_{r,s}}$; les équations (1) donnent réciproquement v en u:

$$A v_r = \alpha_{1,r} u_1 + \alpha_{2,r} u_2 + \cdots + \alpha_{n,r} u_n,$$

et en substituant pour $u_1, u_2, \ldots, u_n$ les valeurs (5), on aura :

(7) $$A v_r = \lambda_{r,1} w_1 + \lambda_{r,2} w_2 + \cdots + \lambda_{r,n} w_n,$$

où

$$\lambda_{s,r} = \alpha_{1,s} c_{1,r} + \alpha_{2,s} c_{2,r} + \cdots + \alpha_{n,s} c_{n,r}.$$

Si, au moyen de la substitution linéaire (7), on transforme l'équation (4), la comparaison de ce résultat avec la forme (6) donne les équations

(8) $$\left\{\begin{aligned} p_1 \lambda_{1,r}^2 + p_2 \lambda_{2,r}^2 + \cdots + p_n \lambda_{n,r}^2 &= q_r A^2, \\ p_1 \lambda_{1,r} \lambda_{1,s} + p_2 \lambda_{2,r} \lambda_{2,s} + \cdots + p_n \lambda_{n,r} \lambda_{n,s} &= 0. \end{aligned}\right.$$

De même, en posant

$$\mu_{r,s} = \gamma_{1,r} a_{1,s} + \gamma_{2,r} a_{2,s} + \cdots + \gamma_{n,r} a_{n,s},$$

on obtient les équations

(9) $$\left\{\begin{aligned} q_1 \mu_{1,r}^2 + q_2 \mu_{2,r}^2 + \cdots + q_n \mu_{n,r}^2 &= p_r C^2, \\ q_1 \mu_{1,r} \mu_{1,s} + q_2 \mu_{2,r} \mu_{2,s} + \cdots + q_n \mu_{n,r} \mu_{n,s} &= 0. \end{aligned}\right.$$

2. Soient $\alpha_1, \alpha_2, \ldots, \alpha_r$, r indéterminées; je désigne par L le déterminant

$$\begin{vmatrix} \alpha_1 & \lambda_{1,1} & \lambda_{2,1} & \ldots & \lambda_{r-1,1} \\ \alpha_2 & \lambda_{1,2} & \lambda_{2,2} & \ldots & \lambda_{r-1,2} \\ \ldots & \ldots & \ldots & \ldots & \ldots \\ \alpha_r & \lambda_{1,r} & \lambda_{2,r} & \ldots & \lambda_{r-1,r} \end{vmatrix}$$

et par L_s l'expression

$$\lambda_{s,1}\frac{\partial L}{\partial \alpha_1} + \lambda_{s,2}\frac{\partial L}{\partial \alpha_2} + \cdots + \lambda_{s,r}\frac{\partial L}{\partial \alpha_r}.$$

Si, dans les équations (8), on fait

$$r = 1, \qquad s = 2, 3, \ldots, r,$$

on obtient r équations, lesquelles multipliées respectivement par

$$\frac{\partial L}{\partial \alpha_1}, \quad \frac{\partial L}{\partial \alpha_2}, \quad \ldots, \quad \frac{\partial L}{\partial \alpha_r}$$

donnent

$$p_r \lambda_{r,1} L_r + p_{r+1}\lambda_{r+1,1} L_{r+1} + \cdots + p_n \lambda_{n,1} L_n = q_1 \frac{\partial L}{\partial \alpha_1} A^2.$$

Des mêmes équations (8) on déduira d'une manière analogue les suivantes:

$$p_r \lambda_{r,2} L_r + p_{r+1}\lambda_{r+1,2} L_{r+1} + \cdots + p_n \lambda_{n,2} L_n = q_2 \frac{\partial L}{\partial \alpha_2} A^2,$$

$$\ldots\ldots\ldots\ldots\ldots\ldots\ldots\ldots$$

$$p_r \lambda_{r,r} L_r + p_{r+1}\lambda_{r+1,r} L_{r+1} + \cdots + p_n \lambda_{n,r} L_n = q_r \frac{\partial L}{\partial \alpha_r} A^2,$$

et en ajoutant ces équations multipliées respectivement par

$$\frac{\partial L}{\partial \alpha_1}, \quad \frac{\partial L}{\partial \alpha_2}, \quad \ldots, \quad \frac{\partial L}{\partial \alpha_r},$$

on a:

$$(10)\quad p_r L_r^2 + p_{r+1} L_{r+1}^2 + \cdots + p_n L_n^2 = A^2\left[q_1\left(\frac{\partial L}{\partial \alpha_1}\right)^2 + q_2\left(\frac{\partial L}{\partial \alpha_2}\right)^2 + \cdots + q_r\left(\frac{\partial L}{\partial \alpha_r}\right)^2\right].$$

En désignant par M le déterminant

$$\begin{vmatrix} \alpha_1 & \mu_{1,1} & \mu_{2,1} & \dots & \mu_{r-2,1} \\ \alpha_2 & \mu_{1,2} & \mu_{2,2} & \dots & \mu_{r-2,2} \\ \dots & \dots & \dots & \dots & \dots \\ \alpha_{r-1} & \mu_{1,r-1} & \mu_{2,r-1} & \dots & \mu_{r-2,r-1} \end{vmatrix}$$

et par M_s l'expression

$$\mu_{s,1}\frac{\partial M}{\partial \alpha_1} + \mu_{s,2}\frac{\partial M}{\partial \alpha_2} + \cdots + \mu_{s,r-1}\frac{\partial M}{\partial \alpha_{r-1}},$$

on déduit d'une manière analogue des équations (9) l'équation

$$(11)\quad \left\{ \begin{aligned} & q_{r-1} M_{r-1}^2 + q_r M_r^2 + \cdots + q_n M_n^2 \\ & = C^2\left[p_1\left(\frac{\partial M}{\partial \alpha_1}\right)^2 + p_2\left(\frac{\partial M}{\partial \alpha_2}\right)^2 + \cdots + p_{r-1}\left(\frac{\partial M}{\partial \alpha_{r-1}}\right)^2\right]. \end{aligned} \right.$$

3. Supposons que les coefficients $a_{r,s}$, $c_{r,s}$ et les α soient des quantités réelles, la même propriété aura lieu pour L_s, M_s, $\frac{\partial L}{\partial \alpha_s}$, $\frac{\partial M}{\partial \alpha_s}$; par conséquent les signes des termes des équations (10), (11) ne dépendront que des signes des coefficients $p_1, p_2, \dots$, $q_1, q_2, \dots$. Je suppose $p_1, p_2, \dots, p_{r-1}$ tous négatifs, et les autres coefficients p_r, $p_{r+1}, \dots, p_n$ tous positifs. L'équation (10) montre que les r coefficients $q_1, q_2, \dots, q_r$ ne peuvent pas être tous négatifs; et parce que ces coefficients sont r quelconques entre les n coefficients $q_1, q_2, \dots, q_n$, on en déduit que de ces mêmes coefficients il ne peut en être de négatifs un nombre plus grand que $r-1$. Or l'équation (11) montre que les coefficients $q_{r-1}, q_r, \dots, q_n$ ne doivent pas être tous positifs, puisque $p_1, p_2, \dots, p_{r-1}$ sont négatifs; mais ces coefficients sont $n-r+2$ quelconques entre les n quantités $q_1, q_2, \dots, q_n$; donc le nombre des positifs entre ces coefficients ne doit pas être plus grand que $n-r+1$; ou bien le nombre des négatifs ne devra être plus petit que $r-1$. Ainsi le nombre des quantités négatives parmi q_1, $q_2, \dots, q_n$ ne peut être ni supérieur ni inférieur à $r-1$, donc il est égal à $r-1$; c'est-à-dire égal au nombre des négatifs entre les n coefficients $p_1, p_2, \dots, p_n$. En conséquence on a le théorème suivant:

Théorème I. — *Si l'on transforme une forme quadratique au moyen d'une substitution linéaire à coefficients réels, dans une autre qui contienne les seuls carrés des variables, le nombre des termes positifs et négatifs de la transformée sera constant, quelle que soit la substitution employée.*

Cette importante propriété des formes qradratiques a été énoncée par M. SYLVESTER sous la dénomination de *loi d'inertie* des formes quadratiques. La démonstration ci-dessus en fait voir toute la généralité.

4. On sait, ou l'on peut démontrer facilement, que, posant

$$m_{r,s} = \begin{vmatrix} A_{1,1} & A_{2,1} & \ldots & A_{r,1} \\ A_{1,2} & A_{2,2} & \ldots & A_{r,2} \\ \ldots & \ldots & \ldots & \ldots \\ A_{1,r-1} & A_{2,r-1} & \ldots & A_{r,r-1} \\ A_{1,s} & A_{2,s} & \ldots & A_{r,s} \end{vmatrix}$$

et

$$m_{r,r} = \Delta_r, \quad \Delta_0 = 1, \quad \Delta_1 = A_{1,1}, \quad \Delta_2 = A_{1,1} A_{2,2} - A_{1,2}^2, \quad \ldots,$$

on transforme la forme quadratique f dans celle-ci

$$f = \sum_r \frac{\Delta_r}{\Delta_{r-1}} v_r^2,$$

au moyen de la substitution linéaire

$$\begin{array}{llllll} m_{1,1} v_1 = m_{1,1} u_1 + m_{1,2} u_2 + \cdots + m_{1,n} u_n, \\ m_{2,2} v_2 = \qquad\quad m_{2,2} u_2 + \cdots + m_{2,n} u_n, \\ \ldots\ldots\ldots\ldots\ldots\ldots\ldots\ldots \\ m_{n,n} v_n = \qquad\qquad\qquad\qquad m_{n,n} u_n, \end{array}$$

et les u étant exprimés en fonction des v.

Supposons maintenant que les coefficients $A_{r,s}$ de la forme f soient réels; alors on déduira comme corollaire du théorème I que le nombre des termes positifs et négatifs dans une transformée quelconque de la forme f (laquelle contienne les seuls carrés des variables, et soit obtenue au moyen d'une substitution linéaire à coefficients réels) est égal au nombre des termes positifs et négatifs dans la série

$$\frac{\Delta_1}{\Delta_0}, \quad \frac{\Delta_2}{\Delta_1}, \quad \ldots, \quad \frac{\Delta_n}{\Delta_{n-1}},$$

c'est-à-dire au nombre des permanences et des variations de signe dans la série

$$\Delta_0, \quad \Delta_1, \quad \Delta_2, \quad \ldots, \quad \Delta_n; \tag{12}$$

où

$$\Delta_0 = 1.$$

Ainsi l'on a ce théorème:

THÉORÈME II. — *Le nombre des permanences et des variations de signes dans la suite* (12) *est égal au nombre des termes positifs et négatifs dans une transformée quelconque de la forme f obtenue dans les conditions du théorème I.*

5. Une autre transformation remarquable de la forme quadratique f est celle qu'on obtient au moyen d'une substitution orthogonale, c'est-à-dire d'une substitution linéaire

$$u_r = a_{r,1} v_1 + a_{r,2} v_2 + \cdots + a_{r,n} v_n,$$

où les coefficients doivent vérifier les équations

$$a_{r,1}^2 + a_{r,2}^2 + \cdots + a_{r,n}^2 = 1,$$

$$a_{r,1} a_{s,1} + a_{r,2} a_{s,2} + \cdots + a_{r,n} a_{s,n} = 0.$$

De ces équations on déduit:

$$A = 1, \quad a_{s,r} = \alpha_{s,r} \ (voir\ n^o\ 1);$$

mais les équations (3) nous donnent en général

$$A h_{s,r} = p_r \alpha_{s,r},$$

par conséquent, dans ce cas particulier, l'équation (2) donnera:

$$A_{1,s} a_{1,r} + \cdots + (A_{s,s} - p_r) a_{s,r} + \cdots + A_{n,s} a_{n,r} = 0.$$

Les coefficients p_1, p_2, etc. de la transformée

$$f = \sum^r p_r v_r^2$$

seront donc, comme il est connu, les racines de l'équation du $n^{\text{ième}}$ degré

$$(13) \qquad \begin{vmatrix} A_{1,1} - \theta & A_{2,1} & \ldots & A_{n,1} \\ A_{1,2} & A_{2,2} - \theta & \ldots & A_{n,2} \\ \ldots & \ldots & \ldots & \ldots \\ A_{1,n} & A_{2,n} & \ldots & A_{n,n} - \theta \end{vmatrix} = 0,$$

ou

$$\theta^n - A_1 \theta^{n-1} + A_2 \theta^{n-2} - \cdots + (-1)^{n-1} A_{n-1} \theta + (-1)^n A_n = 0;$$

$A_1, A_2, \ldots, A_n$ sont des fonctions de $A_{1,1}$, $A_{1,2}$, etc.

Or les racines de ces équations sont toutes réelles, propriété démontrée par MM. Cauchy, Jacobi, Borchardt, Sylvester, etc.; en conséquence le nombre des coefficients positifs dans la transformée ci-dessus sera égal au nombre des permanences de signes dans la suite

(14) $$1, \quad A_1, \quad A_2, \ldots, A_n,$$

et le nombre des coefficients négatifs sera égal au nombre des variations de signes dans la même suite.

Les deux séries (12), (14) donneront donc pour le théorème I un même nombre de permanences et de variations de signes.

II.

Des équations algébriques à une seule inconnue.

1. Soient $x_1, x_2, \ldots, x_n$ les racines d'une équation

$$\varphi(x) = 0;$$

$\psi_1(x), \psi_2(x), \ldots, \psi_n(x)$ n fonctions rationnelles entières de x; $\omega(x)$, $\theta(x)$ deux polynômes qui ont même signe pour toutes les racines réelles de l'équation et a un nombre entier impair positif ou négatif.

Je démontrerai en premier lieu que la forme quadratique en u

$$f = \sum^m (x - x_m)^a \frac{\omega(x_m)}{\theta(x_m)} [u_1 \psi_1(x_m) + u_2 \psi_2(x_m) + \cdots + u_n \psi_n(x_m)]^2,$$

ou, en posant

$$\sum^m (x - x_m)^a \frac{\omega(x_m)}{\theta(x_m)} \psi_r(x_m) \psi_s(x_m) = A_{r,s},$$

la forme quadratique

$$f = \sum^r \sum^s A_{r,s} u_r u_s$$

est à coefficients réels. En effet, supposons que les racines x_1, x_2 soient imaginaires conjuguées. En posant

$$(x - x_1)^a \omega(x_1) \psi_r(x_1) \psi_s(x_1) = \alpha + i\beta, \quad \theta(x_1) = l + im,$$

on aura :

$$(x - x_2)^a \omega(x_2) \psi_r(x_2) \psi_s(x_2) = \alpha - i\beta, \ \theta(x_2) = l - im, \quad (i = \sqrt{-1}),$$

et

$$A_{r,s} = \frac{2}{l^2 + m^2}(l\alpha + m\beta) + \sum_3^n {}^m (x - x_m)^a \frac{\omega(x_m)}{\theta(x_m)} \psi_r(x_m) \psi_s(x_m);$$

par conséquent, les coefficients de la forme f seront réels pour toutes les valeurs des racines $x_1, x_2, \ldots, x_n$, et on pourra donc appliquer à cette forme le théorème II.

2. Cela posé, j'observe que, en supposant les racines x_1, x_2 imaginaires conjuguées et en posant

$$(x - x_1)^a \omega(x_1) = \lambda + i\mu, \qquad \theta(x_1) = l + im,$$

$$u_1 \psi_1(x_1) + u_2 \psi_2(x_1) + \cdots + u_n \psi_n(x_1) = P + iQ,$$

on aura:

$$(x - x_2)^a \omega(x_2) = \lambda - i\mu, \qquad \theta(x_2) = l - im,$$

$$u_1 \psi_1(x_2) + u_2 \psi_2(x_2) + \cdots + u_n \psi_n(x_2) = P - iQ,$$

P, Q étant des fonctions linéaires de $u_1, u_2, \ldots, u_n$. En substituant ces valeurs dans f, on obtient:

$$f = \frac{2}{\alpha(l^2 + m^2)}[(\alpha P + \beta Q)^2 - (\alpha^2 + \beta^2) Q^2]$$

$$+ \sum_3^n (x - x_m)^a \frac{\omega(x_m)}{\theta(x_m)} [u_1 \psi_1(x_m) + \cdots + u_n \psi_n(x_m)]^2,$$

où

$$l\lambda + m\mu = \alpha, \quad m\lambda - l\mu = \beta;$$

et en général supposant que $x_1, x_{r+1}; x_2, x_{r+2}; \ldots, x_r, x_{2r}$ soient r couples de racines imaginaires et que $x_{2r+1}, \ldots, x_n$ soient réelles, on pourra mettre f sous la forme

$$f = 2\sum_1^r \frac{1}{\alpha_s(l_s^2 + m_s^2)} [(\alpha_s P_s + \beta_s Q_s)^2 - (\alpha_s^2 + \beta_s^2) Q_s^2]$$

$$+ \sum_{2r+1}^n (x - x_m)^a \frac{\omega(x_m)}{\theta(x_m)} [u_1 \psi_1(x_m) + \cdots + u_n \psi_n(x_m)]^2.$$

En transformant cette forme quadratique au moyen de la substitution linéaire à coefficients réels

$$v_s = \alpha_s P_s + \beta_s Q_s, \qquad v_{2s} = Q_s,$$

$$v_m = u_1 \psi_1(x_m) + u_2 \psi_2(x_m) + \cdots + u_n \psi_n(x_m),$$

$(s = 1, 2, \ldots, r;\ m = 2r + 1, \ldots, n)$; on obtient:

$$(15) \qquad f = 2\sum_1^r \frac{1}{\alpha_s(l_s^2 + m_s^2)} [v_s^2 - (\alpha_s^2 + \beta_s^2) v_{2s}^2] + \sum_{2r+1}^n (x - x_m)^a \frac{\omega(x_m)}{\theta(x_m)} v_m^2,$$

et le nombre des termes positifs et négatifs dans cette transformée sera par les deux théorèmes de la première partie égal au nombre des permanences et des variations de signe dans la suite (12), et réciproquement. Cela aura lieu pour une valeur quelconque réelle de la variable x. Les Δ sont des fonctions de $A_{r,s}$, et, par conséquent, maintenant des fonctions de x.

Or pour une valeur réelle déterminée h de x, le nombre des termes positifs de la transformée (15) est évidemment égal à r (nombre des couples des racines imaginaires) plus le nombre des racines réelles $x_{2r+1}, \ldots, x_n$ qui ont des valeurs inférieures à h; et le nombre des termes négatifs dans la même transformée est évidemment égal à r, plus le nombre des racines réelles qui ont des valeurs plus grandes que h. De cette manière on est conduit au théorème suivant:

Théorème III. — *Pour une valeur réelle h de x, le nombre des permanences de signes dans la suite*

$$1, \quad \Delta_1, \quad \Delta_2, \quad \ldots, \quad \Delta_n,$$

représente le nombre des couples de racines imaginaires de l'équation

$$\varphi(x) = 0,$$

augmenté du nombre des racines réelles moindres que h. Le nombre des variations représente le nombre des couples de racines imaginaires, plus le nombre des racines réelles supérieures à h.

Dans ce théorème sont compris deux théorèmes analogues de M. Sylvester et de M. Hermite.

Corollaire I. — Si dans la suite (12) ci-dessus on pose successivement

$$x = h, \qquad x = k, \qquad (h > k),$$

la différence entre les nombres des variations correspondantes sera égale au nombre des racines réelles de l'équation

$$\varphi(x) = 0,$$

comprises entre k et h.

Corollaire II. — L'équation

$$\varphi(x) = 0$$

a autant de couples de racines imaginaires qu'il y a de variations de signes dans la série des coefficients des plus hautes puissances de la variable dans la suite supérieure. En se rappelant ce qu'on a démontré dans la première partie, n° 5, on voit facilement que les propriétés établies dans le théorème précédent et dans ses corollaires ont lieu aussi pour la suite

$$1, \quad A_1, \quad A_2, \quad \ldots, \quad A_n,$$

qui est une suite de fonctions de x *).

On voit donc qu'il existe une infinité de fonctions possédant les propriétés de celles de M. STURM et qu'il y a des moyens assez simples pour les obtenir.

3. Nous croyons utile d'ajouter quelques applications.

a) Supposons

$$\psi_r(x) = x^{r-1}, \qquad \theta(x) = \varphi'(x), \qquad a = +1,$$

on a :

$$A_{r,s} = \sum^m (x - x_m) \frac{\omega(x_m)}{\varphi'(x_m)} x_m^{r+s-2},$$

ou en posant

$$S_i = \sum^m \frac{x_m^i\, \omega(x_m)}{\varphi'(x_m)},$$

on obtient :

$$A_{r,s} = S_{r+s-2}\, x - S_{r+s-1}$$

et

$$\Delta_r = \begin{vmatrix} S_0 x - S_1 & S_1 x - S_2 & \ldots & S_{r-1} x - S_r \\ S_1 x - S_2 & S_2 x - S_3 & \ldots & S_r x - S_{r+1} \\ \cdots & \cdots & \cdots & \cdots \\ S_{r-1} x - S_r & S_r x - S_{r+1} & \ldots & S_{2r-2} x - S_{2r-1} \end{vmatrix},$$

ou, par une transformation connue,

$$\Delta_r = \begin{vmatrix} S_0 & S_1 & \ldots & S_r \\ S_1 & S_2 & \ldots & S_{r+1} \\ \cdots & \cdots & \cdots & \cdots \\ S_{r-1} & S_r & \ldots & S_{2r-1} \\ 1 & x & \ldots & x^r \end{vmatrix}.$$

Ces fonctions Δ_r sont, à un facteur constant près, les dénominateurs des réduites qu'on obtient en développant en fraction continue la fraction $\frac{\omega(x)}{\varphi(x)}$, en supposant

*) CAUCHY, *Sur le dénombrement des racines qui, dans une équation algébrique ou transcendante, satisfont à des conditions données* [Comptes Rendus des séances de l'Académie des Sciences, t. XL (1855), pp. 1329-1335].

$\omega(x)$ de degré inférieur à n. J'ai démontré directement cette propriété dans une Note: *Intorno ad alcuni punti d'algebra superiore* *), ce que d'ailleurs on peut vérifier assez facilement *à posteriori*.

Si l'on suppose $a = -1$ et

$$I_i = \sum_m \frac{x_m^i \omega(x_m)}{(x - x_m)\varphi'(x_m)},$$

on a:

$$\Delta_r = \begin{vmatrix} I_0 & I_1 & \dots & I_{r-1} \\ I_1 & I_2 & \dots & I_r \\ \dots & \dots & \dots & \dots \\ I_{r-1} & I_r & \dots & I_{2r-2} \end{vmatrix},$$

et ces fonctions Δ_r sont, à un facteur constant près, les rapports entre les résidus obtenus en divisant $\varphi(x)$ par $\omega(x)$ (en changeant les signes selon la méthode de M. STURM) et la fonction $\varphi(x)$. J'ai démontré cela dans la Note citée tout à l'heure, et j'ai fait voir de quelle manière on peut former ces dénominateurs et ces résidus en fonction des coefficients des polynômes $\varphi(x)$, $\omega(x)$.

Il faut observer que le théorème III est applicable aux deux suites des dénominateurs des réduites et des résidus, en supposant $\omega(x)$, $\varphi'(x)$ du même signe pour des valeurs réelles de la variable, propriété établie par M. STURM **).

Si l'on suppose

$$\omega(x) = \varphi'(x),$$

on obtient les résultats de MM. SYLVESTER, CAYLEY, BORCHARDT ***). Dans ce cas on a:

$$\Delta_n = \varphi(x).$$

b) On peut aussi obtenir tout de suite les expressions Δ_r par une disposition convenable des fonctions $\psi_r(x)$. Je me bornerai au cas de

$$\omega(x) = \theta(x) \qquad \text{et} \qquad a = 1.$$

En posant

$$\varphi(x) = a_0 x^n + a_1 x^{n-1} + \dots + a_n,$$

et

$$\psi_r(x) = a_0 x^{r-1} + a_1 x^{r-2} + \dots + a_{r-1},$$

$$A_{r,s} = B_{r,s} x - C_{r,s},$$

*) [XX; t. I, pp. 127-142].

**) STURM, *Mémoire sur la résolution des équations numériques* [Mémoires présentés par divers savants à l'Académie des Sciences de Paris, t. VI (1835), pp. 271-318; § 26].

***) Voir mon travail: *Sur les fonctions de* STURM [CCIX: t. V, pp. 89-97].

au moyen des relations connues entre les sommes des puissances des racines et les coefficients d'une équation, on obtient facilement :

$$B_{r,s} = (n - s + 1) a_{r-1} a_{s-1} - (s - r + 2) a_s a_{r-2} - (s - r + 4) a_{s+1} a_{r-3} - \cdots$$
$$\cdots - (s + r - 4) a_{s+r-3} a_1 - (s + r - 2) a_{s+r-2} a_0,$$
$$- C_{r,s} = (s - r + 1) a_{r-1} a_s + (s - r + 3) a_{r-2} a_{s+1} + \cdots + (s + r - 1) a_0 a_{s+r-1},$$

et l'on aura :

$$\Delta_r = \begin{vmatrix} B_{1,1} x - C_{1,1} & B_{2,1} x - C_{2,1} & \ldots & B_{r,1} x - C_{r,1} \\ B_{1,2} x - C_{1,2} & B_{2,2} x - C_{2,2} & \ldots & B_{r,2} x - C_{r,2} \\ \cdot & \cdot & \cdot & \cdot \\ B_{1,r} x - C_{1,r} & B_{2,r} x - C_{2,r} & \ldots & B_{r,r} x - C_{r,r} \end{vmatrix}.$$

c) En supposant

$$\theta(x) = 1,$$

par conséquent $\omega(x)$ une fonction dont la valeur est positive pour toute valeur réelle de la variable

$$a = 1, \qquad \psi_r(x) = x^{r-1}$$

et

$$S_i = \sum\nolimits^m x_m^i \, \omega(x_m),$$

on a :

$$\Delta_r = \begin{vmatrix} S_0 & S_1 & \ldots & S_r \\ S_1 & S_2 & \ldots & S_{r+1} \\ \cdot & \cdot & \cdot & \cdot \\ S_{r-1} & S_r & \ldots & S_{2r-1} \\ 1 & x & \ldots & x^r \end{vmatrix},$$

résultat obtenu récemment par M. JOACHIMSTHAL *)

III.

Des équations algébriques à deux inconnues.

1. Soient

$$\varphi(x, y) = 0, \qquad \lambda(x, y) = 0$$

deux équations algébriques des degrés u, v, et $x_1, y_1; x_2, y_2; \ldots; x_n, y_n$ les $n = uv$

*) JOACHIMSTHAL, *Bemerkungen über den* STURM'*schen Satz* [Journal für die reine und angewandte Mathematik, t. XLVIII (1854), pp. 386-416 (voir p. 402)].

systèmes de racines simultanées des mêmes équations. En indiquant par $\omega(x, y)$, $\theta(x, y)$ deux polynômes qui ont la propriété d'être de même signe pour toutes les valeurs réelles des variables; par $\psi_1(x, y)$, $\psi_2(x, y)$, ..., $\psi_n(x, y)$, n fonctions rationnelles entières; et par a, c deux nombres impairs positifs ou négatifs; la forme quadratique

$$f = \sum^r \sum^s A_{r,s} u_r u_s,$$

dans laquelle

$$A_{r,s} = \sum_1^n {}^m (x - x_m)^a (y - y_m)^c \frac{\omega(x_m, y_m)}{\theta(x_m, y_m)} \psi_r(x_m, y_m) \psi_s(x_m, y_m),$$

est à coefficients réels; ce qu'on démontre comme ci-dessus.

En opérant comme dans la IIe partie, on trouvera que, en supposant que x_1, y_1, x_{r+1}, y_{r+1}; x_2, y_2, x_{r+2}, y_{r+2}; ...; x_r, y_r, x_{2r}, y_{2r} soient r couples de solutions simultanées imaginaires et que les autres solutions soient réelles, on peut mettre f sous la forme

$$f = 2 \sum_1^r {}^s \frac{1}{\alpha_s (l_s^2 + m_s^2)} [(\alpha_s P_s + \beta_s Q_s)^2 - (\alpha_s^2 + \beta_s^2) Q_s^2]$$

$$+ \sum_{2r+1}^n {}^m (x - x_m)^a (y - y_m)^c \frac{\omega(x_m, y_m)}{\theta(x_m, y_m)} [u_1 \psi_1(x_m, y_m) + \cdots + u_n \psi_n(x_m, y_m)]^2,$$

P_s, Q_s étant des fonctions linéaires de u_1, u_2, etc., à coefficients réels. On pourra donc au moyen d'une substitution linéaire à coefficients réels transformer cette forme f dans la suivante :

$$(16) \quad f = 2 \sum_1^r {}^s \frac{1}{\alpha_s (l_s^2 + m_s^2)} [v_s^2 - (\alpha_s^2 + \beta_s^2) v_{2s}^2] + \sum_{2r+1}^n {}^m (x - x_m)^a (y - y_m)^c \frac{\omega(x_m, y_m)}{\theta(x_m, y_m)} v_m^2.$$

Or pour un système déterminé de valeurs réelles h, k de x et de y le nombre des termes positifs dans cette transformée est égal à r (nombre de couples des solutions simultanées imaginaires), plus le nombre des solutions simultanées réelles x_{2r+1}, x_{2r+1}, ..., x_n, y_n, pour lesquelles le produit $(h - x_m)(k - y_m)$ est positif; et le nombre des termes négatifs est égal à r augmenté du nombre des solutions simultanées réelles pour lesquelles $(h - x_m)(k - y_m)$ est négatif. Par conséquent, on a le théorème :

THÉORÈME IV. — *Pour un système de valeurs réelles h et k de x et de y le nombre des permanences de signes dans la suite*

$$1, \quad \Delta_1, \quad \Delta_2, \quad \ldots, \quad \Delta_n$$

représente le nombre des couples de solutions simultanées imaginaires des équations

$$\varphi(x, y) = 0, \qquad \lambda(x, y) = 0$$

augmenté du nombre des solutions réelles lesquelles sont à la fois plus grandes ou moindres que h, k, et le nombre des variations de signes représente le nombre des couples de solutions simultanées imaginaires, plus le nombre des solutions réelles lesquelles ont la propriété d'être l'une plus grande, l'autre plus petite, ou réciproquement, que h, k.

Il faut toujours se rappeler que les Δ sont des fonctions de $A_{r,s}$ fonction de x, y.

Corollaire. — Si dans la suite supérieure on pose

$$x = h, \qquad y = k,$$
$$x = h_1, \qquad y = k_1,$$
$$(h_1 > h, \; k_1 > k),$$

et si l'on indique par (h, k) le nombre des permanences que présente la suite, même dans la première hypothèse, on aura le nombre

$$p = \frac{1}{2}[(h, k) + (h_1, k_1) - (h, k_1) - (h_1, k)]$$

égal au nombre des solutions simultanées réelles des équations données, qui sont à la fois plus grandes que h, k et moindres que h_1, k_1. En effet, en supposant que toutes les solutions soient réelles, à la fois plus grandes que h et k et moindres que h_1 et k_1, et en posant dans la transformée (16) h, k au lieu de x, y, on a :

$$(h, k) = r + n - 2r;$$

analoguement

$$(h_1, k_1) = n - r, \qquad (h, k_1) = r, \qquad (h_1, k) = r,$$

et, par conséquent,

$$p = n - 2r,$$

nombre des solutions simultanées supposées réelles.

On a donc aussi dans le cas des deux équations algébriques une infinité de fonctions qui ont la propriété de celles de M. Sturm. Admirable découverte due à M. Hermite.

2. Applications. — En supposant

$$a = 1, \qquad c = 1,$$
$$\theta(x, y) = \varphi'(x)\lambda'(y) - \varphi'(y)\lambda'(x),$$
$$\psi_r(x, y) = x^{\alpha-r+1}y^{r-1},$$

et

$$S_{i,j} = \sum^m \frac{x_m^{j-i} y_m^i \omega(x_m, y_m)}{\theta(x_m, y_m)},$$

on a :

$$A_{r,s} = xy S_{\beta-2,2\alpha} - y S_{\beta-2,2\alpha+1} - x S_{\beta-1,2\alpha+1} + S_{\beta-1,2\alpha+2},$$

étant $\beta = r + s$. Les expressions $S_{i,j}$ pourront être déterminées en fonction des coefficients des équations données par la méthode indiquée par M. JACOBI dans son Mémoire *Theoremata nova algebraica*, etc. *).

Si l'on suppose

$$\omega(x, y) = \theta(x, y),$$

on a :

$$S_{i,j} = \sum^m x_m^{j-i} y_m^i,$$

et ces expressions pourront être calculées par la méthode de POISSON **).

Enfin si l'on fait

$$\alpha = r - 1$$

et

$$S_i = y_1^i + y_2^i + \cdots + y_n^i,$$

$$T_i = x_1 y_1^i + x_2 y_2^i + \cdots + x_n y_n^i,$$

on a :

$$A_{r,s} = y(x S_{\beta-2} - T_{\beta-2}) - (x S_{\beta-1} - T_{\beta-1}),$$

et en conséquence :

$$\Delta_r = \begin{vmatrix} xS_0 - T_0 & xS_1 - T_1 & \dots & xS_r - T_r \\ xS_1 - T_1 & xS_2 - T_2 & \dots & xS_{r+1} - T_{r+1} \\ \dots & \dots & \dots & \dots \\ xS_{r-1} - T_{r-1} & xS_r - T_r & \dots & xS_{2r-1} - T_{2r-1} \\ 1 & y & \dots & y^r \end{vmatrix}.$$

Ces dernières fonctions ont déjà été considérées par M. HERMITE dans un cas particulier.

Il est évident qu'avec la méthode qu'on a suivie dans ce paragraphe pour établir le théorème IV et son corollaire, on pourra trouver des théorèmes et des corollaires analogues en considérant trois équations à trois inconnues, etc.

*) JACOBI, *Theoremata nova algebraica circa systema duarum aequationum, inter duas variabiles propositarum* [Journal für die reine und angewandte Mathematik, t. XIV (1835), pp. 281-288].

**) SERRET, *Cours d'algèbre supérieure*, 2me édit., Paris, 1854, p. 103.

IV.

Application des propriétés exposées dans le § I.

Soit

$$\varphi(x) = \begin{vmatrix} A_{1,1} - x & A_{2,1} & \dots & A_{n,1} \\ A_{1,2} & A_{2,2} - x & \dots & A_{n,2} \\ \dots & \dots & \dots & \dots \\ A_{1,n} & A_{2,n} & \dots & A_{n,n} - x \end{vmatrix} = 0.$$

Il est connu que, en supposant $A_{r,s} = A_{s,r}$, cette équation a toutes ces racines réelles, et M. HERMITE a fait observer récemment que cette propriété a lieu aussi lorsque les quantités $A_{r,s}$ sont imaginaires, $A_{r,s}$ et $A_{s,r}$ étant conjugués et $A_{r,r}$ réels. En posant

$$x = h, \qquad x = k$$

dans la suite

$$\varphi(x), \quad \varphi'(x), \quad \varphi''(x), \quad \dots, \quad \varphi^{(n)}(x),$$

la différence entre les nombres des variations correspondantes sera donc le nombre des racines de l'équation

$$\varphi(x) = 0$$

comprises entre h et k. Or, en posant dans le déterminant (13) (§ I, n° 5) $A_{r,r} - x$ au lieu de $A_{r,r}$, on voit facilement que, à un facteur près, on a:

$$\varphi^{(n)}(x) = 1, \quad \varphi^{(n-1)}(x) = -A_1, \quad \dots,$$

$$\varphi'(x) = (-1)^{n-1} A_{n-1}, \quad \varphi(x) = (-1)^n A_n,$$

et la différence entre les nombres des permanences de signes de la suite

$$1, \quad A_1, \quad A_2, \dots, A_n$$

correspondantes à $x = h$, $x = k$ sera le nombre des racines de l'équation

$$\varphi(x) = 0$$

comprises entre h et k. Et parce que, en posant

$$\Delta_r = \begin{vmatrix} A_{1,1} - x & A_{2,1} & \dots & A_{r,1} \\ A_{1,2} & A_{2,2} - x & \dots & A_{r,2} \\ \dots & \dots & \dots & \dots \\ A_{1,r} & A_{2,r} & & A_{r,r} - x \end{vmatrix},$$

la série

$$1, \quad \Delta_1, \quad \Delta_2, \ldots, \Delta_n$$

donnera un même nombre de permanences que la série ci-dessus, on a le théorème:

THÉORÈME V. — *La différence entre le nombre des permanences des signes dans cette dernière série correspondantes à $x = h$, $x = k$ donne le nombre des racines de l'équation*

$$\varphi(x) = 0$$

comprises entre h et k *).

On voit que cette dernière série est beaucoup plus simple que la série supérieure donnée par le théorème de BUDAN-FOURIER.

Les Mémoires de MM. HERMITE et SYLVESTER qu'on a trouvés plusieurs fois cités dans ce travail sont les suivants:

HERMITE, *Sur l'extension du théorème de* M. STURM *à un système d'équations simultanées* [Comptes Rendus des séances de l'Académie des Sciences, t. XXXV (1852), pp. 52-54]; *Remarques sur le théorème de* M. STURM [Ibid., t. XXXVI (1853), pp. 294-297];

SYLVESTER, *On a theory of the syzigetic relations of two rational integral functions, comprising an application to the theory of* STURM'*s functions, and that of the greatest algebraical common measure* [Philosophical Transactions of the Royal Society of London, 1853, part. III, pp. 407-576].

---

*) HERMITE, *Remarque sur un théorème de* M. CAUCHY [Comptes Rendus des séances de l'Académie des Sciences, t. XLI (1855), pp. 181-183].

CCXVII.

THÉORÈME SUR UNE PROPRIÉTÉ DES RACINES DES ÉQUATIONS ALGÉBRIQUES.

Nouvelles Annales de Mathématiques, 1ère série, t. XV (1856), pp. 366-368.

Lemme. — Soient $x_1, x_2, \ldots, x_n$ les n racines supposées inégales de l'équation

$$f(x) = x^n + a_1 x^{n-1} + \cdots + a_n = 0.$$

En posant

$$\psi(x) = (x - x_1)(x - x_2) \ldots (x - x_r),$$

$$\varphi(x) = (x - x_{r+1})(x - x_{r+2}) \ldots (x - x_n),$$

on a:

$$\varphi(x) = \frac{f(x)}{\psi(x)}, \qquad \varphi'(x) = \frac{f'(x)}{\psi(x)} - f(x)\frac{\psi'(x)}{\psi^2(x)};$$

de la dernière desquelles on déduit, vu que

$$f(x_{r+1}) = 0, \qquad f(x_{r+2}) = 0, \qquad \ldots, \qquad f(x_n) = 0,$$

$$\varphi'(x_{r+1})\varphi'(x_{r+2}) \ldots \varphi'(x_n) = \frac{f'(x_{r+1})f'(x_{r+2}) \ldots f'(x_n)}{\psi(x_{r+1})\psi(x_{r+2}) \ldots \psi(x_n)}.$$

Or on a évidemment:

$$\psi'(x_1)\psi'(x_2) \ldots \psi'(x_r)\psi(x_{r+1})\psi(x_{r+2}) \ldots \psi(x_n) = (-1)^{r(n-r)} f'(x_1)f'(x_2) \ldots f'(x_r);$$

par conséquent:

$$\varphi'(x_{r+1})\varphi'(x_{r+2}) \ldots \varphi'(x_n) = (-1)^{r(n-r)} \frac{f'(x_{r+1})f'(x_{r+2}) \ldots f'(x_n)}{f'(x_1)f'(x_2) \ldots f'(x_r)} \psi'(x_1)\psi'(x_2) \ldots \psi'(x_r);$$

et parce que, en indiquant par D, Δ, ∇, les produits respectifs des carrés des différences des racines des équations

$$f(x)=0, \qquad \varphi(x)=0, \qquad \psi(x)=0,$$

on a, comme on sait,

$$\pm D = f'(x_1)f'(x_2)\ldots f'(x_n),$$

$$\pm \Delta = \varphi'(x_{r+1})\varphi'(x_{r+2})\ldots\varphi'(x_n),$$

$$\pm \nabla = \psi'(x_1)\psi'(x_2)\ldots\psi'(x_r),$$

[les quantités D, Δ, ∇ étant prises avec le signe positif lorsque les nombres n, $n-r$, r seront $\equiv 0$ ou $\equiv 1$ (mod. 4), et avec le signe négatif dans les autres cas]; on aura:

$$(\pm\Delta) = (-1)^{r(n-r)}\frac{(\pm\nabla)}{f'^2(x_1)f'^2(x_2)\ldots f'^2(x_r)}(\pm D).$$

Supposons

$$r = n-2,$$

on aura:

$$\pm\Delta = -(x_{n-1}-x_n)^2,$$

et les quantités D, ∇ devront être prises avec des signes contraires. Donc:

$$(x_{n-1}-x_n)^2 = \frac{\nabla}{f'^2(x_1)f'^2(x_2)\ldots f'^2(x_{n-2})}D;$$

mais

$$x_{n-1}+x_n = -(a_1+x_1+x_2+\cdots+x_{n-2});$$

par conséquent:

$$(1)\quad \begin{cases} x_{n-1} = -\dfrac{1}{2}(a_1+x_1+\cdots+x_{n-2}) + \dfrac{1}{2}\dfrac{\sqrt{\nabla}}{f'(x_1)f'(x_2)\ldots f'(x_{n-2})}\sqrt{D}, \\[2ex] x_n = -\dfrac{1}{2}(a_1+x_1+\cdots+x_{n-2}) - \dfrac{1}{2}\dfrac{\sqrt{\nabla}}{f'(x_1)f'(x_2)\ldots f'(x_{n-2})}\sqrt{D}. \end{cases}$$

Or D peut s'exprimer en fonction des coefficients de l'équation donnée, et $\dfrac{\sqrt{\nabla}}{f'(x_1)f'(x_2)\ldots f'(x_{n-2})}$ est une fonction rationnelle des racines x_1, x_2, ..., x_{n-2}, vu que ∇ est un carré; on a donc le théorème suivant:

THÉORÈME. — *Deux racines quelconques d'une équation algébrique du $n^{\text{ième}}$ degré peuvent être exprimées en fonction rationnelle des autres $n-2$.*

OBSERVATION. — Indiquant par

$$\theta(x_1, x_2, \ldots, x_{n-2})$$

le second membre de la première des équations (1), on trouve facilement que cette fonction n'a que deux valeurs *). Ces deux valeurs sont celles des deux racines x_{n-1}, x_n.

Pour l'équation du troisième degré, en posant **)

$$x_2 = -\frac{1}{2}(a_1 + x_1) + \frac{1}{2}\frac{\sqrt{D}}{f'(x_1)} = \theta(x_1),$$

on trouve:

$$x_3 = \theta(x_2), \qquad x_1 = \theta(x_3),$$

c'est-à-dire, x étant une racine quelconque, les trois racines seront

$$x, \qquad \theta(x), \qquad \theta^2(x).$$

Pour l'équation du quatrième degré, en posant

$$-\frac{1}{2}(a_1 + x_r + x_s) + \frac{1}{2}\frac{x_r - x_s}{f'(x_r)f'(x_s)}\sqrt{D} = \theta(x_r, x_s),$$

on a:

$$x = \theta(x_r, x_s) = \theta(x_s, x_u) = \theta(x_u, x_r).$$

De ces propriétés des racines, on déduit que ces équations sont résolubles algébriquement.

*) SERRET, *Cours d'algèbre supérieure*, 2me édit., Paris 1854, pag. 275.

**) Ibid., pag. 218.

CCXVIII.

SOLUTION DE LA QUESTION 294 *).

Nouvelles Annales de Mathématiques, 1ère série, t. XV (1856), pp. 459-461.

« *Soient P_1, P_2, P_3, ..., P_n, n points matériels d'égales masses; G_2 le centre de* « *gravité de P_1 et P_2; G_3 le centre de gravité de P_3 et de la masse $P_1 + P_2$ posée en* « *G_2; G_4 le centre de gravité de P_4 et de $P_1 + P_2 + P_3$ posées en G_3, et ainsi de suite;* « *de sorte que G_n est le centre de gravité de P_n et de G_{n-1}; G_n est indépendant de la* « *manière dont on prend les masses; désignons par A_i la distance de G_{i-1} à P_i, la* « *quantité*

$$\frac{1}{2} A_2^2 + \frac{2}{3} A_3^2 + \frac{3}{4} A_4^2 + \cdots + \frac{n-1}{n} A_n^2$$

« *est constante, dans quelque ordre qu'on prenne les masses.*

« Observation. — *G_1 est la même chose que P_1: ainsi A_2 est la distance de P_1 à P_2* ».

Soient x_r, y_r, z_r les coordonnées rectangulaires du point P_r; α_r, β_r, γ_r celles du point G_r. On a:

$$\alpha_r = \frac{1}{r} \sum_1^r {}_s x_s, \qquad \beta_r = \frac{1}{r} \sum_1^r {}_s y_s, \qquad \gamma_r = \frac{1}{r} \sum_1^r {}_s z_s;$$

et

$$A_r^2 = (\alpha_{r-1} - x_r)^2 + (\beta_{r-1} - y_r)^2 + (\gamma_{r-1} - z_r)^2.$$

---

*) [Questione proposta da Steiner nel periodico « Nouvelles Annales de Mathématiques » t. XIII (1854), pag. 315].

En substituant les valeurs ci-dessus, on aura:

$$(r-1)^2 A_r^2 = \left[\sum_1^{r-1} {}_s\, x_s - (r-1)x_r\right]^2 + \left[\sum_1^{r-1} {}_s\, y_s - (r-1)y_r\right]^2 + \left[\sum_1^{r-1} {}_s\, z_s - (r-1)z_r\right]^2.$$

Mais

$$\left[\sum_1^{r-1} {}_s\, x_s - (r-1)x_r\right]^2 = (r-1)\sum_1^{r-1} {}_s\,(x_s - x_r)^2 - \frac{1}{2}\sum_1^{r-1} {}_i \sum_1^{r-1} {}_j\,(x_i - x_j)^2;$$

par conséquent, si l'on suppose

$$\left[\sum_1^{r-1} {}_s\, x_s - (r-1)x_r\right]^2 = (r-1)^2 \delta_r^2,$$

on a:

$$a_2\delta_2^2 + a_3\delta_3^2 + \cdots + a_n\delta_n^2 = \sum_2^{n} {}_i\, \alpha_i \sum_1^{i-1} {}_j\,(x_i - x_j)^2,$$

où

$$(1) \qquad \alpha_i = \frac{1}{i-1}a_i - \frac{1}{i^2}a_{i+1} - \frac{1}{(i+1)^2}a_{i+2} - \cdots - \frac{1}{(n-1)^2}a_n.$$

On en déduit tout de suite que

$$a_2 A_2^2 + a_3 A_3^2 + \cdots + a_n A_n^2 = \sum_2^{n} {}_i\, \alpha_i \sum_1^{i-1} {}_j\, \delta_{i,j}^2,$$

où $\delta_{i,j}$ est la distance entre les points P_i, P_j. Le premier membre de cette équation se réduira à une constante dans quelque ordre qu'on prenne les masses, en supposant

$$\alpha_2 = \alpha_3 = \cdots = \alpha_n;$$

or l'équation (1) et ses analogues nous donnent:

$$a_i = (i-1)\alpha_i + \frac{i-1}{i}(\alpha_{i+1} + \alpha_{i+2} + \cdots + \alpha_n);$$

par conséquent, si l'on fait

$$\alpha_2 = \alpha_3 = \cdots = \alpha_n = m,$$

on a:

$$a_i = \frac{i-1}{i} m n,$$

et

$$\frac{1}{2}A_2^2 + \frac{2}{3}A_3^2 + \frac{3}{4}A_4^2 + \cdots + \frac{n-1}{n}A_n^2 = \frac{1}{2n}\sum_1^{n} {}_i \sum_1^{n} {}_j\, \delta_{i,j}^2.$$

CCXIX.

DEUX THÉORÈMES DE GÉOMÉTRIE SUR LA DROITE ET LE CERCLE.

Nouvelles Annales de Mathématiques, 1ère série, t. XV (1856), pp. 462-464.

1. Soient

$$\frac{x - a_r}{\alpha_r} = \frac{y - b_r}{\beta_r} = \frac{z - c_r}{\gamma_r}$$

les équations d'une droite l_r. Si l'on pose

$$A_r = b_r \gamma_r - c_r \beta_r,$$

$$B_r = c_r \alpha_r - a_r \gamma_r,$$

$$C_r = a_r \beta_r - b_r \alpha_r,$$

les conditions pour que quatre droites l_1, l_2, l_3, l_4 soient génératrices d'un même hyperboloïde à une nappe sont données par l'équation

$$\left\| \begin{matrix} A_1 & B_1 & C_1 & \alpha_1 & \beta_1 & \gamma_1 \\ A_2 & B_2 & C_2 & \alpha_2 & \beta_2 & \gamma_2 \\ A_3 & B_3 & C_3 & \alpha_3 & \beta_3 & \gamma_3 \\ A_4 & B_4 & C_4 & \alpha_4 & \beta_4 & \gamma_4 \end{matrix} \right\| = 0,$$

c'est-à-dire par les équations qu'on obtient en égalant à zéro chacun des déterminants du quatrième ordre qu'on déduit de cette forme. On sait que cela conduit à trois seules équations indépendantes.

La condition analogue dans la géométrie plane est

$$\begin{vmatrix} C_1 & \alpha_1 & \beta_1 \\ C_2 & \alpha_2 & \beta_2 \\ C_3 & \alpha_3 & \beta_3 \end{vmatrix} = 0,$$

laquelle est vérifiée lorsque les trois droites l_1, l_2, l_3 passent par un même point.

2. Trois cercles A, B, C étant donnés dans le même plan, soient

$$l = 0$$

l'équation de la droite qui passe par les centres des cercles B, C;

$$m = 0$$

l'équation de la droite qui passe par les centres des cercles C, A;

$$n = 0$$

l'équation de la droite qui passe par les centres des cercles A, B; et

$$\lambda = 0, \qquad \mu = 0, \qquad \nu = 0$$

les équations des polaires de l'origine par rapport à chacun des cercles A, B, C; l'équation

$$l\lambda + m\mu + n\nu = 0$$

représente le cercle orthotomique aux trois cercles donnés.

OBSERVATION. — L'équation de ce lieu géométrique a été donnée récemment par M. SALMON *) sous la forme

$$\begin{vmatrix} \frac{\partial A}{\partial x} & \frac{\partial A}{\partial y} & \frac{\partial A}{\partial z} \\ \frac{\partial B}{\partial x} & \frac{\partial B}{\partial y} & \frac{\partial B}{\partial z} \\ \frac{\partial C}{\partial x} & \frac{\partial C}{\partial y} & \frac{\partial C}{\partial z} \end{vmatrix} = 0,$$

$A = 0$, $B = 0$, $C = 0$ étant les équations des cercles.

On peut assez facilement passer de l'une à l'autre forme.

*) SALMON, *Geometrical notes* [Quarterly Journal of pure and applied mathematics, t. I (1857), pp. 237-241].

CCXX.

SOLUTION DE LA QUESTION 350 *).

Nouvelles Annales de Mathématiques, 1ère série, t. XVI (1857), pp. 248-249.

« *Étant donnée une fonction homogène complète de degré r entre n variables, racines* « *d'une équation de degré n également donnée, les coefficients numériques de la fonction* « *étant tous égaux à l'unité, trouver la valeur de la fonction exprimée en fonction des* « *coefficients de l'équation* ».

Soient $x_1, x_2, \ldots, x_n$ les racines de l'équation

$$a_0 x^n + a_1 x^{n-1} + \cdots + a_n = 0.$$

La fonction homogène qui a les propriétés énoncées sera évidemment le coefficient de z^r dans le développement suivant les puissances ascendantes de z de l'expression

$$\frac{1}{(1 - x_1 z)(1 - x_2 z) \ldots (1 - x_n z)} = \frac{1}{\varphi(z)}.$$

Or, en posant

$$\frac{1}{\varphi(z)} = 1 + A_1 z + A_2 z^2 + A_3 z^3 + \cdots,$$

on a:

$$-\frac{\varphi'(z)}{\varphi(z)} = \frac{A_1 + 2 A_2 z + 3 A_3 z^2 + \cdots}{1 + A_1 z + A_2 z^2 + \cdots};$$

*) [Questione proposta da WRONSKI nel periodico « Nouvelles Annales de Mathématiques », t. XV (1856), pag. 407].

mais

$$-\frac{\varphi'(x)}{\varphi(x)} = \frac{x_1}{1 - x_1 z} + \frac{x_2}{1 - x_2 z} + \cdots + \frac{x_n}{1 - x_n z},$$

et

$$\frac{1}{1 - x_r z} = 1 + x_r z + x_r^2 z^2 + \cdots;$$

en conséquence on aura:

$$(1) \qquad s_1 + s_2 z + s_3 z^2 + \cdots = \frac{A_1 + 2 A_2 z + \cdots}{1 + A_1 z + A_2 z^2 + \cdots},$$

où

$$s_r = x_1^r + x_2^r + \cdots + x_n^r.$$

L'équation (1) nous donne les suivantes:

$$A_1 = s_1,$$

$$2 A_2 = s_2 + A_1 s_1,$$

$$3 A_3 = s_3 + A_1 s_2 + A_2 s_1,$$

$$\cdots\cdots\cdots\cdots\cdots\cdots$$

$$r A_r = s_r + A_1 s_{r-1} + A_2 s_{r-2} + \cdots + A_{r-1} s_1,$$

lesquelles multipliées par a_{r-1}, a_{r-2}, ..., a_0 donnent, en les sommant:

$$r a_0 A_r + (r-1) a_1 A_{r-1} + \cdots + A_1 a_{r-1} = -(a_1 A_{r-1} + 2 a_2 A_{r-2} + \cdots + r a_r),$$

d'où:

$$a_0 A_r + a_1 A_{r-1} + \cdots + a_{r-1} A_1 + a_r = 0.$$

On en déduit:

$$A_r = \frac{(-1)^r}{a_0^r} \begin{vmatrix} a_1 & a_0 & 0 & \ldots & 0 \\ a_2 & a_1 & a_0 & \ldots & 0 \\ \ldots & \ldots & \ldots & \ldots & \ldots \\ a_r & a_{r-1} & a_{r-2} & \ldots & a_1 \end{vmatrix}.$$

CCXXI.

SUR L'HEXAGONE INSCRIPTIBLE DANS UNE CONIQUE ET SOLUTION DE LA QUESTION 369 *).

Nouvelles Annales de Mathématiques, 1ère série, t. XVI (1857), pp. 269-272.

Soit l'hexagone 123456:

$r = 0$	équation	du	côté	12
$s = 0$	»	»	»	34
$t = 0$	»	»	»	56
$\beta r + \alpha s + t = 0$	»	»	»	23
$r + \gamma s + \beta t = 0$	»	»	»	45
$\gamma r + s + \alpha t = 0$	»	»	»	61.

Si ces relations subsistent, l'hexagone est inscriptible dans la conique ayant pour

*) [La questione 369 è proposta da Cayley nel periodico « Nouvelles Annales de Mathématiques », t. XVI (1857), pag. 127 ed è la seguente:

p, q, r sont trois fonctions entières linéaires en x et y; $p = 0$, $q = 0$, $r = 0$ sont les équations respectives des côtes AB, BC, CA d'un triangle ABC; $p - q = 0$, $q - r = 0$, $r - p = 0$ sont donc les équations de trois droites passant respectivement par les sommets B, C, A et se rencontrant au même point D; soient α, β, γ les points où AD rencontre BC, où BD rencontre CA, où CD rencontre AB. Il s'agit de mener deux droites R, S rencontrant AB aux points r_1, s_1, BC aux points r_2, s_2, CA aux points r_3, s_3, de telle sorte que les trois systèmes de cinq points r_1, s_1, A, γ, B; r_2, s_2, B, α, C; r_3, s_3, C, β, A soient en involution, α, β, γ étant des points doubles. Trouver en fonction de p, q, r les équations des droites R, S.].

équation

$$r^2+s^2+t^2+\left(\alpha+\frac{1}{\alpha}\right)st+\left(\beta+\frac{1}{\beta}\right)tr+\left(\gamma+\frac{1}{\gamma}\right)rs=0;$$

les équations des diagonales sont

(13) $$\alpha\beta r+s+\alpha t=0,$$

(24) $$r+\alpha\beta s+\beta t=0,$$

(35) $$\beta r+\beta\gamma s+t=0;$$

(14) $$\alpha r+\beta s+\alpha\beta t=0,$$

(25) $$\alpha r+\alpha\gamma s+\gamma t=0,$$

(36) $$\beta\gamma r+\beta s+\gamma t=0;$$

(15) $$r+\gamma s+\alpha\gamma t=0,$$

(26) $$\alpha\gamma r+\alpha s+t=0,$$

(46) $$\gamma r+s+\beta\gamma t=0.$$

Soient

A l'intersection des côtés (34) et (56),

B » » » (12) et (56),

C » » » (34) et (12);

le point A étant déterminé par les équations

$$s=0, \qquad t=0,$$

l'équation de la droite $A\,1$ est de la forme

$$s+kt=0;$$

mais le point (1) est déterminé par les équations

(12) $$r=0,$$

(16) $$\gamma r+s+\alpha t=0;$$

par conséquent $k=\alpha$.

On aura aussi :

$$(A\,1)\quad s+\alpha t=0,\quad (B\,3)\quad t+\beta r=0,\quad (C\,5)\quad r+\gamma s=0,$$
$$(A\,2)\quad t+\alpha s=0,\quad (B\,4)\quad r+\beta t=0,\quad (C\,6)\quad s+\gamma r=0.$$

Soient les trois droites

$$s-t=0,\qquad t-r=0,\qquad r-s=0.$$

La première droite passe par le point A et rencontre BC en a.
La deuxième droite passe par le point B et rencontre AC en b.
La troisième droite passe par le point C et rencontre AB en c.
Et les trois droites se coupent en un même point.
On en déduit que les cinq droites:
AB, AC, Aa, $A\,1$, $A\,2$ sont en involution, Aa est la droite double.
BC, BA, Bb, $B\,3$, $B\,4$ sont en involution, Bb est la droite double.
CA, CB, Cc, $C\,5$, $C\,6$, sont en involution, Cc est la droite double.

Si l'on suppose $\alpha\beta\gamma=1$, les trois équations ci-dessus (13), (35), (15) se réduisent à la première, savoir

$$(R)\qquad \alpha\beta r+s+\alpha t=0,$$

c'est-à-dire les points 1, 3, 5 sont sur la même droite donnée par l'équation (R); de même les points 2, 4, 6 sont sur la même droite donnée par l'équation

$$(S)\qquad r+\alpha\beta s+\beta t=0,$$

de sorte que l'hexagone est inscrit entre les deux droites (R) et (S) et l'équation de la conique se réduit au produit $(R)(S)=0$; les équations (R) et (S) sont celles des deux droites R et S du problème de M. Cayley.

CCXXII.

GÉOMÉTRIE ALGORITHMIQUE. — SUR LES POLYGONES INSCRITS ET CIRCONSCRITS À DES CONIQUES *).

Nouvelles Annales de Mathématiques, 1ère série, t. XVI (1857), pp. 421-428.

CCXXIII.

SUR QUELQUES PROPRIÉTÉS DES SURFACES DU TROISIÈME ORDRE **).

Nouvelles Annales de Mathématiques. 1ère série, t. XVIII (1859), pp. 138-142.

CCXXIV.

L'ENSEIGNEMENT DE LA GÉOMÉTRIE ÉLÉMENTAIRE EN ITALIE ***).

Nouvelles Annales de Mathématiques, 2ème série, t. VIII (1869), pp. 278-283.

*) [Questo lavoro è una riproduzione, con qualche variante, di un altro pubblicato quasi contemporaneamente in italiano, negli «Annali di Scienze Matematiche e Fisiche», t. VIII (1857), pp. 119-124, col titolo: *Sui poligoni inscritti e circoscritti alle coniche,* il quale è già stato ristampato nel tomo I (XXXIX: pp. 257-261) di queste «Opere Matematiche»].

**) [Questo articolo non è che la traduzione, in qualche punto abbreviata, di un altro pubblicato in italiano negli «Annali di Scienze Matematiche e Fisiche», t. VI (1855), pp. 374-378, col titolo: *Intorno ad alcune proprietà delle superficie del terzo ordine,* il quale è già stato ristampato nel tomo I (XXV: pp. 171-175) di queste «Opere Matematiche»].

***) [Questo articolo, scritto in collaborazione col CREMONA, è la traduzione di un altro comparso nel «Giornale di Matematiche», t. VII (1869), pp. 51-54; esso non si riproduce in queste «Opere Matematiche», perchè è d'indole polemica].

CCXXV.

NOTE SUR UN THÉORÈME RELATIF AUX DÉTERMINANTS GAUCHES.

Journal de Mathématiques pures et appliquées, 1ère série, t. XIX (1854), pp. 253-256.

En indiquant par $c_{r,s}$ les coefficients d'une substitution linéaire orthogonale, on a, comme on sait, entre ces coefficients, $\frac{n(n+1)}{2}$ équations de la forme:

$$c_{1,r}c_{1,s} + c_{2,r}c_{2,s} + \cdots + c_{n,r}c_{n,s} = 0, \qquad (r \neq s),$$

$$c_{1,r}^2 + c_{2,r}^2 + \cdots + c_{n,r}^2 = 1;$$

et M. Cayley a démontré qu'en nommant Δ le déterminant

$$\sum (\pm a_{1,1} a_{2,2} \ldots a_{n,n}),$$

dont les éléments sont assujettis aux conditions

$$a_{r,r} = 1, \quad a_{r,s} + a_{s,r} = 0,$$

et en posant

$$\alpha_{r,s} = \frac{\partial \Delta}{\partial a_{r,s}},$$

ces équations sont vérifiées par les valeurs suivantes:

$$\Delta c_{r,1} = 2\alpha_{1,r}, \qquad \Delta c_{r,2} = 2\alpha_{2,r}, \qquad \ldots,$$

$$\Delta c_{r,r} = 2\alpha_{r,r} - \Delta, \qquad \ldots, \qquad \Delta c_{r,n} = 2\alpha_{n,r}.$$

Cela posé, voici le théorème en question:

L'équation

$$(A)\qquad \begin{vmatrix} c_{1,1}-\lambda & c_{1,2} & \dots & c_{1,n} \\ c_{2,1} & c_{2,2}-\lambda & \dots & c_{2,n} \\ \dots & \dots & \dots & \dots \\ c_{n,1} & c_{n,2} & \dots & c_{n,n}-\lambda \end{vmatrix} = 0$$

a, lorsque n est impair, une racine égale à l'unité et les $n-1$ autres imaginaires et deux à deux réciproques; lorsque n est pair les racines sont toutes imaginaires et deux à deux réciproques.

En effet, en substituant dans le premier membre de cette équation les valeur ci-dessus de $c_{r,1}$, $c_{r,2}$, ..., on a:

$$\begin{vmatrix} \alpha_{1,1}-\mu & \alpha_{2,1} & \dots & \alpha_{n,1} \\ \alpha_{1,2} & \alpha_{2,2}-\mu & \dots & \alpha_{n,2} \\ \dots & \dots & \dots & \dots \\ \alpha_{1,n} & \alpha_{2,n} & \dots & \alpha_{n,n}-\mu \end{vmatrix} = 0,$$

où $\mu = \Delta\dfrac{1+\lambda}{2}$; et, en multipliant cette dernière par Δ, on a:

$$(1)\qquad \begin{vmatrix} z & a_{1,2} & \dots & a_{1,n} \\ a_{2,1} & z & \dots & a_{2,n} \\ \dots & \dots & \dots & \dots \\ a_{n,1} & a_{n,2} & \dots & z \end{vmatrix} = 0,$$

en posant $z = \dfrac{\lambda-1}{\lambda+1}$, et, par conséquent, $\lambda = \dfrac{1+z}{1-z}$.

J'observe qu'en supposant n impair le premier membre de cette équation est un déterminant gauche d'ordre impair, qui se réduira à zéro pour $z=0$; ainsi $\lambda = 1$ sera une racine de l'équation (A). Mais en développant l'équation (1), on a, pour n impair, comme on le sait déjà par des théorèmes dus à M. CAYLEY *):

$$z^n + z^{n-2}\sum^r(\Delta_{r,n-2})_0 + z^{n-4}\sum^r(\Delta_{r,n-4})_0 + \cdots + z^3\sum^r(\Delta_{r,3})_0 + z\sum(\Delta_{r,1})_0 = 0,$$

*) CAYLEY, *Sur les déterminants gauches* [Journal für die reine und angewandte Mathematik, t. XXXVIII (1849), pp. 93-96].

$(\Delta_{r,s})_0$ représentant un déterminant mineur principal de l'ordre $s^{\text{ième}}$ dans lequel on a posé les éléments principaux égaux à zéro. Par conséquent une des racines de l'équation (1) sera zéro, comme on l'a déjà observé; les autres racines seront deux à deux égales et de signe contraire, et leurs carrés seront donnés par l'équation

$$(2) \qquad y^m + y^{m-1}\sum^r (\Delta_{r,n-2})_0 + \cdots + y\sum^r (\Delta_{r,3})_0 + \sum^r (\Delta_{r,1})_0 = 0,$$

qu'on obtient en faisant $y = z^2$ et $m = \frac{n-1}{2}$. Les $n-1$ racines de l'équation (A), qui restaient à trouver après la racine $\lambda = 1$, seront donc réciproques, comme on voulait le démontrer. J'observe, enfin, que tous les termes du premier membre de l'équation (2) sont essentiellement positifs, parce que chacun des déterminants gauches symétriques d'ordre pair $(\Delta_{r,s})_0$ est un carré; par conséquent, l'équation (2) n'a aucune racine positive; les valeurs correspondantes de z, et, par suite, de λ, sont donc imaginaires.

En nommant $-y_1$ une quelconque des racines de l'équation (2), on a:

$$z = \pm\, i y_1, \qquad i = \sqrt{-1},$$

et les racines réciproques correspondantes de l'équation (A) sont:

$$\lambda_1 = \frac{1 + iy_1}{1 - iy_1}, \qquad \lambda' = \frac{1 - iy_1}{1 + iy_1},$$

ou

$$\lambda_1 = a + ib, \qquad \lambda' = a - ib,$$

en faisant

$$a = \frac{1 - y_1}{1 + y_1}, \qquad b = \frac{2\sqrt{y_1}}{1 + y_1}.$$

Je suppose

$$a \pm ib = r_1(\cos\theta_1 \pm i \sin\theta_1),$$

on a:

$$r_1^2 = a^2 + b^2 = 1, \qquad \operatorname{tang}\theta_1 = \frac{b}{a} = \frac{2\sqrt{y_1}}{1 - y_1};$$

par conséquent:

$$\sqrt{y_1} = \operatorname{tang}\tfrac{1}{2}\theta_1,$$

et

$$\sum^r (\Delta_{r,1})_0 = \operatorname{tang}^2\tfrac{1}{2}\theta_1 . \operatorname{tang}^2\tfrac{1}{2}\theta_2 \ \ldots\ \operatorname{tang}^2\tfrac{1}{2}\theta_m,$$

$$\sum^r (\Delta_{r,n-2})_0 = \operatorname{tang}^2\tfrac{1}{2}\theta_1 + \operatorname{tang}^2\tfrac{1}{2}\theta_2 + \cdots + \operatorname{tang}^2\tfrac{1}{2}\theta_m.$$

Pour $n = 3$, l'équation (2) nous donne:

$$y + a_{1,2}^2 + a_{1,3}^2 + a_{2,3}^2 = 0,$$

et l'on aura:

$$a_{1,2}^2 + a_{1,3}^2 + a_{2,3}^2 = \operatorname{tang}^2 \tfrac{1}{2}\theta,$$

ou

$$a_{1,2} = \cos\alpha \,.\, \operatorname{tang} \tfrac{1}{2}\theta, \qquad a_{1,3} = \cos\beta \,.\, \operatorname{tang} \tfrac{1}{2}\theta, \qquad a_{2,3} = \cos\gamma \,.\, \operatorname{tang} \tfrac{1}{2}\theta,$$

en supposant:

$$\cos^2\alpha + \cos^2\beta + \cos^2\gamma = 1.$$

Pour $n = 5$, on aura:

$$a_{1,2}^2 + a_{1,3}^2 + a_{1,4}^2 + a_{1,5}^2 + a_{2,3}^2 + a_{2,4}^2 + a_{2,5}^2 + a_{3,4}^2 + a_{3,5}^2 + a_{4,5}^2$$

$$= \operatorname{tang}^2 \tfrac{1}{2}\theta_1 + \operatorname{tang}^2 \tfrac{1}{2}\theta_2,$$

et, en général:

$$\sum^r \sum^s a_{r,s}^2 = \operatorname{tang}^2 \tfrac{1}{2}\theta_1 + \operatorname{tang}^2 \tfrac{1}{2}\theta_2 + \cdots + \operatorname{tang}^2 \tfrac{1}{2}\theta_m.$$

On déduit de ce théorème une propriété énoncée par EULER comme ayant lieu dans le mouvement d'un corps, propriété qui a été le point de départ pour la recherche des formules très connues qu'on doit à EULER, LEXELL, RODRIGUES *), pour la transformation des coordonnées. On peut en déduire aussi un théorème énoncé récemment par M. HERMITE **).

Maintenant supposons n pair; on a alors, en développant l'équation (1):

$$z^n + z^{n-2} \sum^r (\Delta_{r,n-2})_0 + \cdots + z^2 \sum^r (\Delta_{r,2})_0 + \Delta_0 = 0;$$

les coefficients de tous les termes étant positifs, les valeurs de z^2, que cette équation fournit, ne sont jamais positives; z est donc essentiellement imaginaire, et il en est de même des racines de l'équation (A), lesquelles sont d'ailleurs évidemment deux à deux réciproques, puisque les valeurs de z sont deux à deux égales et de signe contraire. Notre théorème est donc démontré dans ce second cas comme dans le premier.

---

*) Novi Commentarii Academiæ Petropolitanæ, t. XX (1775), pag. 217.

RODRIGUES, *Des lois géométriques qui régissent les déplacements d'un système solide dans l'espace, et de la variation des coordonnées provenant de ces déplacements considérés indépendamment des causes qui peuvent les produire* [Journal de Mathématiques pures et appliquées, 1ère série, t. V (1840), pp. 380-440].

**) HERMITE, *Remarques sur un Mémoire de* M. CAYLEY *relatif aux déterminants gauches* [Cambridge and Dublin Mathematical Journal, t. IX (1854), pp. 63-67].

CCXXVI.

SUR LA RÉDUCTION DE L'INTÉGRALE HYPERELLIPTIQUE A L'ELLIPTIQUE PAR UNE TRANSFORMATION DU TROISIÈME DEGRÉ *).

Annales scientifiques de l'École Normale Supérieure, 3ème série, t. VIII (1891), pp. 227-230.

1. Soient $\varphi(x_1, x_2)$, $\psi(x_1, x_2)$ deux formes binaires de l'ordre n, et

$$F(y_1, y_2) = \varphi(x_1, x_2)\psi(y_1, y_2) - \psi(x_1, x_2)\varphi(y_1, y_2);$$

on démontre facilement que chaque invariant de la forme F s'exprime en fonction de covariants et d'invariants simultanés des formes $\varphi(x)$, $\psi(x)$.

La valeur du discriminant Δ de F s'exprime de la manière suivante:

$$\Delta = f^2 P,$$

étant $f = (\varphi\psi)$ covariant simultané de l'ordre $2(n-1)$, et P une fonction de covariants et d'invariants simultanés de l'ordre $2(n-1)(n-2)$.

Pour $n = 3$, on trouve

$$P = -2(kf + 6h),$$

forme du quatrième ordre, étant $k = (\varphi\psi)_3$ invariant, $h = \frac{1}{2}(ff)_2$ covariant, simultanés. En indiquant par $\lambda_0, \lambda_1, \lambda_2, \lambda_3$ les racines de l'équation $\Delta(F) = 0$, on aura,

*) GOURSAT, *Sur la réduction des intégrales hyperelliptiques* [Bulletin de la Société Mathématique de France, t. XIII (1884-85), pp. 143-162 (p. 155)].

BURKHARDT, *Untersuchungen aus dem Gebiete der hyperelliptischen Modulfunctionen* [Mathematische Annalen, t. XXXVI (1890), pp. 371-434 (p. 411)].

en conséquence:

$$\prod_{0}^{3}{}_r(\varphi - \lambda_r\psi) = mf^2(kf + 6h),$$

$m =$ constante.

Chacun des facteurs $\varphi - \lambda\psi$ ayant une racine double, on peut poser

$$(1) \qquad \varphi - \lambda\psi = \alpha^2\beta,$$

α, β étant des fonctions linéaires, et α sera un facteur de f, β un facteur de $kf + 6h$.

Soit

$$(2) \qquad \varphi - \mu\psi = u,$$

$\mu =$ constante; de l'équation supérieure, on déduit:

$$(\varphi - \mu\psi)\prod_{1}^{3}{}_r(\varphi - \lambda_r\psi) = m\left(\frac{f}{\alpha}\right)^2(kf + 6h)\frac{u}{\beta} = m\left(\frac{f}{\alpha}\right)^2 uv,$$

en supposant

$$v\beta = kf + 6h.$$

La transformation $z = \dfrac{\varphi}{\psi}$ conduit à la réduction d'intégrales due à M. Goursat. L'intégrale hyperelliptique n'est pas générale, ce que je vais démontrer en déterminant d'une manière nouvelle la valeur de la forme v du troisième ordre.

2. En posant $\mu - \lambda = \rho$, des équations (1), (2) on a:

$$\rho\varphi = \mu\alpha^2\beta - \lambda u, \qquad \rho\psi = \alpha^2\beta - u,$$

et c'est avec ces valeurs de φ, ψ que je vais calculer celles de f et de $kf + 6h$.

Dans ce but, j'introduis les huit invariants simultanés des formes u, α, β qui suivent:

$$P_0 = (u, \alpha^3)_3, \qquad P_1 = (u, \alpha^2\beta)_3, \qquad P_2 = (u, \alpha\beta^2)_3, \qquad P_3 = (u, \beta^3)_3;$$

$$L_0 = (j, \alpha^2)_2, \qquad L_1 = (j, \alpha\beta)_2, \qquad L_2 = (j, \beta^2)_2; \qquad M = (\alpha\beta);$$

étant $j = \frac{1}{2}(uu)_2$. Entre ces invariants, on a les relations suivantes:

$$P_0P_2 - P_1^2 = M^2L_0, \qquad P_0P_3 - P_1P_2 = 2M^2L_1, \qquad P_1P_3 - P_2^2 = M^2L_2,$$

$$(3) \qquad L_0L_2 - L_1^2 = \frac{1}{2}M^2A,$$

étant $A = (jj)_2$ le discriminant de la forme u. En considérant encore les deux covariants simultanés $l=(u\alpha)$, $m=(u\beta)$, on a les trois relations:

$$L_2\alpha^2-2L_1\alpha\beta+L_0\beta^2=M^2j,$$

$$P_2\alpha^2-2P_1\alpha\beta+P_0\beta^2=M^2l,$$

$$P_3\alpha^2-2P_2\alpha\beta+P_1\beta^2=M^2m.$$

Cela posé, on trouve:

$$3\rho f=\alpha(\alpha m+2\beta l),\qquad \rho k=P_1,$$

$$36\rho^2h=2P_1\alpha(\alpha m+2\beta l)-4M^2\alpha^2j-[\beta(l\alpha)+2\alpha(m\alpha)]^2.$$

Mais

$$(l\alpha)^2=P_0l-L_0\alpha^2,\qquad (m\alpha)^2=P_1m-L_2\alpha^2,$$

$$2(l\alpha)(m\alpha)=P_0m+P_1l-2L_1\alpha^2,$$

et, après quelques réductions, on arrive à la seconde équation:

$$6\rho^2(kf+6h)=\beta[12L_1\alpha^3-3L_0\alpha^2\beta+6P_1\alpha l-P_0(2\alpha m+\beta l)].$$

La forme du troisième ordre v est en conséquence la suivante:

$$M^2v=4P_0P_3\alpha^3-9P_1^2\alpha^2\beta+6P_0P_1\alpha\beta^2-P_0^2\beta^3.$$

Les invariants simultanés des formes u, v seront donc des fonctions de $P_0, P_1, \ldots, M$. En posant $\sigma=\frac{1}{2}(vv)_2$, on a, comme il est connu, les trois invariants

$$A=(jj)_2,\qquad B=(j\sigma)_2,\qquad C=(\sigma\sigma)_2;$$

l'invariant $J=(uv)_3$ et le résultant R des formes u, v.

La valeur (3) de A conduit tout de suite à la suivante:

$$R=-54P_0^4P_3A,$$

et l'on trouve pour J, C, B les valeurs:

$$M^2J=3(P_0^2P_3-3P_1^3+2P_0P_1P_2),$$

$$M^2C=8P_0^4P_3(P_1^3-P_0^2P_3),$$

et, en conséquence:

$$M^2(9C+8P_0^4P_3J)=-48P_0^5P_3(P_0P_3-P_1P_2).$$

Enfin le calcul de l'invariant B donne:

$$M^4(9B - J^2) = -27P_0^2(P_0P_3 - P_1P_2)^2.$$

Ces deux dernières équations conduisent à la suivante:

$$3(9C + 8P_0^4P_3J)^2 + 4^4P_0^8P_3^2(9B - J^2) = 0,$$

de laquelle, en multipliant par 3^6A^2, on arrive à l'équation de condition entre les invariants A, B, C, J, R,

$$3(3^5AC - 4RJ)^2 + 4^3R^2(9B - J^2) = 0,$$

déjà calculée par M. BURKHARDT.

CCXXVII.

SUR UNE CLASSE D'ÉQUATIONS DU CINQUIÈME DEGRÉ.

Annales scientifiques de l'École Normale Supérieure, 3ème série, t. XII (1895), pp. 337-342.

1. On sait que l'équation du sixième degré

$$(1)\quad (z-a)^6 - 4a(z-a)^5 + 10b(z-a)^3 - 4c(z-a) + 5b^2 - 4ac = 0$$

est résoluble par les fonctions elliptiques en deux cas: si $a = 0$, et b, c sont certaines fonctions du module; ou si $b = 0$ et a, c fonctions du module.

Soient x_0, x_1, x_2, x_3, x_4 les racines d'une équation du cinquième degré, et φ_∞ une fonction cyclique de ces racines, fonction qui se reproduit, changée de signe, lorsqu'on opère sur elle la substitution $\begin{pmatrix} r \\ 4r \end{pmatrix}$. Soient encore φ_0, φ_1, φ_2, φ_3, φ_4 les fonctions qu'on déduit de φ_∞ par la substitution $\begin{pmatrix} r \\ 3r^3 + s \end{pmatrix}$ $(s = 0, 1, 2, 3, 4)$; si l'on pose

$$(2)\qquad \sqrt{z_\infty} = \tfrac{1}{2}\sum \varphi + \omega\varphi_\infty,$$

où

$$\sum \varphi = \varphi_\infty + \varphi_0 + \cdots + \varphi_4, \qquad \omega = \frac{\sqrt{5}-1}{2},$$

et si l'on indique par $\sqrt{z_0}$, $\sqrt{z_1}$, ..., $\sqrt{z_4}$ les fonctions qu'on peut déduire de $\sqrt{z_\infty}$ par la même substitution $\begin{pmatrix} r \\ 3r^3 + s \end{pmatrix}$, les quantités z_∞, z_0, ..., z_4 ainsi obtenues sont, comme il est connu, racines d'une équation (1).

Soit

$$f = (a_0, a_1, a_2, a_3, a_4, a_5)(x, 1)^5 = 0$$

l'équation du cinquième degré, dont les racines sont $x_0, x_1, \ldots, x_4$. En désignant avec u_∞ la fonction cyclique

$$u_\infty = a_0^2(x_0 - x_1)(x_1 - x_2)(x_2 - x_3)(x_3 - x_4)(x_4 - x_0) = a_0^2(01234),$$

fonction laquelle se reproduit, changée de signe, par la substitution $\binom{r}{4r}$, et si l'on désigne avec u_0, u_1, u_2, u_3, u_4 les fonctions qu'on en déduit par la substitution $\binom{r}{3r^3 + s}$, on a un type de fonctions φ.

Si enfin l'on désigne avec v_∞ la fonction qu'on déduit de u_∞ au moyen de la substitution $\binom{r}{2r}$, et l'on observe qu'elle aura la même propriété de u_∞ quant à la substitution $\binom{r}{4r}$, on obtiendra de la manière indiquée les fonctions $v_0, v_1, \ldots, v_4$.

Ces douze fonctions u, v ont des propriétés remarquables que je résume en renvoyant pour la démonstration à des travaux connus *). On a, en premier lieu :

$$\sum u = 2(u_\infty + v_\infty), \qquad \sum v = 2u_\infty, \tag{3}$$

desquelles on déduit dix relations, en opérant avec la substitution $\binom{r}{3r^3 + s}$.

De même

$$\left\{\begin{aligned} \sum u^3 &= -u_\infty^3 - v_\infty^3 + \tfrac{3}{2}(l - 3\delta)u_\infty + \tfrac{3}{2}(l - \delta)v_\infty, \\ \sum v^3 &= -u_\infty^3 + 3v_\infty^3 + \tfrac{3}{2}(l + \delta)u_\infty - \tfrac{3}{2}(l + 3\delta)v_\infty, \end{aligned}\right. \tag{4}$$

et enfin

$$\left\{\begin{aligned} \sum u^5 = 2u_\infty^5 &+ 2v_\infty^5 - \tfrac{5}{2}(l - 3\delta)u_\infty^3 - \tfrac{5}{2}(l + \delta)v_\infty^3 \\ &+ \tfrac{5}{4}(l - 3\delta)^2 u_\infty + \tfrac{5}{4}(l - 3\delta)(l - \delta)v_\infty, \\ \sum v^5 = 2u_\infty^5 &- \tfrac{5}{2}(l - \delta)u_\infty^3 + \tfrac{5}{2}(l + 3\delta)v_\infty^3 \\ &+ \tfrac{5}{4}(l + 3\delta)(l + \delta)u_\infty - \tfrac{5}{4}(l + 3\delta)^2 v_\infty, \end{aligned}\right. \tag{5}$$

et les relations correspondantes obtenues par la substitution mentionnée.

La quantité l est, sauf un coefficient numérique, l'invariant du quatrième degré

---

*) HERMITE, *Sur l'équation du cinquième degré* [Comptes Rendus des séances de l'Académie des Sciences, t. LXI (1865), pp. 877-882, 965-972, 1073-1081 ; t. LXII (1866), pp. 65-72, 157-162, 245-253, 715-722, 919-924, 959-966, 1054-1059, 1161-1167, 1213-1215].

de f; et δ est la racine carrée du discriminant (sauf un coefficient numérique), et l'on a:

$$u_\infty v_\infty = u_0 v_0 = \cdots = u_4 v_4 = -\delta. \tag{6}$$

Les coefficients $u_\infty^2, u_0^2, \ldots, u_4^2$ sont racines de l'équation suivante, dans laquelle k est un invariant du douzième degré de f:

$$(7)\quad \left\{\begin{aligned} &u^{12} - (l - 3\delta)u^{10} + \tfrac{1}{4}(l^2 - 2l\delta + 5\delta^2)u^8 - ku^6 \\ &+ \tfrac{1}{4}(l^2 + 2l\delta + 5\delta^2)\delta^2 u^4 - (l + 3\delta)\delta^4 u^2 + \delta^6 = 0. \end{aligned}\right.$$

2. Supposons que la relation entre invariants

$$k = \tfrac{1}{2}\delta(l^2 - 4l\delta + 9\delta^2) \tag{8}$$

soit satisfaite; on voit tout de suite que dans ce cas le premier membre de l'équation (7) a pour facteur $u^2 - \delta$, et, en conséquence, l'une des six fonctions u sera égale à $\pm\delta^{\frac{1}{2}}$, et, à cause des relations (6), on aura la fonction correspondante v égale à $\mp\delta^{\frac{1}{2}}$.

Soient $\lambda_0, \lambda_1, \ldots, \lambda_{11}$ douze indéterminées, et posons

$$\begin{aligned} \varphi = {} & \lambda_0 u^5 + \lambda_1 v^5 + (\lambda_2 l + \lambda_3\delta)u^3 + (\lambda_4 l + \lambda_5\delta)v^3 \\ & + (\lambda_6 l^2 + \lambda_7 l\delta + \lambda_8\delta^2)u + (\lambda_9 l^2 + \lambda_{10} l\delta + \lambda_{11}\delta^2)v, \end{aligned}$$

u, v étant deux quelconques fonctions correspondantes. Au moyen des relations (3), (4), (5), on obtient:

$$\begin{aligned} \tfrac{1}{2}\sum\varphi = {} & l_0 u^5 + l_1 v^5 + (l_2 l + l_3\delta)u^3 + (l_4 l + l_5\delta)v^3 \\ & + (l_6 l^2 + l_7 l\delta + l_8\delta^2)u + (l_9 l^2 + l_{10} l\delta + l_{11}\delta^2)v, \end{aligned}$$

les $l_0, l_1, \ldots$ étant des fonctions linéaires de $\lambda_0, \lambda_1, \ldots$.

En posant $l_r + \omega\lambda_r = t_r$, on aura:

$$\left\{\begin{aligned} \sqrt{z} = {} & t_0 u^5 + t_1 v^5 + (t_2 l + t_3\delta)u^3 + (t_4 l + t_5\delta)v^3 \\ & + (t_6 l^2 + t_7 l\delta + t_8\delta^2)u + (t_9 l^2 + t_{10} l\delta + t_{11}\delta^2)v, \end{aligned}\right.$$

et l'on trouve que

$$t_1 = \omega t_0, \quad t_2 = \tfrac{5}{2}(\omega - 1)t_0 - (2\omega - 1)t_4, \quad t_3 = \tfrac{5}{2}(3\omega - 1)t_0 - (2\omega - 1)t_5,$$

$$t_9 = -\tfrac{5}{4}(2\omega - 1)t_0 + \tfrac{3}{2}(\omega - 1)t_4 + \omega t_6,$$

$$t_{10} = -\tfrac{5}{2}\omega t_0 - \tfrac{3}{2}(3\omega - 1)t_4 + \tfrac{3}{2}(\omega - 1)t_5 + \omega t_7,$$

$$t_{11} = \tfrac{15}{4}(4\omega - 3)t_0 - \tfrac{3}{2}(3\omega - 1)t_5 + \omega t_8.$$

Supposons maintenant qu'une des expressions (9), pour $\sqrt{z}$ s'annule lorsqu'on pose $u = \delta^{\frac{1}{2}}$, $v = -\delta^{\frac{1}{2}}$; les indéterminées t_0, t_1, ... doivent dans ce cas satisfaire les trois conditions

$$t_0 - t_1 + t_3 - t_5 + t_8 - t_{11} = 0, \qquad t_2 - t_4 + t_7 - t_{10} = 0, \qquad t_6 - t_9 = 0.$$

Les indéterminées se réduisent dans ce cas à deux

$$t_0 = p, \qquad t_4 l + t_5 \delta = q,$$

et l'expression $\sqrt{z}$ prend la forme

$$\sqrt{z} = (P + Q\sqrt{5})p + (L + M\sqrt{5})q,$$

étant

$$Q = \tfrac{1}{2}v^5 + \tfrac{5}{4}lu^3 + \tfrac{15}{4}\delta u^3 - \tfrac{5}{8}l^2(u+v) - \tfrac{5}{4}l\delta u - \tfrac{1}{8}\delta^2(5u - 21v),$$

$$P = -Q + u^5 - \tfrac{5}{2}(l+\delta)u^3 - \tfrac{5}{2}l\delta v - \tfrac{1}{2}\delta^2(22u + 25v),$$

$$L = 2u^3 + v^3 - \tfrac{3}{2}l(u+v) + \delta(u + 2v), \qquad M = -u^3 - \tfrac{1}{2}\delta(u + 3v),$$

et les polynomes P, Q, L, M s'annulent pour $u = -v = \delta^{\frac{1}{2}}$.

On est ainsi arrivé à ce résultat: qu'une des racines z_∞, z_0, ..., z_4 de l'équation (1) est nulle, et que la somme des autres peut s'annuler en disposant de l'indéterminée $p:q$.

En effet, l'addition des racines z donne

$$\sum z = \alpha p^2 + 2\beta pq + \gamma q^2,$$

α, β, γ étant des invariants des degrés 20e, 16e, 12e.

La condition (8) entre invariants d'une équation du 5e degré conduit donc à une résolvante jacobienne (1), pour laquelle sont

$$a = 0, \qquad b = 0,$$

et vu que dans ce cas la résolvante même se réduit à l'équation binome

$$z^5 - 4c = 0,$$

on a le théorème:

Les équations du 5e degré, pour lesquelles la relation (8) *est satisfaite, sont résolubles algébriquement.*

3. Un cas particulier de ce type d'équations est donné par la théorie des fonctions elliptiques, en considérant la division des périodes par *onze*.

Si l'on pose

$$\frac{2\omega}{11} = m,$$

et

(9) $x_0 = \wp(m)$, $x_1 = \wp(2m)$, $x_2 = \wp(3m)$, $x_3 = \wp(4m)$, $x_4 = \wp(5m)$,

de la formule pour la multiplication des fonctions elliptiques *)

$$\wp(nu) - \wp(u) = -\frac{\psi_{n-1}\psi_{n+1}}{\psi_n^2},$$

on déduit que

$$u_0 = (03412) = \frac{\psi_7\psi_9}{\psi_2^3\psi_3^2\psi_4^3\psi_5^2}, \qquad v_0 = (04231) = -\frac{\psi_6^2\psi_7\psi_8}{\psi_2^2\psi_3^3\psi_4^3\psi_5^4};$$

mais, étant dans ce cas $\psi_{11} = 0$, on a:

$$\psi_7 = \frac{\psi_4\psi_6^3}{\psi_5^3}, \qquad \psi_8 = \frac{\psi_3\psi_6^5}{\psi_5^5}, \qquad \psi_9 = \frac{\psi_2\psi_6^7}{\psi_5^7},$$

en conséquence

$$u_0 = -v_0,$$

et l'équation du 5ᵉ degré, dont les racines sont les x_0, x_1, ... (9), est résoluble algébriquement, comme il est connu.

4. En désignant par A, B, C les invariants des 4ᵉ, 8ᵉ, 12ᵉ degrés d'une forme binaire du 5ᵉ ordre, on a:

$$l = 5^4 A, \qquad \delta^2 = 5^5(A^2 - 128B),$$

$$k = \frac{4\cdot 5^9}{3}(3A^3 - 3^2\cdot 4^2 AB + 5\cdot 4^4 C).$$

En substituant ces valeurs dans l'équation (8), on obtient la relation de condition pour la classe d'équations du 5ᵉ degré considérée, formée avec les invariants A, B, C.

*) HALPHEN, *Traité des fonctions elliptiques et de leurs applications*, Iʳᵉ Partie, p. 100.

CCXXVIII.

SUR L'ÉQUATION DU SIXIÈME DEGRÉ.

Annales Scientifiques de l'École Normale Supérieure, 3ème série, t. XII (1895), pp. 343-350.

1. Soient

$$f(x) = (a_0, a_1, \ldots, a_6)(x, 1)^6$$

une forme du sixième degré, et

$$k = \tfrac{1}{2}(ff)_4$$

un de ses covariants du quatrième ordre. Les invariants A, B, C des second, quatrième, sixième degrés seront

$$A = \tfrac{1}{2}(ff)_6,$$

et B, C les deux invariants de la forme biquadratique k. Au lieu de B, C, j'introduirai les invariants suivants

$$L = 4.5(4A^2 - 3.5^2 B), \qquad M = 8.5(7.8A^3 - 4.3^2.5^2 AB - 3^3.5^3 C),$$

et j'indiquerai par $6^6 \Delta$ le discriminant de f.

Soient φ, ψ deux formes du troisième ordre, et

$$u = \tfrac{1}{2}(\varphi\varphi)_2, \qquad v = \tfrac{1}{2}(\psi\psi)_2,$$

on a, comme il est connu, les deux invariants simultanés

$$J = (\varphi\psi)_3, \qquad E = (uv)_2,$$

et les deux D, R; étant D le produit des discriminants des formes φ, ψ, et R le résultant des formes mêmes.

Si l'on suppose $f = \varphi\psi$, on a, entre ces invariants, les relations

$$5A = G - \frac{9}{8}J^2, \qquad L = RJ - G^2 - \frac{3^5}{4}D,$$

$$M = G^3 - \frac{3}{2}RJG - \frac{3^6}{4}DG + \frac{1}{2}R^2, \qquad 6^6\Delta = 3^6 R^2 D,$$

ayant posé

$$G = J^2 - 9E.$$

2. Soient $x_0, x_1, \ldots, x_5$ les racines de l'équation $f(x) = 0$; x_0, x_2, x_4 celles de $\varphi(x) = 0$; x_1, x_3, x_5 celles de $\psi(x) = 0$. Les six expressions de ces racines

$$l = a_0(01)(23)(45), \qquad \lambda = a_0(01)(25)(43),$$

$$m = a_0(03)(25)(41), \qquad \mu = a_0(03)(21)(45),$$

$$n = a_0(05)(21)(43), \qquad \nu = a_0(05)(23)(41),$$

dans lesquelles $(rs) = x_r - x_s$, ont des propriétés remarquables. On a en premier lieu :

$$l + m + n = \lambda + \mu + \nu = 3J,$$

$$lmn = \lambda\mu\nu = R,$$

et, en indiquant par s_1, s_2, s_3 les sommes des trois premières puissances de l, m, n, et par $\sigma_1, \sigma_2, \sigma_3$ celles de λ, μ, ν, on trouve:

$$s_1 = \sigma_1 = 3J,$$

$$s_2 = 9J^2 - 6G + 3^3 D^{\frac{1}{2}}, \qquad \sigma_2 = 9J^2 - 6G - 3^3 D^{\frac{1}{2}},$$

$$s_3 = 3R + 3^3 J^3 - 3^3 JG + \frac{3^5}{2}JD^{\frac{1}{2}}, \qquad \sigma_3 = 3R + 3^3 J^3 - 3^3 JG - \frac{3^5}{2}JD^{\frac{1}{2}},$$

et, en conséquence:

$$s_2 - \sigma_2 = 2.3^3 D^{\frac{1}{2}}, \qquad s_2 + \sigma_2 - 2s_1\sigma_1 = -3.4G,$$

ou aussi:

$$(1) \qquad \left\{ \begin{array}{l} \mu\nu + \nu\lambda + \lambda\mu - (mn + nl + lm) = 3^3 D^{\frac{1}{2}}, \\ \mu\nu + \nu\lambda + \lambda\mu + (mn + nl + lm) = 2.3G. \end{array} \right.$$

Je pose

$$l = -(z_3 + z_5), \qquad \lambda = z_2 + z_0,$$

$$m = -(z_5 + z_1), \qquad \mu = z_0 + z_4,$$

$$n = -(z_1 + z_3), \qquad \nu = z_4 + z_2;$$

évidemment les équations dont les racines sont z_1, z_3, z_5 ou z_0, z_2, z_4 auront pour coefficients des fonctions des invariants simultanés J, G, D, R.

Soient

$$z^3 + p_1 z^2 + p_2 z + p_3 = (z - z_1)(z - z_3)(z - z_5),$$

$$z^3 + q_1 z^2 + q_2 z + q_3 = (z - z_0)(z - z_2)(z - z_4);$$

on trouve, à cause des relations supérieures, que

$$p_1 = \tfrac{3}{2} J, \qquad q_1 = -\tfrac{3}{2} J,$$

$$p_2 = 3G - \frac{9}{4} J^2 - \frac{3^3}{2} D^{\frac{1}{2}}, \qquad q_2 = 3G - \frac{9}{4} J^2 + \frac{3^3}{2} D^{\frac{1}{2}},$$

$$p_3 = -R + \tfrac{3}{2} J p_2, \qquad q_3 = R - \tfrac{3}{2} J q_2,$$

et en conséquence:

$$p_1 + q_1 = 0, \qquad p_3 + q_3 + p_1 q_2 + p_2 q_1 = 0.$$

Il en résulte que, dans l'équation du sixième degré dont les racines sont z_0, $z_1, \ldots, z_5$, les coefficients de z^5 et z^3 seront nuls, et l'équation même prendra la forme

$$(z^2 + 2.5\,A)^3 + 3\,L(z^2 + 2.5\,A) + 6^3 \Delta^{\frac{1}{2}} z - 2M = 0,$$

A, L, M, Δ étant les invariants définis supérieurement.

Cette équation n'est pas nouvelle, elle a été déjà calculée par le P. JOUBERT dans son beau travail *Sur l'équation du sixième degré* *); mais, dans la forme indiquée ci-dessus, elle se prête à une importante transformation.

3. Avant d'aborder cette transformation, il est nécessaire d'exposer d'autres propriétés des quantités l, m, n; λ, μ, ν.

*) [Comptes Rendus des séances de l'Académie des Sciences, t. LXIV (1867), pp. 1025-1029, 1081-1085, 1237-1240].

Les dix quantités suivantes

$$c_5^4 = a_0^2(02)(24)(40)(13)(35)(51), \qquad c_0^4 = a_0^2(01)(13)(30)(24)(45)(52),$$

$$c_{12}^4 = a_0^2(01)(14)(40)(23)(35)(52), \qquad c_{34}^4 = a_0^2(02)(23)(30)(14)(45)(51),$$

$$c_{23}^4 = a_0^2(03)(34)(40)(12)(25)(51), \qquad c_{14}^4 = a_0^2(01)(12)(20)(34)(45)(53),$$

$$c_4^4 = a_0^2(02)(25)(50)(13)(34)(41), \qquad c_{03}^4 = a_0^2(01)(15)(50)(23)(34)(42),$$

$$c_{01}^4 = a_0^2(03)(35)(50)(12)(24)(41), \qquad c_2^4 = a_0^2(04)(45)(50)(12)(23)(31)$$

s'expriment par les λ, l, ... comme il suit:

$$(2)\quad \begin{cases} c_0^4 = \lambda\mu - lm, & c_{14}^4 = \lambda\mu - nl, & c_{23}^4 = \lambda\mu - mn, \\ c_{12}^4 = \nu\lambda - lm, & c_{03}^4 = \nu\lambda - nl, & c_4^4 = \nu\lambda - mn, \\ c_{34}^4 = \mu\nu - lm, & c_2^4 = \mu\nu - nl, & c_{01}^4 = \mu\nu - mn, \\ c_5^4 = \mu\nu + \nu\lambda + \lambda\mu - (mn + nl + lm); \end{cases}$$

de plus:

$$c_{01}^2 c_{23}^2 c_4^2 = -mn\, c_5^2, \qquad c_{01}^2 c_2^2 c_{34}^2 = \mu\nu\, c_5^2,$$

$$c_{03}^2 c_{14}^2 c_2^2 = nl\, c_5^2, \qquad c_4^2 c_{03}^2 c_{12}^2 = \nu\lambda\, c_5^2,$$

$$c_0^2 c_{12}^2 c_{34}^2 = -lm\, c_5^2, \qquad c_{23}^2 c_{14}^2 c_0^2 = \lambda\mu\, c_5^2.$$

On en déduit:

$$3^3 D^{\frac{1}{2}} = c_5^4, \qquad R c_5^4 = \Pi c,$$

$$2.3\, G c_5^2 = c_{01}^2 c_2^2 c_{34}^2 + c_4^2 c_{03}^2 c_{12}^2 + c_{23}^2 c_{14}^2 c_0^2 - c_{01}^2 c_{23}^2 c_4^2 + c_{03}^2 c_{14}^2 c_2^2 - c_0^2 c_{12}^2 c_{34}^2 \text{ *)}.$$

4. La transformation de l'équation due au P. JOUBERT s'obtient en posant

$$y = -(z^2 + 2.5A),$$

et l'on a la transformée:

$$(y^3 + 3Ly + 2M)^2 + 6^6 \Delta (y + 2.5.A) = 0.$$

Or:

$$z_1^2 = \frac{1}{4}(2l - s_1)^2 = \frac{9}{4}J^2 - l(m+n),$$

*) BURKHARDT, *Untersuchungen aus dem Gebiete der hyperelliptischen Modulfunctionen* [Mathematische Annalen, t. XXXVI (1890), pp. 371-434 (p. 409)].

et, en conséquence:

$$y_1 = -2G + l(m+n),$$

ou, en se rappelant les valeurs (1) et (2):

$$y_1 = \tfrac{1}{3}(\mu\nu + \nu\lambda + \lambda\mu - 3mn) - 2.3^2 D^{\frac{1}{2}},$$

et enfin:

$$y_1 = \tfrac{1}{3}(-2c_5^4 + c_{23}^4 + c_4^4 + c_{01}^4),$$

$$y_3 = \tfrac{1}{3}(-2c_5^4 + c_{14}^4 + c_{03}^4 + c_2^4),$$

$$y_5 = \tfrac{1}{3}(-2c_5^4 + c_0^4 + c_{12}^4 + c_{34}^4),$$

et, analoguement:

$$y_4 = -\tfrac{1}{3}(-2c_5^4 + c_{01}^4 + c_2^4 + c_{34}^4),$$

$$y_2 = -\tfrac{1}{3}(-2c_5^4 + c_4^4 + c_{03}^4 + c_{12}^4),$$

$$y_0 = -\tfrac{1}{3}(-2c_5^4 + c_{23}^4 + c_{14}^4 + c_0^4).$$

Les invariants L, M, Δ, $A\Delta$, coefficients de la transformée, s'expriment par conséquent en fonctions des dix quantités c_{rs}^4. On trouve, par exemple:

$$L = -\frac{1}{3^2\cdot 4}\Sigma c^8.$$

5. Ce résultat conduit directement à la résolution de l'équation du sixième degré. En effet, posons

$$u_1 = \int \frac{x\,dx}{\sqrt{f(x)}}, \qquad u_2 = \int \frac{dx}{\sqrt{f(x)}},$$

et indiquons par $\omega_{11}, \omega_{12}, \omega_{13}, \omega_{14}; \omega_{21}, \omega_{22}, \omega_{23}, \omega_{24}$ les périodes normales primitives. Soient

$$p_{rs} = \omega_{1r}\omega_{2s} - \omega_{2r}\omega_{1s} = -p_{sr}$$

et

$$v_1 = \frac{1}{p_{12}}(\omega_{22}u_1 - \omega_{12}u_2), \qquad v_2 = \frac{1}{p_{21}}(\omega_{21}u_1 - \omega_{11}u_2),$$

$$\tau_{11} = \frac{p_{32}}{p_{12}}, \qquad \tau_{12} = \frac{p_{42}}{p_{12}} = \frac{p_{13}}{p_{12}}, \qquad \tau_{22} = \frac{p_{14}}{p_{12}};$$

enfin

$$\mathfrak{S}_{r,s}(v_1, v_2; \tau_{11}, \tau_{12}, \tau_{22})$$

une des dix fonctions ϑ paires, et ϑ_{rs} la même fonction dans laquelle on a posé $v_1 = v_2 = 0$. On sait qu'en indiquant par ρ la quantité

$$\rho = \frac{(2\pi i)^2}{p_{12}},$$

l'on a:

$$\rho^2 \vartheta_{rs}^4 = c_{rs}^4;$$

et les racines de la transformée pourront s'écrire

$$y_1 = \frac{\rho^2}{3}(-2\vartheta_5^4 + \vartheta_{23}^4 + \vartheta_4^4 + \vartheta_{01}^4),$$

et de même pour les autres. L'équation du sixième degré est ainsi résolue. Les beaux résultats obtenus par MM. Bolza et Maschke *) trouvent de cette manière leur connexion directe.

6. Supposons que l'équation $f(x) = 0$ ait une racine double, par exemple $x_5 = x_4$. On a:

$$l = 0, \quad \mu = 0, \quad R = 0, \quad \Delta = 0.$$

En posant

$$\alpha = a_0(01)(23), \quad \beta = a_0(02)(31), \quad \gamma = a_0(03)(12),$$

$$h = (40)(41)(42)(43),$$

les relations (2) donnent:

$$c_0 = c_{14} = c_{34} = c_2 = 0;$$

$$c_{12}^4 = c_{03}^4 = h\alpha, \quad c_4^4 = c_5^4 = -h\beta, \quad c_{23}^4 = c_{01}^4 = h\gamma,$$

et l'on a:

$$\alpha + \beta + \gamma = 0.$$

Des relations (1) on déduit:

$$G = \tfrac{1}{6}h(\alpha - \gamma), \qquad 3^3 D^{\frac{1}{2}} = -h\beta.$$

En posant

$$F(x) = a_0(x - x_0)(x - x_1)(x - x_2)(x - x_3),$$

on aura:

$$f(x) = (x - x_4)^2 F(x),$$

*) Bolza, *Darstellung der rationalen ganzen Invarianten der Binärform sechsten Grades durch die Nullwerthe der zugehörigen ϑ-Functionen* [Mathematische Annalen, t. XXX (1887), pp. 478-495];

Maschke, *Ueber die quaternäre, endliche, lineare Substitutionsgruppe der* Borchardt'*schen Moduln* [Ibid., pp. 496-515].

et, en conséquence:

$$u_1 - x_4 u_2 = \int \frac{dx}{\sqrt{F(x)}}.$$

Les racines y_0, y_1, ... de la transformée deviennent deux à deux égales, et l'on a:

$$y_3 = y_5 = \frac{h}{3}(\beta - \gamma), \qquad y_1 = y_2 = \frac{h}{3}(\gamma - \alpha), \qquad y_0 = y_4 = \frac{h}{3}(\alpha - \beta);$$

enfin, en indiquant par g_2, g_3 les invariants de la forme biquadratique $F(x)$, on trouve:

$$3L = -4g_2 h^2, \qquad 2M = -4^2 g_3 h^3,$$

et la transformée, en posant $y = 4h\xi$, devient

$$4\xi^3 - g_2\xi - g_3 = 0,$$

dont les racines sont, comme il est connu,

$$\xi_1 = \tfrac{1}{12}(\beta - \gamma), \qquad \xi_2 = \tfrac{1}{12}(\gamma - \alpha), \qquad \xi_3 = \tfrac{1}{12}(\alpha - \beta),$$

ou aussi:

$$\xi_1 = \tfrac{1}{3}\rho^2(\vartheta_0^4 + \vartheta_3^4), \qquad \xi_2 = \tfrac{1}{3}\rho^2(-\vartheta_0^4 + \vartheta_2^4), \qquad \xi_3 = -\tfrac{1}{3}\rho^2(\vartheta_2^4 + \vartheta_3^4),$$

étant *)

$$\rho = \frac{\pi}{2\omega}, \qquad \vartheta_0^4 + \vartheta_2^4 = \vartheta_3^4.$$

*) HALPHEN, *Traité des fonctions elliptiques et de leurs applications,* Ière Partie, p. 258.

CCXXIX.

EXTRAIT D'UNE LETTRE ADRESSÉE À M. HERMITE.

Annales de la Faculté des Sciences de l'Université de Toulouse, 1ère série, t. VI (1892), pp. L 12-L 13.

Voici quelques réflexions relatives à la quantité N, qui découlent de votre relation

$$N = n k k'^2 D_k \log \frac{M k'}{l'}.$$

Soit, en supposant n impair,

$$x = \sqrt{k}\,\mathrm{sn}(u, k), \qquad y = \sqrt{l}\,\mathrm{sn}\left(\frac{u}{M}, l\right);$$

on a :

$$y = \frac{U}{V},$$

où :

$$U = x(B x^{n-1} + B_1 x^{n-3} + \cdots + B_{\frac{n-3}{2}} x + B_{\frac{n-1}{2}}),$$

$$V = B + B_1 x^2 + \cdots + B_{\frac{n-3}{2}} x^{n-3} + B_{\frac{n-1}{2}} x^{n-1}.$$

On sait que

$$B = \sqrt{\frac{l'}{M k'}};$$

par conséquent votre valeur de N peut s'écrire :

$$N = -\,2 n k k' D_k \log B.$$

Mais de l'équation aux différences partielles de JACOBI, à laquelle satisfont U et

V, on tire:

$$N = 2k\frac{B_1}{B};$$

de là résulte l'expression:

$$N = -2k^2\sum \operatorname{sn}^2(2s\omega, k), \qquad \left(s = 1, 2, \ldots, \frac{n-1}{2}\right),$$

où j'ai fait:

$$\omega = \frac{mK + m'iK'}{n}.$$

Dans un de mes travaux *), j'avais considéré les équations en $\frac{B_1}{B} = \nu$. J'en ai donné deux: pour $n = 3$,

$$\nu^4 - 6\nu^2 - 4\frac{1+k^2}{k}\nu - 3 = 0;$$

c'est la vôtre; pour $n = 5$,

$$\nu^6 - 60\nu^4 - 160\alpha\nu^3 - 80(1 + 2\alpha^2)\nu^2 - 64\alpha(\alpha^2 + 2)\nu - 80\alpha^2 = 0.$$

En posant $\alpha = \frac{1+k^2}{k}$, et par la méthode que j'ai indiquée, on calculerait facilement d'autres cas. Mais ces équations en ν n'ont pas la propriété caractéristique de celles que j'ai nommées *jacobiennes*.

Rome, 4 décembre 1892.

*) Brioschi, *Ueber die Auflösung der Gleichungen vom fünften Grade* [Mathematische Annalen, t. XIII (1878), pp. 109-160].

CCXXX.

RECHERCHES SUR LES ÉQUATIONS DIFFÉRENTIELLES LINÉAIRES DU SECOND ORDRE.

Compte-rendu de la 8ème Session de l'Association française pour l'Avancement des Sciences,
Congrès de Montpellier (1879); pp. 278-283.

1. Je supposerai connus les travaux de MM. Fuchs, Klein, Schwarz, Gordan, Jordan, Pierre Pépin sur le même argument et aussi ceux que j'ai publiés dans les « Mathematische Annalen » *), dans les « Comptes Rendus des séances de l'Académie des Sciences » **), et dans les « Annali di Matematica » ***).

Cela posé, soient y_1, y_2 deux intégrales particulières de l'équation différentielle du second ordre

$$y'' + py' + qy = 0,$$

où $y' = \frac{dy}{dx}$, $y'' = \frac{d^2y}{dx^2}$; et p, q fonctions de x. Soit $f(y_1, y_2)$ une forme d'ordre m à coefficients constants, on aura :

$$f(y_1, y_2) = F(x),$$

étant $F(x)$ une fonction de x dont la nature dépendra évidemment de celle des intégrales particulières y_1, y_2 et de l'ordre de la forme f.

La fonction $F(x)$, comme il est connu, doit en général satisfaire à une équation différentielle linéaire de l'ordre $m + 1$. Cette équation peut se déterminer de la ma-

*) Brioschi, *La théorie des formes dans l'intégration des équations différentielles linéaires du second ordre* [Mathematische Annalen, t. XI (1877), pp. 401-411].

**) [CXC : t. IV, pp. 411-416].

***) [LXXIII : t. II, pp. 177-187].

nière suivante. Soient

$$h(y_1, y_2) = \tfrac{1}{2}(ff)_2 = f_{11}f_{22} - f_{12}^2,$$

$$\theta(y_1, y_2) = 2(fh) = 2(f_1 h_2 - f_2 h_1),$$

$$\left(f_1 = \frac{1}{m}\frac{\partial f}{\partial y_1},\quad f_{11} = \frac{1}{m(m-1)}\frac{\partial^2 f}{\partial y_1^2},\quad \cdots\right),$$

deux covariants de la forme f; j'ai démontré qu'on a :

$$h(y_1, y_2) = H(x), \qquad \theta(y_1, y_2) = \Theta(x),$$

étant

$$H(x) = \frac{\mu^2}{m^2(m-1)C^2}[mFF'' - (m-1)F'^2 + mpFF' + m^2 qF^2],$$

$$\Theta(x) = \frac{\mu}{m(m-2)C}[2(m-2)F'H - mFH'],$$

et $\mu = e^{\int p dx}$. La constante C qu'on trouve dans ces deux expressions est celle de la relation connue :

$$y_2 y_1' - y_1 y_2' = \frac{C}{\mu}.$$

Si l'on suppose maintenant

$$p_0 = 1, \qquad p_1 = 0, \qquad p_2 = H(x), \qquad p_3 = \Theta(x),$$

$$p_{r+1} = \frac{\mu}{m(m-r)C}[r(m-2)F'p_r - mFp_r'] + \frac{r(m-1)}{m-r}p_2 p_{r-1},$$

on aura pour l'équation différentielle cherchée, la suivante :

$$\frac{\mu}{C}[(m-2)F'p_m - Fp_m'] + m(m-1)p_2 p_{m-1} = 0.$$

Ainsi pour $m = 2$, on aura :

$$p_2' = H'(x) = 0,$$

ou par la valeur de $H(x)$:

$$(1) \qquad F''' + 3pF'' + (p' + 2p^2 + 4q)F' + 2(q' + 2pq)F = 0.$$

Pour $m = 3$:

$$\frac{\mu}{C}(F'\Theta - F\Theta') + 6H^2 = 0,$$

ou par les valeurs de H, Θ:

$$F^{\text{IV}} + 6pF''' + AF'' + BF' + 3CF = 0,$$

étant :

$$A = 4p' + 11p^2 + 10q, \qquad B = p'' + 7pp' + 6p^3 + 10z + 10pq,$$
$$C = z' + 3pz + 3q^2, \qquad z = q' + 2pq.$$

Enfin pour $m = 4$:

$$(2) \quad \left\{ \begin{aligned} &F^{\text{V}} + 10p'F^{\text{IV}} + (A + 6p' + 24p^2)F''' + (A' + 4pA + B)F'' \\ &\qquad + (B' + 4pB + 8C)F' + 4(C' + 4pC)F = 0, \end{aligned} \right.$$

étant :

$$A = 4p' + 11p^2 + 20q, \qquad B = p'' + 7pp' + 6p^3 + 10z + 20pq,$$
$$C = z' + 3pz + 8q^2, \qquad z = q' + 2pq.$$

2. Si la forme $f(y_1, y_2)$ n'est pas générale, c'est-à-dire si l'équation $f(y_1, y_2) = 0$ a des facteurs qui ne soient pas linéaires, les fonctions $p_1, p_2, p_3, \ldots$ doivent vérifier certaines conditions et les équations différentielles supérieures pourront être substituées par d'autres.

Je suppose en premier lieu

$$p_2 = H(x) = 0;$$

en posant $F = P^m$, la valeur de $H(x)$ donne tout de suite l'équation différentielle suivante :

$$P'' + pP' + qP = 0,$$

et en effet dans ce cas la forme f n'est que la puissance $m^{\text{ième}}$ d'une fonction linéaire de y_1, y_2.

Soit

$$p_3 = \Theta(x) = 0,$$

la valeur de $\Theta(x)$ donne :

$$H(x) = DF^k(x), \qquad k = 2\frac{m-2}{m}, \qquad D = \text{constante},$$

et l'on aura l'équation différentielle :

$$m^2F^2F''' - 3m(m-2)FF'F'' + 2(m-1)(m-2)F'^3$$
$$+ 3mpF[mFF'' - (m-2)F'^2] + m^2(p' + 2p^2 + 4q)F^2F' + m^3zF^3 = 0,$$

étant

$$z = q' + 2pq.$$

En supposant $m = 2r$ et $F = P^r Q$, on déduit de la supérieure la suivante:

$$(3) \qquad L + 3rpMQ + r^2(p' + 2p^2 + 4q)NQ^2 + 2r^3 zPQ^3 = 0,$$

les valeurs de L, M, N étant:

$$(4) \quad \begin{cases} L = r^3 P''' Q^3 + r^2(3P''Q' + 3P'Q'' + PQ''')Q^2 \\ \qquad - 3r(r-1)(P'Q' + PQ'')QQ' + (r-1)(2r-1)PQ'^3, \\ M = r^2 P'' Q^2 + r(2P'Q' + PQ'')Q - (r-1)PQ'^2, \\ N = rP'Q + PQ'. \end{cases}$$

Enfin si l'on pose

$$g(y_1, y_2) = \tfrac{1}{2}(ff)_4 = G(x),$$

on a:

$$F^2 G(x) = p_4 + 3p_2^2,$$

et si

$$G(x) = 0,$$

on a:

$$\frac{\mu}{C}[3(m-2)F'\Theta - mF\Theta'] + 6m(m-2)H^2 = 0,$$

ou l'équation différentielle suivante:

$$(5) \quad \begin{cases} m(m-1)FF^{\text{IV}} - 4(m-1)(m-3)F'F''' + 3(m-2)(m-3)F''^2 \\ \qquad + 6mp[(m-1)FF''' - (m-3)F'F''] + mAFF'' \\ \qquad - (m-3)BF'^2 + mCFF' + m^2 DF^2 = 0, \end{cases}$$

dans laquelle:

$$(6) \quad \begin{cases} A = (m-1)(4p' + 11p^2 - 44q) + 12m^2 q, \\ B = 4(m-1)p' + (5m-2)p^2 + 4(m-1)(3m-2)q, \\ C = (m-1)[p'' + 7pp' + 6p^3 + 10q'] + 12(m^2 - 2m + 2)pq, \\ D = (m-1)(z' + 3pz) + 6(m-2)^2 q^2. \end{cases}$$

3. Soient

$$p = \frac{1}{2}\frac{\varphi'(x)}{\varphi(x)}, \qquad q = \frac{\varkappa(x)}{\varphi(x)}, \tag{7}$$

φ, $\varkappa$ étant deux polynômes des degrés s, $s-2$. M. Hermite et après lui M. Fuchs ont déjà démontré que dans ce cas on peut satisfaire à l'équation différentielle (1) en prenant pour $F(x)$ un polynôme du degré n.

Pour l'équation (3) on obtient:

$$2\varphi L + 3r\varphi' MQ + r^2(\varphi'' + 8\varkappa)NQ^2 + 4r^3\varkappa' PQ^3 = 0.$$

Soit

$$\varphi = Q\lambda,$$

Q, λ deux polynômes en x; l'équation supérieure pourra se diviser par Q et l'on aura:

$$\lambda[2L + 3rMQ'] + Q[3r\lambda' M + r^2(\varphi'' + 8\varkappa)N + 4r^3\varkappa' PQ] = 0.$$

Or des valeurs (4) de L, M on déduit:

$$2L + 3rMQ' = QT + (r-1)(r-2)PQ'^3,$$

en indiquant par T la quantité multipliée par Q dans l'expression du premier membre. En conséquence, si $r=2$, on peut diviser de nouveau par Q et l'on obtient l'équation différentielle suivante:

$$\lambda T + 6\lambda' M + 4(\varphi'' + 8\varkappa)N + 32\varkappa' PQ = 0.$$

Soient t, i les degrés des polynômes P, Q, l'équation ci-dessus sera du degré $t+i+s-3$; elle donnera par conséquent $t+i+s-2$ équations entre les coefficients des polynômes λ, $\varkappa$, P, Q. En supposant connus ceux de λ et de Q, on aurait à déterminer au moyen de ces équations les $t+s-1$ coefficients de P, $\varkappa$; c'est-à-dire on doit avoir $i=1$; et si $F=P^2Q$ est du degré n pair on aura $t=\dfrac{n-1}{2}$.

Étant $r=2$, on a $m=4$; or le cas général pour $m=4$ conduit à l'équation différentielle (2). Si l'on suppose que p, q aient encore les valeurs (7) et F soit un polynôme de degré n, on aura une équation en x du degré $n+2s-5$, ou enfin $n+2s-4$ équations entre les coefficients de F, φ, $\varkappa$. En supposant indéterminés ceux de F, $\varkappa$, en nombre $n+s-1$, on voit tout de suite qu'en supposant $s=3$, ils pourront être déterminés en fonction des coefficients de φ.

On peut observer qu'étant $s=3$ et par conséquent $\varkappa$ linéaire, on aura $\varkappa''=0$,

$\varphi^{IV} = 0$; desquelles on déduit:

$$z' + 2pz = 0, \qquad p''' + 8pp'' + 6p'^2 + 24p^2p' + 8p^4 = 0,$$

par conséquent, si l'on suppose

$$p' + 2p^2 + 16q = \lambda,$$

les deux derniers termes de l'équation (2) deviendront:

$$[3p\lambda' + (p' + 8p^2 + 4q)\lambda]F' + \lambda(q' + 2\lambda pq)F,$$

ou ces termes s'annulent pour $\lambda = 0$. Mais dans ce cas:

$$\varphi'' + 32\varkappa = 0,$$

et l'équation (2) se transforme de la manière suivante:

$$\varphi^2 F^{V} + 5\varphi\varphi' F^{IV} + \tfrac{5}{8}(6\varphi'^2 + 7\varphi\varphi'')F''' + \tfrac{5}{16}(9\varphi'\varphi'' + 5\varphi\varphi''')F'' = 0.$$

Soit

$$\varphi(x) = 4x^3 - g_2 x - g_3,$$

et en conséquence $\varkappa = -\frac{3}{4}x$; le coefficient de x^{n+1} dans l'équation supérieure étant $= 16n(n-1)(n+1)(n+2)(n+3)$, on ne peut avoir que $n = 0$, $n = 1$, c'est-à-dire F constante ou linéaire en x.

4. Si $g(x) = 0$, on a l'équation différentielle (5). En supposant $\varphi(x)$ du troisième degré, on aura, comme nous avons vu: $z' + 2pz = 0$; et la valeur (6) de D donne:

$$D = (m-1)\left[pz + 6\frac{(m-2)^2}{m-1}q^2\right] = \frac{m-1}{2\varphi^2}\left[\varkappa'\varphi' + 12\frac{(m-2)^2}{m-1}\varkappa^2\right].$$

Si l'on suppose $D = 0$, on aura $F =$ constante et l'équation

$$\varkappa'\varphi' + 12\frac{(m-2)^2}{m-1}\varkappa^2 = 0,$$

pour

$$\varphi = 4x^3 - g_2 x - g_3, \qquad \varkappa = ux + v,$$

donne:

$$u = -\frac{m-1}{(m-2)^2}, \qquad v = 0, \qquad g_2 = 0;$$

en conséquence l'équation différentielle

$$y'' + \frac{6x^2}{4x^3 - g_3} y' - \frac{m-1}{(m-2)^2} \frac{x}{4x^3 - g_3} y = 0,$$

ou celle qu'on en déduit posant $x^3 = \frac{1}{4} g_3 \xi$,

$$\frac{d^2 y}{d\xi^2} + \frac{1}{6} \frac{4 - 7\xi}{\xi(1-\xi)} \frac{dy}{d\xi} + \frac{1}{36} \frac{m-1}{(m-2)^2} \frac{y}{\xi(1-\xi)} = 0, \text{ *)}$$

donnera $f(y_1, y_2) =$ constante, en supposant que pour la forme f soit identiquement $\frac{1}{2}(ff)_4 = 0$. On sait que dans ce cas $m = 4, 6, 12$.

*) Équation hypergéométrique pour laquelle :

$$\alpha = \frac{1}{6} \frac{m-1}{m-2}, \qquad \beta = -\frac{1}{6} \frac{1}{m-2}, \qquad \gamma = \frac{2}{3}.$$

CCXXXI.

DES SUBSTITUTIONS DE LA FORME

$$\Theta(r) \equiv \varepsilon(r^{n-2} + a r^{\frac{n-3}{2}})$$

POUR UN NOMBRE n PREMIER DE LETTRES.

Nachrichten von der K. Gesellschaft der Wissenschaften zu Göttingen (1869), pp. 491-499; *Mathematische Annalen*, t. II (1870), pp. 467-470.

1. La congruence

$$(1) \qquad \Theta \equiv \varepsilon(r^{2\mu-1} + a r^{\mu-1}) \quad (\text{mod. } n),$$

où $\mu = \frac{n-1}{2}$, donne pour la puissance $m^{\text{ième}}$ de Θ:

$$(2) \qquad \Theta^m \equiv \varepsilon^m [L_m r^{2\mu-m} + a M_m r^{\mu-m}],$$

étant

$$(3) \qquad 2 L_m \equiv (1+a)^m + (1-a)^m, \qquad 2 a M_m \equiv (1+a)^m - (1-a)^m.$$

Si l'on fait $m = \mu$, la relation (2), à cause de $\sum \Theta^\mu \equiv 0$, donne:

$$(4) \qquad M_\mu \equiv 0,$$

et par conséquent:

$$(5) \qquad (1+a)^\mu \equiv (1-a)^\mu \equiv L_\mu, \qquad \Theta^\mu \equiv \varepsilon^\mu L_\mu r^\mu.$$

Cela posé, des relations (3) on déduit:

$$(6) \qquad L_{\mu+m} \equiv L_\mu L_m, \qquad M_{\mu+m} \equiv L_\mu M_m,$$

$$(7) \qquad (1-a^2)^m L_{\mu-m} \equiv L_\mu L_m, \qquad (1-a^2)^m M_{\mu-m} \equiv - L_\mu M_m,$$

lesquelles, en observant que $L_1 = M_1 = 1$, nous donnent:

$$(8) \qquad L_{\mu-1} + M_{\mu-1} \equiv 0, \qquad (1-a^2) L_{\mu-1} \equiv L_\mu.$$

2. L'expression

$$\Theta(\Theta) \equiv \varepsilon(\Theta^{n-2} + a\Theta^{\frac{n-3}{2}})$$

au moyen des relations (2), (6), (8) se réduit à

$$\Theta(\Theta) \equiv L_{\mu-1}[(L_\mu - \varepsilon^\mu a^2)r + a(\varepsilon^\mu - L_\mu)r^{\mu+1}],$$

ou en supposant

(9) $$L_\mu \equiv \varepsilon^\mu,$$

on aura:

$$\Theta(\Theta) \equiv r \qquad \text{et} \qquad \Theta^\mu \equiv r^\mu.$$

Donc les substitutions de la forme (1), dans lesquelles on suppose pour les nombres a, ε des valeurs satisfaisantes les congruences (4), (9), sont douées des propriétés suivantes:

I°. En faisant sur la substitution Θ la même substitution on obtient la fonction primitive.

II°. Les valeurs de r et de Θ sont ensemble des résidus ou des non résidus quadratiques.

3. En posant

$$h_m \equiv \frac{1.3.5 \ldots (2m-1)}{2.4.6 \ldots (2m-2)},$$

on démontre très facilement que

$$\Theta(\alpha\Theta + \beta) \equiv \varepsilon\sum_{m=1}^{m=\mu}(-1)^{m-1}[m\alpha^\mu\Theta^\mu + (-1)^\mu(m+\mu)\beta^\mu + ah_m]\Theta^{\mu-m}\alpha^{\mu-m}\beta^{\mu-1},$$

ou en substituant les valeurs de Θ^μ, $\Theta^{\mu-m}$ données par les relations (2), on obtient:

(10) $$\Theta(\alpha\Theta + \beta) \equiv \varepsilon^{\mu+1}\sum_{m=1}^{m=\mu}(-1)^{m-1}\varepsilon^m(P_m + Q_m r^\mu)r^m\alpha^{\mu-m}\beta^{m-1},$$

étant

$$P_m \equiv m\alpha^\mu L_{\mu-m} + a[(-1)^\mu(m+\mu)\beta^\mu + ah_m]M_{\mu-m},$$

$$Q_m \equiv m\alpha^\mu a M_{\mu-m} + [(-1)^\mu(m+\mu)\beta^\mu + ah_m]L_{\mu-m}.$$

Mais, si dans la fonction Θ l'on pose $r+p$ au lieu de r, p étant une indéterminée, on arrive après quelques transformations à

(11) $$\Theta(r+p) \equiv (-1)^\mu\varepsilon\sum_{m=0}^{m=\mu-1}(-1)^{m-1}[(\mu-m)r^\mu - (-1)^\mu(m+1)p^\mu + ah_{\mu-m}]r^m p^{\mu-m-1};$$

par conséquent la congruence

(12) $$\Theta(\alpha\Theta + \beta) \equiv A\Theta(r+p) + C$$

sera vérifiée lorsque:

I°. $$\varepsilon(P_\mu r^\mu + Q_\mu)\beta^{\mu-1} \equiv \varepsilon A[\mu r^\mu - (-1)^\mu p^\mu + a h_\mu]p^{\mu-1} - (-1)^\mu C,$$

II°. $$\varepsilon^{\mu+m}(P_m + Q_m r^\mu)\alpha^{\mu-m}\beta^{m-1} \equiv (-1)^\mu A[(\mu-m)r^\mu - (-1)^\mu(m+1)p^\mu + a h_{\mu-m}]p^{\mu-m-1},$$

pour $m = 1, 2, \ldots \mu - 1$. Chacune de ces conditions se décompose en deux en comparant les coefficients de r^μ et de r^0. La première donne les deux suivantes:

$$\mu A p^{\mu-1} \equiv P_\mu \beta^{\mu-1}, \qquad \varepsilon A[a h_\mu - (-1)^\mu p^\mu]p^{\mu-1} - (-1)^\mu C \equiv \varepsilon Q_\mu \beta^{\mu-1};$$

mais évidemment:

$$P_\mu \equiv \mu\alpha^\mu, \qquad h_\mu \equiv (-1)^{\mu-1}, \qquad Q_\mu \equiv (-1)^{\mu-1}(a + \beta^\mu);$$

on aura donc:

(13) $$A p^{\mu-1} \equiv \alpha^\mu \beta^{\mu-1}, \qquad C \equiv \varepsilon[\beta^\mu - \alpha^\mu p^\mu - a(\alpha^\mu - 1)]\beta^{\mu-1}.$$

Analoguement de la deuxième on déduira:

(14) $$\begin{cases} \varepsilon^{\mu+m} Q_m p^m \equiv (-1)^\mu(\mu - m)\alpha^m \beta^{\mu-m}, \\ \varepsilon^{\mu+m} P_m p^m \equiv -[a h_{m+1} + (m+1)p^\mu]\alpha^m \beta^{\mu-m}, \end{cases}$$

et pour $m = \mu - 1$, à cause de la première des (13), on obtiendra:

(15) $$A \equiv (-1)^\mu \varepsilon Q_{\mu-1}\alpha\beta^{\mu-2}, \qquad p \equiv -3\varepsilon(1 - a^2)\alpha\beta^{n-2}.$$

En substituant la valeur trouvée de p dans la première des (14) on a:

$$(-1)^\mu(\mu - m)\beta^\mu \equiv (-1)^m 3^m \varepsilon^{\mu+2m}(1 - a^2)^m Q_m;$$

mais en se rappelant les relations (7) on démontre que

$$(1 - a^2)^m Q_m \equiv \varepsilon^\mu\{-m\alpha^\mu a M_m + [(-1)^\mu(m+\mu)\beta^\mu + a h_m]L_m\};$$

par conséquent:

$$(-1)^\mu(\mu - m)\beta^\mu \equiv (-1)^m 3^m \varepsilon^{2m}\{-m\alpha^\mu a M_m + [(-1)^\mu(m+\mu)\beta^\mu + a h_m]L_m\}.$$

Cette condition se décompose évidemment à son tour dans les deux suivantes:

$$(-1)^m 3^m \varepsilon^{2m}(2m - 1)L_m + (2m + 1) \equiv 0,$$

$$h_m L_m - m\alpha^\mu M_m \equiv 0.$$

Pour $m = 1$ ces relations se réduisant à

$$\varepsilon^2 \equiv 1, \qquad \alpha^\mu \equiv 1,$$

on aura $\varepsilon \equiv \pm 1$ et α résidu quadratique (mod. n); de plus:

$$(16) \qquad \begin{cases} (-1)^m 3^m (2m-1) L_m + (2m+1) \equiv 0, \\ (-1)^m 3^m (2m-1) M_m + 2 h_{m+1} \equiv 0. \end{cases}$$

La seconde des congruences (14) nous donnera analoguement les deux:

$$(17) \qquad \begin{cases} (-1)^m 3^m (2m-1) M_m - (-1)^\mu 2 h_{m+1} \equiv 0, \\ (-1)^m 3^m (m L_m - a^2 h_m M_m) + (-1)^\mu 3^\mu \varepsilon^\mu (m+1) \equiv 0, \end{cases}$$

la première desquelles comparée avec la seconde des (16) donne la condition $\mu - 1 = \frac{n-3}{2}$ pair.

Les conditions à vérifier pour la subsistance de la relation (12) sont donc les deux (16) et la

$$(18) \qquad (-1)^m 3^m (m L_m - a^2 h_m M_m) - 3^\mu \varepsilon^\mu (m+1) \equiv 0,$$

pour $m = 1, 2, \ldots \mu - 1$.

Or en posant dans la seconde des (16) $m = 2$ on a:

$$27 M_2 + 2 h_3 \equiv 0;$$

mais

$$M_2 \equiv 2, \qquad h_3 \equiv \frac{1.3.5}{2.4};$$

en conséquence on aura:

$$2.3.7.11 \equiv 0 \quad (\text{mod. } n),$$

c'est-à-dire la seconde des conditions (16) ne peut être satisfaite que dans les deux cas de $n = 7$, $n = 11$.

Mais en faisant $m = 2$ dans la première des (16) et $m = 1$ en (18) on obtient:

$$a^2 \equiv 4, \qquad \varepsilon \equiv -1 \quad (\text{mod. } 7); \qquad a^2 \equiv 9, \qquad \varepsilon \equiv 1 \quad (\text{mod. } 11);$$

on aura donc, pour $n = 7$:

$$A \equiv 2\alpha\beta^4, \qquad p = -2\frac{\alpha}{\beta}, \qquad C \equiv -2\beta^5 \quad (\text{mod. } 7);$$

et pour $n = 11$:

$$A \equiv -2\alpha\beta^8, \qquad p \equiv 2\frac{\alpha}{\beta}, \qquad C \equiv 2\beta^9 \pmod{11}.$$

On arrive de cette manière au théorème suivant:

Les substitutions de la forme (1) ne peuvent satisfaire aux relations (10), (12), c'est-à-dire ne peuvent être des substitutions conjuguées que dans les deux cas de $n = 7$, $n = 11$.

Pour $n = 7$, en posant

$$\Theta(r) \equiv -(r^5 \pm 2r^2),$$

on a:

$$\Theta(\Theta) \equiv r, \qquad \Theta(\alpha\Theta + \beta) \equiv 2\alpha\beta^4\Theta\left(r - 2\frac{\alpha}{\beta}\right) - 2\beta^5 \pmod{7};$$

et pour $n = 11$, si

$$\Theta(r) \equiv r^9 \pm 3r^4,$$

on trouve que

$$\Theta(\Theta) \equiv r, \qquad \Theta(\alpha\Theta + \beta) \equiv -2\alpha\beta^8\Theta\left(r + 2\frac{\alpha}{\beta}\right) + 2\beta^9 \pmod{11};$$

α étant résidu quadratique dans les deux cas.

On aura donc pour $n = 7$ un système de $4.6.7$ substitutions conjuguées*), et les fonctions invariables par ce système ne pourront avoir que trente valeurs **), et pour $n = 11$ un système de $6.10.11$ substitutions conjuguées, et une fonction de onze lettres invariables par le même système ne pourra avoir que 60480 valeurs.

---

*) HERMITE, *Sur les fonctions de sept lettres* [Comptes Rendus des séances de l'Académie des Sciences, t. LVII (1863), pp. 750-757].

**) KRONECKER, *Notiz über Gleichungen des siebenten Grades* [Monatsberichte der k. Preuss. Akademie der Wissenschaften zu Berlin, 1858, pp. 287-289].

CCXXXII.

LES TANGENTES DOUBLES À UNE COURBE DU QUATRIÈME ORDRE AVEC UN POINT DOUBLE.

Mathematische Annalen, t. IV (1871), pp. 95-98.

1. La recherche des tangentes doubles à une courbe du quatrième degré avec un point double, présente une application très intéressante de la théorie des covariants et des invariants simultanés des formes binaires.

Soient u, v deux formes binaires en x, y; la première biquadratique, quadratique la seconde. Si le point double est déterminé par $x = 0$, $y = 0$, on pourra donner à l'équation de la courbe du quatrième degré la forme suivante:

$$U = 6z^2 v - u;$$

et si l'on suppose que la droite $z + px + qy = 0$ soit une tangente double de la courbe, on aura:

$$6(px + qy)^2 v - u = f^2,$$

f étant une forme quadratique en x, y. L'équation $f = 0$ donne deux droites passantes par le point double, et les autres points d'intersection avec la courbe sont les points de contact de deux tangentes doubles

$$z + px + qy = 0, \qquad -z + px + qy = 0.$$

On a huit fonctions f; et l'on voit tout de suite la liaison que la recherche des tangentes doubles a avec la bissection des fonctions hyperelliptiques de première espèce.

Soient φ, ψ deux formes binaires des degrés n, m; en posant

$$\frac{1}{n}\frac{\partial\varphi}{\partial x} = \varphi_1, \quad \frac{1}{n(n-1)}\frac{\partial^2\varphi}{\partial x^2} = \varphi_{11}, \quad \ldots, \quad \frac{1}{m}\frac{\partial\psi}{\partial x} = \psi_1, \quad \ldots$$

$$(\varphi\psi) = \varphi_1\psi_2 - \varphi_2\psi_1,$$

$$(\varphi\psi)^2 = \varphi_{11}\psi_{22} - 2\varphi_{12}\psi_{12} + \varphi_{22}\psi_{11},$$

$$(\varphi\psi)^3 = \varphi_{111}\psi_{222} - 3\varphi_{112}\psi_{221} + 3\varphi_{122}\psi_{211} - \varphi_{222}\psi_{111},$$

les fonctions $(\varphi\psi)$, $(\varphi\psi)^2$, $(\varphi\psi)^3$, ... sont des covariants ou des invariants simultanés des formes φ, ψ.

Les formes u, v donnent lieu aux formes simultanées suivantes *):

$$u, \quad v, \quad h = \tfrac{1}{2}(uu)^2,$$

$$w = (uv)^2, \quad t = (uw)^2, \quad k = \tfrac{1}{2}(vv)^2,$$

$$i = \tfrac{1}{2}(uu)^4, \quad j = \tfrac{1}{3}(uh)^4, \quad I = (vw)^2, \quad J = \tfrac{1}{2}(ww)^2 = \tfrac{1}{2}(vt)^2,$$

$$K = \begin{vmatrix} v_{11} & v_{12} & v_{22} \\ w_{11} & w_{12} & w_{22} \\ t_{11} & t_{12} & t_{22} \end{vmatrix}.$$

L'invariant K est gauche; c'est-à-dire son carré peut s'exprimer en fonction des autres invariants.

En posant

$$A = 4kJ - I^2, \quad B = IJ - ikI - 4k^2j, \quad C = k(iJ + jI) - J^2,$$

on a:

$$K^2 k = AC - B^2.$$

J'ajoute aux invariants supérieurs le résultant

$$\Delta = I^2 - 16k(J - ki),$$

et en posant

$$D = \tfrac{1}{2}(I + \sqrt{\Delta}), \quad E = \tfrac{1}{2}(I - \sqrt{\Delta}),$$

j'observe qu'on a:

$$4k^2 i = A + ID + E^2 = A + IE + D^2,$$

$$16k^3 j = E(A + ID) - (AE + 4Bk) = D(A + IE) - (AD + 4Bk),$$

---

*) On peut consulter à ce propos les mémoires:

Bessel, *Über die Invarianten der einfachsten Systeme simultaner binärer Formen* [Mathematische Annalen, t. I (1869), pp. 173-194];

Harbordt, *Das simultane System einer biquadratischen und einer quadratischen binären Form* [Ibid., t. I (1869), pp. 210-224];

Gordan, *Die simultanen Systeme binärer Formen* [Ibid., t. II (1870), pp. 227-280].

et les

$$(AD + 4Bk)(AE + 4Bk) = -16K^2k^3,$$

$$ADE + 4Bk(D + E) + 16Ck^2 = 0.$$

Les formes biquadratiques u, h peuvent s'exprimer, comme il est connu, en fonctions quadratiques des covariants v, w, t; et l'on a entre ces covariants une équation identique du second degré. Ces relations, qui peuvent prendre des formes différentes, se déduisent des trois suivantes:

$$(1)\qquad \begin{cases} Iu + 4kh = w^2 - iv^2 + 2vt, \\ Ju + Ih = jv^2 + wt, \\ (iI + 4kj)u + 4Jh = iw^2 + t^2 + 4jvw. \end{cases}$$

Par exemple, en multipliant ces dernières par $A+ID$, $4kE$, $-4k^2$ et en les ajoutant, on trouve:

$$4k^2u = -\frac{1}{AE + 4Bk}[(A + ID)v + 2kEw - 4k^2t]^2 - Ev^2 + 4kvw;$$

par conséquent, si l'on pose

$$(2)\qquad (A + ID)v + 2kEw - 4k^2t = \theta\sqrt{AE + 4Bk},$$

l'on a:

$$(3)\qquad 4k^2u = -\theta^2 - Ev^2 + 4kvw.$$

2. Si avec la forme ternaire U et son hessien

$$H = -3kvz^4 + (3vw - 4ku)z^2 + hv$$

on forme l'équation du quatorzième degré trouvée par M. Hesse pour la courbe dont les points d'intersection avec $U=0$ sont les points de contact des tangentes doubles; en éliminant z entre cette équation et l'équation $U=0$, on obtient l'équation du sixième degré suivante:

$$[2k^2u^2 + (Iv - 4kw)uv + 8khv^2]^2 - \Delta u^2v^4 = 0,$$

le premier membre de laquelle sera le produit des huit fonctions quadratiques f.

Or cette équation se décompose évidemment dans les deux

$$2k^2u^2 + (Iv - 4hw)uv + 8khv^2 \pm uv^2\sqrt{\Delta} = 0,$$

desquelles à cause de la première des relations (1) on déduit:

$$(ku - vw)^2 - (Eu + iv^2 - 2vt)v^2 = 0,$$

et l'autre en substituant D à E.

Mais, en multipliant cette dernière par $4k^2$, on a:

$$4k^2(ku-vw)^2 - 4kE(ku-vw)v^2 - [(A+ID+E^2)v + 4kEw - 8k^2t]v^3 = 0,$$

ou, en substituant θ à t au moyen de la relation (2), on obtient:

$$4k^2(ku - vw)^2 - 4kE(ku - vw)v^2 - 2N\theta v^3 + (A + ID - E^2)v^4 = 0,$$

ayant posé

$$N = \sqrt{AE + 4Bk} = \sqrt{-E^3 + 4k^2iE - 16k^3j}.$$

Enfin en observant que l'expression (3) de u donne

$$4k(ku - vw) = -(\theta^2 + Ev^2),$$

l'équation supérieure deviendra:

$$(\theta^2 + Ev^2)^2 + 4Ev^2(\theta^2 + Ev^2) - 8N\theta v^3 + 4(A + ID - E^2)v^4 = 0,$$

ou

$$(\theta - \rho_1 v)(\theta - \rho_2 v)(\theta - \rho_3 v)(\theta - \rho_4 v) = 0,$$

$\rho_1, \rho_2, \rho_3, \rho_4$ étant les racines de l'équation du quatrième degré

(4) $$\rho^4 + 6E\rho^2 - 8N\rho - 3E^2 + 16k^2i = 0.$$

Quatre fonctions f sont en conséquence données par l'équation

(5) $$2kf = \theta - \rho v,$$

et les deux tangentes doubles correspondantes par la

$$24k^2z^2 - (\rho^2 - E)v + 2\theta\rho - 4kw = 0,$$

dans laquelle on posera pour θ l'expression (2).

En permutant E, D on aura une seconde équation du quatrième degré, les autres fonctions f, et les tangentes doubles relatives.

3. Ces deux équations du quatrième degré sont douées d'une propriété très remarquable; leurs invariants quadratique et cubique sont égaux et en les désignant par S, T, on trouve:

$$S = 16k^2i, \qquad T = 4E(A + ID) - 4N^2 = 64k^3j.$$

Les deux fonctions anharmoniques des quatre racines des deux équations supérieures et de la $u=0$ auront donc la même valeur; c'est-à-dire les deux premières peuvent se déduire de la troisième au moyen d'une substitution linéaire.

La résolution de l'équation du sixième degré de la bissection des fonctions hyper-elliptiques de la première espèce se réduit par conséquent à celle de deux équations du quatrième degré et de huit équations du second degré; et seulement à la résolution de ces dernières, lorsque les racines de l'équation $u=0$ sont connues.

J'ajouterai enfin une remarque relative à la forme de l'équation en ρ. Cette forme correspond à celle qu'on obtient par la substitution linéaire qui annulle le coefficient du second terme dans la transformation d'une biquadratique. En effet, en supposant

$$u=(a_0,\ a_1,\ \ldots\ a_4)(x,\ y)^4,$$

et

$$x=\frac{1}{a_0}(\xi-a_1),\qquad y=1,$$

on trouve:

$$a_0^3 u=\xi^4+6\,e\xi^2-8\,n\xi-3\,e^2+a_0^2 i,$$

étant

$$e=a_0 a_2-a_1^2,$$

et

$$2\,n=3\,a_0 a_1 a_2-a_0^2 a_3-2\,a_1^3=\sqrt{-4\,e^3+a_0^2 i e-a_0^3 j}\,.$$

La transformée a évidemment la même forme de l'équation en ρ, et ses coefficients sont fonctions de e, i, j, comme ceux de l'équation en ρ de E, S, T. L'équation en ρ s'obtiendra par conséquent de l'équation en ξ par la substitution $\xi=\dfrac{a\rho-\alpha}{\beta-b\rho}$, étant

$$\varphi(a,\ b)=a^4+6\,e a^2 b^2+8\,n a b^3+(a_0^2 i-3\,e^2)b^4,$$

$$\alpha=-\frac{1}{4}\frac{\partial\varphi}{\partial b},\qquad \beta=\frac{1}{4}\frac{\partial\varphi}{\partial a},$$

et les a, b déterminées par les deux relations

$$a_0\varphi=4k,\qquad \tfrac{1}{2}(\varphi\varphi)^2=E;$$

propriétés qu'on déduit facilement de la théorie des covariants associés *).

Milan, avril 1871.

---

*) [A questa Nota di Brioschi fa immediatamente seguito, nello stesso volume dei « Mathematische Annalen » (pp. 99-102), una Nota di L. Cremona intitolata: *Observations géométriques à propos de la Note de M.* Brioschi].

CCXXXIII.

SUR QUELQUES FORMES BINAIRES.

(Extrait d'une lettre de M. F. Brioschi à M. F. Klein).

Mathematische Annalen, t. XI (1877), pp. 111-114.

1. Les formes binaires $f(\xi_1, \xi_2)$ du troisième ordre et d'ordre n pair, pour lesquelles on a $\frac{1}{2}(f, f)^4 = 0$ identiquement, sont de deux catégories.

Pour la première en posant

$$\frac{1}{2}(f, f)^2 = h, \qquad 2(f, h) = \Theta,$$

on a la relation

$$\alpha f^{\varkappa} + 4h^3 + \Theta^2 = 0, \tag{1}$$

α étant un invariant de f, et $\varkappa$ un nombre entier. Evidemment, les ordres de h, Θ étant $2(n-2)$, $3(n-2)$, on doit avoir

$$n\varkappa = 6(n-2);$$

par conséquent:

$$\varkappa = 2, 3, 4, 5,$$

pour

$$n = 3, 4, 6, 12.$$

Pour les formes de la seconde catégorie correspondantes aux autres valeurs de n on a:

$$4h^3 + \Theta^2 = 0. \tag{2}$$

Soient, pour $n = 3$, δ le discriminant de la forme cubique; pour $n = 4$, g_3 l'invariant cubique de la forme biquadratique; pour $n = 6$ ou 12, A l'invariant quadratique; la relation (1) devient dans ces cas:

$$\delta f^2 + 4h^3 + \Theta^2 = 0, \qquad g_3 f^3 + 4h^3 + \Theta^2 = 0,$$

$$\tfrac{1}{18} A f^4 + 4h^3 + \Theta^2 = 0, \qquad \tfrac{7}{6} A f^{10} = 3^4 . 4^2 . 5^2 (4h^3 + \Theta^2)^2;$$

et pour les cas de la seconde catégorie on a l'invariant quadratique $A = \frac{1}{2}(f, f)^n = 0$ *).

2. Supposons dans la relation (1) $z = \frac{\xi_1}{\xi_2}$; en posant

$$x = -\frac{4h^3}{f^\varkappa}, \tag{3}$$

on aura:

$$\frac{\Theta^2}{f^\varkappa} = x - \alpha. \tag{4}$$

Or l'équation (3) nous donne:

$$x' = 4\frac{h^2}{f^{\varkappa+1}}(\varkappa h f' - 3 f h'),$$

étant $x' = \frac{dx}{dz}$, $f' = \frac{df}{dz}$, ...; ou en considérant qu'on a pour Θ:

$$\Theta = 2(fh) = \frac{1}{n(n-2)}[2(n-2)hf' - nfh'],$$

on aura pour la valeur supérieure de $\varkappa$:

$$x' = 12(n-2)\frac{h^2\Theta}{f^{\varkappa+1}};$$

ou à cause des relations (3), (4):

$$x' = 6(n-2)\left(\frac{x^2}{2}\right)^{\frac{1}{3}} \frac{\sqrt{x-\alpha}}{f^{\frac{2}{n}}}.$$

On a donc pour les formes de la première catégorie, qu'à la relation rationelle

$$x f^\varkappa + 4h^3 = 0$$

corresponde l'équation différentielle

$$\frac{dz}{dx} = C\frac{f^{\frac{2}{n}}}{x^{\frac{2}{3}}\sqrt{x-\alpha}}, \qquad \text{étant} \qquad C = \frac{1}{2^{\frac{2}{3}}.3(n-2)}, \tag{5}$$

---

*) J'ai obtenu ces résultats par la théorie des formes associées, mais on peut aussi les déduire des formules données par M. Wedekind dans ses: *Studien im binären Werthgebiete* (Carlsruhe, 1876).

et l'on a pour les intégrales de la forme

$$\mu = \int \frac{dz}{f^{\frac{2}{n}}}$$

la propriété indiquée par M. SCHWARZ.

Or en posant avec vous

$$\frac{2\frac{dz}{dx}\cdot\frac{d^3z}{dx^3} - 3\left(\frac{d^2z}{dx^2}\right)^2}{2\left(\frac{dz}{dx}\right)^2} = [z]_x,$$

on déduit de la supérieure (5):

$$[z]_x = \frac{2}{n^2}\frac{1}{f^2}\left(\frac{dz}{dx}\right)^2[nff'' - (n-1)f'^2] + \frac{4}{9x^2} + \frac{3}{8(\alpha - x)^2} + \frac{1}{3x(\alpha - x)};$$

mais on a:

$$h = \tfrac{1}{2}(f, f)^2 = \frac{1}{n^2(n-1)}[nff'' - (n-1)f'^2],$$

et

$$\frac{h}{f^2}\left(\frac{dz}{dx}\right)^2 = \frac{1}{36(n-2)^2}\frac{1}{x(\alpha - x)};$$

par conséquent:

$$[z]_x = \frac{4}{9x^2} + \frac{3}{8(\alpha - x)^2} + \frac{6(n-2)^2 + n - 1}{18(n-2)^2}\frac{1}{x(\alpha - x)},$$

ou

(6) $$[z]_x = \frac{1-\lambda^2}{2x^2} + \frac{1-\nu^2}{2(\alpha - x)^2} - \frac{\lambda^2 - \mu^2 + \nu^2 - 1}{2x(\alpha - x)},$$

étant

$$\lambda = \frac{1}{3}, \qquad \mu = \frac{1}{\varkappa}, \qquad \nu = \frac{1}{2}.$$

Soit x fonction d'une autre variable y, on a la formule de transformation:

(7) $$[z]_y = [x]_y + [z]_x\left(\frac{dx}{dy}\right)^2,$$

en conséquence, si $x = \alpha y$, on déduira de la (6) l'équation différentielle

(8) $$[z]_y = \frac{1-\lambda^2}{2y^2} + \frac{1-\nu^2}{2(1-y)^2} - \frac{\lambda^2 - \mu^2 + \nu^2 - 1}{2y(1-y)},$$

dont l'équation intégrale sera

$$\alpha y f^{\varkappa} + 4h^3 = 0,$$

étant

$$\varkappa = 6\frac{n-2}{n}, \qquad \lambda = \frac{1}{3}, \qquad \mu = \frac{1}{\varkappa}, \qquad \nu = \frac{1}{2},$$

et $n = 3, 4, 6, 12$. C'est notre résultat sauf le cas $n = 3$.

Pour les autres valeurs de n, étant $\alpha = 0$, on déduit de l'équation (6):

$$[z]_x = \frac{\varkappa^2 - 1}{2\varkappa^2}\frac{1}{x^2},$$

équation différentielle dont l'intégrale

$$x f^{\varkappa} + 4h^3 = 0$$

est irrationnelle. Mais si l'on suppose $m\varkappa$ nombre entier, et l'on fait $x = y^{\frac{1}{m}}$, on aura pour la formule de transformation (7) l'équation différentielle

$$[z]_y = \frac{m^2\varkappa^2 - 1}{2m^2\varkappa^2}\frac{1}{y^2},$$

ou l'équation (8), dans laquelle

$$\lambda = \mu = \frac{1}{m\varkappa}, \qquad \nu = 1,$$

et l'équation intégrale deviendra:

$$y f^{m\varkappa} = (-1)^m 4^m h^{3m},$$

expression rationnelle, si $3m$ nombre entier.

3. Soit $f(\xi_1, \xi_2)$ une forme biquadratique quelconque, et g_2 son invariant quadratique; on a, comme il est connu:

$$\Theta^2 + 4h^3 - g_2 f^2 h + g_3 f^3 = 0.$$

En posant

$$x = -\frac{h}{f}, \qquad z = \frac{\xi_1}{\xi_2},$$

on obtient:

$$\frac{dz}{dx} = \frac{1}{2}\frac{\sqrt{f(z)}}{\sqrt{\varphi(x)}}, \qquad \varphi(x) = 4x^3 - g_2 x - g_3.$$

En opérant comme ci-dessus on arrive à l'équation différentielle

$$[z]_x = 2q - \frac{1}{2}p^2 - \frac{dp}{dx},$$

étant

$$p = \frac{1}{2}\frac{\varphi'(x)}{\varphi(x)}, \qquad q = -\frac{1}{32}\frac{\varphi''(x)}{\varphi(x)},$$

et l'équation intégrale sera:

$$xf + h = 0.$$

Or si $g_2 = 0$, en posant

$$y = \frac{4x^3}{g_3},$$

on retombe sur l'équation (8), dans laquelle $\lambda = \mu = \frac{1}{3}$, $\nu = \frac{1}{2}$.

Et si $g_3 = 0$, on obtient:

$$[z]_x = \frac{3}{8}\frac{g_2(12x^2 + g_2)}{x^2(4x^2 - g_2)^2}.$$

De cette équation en posant

$$y = \frac{4x^2}{g_2},$$

on arrive après quelques réductions à l'équation différentielle (8), dans laquelle

$$\lambda = \frac{1}{4}, \qquad \mu = \nu = \frac{1}{2},$$

et dont l'équation intégrale sera

$$g_2 f^2 y - 4h^2 = 0.$$

En général pour les formes d'ordre pair pour lesquelles $(fh)^4 = 0$ on a la relation:

$$\alpha f^2 h^\varkappa = 4h^3 + \Theta^2,$$

étant $\varkappa = 2\dfrac{n-3}{n-2}$, et $\alpha = A^{\frac{2}{n-2}}$. Pour $n = 6$, 8, on a:

$$A^{\frac{1}{2}} f^2 h^{\frac{3}{2}} = 4h^3 + \Theta^2, \qquad A^{\frac{1}{3}} f^2 h^{\frac{5}{3}} = 4h^3 + \Theta^2.$$

Cela posé on démontre facilement que l'équation algébrique irrationelle (sauf pour $n = 4$)

$$\alpha f^2 y - 4h^{\frac{n}{n-2}} = 0$$

est l'intégrale de l'équation différentielle (8), où

$$\lambda = \frac{1}{n}, \qquad \mu = \nu = \frac{1}{2}.$$

Je pourrais ajouter d'autres exemples; mais la méthode est assez éclaircie par les cas supérieurs.

Milan, 6 Août 1876.

CCXXXIV.

LA THÉORIE DES FORMES DANS L'INTÉGRATION DES ÉQUATIONS DIFFÉRENTIELLES LINÉAIRES DU SECOND ORDRE.

Mathematische Annalen, t. XI (1877), pp. 401-411.

1. Si dans l'équation différentielle linéaire du second ordre

$$\frac{d^2 v}{d x^2} + p \frac{d v}{d x} + q v = 0 \tag{1}$$

on fait

$$v = z e^{-\frac{1}{2}\int p dx},$$

on obtient:

$$\frac{d^2 z}{d x^2} = P z, \qquad P = \frac{1}{2} \frac{d p}{d x} + \frac{1}{4} p^2 - q. \tag{2}$$

Je supposerai p, q fonctions rationnelles de x; et en désignant par $f(z_1, z_2)$ une forme binaire de l'ordre $n^{\text{ème}}$ dans laquelle z_1, z_2 sont deux intégrales particulières de l'équation différentielle (2), posant

$$f(z_1, z_2) = \varphi(x), \tag{3}$$

je supposerai avec M. Fuchs *) que $\varphi(x)$ soit une racine d'une fonction rationnelle de x. M. Fuchs a démontré dans son important travail l'existence et l'origine de cette équation (3) et il a établi pour la *forme principale* (Primform) f certaines conditions dont la plus importante est que l'ordre de la forme même ne peut pas être supérieur

*) Fuchs, *Über die linearen Differentialgleichungen zweiter Ordnung, welche algebraische Integrale besitzen, und eine neue Anwendung der Invariantentheorie* [Journal für die reine und angewandte Mathematik, t. LXXXI (1876), pp. 97-142].

à 12. Mais les recherches de M. FUCHS relativement aux covariants et aux invariants de la forme f, se bornent à peu-près à l'étude de son hessien; et l'on verra, je pense, par ce qui va suivre l'importance de compléter, de ce point de vue, l'étude d'une forme principale soit dans les cas signalés par lui, soit en d'autres.

2. En posant

$$\frac{d\log\varphi(x)}{dx} = \psi(x), \qquad f_1 = \frac{1}{n}\frac{\partial f}{\partial z_1}, \qquad f_{11} = \frac{1}{n(n-1)}\frac{\partial^2 f}{\partial z_1^2}, \qquad \ldots$$

on déduit de l'équation (3):

$$f_1 \frac{dz_1}{dx} + f_2 \frac{dz_2}{dx} = \frac{1}{n}\varphi\psi,$$

où ψ est une fonction rationnelle de x. D'autre part on a par un théorème connu:

$$z_2 \frac{dz_1}{dx} - z_1 \frac{dz_2}{dx} = C;$$

on aura en conséquence:

$$(4) \qquad f_1 = \frac{1}{C}\varphi\left(\frac{1}{n}\psi z_2 - \frac{dz_2}{dx}\right), \qquad f_2 = -\frac{1}{C}\varphi\left(\frac{1}{n}\psi z_1 - \frac{dz_1}{dx}\right).$$

Or l'on sait par la théorie des formes qu'en substituant en f au lieu de z_1, z_2 les expressions

$$z_1\xi_1 - f_2\xi_2, \qquad z_2\xi_1 + f_1\xi_2,$$

la forme de l'ordre n en ξ_1, ξ_2 qui en résulte a la propriété que ses coefficients sont des covariants de la forme $f(z_1, z_2)$. La recherche de ces covariants, désignés par M. HERMITE avec l'appellatif de *covariants associés* à la forme f, est rendue très importante par ce fait qu'un covariant ou invariant quelconque de la forme f multiplié par une puissance de la forme même est une fonction rationnelle, entière, de ces covariants associés. En indiquant par p_0, np_1, $\frac{n(n-1)}{2}p_2, \ldots p_n$ les coefficients de la forme en ξ_1, ξ_2, on a évidemment: $p_0 = f(z_1, z_2)$, $p_1 = 0$; et si les f_1, f_2 ont les valeurs (4), on aura:

$$p_r = \frac{\varphi^r}{C^r}\left[\left(\frac{\psi}{n}\right)^r \varphi - r\left(\frac{\psi}{n}\right)^{r-1} F_1 + \frac{r(r-1)}{2}\left(\frac{\psi}{n}\right)^{r-2} F_2 - \cdots + (-1)^r F_r\right],$$

étant:

$$F_1 = f_1 \frac{dz_1}{dx} + f_2 \frac{dz_2}{dx}, \qquad F_2 = f_{11}\left(\frac{dz_1}{dx}\right)^2 + 2f_{12}\frac{dz_1}{dx}\frac{dz_2}{dx} + f_{22}\left(\frac{dz_2}{dx}\right)^2,$$

et ainsi de suite.

Or l'on démontre très facilement pour une fonction F_r quelconque que

$$\frac{dF_r}{dx} = (n-r)F_{r+1} + rPF_{r-1};$$

on aura par conséquent entre trois covariants consécutifs p_{r-1}, p_r, p_{r+1} la formule récurrente:

$$(5)\quad p_{r+1} = -\frac{\varphi}{(n-r)C}\left[\frac{dp_r}{dx} - \frac{(r+1)n-2r}{n}\psi p_r\right] + \frac{r(n-1)}{n-r}\frac{1}{\varphi}p_2 p_{r-1},$$

et

$$(6)\qquad p_2 = \frac{\varphi^3}{n^2(n-1)C^2}(\psi^2 + n\psi' - n^2P).$$

De ce premier résultat on déduit que p_2 étant le produit de φ^3 par une fonction rationnelle de x et la même propriété ayant lieu pour $\frac{dp_2}{dx}$, on aura que p_3 sera le produit de φ^4 pour une fonction rationnelle de x et l'on pourra poser:

$$(7)\qquad p_2 = \varphi^3\Phi_2, \qquad p_3 = \varphi^4\Phi_3, \qquad \ldots, \qquad p_r = \varphi^{r+1}\Phi_r \qquad \ldots,$$

Φ_2, Φ_3, ... étant des fonctions rationnelles de x.

Cela posé, soit J un invariant quelconque de la forme $f(z_1, z_2)$ et soit m son degré; on aura par le théorème rappellé ci-dessus:

$$(8)\qquad \varphi^{\frac{mn}{2}}J = \sum a p_0^{\alpha_0} p_2^{\alpha_2} p_3^{\alpha_3} \ldots p_n^{\alpha_n},$$

où a est un coefficient numérique et les α_0, α_2, ... sont des nombres entiers, positifs, qui doivent satisfaire aux relations:

$$\alpha_0 + \alpha_2 + \cdots + \alpha_n = m, \qquad 2\alpha_2 + 3\alpha_3 + \cdots + n\alpha_n = \frac{mn}{2};$$

Mais en substituant les valeurs (7) dans le second membre de l'équation (8), on voit tout de suite que l'exposant de φ sera

$$\alpha_0 + 3\alpha_2 + 4\alpha_3 + \cdots + (n+1)\alpha_n = m + \frac{mn}{2},$$

on aura donc:

$$J = \varphi^{m} \Phi, \tag{9}$$

étant Φ rationnelle en x. On a ainsi le théorème:

Un invariant quelconque du degré m de la forme principale $f(z_1, z_2) = \varphi(x)$ est égal au produit de la puissance $m^{ème}$ de φ pour une fonction rationnelle de x; par conséquent, si φ^{m} ne peut pas être une fonction rationnelle de x, on aura $J = 0$.

De la même manière on démontre que si K est un covariant de la forme f du degré m et d'un ordre quelconque, on a:

$$K = \varphi^{m} \Phi, \tag{10}$$

résultat notable par ce fait que la puissance m est indépendante de l'ordre du covariant.

Du théorème supérieur on déduit:

a) Si la forme principale est d'ordre pair et par conséquent elle a un invariant quadratique, φ^2 doit être fonction rationnelle de x. (Ce résultat a déjà été donné par M. Fuchs dans le cas $n = 2$, voir pag. 117 de son Mémoire). *Si cet invariant n'est pas $= 0$, les invariants de degrés impairs de la forme même doivent s'annuler, ou enfin la fonction φ doit être elle même rationnelle.*

b) Si l'ordre de la forme principale est $n \equiv 0$ (mod. 4) *et par conséquent la forme même possède l'invariant A quadratique, et l'invariant B cubique, étant*

$$A = \tfrac{1}{2}(ff)_n, \qquad k = \tfrac{1}{2}(ff)_{\frac{n}{2}}, \qquad B = (fk)_n,$$

on aura soit φ^2 rationnelle et $B = 0$, soit φ^3 rationnelle et $A = 0$, sauf le cas que φ soit rationnelle.

On voit par ces exemples, et par d'autres qu'on pourrait facilement ajouter, qu'en supposant $\varphi(x)$ racine d'une fonction rationnelle, la forme binaire f doit vérifier certaines conditions qui dans chaque cas doivent limiter la généralité de la forme même.

3. La formule récurrente (5) peut être simplifiée en posant d'abord:

$$p_r = -\varphi^{\mu_r} y_r, \qquad \mu_r = \frac{(r+1)n - 2r}{n}, \tag{11}$$

et ensuite:

$$C \frac{dx}{\varphi^{\frac{2}{n}}} = d\omega. \tag{12}$$

En effet par ces substitutions elle se transforme dans la suivante:

$$y_{r+1} = -\frac{1}{n-r}[y'_r + r(n-1)y y_{r-1}], \tag{13}$$

ayant posé $y'_r = \frac{dy_r}{d\omega}$, $y = y_2$. On aura ainsi:

$$(14)\quad \begin{cases} y_3 = -\frac{1}{n-2} y', \\ y_4 = \frac{1}{(n-2)(n-3)} [y'' - 3(n-1)(n-2)y^2], \\ y_5 = -\frac{1}{(n-2)(n-3)(n-4)} [y''' - 2(n-1)(5n-12)yy'], \\ y_6 = \frac{1}{(n-2)\dots(n-5)} [y^{\text{IV}} - (n-1)(15n-44)yy'' - 2(n-1)(5n-12)y'^2 \\ \qquad + 15(n-1)^2(n-2)(n-4)y^3], \end{cases}$$

c'est-à-dire les valeurs de y_3, y_4, ... en fonction de y et des ses coefficients différentiels par respect à ω.

Or par la méthode exposée dans le n° 2 on trouvera de même qu'en indiquant par i l'ordre d'un covariant K on aura:

$$K = \varphi^{\frac{i}{n}} \sum a y_2^{\alpha_2} y_3^{\alpha_3} \dots y_n^{\alpha_n},$$

ou le théorème:

Un covariant quelconque d'ordre i de la forme principale f peut s'exprimer en fonction rationnelle, entière, de y et des ses coefficients différentiels relatifs à ω multipliée par $\varphi^{\frac{i}{n}}$. Pour un invariant J on n'a qu'à poser $i = 0$.

Pour chaque invariant J de la forme f on aura donc une équation différentielle

$$F(y, y', y'', \dots y^{(r)}) = J,$$

dans laquelle J devra dans quelques cas être $= 0$. En supposant que de ces équations on puisse tirer y en fonction de ω ou en fonction de x (12), on aurait ces deux conséquences.

La formule (11) en observant que, si $h(z_1, z_2) = \frac{1}{2}(ff)_2$, on a $p_2 = fh = \varphi h$, donne:

$$(15)\qquad h(z_1, z_2) + yf^{2\frac{n-2}{n}}(z_1, z_2) = 0,$$

qui est l'intégrale de l'équation différentielle du troisième ordre considerée il y a longtemps par M. KUMMER *).

---

*) KUMMER, *De generali quadam æquatione differentiali tertii ordinis*, Programm des evang. Königl. und Stadtgymnasiums in Liegnitz vom Jahre 1834. [Vedi anche: Journal für die reine und angewandte Mathematik, t. C (1887), pp. 1-9].

En second lieu l'équation (6) donne:

$$(16)\qquad y = -\frac{\varphi^{\frac{4}{n}}}{n^2(n-1)C^2}(\psi^2 + n\psi' - n^2 P),$$

de laquelle on déduit la valeur de P correspondant à une valeur donnée de $\varphi(x)$.

4. Je vais éclaircir tout cela par quelques exemples. Soit $n = 4$; pour ce que nous avons démontré avec l'équation (9) on voit que si $\varphi(x)$ n'est pas elle-même rationnelle, on doit avoir l'un ou l'autre des deux invariants g_2, g_3 égales à zéro. Je supposerai $g_2 = 0$ et parce que les calculations à faire restent les mêmes, comme on verra après, je supposerai que le covariant $g_2(z_1, z_2)$ du second degré et de l'ordre $2(n-4)$ de la forme f s'annulle identiquement. Par la théorie des covariants associés étant

$$\varphi^4 g_2 = p_0 p_4 + 3p_2^2,$$

on aura pour les (11), (14):

$$(17)\qquad g_2 = -\frac{\varphi^{2\frac{n-4}{n}}}{(n-2)(n-3)}[y'' - 6(n-2)^2 y^2].$$

La condition $g_2 = 0$ conduit donc à l'équation différentielle

$$y'' - 6(n-2)^2 y^2 = 0,$$

laquelle peut s'intégrer tout de suite et donne:

$$(18)\qquad y'^2 - 4(n-2)^2 y^3 = D,$$

$D =$ constante. Cette équation à cause des (14) peut s'écrire:

$$(19)\qquad y_3^2 - 4y_2^3 = \frac{D}{(n-2)^2},$$

de laquelle, en réfléchissant que [(7), (11)] en général

$$y_r = -\varphi^{\frac{2r}{n}}\Phi,$$

où Φ est rationnelle en x, on voit que la puissance $\frac{12}{n}$ de φ doit être une fonction rationnelle; c'est-à-dire que les seules valeurs de n sont 4, 6, 12; ce que d'autre part on sait par les recherches de M. Wedekind.

On aura ainsi que pour $n = 4$, φ^3 doit être rationnelle (comme le donnerait la valeur de g_3), pour $n = 6$ doit être φ^2 rationnelle et la fonction même φ rationnelle pour $n = 12$.

De l'équation (19) en se rappellant que $p_3 = f\theta$, étant $\theta = 2(fh)$ covariant du troisième degré et de l'ordre $3(n - 2)$, on aura:

$$\theta^2 + 4h^3 = 4m^3 f^{6\frac{n-2}{n}},$$

ayant posé $D = 4(n - 2)^2 m^3$. Cette relation identique entre la forme f et ses covariants h, θ se complète en observant que

pour	$n = 4$,	$n = 6$,	$n = 12$,
on a	$4m^3 = -g_3$,	$4m^3 = -\frac{1}{18}A$,	$4m^3 = \frac{1}{180}\sqrt{\frac{7}{6}A}$,

A étant l'invariant quadratique dans les deux cas.

Enfin de l'équation (18) on déduit la suivante:

$$\frac{dy}{\sqrt{y^3 + m^3}} = 2(n - 2)\,d\omega,$$

ou en posant $\left(\frac{y}{m}\right)^3 = -t$:

$$(20) \qquad \frac{dt}{t^{\frac{2}{3}}\sqrt{1 - t}} = -6(n - 2)\sqrt{m}\,d\omega = -6(n - 2)C\sqrt{m}\,\frac{dx}{\sqrt[6]{\rho(x)}},$$

où $\rho(x) = \varphi^{\frac{12}{n}}$ est une fonction rationnelle de x. L'intégrale (15) devient dans les trois cas:

$$4h^3 + g_3 tf^3 = 0, \qquad 4h^3 + \frac{1}{18}Atf^4 - 0, \qquad 4h^3 - \frac{1}{180}\sqrt{\frac{7}{6}A}.\,tf^5 = 0,$$

comme a été démontré par M. KLEIN dans sa communication du 26 juin 1876 à la Société d'Erlangen *) et dans ma lettre à ce savant géomètre publiée dans les « Mathematische Annalen » **).

---

*) KLEIN, *Über lineare Differentialgleichungen* [Sitzungsberichte der Phys. Med. Societät zu Erlangen, t. VIII (1876), pp. 182-186; reproduite dans le Bulletin des sciences mathématiques et astronomiques, t. I (1877), pp. 180-184 et dans les Mathematische Annalen, t. XI (1877), pp. 115-118].

**) [CCXXXIII: t. V, pp. 205-209].

On peut aussi observer que si l'on pose $z = \frac{z_1}{z_2}$, on a:

$$z_2^2 \frac{dz}{dx} = C, \qquad f(z_1, z_2) = z_2^n f(z) = \varphi(x),$$

et que par conséquent l'équation (20) donne:

$$\frac{dt}{t^{\frac{2}{3}} \sqrt{1-t}} = -6(n-2)\sqrt{m}\frac{dz}{f^{\frac{2}{n}}(z)},$$

c'est-à-dire que les intégrales du second membre pour les formes f pour lesquelles on a identiquement $g_2 = 0$, peuvent se réduire à des intégrales elliptiques, comme M. Schwarz a démontré dans son remarquable Mémoire *).

Si dans l'équation (20) on fait $t = x$ et on suppose

$$p = \frac{1}{6}\frac{4-7x}{x(1-x)},$$

on obtient:

$$\sqrt[6]{\varphi(x)} = -6(n-2)C\sqrt{m}\cdot e^{\int p dx};$$

mais désignant par v_1, v_2 les deux intégrales particulières correspondantes à z_1, z_2, on a:

$$f(z_1, z_2) = e^{\frac{n}{2}\int p dx} f(v_1, v_2),$$

en conséquence la forme principale $f(v_1, v_2)$ sera constante. C'est le cas que j'ai considéré dans une communication à l'Institut Lombard **).

5. Je veux démontrer maintenant de quelle manière les formules (16), (20) peuvent servir à la détermination de la fonction $t(x)$ et peuvent par conséquent résoudre le problème indiqué par M. le Prof. Klein dans sa communication déjà citée à la Société d'Erlangen.

Si dans l'équation (16) on pose au lieu de y l'expression $-m t^{\frac{1}{3}}$ et l'on désigne

---

*) Schwarz, *Über diejenigen Fälle, in welchen die* Gauss'*sche hypergeometrische Reihe eine algebraische Function ihres vierten Elements darstellt* [Journal für die reine und angewandte Mathematik, t. LXXV (1873), pp. 292-335 (p. 327)].

**) [CXIX: t. III, pp. 257-276].

Voir aussi: Klein, *Weitere Untersuchungen über das Ikosaeder* [Sitzungsberichte der Phys. Med. Societät zu Erlangen, t. IX (1877), pp. 16-29, 70-83, 179-182].

par Φ l'expression rationnelle

$$\Phi = \psi^2 + n\psi' - n^2 P,$$

on a la valeur générale de la fonction rationnelle $t(x)$

$$(21) \qquad t(x) = \frac{1}{n^6(n-1)^3 C^6 m^3} \rho(x) \Phi^3(x),$$

où $\rho(x)$ est, comme nous avons vu, $= \varphi^{\frac{12}{n}}$. D'autre part la condition $g_2 = 0$ donne pour t l'équation différentielle (20):

$$(22) \qquad \frac{dt}{t^{\frac{2}{3}} \sqrt{1-t}} = -6(n-2) C \sqrt{m} \frac{dx}{\sqrt[6]{\rho(x)}};$$

par conséquent l'on aura aussi:

$$(23) \qquad \frac{dt}{\sqrt{t(1-t)}} = \frac{6(n-2)}{n\sqrt{(n-1)}} \sqrt{\Phi(x)} . dx .$$

L'élimination de la fonction $\rho(x)$ ou $\varphi(x)$ des équations (21), (22) va nous donner un premier résultat. En effet on déduit facilement de l'équation (22):

$$-\frac{2}{n^2}(\psi^2 + n\psi') = [t]_x + \frac{1}{72} \frac{35t^2 - 40t + 32}{t^2(1-t)^2} \left(\frac{dt}{dx}\right)^2,$$

ayant posé

$$[t]_x = \frac{d^2 \log \dfrac{dt}{dx}}{dx^2} - \frac{1}{2} \left[\frac{d \log \dfrac{dt}{dx}}{dx} \right]^2;$$

et en substituant dans cette dernière la valeur de Φ donnée par l'équation (23) on arrive au résultat suivant:

$$(24) \qquad -2P = [t]_x + \frac{Lt^2 + Mt + N}{2t^2(1-t)^2} \left(\frac{dt}{dx}\right)^2,$$

étant:

$$L = 1 - \frac{n^2}{6^2(n-2)^2}, \qquad M = -\frac{10}{9} + \frac{n-1}{9(n-2)^2}, \qquad N = \frac{8}{9},$$

ou aussi:

$$L = 1 - m^2, \qquad M = -(1 - l^2 - m^2 + n^2), \qquad N = 1 - l^2,$$

les l, m, n ayant les valeurs:

$$(25) \qquad l = \frac{1}{3}, \qquad m = \frac{n}{6(n-2)}, \qquad n = \frac{1}{2}.$$

L'équation (24) donne en général la valeur de P correspondante à chaque fonction $t(x)$; et en supposant

$$-2P = \frac{Ax^2 + Bx + C}{2x^2(1-x)^2}$$

et

$$A = 1 - \mu^2, \qquad B = -(1 - \lambda^2 - \mu^2 + \nu^2), \qquad C = 1 - \lambda^2,$$

l'équation même répond au problème de M. Klein *). Dans ce cas l'équation (24), ou la suivante

$$[t]_x + \frac{Lt^2 + Mt + N}{2t^2(1-t)^2}\left(\frac{dt}{dx}\right)^2 - \frac{Ax^2 + Bx + C}{2x^2(1-x)^2} = 0,$$

a été l'objet des recherches de M. Kummer rappellées ci-dessus, par lesquelles on sait que la valeur de $t(x)$ peut s'obtenir au moyen des séries hypergéométriques de Gauss.

Je supposerai dans la suite que la fonction $\rho(x)$ puisse s'exprimer de cette manière:

$$\rho(x) = \delta x^r (1-x)^{s-r}, \tag{26}$$

étant: δ constant, r, s deux nombres entiers et positifs; et je vais déterminer *toutes* les fonctions $t(x)$ correspondantes. La valeur de Φ sera dans ces cas

$$\Phi = \frac{n^2}{12^2}\,\frac{ax^2 + bx + c}{x^2(1-x)^2},$$

étant:

$$a = s(s-12) + 36A,$$

$$b = -2r(s-12) + 36B,$$

$$c = r(r-12) + 36C,$$

ou aussi:

$$\left\{\begin{aligned} a &= (s-6)^2 - 36\mu^2. \\ a + b + c &= (s - r - 6)^2 - 36\nu^2, \\ c &= (r-6)^2 - 36\lambda^2. \end{aligned}\right. \tag{27}$$

L'équation (21) donnera:

$$t = k\frac{(ax^2 + bx + c)^3}{x^{6-r}(1-x)^{6-s+r}}, \tag{28}$$

où

$$k = \frac{\delta}{12^6 (n-1)^3 C^6 m^3},$$

*) Mathematische Annalen, t. XI, p. 118.

et de l'équation (23) on déduira:

$$\frac{dt}{\sqrt{t(1-t)}} = \frac{n-2}{2\sqrt{n-1}} \frac{\sqrt{ax^2+bx+c}}{x(1-x)} dx. \tag{29}$$

L'élimination de t des équations (28), (29) conduit à l'équation identique

$$(n-2)^2 Q - 4(n-1)kR^2 = 0, \tag{30}$$

dans laquelle

$$Q = x^{6-r}(1-x)^{6-s+r} - k(ax^2+bx+c)^3,$$

$$R = -(s-12)x(ax^2+bx+c) + (r-6)(ax^2+bx+c) + 3x(1-x)(2ax+b),$$

et par celle-ci on aura les valeurs de a, b, c, k.

Je supposerai $r<6$, $s-r<6$, $s>6$; et en posant $x=0$, 1, ∞ dans l'équation (30) on obtiendra:

pour $x=0$, $c=0$, ou $c=-4\frac{n-1}{(n-2)^2}(6-r)^2$,

» $x=1$, $a+b+c=0$, » $a+b+c=-4\frac{n-1}{(n-2)^2}(6-s+r)^2$,

» $x=\infty$, $a=0$, » $a=-4\frac{n-1}{(n-2)^2}(s-6)^2$.

Les nombres r, s doivent par conséquent à cause des relations (27) satisfaire à l'une ou à l'autre des conditions:

$$\left\{\begin{array}{lll} r=6(1-\lambda), & \text{ou} & r=6\left(1-\frac{n-2}{n}\lambda\right), \\ s-r=6(1-\nu), & » & s-r=6\left(1-\frac{n-2}{n}\nu\right), \\ s=6(1+\mu), & » & s=6\left(1+\frac{n-2}{n}\mu\right), \end{array}\right. \tag{31}$$

et dans ces différents cas on aura:

$$c=0, \quad \text{ou} \quad c=-12^2\frac{n-1}{n^2}\lambda^2,$$

$$a+b+c=0, \quad » \quad a+b+c=-12^2\frac{n-1}{n^2}\nu^2,$$

$$a=0, \quad » \quad a=-12^2\frac{n-1}{n^2}\mu^2.$$

L'élimination de r, s de trois relations (31) coexistantes conduit aux trois types de conditions entre les λ, μ, ν:

$$\lambda + \mu + \frac{n-2}{n}\nu = 1, \quad \lambda + \frac{n-2}{n}\mu + \frac{n-2}{n}\nu = 1, \quad \lambda + \mu + \nu = \frac{n}{n-2},$$

et aux autres qu'on peut déduire en permutant les λ, μ, ν.

Au moyen de ces formules j'ai calculé le tableau suivant qui correspond à celui que M. Schwarz a donné dans son important travail rappelé ci-dessus :

N°.	λ	μ	ν	r	$s-r$	δ	$t(x)$	Polyèdre
II°.	$\frac{1}{3}$	$\frac{1}{3}$	$\frac{1}{2}$	4	3	$3^6.4^6.C^6m^3$	x	
III°.	$\frac{1}{3}$	$\frac{1}{3}$	$\frac{2}{3}$	4	4	$3^6.4^4.C^6m^3$	$-\frac{4x}{(1-x)^2}$	Tétraèdre
IV°.	$\frac{1}{3}$	$\frac{1}{4}$	$\frac{1}{2}$	4	3	$4^6.6^6.C^6m^3$	x	
V°.	$\frac{1}{4}$	$\frac{1}{4}$	$\frac{2}{3}$	5	2	$4^5.6^6.C^6m^3$	$-\frac{(1-x)^2}{4x}$	Octaèdre
VI°.	$\frac{1}{3}$	$\frac{1}{5}$	$\frac{1}{2}$	4	3	K	x	
VII°.	$\frac{1}{3}$	$\frac{1}{3}$	$\frac{2}{5}$	4	4	$\frac{1}{16}K$	$-\frac{4x}{(1-x)^2}$	
VIII°.	$\frac{1}{5}$	$\frac{1}{5}$	$\frac{2}{3}$	5	2	$\frac{1}{4}K$	$-\frac{(1-x)^2}{4x}$	
IX°.	$\frac{2}{5}$	$\frac{1}{5}$	$\frac{1}{2}$	4	3	$-\frac{1}{27}K$	$-\frac{(x-4)^3}{27x^2}$	Icosaèdre
X°.	$\frac{1}{3}$	$\frac{1}{5}$	$\frac{3}{5}$	4	3	$\frac{1}{64}K$	$-\frac{1}{4^3}\frac{x(x+8)^3}{(1-x)^3}$	$K = 12^6 \cdot 5^6 \cdot C^6 m^3$
XI°.	$\frac{2}{5}$	$\frac{2}{5}$	$\frac{2}{5}$	4	4	$-\frac{1}{3^3 \cdot 4^2}K$	$\frac{4}{27}\frac{(x^2-x+1)^3}{x^2(1-x)^2}$	
XIII°.	$\frac{1}{5}$	$\frac{1}{5}$	$\frac{4}{5}$	5	2	$-\frac{1}{3^3 \cdot 4}K$	$\frac{1}{4 \cdot 27}\frac{(x^2+14x+1)^3}{x(1-x)^4}$	

Comme on voit les types XII, XIV, XV de M. Schwarz ne sont pas contenus dans ce tableau; ils doivent par conséquent correspondre à des expressions de $\rho(x)$

différentes de celle considerée ici. Les autres valeurs des nombres r, $s - r$ qui ne sont pas comprises dans le tableau correspondent aux différentes permutations de λ, μ, ν; ainsi en désignant par $t(r, s - r, x)$ une fonction t on aurait, par exemple, pour le type sixième que les fonctions

$$t(4, 3, x), \quad t(3, 4, 1 - x), \quad t\left(5, 3, \frac{1}{x}\right), \quad t\left(3, 5, \frac{x - 1}{x}\right),$$

$$t\left(5, 4, \frac{1}{1 - x}\right), \quad t\left(4, 5, \frac{x}{x - 1}\right)$$

sont chacune $= x$.

La recherche de la valeur de la fonction $t(x)$ en d'autres cas peut évidemment se faire en suivant la méthode exposée ci-dessus.

CCXXXV.

ÜBER DIE JACOBI'SCHE MODULARGLEICHUNG VOM ACHTEN GRAD.

Mathematische Annalen, t. XV (1879), pp. 241-250.

§ 1.

Die wichtigen Resultate, welche Prof. KLEIN *) neuerdings hinsichtlich der Transformation siebenter Ordnung der elliptischen Functionen erhalten hat, haben meine Aufmerksamkeit auf einige Untersuchungen zurückgelenkt, die ich vor mehreren Jahren hinsichtlich der JACOBI'schen Modulargleichungen vom achten Grad begonnen hatte. In einer kurzen Note, welche dem « Istituto Lombardo di Scienze » im Januar 1868 vorgelegt wurde **), veröffentlichte ich die ausgerechneten Werthe der Coëfficienten dieser Gleichung, aber die scheinbare Complicirtheit dieser Ausdrücke gestattete mir damals nicht zu den Folgerungen zu gelangen, welche Hr. KLEIN auf anderem Wege gewonnen hat.

Die Berechnung der allgemeinen JACOBI'schen Modulargleichung vom achten Grad lasst sich sehr leicht auf folgende Weise bewerkstelligen. Es seien z_∞, z_0, z_1, ... z_6 die Wurzeln, und

$$\sqrt{z_\infty} = -a_0\sqrt{-7}, \qquad \sqrt{z_s} = a_0 + p_s \qquad (s = 0, 1, \ldots 6),$$

wo

$$p_s = \rho^{6s} a_1 + \rho^{3s} a_2 + \rho^{5s} a_3, \qquad (\rho = e^{\frac{2i\pi}{7}}).$$

---

*) KLEIN, *Über Gleichungen siebenten Grades* [Sitzungsberichte der Phys. Medic. Societät zu Erlangen, t. X (1878), pp. 110-111, 119-123]; vergl. auch: KLEIN, *Über die Transformation siebenter Ordnung der elliptischen Functionen* [Mathematische Annalen, t. XIV (1879), pp. 428-471].

**) [CXVII: t. III, pp. 243-247].

Setzt man nun

$$s_r = \sum_0^6 {}^s p_s^r,$$

so hat man zuvörderst:

$$s_1 = 0, \quad s_2 = 0, \quad s_3 = 6.7\,a, \quad s_4 = 4.7\,b, \quad s_5 = 10.7\,c,$$
$$s_6 = 6.7(d + 14a^2), \quad s_7 = 7(e + 98\,ab),$$

wo a, b, c, d, e folgende cyklische Functionen der a_1, a_2, a_3 bezeichnen:

$$(1) \quad \begin{cases} a = a_1 a_2 a_3, \\ b = a_2^3 a_3 + a_3^3 a_1 + a_1^3 a_2, \\ c = a_2^2 a_3^3 + a_3^2 a_1^3 + a_1^2 a_2^3, \\ d = a^2 + a_2 a_3^5 + a_3 a_1^5 + a_1 a_2^5, \\ e = 7\,ab + a_1^7 + a_2^7 + a_3^7. \end{cases}$$

Diese fünf Grössen sind nicht unabhängig, sondern es bestehen zwischen ihnen folgende zwei Relationen:

$$(2) \quad \begin{cases} ae - bd + c^2 - 7\,a^2 b = 0, \\ ce - d^2 - a^2 d - b^3 - 2\,abc - 7\,a^4 = 0. \end{cases}$$

Aus den Formeln für die Potenzsummen ergiebt sich nun unmittelbar:

$$\prod_s (x - p_s) = x^7 - 14\,ax^4 - 7\,bx^3 - 14\,cx^2 - 7\,dx - e,$$

und die JACOBI'sche Modulargleichung achten Grades entsteht durch Ausmultipliciren folgender drei Factoren:

$$(z + 7\,a_0^2)\prod_s(\sqrt{z} - a_0 - p_s)\prod_s(\sqrt{z} + a_0 + p_s) = 0\,.$$

Die Coëfficienten der JACOBI'schen Gleichung sind also aus a_0 und den fünf Grössen a, b, c, d, e, zwischen denen die Relationen (2) bestehen, zusammengesetzt. Man findet:

$$(3)\ z^8 - 14\,Az^6 + 14\,Bz^5 - 7\,Cz^4 + 14\,Dz^3 - 7\,Ez^2 + (7^2 a_0^2 F - H^2)z - 7\,a_0^2 H^2 = 0,$$

wo offenbar:

$$H = \prod_s (a_0 + p_s) = a_0^7 + 14\,a_0^4 a - 7\,a_0^3 b + 14\,a_0^2 c - 7\,a_0 d + e,$$

und

$$F = 7^5 a_0^{12} - 14 \cdot 7^3 a_0^8 A - 14 \cdot 7^2 a_0^6 B - 7 \cdot 7 a_0^4 C - 14 a_0^2 D - E.$$

Die Coëfficienten A, B, C, D,.E haben folgende Werthe:

$A = 2a_0^4 + 6a_0 a + b,$

$B = 8a_0^6 - 20a_0^3 a - 10a_0^2 b - 10a_0 c - 14a^2 - d,$

$C = 30a_0^8 - 252a_0^5 a + 14a_0^4 b + 140a_0^3 c + 42a_0^2(2a^2 + d) + 2a_0(14ab + e) + 7(8ac - b^2),$

$D = 16a_0^{10} - 184a_0^7 a + 84a_0^6 b + 28a_0^5 c + 14a_0^4(22a^2 - 7d) - 4a_0^3(14ab + 3e)$

$+ 14a_0^2(b^2 - 12ac) + 14a_0(bc - 3ad) + 7bd - 14c^2 - 2ae,$

$E = 20a_0^{12} - 172a_0^9 a + 190a_0^8 b - 360a_0^7 c + 28a_0^6(38a^2 - d) - 4a_0^5(126ab - 19e)$

$+ 14a_0^4(9b^2 - 32ac) - 28a_0^3(5bc - 19ad) - 2a_0^2(49bd - 70c^2 - 26ae)$

$+ 2a_0(14cd - 3be) + 4ce - 7d^2.$

Eliminirt man zwischen den beiden Relationen (2) die Grösse e, so erhält man folgende Beziehung, welche man an Stelle der zweiten Bedingung (2) setzen kann:

$$c^3 + ab^3 + 27a^5 - 9a^2bc = (d - 4a^2)(bc - ad - 5a^3).$$

Die linke Seite dieser Gleichung zerlegt sich in die beiden Factoren:

$$P = c + a^{\frac{1}{3}} b + 3a^{\frac{5}{3}}, \qquad Q = c^2 + a^{\frac{2}{3}} b^2 + 9a^{\frac{10}{3}} - 3a^2 b - 3a^{\frac{5}{3}} c - a^{\frac{1}{3}} bc.$$

Setzt man also, unter k einen numerischen Coëfficienten verstanden:

$$(4) \qquad d - 4a^2 = k a^{\frac{1}{3}} P,$$

so folgt:

$$Q = k a^{\frac{1}{3}} (bc - 9a^3 - k a^{\frac{4}{3}} P),$$

oder:

$$c^2 + a^{\frac{2}{3}} b^2 + 3(k^2 + 3k + 3) a^{\frac{10}{3}} + (k^2 - 3) a^2 b + (k^2 - 3) a^{\frac{5}{3}} c - (k + 1) a^{\frac{1}{3}} bc = 0.$$

Nimmt man nun $k = -3$, so ist das erste Glied dieser Gleichung nichts anderes als das Quadrat von P, und also hat man in diesem Falle folgende Relationen:

$$d = 4a^2, \qquad c + a^{\frac{1}{3}} b + 3a^{\frac{5}{3}} = 0,$$

aus denen vermöge der ersten Gleichung (2) folgt:

$$a^{\frac{1}{3}} e = -b^2 + 5 a^{\frac{4}{3}} b - 9 a^{\frac{8}{3}}.$$

Unter der hiermit eingeführten Voraussetzung werden also die Coëfficienten $A, B, C, \ldots$ Functionen von a_0, a, b allein, und man hat z. B.:

$$B = (a - a_0^3)(12 a - 8 a_0^3) + 10(a^{\frac{1}{3}} - a_0)(a_0 b - 3 a^{\frac{5}{3}}),$$

also $B = 0$, wenn man überdiess $a^{\frac{1}{3}} = a_0$ setzt.

Führt man dementsprechend in die oben angegebenen Werthe von $A, B, C, \ldots$ statt a, c, d, e folgende Werthe ein:

$$(5) \quad a = a_0^3, \quad c = -a_0(b + 3 a_0^4), \quad d = 4 a_0^6, \quad a_0 e = -b^2 + 5 a_0^4 b - 9 a_0^8,$$

so kommt:

$$A = b + 8 a_0^4, \qquad B = 0, \qquad C = -9 A^2, \qquad D = 0, \qquad E = 10 A^3,$$

$$a_0 H = A^2, \qquad F = 7^5 a_0^{12} - 14 . 7^3 a_0^8 A + 63 . 7 a_0^4 A^2 - 10 A^3,$$

und also:

$$7^2 a_0^2 F - H^2 = \frac{1}{7 a_0^2}(7^8 a_0^{16} - 14 . 7^6 a_0^{12} A + 63 . 7^4 a_0^8 A^2 - 70 . 7^2 a_0^4 A^3 - 7 A^4).$$

Schreibt man endlich

$$z = y\sqrt{-A}, \qquad \frac{7 a_0^2}{\sqrt{-A}} = m,$$

so erhält man statt (3) folgende einfache Gleichung:

$$(6) \qquad y^8 + 14 y^6 + 63 y^4 + 70 y^2 + 4 t y - 7 = 0,$$

wo

$$t = \frac{1}{4 m}(m^8 + 14 m^6 + 63 m^4 + 70 m^2 - 7).$$

Diese Gleichung (6) [offenbar die einfachste unter den Jacobi'schen Gleichungen achten Grades] wurde von Prof. Klein der Erlanger Societät zuerst in der Sitzung vom 4. März 1878 mitgetheilt.

Betonen wir noch ausdrücklich, dass wir, um zu ihr zu gelangen, nur folgende zwei Annahmen gemacht haben:

$$a = a_0^3, \qquad d - 4 a^2 = -3 a^{\frac{1}{3}} P;$$

denn die anderen Relationen (5) sind nur Folgerungen aus diesen Gleichungen und den Identitäten (2). Nun lässt sich die zweite dieser Gleichungen folgendermassen schreiben:

$$d - a^2 + 3a^{\frac{2}{3}}b + 3a^{\frac{1}{3}}c + 6a^2 = 0.$$

Substituirt man hier für a, b, c, d die Werthe (1), so erweist sich die linke Seite als Cubus der linken Seite folgender Gleichung:

$$\sqrt[3]{a_2 a_3^5} + \sqrt[3]{a_3 a_1^5} + \sqrt[3]{a_1 a_2^5} = 0, \tag{7}$$

und die beiden eingeführten Annahmen reduciren sich also auf (7) und diese:

$$a_0 = \sqrt[3]{a_1 a_2 a_3}.$$

Multiplicirt man jetzt die Gleichung (7) mit dem Factor $\sqrt[3]{a_1^2 a_2}$, so kommt:

$$a_0^2 a_3 + a_0 a_1^2 + a_1 a_2^2 = 0, \tag{8}$$

und in ähnlicher Weise bei Multiplication mit a_3 bez. a_2:

$$a_0^2 a_2 + a_0 a_3^2 + a_3 a_1^2 = 0, \qquad a_0^2 a_1 + a_0 a_2^2 + a_2 a_3^2 = 0. \tag{9}$$

Daher ist für $A_0 = 7a_0^3$:

$$z_s\sqrt{z_s} = A_0 + \rho^s A_1 + \rho^{4s} A_2 + \rho^{2s} A_3, \qquad z_\infty\sqrt{z_\infty} = A_0\sqrt{-7},$$

und also genügen die Cuben der Wurzeln z der JACOBI'*schen Gleichung* (6) *selbst einer* JACOBI'*schen Gleichung.*

§ 2.

Wir wollen jetzt mit α, β, γ, δ, ε fünf Grössen bezeichnen, welche ebenso aus drei Zahlen c_1, c_2, c_3 zusammengesetzt sind, wie die a, b, c, d, e nach Formel (1) aus den a_1, a_2, a_3. Dann bestehen zwischen den α, β, ... jedenfalls zwei Relationen nach Art der (2).

Betrachtet man jetzt

$$\beta = c_2^3 c_3 + c_3^3 c_1 + c_1^3 c_2$$

als eine ternäre biquadratische Form, setzt

$$\beta_1 = \frac{1}{4}\frac{\partial\beta}{\partial c_1}, \qquad \beta_{11} = \frac{1}{4\cdot 3}\frac{\partial^2\beta}{\partial c_1^2}, \qquad \ldots,$$

so berechnen sich für die drei Covarianten

$$h = 2^5 \sum (\pm \beta_{11} \beta_{22} \beta_{33}), \qquad k = 2^6 . 3^2 \sum (\beta h)^{rs} \beta_r h_s, \qquad \Theta = 2^3 . 3 \sum (\pm \beta_1 h_2 k_3)$$

folgende Ausdrücke:

$$h = 6\alpha^2 - \delta, \qquad k = \varepsilon^2 - 24\alpha\beta\varepsilon + 584\alpha^2\beta^2 + 40\beta\gamma^2 - 960\alpha^3\gamma - 232\alpha\gamma\delta,$$

$$\Theta = -\varepsilon^3 - 4\alpha(129\delta^3 + 3147\alpha^2\delta^2 + 7447\alpha^4\delta + 20648\alpha^6)$$

$$+ 4\beta\delta(7\beta\varepsilon + 66\gamma\delta + 2792\alpha^2\gamma - 25\alpha\beta^2) + 32\beta(\beta^3\gamma - 209\alpha^3\beta^2 - 76\alpha\beta\gamma^2 + 1297\alpha^4\gamma).$$

Man setze nunmehr $\beta = 0$. Dann reduciren sich die Relationen zwischen den $\alpha, \beta, \gamma, \ldots$ auf folgende:

$$\alpha\varepsilon = -\gamma^2, \qquad \gamma\varepsilon = \delta^2 + \alpha^2\delta + 7\alpha^4,$$

also:

$$\gamma^3 = -\alpha(\delta^2 + \alpha^2\delta + 7\alpha^4), \qquad \alpha\varepsilon^2 = -\gamma(\delta^2 + \alpha^2\delta + 7\alpha^4), \qquad \alpha\varepsilon^3 = -(\delta^2 + \alpha^2\delta + 7\alpha^4)^2.$$

Die Werthe von k, Θ werden somit:

$$\alpha k = -\gamma(\delta^2 + 233\alpha^2\delta + 967\alpha^4),$$

$$\alpha\Theta = \delta^4 - 514\alpha^2\delta^3 - 12573\alpha^4\delta^2 - 29774\alpha^6\delta - 82592\alpha^8,$$

und setzt man hier, dem Werthe von h entsprechend, für $\delta = 6\alpha^2 - h$, so kommt:

$$\alpha k = -\gamma(h^2 - 5 . 7^2\alpha^2 h + 7^4\alpha^4),$$

$$\alpha\Theta = h^4 + 10 . 7^2\alpha^2 h^3 - 9 . 7^4\alpha^4 h^2 + 2 . 7^6\alpha^6 h - 7^7\alpha^8.$$

Ferner folgt vermöge derselben Substitution:

$$7^2\gamma^3 = -\alpha(49h^2 - 13 . 7^2\alpha^2 h + 7^4\alpha^4),$$

und also

$$\Theta^2 - k^3 = 12^3 h^7.$$

Die Bedingung $\beta = 0$ wird vermöge der Gleichungen (7), (8), (9) befriedigt, wenn man setzt:

(10) $$c_1 = \sqrt[3]{a_3 a_1^2}, \qquad c_2 = \sqrt[3]{a_1 a_2^2}, \qquad c_3 = \sqrt[3]{a_2 a_3^2},$$

also:

$$a_1 = a_0 \frac{c_1}{c_3}, \qquad a_2 = a_0 \frac{c_2}{c_1}, \qquad a_3 = a_0 \frac{c_3}{c_2},$$

und da dann gleichzeitig

$$\alpha = a_0^3, \qquad \delta = - a_0^2(b + 2a_0^4),$$

so folgt:

$$h = a_0^2 A,$$

wo A wie früher $= b + 8a_0^4$. *Der Werth t in Gleichung* (6) *kann also folgendermassen ausgedrückt werden:*

$$4t = \frac{\Theta}{h^3\sqrt{-h}},$$

und nimmt man jetzt mit Prof. KLEIN

$$k = g_2, \qquad \Theta = g_3\sqrt{27}, \qquad \Delta = g_2^3 - 27g_3^2 = - 12^3 h^7,$$

so ergiebt sich:

(11) $$4t = 216\frac{g_3}{\sqrt{\Delta}}.$$

§ 3.

Unter Beibehaltung der Bezeichnungen des vorigen Paragraphen sei:

$$u_s = \rho^s c_2^2 + \rho^{4s} c_3^2 + \rho^{2s} c_1^2,$$

$$v_s = \rho^{6s} c_2 c_3 + \rho^{3s} c_3 c_1 + \rho^{5s} c_1 c_2.$$

Dann findet man folgende Relationen:

$$\sum u = \sum v = 0, \qquad \sum u^2 = \sum v^2 = 0, \qquad \sum uv = 7\beta;$$

$$\sum u^3 - \sum v^3 - 7.6\alpha^2, \qquad \sum u^2 v = 7(\delta - \alpha^2), \qquad \sum uv^2 = 7.3\alpha^2;$$

$$\sum u^4 = 7.4(\beta^2 - 2\alpha\gamma), \qquad \sum u^3 v = 7.3\alpha\gamma, \qquad \sum u^2 v^2 = 7(\beta^2 + 2\alpha\gamma),$$

$$\sum uv^3 = 7.3\alpha\gamma, \qquad \sum v^4 = 7.4\alpha\gamma;$$

$$\sum u^5 = 7.10(\gamma^2 - 2\alpha^2\beta), \qquad \sum u^4 v = 7(\beta\delta - \gamma^2 + 17\alpha^2\beta), \qquad \sum u^3 v^2 = 7(2\beta\delta + \gamma^2),$$

$$\sum v^5 = 7.10\alpha^2\beta, \qquad \sum uv^4 = 7(10\alpha^2\beta + \gamma^2), \qquad \sum u^2 v^3 = 7.11\alpha^2\beta;$$

$$\sum u^6 = 7.6(\delta^2 - 2\alpha\beta\gamma + 20\alpha^4), \quad \sum u^5 v = 7.5(\beta^3 - \alpha\beta\gamma - 5\alpha^4 + 2\alpha^2\delta),$$

$$\sum v^6 = 7.6(\alpha\beta\gamma - \alpha^2\delta + 13\alpha^4), \quad \sum u v^5 = 7.5(\alpha\beta\gamma + \alpha^2\delta + 8\alpha^4),$$

$$\sum u^2 v^4 = 7(4\alpha^2\delta + 8\alpha\beta\gamma + 11\alpha^4), \quad \sum u^3 v^3 = 7(\beta^3 + 6\alpha^2\delta + 6\alpha\beta\gamma + 6\alpha^4),$$

$$\sum u^4 v^2 = 7(\delta^2 - 4\alpha^2\delta + 10\alpha\beta\gamma + 9\alpha^4);$$

$$\sum u^7 = 7(\varepsilon^2 - 14\alpha\beta\varepsilon + 156\alpha^2\beta^2 - 2\beta\gamma^2 - 208\alpha^3\gamma + 2\alpha\gamma\delta),$$

$$\sum v^7 = 7(\beta\gamma^2 - \alpha^2\beta^2 - \alpha\gamma\delta + 104\alpha^3\gamma),$$

$$\sum u^6 v = 7(14\beta\gamma^2 - 35\alpha^2\beta^2 + 6\beta^2\delta - 11\alpha\gamma\delta + 52\alpha^3\gamma),$$

$$\sum u v^6 = 7(15\alpha^2\beta^2 + 56\alpha^3\gamma),$$

$$\sum u^5 v^2 = 7(25\alpha^2\beta^2 - 2\beta\gamma^2 + 2\beta^2\delta + 8\alpha\gamma\delta - 6\alpha^3\gamma),$$

$$\sum u^2 v^5 = 7(13\alpha^2\beta^2 + 2\beta\gamma^2 + 3\alpha\gamma\delta + 38\alpha^3\gamma),$$

$$\sum u^4 v^3 = 7(6\alpha^2\beta^2 + 3\beta\gamma^2 + 3\beta^2\delta + 3\alpha\gamma\delta + 10\alpha^3\gamma),$$

$$\sum u^3 v^4 = 7(23\alpha^2\beta^2 + 4\alpha\gamma\delta + 18\alpha^3\gamma).$$

Daher sind die Coëfficienten der Gleichung siebenten Grades, welche, unter ω eine unbestimmte Grösse verstanden, folgende Wurzeln hat

$$x_s = u_s + \omega v_s \qquad (s = 0, 1, \ldots 6),$$

Functionen der Grössen α, β, γ, δ, ε. Nimmt man nun ω als Wurzel folgender Gleichung

$$\omega^2 + \omega + 2 = 0,$$

so ergiebt sich als Gleichung siebenten Grades diese:

$$x^7 - 7\omega\beta x^5 + 7\omega h x^4 - 7(2\omega + 5)\beta^2 x^3 + 14(2\omega + 3)\beta h x^2$$
$$+ 7[(3\omega - 2)\beta^3 - (\omega + 3)h^2]x - k - (7\omega - 38)\beta^2 h = 0,$$

wo h, k die im vorigen Paragraphen eingeführten Covarianten von β sind.

Nimmt man endlich noch an, dass c_1, c_2, c_3 die Werthe (10) haben und also $\beta = 0$ ist, *so wird die Gleichung siebenten Grades für* $x = \xi h^{\frac{1}{3}}$:

$$\xi^7 + 7\omega\xi^4 - 7(\omega + 3)\xi - \frac{k}{h^2 \sqrt[3]{h}} = 0,$$

oder:

$$\xi^7 + 7\omega\xi^4 - 7(\omega + 3)\xi + 12\frac{g_2}{\sqrt[3]{\Delta}} = 0.$$

Diese Gleichung, der man verschiedene Formen geben kann (man vergl. die citirten Arbeiten von Prof. KLEIN), ist dieselbe, zu der Hr. HERMITE in seiner Note *Sur l'abaissement de l'équation modulaire du huitième degré* *) seiner Zeit gelangt ist.

§ 4.

Bezeichnet man mit $f(y)$ die linke Seite der Gleichung (6) und mit $\varphi(y)$ folgenden Ausdruck

(12) $$\varphi(y) = 2y^7 + 29y^5 + 139y^3 + 187y + 7t,$$

so folgt aus (6):

(13) $$f'(y) \cdot \varphi(y) = 28(108 + t^2);$$

andererseits aber, ebenfalls aus (6):

(14) $$f'(y)\frac{dy}{dt} + 4y = 0,$$

und also:

$$14(108 + t^2)\frac{d\sqrt{y}}{dt} = -\varphi(y)\sqrt{y}.$$

Der Ausdruck $\varphi(y)\sqrt{y}$ ist daher seinerseits Quadratwurzel der Wurzel einer JACOBI'schen Gleichung achten Grades. Schreibt man dementsprechend

(15) $$\sqrt{y'} = -\varphi(y)\sqrt{y},$$

so hat man zunächst:

$$14(108 + t^2)\frac{d\sqrt{y}}{dt} = \sqrt{y'},$$

*) [Annali di Matematica pura ed applicata, serie I, t. II (1859), pp. 59-61].

und beachtet man jetzt, dass für $J = \frac{g_2^3}{\Delta}$ aus (11) folgende Beziehungen hervorgehen:

$$t = 6\sqrt{3}\sqrt{J-1}, \qquad 108 + t^2 = 108 J,$$

so erhält man weiter:

$$(16) \qquad 168\sqrt{3}\, J\sqrt{J-1}\, \frac{d\sqrt{y}}{dJ} = \sqrt{y'}.$$

Jetzt seien:

$$\sqrt{y''} = (y^5 + 11 y^3 + 33 y)\sqrt{y},$$

$$\sqrt{y'''} = (y^4 + 9y^2 + 14)\sqrt{y}.$$

Man berechnet dann leicht:

$$(17) \left\{\begin{aligned} 168\sqrt{3}\cdot J\sqrt{J-1}\cdot\frac{d\sqrt{y'}}{dJ} &= 7.108\, J\sqrt{y} + 4t(2\sqrt{y'} - \sqrt{y''}) + 48\sqrt{y'''}, \\ 168\sqrt{3}.J\sqrt{J-1}\cdot\frac{d\sqrt{y''}}{dJ} &= 11\,(t\sqrt{y''} - 12\sqrt{y'''}), \\ 168\sqrt{3}.J\sqrt{J-1}\cdot\frac{d\sqrt{y'''}}{dJ} &= 32\sqrt{y'} + 81\sqrt{y''} + 9t\sqrt{y'''}. \end{aligned}\right.$$

Hiermit ist Zweierlei bewiesen: 1) *dass die Ausdrücke* $\sqrt{y'}$, $\sqrt{y''}$, $\sqrt{y'''}$ *ebenso wie* $\sqrt{y}$ *die Quadratwurzeln aus den Wurzeln einer* JACOBI'*schen Gleichung achten Grades sind,* 2) *dass jeder dieser Ausdrücke einer linearen Differentialgleichung vierter Ordnung genügt.*

Des Weiteren ergiebt sich aus (15) vermöge (6):

$$y\sqrt{y'} = -\psi(y)\sqrt{y},$$

wo

$$\psi(y) = y^6 + 13y^4 + 47y^2 - ty + 14.$$

Bezeichnet man jetzt mit $\sqrt{Y}$, $\sqrt{Y'}$ die Ausdrücke

$$\sqrt{Y} = y\sqrt{y}, \qquad \sqrt{Y'} = -\psi(y)\sqrt{y},$$

so ergiebt sich aus (16):

$$56\sqrt{3}.J\sqrt{J-1}.\frac{d\sqrt{Y}}{dJ} = \sqrt{Y'}.$$

Die Eigenschaft also, welche am Ende von § 1. für $\sqrt{Y}$ *bewiesen wurde* — nämlich

Quadratwurzel der Wurzel einer JACOBI'schen Gleichung achten Grades zu sein — *überträgt sich auf* $\sqrt{Y'}$. *Sie überträgt sich zugleich auf* $\sqrt{Y''}$, $\sqrt{Y'''}$:

$$\sqrt{Y''} = (y^7 + 14y^5 + 62y^3 + 67y + 4t)\sqrt{y}, \qquad \sqrt{Y'''} = -(y^2+5)\sqrt{y};$$

denn man findet folgende Relationen:

$$168\sqrt{3}\,.\,J\sqrt{J-1}\,.\,\frac{d\sqrt{Y'}}{dJ} = 108\,J\sqrt{Y} + 16\,t\sqrt{Y'} + 120\sqrt{Y''} + 40\,t\sqrt{Y'''},$$

$$168\sqrt{3}\,.\,J\sqrt{J-1}\,.\,\frac{d\sqrt{Y''}}{dJ} = -16\sqrt{Y'} + 7\,t\sqrt{Y''} - 252\sqrt{Y'''},$$

$$168\sqrt{3}\,.\,J\sqrt{J-1}\,.\,\frac{d\sqrt{Y'''}}{dJ} = 5(3\sqrt{Y''} + t\sqrt{Y'''}).$$

§ 5.

Unter $\varphi(y)$ den Ausdruck (12) verstanden, werde jetzt gesetzt

$$\xi = \rho\varphi(y),$$

wo ρ einen von y unabhängigen Parameter bedeuten soll. Dann folgt aus (13):

$$(18)\qquad \xi = \frac{m}{f'(y)} \quad \text{und} \quad m = 28\,.\,108\,\rho J.$$

Sei ferner $\sum \xi^\nu = \sigma_\nu$, so erhält man durch abwechselnden Gebrauch der beiden für ξ gegebenen Darstellungsweisen:

$$\sigma_1 = 0, \quad \sigma_2 = 2m\rho, \quad \sigma_3 = 12m\rho^2 t, \quad \sigma_4 = 86m\rho, \quad \sigma_5 = 2^3.3.5^2 m\rho^2 t,$$

$$\sigma_6 = \tfrac{22}{9} m\rho(1159 + 20m\rho^3 t^2), \qquad \sigma_7 = 2^2.3^2.817\,m\rho^2 t,$$

$$\sum \frac{1}{\xi} = -\frac{2^6.3}{m}t,$$

und also für $m\rho = 28$ $\left(\text{was } \rho t = \sqrt{\frac{J-1}{J}} \text{ bedingt}\right)$:

$$\xi^8 - 28\xi^6 - 2^4.7\sqrt{\frac{J-1}{J}}.\xi^5 - 2.3.5.7\,\xi^4 - 2^5.7\sqrt{\frac{J-1}{J}}.\xi^3 - \frac{2^2.7.23}{3^3}\xi^2$$

$$-\frac{2^6.7^2}{3^3}\frac{J-1}{J}\xi - 2^4.3\sqrt{\frac{J-1}{J}}.\xi - 7 = 0.$$

Bezeichnet man nun mit $\wp(u)$ die bekannte WEIERSTRASS'sche Function, so ist *):

$$\xi = \frac{2}{\sqrt{3g_2}}\left[\wp\left(\frac{2\omega}{7}\right) + \wp\left(\frac{4\omega}{7}\right) + \wp\left(\frac{6\omega}{7}\right)\right].$$

Ich zeigte ferner schon vor einigen Jahren dass — unter ν den JACOBI'schen Coëfficienten $B_{\frac{n-1}{2}}$ verstanden, der im Zähler und Nenner der einer Primzahl n entsprechenden Transformationsformel auftritt, und der durch die Formel definirt ist

$$\nu = \mu\sqrt{\frac{\lambda\lambda'}{\varkappa\varkappa'}\mu}, \tag{19}$$

wo μ den Multiplicator, λ, k die beiden Moduln bedeutet — dass dann folgende Formel Statt hat:

$$\sum\wp\left(\frac{2\alpha\omega}{n}\right) = -\frac{n}{2\sqrt{3}}\sqrt{g_2}\frac{\varkappa\varkappa'^2}{\sqrt{1-\varkappa^2\varkappa'^2}}\frac{d\log\nu}{d\varkappa}, \quad \left(\alpha = 1, 2, \ldots \frac{n-1}{2}\right).$$

Es folgt also:

$$\xi = -\frac{7}{3}\frac{\varkappa\varkappa'^2}{\sqrt{1-\varkappa^2\varkappa'^2}}\frac{d\log\nu}{d\varkappa} = -\frac{28}{3}\sqrt{J(J-1)}\frac{d\log\nu}{dJ},$$

indem J, wie bekannt, $= \frac{4}{27}\frac{(1-\varkappa^2\varkappa'^2)^3}{\varkappa^4\varkappa'^4}$ ist.

Andererseits geben die Gleichungen (14), (18):

$$\xi = -\frac{m}{4}\frac{d\log y}{dt} = -14\sqrt{J(J-1)}\frac{d\log y}{dJ}.$$

Ein Vergleich der beiden Werthe giebt:

$$\sqrt{y} = \nu^{\frac{1}{3}}, \qquad \sqrt{Y} = \nu,$$

d. h. *ebensowohl* ν *als* $\sqrt[3]{\nu}$ *sind Quadratwurzeln von Wurzeln* JACOBI'*scher Gleichungen*, ein Satz, der für eine beliebige Primzahl n mit Leichtigkeit aus der Reihenentwickelung geschlossen wird.

Der so definirte neue Multiplicator y, den ich als KLEIN'*schen Multiplicator* zur

*) MÜLLER, *De transformatione functionum ellipticarum.* Dissertatio inauguralis, Berolini 1867.

Unterscheidung von dem gewöhnlich gebrauchten JACOBI'*schen Multiplicator* bezeichnen will, hängt mit letzterem durch die Formel (19) zusammen:

$$y = \mu \cdot \left(\frac{\lambda\lambda'}{\varkappa\varkappa'}\right)^{\frac{1}{3}},$$

die sich auch so schreiben lässt:

$$y = \mu \cdot \left(\frac{\Delta'}{\Delta}\right)^{\frac{1}{12}},$$

wo Δ, Δ' die Discriminanten der beiden biquadratischen Polynome sind, welche sich unter den Quadratwurzeln der beiden durch die Transformation verbundenen elliptischen Differentiale befinden. Unter $f(x)$ die fraglichen Polynome verstanden, bezeichne ich dementsprechend mit Herrn KLEIN als *Normalform* des elliptischen Integrals die folgende:

$$\int \frac{\sqrt[12]{\Delta} \,.\, dx}{\sqrt{f(x)}}.$$

April 1879.

CCXXXVI.

SUR QUELQUES ÉQUATIONS DIFFÉRENTIELLES.

(Extrait de deux lettres adressées à M. F. KLEIN).

Mathematische Annalen, t. XXVI (1886), pp. 106-109.

Soient v_1, v_2 deux intégrales fondamentales de l'équation différentielle de l'icosaèdre

$$x(x-1)v''+\tfrac{1}{6}(7x-4)v'-\frac{11}{3^2\cdot 4^2\cdot 5^2}v=0\,.$$

On sait qu'en posant $z=v_1v_2\sqrt{5}$ et

$$P=z^{12}+10z^6+5,\qquad Q=z^{12}+4z^6-1,\qquad R=z^{12}+22z^6+125,$$

on a l'équation modulaire Jacobienne pour la transformation du 5ème ordre des fonctions elliptiques sous l'une ou l'autre des deux formes:

$$x=\frac{P^3}{12^3\,.\,z^6},\qquad x-1=\frac{Q^2R}{12^3\,.\,z^6}\,.$$

On connait aussi que toutes les fonctions de z, lesquelles peuvent conduire à une equation modulaire Jacobienne, se divisent en deux types composés chacun de trois fonctions, et que les autres peuvent s'exprimer linéairement par les trois fonctions de l'un ou de l'autre type. J'indiquerai par φ_0, φ_1, φ_2 les fonctions d'un type, par ψ_0, ψ_1, ψ_2 celles de l'autre; et l'on a, comme il est connu:

$$\varphi_0=z,\quad \varphi_1=\frac{1}{z}(z^6-5),\quad \varphi_2=(z^6+9)z^3,$$

$$\psi_0=z^3,\quad \psi_1=\frac{1}{z}(z^6+5),\quad \psi_2=(z^6+7)z.$$

Soit maintenant

$$x^2(x-1)y''' + x(Ax-B)y'' + (Cx-D)y' + Ey = 0$$

une équation différentielle hypergéométrique du troisième ordre et en conséquence:

$$A = 3 + a_1 + a_2 + a_3, \qquad C = 1 + a_1 + a_2 + a_3 + a_2 a_3 + a_3 a_1 + a_1 a_2,$$

$$E = a_1 a_2 a_3, \qquad B = 1 + b_1 + b_2, \qquad D = b_1 b_2.$$

En supposant

$$a_1 + a_2 + a_3 = \tfrac{1}{2}, \qquad b_1 = \tfrac{2}{3}, \qquad b_2 = \tfrac{1}{3},$$

on peut poser avec M. HALPHEN:

$$a_1 = \frac{1}{6} + \frac{1}{3\cdot 5}(2r+s), \quad a_2 = \frac{1}{6} - \frac{1}{3\cdot 5}(2s+r), \quad a_3 = \frac{1}{6} + \frac{1}{3\cdot 5}(s-r).$$

Or on peut démontrer que pour chacune des fonctions φ_0, φ_1, ... subsiste une équation différentielle de la forme supérieure, et l'on a:

pour φ_0,	$r = s = 1$;	pour ψ_0,	$r = 2,\ s = 1$,
» φ_1,	$r = 3,\ s = 1$;	» ψ_1,	$r = 1,\ s = 2$,
» φ_2,	$r = 1,\ s = 3$;	» ψ_2,	$r = s = 2$.

L'équation différentielle du troisième ordre pour ψ_2 a donc la même propriété que celle pour φ_0, c'est-à-dire l'on aura $\psi_2 = u_1 u_2$; u_1, u_2 étant deux intégrales fondamentales d'une équation différentielle du second ordre.

Cette équation est la suivante:

$$x(x-1)u'' + \frac{1}{6}(7x-4)u' - \frac{7\cdot 17}{3^2\cdot 4^2\cdot 5^2}u = 0,$$

ou en d'autres termes, étant pour l'équation différentielle de l'icosaèdre

$$\lambda = \tfrac{1}{3}, \qquad \mu = \tfrac{1}{5}, \qquad \nu = \tfrac{1}{2},$$

on a pour celle-ci:

$$\lambda = \tfrac{1}{3}, \qquad \mu = \tfrac{2}{5}, \qquad \nu = \tfrac{1}{2}.$$

En conséquence *) si l'on pose

$$\psi_2 = 2(4^3 - 7\cdot 3^3 x)^{\frac{1}{6}} \eta,$$

*) KLEIN, *Über lineare Differentialgleichungen* [Mathematische Annalen, t. XII (1877), pp. 167-179 (pag. 176)]. — BRIOSCHI, *Sulle equazioni differenziali del tetraedro, dell'ottaedro e dell'icosaedro* [LXXIX: t. II, pp. 215-239].

on aura la nouvelle équation modulaire:

$$\xi = \frac{L^3}{12^3 . \eta^6}, \qquad \xi - 1 = \frac{M^2 N}{12^3 . \eta^6},$$

L, M, N étant formées avec η, comme P, Q, R avec z, et

$$\xi = \frac{x(4 . 27^2 x^2 - 7 . 13 . 27 x - 7 . 8^3)^3}{(4^3 - 7 . 3^3 x)^5}.$$

Des propriétés analogues ont lieu pour les équations différentielles correspondantes aux transformations d'ordre supérieure ...

La transformation du septième ordre des fonctions elliptiques conduit à des résultats analogues à ceux que je vous ai communiqué dans ma lettre précédente. On sait qu'en posant $z^2 = -7 v_1 v_2 v_3$; v_1, v_2, v_3 étant trois intégrales fondamentales de l'équation différentielle hypergéométrique du troisième ordre

$$(1) \qquad x^2(x-1)v''' + (ax - b)xv'' + (cx - d)v' + ev = 0,$$

dans laquelle

$$a = 3 + \alpha_1 + \alpha_2 + \alpha_3, \qquad c = 1 + \sum \alpha_1 + \sum \alpha_2 \alpha_3, \qquad e = \alpha_1 \alpha_2 \alpha_3,$$

$$b = 1 + \beta_1 + \beta_2, \qquad d = \beta_1 \beta_2,$$

on a:

$$\alpha_1 = \frac{1}{6} + \frac{1}{3 . 7}(2r + s), \quad \alpha_2 = \frac{1}{6} - \frac{1}{3 . 7}(2s + r), \quad \alpha_3 = \frac{1}{6} + \frac{1}{3 . 7}(s - r),$$

et

$$r = 2, \qquad s = 1, \qquad \beta_1 = \frac{2}{3}, \qquad \beta_2 = \frac{1}{3}.$$

En indiquant par P, Q, R les trois polynômes:

$$P = z^8 - 13 z^4 + 49, \qquad Q = z^8 - 5 z^4 + 1,$$

$$R = z^{16} - 14 z^{12} + 63 z^8 - 70 z^4 - 7,$$

l'équation modulaire Jacobienne est dans ce cas:

$$x = -\frac{P Q^3}{12^3 . z^4}, \qquad 1 - x = \frac{R^2}{12^3 . z^4}.$$

J'ai donné autrefois les huits expressions de z qui peuvent conduire à d'autres équations modulaires Jacobiennes. Les quatres premières qu'on pourrait nommer *congrédientes* sont:

$$\varphi_0 = z, \quad \varphi_1 = z(z^8 - 9z^4 + 18), \quad \varphi_2 = \frac{1}{z}(z^8 - 7z^4 + 7), \quad \varphi_3 = z^3(z^8 - 11z^4 + 33),$$

et les quatres *contragrédientes*:

$$\psi_0 = z(z^4 - 5), \quad \psi_1 = z(z^{12} - 13z^8 + 52z^4 - 39), \quad \psi_2 = z^3, \quad \psi_3 = \frac{1}{z}(z^8 - 7z^4 - 7).$$

Or chacune de ces fonctions satisfait à une équation différentielle linéaire du quatrième ordre du type que je vais définir.

La forme générale de l'équation différentielle est la suivante:

$$x^2(x-1)^2 z^{\text{IV}} + (Ax - B)x(x-1)z''' + (Cx^2 - Dx + E)z'' + (Fx - G)z' + Hz = 0,$$

étant

$$A = 6 + a_1 + a_2 + a_3 + a_4, \qquad C = 7 + 3\sum a_1 + \sum a_1 a_2,$$

$$F = 1 + \sum a_1 + \sum a_1 a_2 + \sum a_1 a_2 a_3, \qquad H = a_1 a_2 a_3 a_4,$$

et

$$a_1 + a_2 + a_3 + a_4 = 1, \qquad B = 4, \qquad E = \frac{20}{9},$$

$$D = C + \frac{53}{4 \cdot 9}, \qquad G = -\frac{1}{2}C + F + \frac{323}{8 \cdot 9}.$$

On pourra donc poser

$$a_1 = \frac{1}{4} + \frac{1}{2 \cdot 7}c_1, \qquad a_2 = \frac{1}{4} + \frac{1}{2 \cdot 7}c_2, \qquad a_3 = \frac{1}{4} + \frac{1}{2 \cdot 7}c_3,$$

$$a_4 = \frac{1}{4} - \frac{1}{2 \cdot 7}(c_1 + c_2 + c_3),$$

et l'on trouve pour les fonctions congrédientes:

pour φ_0:	$c_1 = 6$,	$c_2 = -4$,	$c_3 = -2$,	$c_1 + c_2 + c_3 = 0$,
» φ_1:	$c_1 = 10$,	$c_2 = -8$,	$c_3 = -2$,	» $= 0$,
» φ_2:	$c_1 = 5$,	$c_2 = 3$,	$c_3 = -1$,	» $= 7$,
» φ_3:	$c_1 = 3$,	$c_2 = -9$,	$c_3 = -1$,	» $= -7$;

et pour les fonctions contragrédientes:

pour ψ_0: $c_1 = -6$, $c_2 = 4$, $c_3 = 2$, $c_1 + c_2 + c_3 = 0$,

» ψ_1: $c_1 = -10$, $c_2 = 8$, $c_3 = 2$, » $= 0$,

» ψ_2: $c_1 = -5$, $c_2 = -3$, $c_3 = 1$, » $= -7$,

» ψ_3: $c_1 = -3$, $c_2 = 9$, $c_3 = 1$, » $= 7$.

On a donc deux fonctions congrédientes et deux contragrédientes (sans m'occuper pour le moment des combinaisons linéaires qu'on peut former avec les quatre fonctions d'une espèce et les quatre de l'autre) pour lesquelles $c_1 + c_2 + c_3 = 0$. En conséquence les expressions φ_0^2, φ_1^2; ψ_0^2, ψ_1^2 résultent du produit de trois fonctions homogènes de v_1, v_2, v_3 et chacune de ces fonctions sont intégrales d'équations différentielles du troisième ordre du type supérieur (1).

Milan, le 17 Février et le 10 Mars 1885.

CCXXXVII.

ZUR TRANSFORMATION DRITTEN GRADES DER HYPERELLIPTISCHEN FUNCTIONEN ERSTER ORDNUNG.

(Auszug eines Briefes an Herrn M. KRAUSE in Rostock).

Mathematische Annalen, t. XXVIII (1887), pp. 594-596.

Es mögen durch die Buchstaben c die ursprünglichen, C die transformirten Thetafunctionen für die Nullwerthe der Argumente bezeichnet werden. Zwischen den zehn Grössen C, c bestehen dann für den Fall der Transformation dritten Grades fünf von einander unabhängige Gleichungen, welche aus den Gleichungen hergeleitet werden können, die sich § 41, pag. 193, Ihres Werkes befinden *).

Ich schreibe gleich Ihnen:

$$C_{34}\cdot c_{34} + C_{03}\cdot c_{03} + C_{23}\cdot c_{23} = C_5\cdot c_5,$$
$$C_2\cdot c_2 + C_4\cdot c_4 + C_0\cdot c_0 = C_5\cdot c_5,$$
$$C_4\cdot c_4 + C_{14}\cdot c_{14} + C_{34}\cdot c_{34} = C_5\cdot c_5,$$
$$C_0\cdot c_0 + C_{03}\cdot c_{03} + C_{01}\cdot c_{01} = C_5\cdot c_5,$$
$$C_{01}\cdot c_{01} + C_{14}\cdot c_{14} + C_{12}\cdot c_{12} = C_5\cdot c_5,$$
$$C_2\cdot c_2 + C_{12}\cdot c_{12} + C_{23}\cdot c_{23} = C_5\cdot c_5.$$

Diesen Relationen wird identisch Genüge geleistet, wenn man setzt:

$$C_5\cdot c_5 = \tfrac{1}{2}\rho(g_0 + g_1 + g_2 + g_3),$$
$$C_0\cdot c_0 = \tfrac{1}{2}\rho(g_0 + g_1 - g_2 - g_3),$$

*) KRAUSE, *Die Transformation der hyperelliptischen Functionen erster Ordnung*, Leipzig 1886.

$$C_{12}\cdot c_{12} = \frac{1}{2}\rho(g_0 - g_1 + g_2 - g_3),$$

$$C_{34}\cdot c_{34} = \frac{1}{2}\rho(g_0 - g_1 - g_2 + g_3),$$

$$C_{23}\cdot c_{23} = \rho(g_1 - 1), \qquad C_{14}\cdot c_{14} = \rho(g_1 + 1),$$

$$C_4\cdot c_4 = \rho(g_2 - 1), \qquad C_{03}\cdot c_{03} = \rho(g_2 + 1),$$

$$C_{01}\cdot c_{01} = \rho(g_3 - 1), \qquad C_2\cdot c_2 = \rho(g_3 + 1),$$

oder durch andere Ausdrücke ähnlicher Art.

Der Ursprung der Grössen g_0, g_1, g_2, g_3 ist der folgende. Sei

$$\mathfrak{z}_5(v_1', v_2') = h_0\cdot\mathfrak{z}_5^3 + \mathfrak{z}_5(h_1\cdot\mathfrak{z}_0^2 + h_2\cdot\mathfrak{z}_{12}^2 + h_3\cdot\mathfrak{z}_{34}^2) + h_4\cdot\mathfrak{z}_0\cdot\mathfrak{z}_{12}\cdot\mathfrak{z}_{34}$$

die Transformationsgleichung und

$$\begin{aligned}\mathfrak{z}_5^4 + \mathfrak{z}_0^4 + \mathfrak{z}_{12}^4 + \mathfrak{z}_{34}^4 + 2a(\mathfrak{z}_5^2\cdot\mathfrak{z}_0^2 + \mathfrak{z}_{12}^2\cdot\mathfrak{z}_{34}^2)&\\ + 2b(\mathfrak{z}_5^2\cdot\mathfrak{z}_{12}^2 + \mathfrak{z}_{34}^2\cdot\mathfrak{z}_0^2)&\\ + 2c(\mathfrak{z}_5^2\cdot\mathfrak{z}_{34}^2 + \mathfrak{z}_0^2\cdot\mathfrak{z}_{12}^2)&\\ + 4\varkappa\mathfrak{z}_5\cdot\mathfrak{z}_0\cdot\mathfrak{z}_{12}\cdot\mathfrak{z}_{34} &= 0\end{aligned}$$

die entsprechende Göpel'sche biquadratische Gleichung, dann folgen die Beziehungen:

$$h_1 = h_0[a - g_1\sqrt{a^2 - 1}],$$

$$h_2 = h_0[b - g_2\sqrt{b^2 - 1}],$$

$$h_3 = h_0[c - g_3\sqrt{c^2 - 1}],$$

$$h_4 = h_0[\varkappa - g_4\sqrt{(a^2 - 1)(b^2 - 1)(c^2 - 1)}],$$

$$g_0 = \frac{bc - a}{\sqrt{(b^2 - 1)(c^2 - 1)}}g_1 + \frac{ca - b}{\sqrt{(c^2 - 1)(a^2 - 1)}}g_2 + \frac{ab - c}{\sqrt{(a^2 - 1)(b^2 - 1)}}g_3 + \varkappa g_4.$$

Aus diesen Betrachtungen folgt dann, dass das Problem der Transformation dritter Ordnung sich auf die Untersuchung der Gleichungen reducirt, denen die Grössen g_0, g_1, g_2, g_3 Genüge leisten.

Diese Gleichungen erhält man aber aus den bekannten quadratischen oder biquadratischen Relationen, die zwischen den 10 Grössen C bestehen. Zunächst geben die beiden Gleichungen

$$C_{23}^4 - C_{14}^4 = C_4^4 - C_{03}^4 = C_{01}^4 - C_2^4,$$

zwischen g_1, g_2, g_3, die Relationen:

$$(1) \quad \frac{(g_1 - 1)^4}{c_{23}^4} - \frac{(g_1 + 1)^4}{c_{14}^4} = \frac{(g_2 - 1)^4}{c_4^4} - \frac{(g_2 + 1)^4}{c_{03}^4} = \frac{(g_3 - 1)^4}{c_{01}^4} - \frac{(g_3 + 1)^4}{c_2^4}.$$

Andrerseits bestehen die Beziehungen:

$$\varepsilon C_5^2 = C_{23}^2 . C_4^2 . C_{01}^2 + C_{14}^2 . C_{03}^2 . C_2^2,$$

$$\varepsilon C_0^2 = C_{14}^2 . C_4^2 . C_{01}^2 + C_{23}^2 . C_{03}^2 . C_2^2,$$

$$\varepsilon C_{12}^2 = C_{14}^2 . C_4^2 . C_2^2 + C_{23}^2 . C_{03}^2 . C_{01}^2,$$

$$\varepsilon C_{34}^2 = C_{23}^2 . C_4^2 . C_2^2 + C_{14}^2 . C_{03}^2 . C_{01}^2,$$

$$\varepsilon = C_{23}^4 - C_{14}^4.$$

In diesen Gleichungen sind die linken Seiten Functionen von g_0, g_1, g_2, g_3, die rechten Functionen von g_1, g_2, g_3. In Folge dessen kann man g_0 als Function von g_1, g_2, g_3 ausdrücken.

Dann ergeben die beiden oberen Gleichungen (1) und eine beliebige der zuletzt angeführten die gesuchten Werthe von g_1, g_2, g_3, werden also die neuen Modulargleichungen sein.

Setzt man einen jeden der oberen Ausdrücke (1) gleich einer unbestimmten Grösse t, so ergeben sich drei Gleichungen 4ten Grades, um g_1, g_2, g_3 als Functionen von t zu bestimmen.

Setzt man dann schliesslich diese Werthe in die letzte Gleichung ein, so erhält man die Modulargleichung.

November 1886.

CCXXXVIII.

ÜBER DIE TRANSFORMATION DER ALGEBRAISCHEN GLEICHUNGEN DURCH COVARIANTEN.

(Auszug aus einem Briefe an Herrn GORDAN in Erlangen).

Mathematische Annalen, t. XXIX (1887), pp. 327-330;
Sitzungsberichte der physikalisch-medicinischen Societät zu Erlangen, Heft XIX (1887), pp. 6-8.

... Erlauben Sie mir nun einen Satz über Covarianten mitzutheilen, welcher an und für sich wichtig ist und in der Lehre der Transformationen seine Anwendung findet.

Es sei

$$f(x, y) = (a_0, a_1, \dots a_n \between x, y)^n$$

eine Form von der Ordnung n und

$$\varphi(x, y) = (c_0, c_1, \dots c_m \between x, y)^m$$

eine Covariante von f von der Ordnung m; $f(x, 1) = 0$ habe nur ungleiche Wurzeln $x_1, \dots x_n$.

Ich führe jetzt die Ausdrücke ein:

$$\alpha_1 \;= a_0 x_\nu + a_1,$$

$$\alpha_2 \;= a_0 x_\nu^2 + 2 a_1 x_\nu + a_2,$$

$$\alpha_3 \;= a_0 x_\nu^3 + 3 a_1 x_\nu^2 + 3 a_2 x_\nu + a_3,$$

$$\dots\dots\dots\dots\dots\dots\dots\dots$$

$$\alpha_{n-1} = a_0 x_\nu^{n-1} + (n-1) a_1 x_\nu^{n-2} + \dots + a_{n-1},$$

wo x_ν eine der Wurzeln $x_1, \dots x_n$ ist.

Es gilt nun der Satz:

Der Werth von

$$\varphi(x_\nu, 1)$$

lässt sich aus dem letzten Coëfficienten c_m *der Covariante* $\varphi(x, y)$ *dadurch ableiten, dass man darin die Coëfficienten* $a_0, a_1, \ldots a_{n-1}, a_n$ *durch die* $a_0, \alpha_1, \alpha_2, \ldots \alpha_{n-1}$, 0 *ersetzt.*

Bedenkt man ferner, dass man aus obigen Formeln und der identischen Gleichung $f(x, 1) = 0$ die Werthe von $a_0, \ldots a_n$ berechnen kann, so findet man, indem man diese Werthe in eine beliebige Invariante der Form f

$$j(a_0, a_1, \ldots a_n)$$

einträgt, j als Function der α.

Wir wollen als Beispiel eine Form 5ter Ordnung betrachten. Setzt man

$$\alpha_4 = a, \qquad \alpha_3 = b, \qquad \alpha_2 = c, \qquad \alpha_1 = d,$$

so hat man für die Covariante

$$i(x, y) = (f, f)_4$$

2ter Ordnung und 2ten Grades:

$$i(x_\nu, 1) = 2(3b^2 - 4ac),$$

und ebenso für die Covariante 3ten Grades:

$$l(x_\nu, 1) = 2abc - a^2 d - b^3.$$

Dieser Satz lässt sich in der Lehre der Transformationen verwerthen. Ich habe früher den Satz bewiesen *) dass die Gleichung

$$f(x, 1) = 0,$$

für $n = 5$, durch die Substitution:

$$y = 5\frac{l(x)}{f'(x)},$$

wo l die obige cubische Covariante ist, in die Gleichung übergeht:

$$\Delta y^5 + T_{12} y^3 + T_{16} y + T_{18} = 0.$$

*) [LXXXV: t. II, pp. 281-294 (pag. 293)].

Hier bedeutet Δ die Discriminante und T_{12}, T_{16}, T_{18} Invarianten von den Graden 12, 16, 18. Sind nun A, B, C, D die Fundamental-invarianten von f, also von den Graden 4, 8, 12, 18, so hat man:

$$\Delta = A^2 - 144 B,$$

$$T_{12} = t_1 A B + t_2 C,$$

$$T_{16} = t_3 A C + t_4 B^2,$$

$$T_{18} = t_5 D,$$

wobei t_1, t_2, t_3, t_4, t_5 numerische Constanten bedeuten, die man aus der Gleichung in y berechnen kann.

Ersetzt man y durch y_ν, so hat man identisch:

$$y_\nu = \frac{2abc - a^2 d - b^3}{a},$$

und wenn man berücksichtigt, dass die Invarianten A, B, C, D Functionen von a, b, c, d sind, so kann man leicht die numerischen Werthe der t berechnen. Da wir es ferner mit einer identischen Gleichung zu thun haben, so ist die Annahme gestattet, dass einige der Grössen a, b, c, ... verschwinden, wodurch sich die Rechnung vereinfacht.

Machen wir z. B. die Voraussetzung

$$c = d = 0,$$

so haben wir:

$$y = -\frac{b^3}{a}, \qquad A = 3ab^2,$$

$$9B = a^2(9b^4 - a^3),$$

$$108C = b^2(14a^3b^4 - 3a^6 - 27b^8),$$

$$54D = b^3(9^3b^{12} - 135a^3b^8 - 45a^6b^4 - 5a^9),$$

$$\Delta = a^2(16a^3 - 135b^4).$$

Trägt man diese Werthe ein, so wird:

$$t_1 = -\frac{45}{2}, \quad t_2 = -540, \quad t_3 = -\frac{5.81}{4}, \quad t_4 = \frac{5.81}{16}, \quad t_5 = -\frac{27}{8}.$$

Dieses Resultat ist zwar bekannt, doch dient es dazu, um die Leichtigkeit der Anwendung unseres Satzes zu zeigen.

Ich glaube dass die Transformation der algebraischen Gleichungen mittelst Covarianten wichtige Resultate herbeiführen kann und dass die Sätze, die ich Ihnen mittheilte, die Anwendung der Methode befördern können.

Ich will noch eine andere Anwendung des obigen Invariantensatzes geben.

Bezeichnet man mit ∇ die Discriminante der Gleichung

$$\frac{f(x)}{x - x_\nu} = 0,$$

so hat man bis auf einen numerischen Coëfficienten:

$$D = \alpha_{n-1}^2 \nabla.$$

Drückt man jetzt ∇ durch die Grössen $\alpha_0, \alpha_1, \ldots \alpha_{n-1}$ aus, so kann man auf diese Weise Δ berechnen als Function der Invarianten der Form n^{ten} Grades, sobald man es durch die Invarianten der Form $(n-1)^{\text{ten}}$ Grades ausgedrückt hat.

Im obigen Falle haben die Invarianten g_2, g_3 der biquadratischen Gleichung die Werthe:

$$g_2 = \frac{5}{6}(6a - 15bd + 10c^2),$$

$$g_3 = \frac{25}{16.27}(144ac + 180bcd - 108b^2 - 135ad^2 - 80c^3),$$

$(a_0 = 1)$. Für $c = d = 0$ hat man:

$$\nabla = g_2^3 - 27g_3^2 = \frac{125}{16}(16a^3 - 135b^4),$$

und demnach:

$$\Delta = a^2(16a^3 - 135b^4),$$

wie oben.

Mailand, im December 1886.

CCXXXIX.

ÜBER DIE AUFLÖSUNG DER GLEICHUNGEN VOM FÜNFTEN GRADE *).

Mathematische Annalen, t. XIII (1878), pp. 109-160.

CCXL.

ÜBER DIE REIHEN, WELCHE DIE ANZAHL DER REELLEN WURZELN DER ALGEBRAISCHEN GLEICHUNGEN MIT EINER ODER MEHREREN UNBEKANNTEN GEBEN **).

Zeitschrift für Mathematik und Physik, t. II (1857), pp. 209-222.

*) [Questo lavoro, scritto in lingua tedesca per i « Mathematische Annalen » porta la data *Mailand, im October 1877*. Esso non si riproduce qui, perchè se ne ha una traduzione in lingua italiana nell' « Appendice terza » al « Trattato Elementare delle funzioni ellittiche di A. Cayley, traduzione di F. Brioschi, Milano 1880 » (pp. 378-446) e quest'Appendice è già stata riprodotta in queste « Opere Matematiche » (t. IV, pp. 260-322); essa porta appunto il titolo: *La risoluzione delle equazioni del quinto grado* e nel *Capitolo primo* contiene in più il n° 7 (t. IV, pp. 278-280), che manca nel testo tedesco].

**) [Questo lavoro è la traduzione in lingua tedesca di un altro: *Sur les séries qui donnent le nombre de racines réelles des équations algébriques, à une ou à plusieurs inconnues,* inserito nel periodico « Nouvelles Annales de Mathématiques, 1ère série, t. XV (1856), pp. 264-286 » che è già stato riprodotto nel testo francese in queste « Opere Matematiche » (CCXVI: t. V, pp. 127-143)].

CCXLI.

SUR LES ÉQUATIONS DIFFÉRENTIELLES LINÉAIRES.

(Extrait d'une lettre à M. LAGUERRE).

Bulletin de la Société Mathématique de France, tome VII (1878-79), pp. 105-108.

. . . Les Communications que vous avez faites récemment à l'Académie des Sciences, *Sur quelques invariants des équations différentielles linéaires* *), ont eu pour moi un grand intérêt, ayant dû autrefois m'occuper de questions analogues. Malheureusement je ne peux pas en ce moment revenir sur ce sujet; mais je désire vous faire connaître la méthode que j'avais suivie, laquelle me paraît conduire facilement à vos résultats et peut-être les compléter.

Soient les deux équations différentielles linéaires du troisième ordre

$$y''' + 3\,l y' + m y = 0, \quad \frac{d^3 u}{dz^3} + 3\lambda \frac{du}{dz} + \mu u = 0,$$

où

$$y' = \frac{dy}{dx}, \qquad y'' = \frac{d^2 y}{dx^2}, \qquad \ldots .$$

Je pose

$$y = \nu u,$$

ν étant fonction de x.

On a :

$$y' = \nu \frac{du}{dz} z' + \nu' u,$$

$$y'' = \nu\left(\frac{d^2 u}{dz^2} z'^2 + \frac{du}{dz} z''\right) + 2\nu' \frac{du}{dz} z' + \nu'' u, \qquad \ldots .$$

*) [Comptes Rendus des séances de l'Académie des Sciences, t. LXXXVIII (1879), pp. 224-227].

En substituant les y', y'', y''' dans la première équation différentielle, on doit obtenir la seconde, et, par conséquent, on arrive aux trois relations

$$(1)\quad \begin{cases} \nu z'' + \nu' z' = 0, \\ \nu z''' + 3\nu' z'' + 3\nu'' z' + 3 l \nu z' = 3\lambda \nu z'^3, \\ \nu''' + 3 l \nu' + m\nu = \mu \nu z'^3. \end{cases}$$

Or, en posant $\frac{z''}{z'} = Z$, la première donne:

$$\nu' = -Z\nu,$$

et, par suite,

$$\nu'' = -(Z' - Z^2)\nu, \qquad \nu''' = -(Z'' - 3ZZ' + Z^3)\nu.$$

D'autre part:

$$\frac{z'''}{z'} = Z' + Z^2;$$

la seconde des équations (1) se transforme donc ainsi qu'il suit:

$$(2)\qquad 2Z' = Z^2 + 3(l - \lambda z'^2),$$

et la troisième devient

$$Z'' - 3ZZ' + Z^3 + 3lZ - (m - \mu z'^3) = 0.$$

Enfin, en remplaçant dans celles-ci Z' et Z'' par leurs valeurs déduites de l'équation (2), on trouve votre relation

$$\left(3\frac{d\lambda}{dz} - 2\mu\right)z'^3 = 3l' - 2m.$$

Je pose

$$(3)\qquad 3\frac{d\lambda}{dz} - 2\mu = \alpha \quad \text{et} \quad 3l' - 2m = a,$$

d'où l'on déduit:

$$\alpha z'^3 = a.$$

On a:

$$3Z = \frac{d \log a}{dx} - \frac{d \log \alpha}{dz} z'.$$

Cette valeur de Z, substituée dans l'équation (2), conduit très facilement à la relation suivante:

$$\beta z'^2 = b,$$

où j'ai posé, pour abréger,

$$6\frac{d^2 \log \alpha}{d\zeta^2} - \left(\frac{d \log \alpha}{d\zeta}\right)^2 - 27\lambda = \beta,$$

et

$$6\frac{d^2 \log a}{dx^2} - \left(\frac{d \log a}{dx}\right)^2 - 27l = b.$$

On aura enfin, par conséquent,

$$\frac{\beta^3}{\alpha^2} = \frac{b^3}{a^2},$$

relation *invariantive* entre les seuls coefficients des deux équations différentielles et leurs dérivées.

Il est très-important de noter que ces formes invariantives restent les mêmes pour les équations différentielles d'ordre supérieur.

Par exemple, pour les équations différentielles du quatrième ordre

$$y^{\text{IV}} + 6ly'' + 4my' + ny = 0$$

et

$$\frac{d^4 u}{d\zeta^4} + 6\lambda\frac{d^2 u}{d\zeta^2} + 4\mu\frac{du}{d\zeta} + \nu u = 0,$$

on trouve

$$\nu' = -\tfrac{3}{2}Z\nu, \qquad 2Z' = Z^2 + \tfrac{12}{5}(l - \lambda\zeta'^2),$$

$$Z'' - 3ZZ' + Z^3 + \tfrac{12}{5}lZ - \tfrac{4}{5}(m - \mu\zeta'^3) = 0,$$

et, par suite,

$$\alpha\zeta'^3 = a,$$

α et a étant définis par les équations (3).

En posant

$$6\frac{d^2 \log \alpha}{d\zeta^2} - \left(\frac{d \log \alpha}{d\zeta}\right)^2 - \frac{108}{5}\lambda = \beta,$$

$$6\frac{d^2 \log a}{dx^2} - \left(\frac{d \log a}{dx}\right)^2 - \frac{108}{5}l = b,$$

on en déduit:

$$\beta\zeta'^2 = b \quad \text{et} \quad \frac{\beta^3}{\alpha^2} = \frac{b^3}{a^2}.$$

Enfin la dernière équation donne

$$\gamma\zeta'^4 = c,$$

où

$$\gamma = 30\frac{d^2\lambda}{dz^2} - 50\frac{d\mu}{dz} - 81\lambda^2 + 25\nu,$$

$$c = 30\,l'' - 50\,\mu' - 81\,l^2 + 25\,n.$$

J'ajoute une dernière remarque. Si, pour les équations différentielles du troisième ordre, l'invariant a est nul, l'équation se réduit à la suivante, du second ordre :

$$\xi'' + \tfrac{3}{4}\,l\xi = 0,$$

où

$$y = \xi^2.$$

Si, pour l'équation du quatrième ordre, les invariants a et c sont nuls, on a :

$$\xi'' + \tfrac{3}{5}\,l\xi = 0,$$

équation où j'ai posé

$$y = \xi^3.$$

Si vous croyez que ces résultats peuvent avoir quelque intérêt pour nos collègues de la Société mathématique, vous pouvez les leur communiquer . . .

CCXLII.

SUR QUELQUES QUESTIONS DE LA GÉOMÉTRIE DE POSITION.

Journal für die reine und angewandte Mathematik, t. L (1855), pp. 233-238.

I. — Relation entre les distances respectives de cinq points pris dans l'espace.

Soient x_s, y_s, z_s les coordonnées d'un quelconque des cinq points; x_r, y_r, z_r les coordonnées d'un sixième point. Je pose

$$a_{r,s} = (x_r - x_s)^2 + (y_r - y_s)^2 + (z_r - z_s)^2,$$

$$c_s = x_s^2 + y_s^2 + z_s^2, \qquad h = x_r^2 + y_r^2 + z_r^2.$$

On a:

$$a_{r,s} - c_s = h - 2x_r x_s - 2y_r y_s - 2z_r z_s;$$

par conséquent:

$$\begin{vmatrix} a_{r,1} - c_1 & 1 & x_1 & y_1 & z_1 \\ a_{r,2} - c_2 & 1 & x_2 & y_2 & z_2 \\ \cdot & \cdot & \cdot & \cdot & \cdot \\ a_{r,5} - c_5 & 1 & x_5 & y_5 & z_5 \end{vmatrix} = 0.$$

Le déterminant, premier membre de cette équation, peut être écrit comme il suit:

$$\begin{vmatrix} c_1 & a_{r,1} - c_1 & 1 & x_1 & y_1 & z_1 \\ c_2 & a_{r,2} - c_2 & 1 & x_2 & y_2 & z_2 \\ \cdot & \cdot & \cdot & \cdot & \cdot & \cdot \\ c_5 & a_{r,5} - c_5 & 1 & x_5 & y_5 & z_5 \\ 1 & 0 & 0 & 0 & 0 & 0 \end{vmatrix}.$$

En ajoutant aux éléments de la seconde colonne ceux de la première, on aura:

$$\begin{vmatrix} c_1 & a_{r,1} & 1 & x_1 & y_1 & z_1 \\ c_2 & a_{r,2} & 1 & x_2 & y_2 & z_2 \\ \cdot & \cdot & \cdot & \cdot & \cdot & \cdot \\ c_5 & a_{r,5} & 1 & x_5 & y_5 & z_5 \\ 1 & 1 & 0 & 0 & 0 & 0 \end{vmatrix} = 0.$$

De cette équation on conclût que le produit des deux déterminants

$$\begin{vmatrix} c_1 & a_{r,1} & 1 & -2x_1 & -2y_1 & -2z_1 \\ c_2 & a_{r,2} & 1 & -2x_2 & -2y_2 & -2z_2 \\ \cdot & \cdot & \cdot & \cdot & \cdot & \cdot \\ c_5 & a_{r,5} & 1 & -2x_5 & -2y_5 & -2z_5 \\ 1 & 1 & 0 & 0 & 0 & 0 \end{vmatrix} \quad \begin{vmatrix} 1 & a_{r,1} & c_1 & x_1 & y_1 & z_1 \\ 1 & a_{r,2} & c_2 & x_2 & y_2 & z_2 \\ \cdot & \cdot & \cdot & \cdot & \cdot & \cdot \\ 1 & a_{r,5} & c_5 & x_5 & y_5 & z_5 \\ 0 & 1 & 1 & 0 & 0 & 0 \end{vmatrix}$$

est égal à zéro, et l'on aura:

$$\begin{vmatrix} a_{r,1}^2 & a_{r,1}a_{r,2}+a_{1,2} & \ldots & a_{r,1}a_{r,5}+a_{1,5} & a_{r,1}+1 \\ a_{r,1}a_{r,2}+a_{1,2} & a_{r,2}^2 & \ldots & a_{r,2}a_{r,5}+a_{2,5} & a_{r,2}+1 \\ \cdot & \cdot & \cdot & \cdot & \cdot \\ a_{r,1}a_{r,5}+a_{1,5} & a_{r,2}a_{r,5}+a_{2,5} & \ldots & a_{r,5}^2 & a_{r,5}+1 \\ a_{r,1}+1 & a_{r,2}+1 & \ldots & a_{r,5}+1 & 1 \end{vmatrix} = 0.$$

Supposons que le sixième point coïncide avec le premier; alors on a:

$$a_{r,1} = 0, \qquad a_{r,2} = a_{1,2}, \qquad \ldots \qquad a_{r,5} = a_{1,5}.$$

En substituant ces valeurs dans le déterminant, premier membre de la dernière équation, et en ajoutant aux éléments de la seconde ligne ceux de la première, multipliés par $-a_{1,2}$; aux éléments de la troisième ceux de la première, multipliés par $-a_{1,3}$, etc.; et enfin, en ôtant des éléments de la dernière ligne les éléments de la première, on obtient :

$$(1) \qquad \begin{vmatrix} 0 & a_{1,2} & a_{1,3} & a_{14} & a_{1,5} & 1 \\ a_{1,2} & 0 & a_{2,3} & a_{24} & a_{2,5} & 1 \\ \cdot & \cdot & \cdot & \cdot & \cdot & \cdot \\ a_{1,5} & a_{2,5} & a_{3,5} & a_{45} & 0 & 1 \\ 1 & 1 & 1 & 1 & 1 & 0 \end{vmatrix} = 0.$$

Cette équation est celle qu'on trouve développée dans le Mémoire de CARNOT *).

Il est évident que les relations analogues pour *quatre* points dans un *plan* et *trois* points dans une *droite* seront :

$$\begin{vmatrix} 0 & a_{1,2} & a_{1,3} & a_{1,4} & 1 \\ a_{1,2} & 0 & a_{2,3} & a_{2,4} & 1 \\ a_{13} & a_{23} & 0 & a_{34} & 1 \\ a_{1,4} & a_{2,4} & a_{3,4} & 0 & 1 \\ 1 & 1 & 1 & 1 & 0 \end{vmatrix} = 0, \qquad \begin{vmatrix} 0 & a_{1,2} & a_{1,3} & 1 \\ a_{1,2} & 0 & a_{2,3} & 1 \\ a_{1,3} & a_{2,3} & 0 & 1 \\ 1 & 1 & 1 & 0 \end{vmatrix} = 0;$$

c'est-à-dire le volume du *tétraèdre,* ayant pour sommets les *quatre* points, est nul ; et également l'aire du *triangle* ayant pour sommets les *trois* points. Et comme, en indiquant par $v_1, v_2, \ldots v_5$ les volumes des cinq tétraèdres qui ont leurs sommets dans cinq points pris dans l'espace, on a :

$$\text{Norme}\,(\pm v_1 \pm v_2 \pm \cdots \pm v_5) = 0,$$

ainsi le premier membre de l'équation (1) sera un facteur du premier membre de cette dernière : propriété établie à priori par M. SYLVESTER dans son excellent mémoire : *On the relation between the volume of a tetraedron and the produit of the sixteen algebraical values of its superficies* **).

---

*) CARNOT, *Mémoire sur la relation qui existe entre les distances respectives de cinq points quelconques pris dans l'espace, suivi d'un Essai sur la théorie des transversales.* Paris, Courcier, 1806.

**) [Cambridge and Dublin Mathematical Journal, t. VIII (1853), pp. 171-178].

II. — Relation entre les distances respectives de cinq points situés sur un ellipsoïde.

Soit

$$\frac{x^2}{\alpha^2}+\frac{y^2}{\beta^2}+\frac{z^2}{\gamma^2}=1$$

l'équation de l'ellipsoïde; $\delta_{r,s}$ la distance rectiligne entre le point s et un point quelconque r pris dans l'espace; $D_{r,s}$ le demi-diamètre de l'ellipsoïde parallèle à $\delta_{r,s}$. En posant

$$\frac{\delta^2_{r,s}}{D^2_{r,s}}=a_{r,s}, \qquad h=1+\frac{x_r^2}{\alpha^2}+\frac{y_r^2}{\beta^2}+\frac{z_r^2}{\gamma^2},$$

on a :

$$a_{r,s}=h-\frac{2x_r}{\alpha^2}x_s-\frac{2y_r}{\beta^2}y_s-\frac{2z_r}{\gamma^2}z_s,$$

et par conséquent :

$$\begin{vmatrix} a_{r,1} & 1 & x_1 & y_1 & z_1 \\ a_{r,2} & 1 & x_2 & y_2 & z_2 \\ \cdots & \cdots & \cdots & \cdots & \cdots \\ a_{r,5} & 1 & x_5 & y_5 & z_5 \end{vmatrix}=0 \text{ *)}.$$

Le carré du déterminant

$$\begin{vmatrix} a_{r,1} & \sqrt{-1} & \frac{x_1}{\alpha} & \frac{y_1}{\beta} & \frac{z_1}{\gamma} \\ a_{r,2} & \sqrt{-1} & \frac{x_2}{\alpha} & \frac{y_2}{\beta} & \frac{z_2}{\gamma} \\ \cdots & \cdots & \cdots & \cdots & \cdots \\ a_{r,5} & \sqrt{-1} & \frac{x_5}{\alpha} & \frac{y_5}{\beta} & \frac{z_5}{\gamma} \end{vmatrix}$$

---

*) Cette relation, dans le cas d'une sphère, a été donnée par MM. LUCHTERHAND, *Über die Bedingung, dass fünf Punkte auf der Oberfläche einer Kugel liegen* [Journal für die reine und angewandte Mathematik, t. XXIII (1842), pp. 375-378]; MÖBIUS, *Die vom Herrn Dr.* LUCHTERHAND *am Schlusse des 23. Bandes mitgetheilte Bedingung, unter welcher fünf Punkte in einer Kugelfläche liegen, aus einem barycentrischen Princip abgeleitet* [Ibid., t. XXVI (1843), pp. 26-31]; JOACHIMSTHAL, *Sur quelques applications des déterminants à la Géométrie* [Ibid., t. XL (1850), pp. 21-47].

Je l'ai étendue à un *ellipsoïde* en supposant le sixième point situé sur la surface [CCVIII: t. V, pp. 87-88], et M. GENOCCHI a remarqué qu'elle a lieu encore si le sixième point est situé dans l'espace : *Remarques sur un théorème de* M. BRIOSCHI *et sur la question 267* [Nouvelles Annales de Mathématiques, t. XIII (1854), pp. 429-432].

sera donc nul, et l'on aura :

$$\begin{vmatrix} a_{r,1}^2 & a_{r,1}a_{r,2} - \frac{1}{2}a_{1,2} & \dots & a_{r,1}a_{r,5} - \frac{1}{2}a_{1,5} \\ a_{r,1}a_{r,2} - \frac{1}{2}a_{1,2} & a_{r,2}^2 & \dots & a_{r,2}a_{r,5} - \frac{1}{2}a_{2,5} \\ \dots & \dots & \dots & \dots \\ a_{r,1}a_{r,5} - \frac{1}{2}a_{1,5} & a_{r,2}a_{r,5} - \frac{1}{2}a_{2,5} & \dots & a_{r,5}^2 \end{vmatrix} = 0.$$

Et en supposant que le point r coïncide avec le premier, et en ôtant ensuite des éléments de la seconde ligne ceux de la première multipliés par $a_{1,2}$, etc. on obtiendra la relation cherchée :

$$\begin{vmatrix} 0 & a_{1,2} & a_{1,3} & a_{1,4} & a_{1,5} \\ a_{1,2} & 0 & a_{2,3} & a_{2,4} & a_{2,5} \\ \dots & \dots & \dots & \dots & \dots \\ a_{1,5} & a_{2,5} & a_{3,5} & a_{4,5} & 0 \end{vmatrix} = 0.$$

La relation analogue entre les distances de *quatre* points situés sur une ellipse sera :

$$\begin{vmatrix} 0 & a_{1,2} & a_{1,3} & a_{1,4} \\ a_{1,2} & 0 & a_{2,3} & a_{2,4} \\ \dots & \dots & \dots & \dots \\ a_{1,4} & a_{2,4} & a_{3,4} & 0 \end{vmatrix} = 0,$$

c'est-à-dire :

$$\text{Norme}\,(\pm a_{1,2}a_{3,4} \pm a_{1,3}a_{2,4} \pm a_{1,4}a_{2,3}) = 0.$$

Les relations entre les distances de *cinq* points situés sur une *sphère,* et de *quatre* points situés sur une *circonférence,* sont des cas particuliers de celles-ci.

III. — Relation entre les plus courtes distances respectives et les inclinaisons mutuelles de sept droites quelconques.

Soient x_s, y_s, z_s les coordonnées d'un point situé sur l'une des droites; α_s, β_s, γ_s les cosinus des angles de la même droite avec les axes; x_r, y_r, z_r, α_r, β_r, γ_r les mêmes quantités pour une huitième droite; $\delta_{r,s}$ la plus courte distance entre les droites

r et s; $w_{r,s}$ l'angle de ces deux droites. En posant

$$y_r\gamma_r - z_r\beta_r = a_r, \qquad z_r\alpha_r - x_r\gamma_r = b_r, \qquad x_r\beta_r - y_r\alpha_r = c_r, \qquad \delta_{r,s}\sin w_{r,s} = a_{r,s},$$

on a:

$$a_{r,s} = a_r\alpha_s + b_r\beta_s + c_r\gamma_s + a_s\alpha_r + b_s\beta_r + c_s\gamma_r,$$

et par conséquent:

$$\begin{vmatrix} a_{r,1} & \alpha_1 & \beta_1 & \gamma_1 & a_1 & b_1 & c_1 \\ a_{r,2} & \alpha_2 & \beta_2 & \gamma_2 & a_2 & b_2 & c_2 \\ \cdots & \cdots & \cdots & \cdots & \cdots & \cdots & \cdots \\ a_{r,7} & \alpha_7 & \beta_7 & \gamma_7 & a_7 & b_7 & c_7 \end{vmatrix} = 0,$$

et le produit de ce déterminant par

$$\begin{vmatrix} a_{r,1} & a_1 & b_1 & c_1 & \alpha_1 & \beta_1 & \gamma_1 \\ a_{r,2} & a_2 & b_2 & c_2 & \alpha_2 & \beta_2 & \gamma_2 \\ \cdots & \cdots & \cdots & \cdots & \cdots & \cdots & \cdots \\ a_{r,7} & a_7 & b_7 & c_7 & \alpha_7 & \beta_7 & \gamma_7 \end{vmatrix}$$

sera nul. En observant que

$$a_r\alpha_r + b_r\beta_r + c_r\gamma_r = 0,$$

on aura:

$$\begin{vmatrix} a_{r,1}^2 & a_{r,1}a_{r,2} + a_{1,2} & \ldots & a_{r,1}a_{r,7} + a_{1,7} \\ a_{r,1}a_{r,2} + a_{1,2} & a_{r,2}^2 & \ldots & a_{r,2}a_{r,7} + a_{2,7} \\ \cdots & \cdots & \cdots & \cdots \\ a_{r,1}a_{r,7} + a_{1,7} & a_{r,2}a_{r,7} + a_{2,7} & \ldots & a_{r,7}^2 \end{vmatrix} = 0.$$

En supposant que la huitième droite coïncide avec la première, on obtiendra la relation

$$\begin{vmatrix} 0 & a_{1,2} & a_{1,3} & \ldots & a_{1,7} \\ a_{1,2} & 0 & a_{2,3} & \ldots & a_{2,7} \\ \cdots & \cdots & \cdots & \cdots & \cdots \\ a_{1,7} & a_{2,7} & a_{3,7} & \ldots & 0 \end{vmatrix} = 0.$$

Il est évident que pour *six* droites coupées par une *septième*, on aura:

$$\begin{vmatrix} 0 & a_{1,2} & \dots & a_{1,6} \\ a_{1,2} & 0 & \dots & a_{2,6} \\ \dots & \dots & \dots & \dots \\ a_{1,6} & a_{2,6} & \dots & 0 \end{vmatrix} = 0.$$

En nommant $m_1, m_2, \dots m_7$ les moments de *sept couples composantes* d'un même système de forces, ayant pour axes les sept droites supérieures, on a:

$$\begin{vmatrix} m_1 & a_1 & b_1 & c_1 & \alpha_1 & \beta_1 & \gamma_1 \\ m_2 & a_2 & b_2 & c_2 & \alpha_2 & \beta_2 & \gamma_2 \\ \dots & \dots & \dots & \dots & \dots & \dots & \dots \\ m_7 & a_7 & b_7 & c_7 & \alpha_7 & \beta_7 & \gamma_7 \end{vmatrix} = 0,$$

et pour produit des deux déterminants

$$\begin{vmatrix} 0 & m_1 & a_1 & \dots & \gamma_1 \\ 0 & m_2 & a_2 & \dots & \gamma_2 \\ \dots & \dots & \dots & \dots & \dots \\ 0 & m_7 & a_7 & \dots & \gamma_7 \\ 1 & 0 & 0 & \dots & 0 \end{vmatrix} \begin{vmatrix} m_1 & 0 & \alpha_1 & \dots & c_1 \\ m_2 & 0 & \alpha_2 & \dots & c_2 \\ \dots & \dots & \dots & \dots & \dots \\ m_7 & 0 & \alpha_7 & \dots & c_7 \\ 0 & 1 & 0 & \dots & 0 \end{vmatrix} = \begin{vmatrix} 0 & a_{1,2} & \dots & a_{1,7} & m_1 \\ a_{1,2} & 0 & \dots & a_{2,7} & m_2 \\ \dots & \dots & \dots & \dots & \dots \\ a_{1,7} & a_{2,7} & \dots & 0 & m_7 \\ m_1 & m_2 & \dots & m_7 & 0 \end{vmatrix} = 0.$$

Il en résulte que les équations

$$m_1 = m_2 = \cdots = m_6 = 0$$

seront les conditions nécessaires et suffisantes pour l'équilibre du système, pourvu que

$$\begin{vmatrix} 0 & a_{1,2} & \dots & a_{1,6} \\ a_{1,2} & 0 & \dots & a_{2,6} \\ \dots & \dots & \dots & \dots \\ a_{1,6} & a_{2,6} & \dots & 0 \end{vmatrix}$$

ne soit pas égal à 0; et par conséquent les axes des couples ne doivent pas pouvoir être rencontrés par une même droite.

Pavie, 18 Décembre 1854.

CCXLIII.

SUR DEUX FORMULES RELATIVES À LA THÉORIE DE LA DÉCOMPOSITION DES FRACTIONS RATIONNELLES.

Journal für die reine und angewandte Mathematik, t. L (1855), pp. 239-242, 318-321.

LEMME I. — Soient $x_1, x_2, \ldots x_n$ les racines, supposées inégales, de l'équation

$$(1) \qquad f(x) = a_0 x^n + a_1 x^{n-1} + \cdots + a_{n-1} x + a_n = 0;$$

on a:

$$(2) \qquad \frac{\partial a_r}{\partial x_s} = -(a_0 x_s^{r-1} + a_1 x_s^{r-2} + \cdots + a_{r-2} x_s + a_{r-1})$$

pour $r = 1, 2, \ldots n$; et

$$(3) \qquad \frac{\partial x_s}{\partial a_i} = -\frac{x_s^{n-i}}{f'(x_s)}$$

pour $i = 0, 1, 2, \ldots n$.

LEMME II. — En désignant par Δ le déterminant

$$\begin{vmatrix} 1 & 1 & \ldots & 1 \\ x_1 & x_2 & \ldots & x_n \\ \cdot & \cdot & \cdot & \cdot \\ x_1^{n-1} & x_2^{n-1} & \ldots & x_n^{n-1} \end{vmatrix},$$

et par $\Delta\left(\dfrac{x^r}{x^s}\right)$ le déterminant qu'on obtient en substituant $x_1^s, x_2^s, \ldots x_n^s$ dans le déterminant Δ aux lieu des éléments $x_1^r, x_2^r, \ldots x_n^r$, on a:

$$(4) \qquad a_r = -\frac{a_0}{\Delta}\Delta\left(\frac{x^{n-r}}{x^n}\right).$$

Lemme III. — Si l'on suppose $s = 1, 2, \ldots r-1, r+1, \ldots n$, et qu'on élimine les quantités $\frac{\partial a_r}{\partial x_1}, \frac{\partial a_r}{\partial x_2}, \ldots \frac{\partial a_r}{\partial x_n}$ des $(n+1)$ équations:

$$(5) \qquad \begin{cases} \frac{\partial a_r}{\partial x_1}\cdot\frac{\partial x_1}{\partial a_s} + \frac{\partial a_r}{\partial x_2}\cdot\frac{\partial x_2}{\partial a_s} + \cdots + \frac{\partial a_r}{\partial x_n}\cdot\frac{\partial x_n}{\partial a_s} = 0, \\ \frac{\partial a_r}{\partial x_1}\cdot\frac{\partial x_1}{\partial a_r} + \frac{\partial a_r}{\partial x_2}\cdot\frac{\partial x_2}{\partial a_r} + \cdots + \frac{\partial a_r}{\partial x_n}\cdot\frac{\partial x_n}{\partial a_r} = 1, \\ \frac{\partial a_r}{\partial x_1}\cdot\frac{\partial x_1}{\partial a_0} + \frac{\partial a_r}{\partial x_2}\cdot\frac{\partial x_2}{\partial a_0} + \cdots + \frac{\partial a_r}{\partial x_n}\cdot\frac{\partial x_n}{\partial a_0} = P_r, \end{cases}$$

on obtient:

$$\begin{vmatrix} \frac{\partial x_1}{\partial a_n} & \frac{\partial x_2}{\partial a_n} & \cdots & \frac{\partial x_n}{\partial a_n} & 0 \\ \cdot & \cdot & \cdot & \cdot & \cdot \\ \frac{\partial x_1}{\partial a_r} & \frac{\partial x_2}{\partial a_r} & \cdots & \frac{\partial x_n}{\partial a_r} & 1 \\ \cdot & \cdot & \cdot & \cdot & \cdot \\ \frac{\partial x_1}{\partial a_1} & \frac{\partial x_2}{\partial a_1} & \cdots & \frac{\partial x_n}{\partial a_1} & 0 \\ \frac{\partial x_1}{\partial a_0} & \frac{\partial x_2}{\partial a_0} & \cdots & \frac{\partial x_n}{\partial a_0} & P_r \end{vmatrix} = 0.$$

De cette équation, à cause de l'équation (3), on tire:

$$P_r\Delta - \Delta\left(\frac{x^{n-r}}{x^n}\right) = 0,$$

et en ayant égard à la relation (4), on a:

$$(6) \qquad P_r = -\frac{a_r}{a_0}.$$

Théorème I. — Soit

$$\varphi(x) = c_0 x^n + c_1 x^{n-1} + \cdots + c_{n-1} x + c_n,$$

et

$$S_r = \frac{x_1^r \varphi(x_1)}{f'(x_1)} + \frac{x_2^r \varphi(x_2)}{f'(x_2)} + \cdots + \frac{x_n^r \varphi(x_n)}{f'(x_n)}.$$

Si l'on suppose $r < n$, on a:

$$(7) \qquad a_0 S_r + a_1 S_{r-1} + \cdots + a_{r-1} S_1 + a_r S_0 = c_{r+1} - \frac{c_0 a_{r+1}}{a_0}.$$

En effet, en substituant dans le premier membre de cette équation, que je désignerai par L_r, les valeurs de S_r, S_{r-1}, etc. on a:

$$L_r = \sum_1^n{}_s \left[(a_0 x_s^r + a_1 x_s^{r-1} + \cdots + a_r) \frac{\varphi(x_s)}{f'(x_s)} \right],$$

relation qui, transformée au moyen de l'équation (2), donne:

$$L_r = - \sum_1^n{}_s \left[\frac{\partial a_{r+1}}{\partial x_s} \cdot \frac{\varphi(x_s)}{f'(x_s)} \right],$$

ou bien:

$$L_r = c_0 \sum_1^n{}_s \left(\frac{\partial a_{r+1}}{\partial x_s} \cdot \frac{\partial x_s}{\partial a_0} \right) + c_1 \sum_1^n{}_s \left(\frac{\partial a_{r+1}}{\partial x_s} \cdot \frac{\partial x_s}{\partial a_1} \right) + \cdots + c_n \sum_1^n{}_s \left(\frac{\partial a_{r+1}}{\partial x_s} \cdot \frac{\partial x_s}{\partial a_n} \right),$$

et ayant égard aux relations (5), (6), on a:

$$L_r = c_{r+1} - \frac{c_0}{a_0} a_{r+1}.$$

Observons que l'on a évidemment:

$$a_0 S_n + a_1 S_{n-1} + \cdots + a_n S_0 = 0,$$

$$a_0 S_{n+r} + a_1 S_{n+r-1} + \cdots + a_n S_r = 0.$$

L'équation (7) et ses analogues, donnent la première des formules qu'on voulait établir, savoir:

$$S_r = (-1)^r \frac{1}{a_0^{r+1}} \begin{vmatrix} L_0 & a_0 & 0 & \ldots & 0 \\ L_1 & a_1 & a_0 & \ldots & 0 \\ \cdots & \cdots & \cdots & \cdots & \cdots \\ L_{r-1} & a_{r-1} & a_{r-2} & \ldots & a_0 \\ L_r & a_r & a_{r-1} & \ldots & a_1 \end{vmatrix},$$

dans laquelle (si $r > n$) on doit poser

$$a_{n+1} = a_{n+2} = \cdots = a_r = 0, \qquad c_{n+1} = c_{n+2} = \cdots = c_r = 0.$$

Il est évident que si le degré de $\varphi(x)$ était $< n$, par exemple égal à $n - i$, on devrait faire $c_0 = c_1 = \cdots = c_{i-1} = 0$.

La formule ci-dessus peut être transformée au moyen d'une propriété des déterminants, et l'on obtient:

$$S_r = (-1)^{r+1} \frac{1}{a_0^{r+2}} \begin{vmatrix} c_0 & a_0 & 0 & \dots & 0 \\ c_1 & a_1 & a_0 & \dots & 0 \\ \dots & \dots & \dots & \dots & \dots \\ c_r & a_r & a_{r-1} & \dots & a_0 \\ c_{r+1} & a_{r+1} & a_r & \dots & a_1 \end{vmatrix}.$$

J'ajoute quelques exemples. Pour $r = 0$ on a:

$$\sum_1^n {}_s \frac{\varphi(x_s)}{f'(x_s)} = -\frac{1}{a_0^2}(a_1 c_0 - a_0 c_1);$$

formule très connue. Pour $r = 1$ on a:

$$\sum_1^n {}_s \frac{x_s \varphi(x_s)}{f'(x_s)} = \frac{1}{a_0^3}[c_0(a_1^2 - a_0 a_2) - c_1 a_0 a_1 + c_2 a_0^2].$$

Théorème II. — Soit

$$T_r = \frac{x_1^r \varphi(x_1)}{(x - x_1)f'(x_1)} + \frac{x_2^r \varphi(x_2)}{(x - x_2)f'(x_2)} + \cdots + \frac{x_n^r \varphi(x_n)}{(x - x_n)f'(x_n)},$$

et

(8) $$V_r = a_0 T_r + a_1 T_{r-1} + \cdots + a_r T_0,$$

on a:

$$V_r = T_0(a_0 x^r + a_1 x^{r-1} + \cdots + a_r) - (L_0 x^{r-1} + L_1 x^{r-2} + \cdots + L_{r-1}).$$

On tire cette propriété tout de suite de l'expression V_r, en observant que

$$T_r = x T_{r-1} - S_{r-1}.$$

La valeur de

$$T_0 = \sum_1^n {}_s \frac{\varphi(x_s)}{(x - x_s)f'(x_s)}$$

s'obtient au moyen de la formule (3). En effet on a:

$$-T_0 = c_0 \sum_1^n {}_s \frac{1}{x - x_s} \cdot \frac{\partial x_s}{\partial a_0} + c_1 \sum_1^n {}_s \frac{1}{x - x_s} \cdot \frac{\partial x_s}{\partial a_1} + \cdots + c_n \sum_1^n {}_s \frac{1}{x - x_s} \cdot \frac{\partial x_s}{\partial a_n}.$$

Mais

$$\sum_{1}^{n}{}_{s}\frac{1}{x-x_s}\cdot\frac{\partial x_s}{\partial a_i}=-\sum_{1}^{n}{}_{s}\frac{\partial\log(x-x_s)}{\partial a_i};$$

par conséquent:

$$\sum_{1}^{n}{}_{s}\frac{1}{x-x_s}\cdot\frac{\partial x_s}{\partial a_0}=\frac{1}{a_0}-\frac{x^n}{f(x)},$$

$$\sum_{1}^{n}{}_{s}\frac{1}{x-x_s}\cdot\frac{\partial x_s}{\partial a_i}=-\frac{x^{n-i}}{f(x)}.$$

En substituant, on arrive à la relation connue:

$$T_0=-\frac{c_0}{a_0}+\frac{\varphi(x)}{f(x)}.$$

L'équation (8) et ses analogues donnent, quelques réductions faites, la seconde formule

$$T_r=(-1)^{r+1}\frac{1}{a_0^{r+1}}\begin{vmatrix} h_0 & a_0 & 0 & \dots & 0 \\ h_1 & a_1 & a_0 & \dots & 0 \\ \dots & \dots & \dots & \dots & \dots \\ h_{r-1} & a_{r-1} & a_{r-2} & \dots & a_0 \\ h_r & a_r & a_{r-1} & \dots & a_1 \end{vmatrix}+x^r\frac{\varphi(x)}{f(x)},$$

si l'on pose:

$$h_s=c_0x^s+c_1x^{s-1}+\cdots+c_s.$$

Applications.

I. Soient $\lambda(x)$, $\psi(x)$ deux fonctions algébriques, rationnelles, entières, respectivement des degrés n, $2n$; y une quantité constante, et

$$f(x)=x\lambda^2-y^2\psi.$$

En désignant par x_1, x_2, ... x_{2n+1} les racines de l'équation

$$f(x)=x^{2n+1}+a_1x^{2n}+\cdots+a_{2n+1}=0,$$

on aura identiquement:

$$f(x_r)=x_r\lambda^2(x_r)-y^2\psi(x_r)=0,$$

d'où l'on tire :

$$f'(x_r)\frac{dx_r}{dy} + \frac{df(x_r)}{dy} = 0.$$

Mais

$$\frac{df(x_r)}{dy} = -2y\psi(x_r), \quad \text{et} \quad y = \pm\lambda(x_r)\sqrt{\frac{x_r}{\psi(x_r)}},$$

par conséquent :

$$\pm\frac{\frac{dx_r}{dy}}{\sqrt{x_r\psi(x_r)}} = 2\frac{\lambda(x_r)}{f'(x_r)}.$$

En supposant

$$\lambda(x) = x^n + c_1 x^{n-1} + c_2 x^{n-2} + \cdots + c_n,$$

et $\lambda(x).x^{n+1} = \varphi(x)$, on aura :

$$\sum^r \pm\frac{x_r^m\frac{dx_r}{dy}}{\sqrt{x_r\psi(x_r)}} = 0, \quad \text{pour} \quad m = 0, 1, \ldots n-1,$$

$$\sum^r \pm\frac{x_r^n\frac{dx_r}{dy}}{\sqrt{x_r\psi(x_r)}} = 2, \qquad \sum^r \pm\frac{x_r^{n+i}\frac{dx_r}{dy}}{\sqrt{x_r\psi(x_r)}} = 2S_{i-1}.$$

Par analogie on trouve :

$$\sum^r \pm\frac{x_r^m\frac{dx_r}{dy}}{(x-x_r)\sqrt{x_r\psi(x_r)}} = 2\frac{x^m\lambda(x)}{f(x)}, \quad \text{pour} \quad m = 0, 1, \ldots n,$$

$$\sum^r \pm\frac{x_r^{n+i}\frac{dx_r}{dy}}{(x-x_r)\sqrt{x_r\psi(x_r)}} = 2T_{i-1} \text{ *)}.$$

II. Soit

$$a_0 y_{x+n} + a_1 y_{x+n-1} + a_2 y_{x+n-2} + \cdots + a_n y_x = 0$$

une équation aux différences et à coefficients constants. En faisant dans cette équation $x = 0, 1, 2, \ldots x-1, x$, on obtient $x+1$ équations, desquelles, en éliminant y_n,

*) Jacobi, *Über die Additionstheoreme der* Abel'*schen Integrale zweiter und dritter Gattung* [Journal für die reine und angewandte Mathematik, t. XXX (1846), pp. 121-126].

$y_{n+1}, \ldots y_{x+n-1}$ et ayant posé

$$h_{r-1} = a_r y_{n-1} + a_{r+1} y_{n-2} + \cdots + a_n y_{r-1},$$

on déduit:

$$y_{x+n} = \left(\frac{-1}{a_0}\right)^{x+1} \begin{vmatrix} h_0 & a_0 & 0 & \ldots 0 & 0 \\ h_1 & a_1 & a_0 & \ldots 0 & 0 \\ \cdot & \cdot & \cdot & \cdot & \cdot \\ h_{n-1} & a_{n-1} & a_{n-2} & \ldots 0 & 0 \\ 0 & a_n & a_{n-1} & \ldots 0 & 0 \\ \cdot & \cdot & \cdot & \cdot & \cdot \\ 0 & 0 & 0 & \ldots a_1 & a_0 \\ 0 & 0 & 0 & \ldots a_2 & a_1 \end{vmatrix}.$$

En développant le déterminant on aura:

$$y_{x+n} = \left(\frac{-1}{a_0}\right)^{x+1} (h_0 k_0 + h_1 k_1 + \cdots + h_{n-1} k_{n-1}),$$

et les déterminants $k_0, k_1, \ldots$ d'ordre $x^{\text{ième}}$, sont fonctions des coefficients seuls. Mais $x_1, x_2, \ldots x_n$ étant les racines de l'équation

$$f(x) = a_0 x^n + a_1 x^{n-1} + \cdots + a_n = 0,$$

on a pour les formules plus haut:

$$k_{r-1} = (-1)^x a_0^{x+1} \sum_s \frac{x_s^{x+n-r}}{f'(x_s)};$$

par conséquent, en changeant x en $x - n$, on aura:

$$y_x = -\left[h_0 \sum_s \frac{x_s^{x-1}}{f'(x_s)} + h_1 \sum_s \frac{x_s^{x-2}}{f'(x_s)} + \cdots + h_{n-1} \sum_s \frac{x_s^{x-n}}{f'(x_s)}\right],$$

ou aussi:

$$y_x = -\left[y_0 \sum_s \frac{x_s^x}{f'(x_s)} \cdot \frac{\partial a_n}{\partial x_s} + y_1 \sum_s \frac{x_s^x}{f'(x_s)} \cdot \frac{\partial a_{n-1}}{\partial x_s} + \cdots + y_{n-1} \sum_s \frac{x_s^x}{f'(x_s)} \cdot \frac{\partial a_1}{\partial x_s}\right].$$

Il est ainsi démontré *directement* que l'intégrale complète de l'équation proposée est

$$y_x = C_1 x_1^x + C_2 x_2^x + \cdots + C_n x_n^x,$$

où

$$C_r = -\frac{1}{f'(x_r)}\left(y_0\frac{\partial a_n}{\partial x_r} + y_1\frac{\partial a_{n-1}}{\partial x_r} + \cdots + y_{n-1}\frac{\partial a_1}{\partial x_r}\right).$$

Sur une propriété des déterminants.

Le déterminant que je me propose d'éxaminer dans cette note est le suivant:

$$H = \begin{vmatrix} m_1 & m_2 & \ldots & m_n \\ \alpha_1 & \alpha_2 & \ldots & \alpha_n \\ c_{1,1} & c_{1,2} & \ldots & c_{1,n} \\ c_{2,1} & c_{2,2} & \ldots & c_{2,n} \\ \cdots & \cdots & \cdots & \cdots \\ c_{n-2,1} & c_{n-2,2} & \ldots & c_{n-2,n} \end{vmatrix},$$

dans lequel les éléments $c_{r,s}$ sont des quantités constantes, les éléments α_r des fonctions linéaires des n variables $x_1, x_2, \ldots x_n$, et les m_r des fonctions quelconques de ces variables. Si l'on suppose

$$c_{r,1}x_1 + c_{r,2}x_2 + \cdots + c_{r,n}x_n = 0,$$

$$\alpha_1 x_1 + \alpha_2 x_2 + \cdots + \alpha_n x_n = 0,$$

$$\alpha_r = a_{r,1}x_1 + a_{r,2}x_2 + \cdots + a_{r,n}x_n,$$

et $a_{r,s} = a_{s,r}$, on a le suivant

THÉORÈME. — *Le déterminant H est égal à*

$$(m_1 x_1 + m_2 x_2 + \cdots + m_n x_n)\sqrt{\Delta},$$

Δ étant indépendant de $x_1, x_2, \ldots x_n$.

Je supposerai, pour abréger, $n = 4$ et

$$H = \begin{vmatrix} m_1 & m_2 & m_3 & m_4 \\ \alpha_1 & \alpha_2 & \alpha_3 & \alpha_4 \\ b_1 & b_2 & b_3 & b_4 \\ c_1 & c_2 & c_3 & c_4 \end{vmatrix}, \qquad \begin{aligned} \alpha_1 &= a x_1 + e x_2 + f x_3 + g x_4, \\ \alpha_2 &= e x_1 + b x_2 + h x_3 + k x_4, \\ \alpha_3 &= f x_1 + h x_2 + c x_3 + l x_4, \\ \alpha_4 &= g x_1 + k x_2 + l x_3 + d x_4. \end{aligned}$$

On a identiquement :

$$H = m_1 \frac{\partial H}{\partial m_1} + m_2 \frac{\partial H}{\partial m_2} + m_3 \frac{\partial H}{\partial m_3} + m_4 \frac{\partial H}{\partial m_4},$$

et par une propriété connue des déterminants :

$$\left(\frac{\partial H}{\partial m_4}\right)^2 = - \begin{vmatrix} a & e & f & \alpha_1 & b_1 & c_1 \\ e & b & h & \alpha_2 & b_2 & c_2 \\ f & h & c & \alpha_3 & b_3 & c_3 \\ \alpha_1 & \alpha_2 & \alpha_3 & 0 & 0 & 0 \\ b_1 & b_2 & b_3 & 0 & 0 & 0 \\ c_1 & c_2 & c_3 & 0 & 0 & 0 \end{vmatrix}.$$

Le déterminant du second membre peut être transformé en ajoutant aux éléments de la quatrième colonne ceux de la première multipliés par $-x_1$, ceux de la seconde multipliés par $-x_2$, etc. En répétant ensuite l'opération sur les lignes, on obtient :

$$\left(\frac{\partial H}{\partial m_4}\right)^2 = - x_4^2 \begin{vmatrix} a & e & f & g & b_1 & c_1 \\ e & b & h & k & b_2 & c_2 \\ f & h & c & l & b_3 & c_3 \\ g & k & l & d & b_4 & c_4 \\ b_1 & b_2 & b_3 & b_4 & 0 & 0 \\ c_1 & c_2 & c_3 & c_4 & 0 & 0 \end{vmatrix} = x_4^2 \Delta,$$

et par conséquent :

$$H = (m_1 x_1 + m_2 x_2 + m_3 x_3 + m_4 x_4)\sqrt{\Delta},$$

comme il fallait démontrer.

Corollaire. — Si l'on fait

$$m_1 x_1 + m_2 x_2 + \cdots + m_n x_n - 1 = \mu . \varphi = 0$$

et qu'on suppose x_n fonction des autres variables $x_1, x_2, \ldots x_{n-1}$, et $a_{r,s}$, $c_{r,s}$ fonctions des nouvelles variables $y_1, y_2, \ldots y_n$, les formules connues pour la transformation des intégrales multiples donnent:

$$\int^{n-1} \frac{U}{\varphi'(x_n)K} dx_1 dx_2 \ldots dx_{n-1} = \int^{n-1} \frac{U}{\psi'(y_n)H} dy_1 dy_2 \ldots dy_{n-1}.$$

De cette équation peuvent être tirés des théorèmes analogues à ceux que M. JACOBI a démontré dans son Memoire *« De integralibus quibusdam duplicibus, quæ post transformationem variabilium in eandem formam redeunt »* *).

*) [Journal für die reine und angewandte Mathematik, t. XV (1836), pp. 193-198]; voir la quatrième des lettres de M. ROSENHAIN à M. JACOBI: *Auszug mehrerer Schreiben des Dr.* ROSENHAIN *an Herrn Prof.* JACOBI *über die hyperelliptischen Transcendenten* [Journal für die reine und angewandte Mathematik, t. XL (1850), pp. 319-360].

CCXLIV.

SUR UNE NOUVELLE PROPRIÉTÉ DU RÉSULTANT DE DEUX ÉQUATIONS ALGÉBRIQUES.

Journal für die reine und angewandte Mathematik, t. LIII (1857), pp. 372-376.

1. Soient

$$f(x) = a_0 x^n + a_1 x^{n-1} + a_2 x^{n-2} + \cdots + a_n = 0,$$

$$\varphi(x) = c_0 x^n + c_1 x^{n-1} + c_2 x^{n-2} + \cdots + c_n = 0,$$

les deux équations. En posant

$$p_{r+1}(x) = a_0 x^r + a_1 x^{r-1} + \cdots + a_r,$$

$$q_{r+1}(x) = c_0 x^r + c_1 x^{r-1} + \cdots + c_r,$$

on a:

$$(1)\quad q_{r+1}(x) f(x) - p_{r+1}(x)\varphi(x) = m_{r+1} = \alpha_{1,r+1} x^{n-1} + \alpha_{2,r+1} x^{n-2} + \cdots + \alpha_{n,r+1},$$

où:

$$\alpha_{s,r+1} = c_0 a_{r+s} + c_1 a_{r+s-1} + \cdots + c_{s-1} a_{r+1}$$

$$- (a_0 c_{r+s} + a_1 c_{r+s-1} + \cdots + a_{s-1} c_{r+1}).$$

Soient $x_1, x_2, \ldots x_n$ les racines de l'équation $f(x) = 0$; en substituant dans (1) x_s au lieu de x, on obtient:

$$(2)\qquad -p_{r+1}(x_s)\varphi(x_s) = \alpha_{1,r+1} x_s^{n-1} + \alpha_{2,r+1} x_s^{n-2} + \cdots + \alpha_{n,r+1},$$

équation qui divisée par $f'(x_s)$, et multipliée par $1, x_s, \ldots x_s^{n-1}$ nous donne les suivantes :

$$(3)\quad\begin{cases} -[a_0 S_r + a_1 S_{r-1} + \cdots + a_r S_0] = \alpha_{1,r+1}\lambda_0, \\ -[a_0 S_{r+1} + a_1 S_r + \cdots + a_r S_1] = \alpha_{1,r+1}\lambda_1 + \alpha_{2,r+1}\lambda_0, \\ \cdots\cdots\cdots\cdots\cdots\cdots \\ -[a_0 S_{r+n-1} + a_1 S_{r+n-2} + \cdots + a_r S_{n-1}] \\ \qquad = \alpha_{1,r+1}\lambda_{n-1} + \alpha_{2,r+1}\lambda_{n-2} + \cdots + \alpha_{n,r+1}\lambda_0, \end{cases}$$

où l'on a posé :

$$S_r = \sum_1^n {}_s \frac{x_s^r \varphi(x_s)}{f'(x_s)}, \qquad \lambda_r = \sum_1^n {}_s \frac{x_s^{n+r-1}}{f'(x_s)}.$$

J'observe que

$$a_0\lambda_i + a_1\lambda_{i-1} + \cdots + a_i\lambda_0 = 0, \qquad a_0\lambda_0 = 1;$$

par conséquent, si l'on fait

$$h_{s+1,r+1} = \alpha_{1,r+1}\lambda_s + \alpha_{2,r+1}\lambda_{s-1} + \cdots + \alpha_{s+1,r+1}\lambda_0,$$

on aura :

$$(4)\qquad a_0 h_{m,r} + a_1 h_{m-1,r} + \cdots + a_{m-1} h_{1,r} = \alpha_{m,r}.$$

2. Soit V le résultant des deux équations $f(x) = 0$, $\varphi(x) = 0$; on a :

$$V = a_0^n \varphi(x_1)\varphi(x_2)\ldots\varphi(x_n)$$

et

$$\frac{\partial V}{\partial x_s} = \frac{V}{\varphi(x_s)}\varphi'(x_s).$$

Or

$$\frac{\partial V}{\partial x_s} = \frac{\partial V}{\partial a_1}\frac{\partial a_1}{\partial x_s} + \frac{\partial V}{\partial a_2}\frac{\partial a_2}{\partial x_s} + \cdots + \frac{\partial V}{\partial a_n}\frac{\partial a_n}{\partial x_s},$$

d'où l'on déduit :

$$\sum_1^n {}_s \frac{x_s^i \varphi(x_s)}{f'(x_s)}\frac{\partial V}{\partial x_s} = \sum_1^n {}_r \frac{\partial V}{\partial a_r}\sum_1^n {}_s \frac{x_s^i \varphi(x_s)}{f'(x_s)}\frac{\partial a_r}{\partial x_s},$$

et en observant que

$$a_{r-1} S_i + a_{r-2} S_{i+1} + \cdots + a_0 S_{i+r-1} = -h_{i+1,r},$$

on aura :

$$V\sum_1^n {}_s \frac{x_s^i \varphi'(x_s)}{f'(x_s)} = \sum_1^n {}_r h_{i+1,r}\frac{\partial V}{\partial a_r}.$$

On peut transformer cette équation, en posant $i = 0, 1, \ldots m-1$, et en ajoutant les équations qui en résultent, multipliées par a_{m-1}, a_{m-2}, ... a_0. En effet on obtient:

$$V(a_{m-1}M_0 + a_{m-2}M_1 + \cdots + a_0 M_{m-1}) = \sum_1^n {}_r\, \alpha_{m,r}\frac{\partial V}{\partial a_r},$$

où

$$M_i = \sum_1^n {}_s\, \frac{x_s^i \varphi'(x_s)}{f'(x_s)};$$

et puisque l'on a par une formule connue

$$a_0 M_{m-1} + a_1 M_{m-2} + \cdots + a_{m-1} M_0 = (n-m+1)c_{m-1},$$

on a enfin:

$$\sum_1^n {}_r\, \alpha_{m,r}\frac{\partial V}{\partial a_r} = (n-m+1)c_{m-1} V.$$

Si dans cette équation l'on fait $m = 1, 2, 3, \ldots n$, on obtient n équations qu'on peut nommer les *équations caractéristiques* du résultant.

En supposant $\varphi(x) = f'(x)$ on obtient les équations analogues pour le discriminant de $f(x) = 0$; les trois premières desquelles contiennent la propriété du discriminant d'être un invariant de la forme du $n^{\text{ième}}$ degré à deux indéterminées.

3. Par conséquent, si l'on représente par V le discriminant de la forme du $n^{\text{ième}}$ degré

$$f(x, y) = p_0 a_0 x^n + p_1 a_1 x^{n-1}y + \cdots + p_n a_n y^n,$$

dans laquelle

$$p_m = \frac{n(n-1)\ldots(n-m+1)}{1.2.3\ldots m},$$

on aura:

$$\sum_1^n {}_r\, \frac{1}{p_r}\alpha_{m,r}\frac{\partial V}{\partial a_r} = (n-m+1)(n-m+2)p_{m-2}a_{m-2}V,$$

où

$$\alpha_{m,r} = \sum_1^{m-1} {}_s (r+m-2s)p_{s-1}p_{r+m-s-1}a_{s-1}a_{r+m-s-1} - (n-r+1)p_{m-1}p_{r-1}a_{m-1}a_{r-1}.$$

Si dans l'équation supérieure on fait $m = 1$ on a:

$$\sum_1^n {}_r\, \frac{1}{p_r}\alpha_{1,r}\frac{\partial V}{\partial a_r} = -a_0\sum_1^n {}_r\, r a_{r-1}\frac{\partial V}{\partial a_r} = 0,$$

et pareillement les autres $n-1$ équations peuvent être déduites de la suivante:

$$\sum_1^n {}_r\, \frac{1}{p_r}A_{m,r}\frac{\partial V}{\partial a_r} = (n-m+1)(n-m+2)p_{m-2}a_{m-2}V,$$

où

$$A_{m,r} = \alpha_{m,r} + (n - r + 1) p_{m-1} p_{r-1} a_{m-1} a_{r-1},$$

en posant $m = 2, 3, \ldots n$.

Au moyen de ces équations on peut exprimer le discriminant d'une forme quelconque à deux indéterminées en fonction de ses invariants. Par exemple, pour la forme du quatrième degré

$$(a_0, a_1, a_2, a_3, a_4 \between x, y)^4,$$

si l'on pose

$$J_2 = a_0 a_4 - 4 a_1 a_3 + 3 a_2^2,$$

$$J_3 = a_0 a_2 a_4 + 2 a_1 a_2 a_3 - a_0 a_3^2 - a_1^2 a_4 - a_2^3,$$

et

$$V = J_2^3 + h J_3^2,$$

les trois premières équations sont satisfaites, et la quatrième nous donne:

$$\sum_1^4 {}_r \frac{1}{p_r} A_{4,r} \frac{\partial V}{\partial a_r} = 12 a_2 V.$$

Mais en observant que

$$\sum_1^4 {}_r \frac{1}{p_r} A_{4,r} \frac{\partial J_2}{\partial a_r} = 12 J_3 + 4 a_2 J_2, \qquad \sum_1^4 {}_r \frac{1}{p_r} A_{4,r} \frac{\partial J_3}{\partial a_r} = \frac{2}{3} J_2^2 + 6 a_2 J_3,$$

on a:

$$3 J_2^2 (12 J_3 + 4 a_2 J_2) + 2 h J_3 (\tfrac{2}{3} J_2^2 + 6 a_2 J_3) = 12 a_2 V,$$

de laquelle

$$h = -27,$$

ce que l'on sait déjà.

4. Les relations données par les formules (3) nous sont utiles pour transformer quelques expressions formées avec les quantités S_r en autres formées avec les quantités $\alpha_{r,s}$. Nous considérons ici les expressions de la forme suivante:

$$\Delta_r = \begin{vmatrix} S_0 & S_1 & \ldots & S_{r-1} \\ S_1 & S_2 & \ldots & S_r \\ \cdots & \cdots & \cdots & \cdots \\ S_{r-2} & S_{r-1} & \ldots & S_{2r-3} \\ 1 & x & \ldots & x^{r-1} \end{vmatrix},$$

lesquelles se présentent dans l'application du théorème de STURM à la recherche du nombre des racines réelles de l'équation $f(x) = 0$; comme l'ont déjà demontré MM. SYLVESTER et JOACHIMSTHAL, et moi-même dans une Note publiée dans les Annales de M. TORTOLINI *).

Pour effectuer cette transformation j'observe que

$$-h_{s+1,r+1} = a_0 S_{r+s} + a_1 S_{r+s-1} + \cdots + a_r S_s .$$

Au moyen de cette formule et d'une propriété très connue des déterminants nous obtenons une première transformation:

$$\Delta_r = (-1)^{r-1} \frac{1}{a_0^r} \begin{vmatrix} h_{1,1} & h_{1,2} & \ldots & h_{1,r} \\ h_{2,1} & h_{2,2} & \ldots & h_{2,r} \\ \cdots & \cdots & \cdots & \cdots \\ h_{r-1,1} & h_{r-1,2} & \ldots & h_{r-1,r} \\ p_1(x) & p_2(x) & \ldots & p_r(x) \end{vmatrix},$$

et à cause de l'équation (4) on a:

$$\Delta_r = (-1)^{r-1} \frac{1}{a_0^{2r-1}} \begin{vmatrix} \alpha_{1,1} & \alpha_{1,2} & \ldots & \alpha_{1,r} \\ \alpha_{2,1} & \alpha_{2,2} & \ldots & \alpha_{2,r} \\ \cdots & \cdots & \cdots & \cdots \\ \alpha_{r-1,1} & \alpha_{r-1,2} & \ldots & \alpha_{r-1,r} \\ p_1(x) & p_2(x) & \ldots & p_r(x) \end{vmatrix}.$$

Les quantités Δ_r sont, à un facteur près, les dénominateurs des réduites de la fraction continue dans laquelle on peut développer $\frac{f(x)}{\varphi(x)}$; par conséquent les trois quantités Δ_r, Δ_{r-1}, Δ_{r-2} seront liées par une équation, comme il a été démontré autrement par M. JOACHIMSTHAL.

*) [XX: t. I, pp. 127-142].

Il est évident, d'après les considérations supérieures, qu'on aura:

$$V = \begin{vmatrix} \alpha_{1,1} & \alpha_{1,2} & \dots & \alpha_{1,n} \\ \alpha_{2,1} & \alpha_{2,2} & \dots & \alpha_{2,n} \\ \dots & \dots & \dots & \dots \\ \alpha_{n,1} & \alpha_{n,2} & \dots & \alpha_{n,n} \end{vmatrix},$$

résultat donné par M. JACOBI dans son Mémoire *De eliminatione variabilis e duabus æquationibus algebraicis* [Journal für die reine und angewandte Mathematik, t. XV (1836), pp. 101-124].

CCXLV.

SUR UNE FORMULE DE M. CAYLEY.

Journal für die reine und angewandte Mathematik, t. LIII (1857), pp. 377-378.

M. Cayley a donné récemment une relation très remarquable entre les covariants de la forme biquadratique

$$u = (a_0, a_1, \ldots a_4 \between x, y)^4.$$

En indiquant par v le Hessien de la forme u, par δ le déterminant

$$\begin{vmatrix} \frac{\partial v}{\partial x} & \frac{\partial v}{\partial y} \\ \frac{\partial u}{\partial x} & \frac{\partial u}{\partial y} \end{vmatrix},$$

et en posant

$$v = 12^2 H, \qquad \delta = 8.12^2 \Phi,$$

la formule de M. Cayley est la suivante:

$$\Phi^2 = J_2 H u^2 - J_3 u^3 - 4 H^3,$$

J_2, J_3 étant les invariants quadratique et cubique de la forme u. M. Cayley a démontré aussi comme on peut déduire de la résolution de l'équation

$$(1) \qquad J_3 u^3 - J_2 H u^2 + 4 H^3 = 0$$

celle de l'équation $u = 0$. Or on peut observer que l'équation (1) résulte de l'élimination des quantités a, b entre les deux équations :

$$au + bH = 0,$$

$$4a^3 - J_2 ab^2 - J_3 b^3 = 0,$$

de la seconde desquelles, ainsi que M. HESSE l'a démontré *), on obtient des valeurs du rapport $a:b$ qui rendent l'expression $au + bH$ égale au produit des carrés de deux fonctions linéaires. L'équation $\Phi = 0$ est par conséquent l'équation du sixième degré considérée par M. HESSE **), et dont les racines ont la propriété d'être quatre à quatre en rapport harmonique.

Le covariant Φ joue dans la théorie des formes biquadratiques un rôle analogue à celui que joue le Hessien dans la théorie des formes cubiques. On trouve, par exemple, que l'invariant quadratique de cette fonction est égal à $\frac{1}{6}$ du discriminant D de la forme u; que, en posant

$$U = au + bH,$$

et indiquant par V le Hessien de la forme U, de sorte que

$$V = Au + BH, \qquad A = 12b(2aJ_2 + 3bJ_3), \qquad B = 12(12a^2 - b^2 J_2),$$

on a :

$$\begin{vmatrix} \frac{\partial V}{\partial x} & \frac{\partial V}{\partial y} \\ \frac{\partial U}{\partial x} & \frac{\partial U}{\partial y} \end{vmatrix} = 8\Phi(aB - bA).$$

Par conséquent, si l'on pose

$$U = (\alpha_0, \alpha_1, \ldots \alpha_4 \between x, y)^4,$$

où

$$\alpha_0 = \frac{\partial D}{\partial a_4}, \quad 4\alpha_1 = -\frac{\partial D}{\partial a_3}, \quad 6\alpha_2 = \frac{\partial D}{\partial a_2}, \quad 4\alpha_3 = -\frac{\partial D}{\partial a_1}, \quad \alpha_4 = \frac{\partial D}{\partial a_0},$$

on aura :

$$a = 3J_2^2, \qquad b = -54J_3, \qquad aB - bA = 12^2.27\,D(J_2^3 - 54J_3^2),$$

---

*) HESSE, *Transformation einer beliebigen gegebenen homogenen Function 4. Grades von zwei Variabeln durch lineäre Substitutionen neuer Variabeln in die Form, welche nur die geraden Potenzen der neuen Variabeln enthält* [Journal für die reine und angewandte Mathematik, t. XLI (1851), pp. 243-263 (pag. 253)].

**) Ibid., pag. 259.

et en représentant par Ψ le covariant du sixième degré de la forme U on obtient :

$$\Psi = 27\Phi D(J_2^3 - 54J_3^2).$$

De cette dernière équation on déduit, entre D et le discriminant Δ de la forme U, la relation déjà donnée par M. SCHLÄFLI :

$$\Delta = 729 D^3(J_2^3 - 54J_3^2).$$

On trouve pour les formes cubiques à trois indéterminées une équation analogue à (1). Soit u la forme cubique, v son Hessien ; J_4, J_6 les invariants du quatrième et du sixième degré de la même forme. En posant $v = 6^3 H$, et en éliminant les quantités a, b entre les deux équations

$$au + bH = 0,$$

$$27a^4 - 18J_4 a^2 b^2 - J_6 ab^3 - J_4^2 b^4 = 0,$$

on obtient l'équation du douzième degré

$$27H^4 - 18J_4 H^2 u^2 + J_6 H u^3 - J_4^2 u^4 = 0,$$

laquelle sera décomposable en douze facteurs linéaires, qui donneront les quatre systèmes de droites qui passent par les points d'inflexion de la courbe $u = 0$.

Pavie, Janvier 1856.

CCXLVI.

SUR L'INTÉGRATION DES ÉQUATIONS ULTRA-ELLIPTIQUES.

Journal für die reine und angewandte Mathematik, t. LV (1858), pp. 56-60.

1. On doit à JACOBI la connaissance de ce fait analytique, que les équations ultra-elliptiques peuvent s'intégrer sous forme algébrique rationnelle. La démonstration indirecte que JACOBI a donnée de cette importante propriété a été développée par M. RICHELOT; et M. LIOUVILLE a obtenu ce résultat comme une conséquence de ses recherches sur le mouvement d'un point. Je vais démontrer qu'on peut arriver à ces intégrales par l'intégration directe.

Soient $x_1, x_2, \ldots, x_n$, n variables; en posant

$$\varphi^2(x) = A_0 x^{2n} + A_1 x^{2n-1} + \cdots + A_{2n},$$

les équations différentielles

$$(1) \qquad \sum_1^n{}_r \frac{dx_r}{\varphi(x_r)} = 0, \qquad \sum_1^n{}_r \frac{x_r\, dx_r}{\varphi(x_r)} = 0, \qquad \sum_1^n{}_r \frac{x_r^{n-2}\, dx_r}{\varphi(x_r)} = 0$$

ont été nommées par JACOBI *équations ultra-elliptiques*.

Soit

$$\psi(x) = (x - x_1)(x - x_2) \ldots (x - x_n) = x^n + a_1 x^{n-1} + \cdots + a_n;$$

si l'on considère les équations (1) et la suivante

$$\sum_1^n{}_r \frac{x_r^{n-1}\, dx_r}{\varphi(x_r)} = dz,$$

comme équations simultanées, on aura:

$$\frac{dx_r}{dz} = \frac{\varphi(x_r)}{\psi'(x_r)}.$$

Mais l'équation identique

$$\psi(x_r) = 0$$

nous donne:

$$\psi'(x_r)\frac{dx_r}{dz} + \frac{da_1}{dz}x_r^{n-1} + \frac{da_2}{dz}x_r^{n-2} + \cdots + \frac{da_n}{dz} = 0;$$

donc on aura:

$$\left(\frac{da_1}{dz}x^{n-1} + \frac{da_2}{dz}x^{n-2} + \cdots + \frac{da_n}{dz}\right)^2 - \varphi^2(x) = 0$$

pour $x = x_1, x_2, \ldots x_n$; et par conséquent on a pour une valeur quelconque de x:

$$\left[\frac{d\psi(x)}{dz}\right]^2 = \varphi^2(x) + \psi(x)\theta(x),$$

$\theta(x)$ étant un polynôme du $n^{\text{ième}}$ degré qu'on doit déterminer.

Or, en observant que

$$\frac{1}{\psi(x)}\frac{d\psi(x)}{dz} = \sum_1^n{}_r \frac{\varphi(x_r)}{(x_r - x)\psi'(x_r)},$$

on trouve, comme M. Richelot l'a déjà démontré, que

$$(2) \qquad 2\psi\frac{d^2\psi}{dz^2} = \left(\frac{d\psi}{dz}\right)^2 - \varphi^2(x) + A_0\psi^2(x),$$

ou

$$\frac{1}{\psi^2(x)}\left[2\psi\frac{d\psi}{dz}\frac{d^2\psi}{dz^2} - \left(\frac{d\psi}{dz}\right)^3\right] = -\frac{\varphi^2(x)}{\psi^2(x)}\frac{d\psi}{dz} + A_0\frac{d\psi}{dz};$$

donc en intégrant on aura:

$$(3) \qquad \left[\frac{d\psi(x)}{dz}\right]^2 = \varphi^2(x) + A_0\psi^2(x) - \psi(x)H(x)$$

en supposant

$$H(x) = H_0x^n + H_1x^{n-1} + \cdots + H_n.$$

De l'équation (3) on peut déduire les intégrales algébriques irrationnelles des équations (1), et les coefficients $H_2, H_3, \ldots H_n$ seront les $n - 1$ constantes, parce qu'on a évidemment:

$$H_0 = 2A_0, \qquad H_1 = A_1.$$

2. L'équation (2) se réduit, à cause de (3), à la suivante:

$$2\frac{d^2\psi}{d z^2} = 2A_0\psi(x) - H(x),$$

laquelle ayant lieu pour des valeurs quelconques de x nous donne:

$$2\frac{d^2 a_r}{d z^2} = 2A_0 a_r - H_r$$

pour $r = 1, 2, \ldots, n$; et par conséquent:

$$\left(\frac{d a_r}{d z}\right)^2 = A_0 a_r^2 - H_r a_r + G_r,$$

G_1, G_2, ... étant de nouvelles constantes.

Par une seconde intégration on obtient:

$$a_r = \frac{E_r y^2 + 2H_r y + D_r}{2H_0 y},$$

ayant posé

$$e^{z\sqrt{A_0}} = y, \qquad \frac{H_r^2 - 4A_0 G_r}{E_r} = D_r,$$

et E_1, E_2, ... étant des constantes à déterminer.

Si l'on pose

$$R(x) = E_1 x^{n-1} + E_2 x^{n-2} + \cdots + E_n,$$

$$S(x) = H_0 x^n + H_1 x^{n-1} + \cdots + H_n,$$

$$T(x) = D_1 x^{n-1} + D_2 x^{n-2} + \cdots + D_n,$$

on aura donc:

(4) $$\psi(x) = \frac{1}{2H_0 y}(Ry^2 + 2Sy + T),$$

et en observant que

$$\frac{d a_r}{d z} = \frac{E_r y^2 - D_r}{2H_0 y}\sqrt{A_0},$$

l'équation (3) fait voir que

$$4A_0\varphi^2(x) = S^2 - RT,$$

équation au moyen de laquelle on doit déterminer les constantes G_1, G_2, ..., E_1, E_2, ... Les valeurs des constantes G_1, G_n peuvent aussi s'obtenir en comparant les puissances de x^{2n-2} et de x^0 dans l'équation (3), et l'on trouve:

$$G_1 = A_2 + H_2, \qquad G_n = A_{2n}.$$

Les formes obtenues pour les fonctions $\psi(x)$, $\varphi^2(x)$ sont, à un facteur près, celles auxquelles JACOBI avait été conduit par la considération du théorème d'ABEL. En éliminant y des valeurs de a_r, a_s on a une intégrale algébrique rationnelle du second dégré des équations (1):

$$(E_r D_s - E_s D_r)^2 = 4(H_r - 2A_0 a_r)(H_s - 2A_0 a_s)(D_r E_s + D_s E_r)$$
$$- D_r E_r (H_s - 2A_0 a_s) - D_s E_s (H_r - 2A_0 a_r);$$

et en éliminant y^2, y, considérées comme deux variables, des valeurs de a_r, a_s, a_t on obtient l'intégrale linéaire

$$\begin{vmatrix} 1 & H_0 & 0 & 0 \\ a_r & H_r & D_r & E_r \\ a_s & H_s & D_s & E_s \\ a_t & H_t & D_t & E_t \end{vmatrix} = 0.$$

3. Soit $f(x)$ une fonction entière du degré $n+i-1$, où $i<n$; et en désignant par c une quantité constante posons:

$$\sum_1^n {}_r \frac{f(x_r)\,dx_r}{(c-x_r)\varphi(x_r)} = dv,$$

on aura évidemment:

$$\frac{dv}{dz} = \sum_1^n {}_r \frac{f(x_r)}{(c-x_r)\psi'(x_r)},$$

ou bien en posant

$$f(x) = x^i p(x) + q(x),$$

l'équation suivante:

$$\frac{dv}{dz} = \sum_1^n {}_r \frac{x_r^i p(x_r)}{(c-x_r)\psi'(x_r)} + \frac{q(c)}{\psi(c)}.$$

Or, en faisant

$$U_s = \sum_1^n {}_r \frac{x_r^s p(x_r)}{(c-x_r)\psi'(x_r)}, \qquad V_s = \sum_1^n {}_r \frac{x_r^s p(x_r)}{\psi'(x_r)},$$

on a:

$$U_s = c\,U_{s-1} - V_{s-1},$$

donc:

$$\frac{dv}{dz} = \frac{f(c)}{\psi(c)} - (c^{i-1}V_0 + c^{i-2}V_1 + \cdots + V_{i-1}).$$

Mais V_s est le coefficient de $\frac{1}{x^{s+1}}$, dans le développement suivant les puissances descendantes de x, de l'expression

$$\sum_1^n r \frac{p(x_r)}{(x-x_r)\psi'(x_r)} = \frac{p(x)}{\psi(x)},$$

ou le coefficient de $\frac{1}{x}$ dans le développement de $\frac{x^s p(x)}{\psi(x)}$; par conséquent:

$$\frac{dv}{dz} = \frac{f(c)}{\psi(c)} - \left[\frac{p(x)(x^i - c^i)}{\psi(x)(x-c)}\right]_{x^{-1}};$$

et parce que

$$\left[\frac{p(x)}{(x-c)\psi(x)}\right]_{x^{-1}} = 0, \qquad \left[\frac{q(x)}{(x-c)\psi(x)}\right]_{x^{-1}} = 0,$$

on aura:

$$\frac{dv}{dz} = \frac{f(c)}{\psi(c)} - \left[\frac{f(x)}{(x-c)\psi(x)}\right]_{x^{-1}},$$

et

$$\frac{dv}{dy} = \frac{f(c)}{y\psi(c)\sqrt{A_0}} - \left[\frac{f(x)}{(x-c)y\psi(x)\sqrt{A_0}}\right]_{x^{-1}}.$$

La valeur (4) de $\psi(x)$ nous donne:

$$\frac{1}{y\psi(x)\sqrt{A_0}} = \frac{4R\sqrt{A_0}}{(Ry+S)^2 - 4A_0\varphi^2(x)} = \frac{Ry+S-2\varphi(x)\sqrt{A_0}}{Ry+S+2\varphi(x)\sqrt{A_0}} \cdot \frac{4R\sqrt{A_0}}{[Ry+S-2\varphi(x)\sqrt{A_0}]^2},$$

ou:

$$\frac{1}{y\psi(x)\sqrt{A_0}} = -\frac{2}{\varphi(x)}\frac{d}{dy}\log\frac{Ry+S+2\varphi(x)\sqrt{A_0}}{Ry+S-2\varphi(x)\sqrt{A_0}},$$

et en substituant:

$$v = C - \frac{2f(c)}{\varphi(c)}\log\frac{yR(c)+S(c)+2\varphi(c)\sqrt{A_0}}{yR(c)+S(c)-2\varphi(c)\sqrt{A_0}}$$

$$+\left[\frac{2f(x)}{(x-c)\varphi(x)}\log\frac{yR(x)+S(x)+2\varphi(x)\sqrt{A_0}}{yR(x)+S(x)-2\varphi(x)\sqrt{A_0}}\right]_{x^{-1}},$$

formule de laquelle on pourrait déduire le théorème d'ABEL.

Pavie, août 1857.

CCXLVII.

DÉVELOPPEMENTS RELATIFS AU § 3 DES RECHERCHES DE DIRICHLET SUR UN PROBLÈME D'HYDRODYNAMIQUE *).

Journal für die reine und angewandte Mathematik, t. LIX (1861), pp. 63-73.

1. Le § 3 de l'important Mémoire de DIRICHLET est consacré à démontrer que le mouvement de l'ellipsoïde fluide peut se décomposer en deux mouvements simples, l'un de translation, l'autre de rotation autour d'une droite. La connaissance des vitesses qui composent ces deux mouvements dépend de la détermination des cosinus des angles que trois axes nouveaux des ξ, η, ζ forment avec les axes donnés des x, y, z; ou enfin de la résolution d'une équation du troisième degré. Bien que cette décomposition, comme l'a déjà observé DIRICHLET, ne soit pas d'une utilité réelle pour la solution du problème, nous croyons néanmoins qu'elle jette assez de clarté sur la question pour nous engager à l'approfondir.

En adoptant les signes de DIRICHLET, on a pour les vitesses u, v, w les valeurs [équations (1) du § 3]:

$$u = gx + hy + kz, \qquad v = g'x + h'y + k'z, \qquad w = g''x + h''y + k''z,$$

que l'on peut présenter sous la forme suivante:

$$u = gx + \tfrac{1}{2}(h + g')y + \tfrac{1}{2}(k + g'')z + \tfrac{1}{2}(k - g'')z - \tfrac{1}{2}(g' - h)y,$$

$$v = \tfrac{1}{2}(g' + h)x + h'y + \tfrac{1}{2}(k' + h'')z + \tfrac{1}{2}(g' - h)x - \tfrac{1}{2}(h'' - k')z,$$

$$w = \tfrac{1}{2}(g'' + k)x + \tfrac{1}{2}(h'' + k')y + k''z + \tfrac{1}{2}(h'' - k')y - \tfrac{1}{2}(k - g'')x.$$

---

*) LEJEUNE DIRICHLET, *Untersuchungen über ein Problem der Hydrodynamik* (Aus dessen Nachlass hergestellt von Herrn R. DEDEKIND zu Zürich) (Aus dem achten Bande der Abhandlungen der K. Gesellschaft der Wissenschaften zu Göttingen abgedruckt) [Journal für die reine und angewandte Mathematik, t. LVIII (1861), pp. 181-216].

En posant

$$(1)\qquad p'=\tfrac{1}{2}(h''-k'),\qquad q'=\tfrac{1}{2}(k-g''),\qquad r'=\tfrac{1}{2}(g'-h),$$

on aura donc:

$$u=u_1+u_2,\qquad v=v_1+v_2,\qquad w=w_1+w_2,$$

et

$$(2)\qquad \begin{cases} u_1=gx+\tfrac{1}{2}(h+g')y+\tfrac{1}{2}(k+g'')z, & u_2=q'z-r'y,\\ v_1=\tfrac{1}{2}(g'+h)x+h'y+\tfrac{1}{2}(k'+h'')z, & v_2=r'x-p'z,\\ w_1=\tfrac{1}{2}(g''+k)x+\tfrac{1}{2}(h''+k')y+k''z, & w_2=p'y-q'x. \end{cases}$$

On pourra par conséquent supposer le mouvement de l'ellipsoïde décomposé en deux mouvements; l'un de translation défini par les vitesses u_1, v_1, w_1 parallèles aux axes des x, y, z; l'autre de rotation défini par les vitesses angulaires p', q', r' autour des mêmes axes. Rapportons ces mouvements aux trois nouveaux axes des ξ, η, ζ; et soient p, q, r les vitesses parallèles à ces axes, on aura avec Dirichlet:

$$(3)\qquad \begin{cases} p=\alpha u_1+\alpha' v_1+\alpha'' w_1, & \xi=\alpha x+\alpha' y+\alpha'' z,\\ q=\beta u_1+\beta' v_1+\beta'' w_1, & \eta=\beta x+\beta' y+\beta'' z,\\ r=\gamma u_1+\gamma' v_1+\gamma'' w_1, & \zeta=\gamma x+\gamma' y+\gamma'' z. \end{cases}$$

Substituons pour u_1, v_1, w_1 les valeurs (2) et faisons

$$(4)\qquad \begin{cases} \alpha g+\tfrac{1}{2}\alpha'(g'+h)+\tfrac{1}{2}\alpha''(g''+k) = a\alpha,\\ \tfrac{1}{2}\alpha(h+g')+\alpha' h'+\tfrac{1}{2}\alpha''(h''+k') = a\alpha',\\ \tfrac{1}{2}\alpha(k+g'')+\tfrac{1}{2}\alpha'(k'+h'')+\alpha'' k'' = a\alpha'', \end{cases}$$

où a désigne une indéterminée; posons encore les deux systèmes d'équations analogues à (4) que l'on obtient en remplaçant α, α', α'', a d'abord par β, β', β'', b et puis par γ, γ', γ'', c; nous aurons:

$$p=a(\alpha x+\alpha' y+\alpha'' z),\quad q=b(\beta x+\beta' y+\beta'' z),\quad r=c(\gamma x+\gamma' y+\gamma'' z),$$

ou à cause des relations (3):

$$(5)\qquad p=a\xi,\qquad q=b\eta,\qquad r=c\zeta.$$

En multipliant les équations (1) par λ, λ', λ'' on a:

$$\lambda p' + \lambda' q' + \lambda'' r' = \frac{1}{2}\left(n\frac{dm}{dt} + n'\frac{dm'}{dt} + n''\frac{dm''}{dt} - m\frac{dn}{dt} - m'\frac{dn'}{dt} - m''\frac{dn''}{dt}\right),$$

mais des équations différentielles du problème [équations (2), pag. 190] on obtient par une première intégration:

$$(6) \qquad n\frac{dm}{dt} + n'\frac{dm'}{dt} + n''\frac{dm''}{dt} - m\frac{dn}{dt} - m'\frac{dn'}{dt} - m''\frac{dn''}{dt} = 2p_0;$$

donc:

$$\lambda p' + \lambda' q' + \lambda'' r' = p_0,$$

et de même:

$$\mu p' + \mu' q' + \mu'' r' = q_0, \qquad \nu p' + \nu' q' + \nu'' r' = r_0.$$

On en déduit:

$$p' = l p_0 + m q_0 + n r_0, \qquad q' = l' p_0 + m' q_0 + n' r_0, \qquad r' = l'' p_0 + m'' q_0 + n'' r_0,$$

et comme pour $t = 0$ les équations

$$l = m' = n'' = 1, \qquad l' = l'' = m = m'' = n = n' = 0$$

ont lieu, on en conclut que les constantes p_0, q_0, r_0 sont les valeurs correspondantes à $t = 0$ des vitesses angulaires p', q', r'. Soient p_1, q_1, r_1 les vitesses angulaires autour des axes des ξ, η, ζ; on aura évidemment:

$$(7) \quad \begin{cases} p_1 = p_0(l\alpha + l'\alpha' + l''\alpha'') + q_0(m\alpha + m'\alpha' + m''\alpha'') + r_0(n\alpha + n'\alpha' + n''\alpha''), \\ q_1 = p_0(l\beta + l'\beta' + l''\beta'') + q_0(m\beta + m'\beta' + m''\beta'') + r_0(n\beta + n'\beta' + n''\beta''), \\ r_1 = p_0(l\gamma + l'\gamma' + l''\gamma'') + q_0(m\gamma + m'\gamma' + m''\gamma'') + r_0(n\gamma + n'\gamma' + n''\gamma''). \end{cases}$$

Au moyen des relations

$$lg + \tfrac{1}{2}l'(h + g') + \tfrac{1}{2}l''(k + g'') = \tfrac{1}{2}\left(\lambda\frac{dP}{dt} + \mu\frac{dR'}{dt} + \nu\frac{dQ'}{dt}\right) = E,$$

$$\tfrac{1}{2}l(g' + h) + l'h' + \tfrac{1}{2}l''(k' + h'') = \tfrac{1}{2}\left(\lambda'\frac{dP}{dt} + \mu'\frac{dR'}{dt} + \nu'\frac{dQ'}{dt}\right) = E',$$

$$\tfrac{1}{2}l(g'' + k) + \tfrac{1}{2}l'(h'' + k') + l''k'' = \tfrac{1}{2}\left(\lambda''\frac{dP}{dt} + \mu''\frac{dR'}{dt} + \nu''\frac{dQ'}{dt}\right) = E'',$$

les équations (4) peuvent être mises sous la forme suivante:

$$(8)\qquad \begin{cases} E\alpha + E'\alpha' + E''\alpha'' = a(l\alpha + l'\alpha' + l''\alpha''), \\ F\alpha + F'\alpha' + F''\alpha'' = a(m\alpha + m'\alpha' + m''\alpha''), \\ G\alpha + G'\alpha' + G''\alpha'' = a(n\alpha + n'\alpha' + n''\alpha''), \end{cases}$$

où les quantités F, G, etc., sont données par les équations:

$$F = \frac{1}{2}\left(\lambda\frac{dR'}{dt} + \mu\frac{dQ}{dt} + \nu\frac{dP'}{dt}\right), \qquad G = \frac{1}{2}\left(\lambda\frac{dQ'}{dt} + \mu\frac{dP'}{dt} + \nu\frac{dR}{dt}\right), \quad \text{etc.}$$

Posons:

$$(9)\qquad \begin{cases} \alpha = A_1 l + A_2 m + A_3 n, & \beta = B_1 l + B_2 m + B_3 n, & \gamma = C_1 l + C_2 m + C_3 n, \\ \alpha' = A_1 l' + A_2 m' + A_3 n', & \beta' = B_1 l' + B_2 m' + B_3 n', & \gamma' = C_1 l' + C_2 m' + C_3 n', \\ \alpha'' = A_1 l'' + A_2 m'' + A_3 n'', & \beta'' = B_1 l'' + B_2 m'' + B_3 n'', & \gamma'' = C_1 l'' + C_2 m'' + C_3 n'', \end{cases}$$

on aura:

$$l\alpha + l'\alpha' + l''\alpha'' = A_1 P + A_2 R' + A_3 Q',$$

$$E\alpha + E'\alpha' + E''\alpha'' = \frac{1}{2}\left(A_1\frac{dP}{dt} + A_2\frac{dR'}{dt} + A_3\frac{dQ'}{dt}\right), \quad \text{etc.,}$$

par conséquent les équations (8) deviennent:

$$(10)\qquad \begin{cases} \left(\frac{1}{2}\frac{dP}{dt} - aP\right)A_1 + \left(\frac{1}{2}\frac{dR'}{dt} - aR'\right)A_2 + \left(\frac{1}{2}\frac{dQ'}{dt} - aQ'\right)A_3 = 0, \\ \left(\frac{1}{2}\frac{dR'}{dt} - aR'\right)A_1 + \left(\frac{1}{2}\frac{dQ}{dt} - aQ\right)A_2 + \left(\frac{1}{2}\frac{dP'}{dt} - aP'\right)A_3 = 0, \\ \left(\frac{1}{2}\frac{dQ'}{dt} - aQ'\right)A_1 + \left(\frac{1}{2}\frac{dP'}{dt} - aP'\right)A_2 + \left(\frac{1}{2}\frac{dR}{dt} - aR\right)A_3 = 0, \end{cases}$$

et les indéterminées a, b, c seront les racines de l'équation en θ:

$$(11)\qquad \begin{vmatrix} P\theta - \frac{1}{2}\frac{dP}{dt} & R'\theta - \frac{1}{2}\frac{dR'}{dt} & Q'\theta - \frac{1}{2}\frac{dQ'}{dt} \\ R'\theta - \frac{1}{2}\frac{dR'}{dt} & Q\theta - \frac{1}{2}\frac{dQ}{dt} & P'\theta - \frac{1}{2}\frac{dP'}{dt} \\ Q'\theta - \frac{1}{2}\frac{dQ'}{dt} & P'\theta - \frac{1}{2}\frac{dP'}{dt} & R\theta - \frac{1}{2}\frac{dR}{dt} \end{vmatrix} = 0.$$

D'après un théorème connu ces racines sont toutes réelles; de plus, le coefficient de θ^3, c. à d. le déterminant

$$\begin{vmatrix} P & R' & Q' \\ R' & Q & P' \\ Q' & P' & R \end{vmatrix},$$

est égal à l'unité, et le coefficient de θ^2, qui est la dérivée de ce déterminant prise par rapport au temps est égal à zéro. On a par conséquent:

$$a + b + c = 0.$$

Les équations (10) et celles qui leur sont analogues, conjointement avec les équations

$$\alpha^2 + \alpha'^2 + \alpha''^2 = 1, \qquad \beta^2 + \beta'^2 + \beta''^2 = 1, \qquad \gamma^2 + \gamma'^2 + \gamma''^2 = 1,$$

donnent en général les valeurs de A_1, A_2, ... et les équations (9) donnent les valeurs de α, α', ... Enfin si des équations (3), (9) on tire les suivantes

$$\lambda x + \lambda' y + \lambda'' z = A_1 \xi + B_1 \eta + C_1 \zeta,$$

$$\mu x + \mu' y + \mu'' z = A_2 \xi + B_2 \eta + C_2 \zeta,$$

$$\nu x + \nu' y + \nu'' z = A_3 \xi + B_3 \eta + C_3 \zeta,$$

on en conclut que l'ellipsoïde fluide qui a lieu à la fin du temps t, rapporté aux axes des ξ, η, ζ, est représenté par l'équation:

$$(12) \qquad \frac{1}{A^2}(A_1\xi + B_1\eta + C_1\zeta)^2 + \frac{1}{B^2}(A_2\xi + B_2\eta + C_2\zeta)^2 + \frac{1}{C^2}(A_3\xi + B_3\eta + C_3\zeta)^2 = 1.$$

2. Passons à la considération d'un cas particulier très intéressant. Supposons qu'au commencement du temps t les axes mobiles des ξ, η, ζ coincident avec les axes fixes des x, y, z; et que les axes des ξ, η, ζ soient pour toute la durée du mouvement les directions des axes principaux de l'ellipsoïde. Pour que la première condition soit remplie il faut que l'on ait

$$(13) \qquad \begin{cases} (A_1)_0 = (B_2)_0 = (C_3)_0 = 1, \\ (A_2)_0 = (A_3)_0 = (B_1)_0 = (B_3)_0 = (C_1)_0 = (C_2)_0 = 0; \end{cases}$$

et l'équation (12) montre que l'on peut satisfaire à la seconde condition en supposant que pour toute la durée du mouvement on ait

$$A_2 = A_3 = B_1 = B_3 = C_1 = C_2 = 0.$$

Des équations (10), (11) on déduit que cette dernière hypothèse entraîne les conditions suivantes:

$$P' = 0, \qquad Q' = 0, \qquad R' = 0.$$

$$a = \frac{1}{2P}\frac{dP}{dt}, \qquad b = \frac{1}{2Q}\frac{dQ}{dt}, \qquad c = \frac{1}{2R}\frac{dR}{dt};$$

de plus, comme les équations (9) nous donnent

$$A_1^2 = \frac{1}{P}, \qquad B_2^2 = \frac{1}{Q}, \qquad C_3^2 = \frac{1}{R},$$

on voit que toutes les conditions (13) sont remplies et l'on aura:

$$(14) \qquad \alpha = \frac{l}{\sqrt{P}}, \qquad \beta = \frac{m}{\sqrt{Q}}, \qquad \gamma = \frac{n}{\sqrt{R}}, \quad \text{etc.}$$

Enfin, en posant

$$A\sqrt{P} = U, \qquad B\sqrt{Q} = V, \qquad C\sqrt{R} = W,$$

l'équation de l'ellipsoïde rapportée aux axes des ξ, η, ζ sera

$$\frac{\xi^2}{U^2} + \frac{\eta^2}{V^2} + \frac{\zeta^2}{W^2} = 1;$$

et les vitesses de translation et de rotation [équations (5) et (7)] seront

$$(15) \quad \begin{cases} p = \dfrac{\xi}{U}\dfrac{dU}{dt}, & q = \dfrac{\eta}{V}\dfrac{dV}{dt}, & r = \dfrac{\zeta}{W}\dfrac{dW}{dt}, \\[2ex] p_1 = \dfrac{p_0}{A}U, & q_1 = \dfrac{q_0}{B}V, & r_1 = \dfrac{r_0}{C}W. \end{cases}$$

En désignant par x_0, y_0, z_0 les valeurs initiales de x, y, z pour lesquelles Dirichlet a adopté les lettres a, b, c, et par ξ_0, η_0, ζ_0 celles de ξ, η, ζ, on a:

$$x_0 = \xi_0, \qquad y_0 = \eta_0, \qquad z_0 = \zeta_0,$$

$$\frac{\xi}{U} = \frac{\xi_0}{A}, \qquad \frac{\eta}{V} = \frac{\eta_0}{B}, \qquad \frac{\zeta}{W} = \frac{\zeta_0}{C},$$

et par conséquent:

$$(16) \qquad p = \frac{\xi_0}{A}\frac{dU}{dt}, \qquad q = \frac{\eta_0}{B}\frac{dV}{dt}, \qquad r = \frac{\zeta_0}{C}\frac{dW}{dt}.$$

Dans le cas que nous considérons les équations différentielles [(a) pag. 190 du Mémoire de Dirichlet] peuvent être transformées, eu égard aux équations intégrales (6) déjà obtenues, et réduites aux six équations suivantes:

$$(17)\quad \begin{cases} U\dfrac{d^2U}{dt^2} - U^2(\omega^2 - p_1^2) = 2\sigma - 2\varepsilon L, \\ V\dfrac{d^2V}{dt^2} - V^2(\omega^2 - q_1^2) = 2\sigma - 2\varepsilon M, \\ W\dfrac{d^2W}{dt^2} - W^2(\omega^2 - r_1^2) = 2\sigma - 2\varepsilon N, \\ p_1\left(\dfrac{1}{V}\dfrac{dV}{dt} - \dfrac{1}{W}\dfrac{dW}{dt}\right) + q_1 r_1 = 0, \\ q_1\left(\dfrac{1}{W}\dfrac{dW}{dt} - \dfrac{1}{U}\dfrac{dU}{dt}\right) + r_1 p_1 = 0, \\ r_1\left(\dfrac{1}{U}\dfrac{dU}{dt} - \dfrac{1}{V}\dfrac{dV}{dt}\right) + p_1 q_1 = 0, \end{cases}$$

auxquelles il faut ajouter l'équation

$$UVW = ABC.$$

Les quantités ω, L, M, N sont données par les équations

$$\omega^2 = p_1^2 + q_1^2 + r_1^2,$$

$$L = \pi\int_0^\infty \frac{1}{\Delta}\frac{U^2}{U^2+s}ds, \quad M = \pi\int_0^\infty \frac{1}{\Delta}\frac{V^2}{V^2+s}ds, \quad N = \pi\int_0^\infty \frac{1}{\Delta}\frac{W^2}{W^2+s}ds,$$

où

$$\Delta = +\sqrt{\left(1+\frac{s}{U^2}\right)\left(1+\frac{s}{V^2}\right)\left(1+\frac{s}{W^2}\right)}.$$

Des trois dernières équations (17) on déduit la suivante:

$$q_1^2 r_1^2 + r_1^2 p_1^2 + p_1^2 q_1^2 = 0;$$

donc pour toute la durée du mouvement: ou les trois vitesses angulaires autour des axes mobiles sont nulles, ou du moins deux d'entre elles.

Dans le premier cas les cosinus α, α', ... sont, comme on sait, indépendants du temps, par conséquent pour toute la durée du mouvement les axes des ξ, η, ζ sont parallèles aux axes des x, y, z. Les équations

$$U\frac{d^2 U}{dt^2} = 2\sigma - 2\varepsilon L, \qquad V\frac{d^2 V}{dt^2} = 2\sigma - 2\varepsilon M, \qquad W\frac{d^2 W}{dt^2} = 2\sigma - 2\varepsilon N,$$

$$UVW = ABC$$

donneront les valeurs des demi-axes de l'ellipsoïde à la fin du temps t, les composantes de la vitesse parallèles aux axes des x, y, z et la valeur de σ. Quant aux valeurs des quantités l, l', ... on a évidemment, à cause des équations (14):

$$l = \frac{U}{A}, \qquad m' = \frac{V}{B}, \qquad n'' = \frac{W}{C},$$

tandis que toutes les autres sont nulles.

Supposons en second lieu que p_1 et q_1 s'évanouissent, mais que r_1 soit différent de zéro. Posons

$$\int r_1\, dt = \frac{r_0}{C}\int W\, dt = \rho,$$

et indiquons par ρ_0 la valeur de ρ correspondante à $t = 0$; on a, comme on sait,

$$\alpha = \beta' = \cos(\rho - \rho_0), \quad \beta = -\alpha' = \sin(\rho - \rho_0), \quad \gamma'' = 1, \quad \alpha'' = \beta'' = \gamma = \gamma' = 0;$$

par conséquent:

$$\frac{Al}{U} = \frac{Bm'}{V} = \cos(\rho - \rho_0), \quad \frac{Bm}{V} = -\frac{Al'}{U} = \sin(\rho - \rho_0), \quad n'' = \frac{W}{C}, \quad l'' = m'' = n = n' = 0.$$

La dernière des équations (17) prouve que dans ce cas on a:

$$\frac{U}{A} = \frac{V}{B},$$

ou bien U, V et par conséquent W constantes. Si l'on suppose $A = B$ ou ce qui est la même chose $U = V$ pour toute la durée du mouvement, on a le cas discuté avec tant de finesse par DIRICHLET dans les §§ 6 et 8 de son Mémoire. Si U, V, W sont constantes, on aura $U = A$, $V = B$, $W = C$, le mouvement de l'ellipsoïde se réduit alors à un mouvement uniforme de rotation autour de l'axe des z, et les équations (17) donnent la valeur de la vitesse angulaire

$$r_0^2 = \frac{2\varepsilon\pi}{A^2 B^2}\int_0^\infty \frac{1}{\Delta}\,\frac{s}{\left(1 + \frac{s}{A^2}\right)\left(1 + \frac{s}{B^2}\right)}\, ds,$$

et de plus l'équation de condition de JACOBI pour les demi-axes A, B, C:

$$\sigma = \varepsilon\pi\int_0^\infty \frac{1}{\Delta}\frac{1}{\left(1+\frac{s}{A^2}\right)\left(1+\frac{s}{B^2}\right)}ds = \varepsilon\pi\int_0^\infty \frac{1}{\Delta}\frac{1}{\left(1+\frac{s}{C^2}\right)}ds.$$

Enfin comme $\rho = r_0 t$ on aura:

$$l = m' = \cos r_0 t, \qquad m = -l' = \sin r_0 t, \qquad n'' = 1, \qquad n = n' = l'' = m'' = 0.$$

3. L'introduction des axes mobiles ξ, η, ζ peut faire envisager le problème de DIRICHLET sous le point de vue d'une question de mouvement relatif. En effet les valeurs de $\frac{d^2x}{dt^2}$, $\frac{d^2y}{dt^2}$, $\frac{d^2z}{dt^2}$ déduites des équations (3) étant substituées dans les équations du mouvement des fluides:

$$\frac{d^2x}{dt^2} - \varepsilon\frac{\partial H}{\partial x} + \frac{\partial p}{\partial x} = 0, \quad \frac{d^2y}{dt^2} - \varepsilon\frac{\partial H}{\partial y} + \frac{\partial p}{\partial y} = 0, \quad \frac{d^2z}{dt^2} - \varepsilon\frac{\partial H}{\partial z} + \frac{\partial p}{\partial z} = 0,$$

où H est le potentiel, p la pression, on trouve:

$$(17^*)\quad \begin{cases} \xi\frac{d^2\alpha}{dt^2} + \eta\frac{d^2\beta}{dt^2} + \zeta\frac{d^2\gamma}{dt^2} + 2\left(\frac{d\xi}{dt}\frac{d\alpha}{dt} + \frac{d\eta}{dt}\frac{d\beta}{dt} + \frac{d\zeta}{dt}\frac{d\gamma}{dt}\right) \\ \qquad + \alpha\frac{d^2\xi}{dt^2} + \beta\frac{d^2\eta}{dt^2} + \gamma\frac{d^2\zeta}{dt^2} = \varepsilon\frac{\partial H}{\partial x} - \frac{\partial p}{\partial x}, \\ \xi\frac{d^2\alpha'}{dt^2} + \eta\frac{d^2\beta'}{dt^2} + \zeta\frac{d^2\gamma'}{dt^2} + 2\left(\frac{d\xi}{dt}\frac{d\alpha'}{dt} + \frac{d\eta}{dt}\frac{d\beta'}{dt} + \frac{d\zeta}{dt}\frac{d\gamma'}{dt}\right) \\ \qquad + \alpha'\frac{d^2\xi}{dt^2} + \beta'\frac{d^2\eta}{dt^2} + \gamma'\frac{d^2\zeta}{dt^2} = \varepsilon\frac{\partial H}{\partial y} - \frac{\partial p}{\partial y}, \\ \xi\frac{d^2\alpha''}{dt^2} + \eta\frac{d^2\beta''}{dt^2} + \zeta\frac{d^2\gamma''}{dt^2} + 2\left(\frac{d\xi}{dt}\frac{d\alpha''}{dt} + \frac{d\eta}{dt}\frac{d\beta''}{dt} + \frac{d\zeta}{dt}\frac{d\gamma''}{dt}\right) \\ \qquad + \alpha''\frac{d^2\xi}{dt^2} + \beta''\frac{d^2\eta}{dt^2} + \gamma''\frac{d^2\zeta}{dt^2} = \varepsilon\frac{\partial H}{\partial z} - \frac{\partial p}{\partial z}. \end{cases}$$

Or, en désignant par p_1, q_1, r_1 les vitesses angulaires autour des axes mobiles des ξ, η, ζ, avec lesquelles ces axes mobiles passent de leur position correspondante au temps t à leur nouvelle position correspondante au temps $t + dt$, on a:

$$p_1 = \gamma \frac{d\beta}{dt} + \gamma' \frac{d\beta'}{dt} + \gamma'' \frac{d\beta''}{dt},$$

$$q_1 = \alpha \frac{d\gamma}{dt} + \alpha' \frac{d\gamma'}{dt} + \alpha'' \frac{d\gamma''}{dt},$$

$$r_1 = \beta \frac{d\alpha}{dt} + \beta' \frac{d\alpha'}{dt} + \beta'' \frac{d\alpha''}{dt},$$

et par conséquent:

$$\alpha \frac{d^2\alpha}{dt^2} + \alpha' \frac{d^2\alpha'}{dt^2} + \alpha'' \frac{d^2\alpha''}{dt^2} = -(q_1^2 + r_1^2),$$

$$\alpha \frac{d^2\beta}{dt^2} + \alpha' \frac{d^2\beta'}{dt^2} + \alpha'' \frac{d^2\beta''}{dt^2} = q_1 p_1 - \frac{dr_1}{dt},$$

$$\alpha \frac{d^2\gamma}{dt^2} + \alpha' \frac{d^2\gamma'}{dt^2} + \alpha'' \frac{d^2\gamma''}{dt^2} = r_1 p_1 + \frac{dq_1}{dt},$$

$$\beta \frac{d^2\alpha}{dt^2} + \beta' \frac{d^2\alpha'}{dt^2} + \beta'' \frac{d^2\alpha''}{dt^2} = p_1 q_1 + \frac{dr_1}{dt},$$

$$\beta \frac{d^2\beta}{dt^2} + \beta' \frac{d^2\beta'}{dt^2} + \beta'' \frac{d^2\beta''}{dt^2} = -(r_1^2 + p_1^2),$$

$$\beta \frac{d^2\gamma}{dt^2} + \beta' \frac{d^2\gamma'}{dt^2} + \beta'' \frac{d^2\gamma''}{dt^2} = r_1 q_1 - \frac{dp_1}{dt},$$

$$\gamma \frac{d^2\alpha}{dt^2} + \gamma' \frac{d^2\alpha'}{dt^2} + \gamma'' \frac{d^2\alpha''}{dt^2} = p_1 r_1 - \frac{dq_1}{dt},$$

$$\gamma \frac{d^2\beta}{dt^2} + \gamma' \frac{d^2\beta'}{dt^2} + \gamma'' \frac{d^2\beta''}{dt^2} = q_1 r_1 + \frac{dp_1}{dt},$$

$$\gamma \frac{d^2\gamma}{dt^2} + \gamma' \frac{d^2\gamma'}{dt^2} + \gamma'' \frac{d^2\gamma''}{dt^2} = -(p_1^2 + q_1^2);$$

donc en ajoutant les équations (17*) après les avoir multipliées respectivement par les facteurs $\alpha, \alpha', \alpha''$; β, β', β''; $\gamma, \gamma', \gamma''$, on obtient:

$$\frac{d^2\xi}{dt^2} + 2\left(q_1 \frac{d\zeta}{dt} - r_1 \frac{d\eta}{dt}\right) + \zeta \frac{dq_1}{dt} - \eta \frac{dr_1}{dt} + p_1 \theta - \xi \omega^2 = \varepsilon \frac{\partial H}{\partial \xi} - \frac{\partial p}{\partial \xi},$$

$$\frac{d^2\eta}{dt^2} + 2\left(r_1 \frac{d\xi}{dt} - p_1 \frac{d\zeta}{dt}\right) + \xi \frac{dr_1}{dt} - \zeta \frac{dp_1}{dt} + q_1 \theta - \eta \omega^2 = \varepsilon \frac{\partial H}{\partial \eta} - \frac{\partial p}{\partial \eta},$$

$$\frac{d^2\zeta}{dt^2} + 2\left(p_1 \frac{d\eta}{dt} - q_1 \frac{d\xi}{dt}\right) + \eta \frac{dp_1}{dt} - \xi \frac{dq_1}{dt} + r_1 \theta - \zeta \omega^2 = \varepsilon \frac{\partial H}{\partial \zeta} - \frac{\partial p}{\partial \zeta},$$

où

$$\theta = p_1 \xi + q_1 \eta + r_1 \zeta, \qquad \omega^2 = p_1^2 + q_1^2 + r_1^2.$$

De plus on aura:

(18)
$$\sum \left(\pm \frac{\partial \xi}{\partial \xi_0} \frac{\partial \eta}{\partial \eta_0} \frac{\partial \zeta}{\partial \zeta_0} \right) = 1.$$

Nous nous bornerons à appliquer ces formules au cas particulier considéré ci-dessus. Dans ce cas, l'hypothèse de Dirichlet revient à supposer:

$$\frac{\xi}{U} = \frac{\xi_0}{A}, \qquad \frac{\eta}{V} = \frac{\eta_0}{B}, \qquad \frac{\zeta}{W} = \frac{\zeta_0}{C},$$

U, V, W étant les demi-axes de l'ellipsoïde à la fin du temps t. On aura par conséquent:

$$\frac{\partial p}{\partial \xi} = -\frac{2\sigma}{U}\frac{\xi_0}{A}, \qquad \frac{\partial p}{\partial \eta} = -\frac{2\sigma}{V}\frac{\eta_0}{B}, \qquad \frac{\partial p}{\partial \zeta} = -\frac{2\sigma}{W}\frac{\zeta_0}{C},$$

et *)

$$\frac{\partial H}{\partial \xi} = -\frac{2L}{U}\frac{\xi_0}{A}, \qquad \frac{\partial H}{\partial \eta} = -\frac{2M}{V}\frac{\eta_0}{B}, \qquad \frac{\partial H}{\partial \zeta} = -\frac{2N}{W}\frac{\zeta_0}{C}.$$

Substituant ces valeurs dans les équations trouvées ci-dessus et égalant à zéro les coefficients de ξ_0, η_0, ζ_0 dans chacune d'elles, on obtiendra les neuf équations suivantes:

(19)
$$\left\{ \begin{array}{l}
U\dfrac{d^2 U}{dt^2} - U^2(\omega^2 - p_1^2) = 2\sigma - 2\varepsilon L, \qquad V\dfrac{d^2 V}{dt^2} - V^2(\omega^2 - q_1^2) = 2\sigma - 2\varepsilon M, \\[2ex]
W\dfrac{d^2 W}{dt^2} - W^2(\omega^2 - r_1^2) = 2\sigma - 2\varepsilon N, \\[2ex]
2p_1 \dfrac{1}{V}\dfrac{dV}{dt} + \dfrac{dp_1}{dt} + q_1 r_1 = 0, \qquad 2q_1 \dfrac{1}{W}\dfrac{dW}{dt} + \dfrac{dq_1}{dt} + r_1 p_1 = 0, \\[2ex]
2p_1 \dfrac{1}{W}\dfrac{dW}{dt} + \dfrac{dp_1}{dt} - q_1 r_1 = 0, \qquad 2q_1 \dfrac{1}{U}\dfrac{dU}{dt} + \dfrac{dq_1}{dt} - r_1 p_1 = 0, \\[2ex]
2r_1 \dfrac{1}{U}\dfrac{dU}{dt} + \dfrac{dr_1}{dt} + p_1 q_1 = 0, \\[2ex]
2r_1 \dfrac{1}{V}\dfrac{dV}{dt} + \dfrac{dr_1}{dt} - p_1 q_1 = 0,
\end{array} \right.$$

*) Laplace, *Traité de Mécanique céleste* (Paris, 1843-46), t. II, p. 12.

et à cause de l'équation (18) on aura:

$$UVW = ABC.$$

Les six dernières équations (19) nous donnent:

$$p_1\left(\frac{1}{V}\frac{dV}{dt} - \frac{1}{W}\frac{dW}{dt}\right) + q_1 r_1 = 0,$$

$$q_1\left(\frac{1}{W}\frac{dW}{dt} - \frac{1}{U}\frac{dU}{dt}\right) + r_1 p_1 = 0,$$

$$r_1\left(\frac{1}{U}\frac{dU}{dt} - \frac{1}{V}\frac{dV}{dt}\right) + p_1 q_1 = 0;$$

de plus, en observant que

$$\frac{1}{U}\frac{dU}{dt} + \frac{1}{V}\frac{dV}{dt} + \frac{1}{W}\frac{dW}{dt} = 0,$$

on aura:

$$\frac{1}{p_1}\frac{dp_1}{dt} = \frac{1}{U}\frac{dU}{dt}, \qquad \frac{1}{q_1}\frac{dq_1}{dt} = \frac{1}{V}\frac{dV}{dt}, \qquad \frac{1}{r_1}\frac{dr_1}{dt} = \frac{1}{W}\frac{dW}{dt},$$

ou, en intégrant:

$$p_1 = \frac{p_0}{A}U, \qquad q_1 = \frac{q_0}{B}V, \qquad r_1 = \frac{r_0}{C}W.$$

On arrive ainsi à toutes les formules trouvées au n° 2.

4. Nous ferons enfin brièvement remarquer une transformation des équations différentielles de Dirichlet par laquelle elles peuvent être réduites à la forme canonique. Posons:

$$x_1 = lA, \qquad x_2 = l'A, \qquad x_3 = l''A,$$

$$y_1 = mB, \qquad y_2 = m'B, \qquad y_3 = m''B,$$

$$z_1 = nC, \qquad z_2 = n'C, \qquad z_3 = n''C,$$

$$k = \begin{vmatrix} x_1 & y_1 & z_1 \\ x_2 & y_2 & z_2 \\ x_3 & y_3 & z_3 \end{vmatrix} = ABC,$$

$$\Delta = \frac{1}{ABC}\sqrt{s^3 + s^2(x_1^2 + x_2^2 + x_3^2 + y_1^2 + \cdots + z_3^2) + s\left[\left(\frac{\partial k}{\partial x_1}\right)^2 + \left(\frac{\partial k}{\partial x_2}\right)^2 + \cdots + \left(\frac{\partial k}{\partial z_3}\right)^2\right] + k^2};$$

les équations différentielles (a) du Mémoire de Dirichlet (pag. 190) conduisent aux suivantes :

$$\frac{d^2x_1}{dt^2} = \frac{\partial k}{\partial x_1}, \qquad \frac{d^2x_2}{dt^2} = \frac{\partial k}{\partial x_2}, \qquad \ldots, \qquad \frac{d^2z_3}{dt^2} = \frac{\partial k}{\partial z_3},$$

où

$$k = V + \frac{2\sigma}{ABC}k, \qquad V = 2\varepsilon\pi\int_0^\infty \frac{1}{\Delta}\,ds.$$

De la forme de ces équations différentielles et de celle des quantités Δ, k on conclut immédiatement qu'à une solution du problème représentée au moyen des équations

$$x = l x_0 + m y_0 + n z_0 = \frac{x_1}{A}x_0 + \frac{y_1}{B}y_0 + \frac{z_1}{C}z_0,$$

$$y = l' x_0 + m' y_0 + n' z_0 = \frac{x_2}{A}x_0 + \frac{y_2}{B}y_0 + \frac{z_2}{C}z_0,$$

$$z = l'' x_0 + m'' y_0 + n'' z_0 = \frac{x_3}{A}x_0 + \frac{y_3}{B}y_0 + \frac{z_3}{C}z_0$$

correspondra une seconde solution représentée par les équations

$$X = \frac{x_1}{A}x_0 + \frac{x_2}{B}y_0 + \frac{x_3}{C}z_0 = l x_0 + \frac{A}{B}l' y_0 + \frac{A}{C}l'' z_0,$$

$$Y = \frac{y_1}{A}x_0 + \frac{y_2}{B}y_0 + \frac{y_3}{C}z_0 = \frac{B}{A}m x_0 + m' y_0 + \frac{B}{C}m'' z_0,$$

$$Z = \frac{z_1}{A}x_0 + \frac{z_2}{B}y_0 + \frac{z_3}{C}z_0 = \frac{C}{A}n x_0 + \frac{C}{B}n' y_0 + n'' z_0,$$

ce qui constitue le beau théorème de M. DEDEKIND.

Pavie, novembre 1860.

CCXLVIII.

RELATIONS DIFFÉRENTIELLES ENTRE LES PÉRIODES DES FONCTIONS HYPERELLIPTIQUES $p = 2$.

(Extrait d'une lettre de M. F. BRIOSCHI à M. L. FUCHS).

Journal für die reine und angewandte Mathematik, t. CXVI (1896), pp. 326-330.

1. L'étude de vos intéressantes communications à l'Académie de Berlin *) m'a reconduit à la considération des relations différentielles existantes entre les périodes des fonctions hyperelliptiques $p = 2$. Je m'étais déjà occupé de ces relations, mais d'un point de vue un peu différent, dans une communication à l'Académie des Lincei **), mais les propriétés caractéristiques, et selon moi d'une grande importance, de votre équation différentielle du cinquième ordre ***) m'ont montré que par cette voie on serait arrivé à de nouveaux résultats.

Vous savez que si un système fondamentale d'intégrales y_1, y_2, y_3 d'une équation différentielle du troisième ordre est lié par une relation quadratique, l'*invariant* de l'équation est nul, et l'équation est équivalente à son adjointe ****).

M. DARBOUX a dédié un chapitre (le 5ième — livre IV) de sont excellent Traité *Leçons sur la théorie générale des surfaces* (2ème Partie, pp. 99-121) aux équations dif-

*) FUCHS, *Zur Theorie der linearen Differentialgleichungen* [Sitzungsberichte der K. P. Akademie der Wissenschaften zu Berlin, 1888, pp. 1115-1126, 1273-1290; 1889, pp. 713-726; 1890, pp. 21-38].

**) [CLI: t. IV, pp. 53-69].

***) [Sitzungsberichte etc., 1890, p. 24, équation (1)].

****) FUCHS, *Ueber lineare homogene Differentialgleichungen, zwischen deren Integralen homogene Relationen höheren als ersten Grades bestehen* [Acta Mathematica, t. I (1882), pp. 321-362 (p. 332)].

WALLENBERG, *Anwendung der Theorie der Differentialinvarianten auf die Untersuchung der algebraischen Integrirbarkeit der linearen homogenen Differentialgleichungen* [Journal für die reine und angewandte Mathematik, t. CXIII (1894), pp. 1-41 (p. 36)].

férentielles linéaires d'ordre *impair* équivalentes à leur adjointe. Votre équation du 5ième ordre jouit de cette propriété : ses deux invariants des degrés impairs sont nuls et en conséquence elle est équivalente à son adjointe.

En indiquant par

$$\omega_{1m}, \quad \omega_{2m}; \quad \eta_{1m}, \quad \eta_{2m} \qquad (m = 1, 2, 3, 4)$$

les périodes de première et de seconde espèce, et par $f(x)$ une forme du sixième ordre, je pose avec M. Wiltheiss *) :

$$\omega_1 = \frac{1}{2}\int \frac{dx}{\sqrt{f(x)}}, \qquad \omega_2 = -\frac{1}{2}\int \frac{x\,dx}{\sqrt{f(x)}},$$

$$\eta_1 = -\frac{1}{2}\int \frac{g_1(x)}{\sqrt{f(x)}}\,dx, \qquad \eta_2 = \frac{1}{2}\int \frac{g_2(x)}{\sqrt{f(x)}}\,dx,$$

étant

$$g_1(x) = 2[3f_2(x) - xf_3(x)], \qquad g_2(x) = 2f_3(x),$$

et

$$f_1(x) = \frac{1}{6}f'(x), \qquad f_2(x) = \frac{1}{5.6}f''(x), \qquad \ldots .$$

Soit x une racine quelconque de l'équation $f(x) = 0$, et $f_1, f_2, f_3,$ etc. les valeurs de $f_1(x)$, $f_2(x)$, etc. en substituant, au lieu de x, cette racine. On obtient ces premières équations différentielles :

$$3.4f_1\frac{d\omega_1}{dx} = -\eta_1 + x\eta_2 + 2f_3\omega_2 - 2(3f_2 - xf_3)\omega_1,$$

$$\frac{d\omega_2}{dx} = -\frac{1}{2}\omega_1 - x\frac{d\omega_1}{dx},$$

$$\frac{d\eta_1}{dx} = \frac{1}{2}\eta_2 + \frac{3}{10}(5f_4 - 2xf_5)\omega_2 - \frac{1}{5}(20f_3 - 15xf_4 + 3x^2f_5)\omega_1 - 2(3f_2 - xf_3)\frac{d\omega_1}{dx},$$

$$\frac{d\eta_2}{dx} = -\frac{3}{5}f_5\omega_2 + \frac{3}{10}(5f_4 - 2xf_5)\omega_1 + 2f_3\frac{d\omega_1}{dx}.$$

2. Soient

$$p_{rs} = \omega_{1r}\omega_{2s} - \omega_{1s}\omega_{2r}, \qquad q_{rs} = \eta_{1r}\eta_{2s} - \eta_{1s}\eta_{2r}, \qquad t_{rs} = \omega_{1r}\eta_{2s} - \omega_{1s}\eta_{2r},$$

$$u_{rs} = \omega_{1r}\eta_{1s} - \omega_{1s}\eta_{1r} + \omega_{2s}\eta_{2r} - \omega_{2r}\eta_{2s}, \qquad v_{rs} = \eta_{1r}\omega_{2s} - \eta_{1s}\omega_{2r};$$

---

*) Wiltheiss, *Partielle Differentialgleichungen der hyperelliptischen Thetafunctionen und der Perioden derselben* [Mathematische Annalen, t. XXXI (1888), pp. 134-155 (p. 136)].

les relations connues entre les périodes conduisent aux suivantes :

$$p_{13} + p_{24} = 0, \quad q_{13} + q_{24} = 0, \quad t_{13} + t_{24} = 0, \quad u_{13} + u_{24} = 0, \quad v_{13} + v_{24} = 0,$$

et en posant

$$p_1 = p_{12}, \quad p_5 = p_{34}, \quad p_3 = p_{13} = p_{42}, \quad p_2 = p_{14}, \quad p_4 = p_{23},$$

et analoguement pour les q_{rs}, t_{rs}, etc. on a les relations identiques :

$$(1) \begin{cases} (p_1 p_5) = 0, \quad (q_1 q_5) = 0, \quad (t_1 t_5) = 0, \quad (v_1 v_5) = 0, \quad (u_1 u_5) = C, \\ (p_1 t_5) = 0, \quad (p_1 u_5) = 0, \quad (p_1 v_5) = 0, \quad (q_1 t_5) = 0, \quad (q_1 u_5) = 0, \quad (q_1 v_5) = 0, \\ (t_1 u_5) = 0, \quad (v_1 u_5) = 0, \quad (p_1 q_5) = C, \quad (t_1 v_5) = -C, \end{cases}$$

étant C une constante relativement aux racines de l'équation $f(x) = 0$, limites des intégrales ω_1, ω_2, ... ; comme nous allons démontrer. Nous avons écrit :

$$(p_1 q_5) = p_1 q_5 + p_5 q_1 + 2 p_3 q_3 + p_2 q_4 + p_4 q_2.$$

Si l'on désigne par p, q, t, ... l'une quelconque des quantités $p_1, p_2, \ldots, q_1, q_2, \ldots$; et par p', q', t', ... leurs dérivées relatives à la racine x, on déduit des équations supérieures les suivantes :

$$(2) \begin{cases} 3 \cdot 4 f_1 p' = -x^2 t + x u - v - 6 f_2 p, \\ 3 \cdot 4 f_1 t' = -q - 2(3 f_2 - 2 x f_3) t - 2 f_3 u + L p, \\ 3 \cdot 2 f_1 u' = -x q + 2(3 f_1 - 3 x f_2 + x^2 f_3) t - 2 f_3 v + M p, \\ 3 \cdot 4 f_1 v' = -x^2 q + 2(3 f_1 - 3 x f_2 + x^2 f_3) u + 2(3 f_2 - 2 x f_3) v + N p, \\ 3 \cdot 4 f_1 q' = N t - M u + L v + 6 f_2 q, \end{cases}$$

ayant posé :

$$L = \tfrac{4}{5}(5 f_3^2 - 9 f_1 f_5), \qquad L x - M = 6(2 f_2 f_3 - 3 f_1 f_4),$$

$$L x^2 - 2 M x + N = 3 \cdot 4 (3 f_2^2 - 4 f_1 f_3).$$

Ces quantités L, M, N sont liées à la forme $f(x)$ du sixième ordre d'une manière remarquable. En effet, en indiquant par k le covariant biquadratique de cette forme

$$k = \tfrac{1}{2}(ff)_4 = (k_0, k_1, \ldots, k_4 \between x, 1)^4,$$

et par A l'invariant quadratique, on trouve que

$$L = \quad 3.4(k_0 x^2 + 2k_1 x + k_2) + \tfrac{6}{5}A,$$

$$M = -3.4(k_1 x^2 + 2k_2 x + k_3) + \tfrac{6}{5}Ax,$$

$$N = \quad 3.4(k_2 x^2 + 2k_3 x + k_4) + \tfrac{6}{5}Ax^2,$$

et en conséquence:

$$Lx^2 - 2Mx + N = 3.4k,$$

$$LN - M^2 = 3^2.8(\tfrac{1}{5}Ak + 2i),$$

où i est l'autre covariant biquadratique $= \frac{1}{2}(kk)_2$.

La première et la dernière des équations (2) donnent à cause des identités (1) que

$$(p'_1 q_5) + (q'_1 p_5) = 0,$$

ainsi

$$(p_1 q_5) = C,$$

constante comme on a annoncé.

La première des équations (2) peut s'écrire:

$$-x^2 t + xu - v = 3.4 f_1 p' + 6 f_2 p,$$

et des trois suivantes l'on déduit que

$$(3) \qquad -x^2 t' + xu' - v' = xt - \tfrac{1}{2}u + 6f_2 p' + 4f_3 p,$$

et encore de la seconde et de la troisième:

$$(4) \qquad \tfrac{1}{2}u' - xt' = \tfrac{1}{2}t + 2f_3 p' + \tfrac{3}{2}f_4 p.$$

Enfin, vu que la seconde donne

$$q = -3.4 f_1 t' - 6f_2 t - 4f_3(\tfrac{1}{2}u - xt) + Lp,$$

on obtient la valeur de q exprimée par une fonction de p et de ses dérivées. On a en effet:

$$(5) \quad \begin{cases} q = 2.3^2.4^2\Big[f_1^2 p^{\text{IV}} + 8f_1 f_2 p''' + \left(\frac{2.31}{3}f_1 f_3 + \frac{5}{2}f_2^2\right)p'' \\ \qquad + \left(19 f_1 f_4 + \frac{2.5}{3}f_2 f_3\right)p' + \left(\frac{3^3}{8}f_1 f_5 - \frac{11}{2.3^2.4}f_3^2 + \frac{17}{4^2}f_1 f_4\right)p\Big]. \end{cases}$$

Observons qu'étant $(p_1 p_5) = 0$ et en conséquence $(p_1 p'_5) = 0$, les relations (3), (4), (5) donnent:

$$(6)\qquad (p_1 p_5'') = 0, \qquad (p_1 p_5''') = 0, \qquad (p_1 p_5^{\text{IV}}) = \frac{C}{2.3^2.4^2 f_1^2},$$

et en conséquence:

$$(p_1' p_5') = 0, \qquad (p_1 p_5'') = 0, \qquad (p_1' p_5''') = -\frac{C}{2.3^3.4^2 f_1^2},$$

et encore:

$$(p_1'' p_5'') = \frac{C}{2.3^2.4^2 f_1^2}.$$

Ces relations sont caractéristiques, comme l'a démontré M. DARBOUX, pour l'équation différentielle du 5ième ordre équivalente à son adjointe. Mais on arrive facilement à calculer cette équation en observant que la dernière des équations (2) peut s'écrire:

$$3.4 f_1 q' - 6 f_2 q = L(x^2 t - xu + v) - 2(Lx - M)\left(xt - \tfrac{1}{2}u\right) + (Lx^2 - 2Mx + N)t,$$

et en conséquence q' peut s'exprimer en fonction de p et de ses dérivées jusqu'à la quatrième.

L'on obtient ainsi l'équation différentielle du 5ième ordre dont les intégrales sont $p_1, p_2, \ldots, p_5$. En posant $y = f_1 p$ cette équation prend la forme

$$(7)\quad y^{\text{v}} + 10 m y''' + 15 m' y'' + (5J + 9m'' + 16m^2) y' + \left(\tfrac{5}{2} J' + 2m''' + 16 m m'\right) y = 0,$$

dans laquelle J est l'invariant du quatrième degré de l'équation différentielle; et m, J ont les valeurs suivantes:

$$m = \frac{5}{8}\frac{1}{f_1^2}(3 f_2^2 - 4 f_1 f_3),$$

$$5J = 4m^2 + \frac{7}{8 f_1^2}(-6 f_1 f_5 + 15 f_2 f_4 - 10 f_3^2),$$

exprimables par le covariant k et l'invariant A de la forme $f(x)$:

$$m = \frac{5}{8}\frac{k}{f_1^2}, \qquad 5J = 4m^2 + \frac{7A}{8 f_1^2}.$$

L'équation (7) est, dans une forme différente, celle que vous avez donnée dans les communications à l'Académie de Berlin. L'équation même a la forme générale des équations différentielles du 5ième ordre pour lesquelles sont nuls les deux invariants du troisième et du cinquième degré et J représente l'invariant du quatrième degré. Mais dans le cas actuel on doit observer que

$$5J = \frac{7}{3.4} m'' + \frac{1}{3^2} m^2 + \frac{5.7}{3.4}\frac{f_2}{f_1} m' + \frac{5.7}{3^2}\frac{f_3}{f_1} m.$$

Enfin, si l'on veut réduire l'équation (7) à la forme normale de M. DARBOUX

$$y^{v} + (A_1 y')'' + (A_1 y'')' + (A_2 y)' + A_2 y' = 0,$$

on n'a qu'à poser:

$$A_1 = 5m, \qquad A_2 = \tfrac{5}{2} J + 2m'' + 8m^2,$$

et son intégrale du seconde degré est:

$$y y^{iv} - y' y''' + \tfrac{1}{2} y''^2 + 2A_1 \left(y y'' - \tfrac{1}{2} y'^2\right) + A_1' y y' + A_2 y^2 = \text{const.}$$

1er juin 1896.

CCXLIX.

SUR L'ÉQUATION DU SIXIÈME DEGRÉ.

Acta Mathematica, t. XII (1889), pp. 83-101.

I.

Les invariants d'une forme binaire du sixième ordre.

1. Les expressions des invariants d'une forme binaire du sixième ordre, en fonction de ses coefficients, sont connues depuis longtemps par les travaux de CLEBSCH, GORDAN, CAYLEY, SALMON *). Ces invariants sont cinq et des degrés 2, 4, 6, 10, 15.

Soit

$$u(x_1, x_2) = u_0 x_1^6 + 6 u_1 x_1^5 x_2 + 15 u_2 x_1^4 x_2^2 + \cdots + u_6 x_2^6$$

la forme du sixième ordre, et

$$k = \tfrac{1}{2}(u u)_4 = k_0 x_1^4 + 4 k_1 x_1^3 x_2 + \cdots + k_4 x_2^4$$

un de ses covariants biquadratiques; on a:

$$k_0 = u_0 u_4 - 4 u_1 u_3 + 3 u_2^2, \qquad 2 k_1 = u_0 u_5 - 3 u_1 u_4 + 2 u_2 u_3,$$

$$6 k_2 = u_0 u_6 - 9 u_2 u_4 + 8 u_3^2, \qquad 2 k_3 = u_1 u_6 - 3 u_2 u_5 + 2 u_3 u_4,$$

$$k_4 = u_2 u_6 - 4 u_3 u_5 + 3 u_4^2.$$

*) CLEBSCH e GORDAN, *Sulla rappresentazione tipica delle forme binarie* [Annali di Matematica pura ed applicata, serie II, t. I (1867), pp. 23-80].

CAYLEY, *Memoirs upon Quantics* [Philosophical Transactions of the Royal Society of London, t. CXLIV (1854), pp. 245-258; t. CXLVI (1856), pp. 101-126, pp. 627-648; t. CXLVIII (1858), pp. 415-428, pp. 429-460; t. CXLIX (1859), pp. 61-90; t. CLI (1861), pp. 277-292].

SALMON, *Lessons introductory to the modern higher Algebra*, Dublin (1ª Ed. 1859; 4ª Ed. 1885).

Les invariants des degrés 2, 4, 6 sont

$$a = u_0 u_6 - 6 u_1 u_5 + 15 u_2 u_4 - 10 u_3^2,$$

$$g_2 = k_0 k_4 - 4 k_1 k_3 + 3 k_2^2,$$

$$g_3 = k_0 k_2 k_4 + 2 k_1 k_2 k_3 - k_1^2 k_4 - k_0 k_3^2 - k_2^3.$$

Les expressions des deux autres invariants se déduisent de celles des trois covariants quadratiques

$$l = (u k)_4, \qquad m = (l k)_2, \qquad n = (m k)_2,$$

et l'on a: l'invariant du 10me degré

$$g = \tfrac{1}{2}(m m)_2 = \tfrac{1}{2}(l n)_2,$$

et l'invariant gauche du 15me degré

$$e = \begin{vmatrix} l_0 & m_0 & n_0 \\ l_1 & m_1 & n_1 \\ l_2 & m_2 & n_2 \end{vmatrix}.$$

Le carré de ce dernier invariant est une fonction rationnelle, entière, des autres, et en posant

$$p = \tfrac{2}{9}[3(g + 4 g_2 g_3) - 2a(g_2^2 + 2 a g_3)],$$

$$q = \tfrac{2}{9}[3a(g - 20 g_2 g_3) - 8(4 g_2^3 + 27 g_3^2)],$$

on trouve:

$$e^2 = -3[3(g - 20 g_2 g_3) p^2 + 2(g_2^2 + 2 a g_3) p q + 4 g_3 q^2].$$

Enfin, si l'on pose

$$u(x_1, x_2) = u_0(x_1 - \omega_0 x_2)(x_1 - \omega_1 x_2) \ldots (x_1 - \omega_5 x_2),$$

l'invariant δ ou discriminant

$$\delta = u_0^6 (\omega_0 - \omega_1)^2 (\omega_0 - \omega_2)^2 \ldots (\omega_4 - \omega_5)^2$$

s'exprime en fonction des invariants a, g_2, g_3, g de la manière suivante *):

$$\delta = 3^5 \cdot 4^3 [32 a^2 (5^4 g_3 + 5^3 a g_2 - 4 a^3) - 5^5 (8 a g_2^2 + 48 g_2 g_3 + 3 g)],$$

et en conséquence on peut substituer δ à g.

*) [LXVI: t. II, pag. 77].

2. Par la transformation linéaire

$$x_1 = \mu(\xi_2 + \omega_5 \xi_1), \qquad x_2 = \mu \xi_1,$$

on obtient:

$$u(x_1, x_2) = U(\xi_1, \xi_2),$$

étant

$$U(\xi_1, \xi_2) = \xi_2(\xi_1 - \eta_0 \xi_2)(\xi_1 - \eta_1 \xi_2) \ldots (\xi_1 - \eta_4 \xi_2),$$

$$\mu^6 = \frac{1}{u_0(50)(51)(52)(53)(54)}, \qquad \eta_r = \frac{1}{(r5)},$$

et

$$(rs) = \omega_r - \omega_s.$$

Soit

$$U(\xi_1, \xi_2) = \xi_2(\xi_1^5 + 5p_1 \xi_1^4 \xi_2 + 10 p_2 \xi_1^3 \xi_2^2 + \cdots + p_5 \xi_2^5),$$

et calculons les invariants des degrés 2, 4, 6 de cette nouvelle forme du sixième ordre, que j'indique par α, γ_2, γ_3. Je supposerai $p_1 = 0$, ce qui n'ôte rien à la généralité de ce qui suit. On a ainsi:

$$\alpha = -\tfrac{5}{6}(p_4 + 3p_2^2),$$

$$\gamma_2 = \tfrac{1}{18}(10 p_2^2 p_4 - 4 p_2 p_3^2 + 6 p_2^4 + p_3 p_5),$$

$$\gamma_3 = -\frac{1}{3^3 \cdot 4^2}(16 p_3^4 + 16 p_2^6 + 64 p_2^3 p_3^2 - 80 p_2^4 p_4 - 20 p_2 p_3^2 p_4 - 4 p_2^2 p_3 p_5 - p_2 p_5^2),$$

et, comme donne la théorie des invariants:

$$\mu^{12} a = \alpha, \qquad \mu^{24} g_2 = \gamma_2, \qquad \mu^{36} g_3 = \gamma_3, \qquad \mu^{60} \delta = \Delta,$$

Δ étant le discriminant de la forme $U(\xi_1, \xi_2)$.

II.

Recherches anciennes sur certaines équations du sixième degré.

1. J'ai déjà fait connaître *) les travaux de deux géomètres italiens, MALFATTI et RUFFINI, relatifs à l'équation du 5me degré, et le lien entre ces anciennes recherches et celles dues à JACOBI, CAYLEY et d'autres géomètres anglais **).

---

*) [LXIV: t. II, pp. 39-56].

**) JACOBI, *Observatiunculæ ad theoriam æquationum pertinentes* (*Observatio de æquatione sexti gradus, ad quam æquationes quinti gradus revocari possunt*) [Journal für die reine und angewandte Mathematik t. XIII (1835), pp. 340-352 (pag. 345)].

CAYLEY, *On a New Auxiliary Equation in the Theory of Equations of the Fifth Order* [Philosophical Transactions of the R. Society of London, t. CLI (1861), pp. 263-276].

Je vais rappeler en peu de mots comment on arrive à l'équation du sixième degré que j'ai nommée *résolvante* de MALFATTI. Considérons l'équation du 5me degré

$$\xi^5 + 10p_2\xi^3 + 10p_3\xi^2 + 5p_4\xi + p_5 = 0,$$

dont les racines sont $\eta_0, \eta_1, \ldots, \eta_4$. En posant avec MALFATTI

$$\eta_0 = m + p + q + n,$$

$$\eta_1 = \varepsilon m + \varepsilon^2 p + \varepsilon^3 q + \varepsilon^4 n,$$

$$\eta_2 = \varepsilon^2 m + \varepsilon^4 p + \varepsilon q + \varepsilon^3 n,$$

$$\eta_3 = \varepsilon^3 m + \varepsilon p + \varepsilon^4 q + \varepsilon^2 n,$$

$$\eta_4 = \varepsilon^4 m + \varepsilon^3 p + \varepsilon^2 q + \varepsilon n,$$

dans lesquelles $1 + 2\varepsilon + 2\varepsilon^4 = \sqrt{5}$, on trouve que le produit $\rho = mnpq$ est une fonction des racines $\eta_0, \eta_1, \ldots, \eta_4$ n'ayant que six valeurs; en effet elle est cyclique, invariable pour les substitutions

$$\binom{r}{2r}, \quad \binom{r}{3r}, \quad \binom{r}{4r},$$

et les six valeurs sont correspondantes aux substitutions

$$\binom{r}{r}, \quad \binom{r}{(2r)^3}, \quad \binom{r}{(2r)^3+1}, \quad \ldots, \quad \binom{r}{(2r)^3+4}.$$

En posant

$$w = 5^2[15\rho - 12p_2^2 + p_4],$$

la résolvante de MALFATTI est la suivante:

$$(w^3 + 4.5.3^3\beta w + 4^2.5.3^3\gamma)^2 + 3^5(w + 5.6\alpha)\Delta = 0,$$

dans laquelle:

$$\beta = \frac{5^2}{2.3^2}(2p_4^2 - 18p_2^2p_4 + 12p_2p_3^2 - 3p_3p_5),$$

$$\gamma = \frac{5^3}{4^2.3^3}[36(12p_2^2p_4^2 + 12p_3^4 - 31p_2p_3^2p_4 + 9p_2^2p_3p_5 + 4p_3p_4p_5) - 27p_2p_5^2 - 112p_4^3],$$

et α, Δ ont les valeurs supérieures.

Or les valeurs de β, γ peuvent s'exprimer en fonctions des invariants $\alpha, \gamma_2, \gamma_3$ de la manière suivante:

$$\beta = 4\alpha^2 - 3.5^2\gamma_2, \qquad \gamma = 56\alpha^3 - 4.3^2.5^2\alpha\gamma_2 - 3^3.5^3\gamma_3;$$

et par conséquent la résolvante de MALFATTI peut être considérée comme une transformée d'une équation spéciale du 6me degré, transformée dont les coefficients sont des invariants de la même equation.

2. La valeur fondamentale $\binom{r}{r}$ qu'on obtient en formant le produit $\rho = mnpq$, donne pour w_0 la valeur

$$w_0 = -20p_4 - 3\psi,$$

étant

$$\psi = \eta_0^2(\eta_2\eta_3 + \eta_1\eta_4) + \eta_1^2(\eta_0\eta_2 + \eta_3\eta_4) + \eta_2^2(\eta_1\eta_3 + \eta_0\eta_4)$$
$$+ \eta_3^2(\eta_2\eta_4 + \eta_0\eta_1) + \eta_4^2(\eta_1\eta_2 + \eta_0\eta_3);$$

ou, si l'on pose

$$\gamma_5^4 = (\eta_1 - \eta_3)(\eta_0 - \eta_2)(\eta_2 - \eta_4)(\eta_4 - \eta_0),$$

$$\gamma_0^4 = (\eta_2 - \eta_4)(\eta_1 - \eta_3)(\eta_3 - \eta_0)(\eta_0 - \eta_1),$$

$$\gamma_{12}^4 = (\eta_2 - \eta_3)(\eta_0 - \eta_1)(\eta_1 - \eta_4)(\eta_4 - \eta_0),$$

$$\gamma_{34}^4 = (\eta_1 - \eta_4)(\eta_0 - \eta_2)(\eta_2 - \eta_3)(\eta_3 - \eta_0),$$

on a:

$$w_0 = 2\gamma_{34}^4 - \gamma_5^4 - \gamma_0^4 - \gamma_{12}^4,$$

et l'on déduit au moyen des substitutions

$$\binom{r}{(2r)^3}, \quad \binom{r}{(2r)^3+1}, \quad \binom{r}{(2r)^3+4}:$$

$$w_1 = 2\gamma_{12}^4 - \gamma_{34}^4 - \gamma_5^4 - \gamma_0^4,$$

$$w_2 = 2\gamma_5^4 - \gamma_0^4 - \gamma_{12}^4 - \gamma_{34}^4,$$

$$w_3 = 2\gamma_0^4 - \gamma_{12}^4 - \gamma_{34}^4 - \gamma_5^4;$$

et les substitutions

$$\binom{r}{(2r)^3+2}, \quad \binom{r}{(2r)^3+3}$$

donnent:

$$w_4 = 2\gamma_5^4 - \gamma_2^4 - \gamma_{03}^4 - \gamma_{14}^4,$$

$$w_5 = 2\gamma_5^4 - \gamma_{01}^4 - \gamma_4^4 - \gamma_{23}^4,$$

étant

$$\gamma_2^4 = (\eta_0 - \eta_4)(\eta_1 - \eta_2)(\eta_2 - \eta_3)(\eta_3 - \eta_1),$$
$$\gamma_{03}^4 = (\eta_0 - \eta_1)(\eta_2 - \eta_4)(\eta_4 - \eta_3)(\eta_3 - \eta_2),$$
$$\gamma_{14}^4 = (\eta_3 - \eta_4)(\eta_0 - \eta_1)(\eta_1 - \eta_2)(\eta_2 - \eta_0),$$
$$\gamma_{01}^4 = (\eta_0 - \eta_3)(\eta_1 - \eta_2)(\eta_2 - \eta_4)(\eta_4 - \eta_1),$$
$$\gamma_4^4 = (\eta_0 - \eta_2)(\eta_1 - \eta_3)(\eta_3 - \eta_4)(\eta_4 - \eta_1),$$
$$\gamma_{23}^4 = (\eta_1 - \eta_2)(\eta_0 - \eta_3)(\eta_3 - \eta_4)(\eta_4 - \eta_0).$$

3. Comme j'ai démontré autrefois, si dans l'équation supérieure de MALFATTI on pose

$$w + 5.6\alpha = -3\lambda^2,$$

on obtient la transformée

$$\lambda^6 + 30\alpha\lambda^4 + 60(5\alpha^2 + \beta)\lambda^2 + \Delta^{\frac{1}{2}}\lambda + 40(25\alpha^3 + 15\alpha\beta - 2\gamma) = 0,$$

ou les résolvantes de JACOBI et de CAYLEY.

III.

Conséquences des résultats exposés dans le chapitre précédent.

1. Soit, comme dans le chapitre I, $(rs) = \omega_r - \omega_s$, et considérons les dix fonctions suivantes des racines $\omega_0, \omega_1, \ldots, \omega_5$:

$$c_5^4 = (02)(24)(40)(13)(35)(51), \qquad c_0^4 = (01)(13)(30)(24)(45)(52),$$
$$c_{12}^4 = (01)(14)(40)(23)(35)(52), \qquad c_{34}^4 = (02)(23)(30)(14)(45)(51),$$
$$c_{23}^4 = (03)(34)(40)(12)(25)(51), \qquad c_{14}^4 = (01)(12)(20)(34)(45)(53),$$
$$c_4^4 = (02)(25)(50)(13)(34)(41), \qquad c_{03}^4 = (01)(15)(50)(23)(34)(42),$$
$$c_{01}^4 = (03)(35)(50)(12)(24)(41), \qquad c_2^4 = (04)(45)(50)(12)(23)(31).$$

Entre ces fonctions on a les relations connues:

$$c_{23}^4 + c_{14}^4 = c_5^4 + c_0^4 - c_{12}^4 - c_{34}^4,$$
$$c_4^4 + c_{03}^4 = c_5^4 - c_0^4 + c_{12}^4 - c_{34}^4,$$
$$c_{01}^4 + c_4^4 = c_5^4 - c_0^4 - c_{12}^4 + c_{34}^4,$$
$$c_{23}^4 - c_{14}^4 = c_4^4 - c_{03}^4 = c_{01}^4 - c_2^4,$$

et en conséquence si l'on indique par Q un quelconque de ces derniers binômes, et l'on pose

$$c_5^4 = c_1, \qquad c_0^4 = c_2, \qquad c_{12}^4 = c_3, \qquad c_{34}^4 = c_4,$$

on aura:

$$c_{23}^4 = \frac{1}{2}(\alpha_1 + Q), \qquad c_4^4 = \frac{1}{2}(\alpha_2 + Q), \qquad c_{01}^4 = \frac{1}{2}(\alpha_3 + Q),$$

$$c_{14}^4 = \frac{1}{2}(\alpha_1 - Q), \qquad c_{03}^4 = \frac{1}{2}(\alpha_2 - Q), \qquad c_2^4 = \frac{1}{2}(\alpha_3 - Q),$$

étant:

$$\alpha_1 = c_1 + c_2 - c_3 - c_4, \qquad \alpha_2 = c_1 - c_2 + c_3 - c_4, \qquad \alpha_3 = c_1 - c_2 - c_3 + c_4.$$

Soit

$$c^4 + q_1 c^3 + q_2 c^2 + q_3 c + q_4 = 0$$

l'équation dont les racines sont c_1, c_2, c_3, c_4; la relation connue

$$c_{23}^2 c_{14}^2 = c_5^2 c_0^2 - c_{12}^2 c_{34}^2$$

donne pour Q^2 la valeur:

$$Q^2 = q_1^2 - 4 q_2 + 8\sqrt{q_4}.$$

2. On a vu au chapitre I que les racines η_0, η_1, ... sont liées aux racines ω_0, ω_1, ... par la relation

$$\eta_r = \frac{1}{(r\,5)};$$

on en déduit très facilement qu'entre une quelconque des fonctions γ_{rs}^4 et la correspondante c_{rs}^4 on a celle-ci:

$$\gamma_{rs}^4 = u_0^2 \mu^{12} c_{rs}^4;$$

en conséquence, si l'on pose, par exemple,

$$y_0 = u_0^2 (2 c_4 - c_1 - c_2 - c_3),$$

on aura:

$$w_0 = \mu^{12} y_0$$

et en général

$$w_r = \mu^{12} y_r.$$

Indiquons maintenant par b, c des quantités analogues aux β, γ du chapitre précédent, c'est-à-dire:

$$b = 4a^2 - 3.5^2 g_2, \qquad c = 56 a^3 - 4.3^2.5^2 a g_2 - 3^3.5^3 g_3,$$

on aura:

$$\mu^{24} b = \beta, \qquad \mu^{36} c = \gamma,$$

et de la résolvante de Malfatti on déduira la suivante:

$$(A) \qquad (y^3 + 4.5.3^3 b y + 4^2.5.3^3 c)^2 + 3^5 (y + 5.6\,a)\delta = 0,$$

ou l'autre:

$$(B)\quad z^6 + 30az^4 + 60(5a^2 + b)z^2 + \delta^{\frac{1}{2}}z + 40(25a^3 + 15ab - 2c) = 0,$$

z étant liée à y par la relation:

$$y + 5.6a = -3z^2.$$

On arrive ainsi à ce résultat remarquable, que les quatre invariants

$$b,\quad c,\quad \delta,\quad a\delta$$

de la forme $u(x_1, x_2)$ du sixième ordre peuvent s'exprimer en fonction des dix quantités c_{rs}.

On peut observer: que chacun de ces quatre invariants est identiquement égal à zéro si la forme u a un facteur triple; et que leurs valeurs en fonction de c_1, c_2, c_3, c_4 sont les suivants:

$$b = -\frac{1}{3^2.4.5}(q_1^2 - 3q_2 + 3\sqrt{q_4}), \qquad \delta = (q_3 - q_1\sqrt{q_4})\sqrt{q_4},$$

$$c = -\frac{1}{2^5.3^3.5}(4q_1^3 - 18q_1q_2 + 27q_3 + 18q_1\sqrt{q_4}),$$

$$a\delta = -\frac{1}{2^3.3.5}(4q_1^2q_4 - 12q_2q_4 + 3q_3^2 + 24q_4\sqrt{q_4} - 4q_1q_3\sqrt{q_4}).$$

IV.

Transformation de l'équation générale du sixième degré. Sa forme normale.

1. J'ai montré il y a quelques années *) de quelle manière on peut transformer une équation générale du sixième degré au double point de vue d'annuler un ou plusieurs des coefficients de la transformée et de rendre les autres des invariants de l'équation donnée **).

---

*) [LXXXV: t. II, pp. 281-294].

**) Pour la théorie générale de ces transformations on peut consulter l'important Mémoire de M. Hermite: *Sur l'équation du 5me degré* [Comptes Rendus des séances de l'Académie des Sciences, t. LXI (1865), pp. 877-882, 965-972, 1073-1081; t. LXII (1866), pp. 65-72, 157-162, 245-253, 715-722, 919-924, 959-966, 1054-1059, 1161-1167, 1213-1215].

Soient, comme au chapitre I, $u(x_1, x_2)$ une forme du sixième ordre, $k = \frac{1}{2}(u u)_4$ un de ses covariants biquadratiques, δ son discriminant; si des deux formes du cinquième ordre

$$\varphi = t u_1 + x_2 k \delta^{\frac{1}{2}} = 0, \qquad \psi = t u_2 - x_1 k \delta^{\frac{1}{2}} = 0,$$

dans lesquelles

$$u_1 = \frac{1}{6}\frac{\partial u}{\partial x_1}, \qquad u_2 = \frac{1}{6}\frac{\partial u}{\partial x_2},$$

on élimine le rapport $x_1 : x_2$, on obtient l'équation

$$t^6 + u_{12} t^4 + u_{14} \delta t^2 + u_{15} \delta^{\frac{3}{2}} t + u_{16} \delta^2 = 0,$$

$u_{12}, u_{14}, u_{15}, u_{16}$ étant des fonctions rationnelles, entières, des invariants de la forme u, des degrés 12, 14, 15, 16.

Avant de déterminer la valeur de ces coefficients, il est opportun de démontrer une propriété remarquable des racines $t_0, t_1, \ldots, t_5$ de la nouvelle équation correspondantes aux racines $\omega_0, \omega_1, \ldots, \omega_5$ de l'équation $u(x) = 0$. On voit tout de suite que, étant

$$t_r = -\frac{6 k(\omega_r)}{u'(\omega_r)} \delta^{\frac{1}{2}},$$

on aura:

$$t_r = \frac{\delta^{\frac{1}{2}}}{5^2 . 6 u'(\omega_r)} [5 u'(\omega_r) u'''(\omega_r) - 3 u''^2(\omega_r)].$$

Considérons la racine t_0, en posant

$$m_r = \frac{1}{\omega_0 - \omega_r} = \frac{1}{(o r)},$$

on a:

$$\frac{u''(\omega_0)}{u'(\omega_0)} = 2 \sum_1^5{}^r m_r, \qquad \frac{4 u'(\omega_0) u'''(\omega_0) - 3 u''^2(\omega_0)}{u'^2(\omega_0)} = -12 \sum_1^5{}^r m_r^2,$$

et en conséquence:

$$\frac{5 u'(\omega_0) u'''(\omega_0) - 3 u''^2(\omega_0)}{u'(\omega_0)} = 6 u'(\omega_0)\left[\sum m_r m_s - 2 \sum m_r^2\right].$$

On aura ainsi:

$$5^2 t_0 = u'(\omega_0)\left[\sum m_r m_s - 2 \sum m_r^2\right] \delta^{\frac{1}{2}},$$

ou:

$$5^2 t_0 = \delta^{\frac{1}{2}} [\psi_1 + \psi_2 + \psi_3 + \psi_4 + \psi_5],$$

ayant indiqué par ψ_1, ψ_2, ... les expressions suivantes:

$$\psi_1 = \frac{1}{(10)}[(03)(04)(12)(15) + (02)(05)(13)(14)],$$

$$\psi_2 = \frac{1}{(20)}[(04)(05)(23)(21) + (03)(01)(24)(25)],$$

$$\psi_3 = \frac{1}{(30)}[(05)(01)(34)(32) + (04)(02)(35)(31)],$$

$$\psi_4 = \frac{1}{(40)}[(01)(02)(45)(43) + (05)(03)(41)(42)],$$

$$\psi_5 = \frac{1}{(50)}[(02)(03)(51)(54) + (01)(04)(52)(53)],$$

qui se déduisent l'une de l'autre par la substitution cyclique (12345). En se rappelant les valeurs des dix quantités c_{rs}^4 données au chapitre précédent, on trouve que ψ_1, ψ_2, ... peuvent aussi s'exprimer comme il suit:

$$\psi_1 = -\frac{c_{23}^4 + c_4^4}{(01)(25)(34)}, \quad \psi_2 = \frac{c_2^4 - c_0^4}{(02)(13)(45)}, \quad \psi_3 = \frac{c_{03}^4 + c_5^4}{(03)(15)(24)},$$

$$\psi_4 = \frac{c_{14}^4 - c_{01}^4}{(04)(12)(35)}, \quad \psi_5 = -\frac{c_{34}^4 + c_{12}^4}{(05)(14)(23)}.$$

Mais on démontre très facilement, et c'est connu, que chacune des cinq expressions

$$(01)(25)(34)c_5^2\, c_2^2\, c_{01}^2 c_{34}^2,$$

$$(02)(13)(45)c_{01}^2 c_{03}^2 c_{12}^2 c_{23}^2,$$

$$(03)(15)(24)c_2^2\, c_4^2\, c_{14}^2 c_{12}^2,$$

$$(04)(12)(35)c_4^2\, c_0^2\, c_{34}^2 c_{03}^2,$$

$$(05)(14)(23)c_0^2\, c_5^2\, c_{23}^2 c_{14}^2$$

est égale à $\prod c = \delta^{\frac{1}{2}}$. On aura en conséquence:

$$\delta^{\frac{1}{2}}.\psi_1 = -c_5^2 c_2^2 c_{01}^2 c_{34}^2 (c_{23}^4 + c_4^4),$$

$$\delta^{\frac{1}{2}}.\psi_2 = c_{01}^2 c_{03}^2 c_{12}^2 c_{23}^2 (c_2^4 - c_0^4),$$

$$\delta^{\frac{1}{2}}.\psi_3 = c_2^2 c_4^2 c_{14}^2 c_{12}^2 (c_{03}^4 + c_5^4),$$

$$\delta^{\frac{1}{2}}.\psi_4 = c_4^2 c_0^2 c_{34}^2 c_{03}^2 (c_{14}^4 - c_{01}^4),$$

$$\delta^{\frac{1}{2}}.\psi_5 = -c_0^2 c_5^2 c_{23}^2 c_{14}^2 (c_{34}^4 + c_{12}^4);$$

d'autre part, des relations connues entre les carrés des fonctions c_{rs}, on déduit que:

$$c_{01}^2 c_{03}^2 c_{12}^2 c_{23}^2 = c_{01}^4 (c_{34}^4 + c_{03}^4) - c_5^2 c_2^2 c_{01}^2 c_{34}^2,$$
$$c_2^2 c_4^2 c_{14}^2 c_{12}^2 = -c_2^4 (c_{01}^4 + c_{12}^4) + c_5^2 c_2^2 c_{01}^2 c_{34}^2,$$
$$c_4^2 c_0^2 c_{34}^2 c_{03}^2 = c_{34}^4 (c_5^4 - c_0^4) - c_5^2 c_2^2 c_{01}^2 c_{34}^2,$$
$$c_0^2 c_5^2 c_{23}^2 c_{14}^2 = c_5^4 (c_{14}^4 - c_2^4) + c_5^2 c_2^2 c_{01}^2 c_{34}^2;$$

donc en observant qu'on a:

$$-c_{23}^4 - c_4^4 - c_2^4 + c_0^4 + c_{03}^4 + c_5^4 - c_{14}^4 + c_{01}^4 - c_{34}^4 - c_{12}^4 = 0,$$

on arrive à ce résultat: que les racines t_0, t_1, ... sont exprimables en fonction des quantités c_{rs}^4. On a pour t_0:

$$5^2 t_0 = c_5^4 [c_2^4 c_{34}^4 - c_2^4 c_{01}^4 - c_{12}^4 c_{14}^4 - c_{01}^4 c_{34}^4] - c_0^4 [c_{14}^4 c_{34}^4 + c_{01}^4 c_{03}^4] + c_2^4 [c_{01}^4 c_{34}^4 - c_{03}^4 c_{12}^4].$$

Au moyen des relations établies dans le chapitre précédent entre les dix quantités c_{rs}^4 on arrive à démontrer que les racines t_0, t_1, ... peuvent se représenter comme il suit:

$$5^2 t_0 = b_1 + a_1, \qquad 5^2 t_5 = b_1 - a_1,$$
$$5^2 t_2 = b_2 + a_2, \qquad 5^2 t_1 = b_2 - a_2,$$
$$5^2 t_4 = b_3 + a_3, \qquad 5^2 t_3 = b_3 - a_3,$$

dans lesquelles:

$$a_1 = c_1 c_2 (c_3 + c_4) - c_3 c_4 (c_1 + c_2) - (c_1 + c_2)(c_3 + c_4)\alpha_1 + 2\alpha_1 \sqrt{q_4},$$
$$a_2 = c_1 c_3 (c_4 + c_2) - c_4 c_2 (c_1 + c_3) - (c_1 + c_3)(c_4 + c_2)\alpha_2 + 2\alpha_2 \sqrt{q_4},$$
$$a_3 = c_1 c_4 (c_2 + c_3) - c_2 c_3 (c_1 + c_4) - (c_1 + c_4)(c_2 + c_3)\alpha_3 + 2\alpha_3 \sqrt{q_4},$$

et

$$b_1 = (c_1 - c_2)(c_3 - c_4)\,Q, \qquad b_2 = (c_1 - c_3)(c_4 - c_2)\,Q,$$
$$b_3 = (c_1 - c_4)(c_2 - c_3)\,Q,$$

et en conséquence $b_1 + b_2 + b_3 = 0$, comme cela devait être.

Mais, ce qui est remarquable pour le but que nous avons en vue, ces quantités $a_1, b_1, \ldots$ sont des fonctions des quinze différences deux à deux des racines $y_0, y_1, \ldots, y_5$. A l'aide des relations démontrées précédemment on transforme en effet les expressions supérieures dans les suivantes:

$$(1)\quad \begin{cases} 54 a_1 = \quad [02][15][34] + [02][14][35] + [04][13][25] + [05][13][24], \\ 54 a_2 = \quad [01][25][34] + [01][24][35] - [04][15][23] - [05][14][23], \\ 54 a_3 = -[03][14][25] - [03][15][24] + [04][12][35] + [05][12][34], \end{cases}$$

$$27 b_1 = -[01][23][45], \qquad 27 b_2 = -[03][12][45], \qquad 27 b_3 = [02][13][45],$$

dans lesquelles

$$[rs] = y_r - y_s,$$

et l'on a posé $u_0 = 1$.

2. En vertu d'un théorème connu de la théorie des formes, les coefficients de la transformée en t seront, en conséquence des valeurs supérieures de $a_1, b_1, \ldots$, non seulement des invariants, ou des fonctions d'invariants, de la forme $u(x_1, x_2)$, comme nous l'avons démontré, mais aussi des invariants, ou des fonctions des invariants, de l'équation (A) en y. La détermination de la valeur de ces coefficients se réduit alors à la calculation de quelques coefficients numériques. Il est évident que le coefficient u_{12} est égal à l'invariant du second degré de l'équation (A), sauf un coefficient numérique; que $u_{14}\delta$ est égal à un invariant du quatrième degré; $u_{15}\delta^{\frac{3}{2}}$ égal à la racine carrée du discriminant; $u_{16}\delta^2$ égal à un invariant du sixième degré.

Soient, pour l'équation (A), l, m, n ses invariants des degrés 2, 4, 6 analogues aux invariants a, b, c de la forme u; et soit p le discriminant. En posant

$$v = \tfrac{1}{2}\, 3^3 . 5^2 t,$$

on trouve que l'équation en t, ou en v, est la suivante:

$$(C)\quad v^6 + 30 l v^4 + 60(5 l^2 + m) v^2 + p^{\frac{1}{2}} v + 40(25 l^3 + 15 l m - 2 n) = 0,$$

et à cette équation je donne la dénomination de *forme normale* de l'équation du sixième degré.

Cette équation à la même forme que l'équation (B) en z, par conséquent si l'on pose

$$\sigma + 5.6\,l = -3v^2,$$

elle se transforme dans la suivante:

$$(D) \qquad (\sigma^3 + 4.5.3^3 m\sigma + 4^2.5.3^3 n)^2 + 3^5(\sigma + 5.6\,l)p = 0.$$

La détermination des valeurs de l, m, n, en fonction des invariants a, b, c, δ de la forme $u(x_1, x_2)$, ne présente ainsi aucune difficulté, et l'on trouve:

$$l = 2.5.4^3.3^8[3ad + 5b^3 + c^2],$$

$$5l^2 + m = 5^2.4^6.3^{18}[(11a^2 - 2b)d + 4a(5b^3 + c^2) + 18b^2(5ab - c)]d,$$

$$25l^3 + 15lm - 2n = -2.5^3.4^8.3^{27}[4(8a^3 + 12ab - c)d$$
$$+ 12(a^2 - 4b)(5b^3 + c^2) - 4.3^3ab^2(5ab - c) + 3^5b^4]d^2,$$

ayant posé

$$d = \frac{1}{3^3.4^3}\delta.$$

Enfin $p^{\frac{1}{2}}$ nous l'avons démontré égal, sauf un coefficient numérique, à $u_{15}\delta^{\frac{3}{2}}$; or la forme $u(x_1, x_2)$ ne peut avoir d'autre invariant du quinzième degré que l'invariant gauche qu'on a indiqué par e dans le chapitre I, et on trouve:

$$p^{\frac{1}{2}} = -4^4.5^{10}.3^{24}e\delta^{\frac{3}{2}}.$$

La forme normale des équations du sixième degré est par conséquent complètement calculée.

Cette équation normale est, comme on a vu, le résultat de l'élimination du rapport $x_1 : x_2$ de deux équations du cinquième degré $\varphi = 0$, $\psi = 0$. Il est évident que de ces deux équations on pourrait aussi déduire la valeur de $x_1 : x_2$ en fonction rationnelle de t, c'est-à-dire que la recherche des valeurs de $\omega_0, \omega_1, \ldots$, ou la résolution de l'équation générale du sixième degré $u(x) = 0$, dépend entièrement de la résolution de l'équation en t.

3. La forme de l'équation supérieure en σ montre tout de suite, si on se rappelle l'équation (A), de quelle manière les racines $\sigma_0, \sigma_1, \ldots$ sont formées avec les $y_0, y_1, \ldots$ En indiquant par h_{rs} les dix fonctions qu'on obtient en substituant dans les c_{rs} les

racines $y_0, y_1, \ldots$ aux racines $\omega_0, \omega_1, \ldots$, on arrive très facilement à ce résultat:

$$\sigma_0 = 2h_5^4 - h_0^4 - h_{12}^4 - h_{34}^4,$$
$$\sigma_1 = 2h_0^4 - h_{12}^4 - h_{34}^4 - h_5^4 = h_0^4 + h_{14}^4 + h_{23}^4 - 2h_5^4,$$
$$\sigma_4 = 2h_{12}^4 - h_{34}^4 - h_5^4 - h_0^4 = h_{12}^4 + h_{03}^4 + h_4^4 - 2h_5^4,$$
$$\sigma_2 = 2h_{34}^4 - h_5^4 - h_0^4 - h_{12}^4 = h_{34}^4 + h_2^4 + h_{01}^4 - 2h_5^4,$$
$$\sigma_3 = 2h_5^4 - h_{23}^4 - h_4^4 - h_{01}^4,$$
$$\sigma_5 = 2h_5^4 - h_{14}^4 - h_{03}^4 - h_2^4,$$

et de ces relations on déduit les suivantes:

$$(E)\quad\begin{cases} h_5^4 = -\frac{1}{3}(\sigma_1 + \sigma_2 + \sigma_4), & h_{12}^4 = -\frac{1}{3}(\sigma_1 + \sigma_2 + \sigma_0), \\ h_0^4 = -\frac{1}{3}(\sigma_0 + \sigma_4 + \sigma_2), & h_{34}^4 = -\frac{1}{3}(\sigma_0 + \sigma_4 + \sigma_1), \\ h_{23}^4 = -\frac{1}{3}(\sigma_2 + \sigma_4 + \sigma_3), & h_{14}^4 = -\frac{1}{3}(\sigma_2 + \sigma_4 + \sigma_5), \\ h_4^4 = -\frac{1}{3}(\sigma_1 + \sigma_2 + \sigma_3), & h_{03}^4 = -\frac{1}{3}(\sigma_1 + \sigma_2 + \sigma_5), \\ h_{01}^4 = -\frac{1}{3}(\sigma_4 + \sigma_1 + \sigma_3), & h_2^4 = -\frac{1}{3}(\sigma_4 + \sigma_1 + \sigma_5). \end{cases}$$

Ces relations nous seront utiles dans le chapitre qui suit.

V.

Résolution de l'équation du sixième degré.

1. Soient

$$u_1 = \int \frac{z_1(z_2\,dz_1 - z_1\,dz_2)}{\sqrt{f(z_1, z_2)}}, \qquad u_2 = \int \frac{z_2(z_2\,dz_1 - z_1\,dz_2)}{\sqrt{f(z_1, z_2)}}$$

deux intégrales hyperelliptiques de première espèce; et soient $\omega_{11}, \omega_{12}, \omega_{13}, \omega_{14}; \omega_{21}, \omega_{22}, \omega_{23}, \omega_{24}$ les périodes normales primitives. En posant

$$p_{rs} = \omega_{1r}\omega_{2s} - \omega_{2r}\omega_{1s} = -p_{sr},$$

on a, comme il est connu *):

$$p_{13} + p_{24} = 0, \qquad p_{12}p_{34} + p_{13}p_{42} + p_{14}p_{23} = 0,$$

*) J'ai adopté la notation due au Prof. KLEIN. Voir KLEIN, *Über hyperelliptische Sigmafunctionen* [Mathematische Annalen, t. XXVII (1886), pp. 431-464].

et si

$$v_1 = \frac{1}{p_{12}}(u_1 \omega_{22} - u_2 \omega_{12}), \qquad v_2 = \frac{1}{p_{21}}(u_1 \omega_{21} - u_2 \omega_{11}),$$

les nouvelles périodes seront:

$$\text{pour } v_1: \quad 1, \quad 0, \qquad \tau_{11} = \frac{p_{32}}{p_{12}}, \quad \tau_{12} = \frac{p_{42}}{p_{12}},$$

$$\text{»} \quad v_2: \quad 0, \quad 1, \qquad \tau_{21} = \frac{p_{13}}{p_{12}}, \quad \tau_{22} = \frac{p_{14}}{p_{12}},$$

et en conséquence $\tau_{21} = \tau_{12}$.

Soit

$$\mathfrak{Z}_{rs}(v_1, \; v_2, \; \tau_{11}, \; \tau_{12}, \; \tau_{22})$$

une des dix fonctions théta paires; et $\mathfrak{Z}_{rs}$ la même fonction dans laquelle on a supposé $v_1 = v_2 = 0$.

On sait qu'en indiquant par ρ la quantité

$$\rho = \frac{(2\pi i)^2}{p_{12}},$$

le produit $\rho^2 \mathfrak{Z}_{rs}^4$ est une fonction des racines de l'équation $f(z_1, z_2) = 0$, fonction qu'on obtient en substituant ces racines dans l'expression c_{rs}^4 aux racines $\omega_0, \omega_1, \ldots$ de l'équation $u(x_1, x_2) = 0$.

Si en conséquence on pose:

$$\begin{aligned}
\varphi_0 &= \rho^2(2\mathfrak{Z}_5^4 - \mathfrak{Z}_0^4 - \mathfrak{Z}_{12}^4 - \mathfrak{Z}_{34}^4), \\
\varphi_1 &= \rho^2(2\mathfrak{Z}_0^4 - \mathfrak{Z}_{12}^4 - \mathfrak{Z}_{34}^4 - \mathfrak{Z}_5^4), \\
\varphi_4 &= \rho^2(2\mathfrak{Z}_{12}^4 - \mathfrak{Z}_{34}^4 - \mathfrak{Z}_5^4 - \mathfrak{Z}_0^4), \\
\varphi_2 &= \rho^2(2\mathfrak{Z}_{34}^4 - \mathfrak{Z}_5^4 - \mathfrak{Z}_0^4 - \mathfrak{Z}_{12}^4), \\
\varphi_3 &= \rho^2(2\mathfrak{Z}_5^4 - \mathfrak{Z}_{23}^4 - \mathfrak{Z}_4^4 - \mathfrak{Z}_{01}^4), \\
\varphi_5 &= \rho^2(2\mathfrak{Z}_5^4 - \mathfrak{Z}_{14}^4 - \mathfrak{Z}_{03}^4 - \mathfrak{Z}_2^4),
\end{aligned}$$

l'équation du sixième degré, dont les racines sont $\varphi_0, \varphi_1, \ldots, \varphi_5$, aura la même forme que les équations (A) ou (D), et l'on aura:

$$(\varphi^3 + 4.5.3^3 B\varphi + 4^2.5.3^3 C)^2 + 3^5(\varphi + 5.6 A) D = 0,$$

dans laquelle A, B, C, D sont pour la forme $f(z_1, z_2)$ les mêmes invariants qu'étaient a, b, c, δ pour la forme $u(x_1, x_2)$.

Déterminons maintenant la valeur de ces invariants A, B, C, D par les équations

$$A = l, \qquad B = m, \qquad C = n, \qquad D = p;$$

on aura comme conséquence:

$$\sigma_r = \varphi_r,$$

c'est-à-dire les racines de l'équation (D) en σ, laquelle est une transformée de l'équation générale du sixième degré $u(x_1, x_2) = 0$, s'expriment par des fonctions théta dans lesquelles la valeur des périodes est déterminée par les relations supérieures entre les invariants.

Mais à cause des équations (E) on voit que, étant $\sigma_r = \varphi_r$, on aura aussi

$$h^4_{rs} = \rho^2 \vartheta^4_{rs},$$

et en conséquence on peut déterminer la valeur des racines v_0, v_1, ... de l'équation (C) en fonctions explicites des fonctions théta.

2. Pour atteindre ce résultat il faut se rappeler les valeurs (1) de a_1, b_1; a_2, b_2; a_3, b_3. On sait que chacune des quinze expressions

$$(y_r - y_s)(y_{r_1} - y_{s_1})(y_{r_2} - y_{s_2})$$

dont se composent ces valeurs sont des fonctions des h_{rs} et l'on a, par exemple,

$$(y_0 - y_1)(y_2 - y_3)(y_4 - y_5) = \frac{h_0^2 h_2^2 h_{03}^2 h_{12}^2 h_{14}^2 h_{34}^2}{\Pi h}.$$

On trouve ainsi pour v_0, v_1, ... les valeurs suivantes:

$$\frac{2\Pi\delta}{\rho} v_0 = \vartheta_0^4 \vartheta_{12}^4 \vartheta_{34}^4 - \vartheta_5^4 (\vartheta_{12}^4 \vartheta_{34}^4 + \vartheta_{34}^4 \vartheta_0^4 + \vartheta_0^4 \vartheta_{12}^4 - 2 \vartheta_5^2 \vartheta_0^2 \vartheta_{12}^2 \vartheta_{34}^2),$$

$$\frac{2\Pi\delta}{\rho} v_2 = \vartheta_0^4 \vartheta_{14}^4 \vartheta_{23}^4 - \vartheta_5^4 (\vartheta_{14}^4 \vartheta_{23}^4 + \vartheta_{23}^4 \vartheta_0^4 + \vartheta_0^4 \vartheta_{14}^4 - 2 \vartheta_5^2 \vartheta_0^2 \vartheta_{14}^2 \vartheta_{23}^2),$$

$$\frac{2\Pi\delta}{\rho} v_4 = \vartheta_{12}^4 \vartheta_4^4 \vartheta_{01}^4 - \vartheta_5^4 (\vartheta_4^4 \vartheta_{01}^4 + \vartheta_{01}^4 \vartheta_{12}^4 + \vartheta_{12}^4 \vartheta_4^4 - 2 \vartheta_5^2 \vartheta_{12}^2 \vartheta_4^2 \vartheta_{01}^2),$$

$$\frac{2\Pi\delta}{\rho} v_5 = \vartheta_{14}^4 \vartheta_{03}^4 \vartheta_2^4 - \vartheta_5^4 (\vartheta_{03}^4 \vartheta_2^4 + \vartheta_2^4 \vartheta_{14}^4 + \vartheta_{14}^4 \vartheta_{03}^4 - 2 \vartheta_5^2 \vartheta_{14}^2 \vartheta_{03}^2 \vartheta_2^2),$$

$$\frac{2\Pi\delta}{\rho} v_1 = \vartheta_{34}^4 \vartheta_2^4 \vartheta_{01}^4 - \vartheta_5^4 (\vartheta_2^4 \vartheta_{01}^4 + \vartheta_{01}^4 \vartheta_{34}^4 + \vartheta_{34}^4 \vartheta_2^2 - 2 \vartheta_5^2 \vartheta_{34}^2 \vartheta_2^2 \vartheta_{01}^2),$$

$$\frac{2\Pi\delta}{\rho} v_3 = \vartheta_{23}^4 \vartheta_4^4 \vartheta_{01}^4 - \vartheta_5^4 (\vartheta_4^4 \vartheta_{01}^4 + \vartheta_{01}^4 \vartheta_{23}^4 + \vartheta_{23}^4 \vartheta_4^4 - 2 \vartheta_5^2 \vartheta_{23}^2 \vartheta_4^2 \vartheta_{01}^2).$$

En résumant: la méthode que j'ai suivie pour la résolution des équations du sixième ordre se compose de quatre recherches différentes.

1° Étant donnée une équation quelconque du sixième degré $u(x_1, x_2) = 0$, on peut au moyen de certaines fonctions de ses racines, fonctions que j'ai indiquées par c^4_{rs}, déterminer des quantités à six valeurs $y_0, y_1, \ldots, y_5$, et les coefficients de l'équation dont les racines sont ces quantités ont la propriété d'être des invariants de la forme $u(x_1, x_2)$.

2° J'ai démontré que d'autre part l'équation $u(x_1, x_2) = 0$ peut être directement transformée dans une autre [forme normale (C)], qui a la même propriété quant aux coefficients et la même forme que la précédente. Les racines de l'équation donnée $u(x_1, x_2) = 0$ sont des fonctions rationnelles des racines de cette dernière.

3° Mais les racines de cette dernière sont des fonctions des $y_0, y_1, \ldots$ d'une forme spéciale, qui rend possible d'exprimer la valeur de ces mêmes racines en fonction de certaines quantités h^1_{rs} composées avec les $y_0, y_1, \ldots$ de la même manière que les c^4_{rs} le sont avec les racines de l'équation donnée.

4° Enfin, de la théorie des fonctions thêta hyperelliptiques à deux variables on déduit qu'avec les dix fonctions paires $\vartheta^4_{rs}(0, 0)$ on peut former des quantités à six valeurs, et que l'équation qui a pour racines ces quantités est de la même forme que les équations précédentes, et ses coefficients sont des invariants de la forme du sixième ordre $f(z_1, z_2)$ qui appartient aux intégrales normales hyperelliptiques. Ces invariants peuvent donc être déterminés de manière que cette dernière équation vienne à coïncider avec la transformée de l'équation donnée.

3. J'ai déduit l'équation (A) en y de la résolvante de Malfatti, mais je dois ajouter que cette équation, ou plus précisément la correspondante pour les fonctions $\vartheta_{rs}(0, 0)$, se trouve dans un mémoire remarquable de M. le Dr. Maschke, et que la calculation directe des invariants de la forme $f(z_1, z_2)$ par les fonctions $\vartheta_{rs}(0, 0)$ est due à M. le Dr. Bolza *). Peu de temps après la publication de ces mémoires, par la connaissance que j'avais depuis quelques années de la transformée en v de l'équation générale du sixième degré, je me suis aperçu que de cette coïncidence de forme on pourrait déduire la résolution des équations du sixième degré; et j'ai communiqué ce résultat à mon savant ami M. le Prof. Klein. Quelques jours après M. Maschke m'a

*) Maschke, *Über die quaternäre, endliche, lineare Substitutionsgruppe der* Borchardt'*schen Moduln* [Mathematische Annalen, t. XXX (1887), pp. 496-515]; Bolza, *Darstellung der rationalen ganzen Invarianten der Binärform sechsten Grades durch die Nullwerthe der zugehörigen ϑ-Functionen* [Ibid., pp. 478-495].

envoyé une communication pour l'Académie des Lincei dans laquelle il était arrivé au même résultat par une transformation de TSCHIRNHAUS *).

Je dois remercier M. MITTAG-LEFFLER qui, m'ayant déterminé à composer ce petit mémoire, m'a donné l'occasion de rendre plus claire et plus complète la méthode que j'ai suivie.

Milan, Août 1888.

---

*) MASCHKE, *La risoluzione della equazione del sesto grado* (Estratto di una lettera al Socio BRIOSCHI) [Rendiconti della R. Accademia dei Lincei, serie IV, t. IV (1888, 1° sem.), pp. 181-182]; BRIOSCHI, *Osservazioni sulla precedente comunicazione* [Ibid., pp. 183-184; Opere Matematiche, CXLIX: t. IV, pp. 41-42].

CCL.

LES INVARIANTS DES ÉQUATIONS DIFFÉRENTIELLES LINÉAIRES.

Acta Mathematica, t. XIV (1890-91), pp. 233-248.

1. Si l'on transforme une équation différentielle linéaire

$$(1)\qquad y^{(n)} + \frac{n(n-1)}{2} p_2 y^{(n-2)} + \cdots + n p_{n-1} y' + p_n y = 0,$$

dans laquelle

$$y^{(r)} = \frac{d^r y}{dx^r},$$

et $p_2, p_3, \ldots, p_n$ fonctions de x, en posant

$$(2)\qquad y = \rho v,$$

ρ fonction de x, v fonction d'une nouvelle variable z, elle aussi fonction de x, si l'on suppose

$$\frac{\rho'}{\rho} = -\frac{n-1}{2}\frac{z''}{z'},$$

la transformée aura la forme:

$$(3)\qquad \frac{d^n v}{dz^n} + \frac{n(n-1)}{2} q_2 \frac{d^{n-2} v}{dz^{n-2}} + \cdots + n q_{n-1} \frac{dv}{dz} + q_n v = 0.$$

Soient

$$\frac{z''}{z'} = Z, \qquad -Z' + \frac{1}{2} Z^2 = P_2, \qquad P_{r+1} = P'_r - r Z P_r,$$

on trouve très facilement que les quantités

$$q_2 z'^2, \quad q_3 z'^3, \ldots, q_n z'^n$$

peuvent s'exprimer en fonction de $p_2, p_3, \ldots, Z, P_2, P_3, \ldots$. On a, par exemple:

$$q_2 z'^2 = p_2 + \frac{n+1}{2.3} P_2,$$

$$q_3 z'^3 = p_3 - 3 p_2 Z + \frac{n+1}{4} P_3,$$

$$q_4 z'^4 = p_4 - 6 p_3 Z + 9 p_2 Z^2 + (n+5) p_2^2 + \frac{(n+1)(5n+7)}{3.4.5} P_2^2 + \frac{3(n+1)}{2.5} P_4,$$

et ainsi de suite. En différentiant par rapport à x la première de ces relations on a:

$$\frac{dq_2}{dz} z'^3 = p_2' - 2 p_2 Z + \frac{n+1}{2.3} P_3,$$

et à cause de la seconde:

$$\left(q_3 - \frac{3}{2}\frac{dq_2}{dz}\right) z'^3 = p_3 - \frac{3}{2} p_2'.$$

L'expression

$$p_3 - \frac{3}{2} p_2' = a_3, \quad \text{ou encore} \quad q_3 - \frac{3}{2}\frac{dq_2}{dz} = \alpha_3,$$

a été nommée par LAGUERRE invariant de l'équation différentielle linéaire.

Une équation différentielle linéaire de l'ordre n a $n-2$ invariants de cette espèce, qu'on peut nommer invariants fondamentaux, parce que les autres, comme on verra dans la suite, se forment avec ceux-ci. Pour chacun d'eux on a:

$$\alpha_r z'^r = a_r,$$

a_r étant fonction de $p_2, p_3, \ldots, p_r$ et de leurs dérivées, et analoguement pour α_r.

M. FORSYTH dans son travail *Invariants, Covariants, and Quotient-Derivatives associated with Linear Differential Equations* *), a calculé les expressions de $a_3, a_4, a_5,$

*) [Philosophical Transactions of the Royal Society of London, t. CLXXIX (1888), (A), pp. 377-489].

a_6, a_7; lesquelles avec de petites modifications de forme sont les suivantes:

$$(4)\quad\left\{\begin{aligned}
a_3 &= p_3 - \frac{3}{2}p_2',\\
a_4 &= p_4 - 2p_3' + \frac{6}{5}p_2'' - \frac{3}{5}\frac{5n+7}{n+1}p_2^2,\\
a_5 &= p_5 - \frac{5}{2}p_4' + \frac{15}{7}p_3'' - \frac{5}{7}p_2''' - \frac{10}{7}\frac{7n+13}{n+1}p_2 a_3,\\
a_6 &= p_6 - 3p_5' + \frac{10}{3}p_4'' - \frac{5}{3}p_3''' + \frac{5}{14}p_2^{\text{IV}} - 5\frac{3n+7}{n+1}p_2 a_4\\
&\quad - \frac{7n+8}{14(n+1)}(4p_2p_2'' - 5p_2'^2) - \frac{3}{7}\frac{35n^2+112n+93}{(n+1)^2}p_2^3,\\
a_7 &= p_7 - \frac{7}{2}p_6' + \frac{105}{22}p_5'' - \frac{35}{11}p_4''' + \frac{35}{33}p_3^{\text{IV}} - \frac{7}{44}p_2^{\text{V}}\\
&\quad - \frac{21}{11}\frac{11n+31}{n+1}p_2 a_5 - \frac{9}{22}\frac{385n^2+1728n+1919}{(n+1)^2}p_2^2 a_3\\
&\quad - \frac{3n+4}{11(n+1)}(10p_2 a_3'' - 35p_2' a_3' + 21p_2'' a_3).
\end{aligned}\right.$$

Le calcul de la partie linéaire d'un invariant quelconque a_r ne présente pas de difficulté; on trouve en effet qu'elle est la suivante:

$$(5)\qquad \sum_s A_{r,s}\left[p_{r-2s}^{(2s)} - \frac{(r-2s)(r-2s-1)}{2(2s+1)(r-s-1)}p_{r-2s-1}^{(2s+1)}\right],$$

où l'on a:

$$A_{r,0} = 1,\qquad A_{r,s+1} = \frac{(r-2s-2)(r-2s-1)^2(r-2s)}{4(s+1)(2s+1)(r-s-1)(2r-2s-3)}A_{r,s},$$

et $s = 0, 1, \ldots, \frac{r}{2} - 1$ pour r pair; $s = 0, 1, \ldots, \frac{r-3}{2}$ pour r impair.

L'autre partie doit se calculer dans chaque cas; pourtant on peut la rendre moins compliquée de la manière suivante.

2. Soient ξ_1, ξ_2 deux intégrales de l'équation différentielle du second ordre

$$\xi'' + \frac{3}{n+1}p_2\xi = 0;$$

en posant

$$y = \varphi(\xi_1, \xi_2),$$

φ étant une forme de l'ordre $n-1$ à coefficients constants, on aura l'équation différentielle linéaire suivante, de l'ordre n en y:

$$(6)\qquad y^{(n)}+\frac{n(n-1)}{2}l_2y^{(n-2)}+\cdots+nl_{n-1}y'+l_ny=0,$$

dans laquelle:

$$l_2=p_2,$$

$$l_3=\frac{3}{2}p_2',$$

$$l_4=\frac{9}{5}p_2''+\frac{3(5n+7)}{5(n+1)}p_2^2,$$

$$l_5=2p_2'''+\frac{3(5n+7)}{n+1}p_2p_2',$$

$$l_6=\frac{15}{7}p_2^{\text{IV}}+\frac{9(21n+29)}{7(n+1)}p_2p_2''+\frac{5.9}{2.7}\frac{7n+10}{n+1}p_2'^2+\frac{3(35n^2+112n+93)}{7(n+1)^2}p_2^3,$$

$$l_7=\frac{9}{4}p_2^{\text{V}}+\frac{3(14n+19)}{n+1}p_2p_2'''+\frac{27(7n+10)}{2(n+1)}p_2'p_2''+\frac{9(35n^2+112n+93)}{2(n+1)^2}p_2^2p_2',$$

et ainsi de suite. Si l'on transforme l'équation différentielle ci-dessus au moyen de la relation (2), on obtiendra la transformée

$$\frac{d^nv}{dz^n}+\frac{n(n-1)}{2}m_2\frac{d^{n-2}v}{dz^{n-2}}+\cdots+nm_{n-1}\frac{dv}{dz}+m_nv=0,$$

et les coefficients m_2, m_3, ..., m_n seront formés avec q_2 et ses dérivées par rapport à z, comme les l_2, l_3, ..., l_n le sont avec p_2 et ses dérivées par rapport à x. Mais d'autre part les expressions

$$m_2z'^2,\qquad m_3z'^3,\ \ldots,\ m_nz'^n$$

doivent se déduire des correspondantes pour $q_2z'^2$, $q_3z'^3$, ... en substituant l_2, l_3, .., à p_2, p_3, ...; et réciproquement. En conséquence, si l'on pose

$$\mu_r=q_r-m_r,\qquad \lambda_r=p_r-l_r,$$

on aura:

$$\mu_3 z'^3 = \lambda_3,$$

$$\mu_4 z'^4 = \lambda_4 - 6\lambda_3 Z,$$

$$\mu_5 z'^5 = \lambda_5 - 10\lambda_4 Z + 30\lambda_3 Z^2 + \frac{5(n+7)}{3}\lambda_3 P_2,$$

$$\mu_6 z'^6 = \lambda_6 - 15\lambda_5 Z + 5\lambda_4\left(15 Z^2 + \frac{n+9}{2} P_2\right)$$

$$- 5\lambda_3[30 Z^3 - (n+4)P_3 + 3(n+9)ZP_2],$$

et ainsi de suite.

Les invariants a_3, a_4, ... peuvent en conséquence s'exprimer comme il suit:

$$a_3 = \lambda_3, \qquad a_4 = \lambda_4 - 2\lambda_3', \qquad a_5 = \lambda_5 - \frac{5}{2}\lambda_4' + \frac{15}{7}\lambda_3'' - \frac{10}{7}\frac{7n+13}{n+1}p_2\lambda_3,$$

et analoguement pour a_6, a_7, ...

De ces expressions on déduit que si a_3, a_4, ..., a_n sont nuls, λ_3, λ_4, ..., λ_n sont nuls aussi et l'équation (1) se réduit dans ce cas à (6). Donc: *si les invariants* a_3, a_4, ..., a_n *d'une équation différentielle linéaire de l'ordre n sont nuls, les intégrales de cette équation peuvent s'exprimer par des formes binaires à coefficients constants des deux arguments* ξ_1, ξ_2, *qui sont les intégrales d'une équation différentielle du second ordre.*

Un second résultat peut s'obtenir en observant que si les invariants impairs a_3, a_5, a_7, ... sont nuls, la partie linéaire de l'expression de chacun de ces invariants est égale à zéro. Au moyen de la formule (5) on démontre que dans ce cas l'équation *adjointe* de LAGRANGE se réduit à l'équation différentielle primitive, donc: *une équation différentielle linéaire d'ordre n, pour laquelle tous les invariants impairs* a_3, a_5, ... *sont nuls, est à elle-même sa propre adjointe.*

3. Deux invariants fondamentaux

$$\alpha_r z'^r = a_r, \qquad \alpha_s z'^s = a_s$$

conduisent à un troisième invariant de la forme suivante:

$$(7) \quad b_{r,s} = \frac{12rs}{n+1}p_2 a_r a_s + \frac{(2r+1)(2s+1)}{r+s+1}a_r' a_s' - \frac{r(2r+1)}{r+s+1}a_r a_s'' - \frac{s(2s+1)}{r+s+1}a_s a_r'',$$

et en indiquant avec $\beta_{r,s}$ la même expression formée de q_2, α_r, α_s et les dérivées de α_r, α_s relativement à la variable z, on a:

$$\beta_{r,s} z'^{r+s+2} = b_{r,s}.$$

En second lieu, des invariants absolus

$$\frac{\alpha_r^s}{\alpha_s^r} = \frac{a_r^s}{a_s^r}, \qquad \frac{\beta_{r,s}^m}{\alpha_m^{r+s+2}} = \frac{b_{r,s}^m}{a_m^{r+s+2}}, \qquad \text{etc.,}$$

on déduit les invariants:

$$(8) \qquad c_{r,s} = s\,a_s a'_r - r\,a_r a'_s, \qquad d_{r,s,m} = m\,a_m b'_{r,s} - (r+s+2)\,b_{r,s} a'_m,$$

pour lesquels:

$$\gamma_{r,s} z'^{\,r+s+1} = c_{r,s}, \qquad \delta_{r,s,m} z'^{\,m+r+s+3} = d_{r,s,m}.$$

4. Les deux théorèmes que j'ai démontrés précédemment prouvent déjà le rôle important des invariants dans la théorie des équations différentielles linéaires. HALPHEN, dans ses remarquables travaux sur cette théorie, a donné d'autres preuves de grande valeur relativement aux équations différentielles du troisième et du quatrième ordre. Peut-être une préoccupation continue de rattacher ses nouvelles recherches aux résultats de sa Thèse *Sur les invariants différentiels* [1878] a eu pour effet de rendre un peu compliquée et pas toujours claire et complète la méthode qu'il a suivie. Cette petite remarque ne diminue en rien l'importance des résultats de HALPHEN, d'autant plus que d'ordinaire dans tous ses travaux, « *avec le génie de l'invention, on remarque le* « *don si précieux de la clarté, et une conscience scrupuleuse qui ne laisse jamais rien* « *d'incomplet et d'inachevé dans les sujets qu'il traite* » *).

Soient $y_1, y_2, \ldots, y_n$ les intégrales de l'équation (1) et

$$f(y_1, y_2, \ldots, y_n) = \varphi(x)$$

une forme de l'ordre m à coefficients constants. La fonction $\varphi(x)$, comme il est connu, doit satisfaire à une équation différentielle linéaire de l'ordre

$$g = \frac{(m+1)(m+2)\ldots(m+n-1)}{1.2\ldots(n-1)} = \frac{n(n+1)\ldots(n+m-1)}{1.2\ldots m}$$

dont les coefficients sont fonctions de $p_2, p_3, \ldots$ et de leurs dérivées. J'ai donné il y a quelques années une formule générale pour le calcul de cette équation d'ordre g **). En considérant les g fonctions de x:

$$(r_1, r_2, \ldots, r_{n-1}), \quad (r_1, r_2, \ldots, r_{n-1} = 0, 1, 2, \ldots, m)$$

*) Allocution prononcée par M. HERMITE, Président de l'Académie des Sciences [Comptes Rendus des séances de l'Académie des Sciences, t. CIX (1889), pp. 991-999], p. 994.

**) [LXXXVII: t. II, pp. 319-340].

pour lesquelles ont lieu les relations:

$$(0,\ 0,\ \ldots,\ 0) = \varphi(x),$$

$$(r_1,\ r_2,\ \ldots,\ r_{n-1}) = 0, \quad \text{pour} \quad r = r_1 + r_2 + \cdots + r_{n-1} > m,$$

$$(9) \quad \left\{ \begin{aligned} \frac{d(r_1,\ r_2,\ \ldots,\ r_{n-1})}{dx} &= \sum_1^{n-2}{}_s\, r_s(r_1,\ r_2,\ \ldots\ r_s - 1,\ r_{s+1} + 1,\ \ldots,\ r_{n-1}) \\ &\quad + (m - r)(r_1 + 1,\ r_2,\ \ldots,\ r_{n-1}) \\ - r_{n-1} \sum_2^n{}_s &\frac{n(n-1)\ldots(n-s+1)}{1.2\ldots s} p_s(r_1,\ r_2,\ \ldots,\ r_{n-s} + 1,\ \ldots\ r_{n-1} - 1), \end{aligned} \right.$$

on arrive à l'équation cherchée par la dérivation successive et l'élimination. Si l'on suppose $\varphi(x) = 0$, c'est-à-dire que les intégrales de l'équation (1) vérifient une relation homogène de l'ordre m, les opérations indiquées conduisent à deux résultats remarquables: 1° aux relations qui doivent subsister entre les coefficients de l'équation (1); 2° à la recherche d'une transformée (2) laquelle satisfait à ces relations.

Ces relations, comme Halphen l'a démontré pour $n = 3$, $m = 3$; $n = 4$, $m = 2$, sont formées avec les invariants des équations différentielles des ordres 3, 4.

Dans l'un et l'autre de ces cas $g = 10$; comme en général g conserve la même valeur si $n = i$, $m = j$; ou $n = j + 1$, $m = i - 1$. Les relations entre les invariants conservent alors la même forme.

5. Je suppose dans les paragraphes suivants $\varphi(x) = 0$.

Soit $n = 3$ et $h(y_1, y_2, y_3)$ le hessien de la forme $f(y_1, y_2, y_3)$. Si l'on pose

$$\Delta = \sum (\pm y_1 y_2' y_3''),$$

on a en général:

$$h\Delta^2 = \begin{vmatrix} (0,\ 0) & (1,\ 0) & (0,\ 1) \\ (1,\ 0) & (2,\ 0) & (1,\ 1) \\ (0,\ 1) & (1,\ 1) & (0,\ 2) \end{vmatrix};$$

mais, si $(0,\ 0) = 0$, la formule (9) donne $(1,\ 0) = 0$, et

$$(0,\ 1) + (m - 1)(2,\ 0) = 0.$$

En conséquence si l'on pose $(2,\ 0) = \lambda$, on a $(0,\ 1) = -(m - 1)\lambda$, et

$$(10) \qquad h\Delta^2 = -(m - 1)^2 \lambda^3.$$

Soit $m = 3$, on a encore à considérer les six expressions (r_1, r_2):

$$(1, 1), \quad (1, 2), \quad (3, 0), \quad (0, 2), \quad (2, 1), \quad (0, 3),$$

pour lesquelles on obtient à l'aide de la formule (9):

$$(1, 1) = -\lambda', \qquad (3, 0) = 3\lambda',$$

$$(2, 1) = \lambda'', \qquad (0, 2) = -2\lambda'' + 3p_2\lambda,$$

et pour (1, 2) les deux valeurs:

$$\tfrac{1}{2}(\lambda''' + 9p_2\lambda' + p_3\lambda), \qquad -2\lambda''' - 3p_2\lambda' + 3p_2'\lambda - 4p_3\lambda,$$

et en conséquence:

(11) $$\lambda''' + 3p_2\lambda' + \tfrac{3}{5}(3p_3 - 2p_2')\lambda = 0,$$

$$(1, 2) = 3p_2\lambda' - \tfrac{2}{5}a\lambda,$$

étant

$$a = p_3 - \tfrac{3}{2}p_2'$$

le seul invariant fondamental dans ce cas. La formule (9) donne encore:

$$(0, 3) = 9p_2\lambda'' - \tfrac{12}{5}a\lambda' - \tfrac{2}{5}a'\lambda,$$

$$\frac{d(0, 3)}{dx} + 3[3p_2(1, 2) + p_3(0, 2)] = 0,$$

ou, à cause de (11):

$$21a\lambda'' + 7a'\lambda' + (a'' + 27p_2a)\lambda = 0.$$

En éliminant λ'' et λ''' entre cette équation, celle qui en découle par différentiation et l'équation (11), on obtient:

(12) $$8b\lambda' + \left(b' + \frac{2.7.3^4}{5}a^3\right)\lambda = 0,$$

où

$$b = 27p_2a_3^2 + 7a_3'^2 - 6a_3a_3''$$

est un second invariant de l'équation différentielle du 3me ordre [voir formule (7)]. Enfin, si l'on pose

$$c = 8ba' - 3ab', \qquad p = 72p_2ab + \frac{7.17}{12}a'b' - \frac{7}{4}ab'' - \frac{2.17}{3}ba'',$$

$$q = 192p_2b^2 + 17b'^2 - 16bb'',$$

invariants des ordres 12, 13, 18, on trouve pour l'équation de condition la suivante:

$$\frac{1}{17}(32bp - 63aq) + 4.7^2.3^3 a^3 c - \frac{4.7^3.3^8}{5^2} a^7 = 0,$$

expression invariantive de l'ordre 21.

En supposant cette équation de condition satisfaite, on peut transformer l'équation différentielle

$$y''' + 3p_2 y' + p_3 y = 0$$

de la manière suivante. Je pose (n° 1):

$$Z = -\frac{\lambda'}{\lambda},$$

l'équation (11) devient:

$$P_3 - 3p_2 Z + \frac{3}{5}(3p_3 - 2p_2') = 0;$$

mais pour la transformée

$$\frac{d^3 v}{dz^3} + 3q_2 \frac{dv}{dz} + q_3 v = 0$$

on a:

$$q_3 z'^3 = p_3 - 3p_2 Z + P_3;$$

on aura donc:

$$q_3 z'^3 + \frac{4}{5} a = 0, \quad \text{ou} \quad q_3 + \frac{4}{5}\alpha = 0,$$

ou enfin:

$$q_3 = \frac{2}{3}\frac{dq_2}{dz},$$

qui complète la recherche relativement à la transformée.

On peut encore observer que l'équation (12) donne:

$$\lambda = C b^{-\frac{1}{8}} e^{-\frac{7.3^4}{4.5}\int \frac{a^3}{b} dx},$$

et vu que Δ dans l'équation (10) est une constante, on en déduira la valeur du hessien $h(y_1, y_2, y_3)$.

6. Je passe à l'autre cas pour lequel $g = 10$, ou $n = 4$, $m = 2$. Ce cas forme l'objet principal du mémoire de HALPHEN *Sur les invariants des équations différentielles linéaires du quatrième ordre* publié dans ce journal *).

Étant $(0, 0, 0) = 0$, on aura $(1, 0, 0) = 0$; et en posant

$$(2, 0, 0) = \lambda, \quad \text{on a} \quad (0, 1, 0) = -\lambda.$$

*) [Acta Mathematica, t. III (1883-84), pp. 325-380].

Les six autres fonctions sont:

$$(0,\ 2,\ 0)=\mu,\qquad (0,\ 0,\ 2)=\nu,$$

$$(1,\ 1,\ 0)=l,\qquad (1,\ 0,\ 1)=m,\qquad (0,\ 1,\ 1)=n,$$

$$(0,\ 0,\ 1)=-(\lambda'+l).$$

On a ainsi:

$$(13)\qquad h\Delta^2=\begin{vmatrix} 0 & 0 & \lambda & \lambda'+l \\ 0 & \lambda & l & m \\ \lambda & l & \mu & n \\ \lambda'+l & m & n & \nu \end{vmatrix};$$

mais dans ce cas h est constant, la valeur du déterminant sera donc une constante.

La formule (9) donne:

$$l=\tfrac{1}{2}\lambda',\qquad m=-\tfrac{3}{2}(\lambda''+4p_2\lambda),\qquad \mu=2\lambda''+6p_2\lambda,$$

et pour n les deux valeurs:

$$\lambda'''+3p_2\lambda'+3p_2'\lambda,\qquad -\tfrac{3}{2}\lambda'''-3p_2\lambda'+(4p_3-6p_2')\lambda,$$

et en conséquence:

$$(14)\qquad \lambda'''+\tfrac{12}{5}p_2\lambda'-\tfrac{2}{5}(4p_3-9p_2')\lambda=0,$$

et

$$n=\tfrac{3}{5}p_2\lambda'+\tfrac{1}{5}(8p_3-3p_2')\lambda,$$

$$\nu=\tfrac{63}{5}p_2\lambda''+\tfrac{18}{5}p_3\lambda'+\left(\tfrac{8}{5}p_3'-\tfrac{3}{5}p_2''+36p_2^2-p_4\right)\lambda.$$

Enfin la même formule (9) donne:

$$\frac{d\nu}{dx}+12p_2n+8p_3m-2p_4(\lambda'+l)=0,$$

et suivant le même procédé que pour le cas précédent, on arrive à l'équation

$$(15)\qquad 8t\lambda'+(t'+k)\lambda=0,$$

où nous avons posé:

$$(16)\qquad t=25a_4^2+7b_{3,3}+\frac{7\cdot5^2}{8}c_{3,4},$$

$$k=15b_{3,4}-\frac{3^2\cdot4^2\cdot7^2}{5}a_3^3,$$

$b_{3,3}$, $b_{3,4}$, $c_{3,4}$ étant les invariants qui se déduisent des expressions (7), (8).

L'analogie entre les formules (12) et (15) est évidente; l'équation de condition sera en conséquence aussi dans ce cas une relation invariantive de l'ordre 21 et de la même forme que la supérieure.

Pour la transformée, posant encore $Z = -\frac{\lambda'}{\lambda}$, l'équation (14) donne en premier lieu:

$$\tfrac{5}{4}P_3 - 3p_2 Z - 2p_3 + \tfrac{9}{2}p_2' = 0,$$

ou: $q_3 - 3\alpha_3 = 0$, et en conséquence:

$$q_3 = \frac{9}{4}\frac{dq_2}{dz}.$$

La valeur de q_4 peut être déterminée par l'équation (13). On trouve en effet par la substitution de Z à $-\frac{\lambda'}{\lambda}$, que

$$h\Delta^2 = \lambda^4 z'^4 \left(q_4 - \frac{8}{5}\frac{dq_2}{dz} + \frac{3}{5}\frac{d^2 q_2}{dz^2}\right),$$

mais $\lambda z' =$ const., en conséquence:

$$q_4 - \frac{8}{5}\frac{dq_3}{dz} + \frac{3}{5}\frac{d^2 q_2}{dz^2} = C,$$

C étant une constante; et enfin:

$$q_4 = 3\frac{d^2 q_2}{dz^2} + C.$$

On a ainsi démontré le théorème dû à HALPHEN *): *Toute équation du quatrième ordre dont les intégrales sont liées par une relation quadratique est réductible par une substitution de la forme* (2) *au type:*

$$\frac{d^4 v}{dz^4} + 6q_2\frac{d^2 v}{dz^2} + 9\frac{dq_2}{dz}\frac{dv}{dz} + \left(3\frac{d^2 q_2}{dz^2} + C\right)v = 0.$$

J'ajoute ici une observation qui regarde aussi le cas précédent. La quantité t (16) est un invariant du huitième ordre; on aura donc:

$$\tau z'^8 = t,$$

τ étant formé avec q_2, q_3, q_4 et leurs dérivées par rapport à z, comme t l'est avec

*) [Acta Mathematica, t. III (1883-84), pag. 349].

p_2, p_3, p_4 et leurs dérivées par rapport à x. Cette dernière équation donne :

$$\frac{d\tau}{dz} z'^9 = t' - 8tZ.$$

Or si dans l'équation (15) on pose $\frac{\lambda'}{\lambda} = -Z$, on déduit :

$$\frac{d\tau}{dz} + \varkappa = 0,$$

étant $\varkappa z'^9 = k$.

Cette dernière équation est l'équation de condition pour la transformée, et l'on prouve facilement qu'elle est satisfaite par les valeurs supérieures de q_3, q_4.

7. Les cas qui suivent peuvent être traités avec la même méthode directe et, sauf des calculs plus longs, ne présentent aucune difficulté. Par exemple, dans le cas de $n = 3$, $m = 4$ et en conséquence $g = 15$, si l'on pose

$$(1, 0) = \lambda, \qquad (2, 1) = \mu,$$

les deux valeurs de (1, 2) données par la formule (9) conduisent à une première relation :

$$\mu' = -\frac{1}{6}\lambda''' - 2p_2\lambda' - \frac{4}{15}(7p_3 - 3p_2')\lambda,$$

et les deux valeurs de (1, 3) à la suivante :

$$a\mu + \frac{1}{12}\lambda^{v} + \frac{5}{4}p_2\lambda''' + \frac{1}{12}(13p_3 + 3p_2')\lambda'' + \frac{1}{12}(11p_3' - 3p_2'' + 36p_2^2)\lambda'$$
$$+ \frac{1}{7}\left(\frac{11}{6}p_3'' - p_2''' + 25p_2p_3 - \frac{33}{2}p_2p_2'\right)\lambda = 0,$$

où $a = p_3 - \frac{3}{2}p_2'$ est l'invariant du 3me ordre.

Enfin l'équation, qu'on déduit de la formule (9),

$$\frac{d(0, 4)}{dx} + 12p_2(1, 3) + 4p_3(0, 3) = 0$$

donne la troisième relation :

$$a\lambda^{IV} + \frac{2}{3}a'\lambda''' + \frac{1}{7}(2a'' + 75p_2a)\lambda'' + \frac{1}{2.7}\left(a''' + 77a^2 + 55p_2a' + \frac{3.5.19}{2}p_2'a\right)\lambda'$$
$$+ \frac{1}{2.7.9}\left(a^{IV} + 6.7.11aa' + 75p_2a'' + \frac{3.5.31}{2}p_2'a' + \frac{9.83}{2}p_2''a + 4^2.3^4p_2^2a\right)\lambda = 0.$$

Pour la transformée, en posant $Z = -\frac{1}{2}\frac{\lambda'}{\lambda}$, et

$$\frac{\mu}{\lambda} + \frac{1}{2}Z^2 - P_2 = s,$$

les trois relations supérieures deviennent:

$$s' = 2sZ + \frac{4}{5}\left(\frac{dq_2}{dz} - \frac{7}{3}q_3\right)z'^3,$$

$$7as = \left(-\frac{11}{6}\frac{d^2q_3}{dz^2} + \frac{d^3q_2}{dz^3} - 25q_2q_3 + \frac{33}{2}q_2\frac{dq_2}{dz}\right)z'^5.$$

Si l'on pose

$$\sigma z'^2 = s,$$

la première se reduit à

$$\frac{d\sigma}{dz} = -2\left(\frac{14}{15}\alpha + \frac{dq_2}{dz}\right),$$

et la seconde à

$$7\alpha\sigma = -\left(\frac{11}{6}\frac{d^2\alpha}{dz^2} + 25q_2\alpha + \frac{7}{4}\frac{d^3q_2}{dz^3} + 21q_2\frac{dq_2}{dz}\right),$$

où l'on a substitué à q_3 sa valeur $\alpha + \frac{3}{2}\frac{dq_2}{dz}$.

L'élimination de σ donne ainsi une première équation de condition entre α et q_2 et leurs dérivées.

La troisième conduit de même à une seconde équation de condition entre α et q_2; ou à la suivante:

$$\frac{d^4\alpha}{dz^4} + 6.7.11\,\alpha\frac{d\alpha}{dz} + 75q_2\frac{d^2\alpha}{dz^2} + \frac{3.5.31}{2}\frac{dq_2}{dz}\frac{d\alpha}{dz} + \frac{9.83}{2}\alpha\frac{d^2q_2}{dz^2} + 4^2.3^4q_2^2\alpha = 0.$$

Dans ce cas, comme on sait, sont comprises certaines équations différentielles hypergéométriques du 3me ordre liées aux équations modulaires Jacobiennes pour la transformation du septième ordre *).

Le cas de $n = 5$, $m = 2$, et en conséquence comme dans le cas précédent $g = 15$, conduit analoguement à deux équations de condition. En posant

$$(2, 0, 0, 0) = \lambda, \qquad (0, 2, 0, 0) = \mu,$$

et

$$Z = -\frac{1}{2}\frac{\lambda'}{\lambda}, \qquad \frac{\mu}{\lambda} - 3Z^2 + 4P_2 = s,$$

$$\sigma z'^2 = s,$$

*) Voir mes lettres à M. KLEIN: *Sur quelques équations différentielles* [CCXXXVI: t. V, pp. 239-243].

on trouve:

$$q_3 = \frac{1}{4}\frac{d\sigma}{dz},$$

et

$$20\,\alpha\sigma = 2q_5 - 15\frac{dq_4}{dz} + 20\frac{d^2q_3}{dz^2} + 80\,q_2q_3,$$

α étant l'invariant du 3me ordre. L'élimination de σ donne la première équation de condition. La seconde équation est la suivante:

$$\left(2q_5 - 5\frac{dq_4}{dz} + 5\frac{d^3q_2}{dz^3} + 300\,q_2\frac{dq_2}{dz} - 200\,q_2q_3\right)\sigma + 4\frac{d^4q_3}{dz^4} - \frac{5}{4}\frac{d^3q_4}{dz^3} - 100\,q_2\frac{dq_4}{dz}$$

$$+ 10\,q_4\left(2q_3 - 5\frac{dq_2}{dz}\right) + 180\,q_2\frac{d^2q_3}{dz^2} - 80\,q_3\frac{dq_3}{dz} + 140\frac{dq_2}{dz}\frac{dq_3}{dz} + 60\,q_3\frac{d^2q_2}{dz^2}$$

$$+ 800\,q_2^2q_3 = 0.$$

En substituant au lieu de q_3 sa valeur supérieure, et en posant

$$10\,q_2 = \sigma + k,$$

les deux équations se simplifient beaucoup et l'on a:

$$\frac{d^3\sigma}{dz^3} + \frac{1}{5}\left(2k\frac{d\sigma}{dz} + 3\sigma\frac{dk}{dz}\right) + \frac{2}{5}q_5 - 3\frac{dq_4}{dz} = 0,$$

$$\frac{d^5\sigma}{dz^5} + \frac{1}{2}\left(9k\frac{d^3\sigma}{dz^3} + 7\frac{dk}{dz}\frac{d^2\sigma}{dz^2} + 3\frac{d^2k}{dz^2}\frac{d\sigma}{dz} + \frac{d^3k}{dz^3}\sigma\right)$$

$$+ k\left(2k\frac{d\sigma}{dz} + 3\sigma\frac{dk}{dz}\right) - 5\left(\frac{1}{4}\frac{d^3q_4}{dz^3} + 2k\frac{dq_4}{dz} + \frac{dk}{dz}q_4\right) = 0.$$

Ces équations sont satisfaites en supposant $k = 0$, et en conséquence:

$$q_3 = \frac{5}{2}\frac{dq_2}{dz}, \qquad \frac{d^3q_4}{dz^3} = 8\frac{d^5q_2}{dz^5}, \qquad q_5 = \frac{15}{2}\frac{dq_4}{dz} - 25\frac{d^3q_2}{dz^3} = 0.$$

On arrive ainsi au théorème: *L'équation du 5me ordre*

$$\frac{d^5v}{dz^5} + 10\,q_2\frac{d^3v}{dz^3} + 10\,q_3\frac{d^2v}{dz^2} + 5\,q_4\frac{dv}{dz} + q_5v = 0,$$

dans laquelle

$$q_3 = \frac{5}{2}\frac{dq_2}{dz}, \qquad q_4 = 8\frac{d^2 q_2}{dz^2} + \varphi(z), \qquad q_5 = 5\left(7\frac{d^3 q_2}{dz^3} + \frac{3}{2}\frac{d\varphi}{dz}\right)$$

et

$$\varphi(z) = Az^2 + Bz + C \qquad (A,\ B,\ C \textit{ constantes}),$$

a ses intégrales liées par une relation quadratique.

Février 1890.

CCLI.

SUR UNE FORME NOUVELLE DE L'ÉQUATION MODULAIRE DU HUITIÈME DEGRÉ.

American Journal of Mathematics, t. XIII (1891), pp. 381-386.

1. Soit

$$f(x) = x^3 + 3\,a_1 x^2 + 3\,a_2 x + a_3 = 0$$

l'équation dont les racines sont

$$x_0 = \wp\left(\frac{2\,\omega}{7}\right), \quad x_1 = \wp\left(\frac{4\,\omega}{7}\right), \quad x_2 = \wp\left(\frac{6\,\omega}{7}\right) = \wp\left(\frac{8\,\omega}{7}\right).$$

Comme il est connu, entre les trois coefficients a_1, a_2, a_3 on a trois relations desquelles par l'élimination de deux des ces coefficients on obtient pour le troisième une équation modulaire du huitième degré. On sait encore que, en indiquant avec D le symbole d'opération

$$D = 12\,g_3 \frac{\partial}{\partial g_2} + \frac{2}{3} g_2^2 \frac{\partial}{\partial g_3},$$

on a *):

$$(1) \qquad \begin{cases} 7\,D(a_1) - 20\,a_2 - 18\,a_1^2 \quad + \frac{13}{6} g_2, \\ 7\,D(a_2) = 14\,a_3 - 18\,a_1 a_2 + \frac{19}{3} g_2 a_1 - 2 g_3, \\ 7\,D(a_3) = \qquad - 18\,a_1 a_3 + \frac{25}{2} g_2 a_2 - 6 g_3 a_1. \end{cases}$$

La somme des arguments des trois racines x_0, x_1, x_2 étant une période, on peut poser

$$(2) \qquad a_2 = -\,2\,a_1 \xi - \tfrac{1}{12} g_2, \qquad a_3 = 3\,a_1 \xi^2 - \tfrac{1}{4} g_3,$$

*) [CCIV: t. V, pp. 65-69].

qui donnent pour $f(x)$ la valeur:

$$f(x) = x^3 - \tfrac{1}{4}g_2 x - \tfrac{1}{4}g_3 + 3a_1(x-\xi)^2.$$

Opérant avec D sur les deux relations (2) on aura pour les précédentes (1):

$$(3)\quad \begin{cases} 14a_1 D(\xi) = 38a_1\xi^2 - \frac{47}{6}g_2 a_1 - g_2\xi - \frac{3}{2}g_3, \\ 14a_1\xi D(\xi) = 40a_1\xi^3 - \frac{25}{3}g_2 a_1\xi - \frac{1}{2}g_2\xi^2 - \frac{1}{2}g_3 a_1 + \frac{1}{24}g_2^2, \end{cases}$$

desquelles en éliminant $D(\xi)$ on obtient pour a_1 la valeur:

$$a_1(\xi^3 - \tfrac{1}{4}g_2\xi - \tfrac{1}{4}g_3) = -\tfrac{1}{4}(g_2\xi^2 + 3g_3\xi + \tfrac{1}{12}g_2^2).$$

Or en posant

$$c_1 = \xi, \qquad c_2 = \xi^2 - \tfrac{1}{12}g_2, \qquad c_3 = \xi^3 - \tfrac{1}{4}g_2\xi - \tfrac{1}{4}g_3,$$

$$c_4 = \xi^4 - \tfrac{1}{2}g_2\xi^2 - g_3\xi - \tfrac{1}{48}g_2^2 = 4c_1c_3 - 3c_2^2,$$

on déduit:

$$(4)\quad \begin{cases} \frac{1}{12}g_2 = c_1^2 - c_2, \qquad \frac{1}{4}g_3 = -2c_1^3 + 3c_1c_2 - c_3, \\ \frac{1}{4^2\cdot 3^3}\delta = 3c_1^2c_2^2 + 6c_1c_2c_3 - 4c_1^3c_3 - 4c_2^3 - c_3^2, \end{cases}$$

étant $\delta = g_2^3 - 27g_3^2$; et en conséquence:

$$(5)\quad \begin{cases} a_1 = 3\dfrac{c_1c_3 - c_2^2}{c_3} = \dfrac{3}{4}\dfrac{c_4 - c_2^2}{c_3}, \\ a_2 = \dfrac{1}{c_3}(6c_1c_2^2 - 7c_1^2c_3 + c_2c_3), \\ a_3 = \dfrac{1}{c_3}(11c_1^3c_3 - 9c_1^2c_2^2 - 3c_1c_2c_3 + c_3^2). \end{cases}$$

La première des équations (3) donne de la même manière:

$$D(c_1) = \frac{2}{7(c_4 - c_2^2)}(14c_1^2c_2^2 - 14c_1^2c_4 + 23c_2c_4 - 25c_2^3 + 2c_3^2),$$

et l'on déduit:

$$D(c_2) = \frac{2}{7(c_4 - c_2^2)}(4c_1c_2c_4 - 8c_1c_2^3 + 15c_3c_4 - 11c_2^2c_3),$$

$$D(c_3) = \frac{3}{7(c_4 - c_2^2)}(7c_4^2 + 4c_2^2c_4 - 15c_2^4 + 4c_2c_3^2)$$

et

$$28\,c_3^2(c_4 - c_2^2)\,D\left(\frac{c_1c_3 - c_2^2}{c_3}\right) = -7c_4^3 + 33c_4^2c_2^2 + 11c_4c_2^4 - 21c_2^6 - 56c_2c_3^2c_4 + 24c_2^3c_3^2 + 16c_3^4.$$

D'autre part, de la première des relations (1) on obtient:

$$\frac{28}{3}c_3^2 D(a_1) = -23\,c_4^2 + 10\,c_2^2c_4 + 21\,c_2^4 - 8\,c_2c_3^2,$$

le premier membre de laquelle, multiplié par $c_4 - c_2^2$, étant pour la valeur (5) de a_1 égal au premier membre de la précédente, en égalant les seconds membres, on arrive *à cette forme nouvelle de l'équation modulaire du huitième degré*:

$$c_4^3 + c_3^4 + c_2^3c_3^2 - 3\,c_2c_3^2c_4 = 0,$$

ou:

$$(6)\qquad c_4 + c_2c_3^{\frac{2}{3}} + c_3^{\frac{4}{3}} = 0.$$

2. L'équation (6) est satisfaite en posant

$$(7)\qquad c_2 = \frac{1}{3}c_3^{\frac{2}{3}}(z^4 + 5), \qquad c_4 = -\frac{1}{3}c_3^{\frac{4}{3}}(z^4 + 8),$$

desquelles, étant $c_4 = 4\,c_1c_3 - 3\,c_2^2$, on déduit:

$$(8)\qquad c_1 = \frac{1}{12}c_3^{\frac{1}{3}}(z^8 + 9z^4 + 17).$$

Substituant ces valeurs dans les trois équations (4), on obtient:

$$(9)\qquad g_2 = \frac{1}{12}c_3^{\frac{2}{3}}PQ, \qquad g_3 = -\frac{1}{216}c_3PR, \qquad \delta = c_3^2z^4P^2,$$

étant

$$P = z^8 + 13z^4 + 49,$$

$$Q = z^8 + 5z^4 + 1,$$

$$R = z^{16} + 14z^{12} + 63z^8 + 70z^4 - 7,$$

et en conséquence:

$$(10)\qquad \frac{g_2^3}{\delta} = T = \frac{1}{12^3}\frac{PQ^3}{z^4}, \qquad T - 1 = \frac{1}{12^3}\frac{R^2}{z^4},$$

formules connues.

Par la même substitution, les équations (5) donnent:

$$(11)\qquad \begin{cases} a_1 = -\dfrac{1}{12} c_3^{\frac{1}{3}} P, \\ a_2 = \dfrac{1}{12^2} c_3^{\frac{2}{3}} P(P - 16), \\ a_3 = -\dfrac{1}{12^3} c_3 P(P^2 - 32P - 16Q + 64), \end{cases}$$

et en indiquant avec d le discriminant de $f(x)$, ou

$$\tfrac{1}{27} d = 3a_1^2 a_2^2 + 6a_1 a_2 a_3 - 4a_1^3 a_3 - 4a_2^3 - a_3^2,$$

on trouve:

$$d = c_3^2 P^2,$$

ou, par la valeur δ (9):

$$d = \frac{\delta}{z^4}$$

et

$$z^2 = \frac{\delta^{\frac{1}{2}}}{(x_0 - x_1)(x_1 - x_2)(x_2 - x_0)}.$$

J'ai déjà rappelé que pour chacun des coefficients a_1, a_2, a_3 on a une équation du huitième degré. Si l'on pose

$$h_1 = -a_1, \quad h_2 = h_1^2 - \tfrac{1}{12} g_2, \quad h_3 = h_1^3 - \tfrac{1}{4} g_2 h_1 - \tfrac{1}{4} g_3, \quad h_4 = 4h_1 h_3 - 3h_2^2,$$

de la valeur (11) de a_1 on déduit:

$$h_1 = \frac{1}{12} c_3^{\frac{1}{3}} P, \quad h_2 = \frac{1}{12^2} c_3^{\frac{2}{3}} P(P - Q), \quad h_3 = \frac{c_3 P}{12^3}(P^2 - 3PQ + 2R),$$

$$h_4 = \frac{c_3^{\frac{4}{3}} P^2}{12^4}[4P^2 - 12PQ + 8R - 3(P - Q)^2],$$

mais:

$$4P^2 - 12PQ + 8R - 3(P - Q)^2 = 32(P - Q + 16) = 4^4(z^4 + 8),$$

et en conséquence (7):

$$(12)\qquad 27 h_4 = -P^2 c_4.$$

En second lieu, étant $P - Q - 8 = 8(z^4 + 5)$, on aura:

$$(13)\qquad 6(h_2 - m) = P c_2,$$

étant $m = \dfrac{1}{18} c_3^{\frac{2}{3}} P$.

En multipliant par P^2 l'équation modulaire (6) on obtient une première relation

$$8m^2 + 4h_2 m - h_4 = 0.$$

La valeur (5) de a_1 donne:

$$4h_1 c_3 = 3(c_2^2 - c_4),$$

et

$$4h_1 c_3 P^2 = 108(h_2 - m)^2 + 81 h_4;$$

mais :

(14) $$c_3 P^2 = 18.12 m h_1;$$

et on arrive ainsi à une seconde relation

$$4m^2 - 8(h_2 + 4h_1^2)m + 4h_2^2 + 3h_4 = 0,$$

et par l'élimination de m à l'équation modulaire en h_1:

$$2h_4(5h_2 + 16h_1^2)^2 - 2h_2(5h_2 + 16h_1^2)(8h_2^2 + 7h_4) - (8h_2^2 + 7h_4)^2 = 0,$$

ou à l'équation connue:

(15) $$\left\{\begin{aligned} & h^8 - \frac{7}{3}g_2 h^6 - 14 g_3 h^5 - \frac{35}{24}g_2^2 h^4 - \frac{7}{3}g_2 g_3 h^3 - \frac{7}{3^6}\left(\frac{23}{16}g_2^3 + 7\cdot 3^3 g_3^2\right)h^2 \\ & \qquad - \frac{1}{24}g_2^2 g_3 h - \frac{7}{12^4}g_2^4 = 0, \end{aligned}\right.$$

ayant posé h au lieu de h_1.

On ait ainsi conduit aux deux équations modulaires connues comme conséquences de l'équation (6).

3. Les inconnues dans ces trois équations sont $\xi = c_1$, z, h, [(6), (10), (15)]. Des formules supérieures on déduit facilement les relations existantes entre ces inconnues.

En effet, la première des équations (5) donne:

$$c_1 + a_1 = \frac{c_4}{c_3},$$

et à cause de (12), (14):

$$c_1 = h_2 - \frac{h_4}{8mh_1},$$

mais de la première des équations on a:

$$\frac{h_4}{8m} = m + \frac{1}{2}h_2;$$

donc :

$$c_1 = \frac{1}{2h_1}(2h_1^2 - h_2 - 2m).$$

Or, en posant

$$\lambda = 8h_2^2 + 7h_4, \qquad \mu = 5h_2 + 16h_1^2,$$

on déduit des deux équations en m :

$$4m = \frac{\lambda}{\mu},$$

et la (15) peut s'écrire

$$\lambda^2 + 2h_2\lambda\mu - 2h_4\mu^2 = 0.$$

On aura donc :

$$c_1 = -\frac{1}{4h_1\mu}[2(2h_1^2 - h_2)\mu - \lambda],$$

ou

$$c_1 = \frac{1}{4h_1\mu}(64h_1^4 - 12h_1^2h_2 - 18h_2^2 - 7h_4).$$

La relation cherchée entre z, h s'obtient en observant que des équations (7) on déduit :

$$8c_2c_3^{\frac{2}{3}} + 5c_4 = c_3^{\frac{4}{3}}z^4;$$

par conséquent, si on multiplie par P^2, on aura:

$$32m(h_2 - m) - 5h_4 = 12m^2z^4;$$

mais la première des équations en m donne :

$$h_4 = 8m^2 + 4h_2m;$$

ainsi :

$$z^4 = \frac{h_2 - 6m}{m}$$

ou

$$z^4 = \frac{4h_2\mu - 6\lambda}{\lambda} = \frac{2}{\lambda}(32h_1^2h_2 - 14h_2^2 - 21h_4).$$

Milan, mars 1891.

CCLII.

SUR UNE PROPRIÉTÉ DU PARAMÈTRE DE LA TRANSFORMÉE CANONIQUE DES FORMES CUBIQUES TERNAIRES.

Proceedings of the London Mathematical Society, t. XII (1880-81), pp. 58-63.

1. Dans une lettre adressée à M. HERMITE il y a quelques années *) j'ai énonçé le théorème suivant : *Soit U une forme cubique ternaire, H son hessien, S, T ses invariants ; si l'on indique par x une racine quelconque de l'équation*

$$(1) \qquad x^4 - 6Sx^2 + 8Tx - 3S^2 = 0,$$

l'équation du quatrième degré, dont les racines sont les valeurs de X données par la relation

$$(2) \qquad \sqrt{X} = \frac{1}{S}\left[aS + \tfrac{1}{2}b(x^3 - 7Sx + 8T)\right]\sqrt{x},$$

est la suivante:

$$(3) \qquad X^4 - 6S_{ab}X^2 + 8T_{ab}X - 3S_{ab}^2 = 0,$$

S_{ab}, T_{ab} étant les invariants de la forme cubique ternaire $aU + bH$, ou bien :

$$S_{ab} = Sa^4 + 4Ta^3b + 6S^2a^2b^2 + 4STab^3 + (4T^2 - 3S^3)b^4,$$

$$T_{ab} = Ta^6 + 6S^2a^5b + 15STa^4b^2 + 20T^2a^3b^3 + 15S^2Ta^2b^4$$
$$+ 6S(3S^3 - 2T^2)ab^5 + T(3S^3 - 8T^2)b^6.$$

J'observais encore dans cette même lettre que, en indiquant par x_∞, x_0, x_1, x_2 les

*) [CLXXVIII: t. IV, pp. 341-344].

racines de l'équation (1), on a:

(4) $$\sqrt{x_\infty} = a_0\sqrt{-3}, \qquad \sqrt{x_s} = a_0 + \varepsilon^s a_1 \qquad (s = 0, 1, 2),$$

dans lesquelles ε est une racine cubique imaginaire de l'unité, et

(5) $$a_0 = m\,l\sqrt{2}, \qquad a_1 = -\,m\sqrt{2},$$

étant l le paramètre de la transformée canonique

$$x^3 + y^3 + z^3 + 6\,l\,x\,y\,z$$

de la forme U, et m le module de la transformation. On a aussi, comme il est connu:

$$S = 4\,m^4\,l(l^3 - 1), \qquad T = m^6(8\,l^6 + 20\,l^3 - 1),$$

$$T^2 - S^3 = m^{12}(1 + 8\,l^3)^3.$$

2. Je pose maintenant dans la relation (2) chacune des valeurs (4), l'on obtient facilement les suivantes:

$$\sqrt{X_\infty} = A_0\sqrt{-3}, \qquad \sqrt{X_s} = A_0 + \varepsilon^s A_1,$$

étant

$$A_0 = m\sqrt{2}[a\,l + b\,m^2(1 + 2\,l^3)],$$

$$A_1 = m\sqrt{2}[-\,a + 6\,b\,m^2\,l^2].$$

Or en supposant

$$a = \frac{T}{\sqrt{S^3 - T^2}}, \qquad b = -\,\frac{S}{\sqrt{S^3 - T^2}},$$

les valeurs de A_0, A_1 deviennent:

$$A_0 = m\sqrt{2}\,\frac{3\,l}{\sqrt{-(1 + 8\,l^3)}}, \qquad A_1 = m\sqrt{2}\,\frac{1 - 4\,l^3}{\sqrt{-(1 + 8\,l^3)}};$$

ou en posant

$$\frac{A_1}{A_0} = 2\,L,$$

on aura:

(6) $$6\,L = \frac{1 - 4\,l^3}{l},$$

c'est-à-dire L sera le paramètre de la transformée canonique

$$\alpha^3 + \beta^3 + \gamma^3 + 6L\alpha\beta\gamma = 0$$

de la courbe de troisième classe qui porte le nom de M. CAYLEY *).

En substituant les valeurs supérieures de a, b dans l'équation (2), on trouve que deux racines correspondantes des équations (1), (3) sont liées par la relation

$$X = \frac{Tx + 3S^2}{Sx - T}. \tag{7}$$

Ceci est réciproque et donne aussi :

$$x = \frac{TX + 3S^2}{SX - T}.$$

L'équation (3) devient dans ce cas là :

$$X^4 + 18SX^2 + 8T\frac{T^2 - 9S^3}{S^3 - T^2}X - 27S^2 = 0,$$

ou, si l'on pose

$$Y = \frac{1}{27}\frac{(T^2 + 3S^3)^3}{S^3(S^3 - T^2)^2},$$

l'on aura :

$$Y : Y - 1 : 1 = (X^2 + 3S)^3(X^2 + 27S) : (X^4 + 18SX^2 - 27S^2)^2 : 12^3S^3X^2.$$

La valeur (6) de L nous donne :

$$1 + 2L = \frac{(1 - l)(1 + 2l)^2}{3l},$$

$$1 + 2\varepsilon L = \frac{(\varepsilon - l)(1 + 2\varepsilon^2 l)^2}{3l},$$

$$1 + 2\varepsilon^2 L = \frac{(\varepsilon^2 - l)(1 + 2\varepsilon l)^2}{3l};$$

on aura ainsi :

$$1 + 2L = \frac{\sqrt{X_0}}{\sqrt{X_\infty}}\sqrt{-3}, \quad 1 + 2\varepsilon L = \frac{\sqrt{X_1}}{\sqrt{X_\infty}}\sqrt{-3}, \quad 1 + 2\varepsilon^2 L = \frac{\sqrt{X_2}}{\sqrt{X_\infty}}\sqrt{-3},$$

*) Voir SALMON, *A Treatise of the Higher Plane Curves*, 2. ed., Dublin 1873, page 191.

et après :

$$(8)\qquad 1+2l=-\left(\frac{X_0 x_\infty}{X_\infty x_0}\right)^{\frac{1}{4}}\sqrt{-3},\qquad 1+2\varepsilon^2 l=-\left(\frac{X_1 x_\infty}{X_\infty x_1}\right)^{\frac{1}{4}}\sqrt{-3},$$

$$1+2\varepsilon l=-\left(\frac{X_2 x_\infty}{X_\infty x_2}\right)^{\frac{1}{4}}\sqrt{-3}.$$

3. Un second théorème était énoncé dans cette communication à l'Académie des Sciences, sous cette forme : *L'équation dont les racines sont données par les valeurs de l'expression*

$$(9)\qquad \sqrt{Z}=\frac{1}{2S\sqrt{2}}[a(x^3-5Sx+8T)-bS(x^2-5S)]\sqrt{x},$$

correspondant à $x=x_\infty,\ x_0,\ x_1,\ x_2$, *est la suivante :*

$$(10)\qquad Z^4-6S^{ab}Z^2+8T^{ab}Z-3(S^{ab})^2=0,$$

S^{ab}, T^{ab} *étant les invariants de la forme cubique* $aP+bQ$, *et* P, Q *les deux contre-variants du troisième ordre de la forme* U.

Or l'on a, comme on sait :

$$S^{ab}=(3S^3+T^2)a^4+16S^2Ta^3b+6S(S^3+3T^2)a^2b^2+8T(S^3+T^2)ab^3+S^2(5T^2-S^3)b^4,$$

$$T^{ab}=T(9S^3-T^2)a^6+6S^2(3S^3+5T^2)a^5b+15ST(5S^3+3T^2)a^4b^2$$
$$+20T^2(7S^3+T^2)a^3b^3+15S^2T(S^3+7T^2)a^2b^4$$
$$+6S(S^6+S^3T^2+6T^4)ab^5+T(5S^6-5S^3T^2+8T^4)b^6;$$

par conséquent, si l'on pose

$$a=\frac{T}{(S^3-T^2)^{\frac{3}{4}}},\qquad b=\frac{-S}{(S^3-T^2)^{\frac{3}{4}}},$$

on trouve :

$$S^{ab}=-1,\qquad T^{ab}=-\frac{T}{\sqrt{S^3-T^2}},$$

et l'équation en Z devient la

$$Y:Y-1:1=(Z^2-1)^3(Z^2-9):(Z^4+6Z^2-3)^2:4^3Z^2,$$

étant dans ce cas :

$$Y=\frac{S^3}{S^3-T^2}.$$

Enfin, en observant que de la valeur (9) de $\sqrt{Z}$ on déduit la relation

(11) $$\sqrt{X} = Z\sqrt{x},$$

on pourra substituer aux (8) les suivantes:

$$1 + 2l = -\sqrt{\frac{Z_0}{Z_\infty}}\sqrt{-3}, \qquad 1 + 2\varepsilon^2 l = -\sqrt{\frac{Z_1}{Z_\infty}}\sqrt{-3},$$

$$1 + 2\varepsilon l = -\sqrt{\frac{Z_2}{Z_\infty}}\sqrt{-3};$$

ou, en posant

(12) $$\sqrt{Z_\infty} = -\alpha_0\sqrt{-3}, \qquad \sqrt{Z_s} = \alpha_0 + \varepsilon^{2s}\alpha_1,$$

on aura:

$$l = \frac{1}{2}\frac{\alpha_1}{\alpha_0},$$

à laquelle on peut ajouter l'autre, qu'on déduit des équations (5),

$$l = -\frac{a_0}{a_1}.$$

4. Soient k le module des fonctions elliptiques, λ, μ le module transformé et le multiplicateur dans la transformation du troisième ordre. Si dans l'équation (1) on pose

$$x = \mu\sqrt{S},$$

et l'on suppose déterminé le module k par la relation

$$\frac{T}{S\sqrt{S}} = 1 - 2k^2,$$

on obtient l'équation du multiplicateur:

$$\mu^4 - 6\mu^2 + 8(1 - 2k^2)\mu - 3 = 0.$$

Soit

$$X = \nu\sqrt{S};$$

la relation (7) nous donne:

$$\nu = \frac{(1 - 2k^2)\mu + 3}{\mu - (1 - 2k^2)},$$

de laquelle on déduit facilement que

$$\nu = \frac{\mu(\mu^2 - 9)}{1 - \mu^2};$$

mais l'equation du multiplicateur peut s'écrire des deux manières suivantes :

$$(\mu - 1)^3(\mu + 3) = 16k^2\mu, \qquad (\mu + 1)^3(\mu - 3) = -16k'^2\mu;$$

en conséquence on aura :

$$\nu = 4^4 k^2 k'^2 \frac{\mu^3}{(1-\mu^2)^4}.$$

Si maintenant on se rappelle les formules connues

$$\sqrt[4]{\frac{\lambda}{k}} = -2\frac{\sqrt{k}}{1-\mu}, \qquad \sqrt[4]{\frac{\lambda'}{k'}} = -2\frac{\sqrt{k'}}{1+\mu},$$

on voit que

$$\nu = \mu^3 \frac{\lambda\lambda'}{kk'}.$$

L'équation du quatrième degré en ν sera :

$$Y : Y = 1 : 1 = (\nu^2 + 3)^3(\nu^2 + 27) : (\nu^4 + 18\nu^2 - 27)^2 : 12^3\nu^2,$$

étant dans ce cas

$$Y = \frac{4}{27}\frac{(1 - k^2k'^2)^3}{k^4k'^4}.$$

En indiquant avec K, Λ les fonctions complètes de première espèce, la valeur supérieure de ν donne les suivantes :

$$\sqrt{\nu_\infty} = -3\sqrt{\frac{\Lambda_\infty^3\lambda_\infty\lambda'_\infty}{K^3kk'}}\sqrt{-3}, \qquad \sqrt{\nu_s} = \sqrt{\frac{\Lambda_s^3\lambda_s\lambda'_s}{K^3kk'}};$$

or on sait que, en posant $q = e^{-\pi\frac{K'}{K}}$, on a *) :

$$\sqrt{\frac{2K^3kk'}{\pi^3}} = q^{\frac{1}{4}}\prod(1 - q^{2m})^3 = F(q),$$

et par conséquent :

$$\sqrt{\nu_\infty} = -3\frac{F(q^3)}{F(q)}\sqrt{-3}, \qquad \sqrt{\nu_s} = \frac{F(\varepsilon^s q^{\frac{1}{3}})}{F(q)};$$

---

*) JACOBI, *Fundamenta nova theoriæ functionum ellipticarum,* Regiomonti 1829 [pag. 89]. — CAYLEY, *An elementary treatise of elliptic functions,* Cambridge 1876 [pag. 287].

mais par une autre formule des « *Fundamenta Nova* » [p. 185], on a:

$$F(q) = q^{\frac{1}{4}}(1 - 3q^2 + 5q^6 - 7q^{12} + 9q^{20} - 11q^{30} + \cdots),$$

et

$$F(\varepsilon^s q^{\frac{1}{3}}) = \varepsilon^s q^{\frac{1}{12}}(1 + 5q^2 - 7q^4 - 11q^{10} + \cdots) - 3F(q^3);$$

on pourra donc écrire:

$$\sqrt{\nu_\infty} = A_0\sqrt{-3}, \qquad \sqrt{\nu_s} = A_0 + A_1\varepsilon^s,$$

étant:

$$A_0 = -3\frac{F(q^3)}{F(q)}, \qquad A_1 = \frac{q^{\frac{1}{12}}}{F(q)}(1 + 5q^2 - 7q^4 - 11q^{10} + \cdots),$$

et on obtiendra pour L la valeur *):

$$L = \frac{1}{2}\frac{A_1}{A_0} = -\frac{1}{6q^{\frac{2}{3}}}\,\frac{1 + 5q^2 - 7q^4 - 11q^{10} + 13q^{14} + \cdots}{1 - 3q^6 + 5q^{18} - 7q^{36} + \cdots}.$$

5. De la même manière l'équation (11) donne:

$$Z = \sqrt{\frac{\nu}{\mu}} = \mu\sqrt{\frac{\lambda\lambda'}{kk'}},$$

mais l'on a:

$$\left(\frac{K^2 kk'}{\pi^2}\right)^{\frac{1}{4}} = q^{\frac{1}{8}}\frac{\prod(1 - q^{2m})}{\prod(1 + q^{2m-1})} = f(q),$$

$$f(q) = q^{\frac{1}{8}}(1 - q - q^3 + q^6 + q^{10} - q^{15} - q^{21} + \cdots);$$

on déduira donc des équations (12):

$$\alpha_0 = -\frac{f(q^3)}{f(q)}, \quad \alpha_1 = \frac{q^{\frac{1}{24}}}{f(q)}(1 - q + q^2 - q^5 - q^7 + q^{12} - q^{15} + \cdots),$$

et l'on aura:

$$l = \frac{1}{2}\frac{\alpha_1}{\alpha_0} = -\frac{1}{2q^{\frac{1}{3}}}\,\frac{1 - q + q^2 - q^5 - q^7 + \cdots}{1 - q^3 - q^9 + q^{18} + \cdots},$$

---

*) M. le Prof. KLEIN avait déjà obtenu cette formule par d'autres considérations dans son beau Mémoire: *Ueber die Transformation der elliptischen Functionen und die Auflösung der Gleichungen fünften Grades* [Mathematische Annalen, t. XIV (1878), pp. 111-144]. Voir aussi un récent travail de M. BIANCHI (élève de M. KLEIN): *Ueber die Normalform dritter und fünfter Stufe des elliptischen Integrals erster Gattung* [Ibid., t. XVII (1880), pp. 234-262].

ou aussi:

$$l = -\frac{a_0}{a_1} = -\frac{1}{2q^{\frac{1}{3}}} \frac{1 + 2q^3 + 2q^{12} + 2q^{27} + \cdots}{1 + q + q^5 + q^8 + q^{16} + q^{21} + \cdots}.$$

6. Le caractère *tétraèdrique,* selon la dénomination des MM. SCHWARZ et KLEIN, des équations du quatrième degré (3), (10), peut en général se déduire des considérations suivantes. En posant

$$f(a, b) = S_{ab},$$

soient:

$$h = \tfrac{1}{2}(ff)_2, \qquad \theta = 2(fh), \qquad g_2 = \tfrac{1}{2}(ff)_4, \qquad g_3 = \tfrac{1}{3}(fh)_4$$

les deux covariants et les deux invariants de la forme binaire f. On trouve:

$$h = (S^3 - T^2)(a^4 - 6Sa^2b^2 - 8Tab^3 - 3S^2b^4),$$

$$\theta = -(S^3 - T^2)T_{ab}, \qquad g_2 = 0, \qquad g_3 = -4(S^3 - T^2)^2,$$

et par ces valeurs:

$$Y = -\frac{4h^3}{g_3 f^3} = \frac{(a^4 - 6Sa^2b^2 - 8Tab^3 - 3S^2b^4)^3}{S_{ab}^3}(S^3 - T^2);$$

mais on a:

$$S_{ab}^3 - T_{ab}^2 = (S^3 - T^2)(a^4 - 6Sa^2b^2 - 8Tab^3 - 3S^2b^4)^3;$$

donc:

$$Y = \frac{S_{ab}^3 - T_{ab}^2}{S_{ab}^3},$$

et l'équation (2) pourra s'écrire:

$$Y : Y - 1 : 1 = (X^2 - S_{ab})^3 (X^2 - 3S_{ab}) : (X^4 - 6S_{ab}X^2 - 3S_{ab}^2)^2 : -8^2 S_{ab}^3 X^2,$$

et analoguement pour l'autre.

CCLIII.

SUR LA TRANSFORMATION DES ÉQUATIONS ALGÉBRIQUES.

Proceedings of the London Mathematical Society, t. XX (1889), pp. 127-131.

1. Soit $f(x)=0$ une équation du degré n et $x_0, x_1, \ldots, x_{n-1}$ ses racines. Si l'on pose

(1)
$$f(x)=(x-x_r)\varphi(x),$$

étant x_r une quelconque des racines, et

$$f'(x_0)f'(x_1)\ldots f'(x_{n-1})=\Delta_f,$$

on trouve que

$$\Delta_f=(-1)^{n-1}\varphi^2(x_r)\Delta_\varphi,$$

lequel résultat peut s'exprimer comme il suit: *L'invariant (discriminant)* Δ_f *du degré* $2(n-1)$ *de la forme* f *est égal à un covariant de l'ordre* $2(n-1)$, *et du degré* $2(n-1)$ *de la forme* φ.

Or un théorème analogue se vérifie pour chaque covariant et pour chaque invariant de la forme f, comme je vais démontrer. Soit F un covariant de la forme f, covariant de l'ordre m et du degré p. Le covariant F doit satisfaire les trois équations différentielles

$$\sum_1^n {}_s\, sf_{s-1}\frac{\partial F}{\partial f_s}=0, \qquad \sum_0^n {}_s\, f_s\frac{\partial F}{\partial f_s}=pF,$$

$$\sum_1^n {}_s\, sf_s\frac{\partial F}{\partial f_s}=\frac{1}{2}(np-m)F,$$

dans lesquelles

$$f_0=f(x),\quad f_1=\frac{1}{n}f'(x),\quad f_2=\frac{1}{n(n-1)}f''(x),\quad \ldots.$$

Mais, en posant

$$\varphi_0 = \varphi(x_r),\quad \varphi_1 = \frac{1}{n-1}\varphi'(x_r),\quad \varphi_2 = \frac{1}{(n-1)(n-2)}\varphi''(x_r),\quad \ldots,$$

de la relation (1) entre f et φ on déduit :

$$f_0(x_r) = 0,\qquad f_s(x_r) = \frac{s}{n}\varphi_{s-1},$$

et en substituant ces valeurs de $f_0, f_1, \ldots$ dans le covariant F, les trois équations différentielles supérieures se transforment dans les suivantes :

$$(2)\qquad \left\{\begin{aligned} &\sum_1^{n-1}{}_s\, s\varphi_{s-1}\frac{\partial F}{\partial \varphi_s} = 0,\qquad \sum_0^{n-1}{}_s\, \varphi_s\frac{\partial F}{\partial \varphi_s} = pF,\\ &\sum_0^{n-1}{}_s\,(s+1)\varphi_s\frac{\partial F}{\partial \varphi_s} = \frac{1}{2}(np-m)F,\end{aligned}\right.$$

ou, en retranchant de celle-ci la seconde :

$$(3)\qquad \sum_1^{n-1}{}_s\, s\varphi_s\frac{\partial F}{\partial \varphi_s} = \frac{1}{2}[(n-1)p-(m+p)]F.$$

Les trois équations (2), (3) démontrent que *le covariant F de l'ordre m et du degré p de la forme f, dans lequel on pose pour x une quelconque x_r des racines de l'équation $f(x) = 0$, peut s'exprimer par un covariant de la forme φ, covariant de l'ordre $m+p$ et du degré p.* Si F est un invariant de la forme f, l'on a $m = 0$, et on retombe dans le théorème démontré pour le discriminant.

2. Je vais donner un exemple de ces relations en me limitant pour le moment au cas de $n = 5$.

La forme φ a trois covariants

$$\varphi,\qquad h = \tfrac{1}{2}(\varphi\varphi)_2,\qquad t = 2(\varphi h),$$

et deux invariants g_2, g_3, liées entre eux par la relation :

$$t^2 = -4h^3 + g_2 h\varphi^2 - g_3\varphi^3.$$

La forme f a dix-neuf covariants, quatre invariants, mais pour le but que j'ai en vue, il me suffit de considérer les quatre covariants linéaires, les trois quadratiques, les trois cubiques, et les invariants. En posant

$$l = \tfrac{1}{2}(ff)_4, \qquad p = -\tfrac{1}{3}(fl)_2,$$

$$m = \tfrac{1}{2}(pp)_2, \qquad n = (lm), \qquad q = (lp), \qquad r = (mp),$$

$$\alpha = (lp)_2, \qquad \beta = (l\alpha), \qquad \gamma = (m\alpha), \qquad \delta = (n\alpha),$$

$$A = \tfrac{1}{2}(ll)_2, \qquad B = (lm)_2, \qquad C = \tfrac{1}{2}(mm)_2, \qquad D = (\alpha\delta),$$

on obtient :

1) les quatre invariants A, B, C, D des degrés 4, 8, 12, 18;

2) les quatre covariants linéaires α, β, γ, δ des degrés 5, 7, 11, 13;

3) les trois covariants quadratiques l, m, n des degrés 2, 6, 8;

4) les trois covariants cubiques p, q, r des degrés 3, 5, 9.

En conséquence du théorème démontré au n° 1, les covariants l, m, n sont des covariants de φ des degrés 2, 6, 8 et des ordres 4, 8, 10. On trouve en effet :

$$l = -\frac{3\cdot 4}{5^2}h, \qquad m = \frac{1}{3^2\cdot 5^6}(144 g_3 \varphi h + 96 g_2 h^2 - 25 g_2^2 \varphi^2),$$

$$n = \frac{2}{3\cdot 5^7}(144 g_3 h - 5 g_2^2 \varphi)t.$$

Les trois covariants p, q, r s'expriment en fonctions de covariants de φ des degrés 3, 5, 9 et des ordres 6, 8, 12; et une calculation très facile donne :

$$p = -\frac{4}{5^3}t, \qquad q = \frac{4}{5^5}(6 g_3 \varphi - g_2 h)\varphi,$$

$$3^3.5^9 r = (5^3 g_2^3 + 2.3^3.4^3 g_3^2)\varphi^3 - 8.9(66 g_2 g_3 \varphi^2 + 7 g_2^2 h\varphi - 240 g_3 h^2)h.$$

On aura de même :

$$\alpha = -\frac{8}{5^4}g_2 t, \qquad \beta = \frac{4}{5^6}(12 g_2 g_3 \varphi^2 - 7 g_2^2 h\varphi + 144 g_3 h^2),$$

$$\gamma = \frac{2}{5}g_2 r - \frac{1}{3.5^4}(144 g_3 h - 5 g_2^2 \varphi)m,$$

dans laquelle on doit poser pour r, m les valeurs supérieures, et enfin :

$$\delta = \frac{2}{3.5^{11}}t[288 g_2^2 g_3 \varphi h - 128(g_2^3 + 54 g_3^2)h^2 + 25 g_2^4 \varphi^2].$$

On voit que quatre de ces covariants α, δ, n, p ont pour facteur le covariant gauche t; les autres sont fonctions de φ, h, g_2, g_3.

Quant aux invariants on trouve directement:

$$A = \frac{12}{5^4}(3g_3\varphi - 8g_2 h),$$

et l'on déduit B de la relation entre les discriminants:

$$16(g_2^3 - 27g_3^2)\varphi^2 = 5^5(A^2 - 144B).$$

La valeur de C peut s'obtenir directement, ou plus simplement de la manière suivante. En posant

$$L = 4(2AB - 27C),$$

on a, comme il est connu, la relation

$$Ll = \beta^2 + A\alpha^2,$$

le second membre de laquelle, en substituant les valeurs de α, β, A, est divisible par h ou par l, et l'on déduit ainsi la valeur de C.

3. Entre les covariants considérés dans le n° précédent le seul q jouit de la propriété d'avoir comme facteur φ; mais on voit tout-de-suite qu'on peut par des combinaisons des autres covariants obtenir des expressions qui aient la même propriété.

Une première combinaison est la suivante

$$(4)\qquad 54r + l\beta,$$

qui donne un covariant de f de troisième ordre et du neuvième degré; une seconde et une troisième, les

$$(5)\qquad 5Ar + 4n\alpha, \qquad 25A^2r + 8\alpha^2\beta,$$

d'ordre 3 et des degrés 13, 17.

Évidemment chacune de ces quatre expressions étant divisible par φ, en se rappellant que $\varphi = f'(x_r)$, donnent quatre formules de transformation de l'équation $f(x) = 0$, et dans chacun des quatre cas la transformée a le coefficient du second terme égal à zero, et les coefficients des termes suivants seront des fonctions entières de A, B, C.

En posant

$$y = 10\frac{q}{\varphi} = 10\frac{q(x_r)}{f'(x_r)},$$

les valeurs de q, A données au n° précédent, conduisent aux relations suivantes:

$$(6) \qquad g_2 h = \frac{5^3}{2.4.3^2}(3y - 4A), \qquad g_3 \varphi = \frac{5^3}{4.3^3}(12y - A),$$

et de la relation entre les discriminants on obtient, à cause de cette dernière:

$$(7) \qquad g_2^3 \varphi^2 = \frac{5^5}{4^2.3^3}[5(12y - A)^2 + 27(A^2 - 144B)] .$$

Enfin de la valeur de L on déduit:

$$(8) \quad g_3^2 h^3 = -\frac{5^{10}}{4^6.3^7}[870y^3 + 165Ay^2 - 40A^2y - 4050By + \tfrac{16}{9}A^3 + 216AB - 4^2.3^7C].$$

Au moyen de ces quatre relations on arrive à exprimer les (4), (5) en fonction de y, A, B, C. Mais auparavant il importe d'observer qu'en multipliant les deux dernières (7), (8) entre elles, on a, à cause des (6), que le premier membre est une fonction de y et de A; une très simple calculation conduit à l'équation

$$(9) \; y^5 - 10By^3 - 40Cy^2 + 5\left(5B^2 + \tfrac{4}{3}AC\right)y - \left(\tfrac{16}{9}A^2C + \tfrac{4}{3}AB^2 - 216BC\right) = 0,$$

transformée en y de l'équation $f(x) = 0$.

On trouve pour le covariant (4):

$$(10) \qquad \frac{54r + l\beta}{f'(x)} = 9y^2 + 4Ay - 36B,$$

et analoguement on aura pour les covariants (5) deux polynômes du troisième et du quatrième degré en y.

En multipliant y et les trois polynômes en y des degrés 2, 3, 4 par des indéterminées, et en nommant avec z leur somme, par l'expression en z, analogue à celle de TSCHIRNHAUS, on transformera l'équation $f(x) = 0$ dans une autre, pour laquelle le coefficient du second terme est égal à zéro et les coefficients suivants seront fonctions de A, B, C et des quatre indéterminées.

Je démontrérais dans une prochaine occasion l'application de la méthode exposée à la transformation des équations du septième degré.

CCLIV.

SUR L'ÉQUATION DIFFÉRENTIELLE LAMÉ-HERMITE *).

Bulletin de l'Académie Impériale des Sciences de St.-Pétersbourg,
nouvelle série, t. III (XXXV, 1893), pp. 449-455;
Mélanges mathématiques et astronomiques tirés du Bulletin, etc. t. VII, pp. 299-305.

1. En posant

$$\varphi = 4x^3 - g_2 x - g_3, \quad \alpha = n(n+1), \quad \beta = n(2n-1)\rho,$$

l'équation différentielle de Lamé est la suivante:

$$(1) \qquad 2\varphi y'' + \varphi' y' - 2(\alpha x + \beta) y = 0.$$

Si y_1, y_2 sont deux intégrales fondamentales de cette équation, leur produit

$$y_1 y_2 = F(x)$$

satisfait à l'équation différentielle

$$\Delta(F) = 2\varphi F''' + 3\varphi' F'' + \varphi'' F' - 8(\alpha x + \beta) F' - 4\alpha F = 0,$$

et de l'équation (1) on déduit:

$$y_2 y_1' - y_1 y_2' = \frac{C}{\sqrt{\varphi}},$$

étant C une constante. Par conséquent:

$$C^2 = (F'^2 - 4F y_1' y_2')\varphi;$$

mais on a:

$$2\varphi F'' + \varphi' F' - 4(\alpha x + \beta) F = 4\varphi y_1' y_2',$$

*) [Présenté le 26 août 1892].

donc :

(2) $$C^2 = (F'^2 - 2FF'')\varphi - FF'\varphi' + 4(\alpha x + \beta)F^2.$$

L'équation différentielle $\Delta(F) = 0$ est satisfaite en posant

$$F(x) = x^n + a_1 x^{n-1} + \cdots + a_n,$$

et les coefficients $a_1, a_2, \ldots, a_n$ sont des fonctions de ρ, g_2, g_3 des degrés 1, 2, ..., n en ρ. La quantité ρ reste indéterminée, c'est le cas considéré par M. HERMITE.

En indiquant par $x_1, x_2, \ldots, x_n$ les racines de l'équation $F(x)=0$, la relation (2) donne :

$$C = \pm F'(x_r)\sqrt{\varphi(x_r)} \qquad (r = 1, 2, \ldots, n);$$

en conséquence $C = 0$ si

$$F = mf^2,$$

étant

$$m = (x - e_1)^{\varepsilon_1}(x - e_2)^{\varepsilon_2}(x - e_3)^{\varepsilon_3}, \qquad f = x^k + \gamma_1 x^{k-1} + \cdots + \gamma_k,$$

$\varepsilon_1, \varepsilon_2, \varepsilon_3$ ayant les valeurs 0, 1 ; $k = \frac{1}{2}(n - \varepsilon_1 - \varepsilon_2 - \varepsilon_3)$; et e_1, e_2, e_3 les racines de l'équation $\varphi(x) = 0$. Dans ce cas, celui considéré par LAMÉ, ρ est déterminé par l'équation $C = 0$, ou par un de ses facteurs.

2. Le but de cette Note est de démontrer qu'on peut lier les deux cas en posant

(3) $$F = mf^2 + t\lambda,$$

dans laquelle t est une fonction de ρ, e_1, e_2, e_3 et

$$\lambda = x^s + \beta_1 x^{s-1} + \beta_2 x^{s-2} + \cdots + \beta_s,$$

étant $s = n - k - 1$.

Soit

$$z = f\sqrt{m},$$

l'expression (3) de F donne :

$$\Delta(F) = \left(6z' + \frac{m'}{m}z\right)h(x)\sqrt{m} + 2zh'(x)\sqrt{m} + t\Delta(\lambda) = 0,$$

ayant posé :

$$2\varphi z'' + \varphi' z' - 2(\alpha x + \beta)z = h(x)\sqrt{m}.$$

De même de la valeur (2) de C^2 on déduit :

$$C^2 = -F(x)\{2zh\sqrt{m} + t[2\varphi\lambda'' + \varphi'\lambda' - 4(\alpha x + \beta)\lambda]\} + t\varphi[4\lambda' z z' - 4\lambda z'^2 + t\lambda'^2],$$

et en observant que lorsque $t = 0$ on a $C = 0$ et réciproquement, l'on aura :

$$h = \mu t,$$

étant μ un coefficient numérique; et l'équation supérieure $\Delta(F) = 0$ conduit à la suivante :

(4) $$\Delta(\lambda) = -2\mu(3mf' + 2m'f).$$

De ces deux dernières relations on déduit les valeurs de μ, t, et des coefficients $\gamma_1, \gamma_2, \ldots; \beta_1, \beta_2, \ldots$ des fonctions $f(x)$, $\lambda(x)$.

3. En posant

$$\varepsilon_1 + \varepsilon_2 + \varepsilon_3 = a, \quad \varepsilon_1 e_1 + \varepsilon_2 e_2 + \varepsilon_3 e_3 = b, \quad \varepsilon_1 e_1^2 + \varepsilon_2 e_2^2 + \varepsilon_3 e_3^2 = c,$$

on trouve pour $h(x)$ l'expression

$$h(x) = 2\varphi f'' + [4(2a+3)x^2 + 8bx + 8c - (2a+1)g_2]f' \\ - 2[2k(2n-2k+1)x + n(2n-1)\rho - (2a-1)b]f,$$

dans laquelle le coefficient de x^{k+1} est nul; les coefficients de x^k, x^{k-1}, ..., x donneront les valeurs de $\gamma_1, \gamma_2, \ldots, \gamma_k$ et le terme constant la valeur de μt.

Les valeurs de $\gamma_1, \gamma_2, \ldots$ sont données par la relation

(5) $$\left\{\begin{aligned} &4r(2n-2r+1)\gamma_r + 2[n(2n-1)\rho - (2n-4r+3)b]\gamma_{r-1} \\ &\qquad + (k-r+2)[(2n-2k-r+3)g_2 - 8c]\gamma_{r-2} \\ &\qquad\qquad + 2(k-r+2)(k-r+3)g_3\gamma_{r-3} = 0, \end{aligned}\right.$$

dans laquelle $r = 1, 2, \ldots, k$, et le terme constant conduit à la valeur de t:

(6) $$2[n(2n-1)\rho - (2a-1)b]\gamma_k + [(2a+1)g_2 - 8c]\gamma_{k-1} + 4g_3\gamma_{k-2} = -\mu t.$$

L'expression $\Delta(\lambda)$ est du degré s en x, et le coefficient de x^s est égal à

$$-4(2s+1)(n-s)(n+s+1) = -(3n+a)(n+a-1)(n-a+2);$$

or le coefficient de x^s dans le second membre de l'équation (4) est égal à

$$-2\mu(3k+2a) = -\mu(3n+a);$$

l'on aura en conséquence :

$$\mu = (n+a-1)(n-a+2).$$

Enfin les coefficients de x^{s-1}, x^{s-2}, ..., x, x^0 dans la même équation (4) donneront les valeurs des coefficients $\beta_1, \beta_2, \ldots, \beta_s$; et l'on aura pour $r = 1, 2, \ldots, s$

la relation :

$$
(7)\quad \left\{\begin{aligned}
&2(2s-2r+1)(n-s+r)(n+s-r+1)\beta_r\\
&\quad +4n(2n-1)(s-r+1)\rho\beta_{r-1}\\
&\quad +\tfrac{1}{2}(s-r+2)(s-r+1)(2s-2r+3)g_2\beta_{r-2}\\
&\quad +(s-r+3)(s-r+2)(s-r+1)g_3\beta_{r-3}\\
&\quad =(n+a-1)(n-a+2)M_r,
\end{aligned}\right.
$$

étant M_r le coefficient de x^{s-r} dans l'expression $3mf'+2m'f$.

Pour déterminer la valeur de M_r il faut distinguer quatre cas; deux pour n pair et deux pour n impair.

Pour n pair les deux cas: $a=0$, $a=2$; et en conséquence:

$$m=1, \quad m=x^2+ex+e^2-\tfrac{1}{4}g_2,$$

étant e une des racines e_1, e_2, e_3; et l'on trouve: pour $a=0$,

$$M_r=3(k-r)\gamma_r, \qquad k=\frac{n}{2}, \qquad s=\frac{n}{2}-1;$$

pour $a=2$,

$$M_r=(3k-2r+4)\gamma_r+(3k+3r+5)e\gamma_{r-1}+3(k-r+2)\left(e^2-\tfrac{1}{4}g_2\right)\gamma_{r-2},$$

$$k=\frac{n}{2}-1, \qquad s=\frac{n}{2}.$$

Pour n impair les deux cas: $a=1$, $a=3$; et par conséquent:

$$m=x-e, \qquad m=\tfrac{1}{4}\varphi(x),$$

et l'on a: pour $a=1$,

$$M_r=(3k-3r+2)\gamma_r-3(k-r+1)e\gamma_{r-1},$$

$$k=\frac{n-1}{2}, \qquad s=\frac{n-1}{2};$$

pour $a=3$,

$$M_r=3(k-r+2)\gamma_r-\tfrac{1}{4}(3k-3r+8)g_2\gamma_{r-2}-\tfrac{3}{4}(k-r+3)g_3\gamma_{r-3},$$

$$k=\frac{n-3}{2}, \qquad s=\frac{n+1}{2}.$$

J'observe enfin que les coefficients $\gamma_1, \gamma_2, \ldots, \gamma_k$ (5) sont des degrés 1, 2, ..., k en ρ, et de même pour les coefficients $\beta_1, \beta_2, \ldots$ (7). La quantité t sera donc (7) du degré $k+1$ en ρ et $t\lambda(x)$ du degré $s+k+1=n$ en ρ.

4. Supposons n impair; si $a=3$, on a: $b=0$, $c=\frac{1}{2}g_2$ et

$$F(x)=\frac{1}{4}\varphi(x)f^2(x)+t(\rho)\lambda(x),$$

et les coefficients $\gamma_1, \gamma_2, \ldots$; $\beta_1, \beta_2, \ldots$; t, sont fonctions de ρ, g_2, g_3.

Si $a=1$, on a: $b=e$, $c=e^2 (e=e_1, e_2, e_3)$ et

$$F(x)=(x-e)f^2(x)+t(\rho, e)\lambda(x, e),$$

et les coefficients $\gamma_1, \gamma_2, \ldots$; $\beta_1, \beta_2, \ldots$; t sont fonctions de e, ρ, g_2, g_3.

Or de ces deux représentations de la même fonction $F(x)$ on déduit:

$$F(e)=t(\rho)\lambda(e), \qquad F(e)=t(\rho, e)\lambda(e, e),$$

et en conséquence:

$$\lambda(e)=\nu t(\rho, e), \qquad \lambda(e, e)=\nu t(\rho),$$

étant ν un coefficient numérique, et

$$F(e)=\nu t(\rho)t(\rho, e).$$

Supposons en second lieu n pair, $\varepsilon_1=\varepsilon_2=1$, $\varepsilon_3=0$, ou $a=2$, $b=-e_3$, $c=-e_3^2+\frac{1}{2}g_2$, on aura:

$$F(x)=(x-e_1)(x-e_2)f^2(x)+t(\rho, e_3)\lambda(x, e_3),$$

et analogiquement:

$$F(x)=(x-e_1)(x-e_3)f^2(x)+t(\rho, e_2)\lambda(x, e_2).$$

On déduit:

$$F(e_1)=t(\rho, e_3)\lambda(e_1, e_3), \qquad F(e_1)=t(\rho, e_2)\lambda(e_1, e_2),$$

ou évidemment:

$$F(e_1)=t(\rho, e_2)t(\rho, e_3),$$

sauf un coefficient numérique.

5. On a vu que la constante C s'annulle lorsque $t=0$ et que, soit dans le cas de n impair comme dans celui de n pair, on a quatre valeurs de t. En effet pour n

impair et $a = 3$, on a, comme ci-dessus :

$$F(x) = \frac{1}{4}\varphi(x)f^2 + t(\rho)\lambda,$$

étant $t(\rho)$ du degré $k + 1 = \frac{n-1}{2}$ en ρ.

Supposons $a = 1$, on aura :

$$F(x) = (x - e)f^2(x) + t(\rho, e)\lambda(x),$$

pour $e = e_1, e_2, e_3$. Dans ce cas $t(\rho, e)$ est une fonction de ρ du degré $k + 1 = \frac{n+1}{2}$. Il en suit que le produit

$$t(\rho)t(\rho, e_1)t(\rho, e_2)t(\rho, e_3)$$

est du degré $2n + 1$ en ρ, par conséquent égal à C^2, sauf un coefficient numérique. De même pour n pair *).

6. Soit $n = 5$. Pour $a = 3$ on a $k = 1$, $s = 3$ et

$$F(x) = \frac{1}{4}\varphi(x)(x + \gamma_1)^2 + t(x^3 + \beta_1 x^2 + \beta_2 x + \beta_3).$$

Des formules (5), (6), (7) on déduit :

$$\gamma_1 = -\frac{5}{2}\rho, \qquad t(\rho) = \frac{3}{4\cdot 7}(3\cdot 5^2\rho^2 - g_2),$$

$$(5)\quad \begin{cases} \beta_1 = -4\rho, \\ \beta_2 = \frac{5}{3\cdot 4\cdot 7}(3^2\cdot 4^2\rho^2 - 5g_2), \\ \beta_3 = -\frac{3^2\cdot 4\cdot 5}{7}\rho^3 + \frac{11\cdot 4^2}{3\cdot 5\cdot 7}g_2\rho - \frac{3^2}{4\cdot 5}g_3. \end{cases}$$

Pour $a = 1$, on a $k = 2$, $s = 2$;

$$F(x) = (x - e)(x^2 + \gamma_1 x + \gamma_2)^2 + t(\rho, e)(x^2 + \beta_1 x + \beta_2),$$

---

*) HALPHEN, *Traité des fonctions elliptiques et de leurs applications,* Paris, 1886-1891.

et l'on trouve :

$$(9)\quad \begin{cases} \gamma_1 = -\frac{1}{2}(5\rho - e), \qquad \gamma_2 = \frac{3^2.5^2}{7.8}\rho^2 - \frac{5}{4}\rho e + \frac{3}{8}e^2 - \frac{5}{4.7}g_2, \\ t(\rho, e) = -\frac{3^3.5^2}{7.8}\rho^3 + \frac{3^2.5^2}{7.8}\rho^2 e - \frac{3.5}{8}\rho e^2 + \frac{11}{2.7}g_2\rho + \frac{5}{2.4^2.7}g_2 e - \frac{3}{2.4^2}g_3, \\ \beta_1 = -\frac{5}{8}(7\rho + e), \qquad \beta_2 = \frac{4.5.6}{7}\rho^2 + \frac{5.7}{8}\rho e - \frac{3}{8}e^2 - \frac{8}{5.7}g_2. \end{cases}$$

Or les valeurs (8) des coefficients β_1, β_2, β_3 donnent :

$$e^3 + \beta_1 e^2 + \beta_2 e + \beta_3 = \frac{2.4^2}{3.5}t(\rho, e),$$

et les valeurs (9) :

$$e^2 + \beta_1 e + \beta_2 = \frac{2.4^2}{3.5}t(\rho);$$

et en conséquence dans chaque cas :

$$F(e) = \frac{2.4^2}{3.5}t(\rho)t(\rho, e).$$

On aura enfin :

$$C^2 = -\frac{2.4^6}{3.5}t(\rho)t(\rho, e_1)t(\rho, e_2)t(\rho, e_3).$$

7. Soit $n = 6$; pour $a = 0$ on a $k = 3$, $s = 2$, et

$$F(x) = (x^3 + \gamma_1 x^2 + \gamma_2 x + \gamma_3)^2 + t(\rho)(x^2 + \beta_1 x + \beta_2),$$

et l'on trouve :

$$\gamma_1 = -3\rho,$$

$$\gamma_2 = \frac{1}{2}\left(11\rho^2 - \frac{5}{3.4}g_2\right),$$

$$\gamma_3 = -\frac{11^2}{2.7}\rho^3 + \frac{13}{2.3.4}g_2\rho - \frac{1}{7}g_3,$$

$$t(\rho) = \frac{3.11^3}{4.5.7}\rho^4 - \frac{7.11}{2.4.5}g_2\rho^2 + \frac{3^3}{5.7}g_3\rho + \frac{1}{3.4^3}g_2^2,$$

$$\beta_1 = -\frac{26}{5}\rho, \qquad \beta_2 = \frac{11^2}{5}\rho^2 - \frac{1}{3}g_2.$$

Pour $a = 2$ on a $k = 2$, $s = 3$, et

$$F(x) = (x - e_2)(x - e_3)(x^2 + \gamma_1 x + \gamma_2)^2 + t(\rho, e_1)(x^3 + \beta_1 x^2 + \beta_2 x + \beta_3),$$

et des formules supérieures on déduit:

$$\gamma_1 = -\frac{1}{2}(6\rho + e_1), \qquad \gamma_2 = \frac{11}{2}\rho^2 + \frac{3}{2}\rho e_1 - \frac{1}{8}e_1^2 - \frac{1}{3.4}g_2,$$

$$t(\rho, e_1) = -\frac{11^2}{7}\rho^3 - \frac{11}{2}\rho^2 e_1 + \frac{3}{4}\rho e_1^2 + \frac{1}{3}g_2\rho + \frac{5}{2.3.4^2}g_2 e_1 - \frac{3.5}{2.4^2.7}g_3,$$

en conséquence:

$$\beta_1 = -\frac{3}{5.8}(62\rho - 7e_1),$$

$$\beta_2 = \frac{2.4^2.11}{5^2}\rho^2 - \frac{3.7.13}{4.5^2}\rho e_1 + \frac{3.7}{5.8}e_1^2 - \frac{23}{3.4.5}g_2,$$

$$\beta_3 = -\frac{4^3.11^2}{5^2.7}\rho^3 + \frac{2.4^2.11}{5^2}\rho^2 e_1 - \frac{3.31}{4.5}\rho e_1^2 + \frac{599}{3.4^2.5}g_2\rho - \frac{2}{3.5}g_2 e_1 - \frac{5.13}{2.4^2.7}g_3.$$

Par ces valeurs on a:

$$e_2^3 + \beta_1 e_2^2 + \beta_2 e_2 + \beta_3 = \frac{4^3}{5^2}t(\rho, e_3),$$

$$e_3^3 + \beta_1 e_3^2 + \beta_2 e_3 + \beta_3 = \frac{4^3}{5^2}t(\rho, e_2);$$

ainsi:

$$F(e_1) = \frac{4^2}{5^2}t(\rho, e_2)t(\rho, e_3), \qquad F(e_2) = \frac{4^3}{5^2}t(\rho, e_3)t(\rho, e_1),$$

$$F(e_3) = \frac{4^3}{5^2}t(\rho, e_1)t(\rho, e_2),$$

et

$$C^2 = -\frac{2.4^8}{5^3}t(\rho)t(\rho, e_1)t(\rho, e_2)t(\rho, e_3).$$

St.-Pétersbourg, 13/25 août 1892.

CCLV.

ÜBER DIE REIHENENTWICKELUNG DER GERADEN SIGMAFUNCTIONEN ZWEIER VERÄNDERLICHEN.

Aus einem Briefe an Herrn Prof. WILTHEISS in Halle *).

Nachrichten von der K. Gesellschaft der Wissenschaften zu Göttingen, 1890, pp. 236-238 **).

Nachstehend wünsche ich, Ihnen eine Transformation der Differentialgleichung für die geraden Funktionen $\sigma(u_1, u_2)$ mitzutheilen, welche, wie mir scheint, das Problem der Reihenentwicklung vollständig löst.

Wie Sie wissen, wenn man mit a_i eine Wurzel der Gleichung $f = 0$ bezeichnet und

$$P_0 = \sum^i \frac{\partial}{\partial a_i}, \qquad P_1 = \sum^i a_i \frac{\partial}{\partial a_i}, \qquad P_2 = \sum^i a_i^2 \frac{\partial}{\partial a_i}$$

setzt, so hat man bei der Bezeichnung eines Gliedes der Reihenentwicklung mit N die Beziehungen

$$P_0(N) = -u_2 \frac{\partial N}{\partial u_1}, \qquad P_1(N) = u_2 \frac{\partial N}{\partial u_2} + mN,$$

$$P_2(N) = u_1 \frac{\partial N}{\partial u_2} + \frac{1}{2} m S_1 N,$$

wo die gerade Zahl m die Ordnung von N bedeutet und $S_1 = \sum^i a_i$ ist.

Es sei nun $f = \varphi.\psi$ und a_r eine der Wurzeln von $\varphi = 0$, a_s eine der Wurzeln

---

*) WILTHEISS, *Eine besondere Art von Covarianten bildender Operation*, II. Theil [Mathematische Annalen, t. XXXVI (1890), pp. 134-153].

**) Vorgelegt von F. KLEIN.

von $\psi = 0$. Ich bezeichne mit G_0, G_1, G_2 die drei Operationssymbole

$$G_0(N) = \sum^r \frac{\partial N}{\partial a_r} - \sum^s \frac{\partial N}{\partial a_s},$$

$$G_1(N) = \sum^r a_r \frac{\partial N}{\partial a_r} - \sum^s a_s \frac{\partial N}{\partial a_s},$$

$$G_2(N) = \sum^r a_r^2 \frac{\partial N}{\partial a_r} - \frac{1}{2} m s_1 N - \left[\sum^s a_s^2 \frac{\partial N}{\partial a_s} - \frac{1}{2} m \sigma_1 N\right],$$

wo

$$s_1 = \sum^r a_r, \qquad \sigma_1 = \sum^s a_s;$$

setze

$$(\varphi\psi) = \mathfrak{z}, \qquad (\varphi\psi)_3 = J,$$

und verstehe unter D das Operationszeichen

$$D = 6[\mathfrak{z}_{22} G_0 + 2\mathfrak{z}_{12} G_1 + \mathfrak{z}_{11} G_2] + J[u_1^2 G_0 - 2 u_1 u_2 G_1 + u_2^2 G_2],$$

wo

$$\mathfrak{z}_{11} = \frac{1}{3.4} \frac{\partial^2 \mathfrak{z}}{\partial u_1^2}, \quad \ldots.$$

Sei nun

$$\sigma(u_1, u_2) = 1 + \frac{S_1}{2!} + \frac{S_2}{4!} + \frac{S_3}{6!} + \ldots,$$

so besteht zwischen den drei Funktionen S_n, S_{n-1}, S_{n-2} die Relation

$$(1) \qquad S_n = D(S_{n-1}) + (4n - 3) S_1 S_{n-1} - 24(n-1)(2n-3) k S_{n-2},$$

wo $k = \frac{1}{2}(ff)_4$; eine Relation, die ganz analog ist derjenigen für die elliptischen σ-Functionen. Man kann leicht zeigen, dass, wenn M eine simultane Invariante ρ-ten Grades von φ und ψ ist, $D(M)$ eine simultane Covariante zweiter Ordnung und $(\rho + 2)$-ten Grades wird; und dass, wenn M eine simultane Covariante vom ρ-ten Grade und m-ter Ordnung ist, $D(M)$ eine simultane Covariante $(\rho + 2)$-ten Grades und $(m + 2)$-ter Ordnung wird. Und da nun

$$S_1 = \tfrac{9}{5}(\varphi\psi)_2$$

eine simultane Covariante zweiten Grades und zweiter Ordnung ist, so wird S_n eine solche vom $2n$-ten Grade und $2n$-ter Ordnung sein.

Die Operation D beschränkt die Anzahl der simultanen Invarianten und Covarianten, welche die Glieder der Reihenentwicklung, S_1, S_2, ... bilden. Sie theilen mir in Ihrem Briefe mit, dass Sie auf anderm Wege zu demselbem Resultate gelangt seien. Aber es scheint mir, dass die Operation D diesen wichtigen Punkt besser präcisirt.

Angenommen

$$\tfrac{1}{2}(\varphi\varphi)_2 = a, \qquad (\varphi\psi)_2 = b, \qquad \tfrac{1}{2}(\psi\psi)_2 = c,$$

$$(ca) = \beta, \qquad (ca)_2 = \gamma, \qquad (b\beta)_2 = \tfrac{1}{2}(\lambda\mu) = \varkappa,$$

$$(\psi a)_2 = -(\varphi b)_2 = \lambda, \qquad (\varphi c)_2 = -(\psi b)_2 = \mu,$$

so bestehen die Glieder S_1, S_2, ... aus

drei simultanen Invarianten: J, γ, $\varkappa$,

drei simultanen Covarianten: b, β, $\lambda\mu$ von der zweiten Ordnung,

zwei simultanen Covarianten: $\mathfrak{z}$, ac von der vierten Ordnung,

einer simultanen Covariante: $\varphi\psi$ von der sechsten Ordnung,

d. h. aus neun simultanen Formen.

Man hat in der That

$$\begin{aligned}
D(b) &= 2(J\mathfrak{z} + 24ac - 6b^2),\\
D(J) &= -6(Jb + 6\beta),\\
D(\mathfrak{z}) &= 4J\varphi\psi - 18b\mathfrak{z},\\
D(ac) &= 12\beta\mathfrak{z},\\
D(\varphi\psi) &= -18\mathfrak{z}^2,\\
D(\beta) &= 2(Jac + 6\gamma\mathfrak{z} - 3b\beta),\\
D(\gamma) &= -8J\beta + 12\lambda\mu,\\
D(\lambda\mu) &= 8(3\varkappa - J\gamma)\mathfrak{z} + 4Jb\beta + 36(\beta^2 - \gamma b^2) + 12(12\gamma - J^2)ac,\\
D(\varkappa) &= -6\varkappa b + 36\gamma\beta - 2J\lambda\mu,
\end{aligned}$$

welche Ausdrücke zeigen, dass der Kreis der Formen, die durch die Operation D entstehen, ein geschlossener ist. Man hat überdies

$$10k = -J\mathfrak{z} + 6ac + \tfrac{6}{5}b^2,$$

und demnach muss man zu Folge der Relation (1) dasselbe von S_n sagen.

Mailand, den 6. April 1890.

CCLVI.

SUR UNE CLASSE D'ÉQUATIONS DU CINQUIÈME DEGRÉ RÉSOLUBLES ALGÉBRIQUEMENT ET LA TRANSFORMATION DU ONZIÈME ORDRE DES FONCTIONS ELLIPTIQUES.

Verhandlungen des ersten internationalen Mathematiker-Kongresses in Zürich
(vom 9. bis 11. August 1897), pp. 196-199.

1. Dans un Mémoire publié dans les « Annales de l'École Normale » *) j'ai démontré l'existence d'une classe d'équations du cinquième degré résolubles algébriquement. La condition nécessaire et suffisante est déterminée par une relation entre les invariants de l'équation du cinquième degré.

Soient x_0, x_1, x_2, x_3, x_4 les racines d'une équation du cinquième degré, et

$$u_\infty = a_0^2(01)(12)(23)(34)(40), \qquad x_r - x_s = (rs).$$

La substitution $\begin{pmatrix} r \\ 3r^3 + s \end{pmatrix}$ donne, comme il est connu, les autres fonctions u_0, u_1, u_2, u_3, u_4 et l'équation dont les racines sont u_∞^2, u_0^2, ..., u_4^2 est la suivante:

$$(1) \qquad \left\{ \begin{aligned} & \rho^{12} - (l - 3\delta)\rho^{10} + \tfrac{1}{4}(l^2 - 2l\delta + 5\delta^2)\rho^8 - k\rho^6 \\ & + \tfrac{1}{4}(l^2 + 2l\delta + 5\delta^2)\delta^2\rho^4 - (l + 3\delta)\delta^4\rho^2 + \delta^6 = 0, \end{aligned} \right.$$

dans laquelle l est l'invariant du 4me degré, k du douzième degré, et δ la racine carrée du discriminant.

La condition est:

$$k = \tfrac{1}{2}\delta(l^2 - 4l\delta + 9\delta^2),$$

*) [CCXXVII: t. V, pp. 169-173].

et l'on voit tout-de-suite que dans ce cas le premier membre de l'équation (1) a pour facteur $\rho^2 - \delta$.

En posant

$$l = \delta(2\lambda + 13), \qquad \rho = \delta^{\frac{1}{2}}\xi,$$

l'équation (1) divisée par $\xi^2 - 1$ devient:

$$\xi^{10} - (2\lambda + 9)\xi^8 + (\lambda^2 + 10\lambda + 28)\xi^6 - (\lambda^2 + 12\lambda + 35)\xi^4 + (2\lambda + 15)\xi^2 - 1 = 0,$$

qui résulte du produit des deux suivantes:

$$(2) \qquad \begin{cases} \xi^5 + \xi^4 - (\lambda + 4)\xi^3 - (\lambda + 3)\xi^2 + 3\xi + 1 = 0, \\ \xi^5 - \xi^4 - (\lambda + 4)\xi^3 + (\lambda + 3)\xi^2 + 3\xi - 1 = 0, \end{cases}$$

lesquelles se déduisent l'une de l'autre par le changement de ξ en $-\xi$.

Or ces équations sont résolubles algébriquement.

2. Soient P, Q; L, M les fonctions suivantes de ξ, λ:

$$P = 7\xi^4 + 2\xi^3 - (7\lambda + 3.11)\xi^2 - (2\lambda - 5)\xi + 3(\lambda + 9),$$
$$Q = 9\xi^4 + 4\xi^3 - 9(\lambda + 4)\xi^2 - (4\lambda + 5)\xi + (\lambda + 22),$$
$$L = 2\xi^4 + 2\xi^3 - 2(\lambda + 4)\xi^2 - (2\lambda + 5)\xi + 5,$$
$$M = -\xi^4 - \xi^3 + (\lambda + 4)\xi^2 + (\lambda + 5)\xi - 2,$$

et en conséquence *):

$$(3) \qquad 5\xi = L + 2M - 1.$$

Ces expressions P, Q; L, M ont des propriétés remarquables. Avant tout on a pour les racines de la première des équations (2):

$$\sum P = 0, \quad \sum Q = 0; \quad \sum L = 0, \quad \sum M = 0.$$

En second lieu, en posant

$$P + \omega Q = U, \quad Q - \omega P = V; \quad L + \omega M = R, \quad M - \omega L = S,$$

$$\omega = \frac{\sqrt{5} - 1}{2},$$

*) Ces expressions de P, Q; L, M se déduisent de celles données dans le Mémoire cité [CCXXVII: t. V, pag. 172].

on a:

$$U^2 = t_0 V - \tau_0 S + 2f^2,$$

$$V^2 = t_1 U + \tau_1 R + 2h^2,$$

$$UV = -hU - fV + gR + (\omega + 1)\tau_1 S,$$

$$R^2 = V + 2h,$$

$$S^2 = \omega(U + 2f),$$

$$RS = -\omega U + V - (\omega - 3)R + (3\omega + 1)S,$$

$$UR = (3\omega + 2)V - (\omega + 1)hS + g,$$

$$VS = (2\omega - 3)U + \omega f R + \tau_1,$$

$$US = (\omega - 3)U + \omega t_0 R + fS,$$

$$VR = -(3\omega + 1)V + hR - (\omega + 1)t_1 S,$$

ayant posé:

$$f = \lambda\sqrt{5} + 11(\omega + 1), \qquad h = \omega\lambda\sqrt{5} + 11(1 - \omega),$$

$$g = (3\omega + 1)f + (3\omega + 2)h,$$

$$t_0 = 3\omega + 2 - \omega f - (\omega + 1)h, \qquad t_1 = 2\omega + 3 + \omega f - (\omega + 1)h,$$

$$\tau_0 = (\omega + 1)g, \qquad \tau_1 = \omega g + 2(2\omega - 3)f.$$

3. Soit

(4) $$y = U\alpha + R\beta$$

la formule de transformation; α, β des indéterminées.

En supposant

(5) $$f^2\alpha^2 + g\alpha\beta + h\beta^2 = 0,$$

on obtient:

(6) $$y^2 = V\alpha_1 + S\beta_1,$$

étant

$$\alpha_1 = t_0\alpha^2 + 2(3\omega + 2)\alpha\beta + \beta^2,$$

$$\beta_1 = -[\tau_0\alpha + 2(\omega + 1)h\beta]\alpha.$$

Par la multiplication des équations (4), (6) on déduit que

(7) $$y^3 = V\alpha_2 + S\beta_2,$$

et

$$\alpha_2 = -f\alpha\alpha_1 - (3\omega + 1)\beta\alpha_1 + \beta\beta_1,$$

$$\beta_2 = (\omega + 1)[\tau_1\alpha - t_1\beta]\alpha_1 + [f\alpha + (3\omega + 1)\beta]\beta_1.$$

Enfin le carré de (6) donne:

(8) $$y^4 = U\alpha_3 + R\beta_3,$$

et

$$\alpha_3 = -h\alpha\alpha_2 + (\omega - 3)\alpha\beta_2 - \omega\beta\beta_2,$$

$$\beta_3 = (g\alpha + h\beta)\alpha_2 + [\omega t_0\alpha - (\omega - 3)\beta]\beta_2.$$

Pour la transformée seront donc:

$$\sum y = 0, \qquad \sum y^2 = 0, \qquad \sum y^3 = 0, \qquad \sum y^4 = 0,$$

pourvu que l'équation (5) soit satisfaite. La transformée se réduit donc à une équation binôme. En effet, en multipliant les équations (4), (8), vu que

$$t_0\alpha\alpha_3 + (3\omega + 2)(\alpha\beta_3 + \alpha_3\beta) + \beta\beta_3 = 0,$$

$$\tau_0\alpha\alpha_3 + (\omega + 1)h(\alpha\beta_3 + \alpha_3\beta) = 0,$$

on a:

$$y^5 = 2f^2\alpha\alpha_3 + g(\alpha\beta_3 + \alpha_3\beta) + 2h\beta\beta_3.$$

Si dans l'équation (5) on pose $\beta = -2f^2$, l'on déduit:

$$\alpha = g + \sigma, \qquad \sigma^2 = g^2 - 4f^2h,$$

ou:

$$\sigma^2 = 5(\omega - 2)(4\lambda^3 + 56\lambda^2 + 20.11\lambda + 11^2).$$

En conséquence:

$$\alpha\beta_3 - \alpha_3\beta = 2\beta_3\sigma, \qquad \alpha_1\beta_2 - \alpha_2\beta_1 = 2(\omega + 1)\beta_3\sigma,$$

$$y^5 = 2\beta_3\sigma^2, \qquad \alpha y^4 - \alpha_3 y = 2\beta_3\sigma R, \qquad \alpha_1 y^3 - \alpha_2 y^2 = 2(\omega + 1)\beta_3\sigma S.$$

De ces dernières en déduisant les valeurs de L, M, et en se rappelant la relation (3), on aura:

$$2\beta_3\sigma(5\xi + 1) = (\omega + 1)(\alpha y^4 - \alpha_3 y) + \omega(\alpha_1 y^3 - \alpha_2 y^2),$$

de laquelle les valeurs de ξ_0, ξ_1, ... exprimées algébriquement en fonction de λ.

4. Dans la transformation du onzième ordre des fonctions elliptiques on a, qu'en posant

$$x_0 = \wp(m), \quad x_1 = \wp(2m), \quad x_2 = \wp(3m), \quad x_3 = \wp(4m), \quad x_4 = \wp(5m),$$

$$m = \frac{2\omega}{11} \quad (2\omega \text{ période})$$

la condition entre invariants est satisfaite.

De plus, en posant

$$\xi = -\frac{p}{p-1}, \qquad p = \frac{\xi}{\xi+1},$$

la première des équations devient:

$$\frac{p^5 - 7p^4 + 13p^3 - 5p^2 - 2p + 1}{p^2(p-1)^2} = \lambda. \tag{9}$$

Or Mr. GREENHILL dans son Mémoire: *Pseudo-Elliptic Integrals and their Dynamical Applications* *), a démontré que, dans ce cas:

$$\lambda = \tfrac{1}{2}[v^4 - 10v^2 + v\sqrt{Q(v)}],$$

$$\sqrt{Q(v)} = v^6 - 20v^4 + 56v^2 - 44,$$

v étant le paramètre de l'équation modulaire **). On aura en conséquence:

$$\sigma = \sqrt{5}\,(\omega - 2)[v^6 - 15v^4 + 28v^2 - 11 + v(v^2 - 5)\sqrt{Q(v)}],$$

et l'équation (9) sera résoluble algébriquement.

10 Août 1897.

---

*) [Proceedings of the London Mathematical Society, t. XXV (1894), pp. 195-305, (p. 245)].

**) [XCV: t. III, pp. 43-49].

CCLVII.

SUR LES INVARIANTS DE DEUX FORMES BINAIRES À FACTEUR COMMUN.

(Extrait d'une lettre adressée à Mr. NOETHER).

Sitzungsberichte der physikalisch-medicinischen Societät zu Erlangen, Heft XXVII (1895), pp. 116-118.

Je vous remercie de l'envoi de votre travail: *Ueber den gemeinsamen Factor zweier binären Formen* *).

Permettez-moi de vous communiquer un théorème sur la même question, théorème qui est une extension, aux racines communes à deux équations, de celui pour les racines multiples d'une équation, que j'ai communiqué au mois d'Octobre à l'Académie des Sciences **).

Le théorème est le suivant: *Si les équations* $\varphi(x) = 0$, $\psi(x) = 0$ *ont une racine commune* y *et par conséquent*

$$\varphi(x) = (x - y)\alpha(x), \qquad \psi(x) = (x - y)\beta(x);$$

un covariant simultané quelconque H *de* φ, ψ, *du degré* p *pour les coefficients de* φ, q *pour ceux de* ψ, *et d'ordre* m; *ou, dans l'opportun algoritme adopté par* Mr. VON GALL ***),

$$\underset{(p,\ q,\ m)}{H}$$

*) [Sitzungsberichte der physikalisch-medicinischen Societät in Erlangen, Heft XXVII (1895), pp. 110-115].

**) [CCV: t. V, pp. 71-73].

***) *Die irreducibeln Syzyganten zweier simultanen cubischen Formen* [Mathematische Annalen, t. XXXI (1888), pp. 424-440].

s'exprime en fonction d'invariants et de covariants simultanés de α, β,

$$\text{fonction } (p, q, m+p+q) \text{ *)}.$$

En posant $m=0$ on a le même théorème pour les invariants simultanés de φ, ψ.

Si les équations $\varphi=0$, $\psi=0$ ont deux racines communes, la seconde racine sera commune aux équations $\alpha=0$, $\beta=0$; ainsi de suite.

Un exemple très simple rendra clair le but du théorème.

Soient φ, ψ deux formes cubiques; et

$$g=\tfrac{1}{2}(\varphi\varphi)_2, \qquad h=\tfrac{1}{2}(\psi\psi)_2, \qquad k=(\varphi\psi)_2;$$

on a les invariants simultanés:

$$A=\tfrac{1}{2}(gg)_2, \qquad B=\tfrac{1}{2}(hh)_2, \qquad C=(gh)_2,$$

$$D=(gk)_2, \qquad E=(hk)_2, \qquad F=\tfrac{1}{2}(kk)_2, \qquad J=(\varphi\psi)_3,$$

$$K=\begin{vmatrix} g_0 & g_1 & g_2 \\ k_0 & k_1 & k_2 \\ h_0 & h_1 & h_2 \end{vmatrix},$$

g_0, g_1, g_2 étant les coefficients de la forme quadratique g, ainsi de suite.

Entre ces invariants on a la relation connue

$$J^2=8C-4F,$$

ainsi ils se reduisent à sept.

α, β étant deux formes quadratiques, on a le système:

$$\alpha, \qquad \beta, \qquad (\alpha\beta)=\gamma;$$

$$\tfrac{1}{2}(\alpha\alpha)_2=a, \qquad \tfrac{1}{2}(\beta\beta)_2=b, \qquad (\alpha\beta)_2=c;$$

et, comme il est connu:

$$\gamma^2=c\alpha\beta-a\beta^2-b\alpha^2.$$

Or l'on trouve que:

$$A=-\frac{1}{3^3}a\alpha^2, \qquad B=-\frac{1}{3^3}b\beta^2, \qquad C=\frac{1}{3^4}(4\gamma^2-3c\alpha\beta),$$

$$D=-\frac{1}{3^3}(c\alpha+2a\beta)\alpha, \qquad E=-\frac{1}{3^3}(c\beta+2b\alpha)\beta, \qquad J=-\frac{2}{3}\gamma,$$

*) [Fonction du degré m par rapport à x et du degré $p+q$ par rapport à y].

enfin:

$$K = -\frac{4}{3^6}\gamma^3.$$

En conséquence, si les équations $\varphi = 0$, $\psi = 0$ ont une racine commune, on a entre les invariants simultanés des formes cubiques φ, ψ les deux relations:

$$K = \frac{1}{2.3^3} J^3,$$

$$CJ^2 + 2DE - 8AB - 6C^2 = \frac{1}{3^3} J^4 = 2KJ.$$

La seconde doit être exclue parce que elle reproduit une relation connue entre les invariants simultanés de deux formes cubiques *); l'autre, en se rappelant que

$$R = 54K - J^3,$$

étant R le résultant des formes φ, ψ, démontre que $R = 0$.

Si enfin l'on considère la forme biquadratique

$$\vartheta = (\varphi\psi),$$

et l'on pose avec M. Gordan **):

$$\Theta = \frac{1}{2}(\vartheta\vartheta)_2 - \frac{1}{3.4} J\vartheta,$$

on a:

$$(\Theta, \vartheta)_4 = 0,$$

ou encore $R = 0$; et l'on arrive de nouveau à ce résultat en observant que les invariants i, j de ϑ ont les valeurs ***):

$$i = \frac{1}{3.4} J^2, \qquad i = \frac{1}{8.3^3} J^3.$$

Supposons maintenant que les équations $\alpha(x) = 0$, $\beta(x) = 0$ aient une racine commune z, et en conséquence les deux équations $\varphi(x) = 0$, $\psi(x) = 0$ deux racines

*) Clebsch, *Theorie der binären algebraischen Formen*, Leipzig 1872, pag. 227.

**) Gordan, *Ueber die Bildung der Resultante zweier Gleichungen* [Mathematische Annalen, t. III (1871), pp. 355-414, (p. 383)].

***) Clebsch, Op. cit., p. 96.

différentes communes. On aura:

$$4ab - c^2 = 0,$$

et entre les invariants simultanés des formes φ, ψ les trois relations:

$$R = 0, \qquad A(8.3^2 C - 5 J^2) = 9 D^2, \qquad B(8.3^2 C - 5 J^2) = 9 E^2.$$

Milan, le 29 Décembre 1895.

CCLVIII.

SUR UNE PROPRIÉTÉ D'UN DÉTERMINANT FONCTIONNEL.

Quarterly Journal of pure and applied Mathematics, t. I (1857), pp. 365-367.

Soient $y_1, y_2, \ldots, y_n$, n fonctions d'une même variable x, et $y_s^{(r)}$ la dérivée d'ordre $r^{\text{ième}}$ de la fonction y_s. Supposons que la valeur du déterminant

$$\Delta = \begin{vmatrix} y_1 & y_2 & \ldots & y_n \\ y_1' & y_2' & \ldots & y_n' \\ \ldots & \ldots & \ldots & \ldots \\ y_1^{(n-1)} & y_2^{(n-1)} & \ldots & y_n^{(n-1)} \end{vmatrix}$$

soit une fonction connue de x, on pourra déterminer la valeur de y_r en fonction de $y_1, y_2, \ldots, y_{r-1}, y_{r+1}, \ldots, y_n, \Delta$, ainsi qu'il suit.

En prenant la dérivée du rapport

$$\varphi = \frac{1}{\dfrac{\partial \Delta}{\partial y_r^{(n-1)}}} \cdot \frac{\partial \Delta}{\partial y_s^{(n-1)}},$$

on obtient:

$$\varphi' = \frac{1}{\left(\dfrac{\partial \Delta}{\partial y_r^{(n-1)}}\right)^2} \left[\left(\frac{\partial \Delta}{\partial y_s^{(n-1)}}\right)' \frac{\partial \Delta}{\partial y_r^{(n-1)}} - \left(\frac{\partial \Delta}{\partial y_r^{(n-1)}}\right)' \frac{\partial \Delta}{\partial y_s^{(n-1)}} \right];$$

mais on a:

$$\left(\frac{\partial \Delta}{\partial y_s^{(n-1)}}\right)' = - \frac{\partial \Delta}{\partial y_s^{(n-2)}},$$

et par un théorème connu on sait que

$$\frac{\partial \Delta}{\partial y_s^{(n-2)}} \cdot \frac{\partial \Delta}{\partial y_r^{(n-1)}} - \frac{\partial \Delta}{\partial y_r^{(n-2)}} \cdot \frac{\partial \Delta}{\partial y_s^{(n-1)}} = \Delta \frac{\partial^2 \Delta}{\partial y_s^{(n-2)} \partial y_r^{(n-1)}};$$

par conséquent en posant

$$\frac{1}{R} = \frac{\partial \Delta}{\partial y_r^{(n-1)}},$$

on aura:

$$\varphi' = \Delta \frac{\partial R}{\partial y_s^{(n-2)}},$$

et

$$\frac{\partial \Delta}{\partial y_s^{(n-1)}} R = \int \Delta \frac{\partial R}{\partial y_s^{(n-2)}} dx.$$

Or

$$y_1 \frac{\partial \Delta}{\partial y_1^{(n-1)}} + y_2 \frac{\partial \Delta}{\partial y_2^{(n-1)}} + \cdots + y_n \frac{\partial \Delta}{\partial y_n^{(n-1)}} = 0;$$

donc en faisant $\alpha_s = -\int \Delta \frac{\partial R}{\partial y_s^{(n-2)}} dx$, et en observant que $\alpha_r = -1$, on aura:

$$y_r = \alpha_1 y_1 + \cdots + \alpha_{r-1} y_{r-1} + \alpha_{r+1} y_{r+1} + \cdots + \alpha_n y_n.$$

On peut appliquer ce résultat à la recherche de la $n^{\text{ième}}$ solution particulière d'une équation aux dérivées linéaires du $n^{\text{ième}}$ ordre, lorsque on connaît les autres $n-1$. On arrive ainsi au théorème de M. MALMSTÉN *).

La forme trouvée pour les quantités α_s (identique à celle donnée par M. MALMSTÉN) est tout-à-fait particulière, comme je vais démontrer.

Soit

$$y^{(n)} + a_1 y^{(n-1)} + a_2 y^{(n-2)} + \cdots + a_n y = 0$$

l'équation aux dérivées linéaires du $n^{\text{ième}}$ ordre; $y_1, y_2, \ldots, y_{n-1}$ soient $n-1$ solutions

---

*) Voir: MALMSTÉN, *Sur l'intégration des équations différentielles linéaires* [Cambridge and Dublin Mathematical Journal, t. IV (1849), pp. 286-288]; et un Mémoire de M. COHEN, *On linear equations in finite differences* [Quarterly Journal of pure and applied Mathematics, t. I (1857), pp. 10-20]. Ce théorème a été démontré par M. MALMSTÉN: *Moyens pour trouver l'expression de la $n^{\text{ième}}$ intégrale particulière de l'équation linéaire $y^{(n)} + P y^{(n-1)} + Q y^{(n-2)} + \ldots + S y' + T y = 0$, à l'aide des $n-1$ valeurs $y_1, y_2, \ldots, y_{n-1}$ qui satisfont à cette équation* [Journal für die reine und angewandte Mathematik, t. XXXIX (1850), pp. 91-98], par M. JOACHIMSTHAL: *Note relative à un théorème de* M. MALMSTÉN *sur les équations différentielles linéaires* [ibid., t. XL (1850), pp. 48-50], par M. TARDY: *Nota sulle equazioni differenziali lineari* [Annali di Scienze Matematiche e Fisiche, t. I (1850), pp. 136-139] et par moi: *Sulle equazioni alle derivate ordinarie e lineari* [II: t. I, pp. 7-10].

particulières connues de la même équation. J'indique avec y_n la $n^{\text{ième}}$ solution, on aura:

$$\Delta = Ce^{-\int a_1 dx},$$

et en posant

$$\varphi = \frac{1}{\dfrac{\partial \Delta}{\partial y_n^{(n-r)}}} \cdot \frac{\partial \Delta}{\partial y_s^{(n-r)}},$$

à cause de

$$\left(\frac{\partial \Delta}{\partial y_s^{(n-r)}}\right)' = -\frac{\partial \Delta}{\partial y_s^{(n-r-1)}} + \frac{\partial \Delta'}{\partial y_s^{(n-r)}},$$

on déduit:

$$\varphi' = \Delta \frac{\partial R}{\partial y_s^{(n-r-1)}} + R^2 \left(\frac{\partial \Delta'}{\partial y_s^{(n-r)}} \frac{\partial \Delta}{\partial y_n^{(n-r)}} - \frac{\partial \Delta'}{\partial y_n^{(n-r)}} \frac{\partial \Delta}{\partial y_s^{(n-r)}}\right),$$

étant

$$\frac{1}{R} = \frac{\partial \Delta}{\partial y_n^{(n-r)}}.$$

L'équation

$$\Delta' = -a_1 \Delta$$

nous donne:

$$\frac{\partial \Delta'}{\partial y_s^{(n-r)}} = -\left(\frac{\partial a_1}{\partial y_s^{(n-r)}} \Delta + a_1 \frac{\partial \Delta}{\partial y_s^{(n-r)}}\right);$$

or j'ai trouvé la formule générale:

$$\Delta \frac{\partial a_r}{\partial y_s^{(i)}} = -a_{n-i} \frac{\partial \Delta}{\partial y_s^{(n-r)}};$$

par conséquent:

$$\frac{\partial \Delta'}{\partial y_s^{(n-r)}} = a_r \frac{\partial \Delta}{\partial y_s^{(n-1)}} - a_1 \frac{\partial \Delta}{\partial y_s^{(n-r)}}, \tag{1}$$

et

$$\varphi' = \Delta \frac{\partial R}{\partial y_s^{(n-r-1)}} + a_r R^2 \left(\frac{\partial \Delta}{\partial y_s^{(n-1)}} \frac{\partial \Delta}{\partial y_n^{(n-r)}} - \frac{\partial \Delta}{\partial y_n^{(n-1)}} \frac{\partial \Delta}{\partial y_s^{(n-r)}}\right).$$

On aura donc:

$$R \frac{\partial \Delta}{\partial y_s^{(n-r)}} = \int \Delta \left(\frac{\partial R}{\partial y_s^{(n-r-1)}} - a_r \frac{\partial R}{\partial y_s^{(n-1)}}\right) dx = -\alpha_s,$$

et

$$y_n = \alpha_1 y_1 + \alpha_2 y_2 + \cdots + \alpha_{n-1} y_{n-1},$$

pour $r = 2, 3, \ldots, n-1$. Pour $r = 1$ on a la formule de M. Malmstén, et pour

$r = n$ on obtient:

$$y_n = R\Delta + \alpha_1 y_1 + \cdots + \alpha_{n-1} y_{n-1},$$

étant

$$\frac{1}{R} = \frac{\partial \Delta}{\partial y_n}, \quad \text{et} \quad \alpha_s = \int a_n \Delta \frac{\partial R}{\partial y_s^{(n-1)}} dx.$$

La formule (1) peut se trouver aussi directement.

Pavie, le 30 Juin, 1855.

CCLIX.

NOTE SUR DEUX THÉORÈMES DE GÉOMÉTRIE.

Quarterly Journal of pure and applied Mathematics, t. I (1857), pp. 368-369.

Les deux théorèmes de géométrie indiqués par M. CAYLEY dans le premier cahier de ce Journal *) peuvent se démontrer assez simplement ainsi qu'il suit.

1. Soient

$$a_1 x + b_1 y + c_1 z = 0, \qquad \alpha_1 x + \beta_1 y + \gamma_1 z = 0,$$
$$a_2 x + b_2 y + c_2 z = 0, \qquad \alpha_2 x + \beta_2 y + \gamma_2 z = 0,$$
$$a_3 x + b_3 y + c_3 z = 0, \qquad \alpha_3 x + \beta_3 y + \gamma_3 z = 0,$$

les équations des côtés des deux triangles. On sait que les points d'intersection des côtés correspondants seront situés sur une même droite, si l'on a

$$H = \begin{vmatrix} b_1\gamma_1 - \beta_1 c_1 & c_1\alpha_1 - \gamma_1 a_1 & a_1\beta_1 - \alpha_1 b_1 \\ b_2\gamma_2 - \beta_2 c_2 & c_2\alpha_2 - \gamma_2 a_2 & a_2\beta_2 - \alpha_2 b_2 \\ b_3\gamma_3 - \beta_3 c_3 & c_3\alpha_3 - \gamma_3 a_3 & a_3\beta_3 - \alpha_3 b_3 \end{vmatrix} = 0.$$

*) [I due teoremi sono:

« A triangle and its reciprocal are in perspective ».

« A tetraedron and its reciprocal have to each other a certain relation, viz. the four lines joining « the corresponding angles are generating lines of a hyperboloid, or, wath ist the same thing, the « four lines of intersection of corresponding faces are generating lines of a hyperboloid] ».

CAYLEY, *On a theorem relating to reciprocal triangles* [Quarterly Journal of pure and applied Mathematics, t. I (1857), pp. 7-10].

Si l'on fait

$$\Delta = \begin{vmatrix} \alpha_1 & \beta_1 & \gamma_1 \\ \alpha_2 & \beta_2 & \gamma_2 \\ \alpha_3 & \beta_3 & \gamma_3 \end{vmatrix}, \qquad A_1 = \frac{\partial \Delta}{\partial \alpha_1}, \qquad B_1 = \frac{\partial \Delta}{\partial \beta_1}, \quad \ldots$$

et

$$A_r a_s + B_r b_s + C_r c_s = l_{r,s},$$

on a:

$$H\Delta = \begin{vmatrix} 0 & -l_{3,2} & l_{2,3} \\ l_{3,1} & 0 & -l_{1,3} \\ -l_{2,1} & l_{1,2} & 0 \end{vmatrix},$$

ou en développant:

$$H\Delta = l_{3,1} l_{1,2} l_{2,3} - l_{1,3} l_{2,1} l_{3,2}.$$

Mais en supposant (relation entre deux matrices)

$$\begin{vmatrix} a_1 & b_1 & c_1 \\ a_2 & b_2 & c_2 \\ a_3 & b_3 & c_3 \end{vmatrix}^{-1} = \begin{vmatrix} \alpha_1 & \beta_1 & \gamma_1 \\ \alpha_2 & \beta_2 & \gamma_2 \\ \alpha_3 & \beta_3 & \gamma_3 \end{vmatrix},$$

on a:

$$l_{2,1} = l_{1,2}, \qquad l_{3,1} = l_{1,3}, \qquad l_{2,3} = l_{3,2};$$

par conséquent $H = 0$ identiquement.

2. Soient

$$a_1 x + b_1 y + c_1 z + d_1 w = 0, \qquad \alpha_1 x + \beta_1 y + \gamma_1 z + \delta_1 w = 0,$$
$$\ldots\ldots\ldots\ldots\ldots\ldots \qquad \ldots\ldots\ldots\ldots\ldots\ldots$$
$$a_4 x + b_4 y + c_4 z + d_4 w = 0, \qquad \alpha_4 x + \beta_4 y + \gamma_4 z + \delta_4 w = 0,$$

les équations des faces des deux tétraèdres.

En posant

$$p_1 = a_1 \delta_1 - \alpha_1 d_1, \qquad q_1 = b_1 \delta_1 - \beta_1 d_1, \qquad r_1 = c_1 \delta_1 - \gamma_1 d_1,$$

$$s_1 = \beta_1 c_1 - \gamma_1 b_1, \qquad t_1 = \gamma_1 a_1 - \alpha_1 c_1, \qquad u_1 = \alpha_1 b_1 - \beta_1 a_1, \text{ etc.,}$$

les conditions, pour que les quatre droites d'intersection des faces correspondantes soient situées sur un même hyperboloïde à une nappe, sont données par

$$H = \begin{Vmatrix} p_1 & q_1 & r_1 & s_1 & t_1 & u_1 \\ p_2 & q_2 & r_2 & s_2 & t_2 & u_2 \\ p_3 & q_3 & r_3 & s_3 & t_3 & u_3 \\ p_4 & q_4 & r_4 & s_4 & t_4 & u_4 \end{Vmatrix} = 0.$$

En multipliant le déterminant qu'on obtient de la matrice supérieure après y avoir ajouté deux lignes formées d'éléments arbitraires, par le déterminant qu'on forme en substituant convenablement à deux lignes du déterminant

$$\begin{vmatrix} (\beta_1\gamma_2) & (\gamma_1\alpha_2) & (\alpha_1\beta_2) & (\alpha_2\delta_1) & (\beta_2\delta_1) & (\gamma_2\delta_1) \\ (\beta_1\gamma_3) & (\gamma_1\alpha_3) & (\alpha_1\beta_3) & (\alpha_3\delta_1) & (\beta_3\delta_1) & (\gamma_3\delta_1) \\ (\beta_1\gamma_4) & (\gamma_1\alpha_4) & (\alpha_1\beta_4) & (\alpha_4\delta_1) & (\beta_4\delta_1) & (\gamma_4\delta_1) \\ (\beta_2\gamma_3) & (\gamma_2\alpha_3) & (\alpha_2\beta_3) & (\alpha_3\delta_2) & (\beta_3\delta_2) & (\gamma_3\delta_2) \\ (\beta_2\gamma_4) & (\gamma_2\alpha_4) & (\alpha_2\beta_4) & (\alpha_4\delta_2) & (\beta_4\delta_2) & (\gamma_4\delta_2) \\ (\beta_3\gamma_4) & (\gamma_3\alpha_4) & (\alpha_3\beta_4) & (\alpha_4\delta_3) & (\beta_4\delta_3) & (\gamma_4\delta_3) \end{vmatrix},$$

[où l'on a posé $(\beta_1\gamma_2) = \beta_1\gamma_2 - \beta_2\gamma_1$] deux lignes composées d'éléments arbitraires; et en faisant (relation entre deux matrices)

$$\begin{vmatrix} \alpha_1 & \beta_1 & \gamma_1 & \delta_1 \\ \alpha_2 & \beta_2 & \gamma_2 & \delta_2 \\ \alpha_3 & \beta_3 & \gamma_3 & \delta_3 \\ \alpha_4 & \beta_4 & \gamma_4 & \delta_4 \end{vmatrix}^{-1} = \begin{vmatrix} A_1 & B_1 & C_1 & D_1 \\ A_2 & B_2 & C_2 & D_2 \\ A_3 & B_3 & C_3 & D_3 \\ A_4 & B_4 & C_4 & D_4 \end{vmatrix},$$

$$A_r a_s + B_r b_s + C_r c_s + D_r d_s = l_{r,s},$$

on transforme la matrice H dans la suivante:

$$\begin{Vmatrix} 0 & 0 & 0 & -l_{1,4} & l_{1,3} & -l_{1,2} \\ 0 & l_{2,4} & -l_{2,3} & 0 & 0 & l_{2,1} \\ -l_{3,4} & 0 & l_{3,2} & 0 & -l_{3,1} & 0 \\ l_{4,3} & -l_{4,2} & 0 & l_{4,1} & 0 & 0 \end{Vmatrix}.$$

Or en supposant (relation entre deux matrices):

$$\begin{vmatrix} a_1 & b_1 & c_1 & d_1 \\ a_2 & b_2 & c_2 & d_2 \\ a_3 & b_3 & c_3 & d_3 \\ a_4 & b_4 & c_4 & d_4 \end{vmatrix}^{-1} = \begin{vmatrix} \alpha_1 & \beta_1 & \gamma_1 & \delta_1 \\ \alpha_2 & \beta_2 & \gamma_2 & \delta_2 \\ \alpha_3 & \beta_3 & \gamma_3 & \delta_3 \\ \alpha_4 & \beta_4 & \gamma_4 & \delta_4 \end{vmatrix},$$

on aura:

$$l_{r,s} = l_{s,r},$$

et par conséquent dans ce cas $H = 0$ identiquement.

Pavie, Juillet 1855.

CCLX.

SUR L'ÉQUATION JACOBIENNE DU SIXIÈME DEGRÉ.

Quarterly Journal of Pure and Applied Mathematics, t. XXVIII (1897), pp. 382-384.

1. CAYLEY dans le t. XVIII (1882, pp. 52-65) de ce *Journal* a publié un Mémoire: « *On the Jacobian sextic equation* », et en a dédiée une partie à la détermination des relations qui doivent subsister entre les invariants d'une forme du sixième ordre dans le cas que cette forme soit une sextique Jacobienne. Je considère dans cet écrit le même problème, soit dans le but de simplifier les résultats de CAYLEY, soit pour en déduire des conséquences nouvelles.

Soit

$$f(x) = (a_0, a_1, \ldots, a_6)(x, 1)^6$$

une forme du sixième ordre; si l'on suppose

$$a_2 = a_4 = 0, \qquad a_0 a_6 + 9 a_1 a_5 - 20 a_3^2 = 0,$$

la forme f, comme CAYLEY a observé, est une sextique Jacobienne. En indiquant par $k = \frac{1}{2}(ff)_4$ un des covariants biquadratiques de f, je définis les invariants A, B, C des degrés 2, 4, 6 de f de la manière suivante: $A = \frac{1}{2}(ff)_6$ et B, C sont les deux invariants de la biquadratique k. Enfin $6^6 \Delta$ sera le discriminant de f.

Or si l'on pose

$$g = 3.5^2(4a_3^2 - a_1 a_5), \qquad h = 5\sqrt{5}\, a_3,$$

on trouve pour A, B, C les valeurs qui suivent:

$$5A = g - 2h^2, \qquad 3.4.5^4 B = 3.7 g^2 - 4^3 g h^2 + 4^3 h^4,$$

$$2^3.3^3.5^6 C = -2^3.3^3.5^2 \Delta^{\frac{1}{2}} h - 3^4 g^3 - 3^2.4^2 g^2 h^2 + 3.4^4 g h^4 - 2.4^4 h^6,$$

étant

$$\frac{\Delta^{\frac{1}{2}}}{5^2\sqrt{5}} = -4^4 a_3^5 + 3.4^2.5\, a_1 a_3^3 a_5 - 3.4.5\, a_1^2 a_3 a_5^2 - (a_1^3 a_6^2 + a_0^2 a_5^3).$$

Les résultats supérieurs se simplifient si au lieu des invariants B, C on considère les

$$(1)\qquad \begin{cases} L = 4.5(4A^2 - 3.5^2 B), \\ M = 8.5(7.8A^3 - 4.3^2.5^2 AB - 3^3.5^3 C), \end{cases}$$

qui conduisent aux troix relations

$$(2)\qquad 5A = g - 2h^2, \qquad L = -g^2, \qquad M = g^3 + 6^3 \Delta^{\frac{1}{2}} h,$$

desquelles éliminant g, h on aura la condition recherchée entre les invariants A, L, M, Δ.

2. C'est connu, par un remarquable Mémoire dû au P. Joubert *) qu'une équation quelconque du sixième degré $f(x) = 0$ peut se transformer dans la suivante:

$$z^6 + 2.3.5\, A z^4 + 2^2.3^2.5(3A^2 - 5^2 B) z^2 + 6^3.\Delta^{\frac{1}{2}}.z + 2^3.3^3.5(250\, C + 25\, AB - A^3) = 0,$$

cette transformée en introduisant les valeurs (1) de L, M peut s'écrire:

$$(z^2 + 2.5\, A)^3 + 3L(z^2 + 2.5\, A) + 6^3 \Delta^{\frac{1}{2}} z - 2M = 0.$$

Si $f(x) = 0$ est l'équation Jacobienne, les quantités A, L, M ont les valeurs (2), et dans ce cas le premier membre de l'équation supérieure a un facteur $z - 2h$. En divisant par ce facteur on obtient:

$$(z^2 - 4h^2 + 3g)^2 (z + 2h) + 6^3 \Delta^{\frac{1}{2}} = 0.$$

Or en posant

$$z + 2h = -y^2\sqrt{5},$$

on a:

$$z - 2h = -(y^2 + 4.5\, a_3)\sqrt{5},$$

et en conséquence:

$$y^2\left(y^4 + 4.5\, a_3 y^2 + \tfrac{3}{5} g\right)^2 = \frac{6^3 \Delta^{\frac{1}{2}}}{5^2\sqrt{5}},$$

*) Joubert, *Sur l'équation du sixième degré* [Comptes Rendus des séances de l'Académie des Sciences, t. LXIV (1867), pp. 1025-1029, 1081-1085, 1237-1240].

ou enfin:

$$y^5 + 4.5\,a_3 y^3 + 3^2.5(4a_3^2 - a_1 a_2)y - \frac{6\sqrt{6}}{5}\left(\frac{\Delta}{5}\right)^{\frac{1}{4}} = 0.$$

Si l'on écrit la Jacobienne sous sa forme ordinaire:

$$(x-a)^6 - 4a(x-a)^5 + 10b(x-a)^3 - 4c(x-a) + 5b^2 - 4ac = 0,$$

on a:

$$a_1 = -\tfrac{2}{3}a, \qquad a_3 = \tfrac{1}{2}b, \qquad a_5 = -\tfrac{2}{3}c,$$

et l'équation supérieure devient:

$$y^5 + 10by^3 + 5(9b^2 - 4ac)y - 8\sqrt{H} = 0,$$

étant:

$$H = c^3 - 27b^5 + 25a^3b^4 - 40a^4b^2c - 20a^2bc^2 + 45ab^3c + 16a^5c^2,$$

c'est l'équation connue qui s'obtient par l'abaissement de la Jacobienne.

3. On sait que la Jacobienne sextique est résoluble par les fonctions elliptiques dans les deux cas de $a = 0$, ou $b = 0$. Dans l'un et l'autre de ces deux cas les relations entre invariants sont deux.

En effet, si $h = 0$, les équations (2) donnent:

$$5A = g, \qquad L = -g^2, \qquad M = g^3,$$

et, par l'élimination de g, on a les deux conditions invariantives

$$4.5^2B = 7A^2, \qquad 8.5^3C = -3A^3.$$

Dans l'autre cas, considérant que

$$g = \frac{3.4}{5}h^2, \qquad h^2 = \frac{5^2}{2}A,$$

les deux conditions sont:

$$3.5^2B = 7^2A^2, \qquad 3^3.5^3C = -17.71A^3 - \frac{3^3}{\sqrt{2}}A^{\frac{1}{2}}\Delta^{\frac{1}{2}}.$$

Milan, Juillet, 1896.

CCLXI.

SUR UNE FORMULE DE TRANSFORMATION DES FONCTIONS ELLIPTIQUES *).

Repertorium der literarischen Arbeiten aus dem Gebiete der reinen und angewandten Mathematik (Originalberichte der Verfasser), t. I (1876), pp. 13-17.

In una delle lettere dirette da JACOBI a LEGENDRE, pubblicate alcuni anni ora sono dal sig. BERTRAND **), nelle quali quell'illustre geometra, con una semplicità e con una modestia ammirabili, confidava al fondatore della teoria delle funzioni ellittiche le sue scoperte sulla trasformazione delle funzioni stesse, si leggono le seguenti parole:

« *Vous auriez voulu que j'eusse donné la chaîne des idées qui m'a conduit à mes* « *théorèmes. Cependant la route que j'ai suivie n'est pas susceptible de rigueur géométrique.* « *La chose étant trouvée, on pourra y substituer une autre sur laquelle on aurait pu y* « *parvenir rigoureusement. Ce n'est donc que pour vous, Monsieur, que j'ajoute le suivant:*

« *La première chose que j'avais trouvée (dans le mars 1827) c'était l'équation* « $T = V\dfrac{dU}{dx} - U\dfrac{dV}{dx}$: *de là je reconnus que pour un nombre n quelconque, la trans-* « *formation était un problème d'Analyse algébrique* DÉTERMINÉ, *le nombre des constantes* « *arbitraires égalant toujours celui des conditions. Au moyen des coefficients indéterminés, je* « *formai les transformations relatives aux nombres 3 et 5. L'équation du quatrième degré* « *à laquelle me mena la première ayant presque la même forme que celle qui sert à la* « *trisection, j'y soupçonnais quelque rapport. Par un tâtonnement heureux, je remarquais*

*) [CLXXXV: t. IV, pp. 379-387].

**) Lettera terza; porta la data di Königsberg, 12 Aprile 1828 [Annales scientifiques de l'École normale supérieure, t. VI (1869), pp. 127-175; vedi anche: Journal für die reine und angewandte Mathematik, t. LXXX (1875), pp. 205-279].

«dans ces deux cas l'autre transformation complémentaire pour la multiplication. Là «j'écrivis ma première lettre à Mr. SCHUMACHER, *la méthode étant générale et vérifiée «par des exemples»* *).

Nel primitivo concetto e nei risultati dapprima ottenuti, la trasformazione delle funzioni ellittiche fu quindi considerata come un problema di analisi algebrica. Anche ABEL nella sua memoria: *Solution d'un problème général concernant la transformation des fonctions elliptiques* **), essendosi posto il problema: *«Trouver tous les cas possibles «dans lesquels on pourra satisfaire à l'équation différentielle*

$$\frac{dy}{\sqrt{(1-c_1^2y^2)(1-e_1^2y^2)}} = \pm a \frac{dx}{\sqrt{(1-c^2x^2)(1-e^2x^2)}},$$

«en mettant pour y une fonction algébrique de x rationnelle ou irrationnelle», aggiunge: *«La méthode qui s'offre d'abord pour résoudre le problème dans le cas où y est rationnelle «est celle des coefficients indéterminés; or on serait bientôt fatigué à cause de l'extrême «complication des équations à satisfaire».*

Sebbene però egli non ricorra al metodo dei coefficienti indeterminati, la via da lui adottata nel § 3, Capitolo III, del suo: *Précis d'une théorie des fonctions elliptiques* ***), allo scopo di stabilire la *«Propriété générale de la fonction rationnelle $y = \psi(x)$, qui sa«tisfait à une équation de la forme:*

$$\frac{dy}{\Delta'(y)} = \varepsilon \frac{dx}{\Delta(x)} \text{»}$$

essendo basata sulla considerazione di una proprietà delle radici della equazione $y = \psi(x)$, può dirsi appartenga ancora all'analisi algebrica.

EISENSTEIN ritornava due volte sull'argomento nei suoi: *Beiträge zur Theorie der elliptischen Functionen,* cioè al Capitolo III: *Fernere Bemerkungen zu den Transformationsformeln,* ed al Capitolo V: *Ueber die Differentialgleichungen, welchen der Zähler und der Nenner bei den elliptischen Transformationsformeln genügen* ****), applicando in conclusione tanto nell'uno che nell'altro caso il metodo dei coefficienti indeterminati; limitandosi però in questi lavori come in altri ad esporre il concetto piuttosto che a svilupparlo ed a renderlo fecondo.

Lo scopo delle due Note, presentate all'Accademia delle Scienze di Parigi col titolo:

---

*) [Journal für die reine und angewandte Mathematik, t. LXXX (1875), pag. 233].

**) ABEL, *Œuvres completes,* Christiania, 1839, t. I, p. 253.

***) Ibid. p. 372.

****) EISENSTEIN, *Mathematische Abhandlungen* (Berlin 1847), pp. 159 e 207.—ENNEPER, *Elliptische Functionen; Theorie und Geschichte* (Halle 1876), p. 382.

Sur une formule de transformation des fonctions elliptiques *), è appunto quello di mostrare come con piccola difficoltà si possano determinare le formole generali di trasformazione pel caso di n numero primo, per mezzo di sole considerazioni di analisi algebrica.

Io aveva già, seguendo la stessa via, pubblicate nell'anno 1864 **) alcune formole per la moltiplicazione, le quali conducono a quelle trovate in altro modo dal sig. KIEPERT nella sua memoria: *Wirkliche Ausführung der ganzzahligen Multiplication der elliptischen Functionen* ***), ed aveva anche dimostrato l'uso delle medesime in alcuni problemi geometrici.

Nelle ricerche più recenti ho adottato come forma canonica dell'integrale ellittico la

$$(1)\qquad \frac{dx}{\sqrt{4x^3 - g_2 x - g_3}},$$

nella quale g_2, g_3 sono gli invarianti di una forma binaria biquadratica $f(x_1, x_2)$. È noto che il sig. HERMITE ****) giunse a quella forma, trasformando l'integrale

$$\frac{x_1 dx_2 - x_2 dx_1}{\sqrt{f(x_1, x_2)}}$$

per mezzo della

$$xf(x_1, x_2) + h(x_1, x_2) = 0,$$

essendo h l'Hessiano della forma f.

Dalla (1), ponendo

$$x = -\tfrac{1}{2}z, \qquad g_2 = 3s, \qquad g_3 = -t,$$

si ottiene, facendo astrazione da un coefficiente costante, l'altra forma canonica dell'integrale ellittico

$$\frac{dz}{\sqrt{2t + 3sz - z^3}},$$

che incontrasi nelle ricerche geometriche sulle curve piane del terzo ordine.

Supponendo

$$\frac{dy}{\sqrt{4y^3 - G_2 y - G_3}} = \frac{dx}{\sqrt{4x^3 - g_2 x - g_3}},$$

---

*) [Comptes Rendus des séances de l'Académie des Sciences, t. LXXIX (1874), pp. 1065-1069; t. LXXX (1875), pp. 261-264].

**) [CLXXIX: t. IV, pp. 345-351].

***) [Journal für die reine und angewandte Mathematik, t. LXXVI (1873), pp. 21-33].

****) HERMITE, *Sur la théorie des fonctions homogènes à deux indéterminées* [Journal für die reine und angewandte Mathematik, t. LII (1856), pp. 1-38].

le proprietà della funzione razionale $y = \psi(x)$, che soddisfa alla equazione superiore, sono le seguenti:

1. Essendo n numero primo, si ha:

$$y = \frac{U}{T^2},$$

nella quale U è un polinomio del grado n e T un polinomio del grado $\frac{n-1}{2} = \nu$.

2. Ponendo $\varphi(x) = 4x^3 - g_2 x - g_3$, e

$$T = x^\nu + a_1 x^{\nu-1} + a_2 x^{\nu-2} + \cdots + a_\nu,$$

si ottiene per U il valore seguente:

$$U = \varphi(x)(T'^2 - TT'') - \tfrac{1}{2}\varphi'(x)TT' + [(2\nu+1)x + 2a_1]T^2, \tag{2}$$

essendo

$$T' = \frac{dT}{dx}, \qquad T'' = \frac{d^2 T}{dx^2}.$$

3. Posto

$$\left\{\begin{aligned} U &= x^n + \alpha_1 x^{n-1} + \alpha_2 x^{n-2} + \cdots + \alpha_n, \\ V &= \varphi(x)(U'^2 - UU'') - \tfrac{1}{2}\varphi'(x)UU' + [(2n+1)x + 2\alpha_1]U^2, \end{aligned}\right. \tag{3}$$

si ha la equazione identica

$$V - xU^2 + \tfrac{1}{2}G_2 UT^2 + G_3 T^4 = 0, \tag{4}$$

dalla quale si deducono i valori delle indeterminate $a_1, a_2, \ldots, a_\nu, G_2, G_3$. Le calcolazioni occorrenti sono della più grande facilità, vista la relazione di forma esistente fra i polinomj U, V.

Per $n = 3$ si hanno le relazioni modulari:

$$a_1^4 - \tfrac{1}{2}g_2 a_1^2 + g_3 a_1 - \tfrac{1}{48}g_2^2 = 0,$$

$$G_2 = 120a_1^2 - 9g_2, \qquad G_3 = -280a_1^3 + 42g_2 a_1 - 27g_3;$$

per $n = 5$:

$$a_1^6 - 5g_2 a_1^4 + 40g_3 a_1^3 - 5g_2^2 a_1^2 + 8g_2 g_3 a_1 - 5g_3^2 = 0,$$

$$a_2 = \frac{1}{6a_1}(a_1^3 + \tfrac{1}{2}g_2 a_1 - g_3),$$

$$G_2 = \frac{1}{a_1}(80a_1^3 - 39g_2 a_1 + 40g_3), \qquad G_3 = -140a_1^3 + 112g_2 a_1 - 195g_3.$$

Queste formole speciali furono già calcolate dal sig. MÜLLER nella sua dissertazione inaugurale: *De transformatione functionum ellipticarum* (Berolini, 1867), giovandosi delle proprietà delle funzioni periodiche.

Dimostrasi facilmente come le relazioni (2), (3), (4) risolvano il problema qui considerato. Posto infatti

$$y' = \frac{dy}{dx}, \qquad \Phi(y) = 4y^3 - G_2 y - G_3,$$

si ha:

$$\log y' = \tfrac{1}{2}\log\Phi(y) - \tfrac{1}{2}\log\varphi(x),$$

per la quale:

$$y''\varphi(x) + \tfrac{1}{2}y'\varphi'(x) = \tfrac{1}{2}\Phi'(y),$$

e da questa:

$$\left(\frac{y'}{y}\right)'\varphi(x) + \frac{1}{2}\frac{y'}{y}\varphi'(x) = 2y + \frac{1}{2y}G_2 + \frac{1}{y^2}G_3.$$

Ma, se $y = \frac{U}{T^2}$, sostituendo si ha:

$$\varphi(x)\left[\left(\frac{U'}{U}\right)' - 2\left(\frac{T'}{T}\right)'\right] + \frac{1}{2}\varphi'(x)\left[\frac{U'}{U} - 2\frac{T'}{T}\right] = 2\frac{U}{T^2} + \frac{1}{2}G_2\frac{T^2}{U} + G_3\frac{T^4}{U^2},$$

la quale, osservando essere $\alpha_1 = 2a_1$, riducesi, per le relazioni (2), (3), alla equazione identica (4).

CCLXII.

NOTE RELATIVE À UNE LETTRE DE M. HERMITE *).

Journal für die reine und angewandte Mathematik, t. LXIII (1864), pp. 32-33.

En supposant que les expressions des contravariants P, Q, F soient celles des formes adjointes (*zugehörigen*) désignées S_f, T_f, $F(u_1, u_2, u_3)$ par M. ARONHOLD **), la valeur de Ω^2 en fonction de P, Q, F et des invariants s, t est la suivante ***):

$$\Omega^2 = 8(s^3 - t^2)F^3 + 8(stP^2 - 2s^2PQ + tQ^2)F^2$$
$$+ \tfrac{2}{3}(s^2P^4 - 8tP^3Q + 10sP^2Q^2 - 3Q^4)F + \tfrac{8}{27}P^3(2tP^3 - 3sP^2Q + Q^3).$$

En désignant par $h(P)$, $k(P)$ les covariants pour la forme cubique P, et par σ, τ ses invariants, on a:

$$\sigma = 4(t^3 + 3s^2), \qquad \tau = 8t(9s^3 - t^2),$$

$$h(P) = 6sQ - 2tP, \quad 6k(P) - 2\tau P^2 = 144s^2(3rF + stP^2 - 2s^2PQ + tQ^2),$$

où $r = t^2 - s^3$ est le discriminante de la forme u; par conséquent si l'on suppose

---

*) *Extrait d'une lettre de M.* HERMITE *à M.* BRIOSCHI [Journal für die reine und angewandte Mathematik, t. LXIII (1864), pp. 30-32].

**) ARONHOLD, *Theorie der homogenen Functionen dritten Grades von drei Veränderlichen* [Journal für die reine und angewandte Mathematik, t. LV (1858), pp. 97-191], pag. 139 e 185.

***) La notation que j'emploie (celle de M. ARONHOLD) diffère par des facteurs numériques de la notation employée par M. HERMITE (celle de M. CAYLEY), de telle sorte que les quantités que je désigne par P, Q, F, t, r, Ω sont équivalentes à celles que M. HERMITE désigne par $6P$, $-2Q$, $-2F$, $-T$, $-R$, 8Ω.

$P = 0$ on aura:

$$\frac{6\,k(P)}{h^2(P)} = 4\left(3\,r\frac{F}{Q^2} + t\right),$$

ou, en posant

$$z = \frac{6\,k(P)}{h^2(P)}, \qquad y = \frac{Q}{\sqrt{2\,F}},$$

on aura le résultat que la substitution $y^2 = \dfrac{6\,r}{z - 4\,t}$ conduit à la transformation suivante d'intégrales elliptiques:

$$\frac{1}{3}\frac{dy}{\sqrt{r + 2\,t\,y^2 - y^4}} = -\frac{1}{\sqrt{6}}\frac{dz}{\sqrt{z^3 - 3\,\sigma z + 2\,\tau}}.$$

J'ajouterai enfin les valeurs des covariants H, K, Θ correspondants à la forme cubique $U = a\,u + b\,h$. On a, comme il est connu, $H = \alpha\,u + \beta\,h$; et en désignant avec M. Aronhold par S_{ab}, T_{ab} les invariants de la forme U, on trouve:

$$6\,K - 2\,T_{ab}\,U^2 = (a\beta - b\alpha)^2(6\,k - 2\,t\,u^2), \qquad \Theta = (a\beta - b\alpha)^3\,\theta.$$

CCLXIII.

DI ALCUNI RECENTI PROGRESSI PRATICI NELL'IDRAULICA.

Il Politecnico, Repertorio di studi letterarii, scientifici e tecnici,
serie IV, parte tecnica, vol. I (1866), pp. 101-113, 418-427.

Nello stato attuale delle cognizioni idrauliche ogni qualvolta si presentano all'ingegnere problemi, di cui le soluzioni debbono soddisfare ad un dato bisogno pratico, la prima difficoltà che naturalmente egli deve trovarsi di fronte consiste nel determinare i limiti, entro i quali la sola osservazione o leggi da essa desunte ponno essergli di guida nel giungere ai risultamenti richiesti, e nel precisare fin dove in quella ricerca le matematiche gli possono tornare di utile ausiliare. Il D'Alembert nella introduzione al suo *Essai d'une nouvelle théorie de la résistance des fluides* *) espone alcune considerazioni a questo proposito, le quali crediamo possano vantaggiosamente essere meditate anche oggidì. Noi ci permettiamo di trascrivere qui un brano di quella prefazione, per mostrare come il D'Alembert, che pure aveva dato alla meccanica dei corpi solidi un principio *razionale* fondamentale nelle leggi del movimento, non credeva che esso od altri principj della stessa natura potessero servire di base alla teoria dei fluidi.

« Après avoir réflechi longtems, scrive il D'Alembert, sur cette importante matière,
« (sulla resistenza dei fluidi) avec toute l'attention dont je suis capable, il m'a paru que
« le peu de progrès qu'on y a fait jusqu'à présent, vient de ce que l'on n'a pas encore
« saisi les vrais principes, d'après lesquels il faut la traiter. J'ai donc cru devoir m'ap-
« pliquer à chercher ces principes et la manière d'y appliquer le calcul, *s'il est possible.*
« Car il ne faut point confondre ces deux objets, et les Géomètres modernes n'ont peut-
« être pas été assez attentifs sur ce point. C'est souvent le désir de pouvoir faire usage

*) [Paris, 1752].

« du calcul qui les détermine dans le choix des principes, au lieu qu'ils devroient exa-« miner d'abord les principes en eux-mêmes, sans songer d'avance à les plier de force « au calcul. La Géométrie qui ne doit qu'obéir à la Physique quand elle se réunit avec « elle, lui commande quelquefois. S'il arrive que la question qu'on veut examiner soit « trop compliquée pour que tous les éléments puissent entrer dans la comparaison ana-« lytique qu'on en veut faire, on sépare les plus incommodes, on leur en substitue « d'autres, moins gênans, mais aussi moins réels, et l'on est étonné de n'arriver, malgré « un travail pénible, qu'à un résultat contredit par la nature; comme si après l'avoir « déguisée, tronquée ou altérée, une combinaison purement méchanique pouvoit nous la « rendre ».

Se questi consigli fossero stati seguiti, se i geometri, per un erroneo ma scusabile desiderio di far concorrere a scoprire le leggi della natura i grandi progressi che l'analisi matematica andava facendo, non avessero quasi abbandonato in queste ricerche la via tracciata da GALILEO e da NEWTON, le condizioni dell'idraulica non sarebbero quali oggidì le troviamo, e la parte sperimentale di essa non presenterebbe ancora tante imperfezioni e tante lacune. Noi siamo ben lungi con queste parole di voler disconoscere la importanza delle esperienze eseguite in questi anni in Francia, in Germania, negli Stati Uniti d'America, e rivolte alla ricerca delle leggi degli efflussi, ed a quelle del movimento dell'acque nei tubi e nei canali; anzi noi cureremo che in questo periodico sieno raccolti con diligenza i principali risultati pratici di quelle esperienze, come in generale tutti quei fatti sperimentali, i quali costituiscono un vero progresso nell'Idraulica, ritornando così alle buone tradizioni della scuola idraulica italiana dal TORRICELLI e dal GUGLIELMINI, al LECCHI, al FRISI, al MENGOTTI, oggi degnamente rappresentata dal nostro LOMBARDINI.

Ma il risolvere in ogni caso pratico la quistione da noi posta nelle prime parole di questo scritto, quale funzione, cioè, siano le matematiche chiamate ad adempiere nelle ricerche idrauliche ed entro quali limiti, non ha, a nostro avviso, minore importanza di una serie di osservazioni e di esperienze esattamente eseguite. Perciò pensiamo possa essere utile il considerare un momento quella quistione nella sua generalità, tanto più che essa ci porge anche il destro di esporre le idee, secondo le quali ci faremo a giudicare di alcuni recenti lavori idraulici.

Le matematiche ponno avere nell'idraulica una duplice funzione; o un dato principio di meccanica razionale è evidentemente applicabile all'equilibrio od al movimento dell'acqua, ed in questo caso le matematiche servono a dedurre da quel principio tutte le conseguenze di cui la pratica abbisogna; od in difetto di quel principio affidiamo alla sola osservazione la soluzione di una quistione idraulica, e le matematiche offrono mezzi per risalire, da una serie di risultati dovuti ad essa, alla legge generale che comprende quella soluzione. Il primo degli esposti ufficj delle matematiche è d'uso anteriore al secondo, fu, come dicemmo sopra, esagerato nelle sue applicazioni e può presentare maggiore o minore utilità, secondo che il principio da cui si parte è più o meno conforme alle leggi naturali. Ma esistono effettivamente principj di meccanica razionale applicabili alla ricerca delle leggi dell'idraulica? La composizione delle forze e delle velocità, il principio delle forze vive fondamento all'idrodinamica di DANIELE BERNOULLI, ed il principio generale di dinamica al quale D'ALEMBERT diede il proprio nome e che applicò nel suo trattato sul movimento dei fluidi, furono estesi all'idraulica e diedero origine alla formola del movimento lineare dei fluidi, ed alle più speciali del movimento permanente e del movimento uniforme usate nella pratica. Però nell'estendere quei principj si ebbero due precauzioni: la prima che un fatto sperimentale caratterizzasse la naturale differenza fra solido e fluido, e si assunse il fatto dell'eguaglianza di pressione in qualsivoglia direzione; la seconda che uno o più fatti ottenuti dall'osservazione o dalla esperienza servissero quasi di correzione o di complemento a quelle formole dedotte *a priori*. Così nacquero le ricerche sulle forze resistenti e sul variare del valore di esse variando quello della velocità o di altri elementi, sull'attrito del fondo e delle sponde degli alvei, sulla coesione dei liquidi; ricerche alle quali corrispose la lunga serie di esperienze e di osservazioni eseguite da molti idraulici, dal DUBUAT, all'HUMPHREY ed al BAZIN. Così anche nacque il secondo ufficio che le matematiche ponno prestare all'idraulica nella calcolazione dei risultati di quelle osservazioni e di quelle esperienze e di cui diede pel primo un bellissimo esempio il PRONY nelle sue *Recherches physico-mathématiques sur la théorie des eaux courantes* *).

L'abitudine però del considerare l'idraulica come una parte della meccanica razionale oltre all'avere avuto per effetto di far sentire tardi la necessità di quel secondo ufficio delle matematiche, produsse anche quest'altro, che nelle scuole e nei trattati non si parlò e non si discusse che del primo, ciò che nocque certamente al perfezionamento del secondo. E tanto più importa aumentare il numero e l'esattezza delle osservazioni e migliorare i metodi di calcolarle, in quanto che, come dissimo sopra, le poche formole razionali usate nell'idraulica non lo ponno utilmente essere senza la introduzione di alcuni elementi forniti dalle osservazioni stesse.

Queste considerazioni crediamo sieno sufficienti a dimostrare, quale sia, a nostro avviso, la via a seguirsi attualmente nelle ricerche idrauliche. È necessario che l'idraulico prenda esempio dall'astronomo; egli deve anzi tutto osservare, perfezioni perciò gli stromenti d'osservazione; deve indurre da quelle osservazioni le leggi che regolano un dato fenomeno idraulico, studi quali sono le formole di interpolazione più convenienti a quello scopo. E l'idraulico deve tanto più curare questi mezzi che egli non

---

*) [Paris, 1804].

può far conto, come l'astronomo, di un principio generale pari a quello su cui fondasi la meccanica celeste.

I lavori recenti degli ingegneri Darcy e Bazin *), intorno ai quali ci occuperemo specialmente in questo scritto, porgono un esempio della importanza dei risultati pratici, ai quali può giungersi coll'uso opportuno di quei mezzi. Questi nuovi risultati, non limitandosi al cambiamento di valore di qualche coefficiente numerico contenuto in una data formola, come fece l'Eytelwein rispetto alla espressione adottata da Prony per esprimere le resistenze; oppure all'assumere un minor numero di termini della espressione stessa modificando i coefficienti numerici, come fecero il Tadini ed altri idraulici; ma estendendosi fino al variare la forma di quella espressione relativamente a quantità variabili contenute in essa, e quindi al modificare la formola che dà il valore della vecità del filone, e la legge secondo la quale si distribuiscono le velocità in una stessa sezione o la scala della velocità; mutano sostanzialmente uno degli elementi che entrano nella formola dell'idrodinamica ed in conseguenza in quelle del moto permanente e del moto uniforme. Ognun vede la influenza che queste modificazioni devono esercitare sulle soluzioni, che da quelle formole si deducono, del maggior numero delle quistioni relative al movimento dell'acqua nei canali e nei fiumi; e perciò è evidente da un lato la necessità di stabilire colla più grande esattezza quei primi risultamenti, dall'altro quella di adottarli senza riserve e di modificare in conformità di esse tutte quelle formole, le quali non hanno altro legame colla osservazione oltre quello introdottovi dai risultamenti stessi. Noi dicevamo non ha guari in altro scritto, che ai risultati dovuti a Dubuat, a Prony, ad Eytelwein non era tra breve riservata che una importanza storica, alludendo appunto alle nuove ricerche di Darcy e di Bazin; ma quei primi risultati sono penetrati, per così dire, nell'organismo dell'idraulica ed il sostituirvi i nuovi sarà forse lavoro di lunga lena. Vediamo però con soddisfazione che in pubblicazioni recenti, destinate all'insegnamento **) ed a manuale pratico, quella sostituzione è in qualche parte eseguita, il che ci persuade vieppiù dell'opportunità di diffondere fra noi la conoscenza di quei risultati.

I.

Obbiezioni alle formole di Prony e di Eytelwein. Nuove formole di Darcy e Bazin.

Non intendiamo ripetere in questo scritto le varie obbiezioni, che alle formole di Prony e di Eytelwein si fanno da trattatisti moderni, il Dupuit, il Bresse, il Roffiaen

*) Darcy et Bazin, *Recherches hydrauliques,* vol. I, II, Paris, 1865.

**) Morin, *Hydraulique,* 3me édit., Paris, 1865.

ed altri, e le quali sono o puramente d'ordine teorico, oppure si fondano sopra apprezziazioni delle esperienze, dalle quali si dedussero i valori dei coefficienti numerici che entrano nella composizione di quelle formole. Le obbiezioni alle quali accenniamo sono quelle che risultarono dalle nuove esperienze istituite dall'Ing. DARCY allo scopo di verificare le formole stesse. Quelle esperienze rimontano al 1855 e furono eseguite dietro invito del sig. DARCY dal distinto ingegnere BAUMGARTEN nel canale di Marsiglia. Indicando con r il raggio medio di una sezione trasversale al canale, cioè il rapporto fra l'area A della sezione stessa ed il perimetro bagnato p di questa sezione; con i la pendenza per metro corrente, con u la velocità media in quella sezione, lo scopo di quelle esperienze era di porre a confronto il valore del rapporto $\frac{ri}{u^2}$ ottenuto sperimentalmente con quelli calcolati colle formole di PRONY e di EYTELWEIN. Il canale di Marsiglia prestavasi opportunamente a queste esperienze e per la varietà di profilo delle sue sezioni e sopra tutto per la differente natura delle sponde e del fondo passando da un tronco all'altro. I risultati di quelle prime esperienze non furono punto favorevoli alle formole superiori, e per non citare che le estreme si trovò che il valore di $\frac{ri}{u^2}$ calcolato con quelle formole era circa il doppio di quello dato dall'esperienza per un tronco di canale, nel quale il fondo e le sponde erano costrutte in pietre ben unite, mentre il valore di quel rapporto calcolato colle stesse formole riducevasi circa alla metà di quello ottenuto sperimentalmente per un tronco di canale in terra di cui il fondo era coperto di belletta. Il quale ultimo risultato è conforme a quanto si verifica nell'uso pratico della formola di PRONY, cioè che le portate calcolate con essa sono ordinariamente superiori alle portate vere.

Le esperienze eseguite da BAUMGARTEN avevano quindi già indicato un fatto non per anco avvertito, l'influenza, cioè, che la natura delle pareti entro le quali si muove l'acqua può esercitare sul valore della resistenza che esse oppongono a quel movimento. L'ingegnere DARCY intraprese una serie di esperienze destinate a constatare in modo assoluto questo fatto, operando sopra canali artificiali pei quali non variasse il raggio medio, la pendenza, l'efflusso, ma bensì variasse la natura delle pareti. I risultati ottenuti da queste esperienze comparative posero fuori di contestazione la influenza che la natura del fondo e delle scarpe del canale ha sul valore della resistenza; la necessità quindi che la formola, la quale rappresenta quella resistenza, contenga elementi variabili al variare della natura di quelle pareti. Le formole di PRONY e di EYTELWEIN essendo a coefficienti costanti non ponno soddisfare a quella condizione, perciò, anche nell'ipotesi che i valori di quei coefficienti fossero ottenuti per mezzo di esperienze esatte, quelle formole non possono dare per la resistenza un valore attendibile, fuorchè nei casi, nei quali il problema pratico a cui si applicano presenti circostanze analoghe a quelle che si verificarono nelle esperienze stesse.

I valori ottenuti per il rapporto $\frac{ri}{u^2}$ nelle quattro serie di esperienze sopra canali artificiali in calcestruzzo, in muratura, rivestiti di minuta o di grossa ghiaja *) mostrano: 1° che il valore di quel rapporto diminuisce aumentando quelli di r e di u qualunque sia la natura della parete; 2° che quella diminuzione si rallenta grado a grado aumentando la portata, cioè il valore di quel rapporto tende a divenire costante, relativamente a quegli elementi r, u. Queste considerazioni, la prima delle quali non era sfuggita al DUBUAT, consigliano ad esprimere quel rapporto mediante la formola

$$\frac{ri}{u^2} = a + f(r, u),$$

nella quale a è una costante rispetto ad r, u, e la funzione $f(r, u)$ tende ad annullarsi per grandi valori di r e di u. Il signor BAZIN osserva che le due forme più semplici per quella funzione, le quali soddisfino alla suddetta condizione, sono le $\frac{b}{r}$, $\frac{b}{u}$ supponendo b una costante analoga alla a. Si avrebbero così le due formule:

$$\frac{ri}{u^2} = a + \frac{b}{r},$$

$$\frac{ri}{u^2} = a + \frac{b}{u},$$

la seconda delle quali ha la forma di quella adottata da PRONY. Ma se l'una e l'altra di queste formole possono servire a rappresentare le esperienze fatte sopra uno stesso canale determinando opportunamente i valori numerici dei coefficienti a, b, esse non si presterebbero più a quello scopo passando da un canale all'altro, a meno che si variino i valori di quei coefficienti. Quelle quattro serie di esperienze dànno appunto valori numerici per a, b, differenti per ciascuna di esse; non rimane quindi che a determinare quale fra le due formole superiori rappresenti meglio il fenomeno. Altre esperienze furono eseguite dall'Ingegnere BAZIN a questo intento; in esse variavasi per uno stesso canale la pendenza e calcolavasi sperimentalmente il valore del rapporto $\frac{ri}{u^2}$. I risultati così ottenuti si resero paragonabili fra loro facendoli tutti corrispondere, mediante una costruzione grafica, ad un medesimo valore di u; ma il valore di quel rapporto rimanendo tuttavia assai variabile al variare della pendenza, il BAZIN dedusse che la resistenza non poteva essere rappresentata da quella seconda formola, anche ammettendo che i coefficienti a, b abbiano valori numerici variabili secondo la diversa natura delle

*) Vedi le quattro tabelle più avanti.

pareti. I risultati ottenuti colle esperienze eseguite dall'Ing. BAZIN e consegnati nelle tabelle riportate più sotto mostrano già ad una semplice ispezione che i coefficienti a, b non ponno ritenere valori costanti nei quattro casi considerati nelle sperienze medesime. Ma la determinazione dei due coefficienti per mezzo di quei dati sperimentali è uno dei problemi i quali ponno avere varie soluzioni, il numero delle osservazioni essendo superiore a quello delle incognite. Gli analisti in questo secolo, da LEGENDRE, da GAUSS e da LAPLACE, si occuparono di determinare la più esatta fra le soluzioni dedotte da molte osservazioni e stabilirono principj e metodi ormai d'uso comune nelle scienze d'osservazione. Il più noto fra essi, cioè il metodo dei minimi quadrati, fu applicato anche a quistioni idrauliche, e dopo il PRONY, il DARCY dedusse da esso i valori dei coefficienti analoghi agli a, b, che entrano nelle formole rappresentanti la resistenza al movimento dell'acqua nei tubi. Indicando con x, x_1, x_2, ... i valori numerici di $\frac{1}{r}$ in una serie di esperienze, con y, y_1, y_2, ... i valori sperimentali di $\frac{ri}{u^2}$, essendo

$$\frac{ri}{u^2} = a + \frac{b}{r},$$

si avrà che le espressioni

$$a + bx - y, \qquad a + bx_1 - y_1, \qquad a + bx_2 - y_2, \qquad \ldots$$

rappresentano gli errori accidentali di cui sono affetti i valori osservati y, y_1, y_2, ...; pel metodo dei minimi quadrati i valori di a, b, i quali corrispondono alla soluzione più esatta, sono quelli i quali rendono minima la somma dei quadrati di quegli errori; ossia:

$$(a + bx - y)^2 + (a + bx_1 - y_1)^2 + (a + bx_2 - y_2)^2 + \cdots.$$

Differenziando questa espressione una volta rispetto ad a, poi rispetto a b, ed eguagliando a zero i risultati, supponendo essere n il numero delle osservazioni, si hanno le relazioni:

$$na + b\sum x - \sum y = 0,$$

$$a\sum x + b\sum x^2 - \sum xy = 0,$$

nelle quali il simbolo $\sum x$ rappresenta la somma di tutti i numeri analoghi ad x in una stessa serie di osservazioni. Da quelle relazioni si deducono quindi per a e per b i valori:

$$a = \frac{\sum x^2 \sum y - \sum x \sum xy}{n\sum x^2 - (\sum x)^2},$$

$$b = \frac{n\sum xy - \sum x \sum y}{n\sum x^2 - (\sum x)^2}.$$

Ora per i risultati delle esperienze della prima serie essendo (vedi le tabelle più avanti)

$$\sum x = 98{,}6598\,, \qquad \sum x^2 = 1018{,}1126\,, \qquad \sum y = 0{,}002259\,,$$

$$\sum xy = 3{,}9889 \times i = 0{,}01955,$$

inoltre $n = 12$ ed $i = 0{,}0049$, si avranno le

$$a = 0{,}0001494\,, \qquad b = 0{,}0000047.$$

Analogamente si determinano i valori di questi coefficienti relativi alle altre serie di esperienze e si ottengono così quattro relazioni corrispondenti ciascuna ad una diversa natura di parete del canale. Ma il signor BAZIN non si accontentò di quelle esperienze eseguite sopra canali artificiali; oltre le prime di BAUMGARTEN fece anche concorrere alla ricerca dei valori di quei coefficienti altre esperienze istituite sui piccoli canali di Grosbois e di Chazilly, e sui fiumi Senna, Saonna. Giunse così a stabilire quattro formole corrispondenti ai quattro tipi di pareti che costituiscono ordinariamente il fondo e le scarpe dei canali e dei fiumi.

La prima formola dedotta dai risultati della prima serie, e verificata colle esperienze di BAUMGARTEN all'acquedotto di Roquefavour, è, come si è dimostrato sopra, la seguente:

$$(1) \qquad ri = 0{,}00015\left(1 + \frac{0{,}03}{r}\right)u^2;$$

essa si adotterà nella pratica a determinare il valore della resistenza, o quello della velocità allorquando le pareti del canale sieno molto unite e lisciate. Per canali a pareti costrutte in pietra da taglio, in mattoni, etc., il BAZIN dà la seconda formola:

$$(2) \qquad ri = 0{,}00019\left(1 + \frac{0{,}07}{r}\right)u^2;$$

ed infine, secondo lo stesso autore, le due formole:

$$(3) \qquad ri = 0{,}00024\left(1 + \frac{0{,}25}{r}\right)u^2,$$

$$(4) \qquad ri = 0{,}00028\left(1 + \frac{1{,}25}{r}\right)u^2,$$

corrispondono la prima a pareti poco unite in muratura di pietre, e la seconda per canali a pareti in terra.

Le formole (1), (2), (3), (4) devono quindi sostituirsi nella pratica alle formole di PRONY, di EYTELWEIN, di TADINI, di SAINT-VENANT, etc.; esse dànno pel valore della velocità media nei quattro casi le espressioni seguenti:

$$u = 81{,}649 . r . \sqrt{\frac{i}{0{,}03 + r}}, \qquad u = 72{,}547 . r . \sqrt{\frac{i}{0{,}07 + r}},$$

$$u = 64{,}549 . r . \sqrt{\frac{i}{0{,}25 + r}}, \qquad u = 59{,}761 . r . \sqrt{\frac{i}{1{,}25 + r}}.$$

Se confrontiamo quest'ultimo valore di u, il quale corrisponde al caso che più di frequente si presenta nella pratica, col valore della velocità U data dalla formola del Tadini nelle identiche circostanze di pendenza e di raggio medio, si ottiene la

$$\frac{u}{U} = \frac{1{,}195}{\sqrt{1 + \frac{1{,}25}{r}}},$$

e da essa deducesi facilmente che i valori di u ed U coincidono allorquando il raggio medio ha un valore prossimo a *tre* ed u è maggiore o minore di U secondo che r è maggiore o minore dello stesso numero. Questa coincidenza non si verificherà effettivamente che nei fiumi molto larghi, pei quali si può ritenere r eguale all'altezza del pelo d'acqua sul fondo dell'alveo; negli altri casi di canali ordinarj o di roggie sarà sempre r minore di tre, e quindi la portata calcolata colla formola del Tadini superiore a quella alla quale condurrebbe la più attendibile dell'Ing. Bazin.

Abbiamo creduto opportuno fermarci un pò a lungo sopra questi recenti risultati, giacchè, come osservammo da principio, essi modificano essenzialmente quelle formole idrauliche, per le quali i medesimi sono fondamento sperimentale. Altre esperienze furono inoltre eseguite dal signor Bazin allo scopo di determinare la velocità massima o la velocità del filone, e la scala delle velocità in una sezione verticale e normale al filone, e queste pure mostrarono la necessità di correggere i risultamenti accettati dalla pratica. Ci occuperemo brevemente di esse nel seguente capitolo.

Serie I. — *Canale rettangolare in cemento.*

Num. delle Esperienze	Deflusso	Raggio medio r	Velocità media u	Valore di $\frac{1}{r}$	Valore di $\frac{1}{r^2}$	Valore di $\frac{1}{u^2}$	Valore di $\frac{ri}{u^2}$
	m. c.	metri	metri				
1	0,100	0,0511	1,018	19,5695	382,9636	0,9649	0,000242
2	0,203	0,0766	1,338	13,0548	170,4240	0,5586	0,000210
3	0,307	0,0982	1,537	10,1833	103,7000	0,4233	0,000204
4	0,411	0,1144	1,731	8,7412	76,4083	0,3337	0,000187
5	0,515	0,1312	1,853	7,6220	58,0950	0,2912	0,000187
6	0,618	0,1445	1,984	6,9203	47,8920	0,2540	0,000180
7	0,721	0,1579	2,081	6,3331	40,1091	0,2309	0,000179
8	0,824	0,1701	2,171	5,8790	34,5623	0,2122	0,000177
9	0,927	0,1813	2,258	5,5157	30,4229	0,1961	0,000174
10	1,030	0,1925	2,326	5,1948	26,9862	0,1848	0,000174
11	1,133	0,2026	2,397	4,9358	24,3622	0,1740	0,000173
12	1,236	0,2123	2,460	4,7103	22,1870	0,1652	0,000172
				98,6598	1018,1126	3,9889	0,002259

Serie II. — *Canale rettangolare in muratura.*

Num. delle Esperienze	Deflusso	Raggio medio r	Velocità media u	Valore di $\frac{1}{r}$	Valore di $\frac{1}{r^2}$	Valore di $\frac{1}{u^2}$	Valore di $\frac{ri}{u^2}$
	m. c.	metri	metri				
1	0,100	0,0586	0,839	17,0648	291,2067	1,4206	0,000408
2	0,203	0,0865	1,117	11,5606	133,6898	0,8014	0,000340
3	0,307	0,1114	1,274	8,9766	80,6451	0,6161	0,000336
4	0,411	0,1291	1,440	7,7459	60,2409	0,4822	0,000305
5	0,515	0,1467	1,555	6,8166	46,5116	0,4135	0,000297
6	0,618	0,1646	1,626	6,0753	37,0370	0,3782	0,000305
7	0,721	0,1775	1,731	5,6338	31,7460	0,3337	0,000290
8	0,824	0,1889	1,831	5,2938	28,0898	0,2982	0,000276
9	0,927	0,2037	1,874	4,9090	24,1545	0,2847	0,000284
10	1,030	0,2124	1,973	4,7080	22,1729	0,2568	0,000267
11	1,133	0,2252	2,012	4,4404	19,7238	0,2470	0,000273
12	1,236	0,2374	2,047	4,2122	17,7619	0,2386	0,000277
				87,4370	792,9800	5,7710	0,003658

Serie III. — *Canale rettangolare rivestito di piccoli ciottoli.*

Num. delle Esperienze	Deflusso	Raggio medio r	Velocità media u	Valore di $\frac{1}{r}$	Valore di $\frac{1}{r^2}$	Valore di $\frac{1}{u^2}$	Valore di $\frac{ri}{u^2}$
	m. c.	metri	metri				
1	0,100	0,0761	0,658	13,1406	175,4385	2,3123	0,000862
2	0,203	0,1087	0,898	9,1996	84,7457	1,2400	0,000661
3	0,307	0,1373	1,038	7,2833	53,1914	0,9281	0,000625
4	0,411	0,1585	1,170	6,3091	39,8406	0,7297	0,000567
5	0,515	0,1791	1,263	5,5834	30,9597	0,6269	0,000550
6	0,618	0,1963	1,350	5,0942	25,9740	0,5486	0,000528
7	0,721	0,2134	1,415	4,6860	21,9780	0,4994	0,000523
8	0,824	0,2274	1,487	4,3975	19,3423	0,4522	0,000504
9	0,927	0,2393	1,562	4,1788	17,4825	0,4098	0,000481
10	1,030	0,2536	1,603	3,9432	15,5520	0,3891	0,000483
11	1,133	0,2654	1,655	3,7678	14,2045	0,3650	0,000475
12	1,236	0,2772	1,697	3,6075	13,0208	0,3472	0,000472
				71,1910	511,7300	8,8483	0,006731

Serie IV. — *Canale rettangolare rivestito di grossi ciottoli.*

Num. delle Esperienze	Deflusso	Raggio medio r	Velocità media u	Valore di $\frac{1}{r}$	Valore di $\frac{1}{r^2}$	Valore di $\frac{1}{u^2}$	Valore di $\frac{ri}{u^2}$
	m. c.	metri	metri				
1	0,100	0,0888	0,547	11,2612	128,2051	3,3422	0,001454
2	0,203	0,1270	0,741	7,8740	62,1118	1,8214	0,001132
3	0,307	0,1554	0,884	6,4350	41,4937	1,2797	0,000974
4	0,411	0,1788	0,998	5,5928	31,3479	1,0040	0,000880
5	0,515	0,2000	1,086	5,0000	25,0000	0,8479	0,000830
6	0,618	0,2170	1,173	4,6082	21,2765	0,7267	0,000772
7	0,721	0,2354	1,229	4,2480	18,0505	0,6620	0,000763
8	0,824	0,2509	1,289	3,9856	15,8982	0,6018	0,000740
9	0,927	0,2642	1,350	3,7850	14,3266	0,5486	0,000710
10	1,030	0,2771	1,403	3,6088	13,0378	0,5080	0,000690
11	1,133	0,2882	1,458	3,4698	12,0481	0,4704	0,000664
12	1,236	0,3009	1,493	3,3233	11,0497	0,4486	0,000661
				63,1917	393,8459	12,2613	0,010270

NOTA. — Calcolando i valori di a e di b, relativi alle serie seconda, terza e quarta di esperienze, colle formole usate per determinare quelli della prima serie, si ottengono:

per la Serie II^a $a = 0{,}000282$, $b = 0{,}0000104$,

» III^a $a = 0{,}000333$, $b = 0{,}0000383$,

» IV^a $a = 0{,}000338$, $b = 0{,}0000985$,

e le formole corrispondenti del moto uniforme sarebbero:

$$ri = 0{,}00028\left(1 + \frac{0{,}037}{r}\right)u^2,$$

$$ri = 0{,}00033\left(1 + \frac{0{,}115}{r}\right)u^2,$$

$$ri = 0{,}00034\left(1 + \frac{0{,}291}{r}\right)u^2.$$

Esse differiscono da quelle esposte più sopra, alla calcolazione delle quali concorsero, come si disse, altre esperienze eseguite sopra canali e fiumi.

II.

Nuova formola di relazione fra le velocità massima e media.

La velocità media u di un corso d'acqua si deduce nella pratica dalla velocità massima v, ottenuta direttamente dalla esperienza, per mezzo di formole dovute a PRONY e ad altri idraulici, o mediante la relazione più semplice

$$u = \alpha v,$$

nella quale α è un coefficiente numerico. Sul valore di questo coefficiente gli autori di opere idrauliche sono dissenzienti, il BRÜNINGS ritenendolo uguale a 0,85; il BOILEAU a 0,82; il BAUMGARTEN a 0,80; il DUPUIT variabile da 0,67 ad 1,00. Ora la natura delle pareti del canale, la quale abbiamo veduto nel precedente capitolo avere tanta influenza sul valore della velocità media u, non potrebbe avere anche influenza sul valore del rapporto $\frac{u}{v}$, cioè sul valore del coefficiente numerico α?

Le prime esperienze eseguite dal sig. BAZIN diedero risultati favorevoli a questa congettura; essendosi trovato che quel coefficiente oscillava tra il 0,80 ed il 0,85 nei canali in cemento; fra il 0,70 ed il 0,75 nei canali in muratura di pietre, e che pei canali in terra esso abbassavasi fino a 0,50.

Nella lunga serie di esperienze eseguite dal sig. BAZIN, allo scopo di determinare il valore di α corrispondente alle diverse condizioni delle pareti di un canale, si verificò un fatto, non ignorato dagli idraulici, ma che è bene notare, potendo condurre in alcuni casi a risultati erronei. Le velocità massime, in queste esperienze, erano in molta parte misurate con due procedimenti differenti, cioè col mezzo di galleggianti, o mediante il tubo misuratore del sig. DARCY. Ora, scorrendo le tabelle nelle quali sono raccolti i valori del rapporto $\frac{u}{v}$ dedotti da quelle misure, trovasi che alcuni fra essi dipendenti da misure ottenute coi galleggianti differiscono dai corrispondenti desunti da quelle fornite dal tubo di DARCY. In tutte le esperienze ove ciò si verifica, questi ultimi valori sono minori dei primi, e la differenza in alcune di esse elevasi fino a 0,07. L'apparente contraddizione spiegasi osservando che in questi casi il galleggiante non aveva dato la misura della velocità massima nella sezione, giacchè nei medesimi la vena fluida di massima velocità non era alla superficie dell'acqua, ma alquanto al di sotto, il che era appunto notato dal tubo misuratore. Abbiamo già detto che questo fatto era stato osservato ed il BOILEAU ne cita molti esempj desunti da esperienze di DÉFONTAINE, di HENNOCQUE, di BAUMGARTEN, accennando anche ad alcune cause capaci di far variare la profondità alla quale trovasi la vena di massima velocità, fra le quali lo spirare del vento da valle o da monte. Le recenti esperienze dell'Ing. BAZIN, per determinare la distribuzione della velocità delle vene fluide in una stessa sezione, condussero a risultati più generali, essendosi riconosciuto che la velocità massima trovasi di tanto più lontana dalla superficie quanto la profondità della corrente è più grande rispetto alla sua larghezza. Perciò, mentre in una corrente larga e poco profonda, allorquando non vi siano perturbazioni speciali, la velocità massima trovasi alla superficie o poco al di sotto, in un canale, nel quale la profondità è poco differente dalla larghezza, la si incontra circa ad egual distanza dal pelo d'acqua e dal fondo del canale.

Le esperienze dell'Ing. BAZIN, avendo posto fuori di dubbio che il rapporto $\frac{u}{v}$, od il coefficiente α, va diminuendo coll'aumentarsi della resistenza che le pareti del canale oppongono al movimento dell'acqua, trattavasi di determinare la legge, secondo la quale quella diminuzione procede, o di esprimere quel fatto con una formola. Posto $a = \frac{r\,i}{u^2}$, nella quale le r, i hanno il medesimo significato che nel Capitolo I, il BAZIN osserva che, supponendo la resistenza delle pareti vada impiccolendo, il valore di a tende verso lo zero, e quello del rapporto $\frac{u}{v}$ verso l'unità. Dietro queste considerazioni egli pone:

$$\frac{v}{u} = 1 + f(a),$$

essendo f una funzione che si annulla colla variabile a.

La forma più semplice per questa funzione, colla quale si possano rappresentare i risultati delle esperienze, fu trovata consistere nel prodotto di un coefficiente numerico per $\sqrt{a}$. Si avrà quindi:

$$\frac{v}{u} = 1 + k\sqrt{a},$$

e non rimane che a determinarsi il coefficiente numerico k.

Le moltissime esperienze eseguite dall'Ingegnere Bazin servirono a questo scopo; ognuna di esse determinava valori sperimentali corrispondenti per u, v, a, e quindi un valore sperimentale di k per mezzo della equazione

$$k = \frac{\frac{v}{u} - 1}{\sqrt{a}}.$$

Togliamo dall'opera di Bazin la seguente tabella riassuntiva dei risultati di quelle esperienze.

Valori di a	Valore medio di k	Osservazioni
Al di sotto di 0,0002	14,9	Media di sette valori
Da 0,0002 a 0,0004	14,3	. . . . . tredici valori
Da 0,0004 a 0,0006	13,7	. . . . . dieci valori
Da 0,0006 a 0,0008	13,5	. . . . . otto valori
Da 0,0008 a 0,0010	14,1	. . . . . cinque valori
Da 0,0010 a 0,0015	15,3	. . . . . dodici valori
Al di sopra di 0,0015	17,7	. . . . . sei valori

Da questa tabella si deduce che il valore di k varia di pochissimo al variare di a, almeno fino a che il valore numerico di questa quantità non oltrepassa 0,0010; ed in questi limiti comprendesi il maggior numero dei casi che la pratica presenta. La media dei primi cinque valori di k dati dalla tabella superiore è 14,1; l'Ing. Bazin conchiude col ritenere $k = 14$, e quindi:

$$\frac{v}{u} = 1 + 14\sqrt{a}.$$

Da questo si deduce la nuova formola da sostituirsi a quella di Prony ed alle altre usate nella pratica, cioè la

$$(1) \qquad \frac{u}{v} = \frac{1}{1 + 14\sqrt{a}},$$

nella quale ponendo in luogo di a i valori dati dalle formole (1), (2), (3), (4) del Capitolo I, si otterranno i valori del rapporto $\frac{u}{v}$ corrispondenti a quelle differenti condizioni di pareti.

Dalla stessa formola (1), sostituendo per a il suo valore $\frac{ri}{u^2}$, si giunge alla seguente:

$$u = v - 14\sqrt{ri},$$

la quale può essere utile nella pratica.

Il sig. BAZIN stabilisce anche una tabella di confronto fra i valori del rapporto $\frac{u}{v}$ dati dalla esperienza, dalla nuova sua formola, e dalla formola di PRONY. L'esame di essa dimostra che quest'ultima formola dà risultati in accordo coll'esperienza, allorquando la resistenza alle pareti è poco considerevole; ciò che poteva prevedersi, le esperienze del DUBUAT, calcolate da PRONY, essendo state eseguite su canali in legno. Ma aumentando la resistenza della parete, la differenza fra i risultati di quella formola e quelli dell'esperienza diventa grandissima, come si può rilevare dall'unita tabella, nella quale abbiamo raccolto alcuni fra i risultati esposti dal signor BAZIN nella tabella citata sopra.

Natura delle pareti del Canale	Valore di $\frac{u}{v}$		
	Sperimentale	Formola di BAZIN	Formola di PRONY
Canale in legno	0,816	0,823	0,837
Canale coperto di belletta .	0,724	0,708	0,854
Canale in muratura	0,717	0,692	0,823
Piccolo canale di Chazilly.	0,554	0,652	0,805
id. di Grosbois	0,599	0,647	0,793

Infine il sig. BAZIN, dalla media delle differenze fra i risultati delle due formole ed i risultati sperimentali, giunse anche a determinare il grado di approssimazione della propria formola. Quella media pei valori del rapporto $\frac{u}{v}$ corrispondenti a valori di a

inferiori a 0,0010 è eguale a zero, mentre per la formola di PRONY trovasi eguale a — 0,062; e per valori di a superiori a 0,0010 la prima media eguaglia — 0,029 e la seconda — 0,186. Da questi numeri, dedotti da una lunga ed accurata serie di esperienze, dobbiamo conchiudere che, se la formola del PRONY, secondo una osservazione dello stesso autore, *doveva considerarsi come una semplice regola di calcolo empirico, per soddisfare ai bisogni della pratica,* attualmente deve essere abbandonata e sostituita da quella dell'Ingegnere BAZIN.

Un gran numero di esperienze furono anche intraprese dall'Ing. BAZIN allo scopo di determinare le leggi della distribuzione della velocità nell'interno di una corrente. I risultati di queste esperienze consegnati in tabelle, o rappresentati con mezzi grafici, dimostrano quanto sia complicata quella distribuzione, e in quante differenti maniere essa possa variare.

Per formarsi un concetto del modo col quale le esperienze furono eseguite, e della rappresentazione grafica dei loro risultati, riportiamo dell'opera di BAZIN una tabella contenente le misure di velocità prese a destra ed a sinistra dell'asse della corrente, ed a differenti profondità, nel piccolo canale di Grosbois.

Portata m^3 1,296. — Profondità della corrente m. 1,135. — Velocità media m. 0,638.

Profondità al di sotto del pelo d'acqua	Distanze orizzontali dall'asse della corrente — A Sinistra						A Destra				
	0,95	0,90	0,70	0,50	0,30	0,00	0,30	0,50	0,70	0,90	0,95
m. 0,050	0,768	0,837	0,847	1,002	1,070	1,061	0,970	0,911	0,826	0,757	0,632
0,200	0,750	0,848	1,034	1,108	1,107	1.076	1,002	0,989	0,903	0,780	0,682
0,350	0,760	0,815	1,024	1,103	1,097	1,088	1,043	0,975	0,959	0,824	0,715
0,500	0,771	0,837	1,081	1,135	1,145	1,124	1,092	1,044	0,996	0,741	0,721
0,650	0,765	0,788	1,039	1,107	1,081	1,161	1,102	1,012	0,925	0,772	0,618
0,800	0,772	0,864	0,973	1,044	1,076	1,097	1,017	0,948	0,922	0,788	0,629
0,900	0,595	0,666	0,850	0,882	0,944	1,001	0,975	0,924	0,788	0,624	0,532

In questa tavola, come in tutte le altre riferite nell'opera dell'Ing. BAZIN, i numeri esposti non rappresentano i valori delle velocità V corrispondenti ai filetti liquidi situati a quella distanza dall'asse della corrente ed a quella profondità, ma quei numeri sono i valori del rapporto $\frac{V}{u}$ fra quelle velocità e la velocità media nella sezione. Dalla stessa tabella si passa facilmente alla rappresentazione grafica del fenomeno, cioè alla descrizione delle curve, che passano per tutti i punti dotati di velocità eguali alla velocità media u, quindi di quelle passanti pei punti per i quali le velocità sono ordinatamente 0,70 u; 0,80 u;

0,90 u; ...; 1,30 u. Si ottengono così le curve denominate dagli idraulici curve di eguale velocità.

Questa rappresentazione grafica conferma quanto già si disse sopra risultare dall'ispezione delle tabelle; la grande complicazione, cioè, della distribuzione delle velocità, e forse la impossibilità di trovare una legge che abbracci i varii casi. Il BAZIN ne distingue due soli, i quali conducono a risultati abbastanza precisi e semplici. Essi sono il canale rettangolare di tale larghezza che l'azione delle pareti laterali possa trascurarsi; ed il canale a sezione semicircolare.

Nel primo caso la legge di distribuzione delle velocità sarebbe contenuta nella formola

$$\frac{U-V}{\sqrt{Hi}} = k\left(\frac{h}{H}\right)^2,$$

nella quale U è la velocità misurata nel mezzo della corrente nel punto più prossimo possibile al pelo d'acqua; V la velocità del filetto posto alla profondità h dalla superficie, H la profondità totale della corrente; finalmente i la pendenza del canale, k un coefficiente numerico. Questa formola fu suggerita all'ing. BAZIN dal fatto constatato da varie esperienze, che il rapporto fra il numero $\frac{U-V}{\sqrt{Hi}}$ ed il numero $\left(\frac{h}{H}\right)^2$ conservasi presso a poco costante al variare di h e quindi di U, le altre condizioni rimanendo le stesse. In un canale rettangolare a pareti liscie in cemento ed in legno, nei quali $H = m.\ 0,265$ ed $i = 0,0059$ si ottennero i seguenti risultati sperimentali:

Valori di h	Valori di $\frac{h}{H}$	Valori di $U-V$	Valori di $\frac{U-V}{\sqrt{Hi}}$	Valori di k
0,135	0,509	0,214	5,42	20,9
0,185	0,698	0,406	10,28	21,1
0,235	0,887	0,685	17,34	22,0

In un canale, a pareti meno lisce, in legno ricoperto di belletta, essendo $H = m.\ 0,286$ ed $i = 0,00886$, si ebbe:

Valori di h	Valori di $\frac{h}{H}$	Valori di $U-V$	Valori di $\frac{U-V}{\sqrt{Hi}}$	Valori di k
0,129	0,451	0,215	4,27	21,0
0,196	0,685	0,445	8,85	18,9
0,246	0,860	0,780	15,51	21,0

Queste tabelle, che abbiamo riportato ad esempio, e le altre date dal signor Bazin dimostrano che il valore di quel rapporto od il valore di k mantiensi quasi costante, non solo al variare della profondità h, ma variando anche la natura del canale. La media di tutti i valori di k così ottenuti risultando eguale a 20, la formola superiore diventa:

$$\frac{U - V}{\sqrt{Hi}} = 20\left(\frac{h}{H}\right)^2.$$

Nel secondo caso la legge di distribuzione della velocità può rappresentarsi assai prossimamente colla formola

$$U - V = k\sqrt{Ri}\left(\frac{r}{R}\right)^3,$$

nella quale R è il raggio della sezione, ed r la distanza dal centro del filetto liquido di cui la velocità è U. In questa formola è quindi evidentemente espresso il fatto sperimentale che in un canale a sezione semi-circolare le curve di eguale velocità sono circonferenze concentriche. Il valore del coefficiente numerico k determinato dal sig. Bazin, in base a molte esperienze ed a considerazioni analoghe alle superiori, risultò eguale a 21, per cui la formola completamente determinata nel caso di un canale a sezione semicircolare è la

$$\frac{U - V}{\sqrt{Ri}} = 21\left(\frac{r}{R}\right)^3.$$

Questa parte dell'opera dell'ing. Bazin, benchè non concluda ad un gran numero di risultati positivi utili alla pratica, ha il merito di avere posto in maggior luce quanto sia complicato il movimento dell'acque in un canale. Noi non crediamo poter dare descrizione più chiara del fenomeno di quella che l'autore stesso espone nella introduzione del suo importante lavoro, e ne riferiamo perciò testualmente alcuni brani. « Si l'on « observe, scrive il signor Bazin, la vitesse en un point déterminé, on ne tarde pas à « s'apercevoir qu'elle varie à chaque instant. Ces variations sont subites: elles s'opèrent « par soubresauts très-vifs, et sont accompagnées de petits changements de niveau dans « la surface ». E più avanti: « La vitesse en un point donné n'est donc qu'une véri- « table abstraction; c'est une sorte de moyenne entre des vitesses fort différentes qui « se succèdent rapidement. L'écoulement n'est pas un phénomène continu, et l'hypothèse « simplificative du mouvement par filets parallèles, imaginée dans le but de soumettre « les faits au calcul, est très-éloignée de la vérité. Un filet, c'est-à-dire une série de mo- « lécules se suivant dans une même direction avec des vitesses égales, ne peut subsister « que pendant un temps très-court, et se trouve inévitablement détruit par les échanges

« constants de molécules qui doivent s'opérer entre lui et ses voisins, et par les mou« vements obliques qui en résultent. Ces mouvements irréguliers paraissent se produire « de préférence dans les grandes sections; mais c'est surtout aux environs de la surface « que les variations, ou, si l'on veut, le désordre des vitesses, sont le plus remarquables ».

Febbraio, 1866.

CCLXIV.

DELLE TRAVERSE OBLIQUE ALLA DIREZIONE D'UN CORSO D'ACQUA.

Il Politecnico, Repertorio di studi letterarii, scientifici e tecnici,
serie IV, parte tecnica, vol. I (1866), pp. 243-253.

Le condizioni, le quali, nella compilazione del progetto di una traversa stabile da costruirsi nel letto di un fiume, devono influire nel determinarne le dimensioni, sono di due specie: alcune riguardano la stabilità e la durata della costruzione stessa, altre gli effetti che dalla traversa ponno derivare pel letto e pel regime del fiume. Però, siccome tanto le prime che le seconde possono essere soddisfatte, fino ad un certo limite, coll'aumentare la lunghezza della traversa, si raggiunge in molti casi questo intento, col disporre la traversa in tutto od in parte obliqua alla direzione generale della corrente. I vantaggi di questa disposizione, nel tracciato di una traversa, furono fin da tempo apprezzati, come lo prova la straordinaria lunghezza di alcune traverse stabilite da secoli; però essi furono esagerati, partendo dal supposto, non completamente vero, che nel calcolare la portata dello stramazzo prodotto dalla traversa, la lunghezza di questa misurasse la larghezza del primo; o più chiaramente: che il deflusso fosse eguale a quello che si otterrebbe da una traversa normale alla direzione della corrente e di lunghezza eguale alla obliqua.

« Io ho sovente osservato, dice il MINARD nel suo eccellente *Cours de Construction des ouvrages qui établissent la navigation des rivières et des canaux* *), ho sovente osser-
« vato che i filetti fluidi camminano parallelamente alla corrente generale fino sullo
« spigolo a valle dello spianato della traversa, e che giunti là, invece di seguire la nor-
« male, si inclinano alquanto sopra di essa. Ed infatti, aggiunge, animati come sono
« d'una grande velocità, allorquando arrivano al ciglio della traversa, essi devono se-
« guire la diagonale, fra la direzione di questa velocità e di quella che acquistano nor-
« malmente nella caduta. Tutta la lunghezza d'una traversa obliqua, conchiude il MINARD,
« non deve essere assunta come larghezza dello stramazzo ».

*) [Liége, 1851].

Queste giuste considerazioni conducono naturalmente a formulare alcuni quesiti, dalla soluzione dei quali la pratica attende norme per determinare nei vari casi particolari il tracciato di una traversa. Come si determina la portata dello stramazzo prodotto da una traversa, di cui il tracciato non sia in tutto od in parte normale alla corrente? Come si determina la differenza di livello fra il ciglio della traversa ed il pelo d'acqua a monte, oppure fra quest'ultimo e quello a valle? Come stanno fra loro i deflussi per due traverse di lunghezze eguali, l'una normale alla corrente, l'altra obliqua, supposti eguali tutti gli altri elementi? Questi ed altri quesiti, dei quali trovansi in tutti i manuali pratici soluzioni abbastanza soddisfacenti, allorquando si tratti di piccole dighe attraverso a canali, presentano un particolare interesse, se si applicano a costruzioni di grandi dimensioni ed a fiumi in cui la corrente acquista straordinarie velocità col crescere delle piene.

Il Boileau ha istituito alcune esperienze allo scopo di rispondere a quei quesiti, ed in special modo all'ultimo di essi. Queste esperienze, condotte con molta cura e precisione, avrebbero grandissima importanza pratica, se non fossero state eseguite su canali artificiali, e perciò sopra una scala relativamente piccola rispetto alle dimensioni della traversa, al deflusso, ed al carico a monte. Però le esperienze di Boileau, le uniche, crediamo, esistenti sul deflusso attraverso dighe oblique, offrono già alcuni criterii di utilità pratica. Nella prima serie di esperienze la traversa era inclinata alla normale della corrente di un angolo di quarantacinque gradi; l'altezza della traversa era di 434 millimetri, e la sua lunghezza di metri 1,263; nella seconda serie l'angolo di inclinazione era determinato dal rapporto di due di base per uno d'altezza; la traversa era alta 458 millimetri, e la sua lunghezza era di metri 1,996.

Indicando con α l'angolo di inclinazione del tracciato della traversa alla normale della corrente, con h l'altezza, l la lunghezza della traversa, con x la differenza di livello fra il ciglio della traversa ed il pelo d'acqua a monte [h, l, x espressi in metri], infine con Q la portata sperimentale [espressa in litri], i risultati ottenuti da Boileau si ponno riassumere nella seguente tabella:

$l = 1,263$, $h = 0,434$, $\tang \alpha = 1$		$l = 1,996$, $h = 0,458$, $\tang \alpha = 2$	
x	Q	x	Q
0,0625	34,568	0,0550	43,370
0,0897	60,048	0,0705	62,647
0,1200	92,949	0,0897	91,090
0,1365	113,313	0,1140	131,923
0,1570	140,031	0,1370	173,597
0,1860	181,802	0,1525	207,747

Questi risultati posti a confronto con quelli che si ottengono calcolando, con una formola dovuta allo stesso BOILEAU *), la portata dello stramazzo nell'ipotesi di una traversa normale, corrispondente agli stessi valori di l, h, x, condussero il BOILEAU alla seguente regola pratica. « Per ottenere il deflusso da una traversa obliqua, si calcolerà « quello dello stramazzo di una traversa normale della stessa lunghezza, e lo si molti- « plicherà pel coefficiente di riduzione 0,942 se la obliquità è di 45°; e pel coefficiente « 0,911 se l'angolo α di inclinazione alla normale corrisponde a $\tang \alpha = 2$ od è circa « di 65°. Questi due moduli potranno applicarsi ad obliquità che non differiscano di « molto dalle superiori, e la loro media alle obliquità intermedie ». Ma se non può muoversi alcun dubbio sulla esattezza dei numeri contenuti nella tabella superiore, perchè dedotti, come dicemmo, da accurate esperienze, non crediamo che lo stesso possa dirsi della regola superiore, per determinare la quale concorse una formola, che, come osserva lo stesso BOILEAU, non tenendo conto delle deviazioni trasversali che subiscono i filetti liquidi avvicinandosi alla traversa, fornisce nel caso di traverse oblique un grado di approssimazione minore che in quello di traverse perpendicolari alla corrente.

La ricerca di una formola per la portata di uno stramazzo prodotto da una traversa normale od inclinata alla corrente, nella quale si abbia il debito riguardo a quella deviazione dei filetti liquidi ed alla velocità che essi hanno a monte della traversa, non presenta gravi difficoltà, e può dedursi dalle formole ordinarie per la portata degli stramazzi, e quindi avere quel grado di approssimazione che queste hanno. Il MINARD aveva già proposto, per la portata di uno stramazzo dovuto ad una diga normale alla direzione della corrente di un fiume, una formola nella quale si valutavano quegli elementi, assegnando alla vena stramazzante, secondo il teorema di BERNOULLI, la velocità dovuta ad una altezza eguale alla somma delle altezze, alle quali sono dovute le due velocità suaccennate, l'una propria della corrente, l'altra che acquista nella caduta **).

Ma il problema non fu trattato nella sua generalità che recentemente dal signor ing. FOURNIÉ in una interessante Nota: *Sur l'amélioration des rivières navigables, torrentielles et encaissées,* pubblicata nel fascicolo di marzo-aprile 1865 degli *Annales des Ponts et Chaussées* ***). In questa nota si trovano importanti osservazioni e considerazioni sulle molte traverse di varia forma e costruzione stabilite sul fiume Lot, allo scopo di renderne possibile la navigazione; sull'influenza che il tracciato di una traversa può avere sul fondo e sulle correnti a valle, sui migliori profili, e metodi di costruzione.

*) BOILEAU, *Traité de la mesure des eaux courantes.* Paris, 1854. — MORIN, *Hydraulique,* 3me édit., Paris, 1865.

**) MINARD, Opera citata. — MARY, *Resumé lithographié du Cours de Navigation, fait a l'École des Ponts et Chaussées.*

***) [Annales des Ponts et Chaussées, 4e série, t. IX (1865, 1er sém.), pp. 151-178].

Nel determinare la espressione della portata dello stramazzo dovuto ad una traversa, l'ingegnere FOURNIÉ considera il caso più generale che il tracciato di essa sia in parte normale alla direzione della corrente ed in parte obliquo.

Se indichiamo con x la differenza di livello fra il ciglio della traversa, supposto orizzontale, ed il pelo d'acqua a monte, con n la lunghezza della parte della traversa normale alla direzione della corrente, con m la larghezza di quella parte del fiume nella quale la traversa è obliqua, per cui, indicando con α l'angolo di inclinazione alla normale e con l la lunghezza della porzione di traversa obliqua, si avrebbe $m = l \cos \alpha$; se denominiamo, infine, Q la portata richiesta, h l'altezza della traversa, u la velocità media della vena stramazzante, si avrebbe, come è noto:

$$Q = \left(\frac{m}{\cos \alpha} + n\right) x u .$$

Ora, se con v, w si rappresentano le due velocità, la prima che le molecole liquide acquistano nella caduta, l'altra che posseggono giungendo alla traversa, si avrà pel teorema di BERNOULLI rammentato sopra:

$$\frac{u^2}{2g} = \frac{v^2}{2g} + \frac{w^2}{2g};$$

ma d'altra parte si ha:

$$v = 0{,}45 \sqrt{2 g x}, \qquad w = \frac{Q}{L(x + h)},$$

essendo L la larghezza del fiume a monte della traversa; quindi:

$$u = \sqrt{\overline{0{,}45}^2 . 2 g x + \frac{Q^2}{L^2 (x + h)^2}} .$$

Ma il signor FOURNIÉ giustamente osserva che anche la larghezza reale dello stramazzo deve mutare. Di fatto, se i filetti liquidi devono, secondo l'osservazione di MINARD riferita testualmente più sopra, seguire la diagonale fra la direzione della velocità w a monte e quella della velocità v, è evidente che nel determinare il valore della portata per la parte di traversa obliqua alla normale, dovremo assumere come tracciato di essa una retta perpendicolare a quella diagonale. Perciò, indicando con ω l'angolo incognito che questa retta forma colla normale, si avrà per espressione della portata reale la

$$Q = \left(\frac{m}{\cos \omega} + n\right) x u , \tag{1}$$

ed il valore di ω sarà dato dalla nota formola

$$u \operatorname{sen} \omega = v \operatorname{sen} \alpha . \tag{2}$$

Eliminando la ω fra queste due equazioni si otterrà una relazione fra le Q, x e quantità note, dalla quale potranno dedursi valori di Q corrispondenti a dati valori di x, o reciprocamente.

Le formole (1), (2) furono trovate dal signor FOURNIÉ nella memoria citata.

Essendo nostro scopo in questo scritto di considerare specialmente le traverse oblique alla direzione generale della corrente, supporremo $n = 0$, nel qual caso si potrà ritenere $m = L$.

Ora se nella equazione (1) e nel valore di u poniamo $x = hy$, e

$$\frac{Q^2}{\overline{0,45}^2 \cdot 2g \cdot L^2 h^3} = q,$$

si ottiene la

(3) $$\sqrt{q} = \frac{1}{\cos\omega} \cdot \frac{y}{y+1} \sqrt{y(y+1)^2 + q},$$

e la equazione (2) diventa per le stesse denominazioni:

$$\operatorname{sen}\omega = \frac{(y+1)\sqrt{y} \cdot \operatorname{sen}\alpha}{\sqrt{y(y+1)^2 + q}},$$

per la quale:

$$\frac{1}{\cos\omega} = \frac{\sqrt{y(y+1)^2 + q}}{\sqrt{y(y+1)^2 \cos^2\alpha + q}},$$

valore che sostituito nella (3) dà:

(4) $$\sqrt{q} = \frac{y}{y+1} \cdot \frac{y(y+1)^2 + q}{\sqrt{y(y+1)^2 \cos^2\alpha + q}},$$

cioè la equazione cercata fra Q ed x.

Notiamo che nel caso qui considerato, essendo $L = l\cos\alpha$, se si pone

$$\frac{Q^2}{\overline{0,45}^2 \cdot 2g \cdot l^2 h^3} = \lambda,$$

si avrà:

$$\lambda = q\cos^2\alpha,$$

e quindi, se nella equazione (4) si introduce λ in luogo di q, si giunge alla

$$\sqrt{\lambda} = \frac{y}{y+1} \frac{y(y+1)^2\cos^2\alpha + \lambda}{\sqrt{y(y+1)^2\cos^4\alpha + \lambda}},$$

nella quale la λ mantiene lo stesso valore qualunque sia la inclinazione della traversa.

Quest'ultima formola si presta alla soluzione di molte quistioni. Da essa si deduce la equazione

$$(5)\quad y^4(y+1)^4\cos^4\alpha + 2\lambda y^3(y+1)^2\cos^2\alpha - \lambda y(y+1)^4\cos^4\alpha - \lambda^2(2y+1) = 0,$$

la quale, allorquando sieno noti i valori numerici di α e di λ, cioè di Q, l, h, darà i valori corrispondenti di y e quindi quelli del carico sulla cresta della traversa. Inoltre risolvendo quell'equazione rispetto a λ, si avrà:

$$\lambda = \frac{y(y+1)^2\cos^2\alpha}{2(2y+1)}[2y^2 - (y+1)^2\cos^2\alpha + R],$$

essendo

$$R = \sqrt{[2y^2 - (y+1)^2\cos^2\alpha]^2 + 4y^2(2y+1)},$$

e da questa si dedurranno i valori della portata Q supponendo noti quelli di x, l, h, α.

Applicando la formola superiore alle due serie di esperienze di Boileau citate più sopra, si ottengono i risultati contenuti nelle seguenti tabelle.

1ª Serie: $\alpha = 45°$; $l = 1^m,263$; $h = 0^m,434$.

Valori di y	Valori di Q dedotti dalla formola	Valori sperimentali di Q
0,1440	litri 38,110	litri 34,568
0,2067	65,790	60,048
0,2765	104,763	92,949
0,3134	126,913	113,313
0,3620	158,041	140,031
0,4286	204,497	181,802

2ª Serie: tang $\alpha = 2$; $l = 1^m,996$; $h = 0^m,458$

Valori di y	Valori di Q dedotti dalla formola	Valori sperimentali di Q
0,1201	litri 48,203	litri 43,370
0,1539	68,257	62,647
0,1958	95,430	91,090
0,2480	132,419	131,923
0,2991	171,633	173,597
0,3329	199,306	207,747

Questi risultati, principalmente gli ultimi, attestano in favore della formola trovata. Ma il BOILEAU ha dedotto dalle sue esperienze e da considerazioni teoriche una regola per determinare la portata dello stramazzo prodotto da una traversa obliqua, regola che esponemmo più sopra; vediamo ora come la formola (5) si presta anche a questo scopo.

Indicando con P la portata di uno stramazzo per una traversa ortogonale di altezza h, e di lunghezza l, se poniamo

$$\mu = \frac{P^2}{\overline{0,45}^2 \cdot 2g \cdot l^2 h^3},$$

dalla (5) si dedurrà per questa traversa, rispetto alla quale $\alpha = 0$, la equazione

$$y^3(y+1)^2 - \mu(2y+1) = 0. \tag{6}$$

È evidente che eliminando la y dalla equazione (5) e da quest'ultima, si troverebbe una relazione fra λ, μ cioè fra le portate Q, P e quantità note, per mezzo della quale sarebbe risolto il problema che abbiamo di mira.

Sebbene quella eliminazione non presenti gravi difficoltà, pure siccome, ciò che si scorge facilmente, la relazione che si otterrebbe non è omogenea rispetto alle λ, μ, così non si potrebbe dalla medesima dedurre il valore del rapporto $\frac{\lambda}{\mu}$ che effettivamente sarebbe dato dalla regola del BOILEAU. Il valore di quel rapporto si può però determinare in funzione di y e di α nel modo seguente.

Essendo per la equazione (6):

$$y^3(y+1)^2 = \mu(2y+1), \qquad y^6(y+1)^4 = \mu^2(2y+1)^2,$$

se moltiplichiamo la (5) per y^2, e vi sostituiamo i valori superiori, si ottiene, dividendo pel fattore $(2y+1)$, la equazione seguente:

$$\frac{y^2}{(y+1)^2} = \frac{\mu(\mu-\lambda)}{(\lambda - \mu\cos^2\alpha)^2}\cos^4\alpha,$$

o ponendo $\frac{\lambda}{\mu} = z^2$, si avrà:

$$\frac{y^2}{(y+1)^2} = \frac{(1-z^2)\cos^4\alpha}{(z^2-\cos^2\alpha)^2}. \tag{7}$$

Da questa, scrivendo per brevità Y in luogo di $\frac{y}{y+1}$, si deduce il valore di z^2 ossia:

$$z^2 = \cos^2\alpha - \frac{\cos^4\alpha}{2Y}\left[1 - \sqrt{1 + 4Y\frac{\tang^2\alpha}{\cos^2\alpha}}\right]. \tag{8}$$

Se $\alpha = 45°$, quest'ultima formola dà:

$$z^2 = \frac{1}{2} - \frac{1 - \sqrt{1 + 8Y}}{8Y},$$

nella quale, ponendo per y i valori corrispondenti alla prima serie delle esperienze Boileau, si giunge ai seguenti valori:

Y	0,1259	0,1713	0,2166	0,2392	0,2658	0,3000
z	0,9923	0,9892	0,9799	0,9762	0,9717	0,9656

La media di questi valori di z corrisponderebbe a 0,979, cioè il rapporto fra le portate Q, P degli stramazzi obliquo ed ortogonale supererebbe di 0,032 il valore di esso stabilito dalla regola di Boileau per questo caso.

Se tang $\alpha = 2$, la stessa formola dà:

$$z^2 = \frac{1}{5} - \frac{1 - \sqrt{1 + 80Y}}{50Y},$$

dalla quale, pei risultati della seconda serie delle esperienze Boileau, si hanno i valori:

Y	0,1072	0,1334	0,1637	0,1987	0,2302	0,2497
z	0,9327	0,9088	0,8814	0,8523	0,8153	0,8150

la media dei valori di z è 0,868, ossia inferiore di 0,043 di quello assegnato dalla regola di Boileau per lo stesso caso.

Noi abbiamo già osservato come, secondo lo stesso Boileau, i risultati sperimentali fossero più attendibili della regola da essi in parte dedotta, perciò crediamo che i numeri ottenuti sopra possano essere soddisfacenti nella pratica; ad ogni modo la formola (8) ha il vantaggio sulla regola più volte citata, di fornire il valore di quel rapporto per valori conosciuti di α, x, h; essendo inoltre la formola stessa di facilissima calcolazione numerica.

Infine dalle formole (6), (7) si dedurrebbe facilmente la relazione fra le λ, μ che abbiamo accennato più sopra; essa sarebbe la

$$[\lambda - \mu \cos^2 \alpha - \cos^2 \alpha \sqrt{\mu^2 - \lambda \mu}]^3 [(\lambda - \mu \cos^2 \alpha)^2 - (\mu^2 - \lambda \mu) \cos^4 \alpha]$$
$$= (\lambda - \mu \cos^2 \alpha)^2 (\mu - \lambda) \sqrt{(\mu^2 - \lambda \mu)} \cos^6 \alpha,$$

dalla quale potrebbesi dedurre il valore di Q allorquando sia dato quello di P; ma questa relazione è troppo complicata, perciò nei casi particolari converrà meglio dedurre dalla (6) il valore di y che vi corrisponde e sostituirlo nella (8).

Noteremo da ultimo che l'ing. FOURNIÉ nella nota citata ha considerato anche il caso che lo stramazzo non fosse libero, cioè che il livello d'acqua a valle superasse il ciglio della traversa; ma non ci fermeremo su di esso, non presentando difficoltà alcuna dopo le cose esposte.

Marzo, 1866.

CCLXV.

SULLE FORMULE EMPIRICHE PER LE PORTATE DEI FIUMI.

Il Politecnico, Repertorio di studi letterarii, scientifici e tecnici,
serie IV, parte tecnica, vol. II (1866), pp. 534-541; vol. III (1867), pp. 79-87.

Il calcolare, data una serie di misure dirette, una formula, la quale rappresenti il valore della portata o del deflusso di un fiume, in una data località, corrispondente ai varî stati di pelo d'acqua, è uno dei problemi di maggiore interesse pratico che attualmente presenti l'Idraulica fluviale. Queste formule, denominate comunemente empiriche, pel modo impiegato nell'ottenerle, non sono soltanto speciali al fiume pel quale si fecero le misure dirette, ma non ponno, in generale, applicarsi che in prossimità del luogo ove quelle misure furono eseguite. Ciò non diminuisce punto la loro importanza pratica, e sarebbe già gran ventura se pel deflusso dei nostri principali fiumi fossimo in possesso di formule locali od empiriche dedotte da osservazioni accurate e calcolate opportunamente. Ma oltrechè difettiamo di esse, ed il Governo, il quale solo ha in mano i mezzi necessari per eseguirle e più che altri dovrebbe risentire il danno di quella mancanza, sembra non creda debito suo l'occuparsene, i buoni metodi che le matematiche ponno offrire per la loro calcolazione non sono ancora così familiari agli idraulici da inspirare molta fiducia anche le poche formule sino ad ora ottenute.

Delle due vie che l'analisi matematica presenta al cultore di scienze naturali, vie corrispondenti a quelle che nei trattati di logica sono distinte colle denominazioni di metodo deduttivo e di metodo induttivo, la prima sola ha penetrato nella scuola, sia perchè il metodo deduttivo ebbe per lungo tempo il predominio nello studio delle leggi naturali, sia perchè essa ha costituito prima che l'altra un corpo di dottrina, sia infine perchè più facilmente si prestò ad un tal quale meccanismo di calcolo. Anche oggidì l'istruzione matematica che si dà al futuro ingegnere è tutta per quell'indirizzo; si ammette come indiscutibile che ad ogni problema pratico corrisponda una nota legge, quindi una equazione finita od infinitesimale, dalla quale debbasi dedurre, per mezzo di speciali teoriche, la soluzione della proposta questione. Ma se, come avviene nel maggior numero dei casi, il problema consiste appunto nel determinare la legge, il giovane ingegnere ignaro di ogni mezzo diretto di induzione si appiglierà a tentativi infruttuosi, e mentre si rammenterà aver abbandonato gli studii universitarii con un grosso bagaglio di teoriche, e di teoremi, non ricorderà avere una sola volta udito che le matematiche offrono il più potente mezzo di induzione alle scienze sperimentali. Ed in questo caso, come in altri consimili, non sarà soltanto il difetto di quelle cognizioni, in una classe di persone per la quale sono tanto necessarie, che noi avremo a deplorare, ma bensì, falsando in parte l'indirizzo degli studii preparatorii, avremo creato un ostacolo al progresso di quelle ricerche tecniche, le quali hanno per base la osservazione. Come potrà un ingegnere sentire il bisogno di una serie di osservazioni o di dati sperimentali, se questi non costituiscono per lui che un ammasso di cifre e nulla più? Come potrà prestabilire un piano d'esecuzione per quelle osservazioni, senza conoscere in qual modo potrà servirsi delle medesime nel risolvere una data quistione pratica? Così si andrà perpetuando quella classe di tecnici, i quali, benchè per le posizioni che occupano abbiano stretto dovere di tener dietro, almeno, ai progressi della scienza e dell'arte, pure si intitolano uomini pratici pel solo fatto che non conoscono teorie e le disprezzano. Non è nella presente occasione che intendiamo esporre alcuni fatti a sostegno di questa nostra opinione, ci basta per ora l'averla accennata, e ritorniamo al principale argomento di questo lavoro.

La prima formula empirica pel deflusso di un fiume è dovuta al nostro LOMBARDINI. Questo egregio idraulico, che ad una vasta erudizione accoppia un criterio finissimo ed un giudizio sicuro, ebbe la felice idea, nel bel lavoro intitolato: *Stato idrografico naturale ed artificiale della Lombardia*, pubblicato nelle *Notizie naturali e civili su la Lombardia*, di C. CATTANEO *), di servirsi dei risultati di alcune osservazioni eseguite dal BONATI e dagli allievi della scuola degli Ingegneri di Roma sul Po, per calcolare una formula che rappresenta il deflusso di quel fiume. « Questa formula, così si esprime il LOMBAR-« DINI, fu desunta da quella generale pel moto equabile dell'acqua negli alvei

$$Q = m\,l\,a^{\frac{3}{2}}\sqrt{i},$$

« semplificata coll'esclusione dei termini meno influenti nelle pratiche applicazioni; nella « quale Q rappresenta la portata, m un coefficiente costante, l la larghezza della sezione, « a l'altezza media dell'acqua sul fondo, i la pendenza. Preso per unità di misura il

*) [Milano, 1844].

« metro, e di tempo il secondo, le costanti della formula precedente si sono determinate « in base ai quattro esperimenti eseguiti per la misura della portata del Po; e se ne « ebbe:

$$Q = 767\, a^{\frac{3}{2}} \sqrt{0,115 - 0,00069\, a^2} \text{ »}.$$

A questa espressione daremo per maggiore semplicità la forma:

$$(1) \qquad Q = \beta\, a^{\frac{3}{2}} \sqrt{1 - \gamma a^2},$$

la quale contiene soltanto le due costanti β, γ, di cui i valori sono:

$$\beta = 260,1, \qquad \gamma = 0,006.$$

Osservando la relazione (1) si presentano spontanee alcune riflessioni ed obbiezioni. Il valore di Q risultando dal prodotto di due fattori, dei quali l'uno aumenta, l'altro diminuisce di valore aumentando il valore di a, evidentemente il valore di Q andrà dapprima aumentando colla a, poi diminuendo, sinchè riducesi eguale a zero allorquando è nullo il binomio $1 - \gamma a^2$. Se il valore di a che corrisponde al massimo valore di Q, o quello che annulla il binomio suddetto, e quindi i numeri compresi fra essi, sono valori possibili in natura per l'altezza media dell'acqua sul fondo, quella formula non potrà usarsi che entro certi limiti.

Ora, essendo

$$\frac{dQ}{da} = \frac{1}{2}\beta \frac{\sqrt{a}}{\sqrt{1 - \gamma a^2}}[3(1 - \gamma a^2) - 2\gamma a^2],$$

il valore di a che rende massimo Q si avrà eguagliando a zero quest'ultima espressione, cioè dalla

$$3 - 5\gamma a^2 = 0.$$

Questa dà:

$$a^2 = \frac{3}{5\gamma} = \frac{3}{0,03} = 100,$$

per cui $a = 10$ ed il massimo valore di Q sarebbe di m^3 5198. Il valore di a, che annulla il binomio $1 - \gamma a^2$, essendo $a = 12,91$, ne risulta che il valore di Q dato dalla formula (1) per valori di a inferiori a dieci metri aumenta aumentando a; per valori di a compresi fra *m.* 10 e *m.* 12,91 diminuisce aumentando a; e per valori di a superiori ai *m.* 12,91 diventerebbe immaginario, risultando negativa la quantità sotto il segno radicale.

Il LOMBARDINI, nella memoria citata, ha calcolato per mezzo della sua formula una tavola da lui denominata — *Scala dei deflussi del Po* — nella quale a valori di a, scritti in una colonna e progressivi di decimetro in decimetro, corrispondono in una seconda colonna le rispettive portate. I valori di a sono compresi in questa scala fra *m.* 0,80 e *m.* 9,50, e quindi entro limiti pei quali la formula non dà luogo ad alcuna singolarità di massimo o di minimo. E siccome nella massima piena del 1839 il valore di a non oltrepassò i *m.* 9,50, la formula del LOMBARDINI non presenterebbe da questo lato alcuna obbiezione.

Se con δQ si indica la differenza fra due portate, corrispondente ad una differenza δa tra le relative altezze, dalla formula (1) si ha:

$$\delta Q = \frac{1}{2} \beta \delta a . \frac{(3 - 5\gamma a^2)\sqrt{a}}{\sqrt{1 - \gamma a^2}} ,$$

ed essendo nella scala dei deflussi succitata $\delta a = 0,1$ sarà:

$$\delta Q = 0,05\, \beta \frac{(3 - 5\gamma a^2)\sqrt{a}}{\sqrt{1 - \gamma a^2}} .$$

Ora il valore di a che rende massimo δQ si ottiene differenziando l'espressione superiore rispetto ad a ed eguagliando a zero il risultato, si avrà cioè dalla equazione

$$3 - 22\gamma a^2 + 15\gamma^2 a^4 = 0 .$$

Questa dà per a i due valori

$$a = 14,80 , \qquad a = 5,04 ,$$

il primo dei quali deve evidentemente essere scartato rendendo δQ immaginario; e pel secondo si ha assai prossimamente

$$\delta Q = m^3\ 71 .$$

Ne risulta che per la formula del LOMBARDINI le differenze fra due portate consecutive corrispondenti a differenze costanti fra le altezze vanno aumentando finchè l'altezza raggiunge il limite di *m.* 5,04; quindi vanno decrescendo, essendo la massima differenza di m^3 71. Questo risultamento, al quale giunsero lo stesso LOMBARDINI ed il POSSENTI considerando la citata scala dei deflussi, trovandosi in contraddizione col fatto, fece nascere il sospetto che in una delle misure del BONATI, la quale corrispondendo ad un valore di a superiore a *m.* 5,04 non era punto conciliabile con una scala a differenze crescenti, fosse incorso qualche errore. Crediamo opportuno a questo proposito rammentare qui le obbiezioni che il LOMBARDINI faceva ai proprii risultati in una Consulta del 20 luglio 1852 fatta alla Direzione delle Pubbliche Costruzioni e pubblicate nella sua Nota: *Notizia sulla piena dei fiumi di Lombardia, avvenuta dal 31 ottobre al*

2 *novembre* 1855 *), nell'anno 1855. « In quanto al Po le tre misure praticate a Ponte-« lagoscuro dal BONATI e dagli allievi della scuola pontificia negli anni 1811, 1812 e « 1820, delle quali si sono dati i più distinti ragguagli, inspirano tutta la confidenza. « Esse servono però soltanto per lo stato di magra ordinaria, di acque medie, di acque « alte o tonde, alla rispettiva misura di *m.* 3,83; 3,00; 2,33 sotto guardia. Ma altrettanto « non può dirsi per la quarta misura eseguita dallo stesso BONATI l'anno 1815 in una « piena di *m.* 1,84 sopra guardia. Consultando la scala idrometrica costrutta dal sotto-« scritto coi dati delle preaccennate misure, vedrebbesi convergere la serie dei deflussi « da $+ 0^m,90$? in su, lo che sembra inverisimile malgrado lo scemare che fa la pen-« denza in quella località mano mano che si alzano le acque... Qualora si praticasse « ivi un'altra esatta misura in prossimità della guardia, potrebbesi rettificare la scala « sopra dati maggiormente sicuri ».

Mosso da analoghe considerazioni l'ing. POSSENTI nel suo interessante lavoro—*Sulla possibilità di migliorare le condizioni degli ultimi tronchi nei fiumi sboccanti in mare, applicata alla tratta di Po compresa fra il Panaro e le foci* **) — ritornò sulle calcolazioni eseguite dal BONATI, sui risultati ottenuti colle tre osservazioni citate, ed ottenne per le portate numeri alquanto differenti da quelli che servirono al LOMBARDINI nella calcolazione della sua formola. Il POSSENTI dà, nella memoria citata, la seguente tabella:

Esperienza	Valore di a	Valore di Q
1ª Bonati	*m.* 2,67	m^3 1368,70
2ª idem	3,82	2073,39
Allievi Scuola di Roma	4,11	2176,04
3ª Bonati	8,34	5291,96

e prendendo come punto di partenza questi risultamenti ha costrutto una nuova scala di deflussi del Po, colla condizione che le differenze prime delle portate fossero continuamente crescenti e le differenze seconde costanti ed $= m^3$ 0,5. Posto

$$Q = \varphi(a),$$

e quindi:

$$\delta Q = \varphi'(a)\delta a = 0{,}1\,\varphi'(a), \qquad \delta^2 Q = 0{,}01\,\varphi''(a),$$

essendo $\delta^2 Q = 0{,}5$, si ha:

$$\varphi''(a) = 50,$$

*) [Giornale dell'I. R. Istituto Lombardo di scienze, lettere ed arti, t. VIII (1856), pp. 181-200].

**) [Giornale dell'I. R. Istituto Lombardo di scienze, lettere ed arti; t. IV (1852), pp. 459-490; t. VII (1855), pp. 253-317; t. VIII (1855), pp. 57-88, 262-278, 369-395].

dalla quale integrando si ottiene:

$$\varphi(a) = 25\,a^2 + B\,a + C,$$

essendo B, C due costanti a determinarsi.

La condizione posta dal POSSENTI equivale quindi al supporre che la portata sia rappresentabile in funzione dell'altezza a mediante la espressione

$$Q = 25\,a^2 + B\,a + C,$$

ed a determinare le costanti B, C col mezzo delle quattro osservazioni.

Prima di passare alla determinazione delle B, C, diremo di una obbiezione fatta alla formula del LOMBARDINI in una Nota inserita dall'Ispettore ing. SCOTTINI nelle sue — *Memorie idrauliche premesse ai progetti per la regolazione delle acque delle provincie sulla destra del basso-Po* *). — L'ing. SCOTTINI osserva che la larghezza l contenuta nella formula generale pel moto equabile dell'acqua negli alvei

$$Q = m\,l\,a^{\frac{3}{2}}\sqrt{i}$$

non rimane costante, ma varia e cresce all'aumentare dell'altezza viva a; sicchè, detta L la larghezza di letto del fiume ed n la sommata larghezza delle due sponde sull'unità di altezza, si ha evidentemente $l = L + n\,a$, e sostituendo:

$$Q = m\,L\,a^{\frac{3}{2}}\left(1 + \frac{n}{L}\,a\right)\sqrt{i};$$

ossia, ponendo $m\,L\sqrt{i}$, supposto costante rispetto ad a, eguale a b, ed $\frac{n}{L} = c$:

$$Q = b\,.\,a^{\frac{3}{2}}(1 + c\,a).$$

« Confrontando questa formula colla analoga del LOMBARDINI, scrive l'ing. SCOTTINI, « ci accade di osservare che il fattore della $b\,.\,a^{\frac{3}{2}}$ non può essere un radicale, ed il coef- « ficiente c vuole essere positivo e non negativo, applicato alle semplici altezze vive, « non ai quadrati di queste ».

A dir vero in questa obbiezione si presuppone che il LOMBARDINI abbia ritenuto costante la pendenza al variare del pelo d'acqua, locchè sembra contraddetto dal brano che abbiamo riportato della Consulta citata più sopra. Se ciò non è, noi possiamo facilmente determinare per i una funzione di a, per la quale le due formule si fanno

*) [Torino, 1865].

coincidere. Infatti, posto

$$mL = \beta, \qquad i = \frac{1 - ca}{1 + ca},$$

si avrebbe, sostituendo questo valore nella formula dello SCOTTINI,

$$Q = \beta a^{\frac{3}{2}} \sqrt{1 - c^2 a^2},$$

la quale coincide colla formula del LOMBARDINI ponendo $c^2 = \gamma$. Si noti che questo valore di i scema aumentando il valore di a, ciò che non si verifica d'ordinario in natura, ma corrisponderebbe al fatto notato dal LOMBARDINI, per quella località, nella Consulta più volte citata.

Ponendo nella formula del POSSENTI

$$Q - 25 a^2 = P,$$

la formula stessa dà:

$$P = Ba + C,$$

ed il problema che avremo a risolvere è il seguente: Data una serie di misure dirette, dedotte dall'osservazione, per le quantità a, P, determinare i valori di B, C. Se quelle misure si potessero ritenere esatte, due sole fra esse basterebbero a determinare coi mezzi ordinari dell'algebra le incognite B, C; ma siccome anche supponendo che in quelle osservazioni non vi siano state cause, le quali abbiano prodotto errori *costanti* o *regolari,* pure dobbiamo ammettere che in esse, come in tutte le osservazioni che riguardano la misura di grandezze fisiche, qualunque sia la cura colla quale furono eseguite, sieno incorsi errori *fortuiti* od *irregolari*, così dovremo far concorrere tutte le osservazioni alla determinazione di quelle costanti. Ora, supponendo sostituiti nella formola superiore due valori osservati corrispondenti per a e P, si avrà che

$$\Delta = Ba + C - P$$

rappresenta l'errore fortuito di quella osservazione. Il metodo dei minimi quadrati dà, secondo una felice espressione di GAUSS, i valori i *più plausibili* per le incognite B, C; e per quel metodo i valori di queste incognite devono rendere minima la somma dei quadrati degli errori fortuiti Δ corrispondenti alle varie osservazioni.

Indicando con $\sum a$, $\sum a^2$, ... le somme delle quantità a, dei loro quadrati, ... corrispondenti alle varie osservazioni, i valori di B, C, i quali soddisfano alla proprietà suddetta, saranno dati dalle equazioni lineari:

$$B \sum a + 4C = \sum P,$$

$$B \sum a^2 + C \sum a = \sum Pa.$$

Ponendo in queste equazioni per a, P i valori dati dalle quattro osservazioni del Bonati e degli allievi della scuola di Roma, si hanno per B, C i valori seguenti:

$$B = 416{,}00, \qquad C = 81{,}71;$$

e quindi la formola pei deflussi del Po, quale risulta dalla condizione che le differenze seconde dei deflussi sieno costanti, ed $= m^3\ 0{,}5$, calcolata colle quattro osservazioni citate, è la

$$Q = 25\,a^2 + 416\,a + 81{,}71.$$

Ponendo a confronto i valori delle portate che si ottengono da questa formola pei quattro valori di a colle corrispondenti portate ottenute con misure dirette si ha la seguente tabella:

Valori osservati di a	di P	Valore di Q dedotto dalla formula	Differenza
m. 2,67	m^3 1368,70	m^3 1370,65	+ 1,95
3,82	2073,39	2035,64	— 37,75
4,11	2176,04	2213,77	+ 37,73
8,34	5291,96	5290,04	— 1,92

la quale dimostra che la formola superiore dà pei deflussi del Po valori assai prossimi a quelli dedotti da misure dirette, la massima differenza essendo inferiore ad $^1/_{50}$ del deflusso corrispondente.

La stessa formola darebbe per la portata del Po nella piena del 1839, supponendo secondo il Lombardini $a = 9{,}46$:

$$Q = 6254,$$

numero inferiore ai m^3 7139 calcolati dall'ing. Scottini partendo da alcune misure dirette eseguite al momento di quella piena. Ma ammesso pure che quelle misure abbiano un grado di esattezza conveniente, siccome esse non dànno che i valori dell'area A della sezione viva, del perimetro bagnato p, e della pendenza i, l'ing. Scottini dovette servirsi della formula

$$Q = \alpha \frac{A^{\frac{3}{2}} \sqrt{i}}{\sqrt{p}},$$

nella quale $\alpha = 51{,}01$, per determinare quella portata; formula alla quale si ponno fare varie obbiezioni dopo i risultamenti sperimentali ottenuti da BAZIN e da HUMPHREY *). Noi pensiamo quindi sieno necessarie nuove osservazioni a risolvere questa importante quistione.

Passando a rassegna le poche formule empiriche, colle quali si è cercato di rappresentare il valore dei deflussi di alcuni fiumi, dobbiamo ora, mantenendo l'ordine cronologico, rammentare la formula data dal LOMBARDINI nel volume di C. CATTANEO, *Notizie naturali e civili su la Lombardia* **) pegli efflussi del Lario, e quella calcolata dal BAUMGARTEN pei deflussi della Garonna. Questo distinto ingegnere, nella interessante monografia sopra un tronco della Garonna, pubblicata nel volume XVI della seconda serie degli *Annales des Ponts et Chaussées,* seguendo le traccie del LOMBARDINI, ha calcolato una formula che dà le portate di quel fiume corrispondenti a differenti posizioni del pelo d'acqua. Il BAUMGARTEN parte dall'ipotesi che la portata possa rappresentarsi colla espressione

$$Q = m a^2 \sqrt{i},$$

nella quale m è un coefficiente numerico, e le Q, a, i hanno le significazioni già adottate. Osserva in seguito che da una lunga serie di misure sulle pendenze del pelo d'acqua corrispondenti a differenti altezze del medesimo, risultando la pendenza variabile colla altezza, e variabile per modo che ai quattro valori successivi di a

$$1{,}40;\quad 2{,}70;\quad 6{,}50;\quad 9{,}00$$

corrispondono per i ordinatamente i valori

$$0{,}11;\quad 0{,}19;\quad 0{,}21;\quad 0{,}42$$

per chilometro, si ha la relazione:

$$i = 0{,}003 \,.\, a^3 - 0{,}044 \,.\, a^2 + 0{,}201 \,.\, a - 0{,}094\,.$$

Dimostra infine che, posto $m = 125$, la formula che ne risulta dà pei deflussi della Garonna valori assai prossimi a quelli ottenuti con misure dirette almeno pei valori di a non superiori a metri 6,40, cioè ad altezze per le quali le acque sono contenute nel letto del fiume; giacchè, allorquando incominciano a traboccare, la formula dà risultati troppo forti e non può essere più adoperata.

Abbiamo riportate, quasi testualmente, le considerazioni alle quali l'ing. BAUMGARTEN

---

*) Aggiungeremo che, in una recente conversazione, l'ing. POSSENTI ci ha comunicato una serie di importanti considerazioni dirette a dimostrare che il valore della portata calcolata dall'ing. SCOTTINI è troppo alto. Noi speriamo di veder pubblicato questo lavoro del POSSENTI nel *Politecnico.* [POSSENTI, *Nota sulla scala Padimetrica di Pontelagoscuro,* Il Politecnico, t. III (1867), pp. 132-151].

**) [Milano, 1844].

appoggia la propria formula onde riescano più chiare le obbiezioni che intendiamo fare ad essa. Osserveremo dapprima che, se le 17 misure dirette pei deflussi della Garonna corrispondenti a determinati valori di a, inferiori però a metri 6,40, riferite in una tabella della monografia, furono eseguite con esattezza, ciò che non è posto in dubbio dal BAUMGARTEN, il partito che questo Autore seppe tirare da quel rilevante numero di osservazioni è piccolissimo, riducendosi a determinare il valore della costante m come media aritmetica. Questa ricerca però, fatta dopo la calcolazione del valore di i in funzione di a, serve molto opportunamente a correggere gli errori ai quali deve condurre la espressione di i pel modo stesso col quale fu calcolata. È evidente, che, dati quattro valori di i corrispondenti a quattro valori pure noti di a, ponendo

$$i = \alpha a^3 + \beta a^2 + \gamma a + \delta,$$

e sostituendo per i, a quelle quattro coppie di valori, si hanno quattro equazioni lineari, rispetto alle quattro incognite α, β, γ, δ e quindi sufficienti a determinare esattamente i valori di quelle incognite. Ma il problema che si ha di mira non è questo; oltre quelle quattro coppie di valori per a e per i ne esistono moltissime altre, e noi vogliamo rappresentare i con una funzione di a, per la quale i valori calcolati differiscano il meno possibile dagli osservati. Il metodo adottato dal BAUMGARTEN in questa occasione, cioè l'uso della formola di interpolazione di LAGRANGE, non deve quindi essere seguito. Dobbiamo però aggiungere, che, nel caso speciale, l'errore che necessariamente deve risultarne, è diminuito perchè i valori di i e di a, esposti più sopra, sono dedotti dalle curve delle pendenze, e quindi possono considerarsi i valori stessi come medie di altre serie di valori.

I risultati delle misure dirette eseguite dall'ing. BAUMGARTEN sulla Garonna, consegnati nella citata memoria, condussero recentemente l'ing. FOURNIÉ nel suo bel lavoro: *Sur l'amélioration des rivières navigables, torrentielles et encaissées,* pubblicato nel fascicolo Marzo-Aprile 1865 degli *Annales des Ponts et Chaussées* *), a rappresentare i deflussi della Garonna colla formula

$$Q = 8600 . \frac{h^{\frac{3}{2}}}{h + 41},$$

nella quale h è l'altezza del pelo d'acqua sullo zero della scala di Tonneins, e quindi dalla Memoria di BAUMGARTEN è

$$h = a - 1{,}05.$$

La espressione superiore pel valore di Q fu suggerita all'ingegnere FOURNIÉ da

*) [4e série, t. IX (1865, 1er sém.), pp. 151-178].

una formula analoga da lui calcolata pei deflussi del fiume Lot in base ad alcune misure dirette, la quale è:

$$Q = 2225 \cdot \frac{h^{\frac{3}{2}}}{h + 20,5}.$$

Ora l'ing. FOURNIÉ osserva che, come i metri 20,5 sono pel fiume Lot la quarta parte della larghezza dell'alveo nel punto considerato, così i metri 41 sono per la Garonna la quarta parte della larghezza.

Se questi esempi non dànno una fortuita analogia, sarebbe interessante, aggiunge l'ing. FOURNIÉ, di verificare per altri fiumi incassati, se la formula

$$Q = m \frac{h^{\frac{3}{2}}}{h + \frac{1}{4} l},$$

nella quale m è un coefficiente che dipende dalla larghezza l e dalla pendenza i, ma non da h, si presta ad esprimere il loro deflusso.

Nella seguente tabella si trovano calcolati i deflussi della Garonna colle due formole di BAUMGARTEN e di FOURNIÉ, e posti a confronto con quelli dedotti dall'osservazione che togliamo dalla citata memoria di BAUMGARTEN.

VALORI SPERIMENTALI		VALORI DI Q secondo la formula BAUMGARTEN	VALORI DI Q secondo la formula FOURNIÉ
DI h	DI Q		
$m.$ 0,62	m^3 133,69	m^3 127,07	m^3 110,88
0,78	169,18	159,34	141,80
1,03	238,00	216,79	213,90
1,55	414,00	362,36	390,02
1,90	504,42	478,02	525,02
2,55	761,43	723,22	804,11
3,15	965,23	976,94	1089,01
3,50	1188,91	1134,45	1265,43
4,60	1751,56	1684,00	1860,67

I risultati di questa tabella dimostrano che sì l'una quanto l'altra delle due formule calcolate pei deflussi della Garonna non dànno quel grado di approssimazione coi deflussi osservati che è desiderabile in formule di quella natura, mentre il numero delle osservazioni ed il modo col quale furono eseguite potrebbero condurre a risultamenti più attendibili. Questa obbiezione facciamo più specialmente alla prima che alla seconda di quelle formule, giacchè quest'ultima fu presentata dal suo autore piuttosto come una singolarità che col carattere di formula empirica.

Passiamo infine a dire brevemente delle formule empiriche pei deflussi del Ticino e della Tresa, le quali acquistarono oggi importanza pratica grandissima pei progetti di canali d'irrigazione e di navigazione, che da quei fiumi ed in prossimità dei laghi Verbano e di Lugano si vogliono derivare. La prima di esse formule dovuta al LOMBARDINI è la seguente:

$$Q = 223(a_0 + 0,52)^{\frac{3}{2}},$$

nella quale a_0 rappresenta l'altezza del pelo d'acqua sullo zero dell'idrometro di Sesto Calende *). Essa fu dedotta dalla misura diretta della portata di una piena per la quale era $a = m.\ 4$, e dal ritenere almeno in via approssimativa di m^3 84 la portata in massima magra. Notiamo che il LOMBARDINI suppone essere il fondo medio del fiume a *m.* 0,52 al di sotto dello zero dell'idrometro; quindi, la formula superiore potendo scriversi

$$Q = 223 . a^{\frac{3}{2}},$$

non si ha che un solo coefficiente numerico a determinarsi. In ogni modo però quella formula non può essere considerata che come una prima approssimazione. Gli ingegneri TATTI e BOSSI, autori del progetto di un canale derivato dal Ticino, fecero eseguire alcune misure dirette, in prossimità del villaggio di Golasecca, allo scopo di determinare la portata del Ticino. Queste misure portano la data del 31 marzo, del 16 giugno e del 23 luglio 1863, nei quali giorni i valori di a_0 erano rispettivamente *m.* 0,82; 3,25; 1,00; e le corrispondenti portate del Ticino calcolate colle formule di EYTELWEIN, di BAZIN e colla superiore del LOMBARDINI risultano dalla seguente tabella:

VALORI DI a_0	FORMULA EYTELWEIN	FORMULA BAZIN	FORMULA LOMBARDINI
m. 0,82	m^3 345,85	m^3 324,76	m^3 346,10
3,25	1913,24	1930,54	1632,47
1,00	520,98	501,98	417,90

Da questi numeri dovrebbe dedursi che la formula empirica del LOMBARDINI dà pei deflussi del Ticino valori alquanto inferiori al fatto.

---

*) Sui progetti intesi ad estendere l'irrigazione della pianura nella valle del Po.

CCLXVI.

IL GENIO CIVILE FRANCESE ALL'ESPOSIZIONE UNIVERSALE DEL 1867.

Il Politecnico, Repertorio di studi letterarii, scientifici e tecnici,
serie IV, parte tecnica, vol. IV (1867), pp. 247-255.

L'Amministrazione dei lavori pubblici in Francia ha presentato alla Esposizione Universale del 1867 una importante collezione di modelli e di disegni relativi alla professione dell'ingegnere, e rappresentanti alcuni fra i principali lavori eseguiti, specialmente dal corpo degli ingegneri di ponti e strade, in questi ultimi anni. A rendere maggiormente utile quella esposizione, l'amministrazione stessa ha pubblicato un grosso volume, che comprende le notizie più interessanti intorno lo scopo e la esecuzione di quei lavori, distinte in dieci sezioni secondo la natura delle opere, cioè: 1ª Ponti e strade, 2ª Servizio idraulico, 3ª Navigazione interna-Fiumi, 4ª Navigazione interna-Canali, 5ª Lavori marittimi, 6ª Fari, 7ª Ferrovie, 8ª Ministero della marina e delle colonie; lavori idraulici e fabbricati civili, 9ª Città di Parigi, 10ª Algeria ed oggetti diversi. Questa pubblicazione fu con molta liberalità donata a tutti coloro che mostravano interessarsi di quella parte della Esposizione, ed ebbe così grandissima diffusione, il che renderebbe quasi infruttuoso un lavoro riassuntivo; mentre all'incontro crediamo possa tornar vantaggioso, scegliendo fra quei lavori i più importanti per la loro novità o per le difficoltà che si incontrarono nella loro esecuzione, di completare le notizie che in quel volume li riguardano, con quelle altre che ci fu dato raccogliere da pubblicazioni speciali sui lavori stessi.

1° Serbatoio di Furens.

(Loira — Sette modelli esposti).

Sistema idraulico del serbatojo. — La città di Saint-Étienne ha fatto costruire un canaletto sotterraneo pel quale derivansi dalle sorgenti del Furens le acque necessarie alla sua alimentazione; nello stesso tempo ha concorso alla spesa di un serbatojo, situato superiormente al villaggio di Rochetaillée, di cui i lavori furono eseguiti dallo Stato. La parte di spesa toccata allo Stato fu stabilita in lire 570000; la rimanente spesa, cioè all'incirca un milione di lire, rimase a carico della città di Saint-Étienne; la quale ottenne perciò il diritto di servirsi del serbatojo per raccogliere le acque eccedenti del Furens ed utilizzarle in parte pel proprio consumo, ed in parte per aumentare il deflusso di magra del Furens e migliorare così la condizione delle officine situate lungo questo corso d'acqua. Il Furens, prima della costruzione di queste opere, seguiva il *thalweg* della valle. Una traversa di cinquanta metri d'altezza fu costrutta al punto più stretto di questa valle per formare il serbatojo su accennato. Nello stesso tempo fu aperto un canale di derivazione nel quale attualmente scorre il fiume.

Il serbatojo funziona nel modo seguente: il livello a cui la città di Saint-Étienne può mantenere le sue acque è fissato a metri 44,50 al disopra del fondo davanti la traversa; si ha così una parte del serbatojo dell'altezza di 5,50 metri, la quale deve sempre restare vuota per potere all'occasione raccogliere una porzione delle acque di quelle piene che giungerebbero ad inondare la città. Passate le piene, si riconduce il pelo d'acqua nel serbatojo all'altezza suddetta, conducendo le acque esuberanti per un canale sotterraneo nel letto inferiore del Furens. Tutte le acque, fino all'altezza di m. 44,50 al disopra del fondo, sono riservate per l'alimentazione di Saint-Étienne e delle officine. Per condurre queste acque alla loro destinazione, un secondo sotterraneo più basso del primo è scavato nel contrafforte che serve d'appoggio alla traversa: in questo sotterraneo, chiuso alla sua estremità dalla parte del serbatojo da muratura, si trovano due tubi di ghisa di m. 0,40 di diametro ciascuno, i quali attraversano quella muratura. Questi tubi ricevono liberamente alla loro estremità a monte le acque del serbatojo e le conducono in un pozzo per mezzo di robinetti che dànno un determinato deflusso. L'acqua giunta nel pozzo è distribuita pel doppio servizio delle officine e della città; un primo canale scoperto, munito alla sua origine di una paratoja moderatrice, permette di gettare nel letto del Furens la quantità d'acqua di riserva che vi si vuole condurre; ed un secondo canale sotterraneo, munito egualmente di paratoja regolatrice, permette di condurre queste acque di riserva nel canale di condotta per mezzo di un tubo. L'acquedotto, citato da principio, che prende le acque del Furens alla loro sorgente, è quindi affatto indipendente dal serbatojo, col quale non comunica che pel secondo canale descritto poco sopra.

Modo di funzionare delle prese d'acqua a monte. — Le paratoje situate in testa del canale di alimentazione del serbatojo e del canale di derivazione, che serve attualmente di letto al Furens, funzionano nel modo seguente. Nelle grandi piene, allorquando la portata del Furens raggiunge i novantatrè metri cubi al secondo, il che corrisponde a due metri di altezza all'idrometro posto a monte delle paratoie, la città di Saint-Étienne comincia ad essere inondata. Se supponesi che la piena arrivi, nel caso più sfavorevole, cioè allorquando il serbatojo trovasi pieno, fino all'altezza di metri 44,50, si manterrà chiusa la paratoja del canale di alimentazione ed aperta quella del canale di derivazione, fino a che il pelo d'acqua a monte non supererà i due metri d'altezza. Tutte le acque defluiranno così pel canale di derivazione che le riconduce nel Furens a valle del serbatojo. Ma allorquando il livello dell'acqua tenderà ad elevarsi al di sopra dei due metri della scala, nel qual caso la piena entra nel periodo nocivo, si aprirà la paratoja del serbatojo, per modo da mantenere il pelo d'acqua all'altezza dei due metri; il che può sempre ottenersi, chè ciascuna delle paratoje potendo permettere un massimo di deflusso di cento metri cubi, non vi può essere ostacolo a che entrino nel serbatojo i 38 metri cubi, che formano la differenza fra i 131 metri cubi per secondo della più grande piena conosciuta ed i 93 metri cubi, quantità d'acqua la quale, come abbiamo detto, corrisponde ai due metri d'altezza del pelo d'acqua a monte. La porzione nociva della piena sarà così ricevuta nel serbatojo, nel quale essa si raccoglierà nello spazio di metri 5,50 di altezza riservata al di sopra del livello permanente che limita l'uso, che la città di Saint-Étienne per la convenzione stipulata collo Stato può fare delle acque del serbatojo.

Passiamo ora a descrivere come si fanno agire le paratoje per alimentare il serbatojo, allora quando esso va vuotandosi come accade nell'estate. Per assicurare l'acqua necessaria ai motori delle officine nella condizione in cui si trovavano avanti la costruzione della traversa, cioè una portata di 350 litri per secondo, si è osservato dapprima a quale altezza dovesse arrivare il pelo d'acqua alla scala più volte citata. Finchè il livello dell'acqua rimane nel letto del Furens inferiore a quell'altezza, la paratoja del serbatojo dovrà evidentemente rimanere intieramente chiusa; ma allorquando esso oltrepasserà l'altezza osservata, la paratoja stessa dovrà essere adoperata per modo da mantenere costante quel livello, e l'acqua eccedente si raccoglierà nel serbatojo per mezzo del suo canale di alimentazione. In questo modo non si devia dal corso del Furens che l'eccedente non utilizzabile immediatamente per le officine; e l'acqua eccedente si raccoglie per renderla, almeno in parte, alle officine stesse, nello estate, col mezzo del canale scoperto inferiore già descritto.

Portata del Furens. Capacità del serbatojo. — Il deflusso del Furens nello stato di magra si riduce a cento ed anche ad ottanta litri per secondo nelle annate di molta siccità; dietro la misura giornaliera eseguita per otto anni alla presa d'acqua del serbatojo, il modulo o deflusso medio sarebbe di 500 litri per secondo. La superficie della parte di bacino del Furens situata a monte del serbatojo che fornisce quel deflusso è di 2500 ettari, e l'altezza media d'acqua che cade su quella superficie per anno è di un metro. La portata delle maggiori piene da dieci anni non fu superiore a quindici metri cubi per secondo; ma il dieci luglio 1849, in conseguenza di una tromba scoppiata nella parte superiore della valle, ne risultò un deflusso straordinario che portò inondazione nella città. Per determinare la capacità del serbatojo si prese come punto di partenza la misura approssimativa di questo deflusso anormale ritenuto, come già si disse, di 131 metri cubi, ed il deflusso di 93 metri cubi pel quale l'inondazione della città incomincia. Si dedusse che la capacità della sezione superiore del serbatojo, destinato a rimanere vuoto in attesa delle piene, deve avere una capacità di metri cubi 200000. Ora risulta da un rilievo molto esatto del serbatojo del Furens, eseguito dopo la sua costruzione, che la capacità del medesimo allorquando il pelo d'acqua si trovi all'altezza di metri 44,50 è di metri cubi 1200000, e che essa raggiunge i metri cubi 1600000 se il pelo d'acqua sale all'altezza di metri 50. La sezione superiore ha così una capacità di m^3 400000, il doppio cioè di quella che sarebbe necessaria a raccogliere tutta la parte nociva della piena del 1849. Dalle calcolazioni fatte delle suddette osservazioni di otto anni e di quelle degli anni 1865, 1866 sul serbatojo stesso, risulta che la riserva permanente di 1200000 metri cubi dovrà rinnovarsi due volte in ciascun anno, in autunno od in primavera. La quantità d'acqua necessaria pel servizio supplementare della città di Saint-Étienne non può in alcun caso oltrepassare i 600000 metri cubi per anno, di modo che rimarranno a ripartirsi fra le officine 1800000 metri cubi, ciò che forma un aumento medio di 120 litri per secondo al deflusso del Furens per sei mesi dell'anno. Il numero delle officine che potranno approfittare del nuovo regime del Furens è di sessant'otto.

Disposizione e profilo della traversa. — La disposizione in piano o la traccia della traversa del Furens è curvilinea; l'asse della medesima è un arco circolare che presenta la parte convessa alla direzione della corrente, con una freccia di cinque metri e cento di corda. Il profilo fu determinato in conformità del tipo di eguale resistenza calcolato dall'ingegnere Delocre e per esso la pressione massima non oltrepassa in alcun punto del manufatto i sei chilogrammi per centimetro quadrato. Il signor ingegnere Graeff a cui è dovuto il progetto della traversa del Furens, nel suo rapporto *) al ministro d'Agricoltura, Commercio e dei Lavori Pubblici, osserva giustamente che l'altezza della progettata traversa, essendo notevolmente superiore a quelle delle più grandi costruzioni della stessa specie, comprendesi facilmente per quali ragioni gli ingegneri abbiano adottato il tipo meno ardito per modello. Esistono infatti, in Francia, traverse nelle quali il limite massimo di pressione arriva quasi ad undici chilogrammi per centimetro quadrato; e si ha l'esempio della traversa d'Almanza in Ispagna, la quale costrutta nel XVI

---

*) Graeff, *Forme et mode de construction du barrage du gouffre d'Enfer, sur le Furens, et des grands barrages en général* [Annales des Ponts et Chaussées, 4e série, t. XII (1866, 2e sém.), pp. 184-211].

Di questa grandiosa costruzione si è occupato anche l'ispettore Roeder in un rapporto al Ministro dei Lavori Pubblici del Governo Prussiano intitolato: *Die Loire und ihre Wasserverhältnisse* (Berlin, 1867). È una interessante monografia della Loira pubblicata per ordine di quel Governo.

secolo, è ancora in buon stato, e nella quale il *maximum* per la pressione è di quattordici chilogrammi.

La Memoria del signor Delocre pubblicata nel citato fascicolo degli *Annales des Ponts et Chaussées* *) contiene molte importanti considerazioni teoriche e pratiche sui profili delle grandi traverse. Noi riassumeremo brevemente le parti più essenziali di questo interessante lavoro.

Si supponga che la sezione trasversale della traversa o della parte superiore di essa sia il trapezio $ABCD$, e si consideri quella porzione di manufatto che ha per lunghezza l'unità lineare od il metro. Sopra di questa agiranno due forze, la pressione, cioè, dell'acqua sulla scarpa interna AD, ed il peso della porzione stessa. Se con O, V si rappresentano le componenti orizzontale e verticale della pressione, e con p il peso; si avrà, componendo, che quelle tre forze riduconsi a due, l'una verticale P eguale alla somma delle V, p, l'altra orizzontale O; e queste due forze P, O daranno una risultante R. Supponiamo che la direzione di questa risultante incontri la base AB del trapezio nel punto E, e si indichi con u la lunghezza BE. Il professore Bresse nel suo *Cours de mécanique appliquée professé à l'École des ponts et chaussées* **) ha dato due formole, per le quali si viene a determinare la pressione che il manufatto deve sopportare al punto B del profilo esterno. Queste formole o questi due valori della pressione al punto B sono:

$$2\frac{P}{l^2}(2l - 3u), \qquad \frac{2P}{3u},$$

nelle quali l rappresenta la lunghezza della base AB; la prima di esse vale allorquando sia $u > \frac{1}{3}l$, la seconda per $u < \frac{1}{3}l$. Se ora indichiamo con R il limite di resistenza alla pressione pel materiale del manufatto, dovranno sussistere l'una o l'altra delle relazioni

$$2\frac{P}{l^2}(2l - 3u) \leqq R, \qquad \frac{2}{3}\frac{P}{u} \leqq R,$$

alle quali, denominando δ il peso di un metro cubo del materiale di cui è formato il manufatto, e con λ l'altezza massima che si può dare ad un muro a pareti verticali affinchè la pressione sulla base non oltrepassi il limite R, si ponno sostituire le

$$2\frac{P}{l^2}(2l - 3u) \leqq \delta\lambda, \qquad \frac{2}{3}\frac{P}{u} \leqq \delta\lambda.$$

*) Delocre, *Sur la forme du profil à adopter pour les grands barrages en maçonnerie des réservoirs* [Annales des Ponts et Chaussées, 4me série, t. XII (1866, 2me sém.), pp. 212-272].

**) [Paris, t. I (1859), p. 54].

Indichiamo con a la lunghezza di DC, con z l'altezza del trapezio, con x, y le projezioni delle scarpe AD, BC sulla base AB; sicchè $l = a + x + y$.

Supponendo che il pelo d'acqua giunga o possa giungere nel serbatojo sino al livello superiore D del manufatto, si hanno pei valori di O, V le seguenti espressioni:

$$O = \frac{1}{2}\rho g z^2, \qquad V = \frac{1}{2}\rho g x z,$$

nelle quali ρ è la densità dell'acqua, g il coefficiente della gravità; inoltre:

$$p = \frac{1}{2}\delta(a + l)z,$$

e quindi:

$$P = \frac{1}{2}\rho g x z + \frac{1}{2}\delta(a + l)z.$$

Ora, rammentando che il centro di pressione trovasi sulla scarpa interna ad una distanza dal punto A eguale ad $\frac{1}{3}AD$, e che il peso p si può ritenere composto di tre parti corrispondenti ai due triangoli ed al rettangolo dei quali si compone il trapezio $ABCD$, detto infine F il punto nel quale la direzione della forza P incontra la base AB, si avrà che il momento della stessa forza P rispetto al punto B si può esprimere come segue:

$$P.FB = V\left(l - \frac{1}{3}x\right) + \delta\left[\frac{1}{2}xz\left(l - \frac{2}{3}x\right) + az\left(\frac{1}{2}a + y\right) + \frac{1}{3}y^2 z\right];$$

ma:

$$FB = FE + EB = FE + u;$$

quindi, essendo per le formole più elementari della composizione delle forze

$$FE = \frac{1}{3}z\frac{O}{P},$$

si avrà:

$$Pu = \delta z\left[\frac{1}{2}m\left(lx - \frac{1}{3}x^2 - \frac{1}{3}z^2\right) + \frac{1}{2}a(2y + a) + \frac{1}{2}lx + \frac{1}{3}y^2 - \frac{1}{3}x^2\right],$$

posto $m = \frac{\rho g}{\delta}$.

Sostituendo questi valori nelle relazioni di condizione riferite sopra, considerando i valori limiti che corrispondono al segno di eguaglianza, si otterranno due equazioni fra le x, y, z e quantità note numericamente, la prima delle quali equazioni sussisterà per $u > \frac{1}{3}l$, la seconda per $u < \frac{1}{3}l$.

Esse sono:

$$(1)\left\{\begin{aligned} & z[mz^2 + a^2 + x^2 + xy + 3ax - mx(a + y)] = l^2\lambda, \\ & z(mx+a+l)^2 = \lambda[m(3ax+2x^2+3xy-z^2)+3ax+x^2+3xy+3a^2+6ay+2y^2], \end{aligned}\right.$$

ed i valori di x, y, z che soddisfano alla prima di queste equazioni dovranno rendere il valore di $u > \frac{1}{3} l$; ed allorquando verificano la seconda, rendere $u < \frac{1}{3} l$.

Ma se il serbatojo venisse a vuotarsi, o quella parte superiore del manufatto a non essere più premuta dall'acqua, non rimarrebbe che la sola forza p verticale, delle tre agenti su quella porzione di traversa. In questo caso, indicando con v la distanza che il punto G, nel quale la direzione della forza p incontra la base AB, ha dal punto A, dalle formole del sig. BRESSE si hanno le

$$2p(2l - 3v) = \delta l^2 \lambda, \qquad 2p = 3\delta \lambda v,$$

ed essendo

$$pv = \delta\left[\tfrac{1}{3} x^2 z + az\left(\tfrac{1}{2} a + x\right) + \tfrac{1}{2} yz\left(a + x + \tfrac{1}{3} y\right)\right],$$

si avranno le

$$(2) \qquad \left\{\begin{aligned} & z(a^2 + 3ay + xy + y^2) = l^2 \lambda, \\ & z(a + l)^2 = \lambda[2x^2 + 3a(a + 2x) + y(3a + 3x + y)], \end{aligned}\right.$$

la prima delle quali sussisterà se il valore di $v > \frac{1}{3} l$, la seconda allorquando sia $v < \frac{1}{3} l$. Abbiamo così due coppie di equazioni, per le quali ha luogo la proprietà, che due equazioni l'una appartenente ad una coppia, l'altra all'altra, sussistono insieme, se i valori delle variabili che entrano nelle medesime soddisfano i criteri stabiliti per u, v.

Se quindi delle tre variabili x, y, z supponiamo che una sia nota, avremo in ogni caso due equazioni per determinare le altre due. Supponendo $x = 0$, cioè la parete interna verticale, si hanno le

$$(3) \qquad \left\{\begin{aligned} & z(mz^2 + a^2) - \lambda(y + a)^2 = 0, \\ & z(y + 2a)^2 - \lambda(3a^2 + 6ay + 2y^2 - mz^2) = 0, \end{aligned}\right.$$

coi criteri:

$$\frac{3a^2 + 6ay + 2y^2 - mz^2}{3(y + 2a)} \gtrless \frac{1}{3} l;$$

e le altre due:

$$(4) \qquad \left\{\begin{aligned} & z(a^2 + 3ay + y^2) - \lambda(y + a)^2 = 0, \\ & z(y + 2a)^2 - \lambda(y^2 + 3ay + 3a^2) = 0, \end{aligned}\right.$$

coi criteri:

$$\frac{y^2 + 3ay + 3a^2}{3(y + 2a)} \gtrless \frac{1}{3} l.$$

Le formole (3), (4) sono quelle adoperate dall'ing. DELOCRE per la calcolazione delle dimensioni della parte superiore della traversa supposta a parete verticale verso il serbatojo ed a scarpa inclinata all'esterno.

CCLXVII.

LA MACINAZIONE DEI CEREALI ED IL CONTATORE DEI GIRI DI UNA MACINA.

Il Politecnico, Giornale dell'Ingegnere architetto, civile ed industriale, anno XVII (1869), pp. 7-18.

1. I progressi ottenuti nel processo per la macinazione dei cereali negli ultimi quarant'anni, sia per mezzo di modificazioni introdotte nella forma e nella costruzione delle varie parti di un mulino, sia con disposizioni più opportune delle medesime, hanno condotto ad interessanti ricerche ed a corrispondenti esperienze relative agli elementi i quali ponno far variare la quantità e la qualità dei prodotti di quella industria. Ognuno sa che in un mulino, comunque costrutto, la macinazione dei cereali si fa per mezzo di due cilindri in pietra sovrapposti o macine, l'una delle quali fissa, l'altra mobile e che ruota attorno il proprio asse. Le superficie interne delle due macine, fra le quali si fa arrivare il cereale, devono essere scabre; e la macina girante, la quale preme sul medesimo, è sostenuta e mantenuta ad una determinata, ma variabile, distanza dall'altra mediante un albero infisso alla stessa, al quale il motore trasmette direttamente od indirettamente il movimento di rotazione.

Da questa disposizione delle macine, comune a tutti i mulini, risulta che una parte del peso della macina girante e degli organi ad essa infissi preme sul cereale, e questa pressione è impiegata a vincere e distruggere successivamente resistenze le quali si rinnovano di continuo; le resistenze, vale a dire, che i cereali oppongono alla macinazione.

Se con P si indica il peso complessivo della macina girante, dell'albero e di ogni altro apparato ad essa infisso, con f un coefficiente numerico minore dell'unità, per modo che con fP si possa rappresentare la parte del peso P che esercita pressione sul cereale; ed infine si rappresenta con v la velocità di rotazione di quel punto della macina stessa nel quale si suppone agisca lo sforzo fP, sarà fPv la quantità d'azione impiegata alla macinazione del cereale. Il lavoro meccanico L di quella macina, espresso in chilogrammetri, sarà quindi dato dalla relazione

$$L = fPv\,,$$

od in cavalli di forza

$$C = \tfrac{1}{75} fPv\,. \tag{1}$$

Si suppone d'ordinario che lo sforzo fP agisca perpendicolarmente al raggio della macina girante ed alla distanza di due terzi del raggio dal suo centro; perciò se con D si indica il diametro di quella macina, con n il numero dei giri fatti da essa in un minuto secondo, si avrà per v il valore

$$v = \tfrac{2}{3}\pi D n\,, \tag{2}$$

essendo $\pi = 3{,}1416$ il noto rapporto fra il diametro e la periferia di un circolo.

La prima esperienza eseguita per la determinazione del coefficiente f rimonta al 1780 ed è dovuta all'ing. FABRE, che la descrisse, insieme ad altre, nella sua Opera: *Essai sur la manière la plus avantageuse de construire les machines hydrauliques, et en particulier les moulins à bled* *). Il problema che FABRE si era proposto di risolvere con quella esperienza è da lui esposto nei seguenti termini (pag. 233): determinare il rapporto fra il peso P e la resistenza del grano. Il valore di questo rapporto si deduce dalla equazione che lega il momento delle forze attive ed i momenti della resistenza che il cereale oppone alla macinazione o di quelle dovute ad attriti; ed è sostituendo in questa equazione le dimensioni delle varie parti di un mulino, di cui la macina girante era montata sullo stesso albero di una ruota orizzontale a palette inclinate mossa dall'acqua, che il FABRE giunse a trovare il valore di quel rapporto essere eguale a 22,1. Ne segue che, avendo indicato con fP la parte del peso P impiegata a vincere quella resistenza, si avrà nell'esperimento di FABRE **):

$$f = \frac{1}{22{,}1} = 0{,}04525\,.$$

---

*) [Paris, chez Alex. Jombert jeune, in-4°, 1783].

**) L'equazione dalla quale FABRE dedusse in quel caso particolare il valore di f è riferita anche dal VENTUROLI negli *Elementi di Meccanica e d'Idraulica* [3ª ediz., Milano 1817-1818; t. II, p. 335]. Indicando con F l'urto della corrente contro le palette della ruota, con a il raggio di essa, con b il raggio del perno dell'albero, con m il coefficiente d'attrito pel medesimo, ed infine con R lo sforzo della macina, la citata equazione è

$$Fa = \frac{1}{3} RD + mb\left(\frac{2}{3}P + F\right)\,,$$

dalla quale pel mulino esperimentato da FABRE:

$$R = 0{,}04525\, P.$$

Notiamo che nel medesimo erano

$$P = \text{Chil. } 1953, \qquad D = 1{,}624, \qquad n = 0{,}8$$

e quindi

$$v = 2^{m}{,}721\,, \qquad C = 3{,}206\,.$$

2. Se nella equazione (2) in luogo del numero n di giri della macina in un minuto secondo, poniamo il numero N di centinaja di giri della stessa in un'ora, si avrà:

(3) $$v = 0{,}05818\,DN,$$

il qual valore sostituito nella (1) dà:

(4) $$C = 0{,}0007757\,f\,P\,D\,N,$$

dalla quale:

$$f = 1289\,\frac{C}{PDN}\,.$$

Il valore del coefficiente f dipende quindi dal numero C dei cavalli di forza impiegati alla macinazione del cereale e misurati mediante un dinamometro all'albero della macina, dal peso e dal diametro della macina stessa, ed infine dal numero delle centinaja di giri che essa compie in un'ora. Il D'Aubuisson des Voisins nel suo *Traité d'Hydraulique* *) riferisce i risultati di alcune misure dinamometriche eseguite, sopra alcuni mulini di Tolosa, da Tardy e Piobert con un freno applicato direttamente all'albero che porta la macina. Da questi risultati gli stessi autori deducono che il numero C, per macine in buono stato, è compreso fra 2,78 e 3,23. Il D'Aubuisson osserva inoltre che il sig. Egen nelle sue numerose osservazioni dinamometriche ottenne per uno dei migliori mulini della Westfalia $C = 3{,}56$. Questi valori sono però inferiori a quelli ottenuti dal capitano Taffe nelle tre esperienze sul grano descritte nell'Opera: *Application de la mécanique aux machines mues par l'eau, par la vapeur,* etc., le quali sono riportate nel seguente specchio:

Valori di P	D	N	C	v	f
chilog.	metri		cavalli	metri	
2200	1,70	48	6,088	4,734	0,04384
2250	1,70	50	7,052	4,912	0,04785
2300	1,70	54	8,413	5,339	0,05138

ma questa differenza si spiega osservando i numeri delle prime colonne.

*) [2me édit., Strassburg, 1840; p. 484].

I valori di P e di D che entrano nelle relazioni superiori si ottengono facilmente mediante misure dirette; alcuni Autori, per esempio il NAVIER, nelle note all'architettura idraulica del BELIDOR, hanno cercato di esprimere il valore di P in funzione dell'area della superficie premente, il che darebbe

$$P = \frac{1}{4} \alpha \pi (D^2 - d^2),$$

essendo d il diametro dell'occhio della macina, ed α un coefficiente numerico. Il NAVIER ammette $\alpha = 850$; quindi, supponendo $d = 0{,}15\, D$, si avrebbe, secondo questo autore

$$P = 650\, D^2$$

approssimativamente. La ricerca però del valore di P mediante il volume ed il peso specifico non può presentare difficoltà, ad eccezione che pei mulini nei quali le macine secondo il sistema americano ed inglese sono a due strati, l'uno formato con pietre adatte alla macinazione, pietra La Ferté, l'altro con pietra di scarto per aumentare ed equilibrare il carico. Il ROLLET crede che per queste macine possa adottarsi come peso specifico il numero chil. 1,944.

Infine il numero N si determina mediante un congegno meccanico denominato contatore di giri. Relativamente a questi strumenti, di uno dei quali ci riserviamo dare in altro articolo la descrizione, ci limitiamo ora a ricordare dapprima che il CORIOLIS nell'ultima nota alla sua Opera: *Traité de la mécanique des corps solides et du calcul de l'effet des machines* *), descrive « *un mécanisme propre à mesurer le travail transmis dans une machine par un arbre tournant* ». A facilitare l'intelligenza del progettato meccanismo il CORIOLIS suppone dapprima che la forza motrice possa rimanere costante durante il movimento. In questa ipotesi, egli osserva, ammettendo sia conosciuta l'intensità di questa forza, la misura del lavoro si ridurrebbe a *contare il numero dei giri dell'albero.* E dopo avere brevemente descritto uno strumento che potrebbe servire a questo scopo, aggiunge: « Mais, dès que la force est variable, ce compteur ne suffit pas. Le « travail croissant non seulement avec le nombre des tours de l'arbre, mais encore avec « cette force, il faut trouver moyen de faire marcher le compteur en raison composée « de l'effort et de la vitesse de l'arbre ». Ed il mezzo che egli propone è una ingegnosa combinazione di un contatore dei giri dell'albero e di un apparato dinamometrico, il quale potrebbe trovare una utilissima applicazione nelle ricerche sulla macinazione dei cereali, se l'osservazione ne dimostrasse la pratica attuabilità.

Ma contatori costrutti allo scopo di constatare il numero delle rivoluzioni di un albero che ruota, esistono e sono da lungo tempo adoperati per varii usi in officine

---

*) [2me édit., Paris, 1844].

ed in manifatture. Citeremo, ad esempio: il *Compteur Décimal* dell'Ingegnere delle miniere Sig. ÉVRARD, di cui può leggersi una accurata descrizione nel Tomo VI (1848), della *Publication Industrielle* dell'ARMENGAUD; il *Compteur à Cadran* del Sig. SALADIN, fatto conoscere dal *Bulletin de la Société Industrielle de Mulhouse,* Tomo XIV; il contatore dei Sig.ri SCHWILGUÉ père et fils di Strasbourg, descritto nel Vol. I (1851), p. 191, della rivista *Le Génie Industriel* *) di ARMENGAUD; quello infine del Sig. BATHIAS di Parigi **).

3. Se con e, k si indicano i numeri di ettolitri o di chilogrammi di cereale macinato in un dato mulino per ora e per cavallo di forza, si avranno pei numeri E, K di ettolitri o di chilogrammi del medesimo cereale macinato in quel mulino nello stesso tempo e con C cavalli di forza:

$$E = e\,C, \qquad K = k\,C.$$

FABRE, nel lavoro succitato riferisce alla pag. 237, che il palmento da lui descritto macinerà in un'ora circa chilog. 191 di grano, e la farina risultante sarà della migliore qualità possibile. Rammentando che in quella esperienza era $C = 3{,}206$, si ottiene $k = 59{,}576$, e supponendo pel grano approssimativamente $k = 75\,e$, si ha $e = 0{,}794$.

Nelle tre esperienze di TAFFE, pure eseguite sul grano, erano:

$$\begin{array}{llll} \text{Esperienza } 1^a & K = 409{,}68; & \text{quindi } k = 67{,}293, & e = 0{,}897, \\ \quad\text{»} \quad 2^a & K = 412{,}56; & \quad\text{»} \quad k = 58{,}502, & e = 0{,}780, \\ \quad\text{»} \quad 3^a & K = 496{,}80; & \quad\text{»} \quad k = 59{,}051, & e = 0{,}787; \end{array}$$

e l'autore ne deduce che per una macinatura grossa si possono adottare i numeri

$$k = 54; \qquad e = 0{,}72.$$

*) I varii disegni che nelle menzionate pubblicazioni periodiche accompagnano le descrizioni dei contatori ÉVRARD e SCHWILGUÉ (questi l'autore del celebre orologio di Strasbourg) e BATHIAS, rendono facilissima la intelligenza dei medesimi. Nel citare più specialmente quei tre congegni meccanici ebbimo in mira di indicare al lettore, nel grandissimo numero di questi apparati, quelli che hanno qualche analogia di costruzione coi modelli adottati dalla Amministrazione delle Finanze italiane per l'applicazione della Legge 7 Luglio 1868. Questi ultimi segnano, a nostro avviso, un notevole progresso sui contatori succitati, tanto dal lato della sicurezza nelle registrazioni, che da quello del costo, mentre il prezzo dei primi contatori ÉVRARD era di L. 400. Osserveremo infine che, sebbene, come si è già notato, l'uso del contatore dei giri si possa ormai dire antico, pure nel caso speciale si dovevano vincere due difficoltà, dipendenti l'una dalla cattiva costruzione della maggior parte delle macchine alle quali esso doveva applicarsi, vale a dire dei nostri mulini, l'altra dalle cautele di cui era d'uopo circondare lo strumento in vista dello scopo al quale doveva servire.

**) *A compendious Counter* [The Engineer, London (Mai 15, 1868), pp. 347-348].

Questi numeri sono un po' superiori a quelli dati precedentemente da Navier per una macinazione della stessa specie, cioè:

$$k = 48{,}6; \qquad e = 0{,}648;$$

ma il Rollet, nel suo *Mémoire sur la Meunerie, la Boulangerie,* etc., pubblicato nel 1847 per ordine del Ministero della Marina, accetta i numeri superiori di Taffe per la macinatura grossa (pag. 178), ed osserva che, siccome colla rimacinazione del tritello un terzo circa del tempo è impiegato in questa operazione, si avrà per la macinazione detta economica:

$$k = 37{,}8; \qquad e = 0{,}504.$$

Il Rühlmann, nel secondo volume della *Allgemeine Maschinenlehre* (pag. 188), riporta i risultati di alcune esperienze eseguite da Egen su mulini della Westfalia. Essi darebbero per ora e per cavallo di forza misurato al motore: pel grano ettolitri 0,2748; per la segale ettolitri 0,3897; per l'orzo ettolitri 0,6195; ma, siccome l'autore osserva che, nei mulini che servirono alle esperienze di Egen, circa un terzo della forza motrice era consumata dagli attriti per la trasmissione del movimento, si avrebbero secondo quelle esperienze i numeri seguenti:

pel grano . . . . . $k = 30{,}91$; $e = 0{,}4122$,

per la segale . . . $k = 39{,}75$; $e = 0{,}5845$,

per l'orzo . . . . . $k = 55{,}75$; $e = 0{,}9292$,

supponendo per la segale $k = 68\,e$, e per l'orzo $k = 60\,e$.

Il Rollet nell'opera citata riferisce anche i risultati di alcune esperienze eseguite da Evans sopra mulini americani, i quali abbiamo raccolto nella seguente tabella:

D	N	C	K	k	e
metri	centinaja di giri	cavalli	chilogrammi	chilogrammi	ettolitri
1,525	60	2,18	78,11	35,83	0,4777
1,206	78	1,93	55,80	28,91	0,3854
1,525	63	2,12	83,82	39,06	0,5208
1,525	61	2,76	78,11	28,30	0,3773

Ma fra gli elementi che, per uno stesso cereale, fanno variare il valore di k, essendo principale la qualità del prodotto o della farina che si vuole ottenere, e quindi lo stato di aguzzatura delle macine e la loro distanza, i valori che abbiamo citati per quel coefficiente sperimentale e gli altri che potremmo aggiungere, avrebbero maggiore utilità pratica se gli autori avessero tenuto conto di questa condizione.

In un interessante articolo sui mulini detti all'americana pubblicato nel vol. 6° della *Publication Industrielle*, sono dati i valori di k in tre casi: 1° per mulini che lavorano pel commercio e specialmente per Parigi, producendo la maggior quantità possibile di farina di prima qualità o fiore di farina, $k =$ chil. 20; 2° per mulini che, lavorando pure pel commercio, producono farine di seconda qualità in maggiore quantità che della prima, $k =$ chil. 25 o 26; 3° per mulini nei quali non si faccia che macinatura grossa, $k =$ chil. 30 all'incirca. È da notarsi che nel determinare questi valori l'ARMENGAUD ammette che il cavallo di forza sia impiegato non solo a far muovere il meccanismo della macina, ma anche gli apparecchi per la pulitura del cereale ed il buratto per le farine; sicchè, supponendo collo stesso autore che 0,65 di quella forza agisca sull'albero della macina girante, si avrebbero nei tre casi suindicati approssimativamente i valori:

$$k = 31, \qquad k = 38, \qquad k = 46.$$

Un'altra condizione la quale può far variare il valore di k è il maggiore o minore riscaldamento delle farine. L'aumento di temperatura essendo a scapito della produzione, ed esercitando per di più una cattiva influenza sulla qualità della medesima, si immaginarono varii sistemi allo scopo di condurre una corrente d'aria fredda tra le superficie delle macine mentre lavorano. Un ingegnere inglese, il sig. PAGET, in un articolo pubblicato sul finire del 1865 nel periodico *The Engineer,* classifica i differenti modi proposti per raggiungere quello scopo in quattro categorie, cioè: 1ª condurre l'aria fra le macine per mezzo di aperture praticate nella macina girante; 2ª introdurre l'aria, per mezzo di un ventilatore, attraverso l'occhio della macina girante; 3ª introdurre una corrente d'aria nell'occhio della macina girante, applicando un aspiratore dietro le macine; 4ª infine, riunendo il secondo al terzo sistema, e quindi soffiando l'aria entro le due macine, poi aspirandola dopo che si è saturata dell'umidità e del calore della farina. Il Professore WIEBE ha istituito apposite esperienze per mostrare gli effetti della ventilazione sulla maggiore o minore quantità di cereale macinato, rimanendo costanti tutte le altre condizioni; e nella sua opera *Die Mahlmühlen* *) riferisce i risultati seguenti:

	Senza ventilazione	Con ventilazione
Grano — 1ª macinazione . . .	$k = 24{,}73$	$k = 35{,}04$
2ª » . . .	$k = 21{,}85$	$k = 29{,}68$
3ª » . . .	$k = 19{,}78$	$k = 26{,}38$
Segale — 1ª » . . .	$k = 23{,}22$	$k = 31{,}08$
2ª » . . .	$k = 14{,}29$	$k = 18{,}93$
3ª » . . .	$k = 11{,}08$	$k = 15{,}00$
4ª » . . .	$k = 10{,}36$	$k = 13{,}57$

*) [Stuttgart, 1861, p. 279].

Vale a dire la quantità di cereale macinato per ora e per cavallo di forza, senza ventilazione o con ventilazione, stanno fra di loro pel grano come 72 a 100 e per la segale come 74 a 100.

4. Sostituendo, nella relazione

$$K = k\,C,$$

il valore di C dato dalla equazione (4), si ottiene la

$$K = 0{,}0007757\, m\, P\, D\, N, \tag{5}$$

posto $m = fk$; ed indicando con r il rapporto $\frac{K}{N}$ si avrà:

$$r = 0{,}0007757\, m\, P\, D. \tag{6}$$

Osserviamo dapprima che il valore del rapporto

$$r = \frac{K}{N} \tag{7}$$

non muta se le K, N, che abbiamo sin qui supposto rappresentare il numero di chilogrammi macinati in un'ora, ed il numero delle centinaja di giri fatte dalla macina girante nello stesso tempo, si ritiene in seguito rappresentino quei numeri corrispondenti fra loro, ma qualunque sia il tempo. Il valore di r si può quindi ottenere pesando una data quantità di cereale, e determinando il numero delle rotazioni che la macina girante ha dovuto fare per ridurla in farine. Gli strumenti necessarii per questa operazione sono una stadera ed un contatore di giri.

Ma la relazione (6) pone in evidenza quali elementi ponno far variare il valore di r; essa analizza, per così dire, il processo della macinazione che l'espressione (7) del rapporto r ci teneva nascosto.

Il valore di r dato dalla (6) risulta dal prodotto di un coefficiente numerico per le due quantità P, D, le quali si ponno ottenere col mezzo di misure dirette e pel coefficiente sperimentale m. E quest'ultimo a sua volta, risultando dal prodotto dei due coefficienti sperimentali k, f, assume valori differenti al mutare di questi, e quindi variando:

1° la intensità della forza motrice, la parte di essa consumata nel vincere gli attriti etc.;

2° la natura e lo stato di preparazione o di aguzzatura delle superficie interne delle macine;

3° la qualità del cereale;

4° la qualità del prodotto o delle farine;

5° la ventilazione.

Per determinare il valore del coefficiente sperimentale m è necessario un dinamometro sommatore od integratore.

Il Rollet, nell'opera più volte citata, osserva che nei mulini dei dintorni di Parigi si è riconosciuto che una macina del diametro di $1^m,30$ deve pesare cogli organi infissi all'incirca chil. 700, e che per ottenere bellissima farina doveva la macina fare dai 100 ai 120 giri al minuto primo, e macinare per ora dai 65 ai 75 chilogrammi di grano. Per questi mulini si avrebbero quindi:

$$K = 70^{\text{chil.}}; \quad P = 700^{\text{chil.}}; \quad D = 1^m,30; \quad N = 66 \text{ in media.}$$

Da questi valori si dedurrebbe essere

$$r = \frac{K}{N} = 1{,}06;$$

ma d'altra parte, per le osservazioni dell'Armengaud menzionate più sopra (n° 3), e confermate dai risultati di una inchiesta fatta nel 1866 in Francia sopra un grandissimo numero di mulini allo scopo di determinare la produzione e la potenza necessaria per la medesima *), si ha, per i mulini che si considerano, assai approssimativamente $k = 31^{\text{chil.}}$; quindi supponendo $f = 0{,}045$, si avrà $m = 1{,}395$ ed

$$r = 0{,}0007757\, m P D = 0{,}9828,$$

valore di pochissimo inferiore al trovato superiormente.

Nel grandioso stabilimento di Saint-Maur il prodotto normale si ritiene essere di 20 ettolitri di grano macinato in ventiquattro ore, con macine di $1^m,30$, aguzzate nella direzione dei raggi secondo il sistema inglese, con una velocità di rotazione di 120 giri al minuto primo. Il valore del rapporto r risulta in queste condizioni eguale a 0,868, e corrisponde come gli antecedenti a farine della qualità quasi eccezionale adottata nel commercio di Parigi. Il peso della macina girante ed accessorj essendo in quel mulino di circa chil. 700, si ha, come sopra, pel valore di r dato dalla formola, $r = 0{,}9828$.

Possiamo quindi conchiudere che allorquando il processo di macinazione del grano è condotto per modo che il prodotto contenga la maggiore quantità possibile di fior di farina, il valore di r è con molta approssimazione dato dalla formola

$$r = 0{,}00108\, P D,$$

e che questo valore per quel cereale è un minimo. Per le altre due qualità di farine considerate sul finire del n° 3 si avrebbero nello stesso modo i valori:

$$r = 0{,}00132\, P D, \qquad r = 0{,}00160\, P D,$$

*) *Publication Industrielle,* Vol. 16°.

il primo dei quali può ritenersi valor medio, il secondo un massimo pel grano, e per mulini detti comunemente all'americana. Dalle esperienze eseguite nel 1865 dall'ing. PERAZZI sui mulini di Collegno per incarico dell'onorevole SELLA, allora Ministro delle Finanze, si ebbero i seguenti risultati:

SPECIE E QUALITÀ DEL CEREALE	K	N	$r = \frac{K}{N}$
Grano del Piemonte . . .	115	72	1,597
» di Odessa	80	73	1,096
» di Tangarok. . . .	90	74	1,216
» di Barletta.	100	73	1,370
Segale	80	72	1,111
Avena	155	73	2,123
Fave	345	66	5,227
Meliga	95	71	1,338
Veccia	315	73	4,315

Per quelle macine, essendo $D = 1,36$ e P all'incirca chil. 800, si avrebbero per le quattro qualità di grano i seguenti valori di r:

$$r = 0,00146\,PD, \qquad r = 0,00100\,PD,$$

$$r = 0,00112\,PD, \qquad r = 0,00126\,PD,$$

la media dei quali è

$$r = 0,00121\,PD,$$

valore che coincide colla media dei due valori trovati più sopra corrispondenti alle migliori farine ottenute in mulini francesi. Per gli altri cereali sperimentati risulterebbero:

Segale	Avena	Fave	Meliga	Veccia
$r = 0,00102\,PD$	$r = 0,00195\,PD$	$r = 0,00480\,PD$	$r = 0,00123\,PD$	$r = 0,00396\,PD$.

Ma, se per la cura intelligente colla quale furono condotte quelle esperienze, i valori di r del prospetto antecedente, od i coefficienti sperimentali dedotti da essi nelle precedenti formole, forniscono criterii attendibili rispetto al modo col quale variano quei valori o quei coefficienti al variare della qualità del cereale, supposte costanti le altre condizioni; i risultati delle poche altre esperienze *) eseguite dallo stesso autore su mu-

*) Crediamo dover notare fra queste una eseguita in un mulino all'americana dell'ing. BORGNINI sopra grano di Piemonte. In questo mulino, è detto nella relazione, si ha per iscopo di macinare al

lini di costruzione meno perfetta, e ne' quali perciò alcuna fra quelle condizioni veniva a modificarsi, dimostrano la necessità di una ben ordinata serie di nuove esperienze per stabilire sopra solide basi le relazioni che nei varii casi legano i due elementi del rapporto r, il peso cioè di una data quantità di un cereale ed il numero delle centinaja de' giri compiuti dalla macina per ridurla in farina. Le considerazioni e le notizie di fatto le quali venemmo esponendo dimostrano però, che quelle esperienze non potranno essere concludenti, non condurranno a risultati di valore assoluto, senza il concorso di misure dinamometriche. Il lavoro meccanico è l'elemento pel quale viene a stabilirsi una relazione fra i due menzionati più sopra, nella conoscenza di esso soltanto sarà quindi possibile in molti casi trovare spiegazione di fatti e di anomalie che si presenteranno nelle esperienze medesime. Egli è anzi indubitabile che un congegno meccanico, il quale fosse ad un tempo contatore di giri e dinamometro integratore, di facile applicazione all'albero di un mulino, come, ad esempio, quello immaginato dal CORIOLIS, sarebbe lo strumento più opportuno per determinare la produzione di un palmento.

5. Limitando nei precedenti paragrafi le nostre considerazioni d'ordine teorico-pratico sulla macchina (mulino) alle più semplici ed assolutamente necessarie, e cercando invece di raccogliere i risultamenti più accreditati delle esperienze eseguite da FABRE fino a noi, fummo indotti dalla convinzione che il processo della macinazione dei cereali è per la sua natura paragonabile a quei fenomeni fisici, nello studio dei quali le formole *) della meccanica sono destinate piuttosto ad indicare la via a seguirsi nelle ricerche sperimentali che valgono a correggere ed a completare le formole stesse, che a rappresentare una legge stabilita a priori. Aggiungeremo di più che nel caso speciale le poche formole citate sono le sole le quali potevamo corredare di risultati sperimentali.

Accenneremo perciò colla maggior brevità ad una formola dovuta ad EYTELWEIN **), dalla quale si dedurrebbe la

$$f P = \frac{5}{12} h \pi \frac{N}{D} (D^3 - d^3),$$

essendo h un coefficiente sperimentale, e d il diametro dell'occhio della macina. Così il

miglior mercato possibile, più che di produrre ottima farina. Ora il valore di r risulta in questo caso all'incirca eguale a 2,25, ciò che darebbe $r = 0{,}00206\, P D$, valore alquanto superiore al massimo stabilito sopra basandoci sui dati dell'ARMENGAUD. Probabilmente in questa esperienza la forza motrice era superiore all'ordinaria.

*) La formola in questi casi è l'espressione *de l'idée à priori* nel metodo sperimentale, così chiaramente definita dall'illustre BERNARD nel Capitolo II della sua *Introduction à l'étude de la Médecine expérimentale,* Paris, 1865.

**) CRELLE's *Archiv für die Baukunst.* Vol. I, 1818.

WIEBE nell'opera citata, ed il BENOÎT nella *Guide du Meunier et du constructeur de Moulins* *) fondandosi sulla considerazione del volume della farina che in un determinato tempo è spinta fuori dalle macine, introducono un nuovo elemento i, cioè la distanza fra le due macine, e propongono due relazioni, le quali riduconsi alle seguenti:

$$\frac{K}{D^2 N} = p\,i, \qquad \frac{K}{D^2 N^2} = q\,i,$$

indicando p, q coefficienti sperimentali. Il primo dei menzionati autori, osservando inoltre che, per farine dello stesso grado di finezza, il valore di i è approssimativamente costante, ammette costante in quelle condizioni il rapporto $\frac{K}{D^2 N}$, ossia il rapporto $\frac{K}{N}$ proporzionale al quadrato del diametro della macina.

Ma per le ragioni suesposte ristringendoci a questi brevi cenni rispetto a quelle formole, chiuderemo questo nostro studio con alcune considerazioni relative alla applicazione della Legge 7 Luglio 1868, che impone una tassa sulla macinazione dei cereali.

Come è noto, l'articolo primo di quella legge stabilisce una tariffa, in ragione di peso, per le varie specie di cereali, e prescrive che in base ad essa *dovrà essere pagata la tassa sulla macinazione, dall'avventore nelle mani del mugnajo, prima della esportazione delle farine.* Il mugnajo poi, per l'articolo secondo, *in correspettività ed a saldo delle somme riscosse, pagherà allo Stato una quota fissa per ogni cento giri di macina;* e l'articolo terzo aggiunge: *questa quota sarà stabilita mediante convenzione tra il mugnajo e l'amministrazione, avuto riguardo alla qualità e potenza degli apparecchi ed al sistema di macinatura.*

Ciò posto, indicando con t la tassa di macinazione fissata nella suddetta tariffa per ogni chilogrammo di cereale, sarà:

Pel grano . . . . $t =$ Cent. 2
Per l'avena . . . . $t =$ » 1,2
Pel grano turco e segale. . . . . $t =$ » 1
Per altri cereali, legumi secchi e castagne . . . $t =$ » 0,5.

Sia d'altra parte q la quota corrispondente per ogni cento giri; sarà Kt la tassa a pagarsi dall'avventore al mugnajo per la macinazione di K chilogrammi di un dato cereale; ed Nq la somma che in correspettività dovrà il mugnajo versare nella cassa dello Stato. Dovrà quindi essere

$$Kt = Nq,$$

dalla quale, rammentando la (7).:

$$q = rt.$$

---

*) [Paris, 1863].

La ricerca adunque della quota fissa per ogni cento giri di macina si riduce a quella del valore di r, ed in conseguenza la quota stessa dovrà modificarsi al variare delle condizioni, le quali, come abbiamo veduto, hanno diretta influenza sul valore di r. Ne segue altresì che la convenzione tra il mugnajo e l'amministrazione, prescritta dall'articolo terzo della Legge, dovrà appunto consistere nel determinare di comune accordo questo valore di r, avuto riguardo alla qualità e potenza degli apparecchi ed al sistema di macinatura. Ecco il vero problema a risolversi per la retta applicazione della tassa sulla macinazione dei cereali secondo i citati articoli della Legge 7 Luglio 1868; e questo problema, sebbene presenti difficoltà di un ordine certamente più elevato della scelta di un contatore di giri, pure, per le intime relazioni che esso ha cogli studii e colle esperienze intraprese allo scopo di migliorare i procedimenti della macinazione, riceve da queste lume e norma per la sua risoluzione. Gli elementi che nel problema stesso ponno mutare di valore, cambiando la qualità e la potenza degli apparecchi ed il sistema di macinatura, sono varii; ma, come abbiamo veduto, essi sono in numero determinato, e per di più non ponno variare che entro certi limiti. La serie ben ordinata di esperienze, alla quale si è accennato più addietro, dovrebbe e potrebbe essere quindi diretta e condotta per modo che abbracciasse tutti i possibili casi pratici, determinando per ciascuno di essi od un valore di r, od i limiti entro i quali è compreso. Questi valori o questi limiti dovrebbero da un lato servire di guida all'ingegnere incaricato di stabilire la quota ogni qualvolta avrà applicato un contatore ad un mulino, ed al quale non potrà chiedersi che questo solo: provate quanti chilogrammi di cereale passino nella macina in condizioni medie rispetto alla qualità di esso, alla qualità della farina, alla forza motrice, alla aguzzatura, e contate il numero dei giri fatti dalla macina nel tempo impiegato alla macinazione di quella quantità di cereale; dall'altro lato dovrebbero servire di norma all'amministrazione nel controllare e nel giudicare l'operato de' suoi dipendenti. Un siffatto lavoro, non bisogna dissimularlo, è nel suo complesso e per natura sua assai delicato; e le difficoltà inerenti ad esso, ed alle quali abbiamo toccato di volo, non potranno essere vinte che da una intelligente direzione data al medesimo, e sopratutto da una profonda convinzione della sua necessità. In questo modo soltanto vedremo diminuire gradatamente e sparire le ineguaglianze e gli ostacoli che nell'applicazione dei primi articoli della Legge doveansi incontrare; ma in questo modo altresì l'amministrazione dello Stato potrà indirettamente contribuire a migliorare anche fra noi le condizioni dei procedimenti in uso per la macinazione dei cereali.

CCLXVIII.

NOTIZIE SOPRA ALCUNE CONSIDERAZIONI DEL MAGGIORE ABBOT RELATIVAMENTE ALL'USO DELLA FORMOLA HUMPHREYS-ABBOT PER LA PORTATA DEI FIUMI E CANALI NATURALI.

Il Politecnico, Giornale dell'Ingegnere architetto civile ed industriale, anno XIX (1871), pp. 493-498.

Nell'adunanza dell'undici Giugno scorso, l'egregio nostro collega l'Ingegnere DAL BOSCO, presentando al Collegio la traduzione della recente opera dell'Ingegnere KUTTER di Berna *), nella quale sono raccolte e discusse le nuove formole che pel movimento dell'acqua nei canali furono in questi ultimi anni proposte da vari Autori, siccome quelle che col maggior grado di approssimazione esprimevano i nuovi fatti posti in luce da abili sperimentatori, riassumeva in una sua dotta Memoria i principali lavori pubblicati sullo stesso argomento, e dedicava giustamente alcune pagine alla grande opera dei Signori HUMPHREYS ed ABBOT sul Mississippi **). I risultati delle esperienze idrauliche eseguite per cura del Governo americano, sopra questo fiume ed i suoi confluenti, dal 1850 al 1861, offrono attualmente ai cultori della scienza idraulica un materiale prezioso per lo studio e per la ricerca delle leggi che regolano il movimento dell'acqua nei grandi canali. Perciò li vedemmo riassunti ed esaminati in un pregevole lavoro ***) dell'Ingegnere FOURNIÉ del Corpo di ponti e strade pubblicato nel 1867, mentre quasi contemporaneamente il GREBENAU ****) pubblicava in Monaco una traduzione di alcuni capitoli

*) KUTTER, *Die neuen Formeln für die Bewegung des Wassers in Kanälen und regelmässigen Flussstrecken*, Wien, 1871.

**) HUMPHREYS and ABBOT, *Report upon the physics and hydraulics of the Mississippi river* etc. — *War department* — Philadelphia, 1861.

***) FOURNIÉ, *Résumé des expériences hydrauliques exécutées par le Gouvernement Américain sur le Mississippi*, Paris 1867.

****) GREBENAU, *Theorie der Bewegung des Wassers in Flüssen und Canälen*, etc. München, 1867.

del rapporto degli ingegneri americani corredandola di osservazioni proprie; e più di recente vedemmo i risultati stessi formare soggetto di accurata analisi nelle Memorie degli Ingegneri GANGUILLET e KUTTER *), e nell'opera succitata di quest'ultimo.

Senonchè sembra che gli Autori, i quali in questi ultimi tempi si occuparono dell'opera dei Signori HUMPHREYS ed ABBOT, non abbiano avuto notizia di una lettura fatta all'*Essaying Club* del Corpo degli Ingegneri il 13 Aprile 1868 dal maggiore ABBOT e dell'opuscolo, pubblicato qualche tempo dopo, che la contiene **). Ora, siccome nella lettura stessa da un lato si indicano alcune cautele da addottarsi nell'uso delle formole dedotte dalle esperienze sul Mississippi; dall'altro, prendendo a base i risultamenti sperimentali di BAZIN ***), si propone per determinati casi una correzione alla principale di quelle formole, quella che dà il valore della velocità media; la conoscenza di quel lavoro dovrà almeno in parte modificare i giudizii e le conclusioni che intorno l'applicabilità delle formole stesse pronunciarono gli autori suaccennati. Mi parve quindi opportuno di concorrere alla diffusione di questo scritto presentandone al Collegio una breve ma fedele notizia.

Il Magg. ABBOT incomincia dall'osservare che il rapporto presentato da lui e dal Colonn. HUMPHREYS al Governo Americano stava completandosi durante il disordine e la confusione causati dallo scoppio della guerra civile; che inoltre, lo scopo del lavoro essendo quello di proteggere la regione alluvionale del Mississippi dalle inondazioni e di approfondare le bocche di quel fiume, le scoperte relative alle leggi che regolano il movimento delle acque non vi erano che incidentalmente enunciate.

L'esposizione di esse non aveva quindi potuto essere accompagnata da alcune necessarie considerazioni sui limiti nell'uso delle formole che le esprimevano, difetto il quale aveva condotto gli ingegneri europei a dare ad esso in qualche caso una troppo grande estensione, ed era stata causa di inesattezze nella loro applicazione.

Dopo queste generali dichiarazioni il maggiore ABBOT, in un capitolo intitolato *Cautele relative all'uso delle formole,* analizzò nuovamente il fenomeno del movimento dell'acqua in un fiume allo scopo di precisare vieppiù la genesi di quelle formole ed il grado della loro attendibilità. Ecco quasi testualmente le parole del nostro Autore sopra il grave argomento:

---

*) GANGUILLET und KUTTER, *Versuch zur Aufstellung einer neuen allgemeinen Formel für die gleichförmige Bewegung des Wassers in Canälen und Flüssen,* etc. [Zeitschrift des Oesterreichischen Ingenieur- und Architekten-Vereins, Wien, 1869].

**) ABBOT, *Notes on the practical gauging of rivers,* Printed on the Battalion Press. Un esemplare di questo opuscolo, che non si trova in vendita, fu inviato dall'egregio Autore al chiarissimo Senatore Ing. LOMBARDINI, il quale ebbe la cortesia di porlo a mia disposizione. Vedi la nota a pag. 52 della sua *Guida allo studio dell'idrologia fluviale e dell'idraulica pratica,* Milano, Tip. degli Ingegneri, 1870.

***) DARCY et BAZIN, *Recherches hydrauliques,* Paris, 1865, 2 vol.

« L'elemento che più spesso diede luogo ad inesatte interpretazioni è la pendenza « delle correnti naturali. Dalla insufficiente intelligenza di questa materia le formole « furono erroneamente applicate in due modi; per l'uno dei quali giungevasi a valori « troppo grandi della velocità media, per l'altro a valori troppo piccoli della stessa. « Poche parole basteranno a rendere chiaro il concetto; ed a definire i limiti entro i « quali presupponevasi che l'applicazione delle formole sarebbesi ristretta.

« Nel maggior numero dei casi l'acqua corrente in un fiume, passando da una sezione « *A* ad una sezione *B*, incontra tre distinte resistenze al moto, nel vincere le quali « consuma la potenza dovuta alla caduta dell'acqua fra le sezioni stesse. La prima di « queste resistenze è quella dipendente dall'adesione dell'acqua al proprio letto e dalla « coesione delle molecole fluide fra loro; la seconda ha origine dalle ineguaglianze nella « sezione trasversale che producono perturbazioni nel movimento, rigurgiti, perdite di « forza viva ecc.; la terza è quella dovuta alle svolte le quali agiscono in maniera analoga « alle traverse, arrestando la corrente ed obbligandola ad alzarsi finchè abbia acquistata « sufficiente altezza da riguadagnare la perduta velocità. La differenza di livello del pelo « d'acqua fra le sezioni *A*, *B*, la quale misura la potenza che deve vincere quelle tre « resistenze, può quindi considerarsi come distinta in tre parti, ciascuna delle quali atta « a vincere una delle resistenze stesse. Perciò, se fosse possibile di ottenere una esatta « espressione matematica pel deflusso dell'acqua, essa dovrebbe comprendere tre formole « basate sopra questa triplice divisione della resistenza. Ma sfortunatamente questa distin- « zione non è praticabile nei fiumi, non potendo nei medesimi determinarsi con suffi- « ciente precisione le ineguaglianze nella sezione trasversale che producono la seconda « delle accennate resistenze. Fummo quindi costretti di rappresentare queste tre resistenze « con due formole. Forse sarebbe stato possibile di ottenere questo risultato nel modo « già tentato, ma senza effetto, da alcuni ingegneri idraulici; di calcolare cioè una for- « mola basata sulla ipotesi della perfetta uniformità del movimento, considerando come « rettilineo il tratto fra le sezioni *A*, *B*; colla condizione di aggiungere ad essa una « seconda formola, la quale rappresentasse l'effetto della somma delle altre due resi- « stenze. In altre parole, una formola con coefficienti costanti, di cui i valori sarebbero « stati dedotti da esperienze sopra canali artificiali, sarebbe combinata con una seconda, « per la quale si determina il valore della caduta d'acqua consumata nel vincere le resi- « stenze dovute alle variazioni nella sezione e nella direzione della corrente. Questo « piano non fu adottato nelle investigazioni sul Mississippi, essendo opinione degli spe- « rimentatori che migliori risultati si sarebbero ottenuti dividendo gli effetti della se- « conda resistenza fra le costanti delle formole rappresentanti le altre due. In tronchi « rettilinei di fiume con ordinarie pendenze, le perturbazioni prodotte da variazioni nella « sezione sono trascurabili; il movimento dell'acqua può ritenersi assai approssimativa- « mente uniforme, e perciò in questo caso come in quello di canali artificiali il movimento

« stesso può rappresentarsi per mezzo di coefficienti sperimentali accuratamente dedotti « da serie di osservazioni sul fiume. L'effetto principale della seconda resistenza è limitato « alla vicinanza delle svolte, ove le variazioni di sezione sono più risentite; perciò questa « resistenza è principalmente tenuta a calcolo nella formola relativa all'effetto delle svolte; « però, il che importa di notare chiaramente, in quella calcolazione essa non vi è tutta « contemplata. Vi è una distinta parte di quella seconda resistenza che necessariamente « affetta il valore delle costanti di qualunque formola basata sulla ipotesi del moto uni- « forme e deducesi dalle osservazioni sopra canali naturali. Tali formole non ponno « essere quindi applicate al movimento dell'acqua in canali artificiali, dove il movimento « stesso è perfettamente uniforme. Dall'aver trascurata questa avvertenza ebbe origine « un primo errore nell'uso delle nuove formole. Un secondo e più grave errore nacque « dall'usare nella formola della prima resistenza l'intera differenza di livello fra i peli « d'acqua nelle sezioni *A*, *B*, senza prima sottrarvi la parte determinata dalla formola « per le svolte siccome quella consumata nel vincere le resistenze prodotte dalle svolte « stesse e le irregolarità della sezione trasversale ».

Nel riprodurre le parole del Maggiore Abbot per quella parte della sua lettura che è dedicata a stabilire i limiti nell'uso delle nuove formole, io ebbi un doppio scopo: di indicarvi da un lato in qual modo gli ingegneri americani avevano considerato il fenomeno di cui intraprendevano lo studio su così larga scala, dall'altro di rammentare che le due formole, le quali più specialmente lo rappresentano, dànno la prima il valore della velocità media in una sezione trasversale in funzione dell'area, del perimetro bagnato e della larghezza di questa, di coefficienti numerici sperimentali, e della pendenza, la quale, allorquando non si tratti di tronchi rettilinei, deve essere corretta mediante la seconda formola. Questa infatti dà il valore della differenza di livello fra le due sezioni estreme del tronco dovuta all'azione delle svolte ed in parte alle ineguaglianze di sezione; differenza di livello che in questi casi deve essere sottratta dalla differenza totale, onde ottenere, dividendo il residuo per la distanza fra le due sezioni, il valore della pendenza da introdursi nella prima formola. Le due formole, indicando con v la velocità media nella sezione; con a, p, l l'area, il perimetro bagnato, la larghezza della medesima; con s la pendenza totale fra le due sezioni estreme, che supporremo composta di due parti i, h, la seconda delle quali dovuta alle svolte ed alle ineguaglianze di sezione in prossimità di esse; L la distanza fra le due sezioni estreme misurata lungo la linea mediana del fiume; sono in misura metrica le seguenti:

$$(1)\qquad v = \left(\sqrt{m + \sqrt{68{,}72\,\rho\sqrt{i}}} - \sqrt{m}\right)^2,$$

$$(2)\qquad h = \frac{0{,}0245\, v^2 N \operatorname{sen}^2 30^\circ}{L},$$

nella quale

$$m = 0{,}0025 \frac{0{,}933}{\sqrt{r} + 0{,}457}, \qquad r = \frac{a}{p}, \qquad \rho = \frac{a}{p + l}, \qquad i = s - h,$$

ed N rappresenta il numero dei lati del poligono composto di rette tracciate lungo la linea mediana del fiume nei punti ove la deviazione fra una retta e la consecutiva risulti di 30°.

Il nostro Autore dedica in seguito un secondo Capitolo ai nuovi dati sperimentali dovuti agli Ingegneri DARCY e BAZIN ed alle importanti leggi che ne dedussero relativamente alla influenza della natura del fondo e delle sponde del canale sul moto dell'acqua. Egli sceglie fra i risultati sperimentali ottenuti da BAZIN e riportati nel suo libro quelli che si riferiscono ai canali naturali, e precisamente le serie 37, 38, 41 eseguite sul Canale Chazilly, le 47, 48, 49, 50 del Canale Grosbois, e la serie 1 sul Canale di Marsiglia, nelle quali le condizioni rispetto alla natura del letto erano paragonabili a quelle del Mississippi; ed aggiunge a queste le esperienze fatte sotto la direzione dell'Ingegnere POIRÉE sulla Senna a Parigi, e le altre eseguite dall'Ingegnere EMMERY sullo stesso fiume a Poissy, a Triel ed a Meulan. Ottiene così 49 osservazioni che il Signor ABBOT ritiene possano, sia per la accuratezza colla quale furono condotte, quanto per la condizione dei canali su cui furono fatte, servire opportunamente di prova al valore delle sue formole. Egli presenta quindi in una tabella i risultati che si ottengono applicando l'ultima delle formole di BAZIN e quella di HUMPHREYS-ABBOT per determinare la velocità media, alle citate 49 esperienze, a quelle sul Mississippi, e confluenti, e ad alcune altre relative al Reno, alla Neva, al Tevere ed al fiume Schwarza, in complesso ad 81 esperienze; e dimostra che le somme delle differenze fra le velocità medie osservate e calcolate con quelle due formole stanno fra loro ad un dipresso come cinque a tre; vale a dire l'approssimazione complessiva è maggiore per la formola HUMPHREYS-ABBOT. Però un esame accurato della tabella mostrando che a questo risultato contribuivano specialmente i risultati parziali relativi al Mississippi, od in generale relativi ai canali di grande sezione, nacque l'idea all'Ingegnere ABBOT di dedurre da quella tabella un prospetto, nel quale fossero raccolti gli elementi della stessa classificandoli secondo il valore dell'area della sezione trasversale. Quel prospetto ridotto in misure metriche è il seguente:

AREA della sezione compresa fra	Numero delle osservazioni	Somma delle velocità osservate	Somma delle velocità calcolate		Somma delle differenze		Differenza per 100 metri di velocità osservata	
			formola *D.B.*	formola *H.A.*	formola *D.B.*	formola *H.A.*	formola *D.B.*	formola *H.A.*
m^2		*m.*	*m.*	*m.*	*m.*	*m.*	*m.*	*m.*
da 18000 a 900	15	21,749	17,471	22,703	4,661	1,493	6,527	2,104
» 900 » 90	30	29,435	28,952	30,896	2,686	2,597	2,775	2,684
» 90 » 5	7	5,192	5,750	5,376	1,073	0,262	6,313	1,525
meno di 5	29	12,809	13,499	14,746	1,388	1,960	3,294	4,666
	81	69,185	65,672	73,721	9,808	6,312	4,727	2,744

L'esame di questo prospetto conduce alle due conseguenze: 1ª che la formola Darcy-Bazin dà valori meno prossimi agli osservati di quella Humphreys-Abbot in tutti i casi, meno che pei canali nei quali l'area della sezione è inferiore a 5 metri quadrati; 2ª che, eccettuando questo caso, la maggiore discrepanza fra i numeri osservati e quelli calcolati colla formola Humphreys-Abbot corrisponde ad aree della sezione comprese fra 90 e 900 metri quadrati. Quest'ultimo risultato parve giustamente al signor Abbot non potesse trovare altra spiegazione che nella poca attendibilità di alcune fra le esperienze che concorrono a formare quella categoria. — Infatti, trascurando otto delle ultime esperienze citate relative alla Senna, rispetto all'esattezza delle quali poteva nascere qualche dubbio, giunse ad ottenere anche per la seconda categoria la differenza, per cento metri di velocità osservati, di metri 3,200 per la formola Darcy-Bazin e di metri 1,646 per la propria formola.

Da questo risultato l'autore crede poter conchiudere che la formola Humphreys-Abbot è applicabile a canali naturali nei quali l'area della sezione è compresa fra metri quadrati 18000 e metri quadrati 5; cioè i nuovi dati sperimentali avrebbero mostrato che quella formola ha una maggior estensione di applicabilità di quanto si ritenesse nel primo rapporto sul Mississippi.

Rimane a considerare il caso dei piccoli canali naturali aventi sezioni di cui l'area è inferiore a cinque metri quadrati, e pei quali come vedemmo la formola Humphreys-Abbot dà per la velocità media numeri superiori agli osservati.

Qui il nostro autore prende a considerare più specialmente la prima delle nominate resistenze, cioè quella dipendente dall'azione della coesione; ed esamina fin dove ai risultati sperimentali di Bazin siano applicabili le leggi di trasmissione di essa, o le leggi di distribuzione della velocità in piani verticali paralleli alla corrente od in piani orizzontali, dedotte dalle esperienze del Mississippi. — Da questa analisi, la quale non facciamo che accennare per quanto si vedrà in seguito, risulta che uno dei coefficienti numerici introdotti nelle formole del movimento uniforme, il quale per grandi canali è sensibilmente costante, varia invece colla larghezza allorquando si tratti di piccoli canali. Ma, siccome seguendo questa via la formola finale per la velocità media da sostituirsi alla (1) diventerebbe assai complicata, l'Ing. ABBOT ha pensato d'introdurre nella formola stessa una correzione pei casi nei quali si trovava difettosa, cioè per canali nei quali l'area della sezione è inferiore a cinque metri quadrati. Egli propone quindi che in questi casi si debba dal valore di v dato dalla formola (1) sottrarre il seguente:

$$w = \frac{A}{p + B}\sqrt{v},$$

nel quale sono A, B due coefficienti numerici sperimentali. Di più, giovandosi delle ventotto esperienze di BAZIN sopra i piccoli canali Chazilly e Grosbois, trova pei coefficienti stessi i valori $A = 2{,}4$; $B = 1$ in misure inglesi; cioè $A = 0{,}4038$; $B = 0{,}3048$ in misura metrica; di modo che il valore della velocità media nei piccoli canali sarebbe dato dalla formola

$$u = v - \frac{0{,}4038}{p + 0{,}3048}\sqrt{v},$$

essendo v calcolato colla formola (1).

Applicando quest'ultima formola alle 28 osservazioni su accennate e ad una sul fiume Schwarza dovuta all'Ing. GREBENAU, trova che le cifre dell'ultima linea nella tabella superiore devono essere modificate come segue:

Area della sezione minore di 5 metri quadrati — Osservazioni n° 29 — Somma delle velocità osservate *m.* 12,809 — Calcolate colla formola DARCY-BAZIN *m.* 13,499 — colla nuova formola ABBOT *m.* 12,859 — Somma delle differenze: formola *D. B.* *m.* 1,388; formola *A.* *m.* 0,993 — Differenze per cento metri di velocità osservata: formola *D. B.* *m.* 3,294; formola *A.* *m.* 2,379.

In conclusione risulta che, applicate l'ultima delle formole di BAZIN e la formola HUMPHREYS-ABBOT corretta alle 81 osservazioni citate da principio, escluse le otto sulla Senna dell'Ing. EMMERY, la prima di esse formole dà per cento metri di velocità osservata una differenza di *m.* 4,636 e la seconda una differenza di *m.* 1,921; con evidente vantaggio per la seconda formola.

Ecco per quali ragioni io poteva dire dapprincipio che assai probabilmente la conoscenza di questa lettura del Magg. ABBOT avrebbe potuto modificare alcuni dei giudizi e delle conclusioni espresse dagli Autori citati relativamente alle nuove formole contenute nel rapporto americano.

Milano, agosto 1871.

CCLXIX.

SULLE FORMOLE EMPIRICHE PER LE PORTATE DEI FIUMI.

Il Politecnico, Giornale dell'Ingegnere Architetto, civile e industriale, anno XXIV (1876), pp. 69-74.

Con questo titolo io pubblicava alcuni anni sono nel giornale *Il Politecnico* (1866, 1867) due articoli *), nei quali prendeva in esame la maggior parte delle formole che, seguendo l'esempio dato dal LOMBARDINI per il Po, erano state calcolate in Italia ed in Francia per altri fiumi. Principale intendimento di quegli studi era di fissare chiaramente il concetto di formola empirica per la portata di un fiume, ossia di quella relazione che per una data località del fiume può stabilirsi per mezzo della osservazione e della esperienza fra la sua portata e quella che viene denominata altezza idrometrica. Dall'epoca di quella pubblicazione ad oggi è d'uopo constatare un certo risveglio degli studi idraulici in Italia, del che ne fanno fede, oltre i vari lavori che, specialmente sul fiume Tevere, videro la luce in questi anni, le esperienze dirette a determinare la portata di altri fiumi, eseguite sia in occasione di progetti di canali di derivazione sia a scopo scientifico, e la riconosciuta importanza di regolari osservazioni idrometriche e pluviometriche, le quali il Governo promove per mezzo della Commissione idrografica.

L'interesse, che io annetteva adunque nove o dieci anni or sono a determinare i criteri che devono guidare nello stabilire quella relazione sperimentale che ho sopra indicata, non solo non è diminuito in oggi; ma il maggior numero di fatti raccolti rimarrebbe dopo qualche tempo un inutile ingombro di cifre, se non si ponesse cura di procedere insieme nello studio dei metodi, che da quei *grandi numeri* sanno tirare le leggi che li regolano.

---

*) [CCLXV : t. V, pp. 439-450].

Parvemi quindi giunto il momento di ritornare sull'argomento e di additare ai miei colleghi una formola di interpolazione, la quale a mio avviso dovrebbe opportunamente prestarsi nel caso che qui considero. Questa formola, alla quale sono legati i nomi di due illustri matematici viventi, potrebbe presentare qualche difficoltà se io volessi addentrarmi nei particolari di essa e nella sua dimostrazione; ma ho pensato che a darle un carattere pratico, se come spero lo merita, fosse più conveniente di limitarmi a stabilire le operazioni numeriche che essa richiede e presentarla così sotto la forma di una regola.

Credo però opportuno il far precedere ancora alcune dichiarazioni sul concetto di formola empirica.

È noto che l'egregio LOMBARDINI, a cui è dovuta la prima di queste formole, o dirò meglio a cui devesi l'iniziativa del concetto, fu condotto al medesimo dalla considerazione della formola del movimento uniforme od equabile dell'acqua negli alvei. Detta P la portata, l la lunghezza della sezione, a l'altezza media dell'acqua sul fondo nella medesima, i la pendenza unitaria, m un coefficiente numerico, dalla formola del movimento uniforme

$$P = m l a^{\frac{3}{2}} \sqrt{i},$$

egli deduceva la

$$P = \alpha a^{\frac{3}{2}} \sqrt{1 - \beta a^2},$$

nella quale α, β sono due coefficienti numerici, supponeva cioè che la pendenza potesse esprimersi in funzione dell'altezza media nel modo indicato dalla formola. Il LOMBARDINI prefiggevasi in conclusione di stabilire una relazione fra la portata del fiume per una data sezione e l'altezza media dell'acqua nella medesima, e di determinare i coefficienti numerici della relazione stessa approfittando dei risultati di esperienze dirette a constatare quella portata per vari stati di pelo d'acqua. Una formola empirica della natura di quella che qui consideriamo può quindi definirsi una formola, per mezzo della quale il valore della portata di un canale o di un fiume in una data località si esprime in funzione dell'altezza media dell'acqua sul fondo, o meglio dell'altezza denominata idrometrica; e nella quale i coefficienti numerici sono determinati in base ai risultati di osservazioni e di esperienze eseguite in quella stessa località.

Due quistioni differenti si presentano perciò a risolvere allora quando vogliasi stabilire una formola empirica: la prima relativa alla forma della funzione dell'altezza colla quale credesi poter esprimere il valore della portata; la seconda che riguarda la determinazione dei coefficienti costanti. Rispetto alla prima quistione, salvo uno o due casi che ho accennati nel secondo dei miei lavori rammentati più addietro, non v'è divergenza d'opinione fra gli idraulici; tutti ammettono col LOMBARDINI che la portata sia esprimibile mediante la radice quadrata di una funzione intiera e razionale della altezza; od in altre parole che il quadrato della portata si possa esprimere con una funzione intiera e razionale dell'altezza. A questo risultato conduceva, come dissi sopra, la formola del movimento uniforme adottata dal LOMBARDINI, supponendo con lui che la pendenza unitaria sia essa pure esprimibile in funzione intiera e razionale dell'altezza. Due obbiezioni si potrebbero presentare a questo procedimento. La prima riguarda l'uso fatto della formola del movimento uniforme per determinare la portata di corsi d'acqua, nei quali quella formola sarà rare volte applicabile; la seconda è relativa alla natura della formola stessa di cui s'è fatto uso. La prima obbiezione, benchè non possa essere completamente dissipata, può essere però ridotta a piccole proporzioni, quando si abbiano le dovute precauzioni nella scelta della località alla quale si limitano le conseguenze della formola empirica; ma a misurare giustamente gli effetti della seconda è d'uopo di maggiori schiarimenti.

Le più recenti formole pel movimento uniforme dell'acqua negli alvei, le quali mi felicito di vedere entrate nella pratica fra noi, hanno questo di comune con alcune delle antiche, che, denominata u la velocità media in una sezione, r il raggio medio della medesima, il valore di u esprimesi per r e per la pendenza i colla relazione

$$u = c\sqrt{ri};$$

solo che nelle antiche il coefficiente c ha un valore numerico costante; nelle moderne il c dipende dal raggio medio come nella formola BAZIN, o dal raggio medio e dalla pendenza come nella formola KUTTER, ed in entrambe entrano a formare il valore di c dei coefficienti numerici variabili secondo la natura del fondo e delle sponde dell'alveo. Ora, finchè c rimaneva una costante, oppure si fosse potuto supporre c una funzione intiera del raggio medio, l'esprimere il quadrato della portata in funzione razionale ed intiera dell'altezza non era o non sarebbe stato che l'applicare la legge del movimento uniforme. Ma il coefficiente c è per BAZIN eguale a

$$\frac{\sqrt{r}}{\sqrt{\alpha + \beta r}},$$

essendo α, β due coefficienti numerici variabili come si disse sopra; e per KUTTER eguale a

$$\frac{(x+1)\sqrt{r}}{n(x+\sqrt{r})},$$

essendo x una funzione frazionaria della pendenza, ed n della natura delle α, β; cioè:

$$x = n\left(23 + \frac{0{,}00155}{i}\right).$$

È quindi chiaro che la seconda obbiezione non si vince o non si diminuisce se non che supponendo sviluppate in serie quelle espressioni frazionarie, il che in altri termini equivale al dire che non bisogna accontentarsi di formole nelle quali l'altezza entri fino alla seconda od alla terza potenza, ma ordinariamente è d'uopo spingere più in là le calcolazioni come correttivo al difetto della forma adottata per la funzione.

Ciò premesso mi rimane ancora un punto a toccare. Stabilita la forma della funzione dell'altezza per mezzo della quale crediamo possa esprimersi il quadrato della portata, la determinazione dei coefficienti numerici della funzione stessa, perchè possa avere un valore pratico, richiede due condizioni.

Dapprima una buona formola di interpolazione, ed il presentarne una è il principale scopo di questo mio lavoro; poi, e ciò è della massima importanza, una serie di osservazioni e di misure eseguite colla maggior cura. Su questo punto, mi permetto il dirlo con tutto il rispetto che ho per quel distintissimo idraulico, non dobbiamo seguire l'esempio del Lombardini; chè se egli avrà, ed avrà certamente, buone ragioni per giustificare d'avere da un lato dettate delle pagine imperiture nella sua Memoria che ha per titolo: *Importanza degli studi sulla statistica dei fiumi e cenni intorno a quelli finora intrapresi* *) e dall'altro d'essersi accontentato di un così parco numero di osservazioni e di esperienze nella calcolazione delle sue formole, sarebbe ingiustificabile ora e per altri, dopo le disillusioni delle quali fummo spettatori in questi ultimi anni, il non dare opera solerte a raccogliere osservazioni e ad iniziare esperienze.

Ecco infine la formola di interpolazione che io propongo ai miei colleghi. Indicherò ancora con P la portata, con a l'altezza idrometrica che io sostituisco alla media profondità con evidente vantaggio pratico. Questa sostituzione equivale al porre nella formola in luogo dell'altezza media la quantità che denomino con a aumentata o diminuita della differenza di livello fra il fondo medio e lo zero dell'idrometro, differenza la quale, quando, come ordinariamente, possa ritenersi ad un dipresso costante, verrà ad esercitare la propria influenza sui valori dei coefficienti numerici e nulla più. La espressione del quadrato della portata in funzione dell'altezza segnata dall'idrometro sarebbe la seguente:

$$P^2 = A_0 + A_1 F_1(a) + A_2 F_2(a) + A_3 F_3(a) + \cdots,$$

nella quale A_0, A_1, A_2, ... sono coefficienti numerici; $F_1(a)$, $F_2(a)$, $F_3(a)$, ... funzioni di a che passo a definire. Indicando con α_1, β_1; α_2, β_2; α_3, β_3; ... dei coefficienti

*) [Giornale dell'I. R. Istituto Lombardo e Biblioteca Italiana, t. XIV (1846), pp. 257-302; Memorie dell'I. R. Istituto Lombardo di scienze, lettere ed arti, 3ª serie, t. V (1856), pp. 177-209].

numerici, le funzioni $F(a)$ sono legate fra loro dalle seguenti relazioni:

$$F_1(a) = \alpha_1 a + \beta_1,$$
$$F_2(a) = (\alpha_2 a + \beta_2) F_1(a) + 1,$$
$$F_3(a) = (\alpha_3 a + \beta_3) F_2(a) + F_1(a),$$
$$\ldots\ldots\ldots\ldots\ldots\ldots\ldots\ldots$$
$$F_r(a) = (\alpha_r a + \beta_r) F_{r-1}(a) + F_{r-2}(a),$$

dalle quali vedesi tosto essere, rispetto ad a, F_1 di primo grado, F_2 di secondo grado, F_3 di terzo e così via.

Rimangono ora a determinarsi i coefficienti numerici indicati colle lettere A, α, β. Rappresenterò per brevità con $s_1, s_2, s_3, \ldots$ le somme delle altezze, le somme dei loro quadrati, dei loro cubi, ecc., ossia:

$$s_1 = \sum a, \qquad s_2 = \sum a^2, \qquad s_3 = \sum a^3, \qquad \ldots$$

e con p il quadrato della portata. Sarà, se supponiamo essere n il numero delle misure sulle quali possiamo contare:

$$\text{(I)} \qquad A_0 = \frac{1}{n} \sum p,$$

vale a dire A_0 eguale alla media aritmetica della somma dei quadrati delle portate.

In seguito sarà:

$$\text{(II)} \qquad A_1 = \frac{\sum ap - A_0 s_1}{(1, 1)},$$

$$\alpha_1 = \frac{1}{n}, \qquad \beta_1 = -\frac{s_1}{n^2}; \qquad (1, 1) = \alpha_1 s_2 + \beta_1 s_1,$$

per le quali rimangono completamente determinati il coefficiente A_1 e la funzione $F_1(a)$.

Continuando si avrà:

$$\text{(III)} \qquad A_2 = \frac{\sum a^2 p - A_0 s_2 - A_1 (2, 1)}{(2, 2)},$$

$$\alpha_2 = -\frac{n}{(1, 1)}, \qquad \beta_2 = \frac{n(2, 1)}{(1, 1)^2} - \frac{s_1}{(1, 1)};$$

$$(2, 1) = \alpha_1 s_3 + \beta_1 s_2, \qquad (3, 1) = \alpha_1 s_4 + \beta_1 s_3,$$

$$(2, 2) = \alpha_2 (3, 1) + \beta_2 (2, 1) + s_2,$$

colle quali calcolasi il terzo termine della formola.

Passando al quarto si avranno le

$$\text{(IV)} \qquad A_3 = \frac{\sum a^3 p - A_0 s_3 - A_1(3,\ 1) - A_2(3,\ 2)}{(3,\ 3)},$$

$$\alpha_3 = -\frac{(1,\ 1)}{(2,\ 2)}, \qquad \beta_3 = \frac{(3,\ 2)(1,\ 1)}{(2,\ 2)^2} - \frac{(2,\ 1)}{(2,\ 2)};$$

$$(4,\ 1) = \alpha_1 s_5 + \beta_1 s_4, \qquad (4,\ 2) = \alpha_2(5,\ 1) + \beta_2(4,\ 1) + s_4,$$

$$(5,\ 1) = \alpha_1 s_6 + \beta_1 s_5, \qquad (3,\ 2) = \alpha_2(4,\ 1) + \beta_2(2,\ 1) + s_3,$$

$$(3,\ 3) = \alpha_3(4,\ 2) + \beta_3(3,\ 2) + (3,\ 1).$$

Infine le calcolazioni ad eseguirsi per ottenere il valore di un termine qualsivoglia, l'*erresimo*, sono indicate nel seguente prospetto:

$$A_r = \frac{1}{(r,\ r)}\left[\sum a^r p - A_0 s_r - A_1(r,\ 1) - A_2(r,\ 2) - \cdots - A_{r-1}(r,\ r-1)\right],$$

$$\alpha_r = -\frac{(r-2,\ r-2)}{(r-1,\ r-1)}, \qquad \beta_r = \frac{(r,\ r-1)(r-2,\ r-2)}{(r-1,\ r-1)^2} - \frac{(r-1,\ r-2)}{(r-1,\ r-1)},$$

essendo i coefficienti numerici rappresentati colla scrittura $(h,\ k)$ legati fra loro dalla relazione:

$$(h,\ k) = \alpha_k(h+1,\ k-1) + \beta_k(h,\ k-1) + (h,\ k-2),$$

con questo riguardo che, per $k = 1$, sono:

$$(h+1,\ 0) = s_{h+1}, \qquad (h,\ 0) = s_h, \qquad (h,\ -1) = 0.$$

Importa notare che la calcolazione della formola proposta riesce in fatto assai meno laboriosa di quanto appaia a prima vista, e ciò per la ragione che, se si sono calcolati per esempio tre termini di essa, e dal confronto fra i risultati sperimentali e quelli dati dalla formola risulti essere questi ultimi troppo discosti dai primi, si dovrà passare alla calcolazione del quarto termine; ma il lavoro eseguito pei primi tre rimane tutto utile.

Due osservazioni devo infine aggiungere: la prima riguarda il numero dei termini a calcolarsi, il quale dovrà essere minore od al più eguale al numero delle osservazioni di cui si può disporre; la seconda è relativa alla valutazione della differenza fra i risultati sperimentali e quelli ottenuti dalla formola calcolando due, tre, quattro, ... termini. Il valore pratico di questa differenza, e quindi il criterio per stabilire se debbasi procedere alla calcolazione di altri termini, può essere dato dal valore di quella quantità che denominasi *errore medio.* Ora supponendo calcolati r termini, essendo r come dissi sopra minore od al più eguale ad n, l'errore medio è

$$E_r = \sqrt{\frac{1}{n} M},$$

dove:

$$M = \sum p^2 - n A_0^2 + \frac{A_1^2}{\alpha_2} - \frac{A_2^2}{\alpha_3} + \frac{A_3^2}{\alpha_4} + \cdots + (-1)^{r-1} \frac{A_r^2}{\alpha_{r+1}},$$

e perciò la ricerca dell'errore medio non presenta quasi la necessità di nuove calcolazioni.

Spero poter mostrare in breve l'uso di questa formola in un caso pratico di qualche importanza.

CCLXX.

PROGRAMMA DI ESPERIENZE IDRAULICHE DA ESEGUIRSI COL "LASCITO MARZORATI„ *).

Il Politecnico, Giornale dell'Ingegnere architetto, civile e industriale, anno XXXIV (1886), pp. 73-77.

Nella adunanza del 1° Agosto dell'anno corrente la Commissione **) nominata dalla Presidenza della *Società di incoraggiamento per le arti e mestieri,* pel quinquennio che scade al 31 Dicembre 1889, coll'incarico di determinare e dirigere le esperienze idrauliche secondo gli intendimenti del *lascito* MARZORATI, dopo avere preso in esame varie proposte inviate alla Presidenza della Società da Corpi tecnici e da Ingegneri, deliberava di rivolgere le prime somme disponibili alla esecuzione di esperienze dirette alla soluzione del seguente quesito presentato da uno dei suoi componenti:

« *Determinare la velocità media in una data sezione di un canale, allorquando si conosca la velocità del filone nella sezione stessa o la velocità massima* ».

La Commissione affidava al sottoscritto di formulare un programma per queste esperienze, tenendo conto di quelle già eseguite e delle cognizioni che già si hanno in proposito, colla osservazione però che essendo lo scopo del proponente specialmente di soddisfare ad un bisogno della pratica, il programma non dovesse dipartirsi da questo punto di vista.

Per attenermi ai desiderj espressi dalla Commissione parmi opportuno, e fors'anco necessario, il ricordare brevemente quale sia lo stato attuale della scienza e della pratica idraulica intorno l'importante argomento.

---

*) Approvato nella seduta della Commissione del giorno 31 dicembre 1885.

**) La Commissione si compone dei Signori Ing. EMILIO BIGNAMI-SORMANI, FRANCESCO BRIOSCHI, PIETRO CARMINE, PAOLO GALLIZIA, ALESSANDRO PESTALOZZA, GAETANO RATTI, e del Presidente della Società Senatore CARLO PRINETTI.

Indicherò con u la velocità media in una determinata sezione di un canale o di un fiume, con A l'area della sezione stessa e con p il suo perimetro bagnato; sarà $r = \frac{A}{p}$ il suo raggio medio. Indicherò inoltre con i la pendenza del pelo d'acqua in un tronco del canale o del fiume in cui trovasi, circa alla metà, quella sezione; infine con v la velocità di quel filetto il quale fra tutti i filetti d'acqua che attraversano la sezione ha la velocità maggiore o la velocità massima.

Ciò posto, considerando che, ogni qualvolta si voglia per mezzo di misure dirette determinare il valore della velocità media u, le operazioni ad eseguirsi sono assai più lunghe, più difficili, e più delicate di quelle necessarie ad ottenere il valore della velocità massima v, si comprende tosto come fino dalla seconda metà del secolo scorso, allorquando l'osservazione e l'esperienza furono poste a fondamento dell'idraulica, incominciarono i tentativi per trovare una relazione fra i valori di u e di v; o per esprimere uno di essi in funzione dell'altro.

Abbandonata ben presto la relazione ottenuta dal Col.° Dubuat, si rimase lunga pezza con quella dovuta a Prony, modificata via via nei coefficienti numerici da vari idraulici e fra gli altri dal nostro Turazza. La semplicissima relazione $u = 0{,}8\, v$ adottata per lungo tempo nella pratica non è che una conseguenza di quella di Prony, rappresentando il coefficiente 0,8 una media approssimativa dei valori numerici dati dalla formola di Prony pel rapporto $\frac{u}{v}$. Ricorderò appena i nomi dei molti idraulici che si occuparono in seguito del difficile problema, e cioè il Brünings, il Boileau, il Baumgarten, il Dupuit ed altri per giungere tosto alle importanti e numerose esperienze eseguite dal Bazin in Francia, da Humphreys e Abbot negli Stati Uniti d'America, da Kutter e da altri in Germania ed in Svizzera; esperienze le quali modificarono essenzialmente lo stato della quistione.

Il problema venne anche esteso, principalmente dagli esperimentatori Americani, allo studio della distribuzione delle velocità in una stessa sezione, ma io credo sarà opportuno limitarci nelle esperienze future alla quistione come fu posta dal nostro Collega, ed inoltre eseguirle (allontanandoci in ciò da Boileau, da Bazin e da altri), sopra canali già costrutti e che funzionino, piuttosto che sopra piccoli canali artificiali costrutti allo scopo con sponde e fondo di natura speciale. Sarà meglio, visto il carattere delicato di queste esperienze, ripeterle più volte sopra canali in terra di dimensioni, rispetto alla sezione, e di portate, differenti; e forse estenderle a qualche tronco rettilineo di fiume in un opportuno stadio d'acqua. L'Ingegnere Bazin nelle sue *Recherches hydrauliques* (Paris, 1865), pag. 153, considerando il rapporto $\frac{u}{v}$, così si esprime: « *Questo rapporto va diminuendo a misura che la resistenza alla parete aumenta* »; trattasi quindi di determinare la legge secondo la quale si opera questa diminuzione.

Ora il rapporto

$$\frac{r\,i}{u^2} = m$$

ha evidentemente la proprietà, che il suo valore diminuisce al diminuire della resistenza che offrono le pareti, e che perciò quando m tende verso zero, il rapporto $\frac{u}{v}$ tende verso l'unità, perchè tutte le velocità diverrebbero eguali se non esistesse la resistenza delle pareti. Perciò l'Autore pone:

$$\frac{v}{u} = 1 + f(m),$$

essendo $f(m)$ una funzione che si annulla con m, ed osservando che la funzione $f(m)$, la quale meglio rappresenta il complesso delle esperienze da lui eseguite, è la $k\sqrt{m}$, giunge alla

$$\frac{v}{u} = 1 + k\sqrt{m},$$

essendo k un coefficiente numerico a determinarsi. Per ottenere il valore di k ricorre a sessantuno risultati sperimentali, quarantatrè dei quali, corrispondenti a valori di m non superiori a 0,001, dànno per k molto approssimativamente il valore numerico 14; e valori forse un po' superiori, ma non bene accertati, si hanno per valori di m che oltrepassino 0,001.

La formola trovata dall'Ing. Bazin per determinare il valore della velocità media in funzione della massima è quindi la seguente:

(1) $$\frac{u}{v} = 1 + 14\sqrt{m},$$

da cui:

$$u = v - 14\sqrt{r\,i}.$$

È noto che, varie fra le antiche, e tutte le moderne formole pel movimento uniforme dell'acqua nei canali e nei fiumi, possono ridursi ad un tipo comune:

(2) $$u = c\sqrt{r\,i},$$

e non differiscono l'una dall'altra che pel valore di c, costante nelle prime, funzione di r, o di i, o dell'uno e dell'altro nelle moderne.

Siccome qui ci limitiamo a considerare canali in terra, il valore di c è per Bazin:

$$\frac{1}{c^2} = m = a + \frac{b}{r},$$

essendo

$$a = 0{,}00028, \qquad b = 0{,}00035;$$

e per KUTTER:

$$\frac{1}{c} = \sqrt{m} = a + \frac{b}{\sqrt{r}},$$

nella quale

$$a = \frac{1+n}{0{,}025}, \qquad b = \frac{0{,}025 \,.\, n}{1+n}, \qquad n = 0{,}575 + \frac{0{,}00003875}{i}.$$

Sostituiti questi valori nella (1), si ha nel primo caso:

$$\frac{u}{v} = \frac{1}{1 + 14\sqrt{a + \frac{b}{r}}},$$

e nel secondo:

$$\frac{u}{v} = \frac{1}{1 + 14\left(a + \frac{b}{\sqrt{r}}\right)};$$

per cui nel primo caso il rapporto $\frac{u}{v}$ aumenta aumentando il valore del raggio medio r, e la stessa proprietà ha luogo nel secondo caso supponendo costante la pendenza.

L'Ing. BAZIN dà alla pag. 328 del citato suo libro un prospetto, in cui trovansi calcolati colla formola superiore i valori del rapporto $\frac{u}{v}$ corrispondenti a valori del raggio medio compresi fra $0^{m},10$ e $6^{m},00$. Eccone alcuni:

Valori di v:	m. 0,10,	m. 0,50,	m. 1,00,	m. 1,50,	m. 2,00,	m. 3,00,	m. 4,00,	m. 5,00,	m. 6,00
» di $\frac{u}{v}$:	0,537	0,695	0,740	0,759	0,770	0,782	0,788	0,792	0,795.

Pare a me che nelle future esperienze si dovrebbero assumere siccome punto di partenza i risultati superiori. Ora:

1° Dalle formole (1), (2) si ha:

$$v = (c + 14)\sqrt{ri}, \tag{3}$$

e c è per BAZIN funzione solamente del raggio medio, per KUTTER del raggio medio e della pendenza; in ambedue i casi però la velocità massima v risulta espressa col raggio medio e colla pendenza.

Una prima serie di esperienze potrebbe quindi essere diretta a questo intento relativamente non difficile. Scelto un tronco rettilineo di un canale a sezione costante, si determineranno pel medesimo il raggio medio e la pendenza, poi col mezzo di un galleggiante semplice avente opportuno peso specifico e con ripetute esperienze si determinerà la velocità massima. La operazione si ripeterà in altri tratti rettilinei dello stesso canale, nel quale mutino gli elementi r, i, oppure su tratti rettilinei di altri canali, per modo di ottenere un buon numero di valori sperimentali corrispondenti di r, i, v. I primi valori di r, i sostituiti nelle due formole (3) daranno i valori di v calcolati secondo la formola BAZIN o la formola KUTTER, e postili a confronto coi valori sperimentali di v si potrà dedurre un criterio sulla maggiore attendibilità dell'una o dell'altra formola.

2° Se non che le divergenze fra i valori di v calcolati e gli sperimentali potrebbero essere causate da non sufficiente esattezza a rappresentare il fenomeno della primitiva formola

$$\frac{v}{u} = 1 + k\sqrt{m}.$$

Con una seconda serie di esperienze più lunga e più difficile si dovranno perciò determinare pei tronchi sopra accennati, oltre i valori r, i, v, i valori sperimentali di u.

Con questi valori sperimentali si ottengono tosto quelli di $v - u$ e di $\sqrt{ri}$, e siccome ponendo

$$y = v - u, \qquad x = \sqrt{ri},$$

la equazione superiore diventa

$$y = kx,$$

si potrà facilmente coi mezzi grafici riconoscere se la formola stessa è opportuna, dovendo i risultati sperimentali essere approssimativamente rappresentati da una retta che passi per l'origine degli assi.

In ogni modo la rappresentazione geometrica dei punti, che hanno per coordinate quei valori di x, y sperimentali, darà qualche luce sulla natura della relazione

$$y = f(x),$$

che per sè stessa pare corrisponda al fenomeno.

3° Sebbene molte sieno le esperienze eseguite nella seconda metà di questo secolo per determinare valori sperimentali corrispondenti dei tre elementi idraulici u, r, i, in pochi casi fu determinato contemporaneamente il valore corrispondente sperimentale di v. Sarà però opportuno nei prossimi mesi, prima di incominciare le nuove esperienze, di raccogliere e coordinare i fatti sperimentali già conosciuti, sia perchè potranno forse concorrere, cogli altri di cui intraprendesi la ricerca, alla soluzione del problema; sia perchè potranno probabilmente presentare qualche utile criterio nella esecuzione delle future esperienze. Ecco due esempi. Le esperienze, eseguite da DUBUAT sul Canale di Jard, dànno i valori della velocità massima, del raggio medio e della pendenza, col mezzo della formola $v = (c + 14)\sqrt{ri}$; si potranno quindi calcolare valori di v corrispondenti agli sperimentali adottando per c la espressione di BAZIN o quella di KUTTER; così si ha:

Valori di i	Valori di r	Valori di v sperimentali	di v calcolati colla formola BAZIN	di v calcolati colla formola KUTTER
Metri	Metri	Metri	Metri	Metri
0,0000362	0,512	0,197	0,199	0,1986
0,0000362	0,592	0,211	0,259	0,221
0,0000458	0,625	0,260	0,259	0,261
0,0000651	0,787	0,426	0,367	0,369

Così nella citata opera dell'Ing. BAZIN si riferiscono i risultati di alcune esperienze eseguite sulla Saona e di altre eseguite sulla Senna. Colle prime di esse si è formato il seguente prospetto:

Valori di i	Valori di r	Valori di u	Valori di v	Valori di $v - u$	Valori di $\sqrt{ri}$
Metri	Metri	Metri	Metri	Metri	Metri
0,00004	2,720	0,488	0,637	0,149	0,0104
id.	3,314	0,565	0,746	0,181	0,0115
id.	3,539	0,582	0,769	0,187	0,0119
id.	3,598	0,592	0,791	0,199	0,0120
id.	4,044	0,687	0,856	0,169	0,0127
id.	4,463	0,722	0,942	0,220	0,0134
id.	4,825	0,725	0,954	0,229	0,0138
				Media 0,19057	Media 0,01224

e quindi:

$$k = \frac{19057}{1224} = 15,57$$

superiore a 14.

4° Gli strumenti coi quali procedere a queste esperienze saranno il galleggiante semplice, il molinello di WOLTMAN e le aste ritrometriche. Esperienze di questa natura dovendo essere condotte con molta precisione, sarà necessario che gli strumenti sieno i più perfetti, ed il taramento sia eseguito colla maggiore cura.

Il *lascito* MARZORATI essendo perennemente rivolto ad esperienze idrauliche, sarà d'uopo detrarne una prima somma per fornire la Commissione di questi strumenti.

In fine, sebbene il compito della Commissione sia quello di dirigere piuttosto che di eseguire materialmente le esperienze, al che essa potrà provvedere incaricando qualche giovane ingegnere che abbia già pratica in queste operazioni compensandolo del suo lavoro, sarà però opportuno che la Commissione affidi ad un numero ristretto dei suoi componenti la parte esecutiva, salvo ad essi il radunarla ogni qualvolta si presenti una circostanza, che possa impegnare la responsabilità della Commissione. Questo Comitato stabilirà i vari particolari delle operazioni, dei quali, per brevità, non ho creduto dovermi occupare nel presente programma.

25 Dicembre 1885.

CCLXXI.

INTRODUZIONE ALL'OPERA: "LE NUOVE FORMOLE SUL MOTO DELL'ACQUA NEI CANALI E NEGLI ALVEI SISTEMATI DEI FIUMI„.

Memoria di W. R. Kutter, Versione dal tedesco di Benedetto Dal Bosco, Milano, 1873, pp. V-XX *).

Prony nelle sue *Recherches Physico-Mathématiques sur la théorie des eaux courantes* **) dedicando il paragrafo dodicesimo allo studio: *De la forme de la fonction qui doit représenter la résistance pour satisfaire aux observations faites sur les courans d'eau,* aveva indicato con molta precisione agli idraulici la via a tenersi nelle ricerche relative a quel fenomeno naturale, ponendo a base delle medesime i risultati della osservazione e della esperienza. Se non che il numero di questi risultati, sui quali il Prony, come il Dubuat, il Chezy ed il Girard che lo precedettero in quella via, potevano contare, era inadeguato alla complicazione del fenomeno ed inoltre le osservazioni stesse non presentavano condizioni sufficientemente variate per abbracciare le molte particolarità di esso. Ma per quanto questo difetto nella parte sperimentale si presentasse evidente e fosse anche stato riconosciuto, pure molti anni, quasi tre quarti di secolo, dovettero trascorrere prima che a quelle poche osservazioni altre ne fossero aggiunte, e queste eseguite per la maggior parte dietro criteri prestabiliti allo scopo di penetrare e rendere palesi alcune circostanze del fenomeno fino allora ignote od appena sospettate.

La Memoria dell'egregio Ingegnere Kutter di Berna, la quale tradotta ed annotata con dottrina dall'Ingegnere Dal Bosco, è ora pubblicata per cura del *Collegio degli Ingegneri ed Architetti* di Milano, riassume le ricerche sperimentali ed i risultati ottenuti

*) L'opera tedesca ha il titolo: W. R. Kutter, *Die neuen Formeln für die Bewegung des Wassers in Kanälen und regelmässigen Flussstrecken,* Wien, 1871.

**) [Paris, 1804].

in questo secolo nella importante quistione del movimento delle acque nei canali e negli alvei sistemati dei fiumi, discute le formole proposte dai vari autori per rappresentare quel fenomeno ed in una serie di tabelle mostra la maggiore o minore loro attendibilità, applicandole ad oltre quattrocento osservazioni. È il lavoro più completo che esista attualmente sull'argomento ed è indubbiamente meritevole di lode il concetto del *Collegio degli Ingegneri* e dell'Ingegnere Dal Bosco di contribuire con una traduzione a diffondere questo eccellente libro fra i giovani ingegneri italiani.

Nello studio del moto delle acque nei canali e negli alvei sistemati dei fiumi si presuppone che il movimento sia uniforme, o possa considerarsi con molta approssimazione siccome uniforme. La uniformità del movimento costituisce nelle ricerche intorno a questo fenomeno la *ipotesi sperimentale,* cioè quella interpretazione anticipata del fenomeno stesso, la quale, come osserva Bernard, *est le point de départ nécessaire de tout raisonnement expérimental.*

Questa idea a priori, la quale non è affatto arbitraria, ma ha un punto d'appoggio nella realtà osservata ossia nella natura, genera immediatamente quella di forze resistenti al movimento. Se infatti ci facciamo ad osservare una massa d'acqua che scorre liberamente in un canale e consideriamo che sulla medesima non agisce altra forza acceleratrice che la gravità, ci appare chiaro come il movimento di essa non possa divenire uniforme, se non ammettendo la esistenza di forze resistenti o ritardatrici che annullino l'azione continua della prima. Indicando con G l'azione della gravità, con F quella delle forze resistenti, la relazione

$$G = F$$

rappresenta quindi nel caso attuale la ipotesi sperimentale.

Analizziamo ora brevemente questa relazione. La G è la componente della gravità parallela alla direzione del movimento; se perciò indichiamo con I la pendenza unitaria della superficie dell'acqua e con g il numero denominato coefficiente della gravità o per Milano

$$g = 9{,}809\,,$$

sarà G eguale al prodotto gI, e quindi:

$$gI = F.$$

Prony nel paragrafo nono dell'opera citata, riassumendo *les principaux résultats de l'expérience qui peuvent être employés pour l'établissement des bases d'une théorie physico-mathématique du mouvement des fluides incompressibles et pesans, dans les canaux et les tujaux de conduite,* espose chiaramente le ragioni fisiche delle forze resistenti, benchè, come diremo più avanti, sulla natura della principale di esse, seguendo le tracce di Dubuat, sia stato indotto in errore.

Les molécules de l'eau, scrive PRONY nel settimo risultato, ADHÈRENT *les unes aux autres; en sorte que si l'on veut enlever une de ces molécules de la surface horizontale d'une masse stagnante, on aura à vaincre son poids, plus une résistance provenant de son* ADHÉSION *ou* COHÉSION *avec les molécules voisines, qui tient à ce que les physiciens appellent la* VISCOSITÉ, *et qui a été l'objet de l'examen de plusieurs observateurs. Cette* ADHÉSION *ou* COHÉSION *des molécules fluides entre elles, et celle des mêmes molécules à la matière dont le tuyau est formé ou dans laquelle le lit est creusé, doivent, en général, être représentées par des quantités de valeurs différentes, mais comparables ou de même ordre les unes par rapport aux autres.*

Le due cause assegnate da PRONY alle forze resistenti ed accettate dagli idraulici non potevano però avere influenza nel facilitare le ricerche dirette sul valore di F, vista la difficoltà sperimentale e forse la impossibilità di separare le cause stesse. Perciò, mentre la conoscenza loro forniva utili criteri di induzione rispetto la forma della funzione F, l'esperienza e l'osservazione non potevano che offrire dati corrispondenti al complesso di quelle cause, per quanto la nozione di esse sia stata più tardi utilizzata anche nel campo sperimentale consigliando in qual modo dovevano variarsi alcune condizioni dell'esperienza.

La resistenza al movimento dell'acqua in un canale essendo in parte causata, come si disse sopra, dall'azione delle pareti sulla massa d'acqua, si assegnò da lungo tempo alla funzione F un fattore direttamente proporzionale al perimetro bagnato di una sezione trasversale del canale, ed inversamente proporzionale all'area della sezione stessa. Così che, indicando con R, raggio medio o profondità media, il rapporto fra l'area ed il perimetro di quella sezione, si pose:

$$F = \frac{1}{R} f,$$

essendo la f una funzione a determinarsi. La equazione superiore del movimento uniforme diventa perciò

$$g R I = f,$$

o più semplicemente

$$R I = f,$$

supponendo diviso pel numero g i coefficienti numerici della funzione f.

La funzione f deve ritenersi funzione di tutti gli elementi che possono variare passando da un canale ad un altro, o da un tronco all'altro dello stesso canale. Fra questi elementi, oltre il raggio medio e la pendenza, principalissimo è la velocità della corrente o, per precisare meglio, la velocità media di tutti i filetti liquidi che passano dalla suaccennata sezione. Indicando con U questa velocità media, la f nella sua generalità è quindi una funzione di R, di I e di U.

Un secondo fatto sperimentale ci permette di stabilire con molta approssimazione la forma della funzione f rispetto alla velocità media. Se infatti si fanno defluire in un medesimo canale differenti quantità d'acqua, si può facilmente constatare che la velocità media U si mantiene, con molta approssimazione, proporzionale alla radice quadrata del raggio medio R; mentre che, se si fanno defluire lungo canali di pendenze differenti masse d'acqua per le quali R rimanga costante, la velocità U è sensibilmente proporzionale alla radice quadrata della pendenza I. Si potrà quindi porre:

$$f = \varphi \, . \, U^2,$$

essendo φ una funzione delle variabili R, I; oppure:

$$\varphi = \frac{a}{U^m} + b,$$

supponendo a, b funzioni di R e di I, ed m un numero non maggiore dell'unità.

Finalmente un terzo fatto sperimentale sconosciuto, anzi implicitamente negato, come si disse sopra, da Dubuat e da Prony, e posto fuori di dubbio dalle numerose esperienze degli ingegneri Darcy e Bazin, metteva in luce un nuovo elemento pel quale il valore della funzione φ poteva variare indipendentemente dalla variabilità dei valori di R e di I. La influenza, che la maggiore o minore scabrosità del letto del canale ha sul movimento dell'acqua e quindi sul valore della velocità media, ha dimostrato la necessità che la funzione φ contenesse dei coefficienti speciali variabili colla natura delle pareti. Di qui anche la necessità di raggruppare nelle esperienze le pareti di natura affine, e di valutarle ciascun gruppo a parte nella determinazione di quei coefficienti. Il problema presentasi così sperimentalmente sempre più complicato, e soltanto da una lunga serie di esperienze e di osservazioni diligentemente condotte, e da una opportuna rappresentazione analitica o grafica dei risultati di esse, si otterranno pel valore della velocità media espressioni analitiche alle quali il pratico potrà ricorrere con fiducia.

Fra le varie forme assegnate dagli idraulici alla funzione φ e tutte comprese nelle indicate superiormente, le sole che, nello stato attuale di queste ricerche, rappresentano più da vicino il fenomeno, sono quella proposta dall'Ingegnere Bazin, e l'altra più recente dei signori Ganguillet e Kutter. Pel primo autore la funzione φ ha la forma

$$\varphi = \alpha\left(1 + \frac{\beta}{R}\right),$$

e pei secondi la

$$\varphi = \alpha\left(1 + \frac{\beta}{\sqrt{R}}\right)^2,$$

nelle quali le α, β sono per Bazin coefficienti variabili secondo la natura delle pareti; e per Ganguillet e Kutter variano inoltre variando il valore della pendenza.

Ponendo

$$\frac{RI}{U^2} = y, \qquad \frac{1}{\sqrt{R}} = x,$$

le due formole corrispondenti ai due valori di φ sono comprese nella

$$y = a + bx + cx^2,$$

essendo per BAZIN:

$$y = \alpha(1 + \beta x^2),$$

e per GANGUILLET e KUTTER:

$$\sqrt{y} = n\frac{nx + r}{n + r},$$

nella quale n (come le α, β) è un coefficiente che muta valore modificandosi la natura della parete ed

$$\frac{1}{r} = a + \frac{m}{I},$$

essendo a, m due coefficienti numerici, ossia

$$a = 23, \qquad m = 0{,}00155.$$

Il signor BAZIN, in una Memoria pubblicata nel 1871 negli *Annales des Ponts et Chaussées,* *) essendosi occupato di uno studio comparativo delle formole nuovamente proposte per calcolare il deflusso dei canali scoperti, ossia di quelle proposte da SAINT-VENANT, GAUCKLER, BORNEMANN, HAGEN, HUMPHREYS ed ABBOTT, DARCY e BAZIN, GANGUILLET e KUTTER, dedica alcune pagine al confronto delle formole superiori per riconoscere in quali casi i risultati ottenibili dalle medesime debbano essere molto prossimi o differire. Noi ripiglieremo quì questo studio da un punto di vista alquanto differente di quello del signor BAZIN ed allo scopo speciale di penetrare più addentro nella nuova formola dovuta ai signori GANGUILLET e KUTTER.

Il punto precipuo di divergenza fra quelle due formole è evidentemente la esistenza di una funzione della pendenza nel valore di y dato da questi ultimi autori, il quale perciò non varierebbe solo al variare della profondità media e della natura della parete, come nella formola BAZIN, ma altresì al variare della pendenza. Se non che pel modo speciale con cui la I entra in quella formola si presentano due casi, nell'uno dei quali l'influenza del valore di I della pendenza sul valore di y può ritenersi come apparente piuttosto che reale, e nell'altro il valore di y è affatto indipendente da quello di I.

Noi vediamo infatti dapprima che per valori di $I = m$, $2m$, $4m$, $8m$, ... ∞ i

*) BAZIN, *Étude comparative des formules nouvellement proposées pour calculer le débit des canaux découverts* [Annales des Ponts et Chaussées, 5me série, t. I (1871, 1er sém.), pp. 9-43].

valori corrispondenti di r sono: 0,041666; 0,042553; 0,043011; 0,043243; ... 0,043478; e che perciò aumentando il valore di I al di sopra di un certo limite, le differenze fra i valori corrispondenti di r diventano così piccole da essere trascurabili, vale a dire la presenza di I nella formola dei signori GANGUILLET e KUTTER ha in questo caso una influenza puramente teorica.

In secondo luogo, se nelle due formole superiori facciamo $x = 1$, supponiamo cioè il raggio medio $R = 1$, si hanno pei valori di y:

$$y = \alpha(1 + \beta), \qquad \sqrt{y} = n.$$

I valori di y dati sì dall'una che dall'altra formola sono dunque in questo caso indipendenti dal valore della pendenza, e non variano che mutando la natura della parete; di più fra i coefficienti numerici α, β ed n, che nelle due formole hanno la stessa funzione di rappresentare coi loro valori il grado di scabrosità della parete, dovrebbe evidentemente sussistere la relazione:

$$\alpha(1 + \beta) = n^2.$$

I valori di α, β dati dal sig. BAZIN e quelli di n trovati dai signori GANGUILLET e KUTTER non soddisfano tutti esattamente a questa equazione, il che si spiega non solo colla diversa origine della formola, ma pur anco pel differente numero di risultati sperimentali che contribuirono alla calcolazione di quei valori. Nel seguente prospetto abbiamo raccolto i valori di n, β, α dati dai succitati Autori ed i valori di α quali risulterebbero dalla ultima equazione scritta.

n	β	α	$\alpha = \frac{n^2}{1 + \beta}$
0,010	0,02	0,00015	0,000097
0,012	0,07	0,00019	0,000134
0,013			0,000158
0,017	0,25	0,00024	0,000231
0,025	1,25	0,00028	0,000278
0,030	1,75	0,00040	0,000327

Noi vediamo da esso che la differenza fra i valori di α dati da BAZIN e quelli determinati per mezzo dell'equazione superiore è trascurabile per pareti della terza e della quarta categoria, è alquanto maggiore per quelle della prima e della seconda, ed aumenta ancora nell'ultima aggiunta nuovamente dal sig. BAZIN e corrispondente ai corsi d'acqua torrenziali. Il fatto però che si verifica nella terza e quarta categoria e più specialmente in quest'ultima, corrispondente a pareti in terra, ci autorizza ad ammettere la sussistenza fra le α, β, n della relazione superiore.

Ciò posto, la formola dell'ing. BAZIN può scriversi:

$$y = n^2 \frac{1 + \beta x^2}{1 + \beta},$$

od anche:

$$y = n^2 \left[1 + \frac{\beta}{1 + \beta} (x^2 - 1) \right];$$

e siccome alla formola GANGUILLET e KUTTER può darsi la forma:

$$\sqrt{y} = n \left[1 + \frac{n}{n + r} (x - 1) \right],$$

se indichiamo con Y la differenza fra i valori di y dati dalle due formole e corrispondenti a medesimi valori di x, si avrà, fatte le debite riduzioni, che

$$Y = n^2 (x - 1) [2z + z^2 (x - 1) - c(x + 1)],$$

posto per brevità:

$$z = \frac{n}{n + r}, \qquad c = \frac{\beta}{1 + \beta}.$$

Quindi le due formole che poniamo a confronto ponno dare risultati identici, oltrechè nel caso già contemplato pel quale $R = 1$, allorquando il secondo fattore della espressione superiore sia nulla.

Notiamo dapprima che se $z^2 > c$, essendo z minore dell'unità e quindi $z > z^2$, sarà anche $z > c$. In questo caso il coefficiente $z^2 - c$ di x nella espressione superiore risulterebbe positivo, come lo sarebbe il termine indipendente dalla x, ed il valore di x che si otterrebbe dall'eguagliare a zero l'espressione stessa sarebbe negativo, il che non può essere.

Avremo così che pei canali in terra o della quarta categoria, quando il raggio medio non sia eguale all'unità, i risultati delle formole BAZIN e KUTTER devono necessariamente differire in tutti i casi nei quali il valore della pendenza conduca alla $z^2 > c$, cioè sia: $I < 0{,}0000165$.

Pei valori di I superiori a quel limite distinguiamo i due casi, il primo nel quale $R > 1$, l'altro in cui $R < 1$. Eguagliando a zero il secondo fattore dell'espressione superiore, si ha:

$$x = 1 + 2 \frac{c - z}{z^2 - c};$$

quindi, se $R > 1$, essendo $x < 1$, dovrà essere

$$\frac{c - z}{z^2 - c} < 0;$$

ma per quanto abbiamo osservato più sopra $z^2 - c$ non può essere positivo, dunque quest'ultima condizione equivale alla

$$c - z > 0.$$

Se all'incontro $R < 1$, e quindi $x > 1$, dovrà essere

$$c - z < 0.$$

Siamo così giunti alle due seguenti conclusioni:

1° In tutti i canali in terra pei quali la pendenza I superi il limite 0,0000165 sussiste per ciascun valore di $z < c$, ossia per ciascun valore di

$$I > 0{,}0000574,$$

un corrispondente valore del raggio medio *maggiore* dell'unità, pel quale le due formole Bazin, Kutter dànno identici risultati.

2° Nelle sopra indicate condizioni sussiste per ciascun valore di $z > c$, ossia di

$$I < 0{,}0000574,$$

un corrispondente valore del raggio medio *minore* dell'unità, pel quale i risultati delle due citate formole coincidono.

È necessario osservare che non abbiamo considerato il caso in cui, essendo $z^2 - c$ negativo, lo fosse anche il termine indipendente dalla x nel secondo fattore della espressione di Y (il che darebbe ancora per x un valore negativo non ammissibile), in quanto che il valore numerico del termine stesso è sempre positivo. Infatti esso può scriversi:

$$1 - c - (1 - z)^2,$$

espressione la quale, rammentando essere z minore dell'unità, risulterà positiva quando lo sia la

$$z - 1 + \sqrt{1 - c},$$

ossia, pei canali in terra rispetto ai quali $c = 0{,}5555$, sia positivo il binomio

$$z - 0{,}3334.$$

Ora, il minimo valore teorico di z corrispondendo evidentemente ad $I = \infty$ ed in questo caso, essendo $z = 0{,}3651$, rimane dimostrato che il valore numerico del termine indipendente dalla x nel secondo fattore della espressione Y è sempre positivo.

Ma ritornando alla espressione algebrica di Y, supponiamo dapprima $z^2 - c < 0$, ossia pei canali in terra

$$z < 0{,}7453\,, \qquad I > 0{,}0000165\,.$$

Se poniamo

$$k = \frac{2z - z^2 - c}{c - z^2}\,,$$

numero essenzialmente positivo per quanto si è veduto sopra, si avrà:

$$Y = n^2(c - z^2)(x - 1)(k - x)\,.$$

Oltre i valori $x = 1$, $x = k$, i quali siccome fu già osservato rendono identici i risultati delle due formole BAZIN, KUTTER, è degno di considerazione il valore

$$x = \frac{1 + k}{2} = \frac{z - z^2}{c - z^2}\,,$$

che rende massimo il valore di Y ed eguale a

$$Y = n^2(c - z^2)\left(\frac{k - 1}{2}\right)^2 = n^2\frac{(z - c)^2}{c - z^2}\,.$$

Questo valore massimo della Y è positivo, e quindi deve considerarsi come il valore massimo dei valori positivi della Y. Si ha così che nei canali in terra, pei quali la pendenza sia superiore al limite 0,0000165, si trova per ciascun valore della pendenza stessa un valore corrispondente del raggio medio, il quale rende massimo il valore della differenza positiva fra i risultati delle due formole KUTTER e BAZIN.

Nel seguente prospetto sono calcolati per mezzo delle formole superiori i valori massimi di Y corrispondenti ad alcune pendenze principali ed i rispettivi valori di R:

I	R	Valore maximum di Y
∞	3,3175	0,0000532
0,001000	3,0391	0,0000467
0,000250	2,3870	0,0000294
0,000100	1,6294	0,0000084
0.000050	0,8506	0,0000010
0,000025	0,1830	0,0001034
0,000017	0,0017	0,0029687

e da esso appare evidente come per canali in terra, la pendenza dei quali superi il limite 0,0000165, il massimo valore della differenza Y, che per pendenze superiori a $0^m{,}05$

per chilometro ha un aumento graduale e lento, aumenta invece rapidamente per pendenze inferiori.

Il segno di Y dipende evidentemente dal segno del prodotto

$$(x-1)(k-x),$$

sarà cioè

$$Y>0, \text{ se } \begin{cases} x>1, & k>x, \\ x<1, & k<x; \end{cases}$$

ed

$$Y<0, \text{ se } \begin{cases} x>1, & k<x, \\ x<1, & k>x. \end{cases}$$

Ora per $x>1$, e quindi $x-1$ positivo, la relazione $k \gtreqless x$ può scriversi:

$$\left(z-\frac{q-1}{x-1}\right)\left(z+\frac{q+1}{x-1}\right) \gtreqless 0,$$

posto

$$q=\sqrt{1+c(x^2-1)};$$

e siccome il secondo fattore del primo membro è essenzialmente positivo, dovrà essere:

$$z \gtreqless \frac{q-1}{x-1}.$$

Così se $x<1$, alla relazione $k \lesseqgtr x$ può darsi la forma:

$$\left(z-\frac{1-q}{1-x}\right)\left(z-\frac{1+q}{1-x}\right) \gtreqless 0;$$

ma il secondo fattore è sempre negativo per essere il termine negativo nel medesimo maggiore dell'unità, quindi dovrà essere:

$$z \lesseqgtr \frac{1-q}{1-x}.$$

Riassumendo l'analisi superiore relativa al segno di Y, avremo, pel caso fino ad ora considerato di canali in terra, i criteri seguenti:

1° Per valori del raggio medio *minori* dell'unità:

a) $Y>0$, cioè la formola Kutter dà risultati superiori a quelli della formola Bazin, se il valore della pendenza soddisfa alla

$$z>\frac{q-1}{x-1}.$$

b) Si avrà invece $Y < 0$, ossia i risultati della formola BAZIN saranno superiori ai corrispondenti della formola KUTTER per valori della pendenza che diano:

$$z < \frac{q - 1}{x - 1}.$$

2° Per valori del raggio medio *maggiori* dell'unità, si avrà:

a) $Y > 0$, quando la pendenza soddisfi la

$$z < \frac{1 - q}{1 - x};$$

b) $Y < 0$, per pendenze dedotte dalla

$$z > \frac{1 - q}{1 - x}.$$

3° Infine qualunque sia il valore del raggio medio sarà sempre $Y < 0$, allorquando $k = 1$, cioè $z = c$ e quindi:

$$I = 0{,}0000574.$$

Passiamo ora a considerare il caso in cui sia $z^2 - c > 0$, cioè i canali in terra pei quali la pendenza

$$I < 0{,}0000165.$$

Se poniamo

$$\frac{2z - z^2 - c}{z^2 - c} = h,$$

h sarà un numero positivo, e la espressione Y può prendere la forma:

$$Y = n^2(z^2 - c)(x - 1)(x + h),$$

dalla quale vedesi tosto essere $Y \gtreqless 0$ secondo che $x \gtreqless 1$.

Si hanno così per pendenze inferiori al limite 0,0000165 i due seguenti criteri:

1° Per valori del raggio medio *minori* dell'unità i risultati della formola KUTTER sono superiori a quelli della formola BAZIN.

2° Per valori del raggio medio *maggiori* dell'unità la formola BAZIN dà risultati superiori ai corrispondenti della formola KUTTER.

I valori numerici di k raccolti nel seguente prospetto e corrispondenti ad alcuni principali valori della pendenza ci offrono sotto altro aspetto una chiara idea delle differenze fra i risultati delle due formole.

I	z	k
∞	0,3651	0,0980
0,001000	0,3803	0,1472
0,000500	0,3948	0,1957
0,000250	0,4220	0,2944
0,000150	0,4546	0,4210
0,000125	0,4695	0,4867
0,000100	0,4904	0,5867
0,0000574	0,5555	1,0000
0,000050	0,5745	1,1685
0,000025	0,6800	3,6745
0,000020	0,7153	8,2802
0,000018	0,7317	18,5323
0,000017	0,7405	52,3889

Questo prospetto ci dimostra infatti:

1° Che per pendenze superiori a 0,0000574 il valore di k mantenendosi inferiore dell'unità, la espressione Y sarà negativa pei valori di x maggiori di uno, ossia per raggi medi *minori* dell'unità. Quindi per le esperienze eseguite sulle *rigoles* del canale di Borgogna, nelle quali il raggio medio era appunto inferiore all'unità e le pendenze superavano i metri 0,25 per chilometro, i valori di y della formola KUTTER sono alquanto inferiori ai corrispondenti della formola BAZIN.

2° Che per pendenze inferiori a 0,0000574 e raggi medi *minori* dell'unità ossia per valori di x maggiori di uno, la espressione Y può condurre a risultati tanto positivi che negativi.

3° Che per pendenze le quali superino il limite 0,0000574 e raggi medi *maggiori* dell'unità, la espressione Y può in generale essere così positiva che negativa. Che però per valori di R compresi fra un metro e sei metri (come verificasi in varie esperienze eseguite sopra fiumi d'Europa e d'America), e quindi per valori di x compresi fra 1,00 e 0,40 sarà Y positiva, ogni qualvolta la pendenza superi i metri 0,25 per chilometro; che infine, al valore di $x = 0,5867$ corrispondendo quello di $R = 2,9036$, spiegasi facilmente il fatto osservato dall'Ingegnere BAZIN nella rappresentazione grafica di queste esperienze relativamente alla pendenza di un diecimillesimo per metro.

5° Da ultimo che per pendenze inferiori a 0,0000574 e valori del raggio medio *maggiori* dell'unità e quindi di x minori di uno, i valori di y dati dalla formola BAZIN superano i corrispondenti della formola KUTTER.

Le considerazioni che abbiamo esposte più sopra non avevano per iscopo di portare argomenti in favore piuttosto dell'una che dell'altra delle formole citate, ma bensì di spingere forse più di quanto sia stato fatto sino ad ora lo studio comparativo di esse. A vero dire le tabelle contenenti i risultati di confronto delle formole stesse e di altre calcolate dal signor KUTTER e riassunte alla pagina 126 di questo libro, dovrebbero senz'altro farci propendere per l'adozione, nello stato attuale della scienza, della formola KUTTER. Ma da un lato siamo trattenuti dalla considerazione che, siccome ha già osservato il signor BAZIN, il variare del valore di y della formola KUTTER nel medesimo senso ed in senso contrario della pendenza, secondo che il raggio medio è superiore od inferiore ad un limite dato, è una condizione difficile a spiegarsi e che può meritare una ulteriore disamina; dall'altro ci reca qualche sorpresa il fatto, al quale ci sembra il signor BAZIN non abbia dato l'importanza dovuta, che nel riassunto sucitato è precisamente rispetto ai risultati corrispondenti alle esperienze DARCY-BAZIN il punto in cui le due formole BAZIN e KUTTER maggiormente differiscono, rimanendo la prevalenza a quest'ultima formola.

Milano, Ottobre 1873.

CCLXXII.

SUR L'ANALOGIE ENTRE UNE CLASSE DE DÉTERMINANTS D'ORDRE PAIR; ET SUR LES DÉTERMINANTS BINAIRES.

Journal für die reine und angewandte Mathematik, t. LII (1856), pp. 133-141.

Les remarquables recherches de M. HERMITE *Sur la théorie de la transformation des fonctions Abéliennes* [Comptes rendus des séances de l'Académie des Sciences, t. XL, février 1855] l'ont conduit à la considération d'un type de formes quadratiques à quatre indéterminées, dont les coefficients sont soumis à certaines conditions. L'auteur a trouvé les propriétés caractéristiques de ces formes, en considérant l'analogie entre les déterminants binaires et les déterminants de quatrième ordre, dont les éléments sont assujettis à vérifier six équations particulières. Je vais démontrer que cette analogie a aussi lieu entre les déterminants binaires et les déterminants d'ordre n pair, dont les éléments vérifient $\frac{1}{2}n(n-1)$ équations.

1. THÉORÈME. — *Le carré d'un déterminant quelconque d'ordre pair peut toujours être exprimé par un déterminant gauche, symétrique, d'ordre pair.*

En effet, en multipliant le déterminant d'ordre n pair

$$A = \sum (\pm a_{1,1} a_{2,2} \ldots a_{n,n})$$

par le déterminant

$$\begin{vmatrix} a_{1,2} & -a_{1,1} & \ldots & a_{1,n} & -a_{1,n-1} \\ a_{2,2} & -a_{2,1} & \ldots & a_{2,n} & -a_{2,n-1} \\ \cdots & \cdots & \cdots & \cdots & \cdots \\ a_{n,2} & -a_{n,1} & \ldots & a_{n,n} & -a_{n,n-1} \end{vmatrix}$$

égal en valeur à A, on obtient:

$$A^2 = L = \begin{vmatrix} 0 & l_{1,2} & l_{1,3} & \dots & l_{1,n} \\ l_{2,1} & 0 & l_{2,3} & \dots & l_{2,n} \\ \dots & \dots & \dots & \dots & \dots \\ l_{n,1} & l_{n,2} & l_{n,3} & \dots & 0 \end{vmatrix},$$

où l'on a posé:

$$(1) \quad l_{r,s} = a_{r,1} a_{s,2} - a_{r,2} a_{s,1} + a_{r,3} a_{s,4} - a_{r,4} a_{s,3} + \cdots + a_{r,n-1} a_{s,n} - a_{r,n} a_{s,n-1}.$$

Or $l_{r,s} + l_{s,r} = 0$, par conséquent L est un déterminant *gauche symétrique*. Mais tout déterminant gauche symétrique d'ordre pair est un *carré;* donc le déterminant A pourra être exprimé en fonction rationnelle des expressions $l_{r,s}$; pour $n = 4$, par exemple, on a:

$$A = l_{1,2} l_{3,4} - l_{1,3} l_{2,4} + l_{1,4} l_{2,3}.$$

Soit $\alpha_{r,s} = \dfrac{\partial A}{\partial a_{r,s}}$. Si dans l'équation (1) l'on fait $s = 1, 2, \dots, n$, on en tire les valeurs suivantes de $a_{r,1}, a_{r,2}, \dots$

$$(2) \quad \begin{cases} -A a_{r,i} = \alpha_{1,i-1} l_{r,1} + \alpha_{2,i-1} l_{r,2} + \cdots + \alpha_{n,i-1} l_{r,n}, \\ +A a_{r,i-1} = \alpha_{1,i} \; l_{r,1} + \alpha_{2,i} \; l_{r,2} + \cdots + \alpha_{n,i} \; l_{r,n}, \end{cases} \quad (i \text{ pair}),$$

qui donnent

$$(3) \quad \begin{cases} -A \alpha_{r,i-1} = a_{1,i} \; \lambda_{1,r} + a_{2,i} \; \lambda_{2,r} + \cdots + a_{n,i} \; \lambda_{n,r}, \\ +A \alpha_{r,i} = a_{1,i-1} \lambda_{1,r} + a_{2,i-1} \lambda_{2,r} + \cdots + a_{n,i-1} \lambda_{n,r}, \end{cases}$$

et si

$$\lambda_{r,s} = \frac{\partial L}{\partial l_{r,s}},$$

on a

$$\lambda_{r,s} + \lambda_{s,r} = 0, \qquad \lambda_{r,r} = 0.$$

2. Je considère un second déterminant

$$C = \sum (\pm c_{1,1} c_{2,2} \dots c_{n,n}).$$

En posant

$$p_{r,s} = c_{r,1} c_{s,2} - c_{r,2} c_{s,1} + \cdots + c_{r,n-1} c_{s,n} - c_{r,n} c_{s,n-1},$$

$$\gamma_{r,s} = \frac{\partial C}{\partial c_{r,s}},$$

on a:

$$C^2 = P = \begin{vmatrix} 0 & p_{1,2} & \dots & p_{1,n} \\ p_{2,1} & 0 & \dots & p_{2,n} \\ \dots & \dots & \dots & \dots \\ p_{n,1} & p_{n,2} & \dots & 0 \end{vmatrix},$$

et, analoguement aux équations (2):

$$(4) \quad \begin{cases} - Cc_{s,i} = \gamma_{1,i-1} p_{s,1} + \gamma_{2,i-1} p_{s,2} + \cdots + \gamma_{n,i-1} p_{s,n}, \\ + Cc_{s,i-1} = \gamma_{1,i} \; p_{s,1} + \gamma_{2,i} \; p_{s,2} + \cdots + \gamma_{n,i} \; p_{s,n}. \end{cases}$$

Soit

$$(5) \quad a_{r,1} c_{s,1} + a_{r,2} c_{s,2} + \cdots + a_{r,n} c_{s,n} = A_{r,s},$$

on a:

$$AC = \Delta = \sum (\pm A_{1,1} A_{2,2} \dots A_{n,n}),$$

et par conséquent:

$$\Delta^2 = H = \begin{vmatrix} 0 & L_{1,2} & \dots & L_{1,n} \\ L_{2,1} & 0 & \dots & L_{2,n} \\ \dots & \dots & \dots & \dots \\ L_{n,1} & L_{n,2} & \dots & 0 \end{vmatrix},$$

$$(6) \quad L_{r,s} = A_{r,1} A_{s,2} - A_{r,2} A_{s,1} + \cdots + A_{r,n-1} A_{s,n} - A_{r,n} A_{s,n-1}.$$

Si l'on pose

$$(7) \quad k_{j,r} = \gamma_{j,2} a_{r,1} - \gamma_{j,1} a_{r,2} + \cdots + \gamma_{j,n} a_{r,n-1} - \gamma_{j,n-1} a_{r,n},$$

les équations (4) et (5) donnent:

$$(8) \quad C . A_{r,s} = k_{1,r} p_{s,1} + k_{2,r} p_{s,2} + \cdots + k_{n,r} p_{s,n}.$$

Mais en faisant $r = 1, 2, \dots, n$ dans (7), et en multipliant par $\lambda_1, r, \lambda_2, r, \dots$ les équations qui en résultent, on obtient, eu égard aux équations (3):

$$A . B_{r,j} = k_{j,1} \lambda_{1,r} + k_{j,2} \lambda_{2,r} + \cdots + k_{j,n} \lambda_{n,r},$$

où $B_{r,j} = \dfrac{\partial \Delta}{\partial A_{r,j}}$, et par conséquent:

$$(9) \quad A k_{j,r} = B_{1,j} l_{r,1} + B_{2,j} l_{r,2} + \cdots + B_{n,j} l_{r,n}.$$

3. Soit encore

$$(10) \quad C_{r,s} = A_{1,r} c_{s,1} + A_{2,r} c_{s,2} + \cdots + A_{n,r} c_{s,n},$$

$$\nabla = \sum (\pm C_{1,1} C_{2,2} \dots C_{n,n}),$$

on a:

$$\nabla^2 = K = \begin{vmatrix} 0 & P_{1,2} & \dots & P_{1,n} \\ P_{2,1} & 0 & \dots & P_{2,n} \\ \dots & \dots & \dots & \dots \\ P_{n,1} & P_{n,2} & \dots & 0 \end{vmatrix},$$

$$P_{r,s} = C_{r,1} C_{s,2} - C_{r,2} C_{s,1} + \cdots + C_{r,n-1} C_{s,n} - C_{r,n} C_{s,n-1}.$$

En substituant dans (10) pour $A_{1,r}$, $A_{2,r}$, ... les valeurs données par l'équation (8), et en posant

(11) $$q_{s,r} = c_{s,1} k_{r,1} + c_{s,2} k_{r,2} + \cdots + c_{s,n} k_{r,n},$$

on obtient:

(12) $$C.C_{r,s} = q_{s,1} p_{r,1} + q_{s,2} p_{r,2} + \cdots + q_{s,n} p_{r,n}.$$

Si en dernier lieu on fait

$$D_{r,s} = \frac{\partial \nabla}{\partial C_{r,s}},$$

on a:

$$C.B_{s,r} = D_{r,1} c_{1,s} + D_{r,2} c_{2,s} + \cdots + D_{r,n} c_{n,s},$$

d'où, en posant $s = 1, 2, \dots, n$, et en ajoutant les résultats, multipliés par $c_{s,2}$, $-c_{s,1}$, ..., $c_{s,n}$, $-c_{s,n-1}$, on obtient:

(13) $$\begin{cases} C(B_{1,r} c_{s,2} - B_{2,r} c_{s,1} + \cdots + B_{n-1,r} c_{s,n} - B_{n,r} c_{s,n-1}) \\ \qquad = D_{r,1} p_{1,s} + D_{r,2} p_{2,s} + \cdots + D_{r,n} p_{n,s}. \end{cases}$$

4. On trouverait des formules analogues si l'on multipliait le déterminant A par

$$A = \begin{vmatrix} +a_{2,1} & +a_{2,2} & \dots & +a_{2,n} \\ -a_{1,1} & -a_{1,2} & \dots & -a_{1,n} \\ \dots & \dots & \dots & \dots \\ +a_{n,1} & +a_{n,2} & \dots & +a_{n,n} \\ -a_{n-1,1} & -a_{n-1,2} & \dots & -a_{n-1,n} \end{vmatrix},$$

ou aussi par quelque autre disposition qui rend A^2 *gauche symétrique*. Ces formules auront évidemment des relations avec celles ci-dessus. Par exemple, si l'on fait:

$$A^2 = M = \begin{vmatrix} 0 & m_{1,2} & \dots & m_{1,n} \\ m_{2,1} & 0 & \dots & m_{2,n} \\ \dots & \dots & \dots & \dots \\ m_{n,1} & m_{n,2} & \dots & m_{n,n} \end{vmatrix},$$

$$m_{r,s} = a_{1,r} a_{2,s} - a_{2,r} a_{1,s} + \cdots + a_{n-1,r} a_{n,s} - a_{n,r} a_{n-1,s},$$

et

(14) $$b_{r,s} = l_{2,r} a_{1,s} - l_{1,r} a_{2,s} + \cdots + l_{n,r} a_{n-1,s} - l_{n-1,r} a_{n,s},$$

on aura:

(15) $$\begin{cases} + A m_{i,s} = b_{1,s} \alpha_{1,i-1} + b_{2,s} \alpha_{2,i-1} + \cdots + b_{n,s} \alpha_{n,i-1} \\ - A m_{i-1,s} = b_{1,s} \alpha_{1,i} + b_{2,s} \alpha_{2,i} + \cdots + b_{n,s} \alpha_{n,i} \end{cases} \quad (i \text{ pair}).$$

5. Supposons que les quantités $a_{r,s}$, $c_{r,s}$ donnent

(16) $$\begin{cases} l_{1,2} = l_{3,4} = \cdots = l_{n-1,n} = t, \\ p_{1,2} = p_{3,4} = \cdots = p_{n-1,n} = u, \end{cases}$$

et réduisent à zéro toutes les autres expressions $l_{r,s}$, $p_{r,s}$; on aura:

$$L = t^n, \qquad P = u^n,$$

et les équations (2) donneront:

(17) $$\begin{cases} \alpha_{r,i} = + t^m a_{r-1,i-1}, & \alpha_{r,i-1} = - t^m a_{r-1,i} \\ \alpha_{r-1,i} = - t^m a_{r,i-1}, & \alpha_{r-1,i-1} = + t^m a_{r,i} \end{cases} \quad (i, r \text{ pairs}),\ m = \tfrac{1}{2} n - 1.$$

Ces formules font voir l'analogie entre le déterminant A et les déterminants binaires. On en tire:

$$\sum (\pm \alpha_{1,1} \alpha_{2,2} \dots \alpha_{i,i}) = t^{mi} . \sum (\pm a_{1,1} a_{2,2} \dots a_{i,i}),$$

$$\sum (\pm \alpha_{1,1} \alpha_{2,2} \dots \alpha_{i-1,i-1}) = t^{m(i-1)} . \sum (\pm a_{1,1} a_{2,2} \dots a_{i-2,i-2} a_{i,i}),$$

et par conséquent:

$$t^{m-i+1} \sum (\pm a_{1,1} a_{2,2} \dots a_{i,i}) = \sum (\pm a_{i+1,i+1} a_{i+2,i+2} \dots a_{n,n}),$$

$$t^{m-i+2} \sum (\pm a_{1,1} a_{2,2} \dots a_{i-2,i-2} a_{i,i}) = \sum (\pm a_{i,i} a_{i+1,i+1} \dots a_{n,n}).$$

L'équation (8), à cause des conditions (16), donne:

$$u^m A_{s,r} = -k_{r-1,s}, \qquad u^m A_{s,r-1} = k_{r,s} \qquad (r \text{ pair})$$

ou, en vertu de l'équation (9):

$$t^m u^m A_{i,r} \;\;= + B_{i-1,r-1}, \qquad t^m u^m A_{i-1,r} \;\;= - B_{i,r-1},$$

$$t^m u^m A_{i,r-1} = - B_{i-1,r}, \qquad t^m u^m A_{i-1,r-1} = + B_{i,r}.$$

En substituant ces valeurs dans l'équation (6), on obtient:

$$-t^m u^m L_{i,s} \;\;= A_{s,1} B_{i-1,1} + A_{s,2} B_{i-1,2} + \cdots + A_{s,n} B_{i-1,n},$$

$$+t^m u^m L_{i-1,s} = A_{s,1} B_{i,1} \;\;+ A_{s,2} B_{i,2} \;\;+ \cdots + A_{s,n} B_{i,n};$$

c'est-à-dire, on aura:

$$L_{1,2} = L_{3,4} = \cdots = L_{n-1,n} = t.u,$$

et toutes les autres expressions $L_{r,s}$ seront zéro.

Pareillement on tire des équations (11), (12):

$$-t^m u^m C_{i,s} \;\;= B_{2,i-1} c_{s,1} - B_{1,i-1} c_{s,2} + \cdots + B_{n,i-1} c_{s,n-1} - B_{n-1,i-1} c_{s,n},$$

$$+t^m u^m C_{i-1,s} = B_{2,i} \;\; c_{s,1} - B_{1,i} \;\; c_{s,2} + \cdots + B_{n,i} \;\; c_{s,n-1} - B_{n-1,i} c_{s,n},$$

et à cause de (13):

$$t^m u^{2m} C_{i,r} \;\;= + D_{i-1,r-1}, \qquad t^m u^{2m} C_{i-1,r} \;\;= - D_{i,r-1},$$

$$t^m u^{2m} C_{i,r-1} = - D_{i-1,r}, \qquad t^m u^{2m} C_{i-1,r-1} = + D_{i,r}.$$

Donc on a:

$$-t^m u^{2m} P_{i,s} \;\;= C_{s,1} D_{i-1,1} + C_{s,2} D_{i-1,2} + \cdots + C_{s,n} D_{i-1,n},$$

$$+t^m u^{2m} P_{i-1,s} = C_{s,1} D_{i,1} \;\;+ C_{s,2} D_{i,2} \;\;+ \cdots + C_{s,n} D_{i,n},$$

et par conséquent:

(18) $$P_{1,2} = P_{3,4} = \cdots = P_{n-1,n} = t u^2.$$

Les autres expressions donnent $P_{r,s} = 0$.

Les quantités $m_{r,s}$, liées aux $l_{r,s}$ par les équations (14), (15), devront satisfaire aux mêmes conditions que celles $l_{r,s}$; c'est-à-dire, on aura:

$$m_{1,2} = m_{3,4} = \cdots = m_{n-1,n} = t,$$

et les autres donnent $m_{r,s} = 0$.

6. En supposant que les quantités $a_{r,s}$ soient les coefficients de la *forme quadratique* à n indéterminées

$$f = \sum a_{r,s} x_r x_s,$$

et qu'au moyen de la substitution linéaire

$$\begin{aligned} x_1 &= c_{1,1} y_1 + c_{2,1} y_2 + \cdots + c_{n,1} y_n, \\ x_2 &= c_{1,2} y_1 + c_{2,2} y_2 + \cdots + c_{n,2} y_n, \\ &\cdots\cdots\cdots\cdots\cdots\cdots \\ x_n &= c_{1,n} y_1 + c_{2,n} y_2 + \cdots + c_{n,n} y_n, \end{aligned}$$

on transforme f en

$$f = \sum C_{r,s} y_r y_s,$$

on a le suivant

THÉORÈME. — *Si les coefficients $a_{r,s}$ de la forme f et les coefficients $c_{r,s}$ de la substitution linéaire sont soumis aux conditions* (16), *ceux de la transformée f seront assujettis aux conditions* (18).

En désignant par

$$\varphi = \sum \alpha_{r,s} X_r X_s$$

la forme adjointe de f, les équations (17) donnent le suivant

THÉORÈME. — *Si les coefficients de la forme f sont soumis aux conditions* (16), *la forme adjointe φ s'obtiendra en posant dans f:*

$$x_i = + X_{i-1} t^{\frac{1}{2}m}, \qquad x_{i-1} = - X_i t^{\frac{1}{2}m} \qquad (i \text{ pair}).$$

La série sygnalétique

$$1, \quad a_{1,1}, \quad \sum(\pm a_{1,1} a_{2,2}), \ldots \sum(\pm a_{1,1} a_{2,2} \ldots a_{n-1,n-1}), \quad t^{m+1},$$

étant composée d'un nombre impair de termes, dont le premier et le dernier (lorsque m est impair) sont positifs, ne pourra présenter qu'un nombre pair de permanences; par conséquent la loi d'inertie des formes quadratiques due à M. SYLVESTER, donne le suivant

THÉORÈME. — *Si les coefficients $a_{r,s}$ de la forme f sont soumis aux conditions* (16), *et si $\frac{1}{2}n$ est pair, la forme f sera réductible, par une substitution réelle, à une somme algébrique de n carrés, desquels un nombre pair auront des signes positifs.*

Ces trois théorèmes sont, pour les formes quadratiques à n indéterminées, analogues à ceux qui ont été énoncés par M. HERMITE pour les formes quadratiques à quatre indéterminées.

7. En supposant que les $\frac{1}{2}n(n-1)$ conditions (16) soient satisfaites par les quantités $a_{r,s}$, on pourra exprimer ces dernières en fonction de $\frac{1}{2}n(n+1)$ indéterminées. Nous ferons usage pour cela de la méthode employée par M. HERMITE pour la transformation d'une forme quadratique en elle-même *).

Soit:

$$\begin{aligned}\psi(x_1, \ldots, x_n, y_1, \ldots, y_n) &= \sum_r (x_{r-1}\, y_r - x_r\, y_{r-1}),\\ \psi(X_1, \ldots, X_n, Y_1, \ldots, Y_n) &= \sum_r (X_{r-1}\, Y_r - X_r\, Y_{r-1}).\end{aligned} \qquad (r = 2, 4, \ldots, n).$$

On sait qu'en posant

$$x_s + X_s = 2\omega_s, \qquad y_r + Y_s = 2\theta_s,$$

les valeurs de X_s, Y_s qui transforment en elle-même la fonction ψ, doivent vérifier l'équation

$$X_1 \frac{\partial\psi}{\partial\omega_1} + \cdots + X_n \frac{\partial\psi}{\partial\omega_n} + Y_1 \frac{\partial\psi}{\partial\theta_1} + \cdots + Y_n \frac{\partial\psi}{\partial\theta_n} = 2\sum_r (\omega_{r-1}\,\theta_r - \omega_r\,\theta_{r-1}).$$

On satisfera à cette équation avec toute la généralité possible en faisant:

$$X_s = \omega_s - z_{s,1} \frac{\partial\psi}{\partial\theta_1} + z_{s,2} \frac{\partial\psi}{\partial\theta_2} - \cdots + z_{s,n} \frac{\partial\psi}{\partial\theta_n},$$

$$Y_s = \theta_s + z_{s,1} \frac{\partial\psi}{\partial\omega_1} - z_{s,2} \frac{\partial\psi}{\partial\omega_2} + \cdots - z_{s,n} \frac{\partial\psi}{\partial\omega_n},$$

en supposant que les indéterminées $z_{r,s}$ soient soumises aux conditions

$$z_{i,r} = z_{r,i}, \qquad z_{i-1,r-1} = z_{r-1,i-1}, \qquad z_{i,r-1} = - z_{r-1,i}, \qquad (i,\ r \text{ pairs})$$

et par conséquent soient en nombre $\frac{1}{2}n(n+1)$.

En désignant par Z le déterminant

$$\begin{vmatrix} z_{1,1} & 1 + z_{1,2} & \cdots & z_{1,n-1} & z_{1,n} \\ 1 + z_{2,1} & z_{2,2} & \cdots & z_{2,n-1} & z_{2,n} \\ \cdots & \cdots & \cdots & \cdots & \cdots \\ z_{n-1,1} & z_{n-1,2} & \cdots & z_{n-1,n-1} & 1 + z_{n-1,n} \\ z_{n,1} & z_{n,2} & \cdots & 1 + z_{n,n-1} & z_{n,n} \end{vmatrix},$$

*) HERMITE, *Sur la théorie des fonctions homogènes à deux indéterminées* [The Cambridge and Dublin Mathematical Journal, t. IX (1855), pp. 172-217].

et par

$$\sum(\pm v_{1,1} v_{2,2} \dots v_{n,n})$$

le déterminant à éléments réciproques, la forme ψ sera transformée en elle-même par la substitution linéaire

$$\begin{aligned}
Zx_r &= 2(v_{1,r-1}X_1 + v_{2,r-1}X_2 + \cdots + v_{n,r-1}X_n) - ZX_r, \\
Zx_{r-1} &= 2(v_{1,r}\ X_1 + v_{2,r}\ X_2 + \cdots + v_{n,r}\ X_n) - ZX_{r-1}, \\
Zy_r &= 2(v_{1,r-1}Y_1 + v_{2,r-1}Y_2 + \cdots + v_{n,r-1}Y_n) - ZY_r, \\
Zy_{r-1} &= 2(v_{1,r}\ Y_1 + v_{2,r}\ Y_2 + \cdots + v_{n,r}\ Y_n) - ZY_{r-1}.
\end{aligned}$$

Par conséquent les relations (16) seront vérifiées en posant:

$$\begin{aligned}
Za_{r-1,1} &= 2v_{1,r}\sqrt{t}, \;\dots,\; Za_{r-1,r-1} = (2v_{r-1,r} - Z)\sqrt{t}, \;\dots,\; Za_{r-1,n} = 2v_{n,r}\sqrt{t}, \\
Za_{r,1} &= 2v_{1,r-1}\sqrt{t}, \;\dots,\; Za_{r,r} = (2v_{r,r-1} - Z)\sqrt{t}, \;\dots,\; Za_{r,n} = 2v_{n,r-1}\sqrt{t}.
\end{aligned}$$

8. Si l'on suppose $n=8$, les conditions (16) peuvent être aussi satisfaites par les valeurs suivantes:

$$\begin{aligned}
a_{1,1} &= +a_{2,2} = +a_{3,3} = +a_{4,4} = a_{5,5} = +a_{6,6} = +a_{7,7} = +a_{8,8} = a, \\
a_{1,2} &= -a_{2,1} = -a_{3,4} = +a_{4,3} = a_{5,6} = -a_{6,5} = -a_{7,8} = +a_{8,7} = b, \\
a_{1,3} &= +a_{2,4} = -a_{3,1} = -a_{4,2} = a_{5,7} = +a_{6,8} = -a_{7,5} = -a_{8,6} = c, \\
a_{1,4} &= -a_{2,3} = +a_{3,2} = -a_{4,1} = a_{5,8} = -a_{6,7} = +a_{7,6} = -a_{8,5} = d, \\
a_{1,5} &= +a_{2,6} = +a_{3,7} = +a_{4,8} = a_{5,1} = +a_{6,2} = +a_{7,3} = +a_{8,4} = e, \\
a_{1,6} &= -a_{2,5} = -a_{3,8} = +a_{4,7} = a_{5,2} = -a_{6,1} = -a_{7,4} = +a_{8,3} = f, \\
a_{1,7} &= +a_{2,8} = -a_{3,5} = -a_{4,6} = a_{5,3} = +a_{6,4} = -a_{7,1} = -a_{8,2} = g, \\
a_{1,8} &= -a_{2,7} = +a_{3,6} = -a_{4,5} = a_{5,4} = -a_{6,3} = +a_{7,2} = -a_{8,1} = h,
\end{aligned}$$

et l'on aura:

$$t = a^2 + b^2 + c^2 + d^2 + e^2 + f^2 + g^2 + h^2.$$

En supposant que des équations analogues subsistent entre les quantités $c_{r,s}$ et en faisant:

$$c_{1,1} = a_1, \qquad c_{1,2} = b_1, \qquad \dots, \qquad c_{1,8} = h_1,$$

on obtient:

$$u = a_1^2 + b_1^2 + \cdots + h_1^2,$$

et

$$A_{1,1} = aa_1 + bb_1 + cc_1 + dd_1 + ee_1 + ff_1 + gg_1 + hh_1 = + A_{2,2} = \cdots,$$
$$A_{1,2} = ba_1 - ab_1 + dc_1 - cd_1 + fe_1 - ef_1 + hg_1 - gh_1 = - A_{2,1} = \cdots,$$
$$A_{1,3} = ca_1 - db_1 - ac_1 + bd_1 + ge_1 - hf_1 - eg_1 + fh_1 = + A_{2,4} = \cdots,$$
$$A_{1,4} = da_1 + cb_1 - bc_1 - ad_1 + he_1 + gf_1 - fg_1 - eh_1 = - A_{2,3} = \cdots,$$
$$A_{1,5} = ea_1 + fb_1 + gc_1 + hd_1 + ae_1 + bf_1 + cg_1 + dh_1 = + A_{2,6} = \cdots,$$
$$A_{1,6} = fa_1 - eb_1 + hc_1 - gd_1 + be_1 - af_1 + dg_1 - ch_1 = - A_{2,5} = \cdots,$$
$$A_{1,7} = ga_1 - hb_1 - ec_1 + fd_1 + ce_1 - df_1 - ag_1 + bh_1 = + A_{2,8} = \cdots,$$
$$A_{1,8} = ha_1 + gb_1 - fc_1 - ed_1 + de_1 + cf_1 - bg_1 - ah_1 = - A_{2,7} = \cdots;$$

par conséquent l'équation $L_{1,2} = t.u$ donne:

$$A_{1,1}^2 + A_{1,2}^2 + \cdots + A_{1,8}^2 = t.u,$$

extension d'un théorème d'EULER très connu.

Pavie, Mars 1855.

CCLXXIII.

SUR UNE PROPRIÉTÉ D'UN PRODUIT DE FACTEURS LINÉAIRES.

The Cambridge and Dublin Mathematical Journal, t. IX (1854), pp. 137-144.

Un mémoire de M. CAYLEY *) m'a suggéré une remarquable propriété pour le produit d'un nombre déterminé de facteurs linéaires.

En considérant deux éléments x, y, on voit tout de suite, que les seuls résultats essentiellement différents qu'on obtient en les ajoutant l'un à l'autre sont donnés par les expressions

$$x + y, \qquad x - y.$$

Or, si l'on suppose

$$x + y = 0, \qquad x^2 = a, \qquad y^2 = b,$$

et on multiplie les termes de la première par 1 et par xy, on obtient en observant les deux autres équations:

$$x + y = 0, \qquad bx + ay = 0,$$

et par conséquent

$$\Delta = \begin{vmatrix} 1 & 1 \\ b & a \end{vmatrix} = 0.$$

Si l'on considère l'équation

$$x - y = 0,$$

et on fait sur elle des opérations analogues aux supérieures, on a:

$$\nabla = \begin{vmatrix} 1 & -1 \\ -b & a \end{vmatrix} = \Delta = 0.$$

*) CAYLEY, *On the rationalization of certain algebraical equations* [The Cambridge and Dublin Mathematical Journal, t. VIII (1853), pp. 97-101].

J'observe que l'équation $\Delta = 0$ a son origine dans la $x + y = 0$, par conséquent Δ sera divisible par $x + y$; et analoguement ∇ sera divisible par $x - y$, et l'on aura:

$$(x + y)(x - y) = \Delta.$$

Si l'on considère trois éléments x, y, z, on aura quatre expressions différentes

$$x + y + z, \quad x + y - z, \quad x - y + z, \quad -x + y + z,$$

et en supposant

$$x + y + z = 0, \quad x + y - z = 0, \quad x - y + z = 0, \quad -x + y + z = 0,$$

$$x^2 = a, \quad y^2 = b, \quad z^2 = c,$$

on obtiendra en multipliant les termes de chacune par 1, yz, zx, xy:

$$\Delta = \begin{vmatrix} 0 & 1 & 1 & 1 \\ 1 & 0 & c & b \\ 1 & c & 0 & a \\ 1 & b & a & 0 \end{vmatrix} = 0,$$

et Δ sera divisible par $x + y + z$, $x + y - z$, etc., et on aura:

$$(x + y + z)(x + y - z)(x - y + z)(-x + y + z) = -\Delta.$$

Si on représente avec x, y, z les trois côtés d'un triangle, et avec A sa surface on aura:

$$\Delta = (4A)^2,$$

et aussi

$$\Delta = \frac{(2A)^4}{r r_1 r_2 r_3},$$

r, r_1, r_2, r_3 désignant les rayons des cercles inscrits et exinscrits aux triangle. Observons qu'on a évidemment:

$$\Delta = \frac{1}{x^2 y^2 z^2} \begin{vmatrix} 0 & x & y & z \\ x & 0 & cxy & bxz \\ y & cxy & 0 & ayz \\ z & bxz & ayz & 0 \end{vmatrix} = \begin{vmatrix} 0 & x & y & z \\ x & 0 & z & y \\ y & z & 0 & x \\ z & y & x & 0 \end{vmatrix}.$$

Pour quatre éléments le nombre des expressions différentes étant huit, on aura les équations

$$x+y+z+t=0, \quad -x+y+z+t=0, \quad x-y+z+t=0, \quad x+y-z+t=0,$$

$$x+y+z-t=0, \quad -x+y+z-t=0, \quad -x+y-z+t=0, \quad -x-y+z+t=0,$$

desquelles en posant

$$x^2 = a, \qquad y^2 = b, \qquad z^2 = c, \qquad t^2 = d,$$

et en multipliant avec ordre par

$$1, \quad zt, \quad yt, \quad xt, \quad zy, \quad zx, \quad yx, \quad xyzt,$$

on aura:

$$\Delta = \begin{vmatrix} 0 & 0 & 0 & 0 & 1 & 1 & 1 & 1 \\ 0 & 0 & 1 & 1 & 0 & 0 & d & c \\ 0 & 1 & 0 & 1 & 0 & d & 0 & b \\ 0 & 1 & 1 & 0 & d & 0 & 0 & a \\ 1 & 0 & 0 & 1 & 0 & c & b & 0 \\ 1 & 0 & 1 & 0 & c & 0 & a & 0 \\ 1 & 1 & 0 & 0 & b & a & 0 & 0 \\ d & c & b & a & 0 & 0 & 0 & 0 \end{vmatrix} = 0,$$

et Δ sera égal au produit des premiers membres des équations supérieures.

Si x, y, z, t désignent les aires des quatre faces d'un tétraèdre, V le volume, et r, r_1, ..., r_7 les rayons des sphères inscrites et ex-inscrites, on aura:

$$\Delta = \frac{(3V)^8}{r r_1 \ldots r_7},$$

et Δ représente la norme de $\pm x \pm y \pm z \pm t$. [Voir un mémoire de M. SYLVESTER *)]. On a aussi:

$$\Delta = \begin{vmatrix} 0 & 0 & 0 & 0 & x & y & z & t \\ 0 & 0 & x & y & 0 & 0 & t & z \\ 0 & x & 0 & z & 0 & t & 0 & y \\ 0 & y & z & 0 & t & 0 & 0 & x \\ x & 0 & 0 & t & 0 & z & y & 0 \\ y & 0 & t & 0 & z & 0 & x & 0 \\ z & t & 0 & 0 & y & x & 0 & 0 \\ t & z & y & x & 0 & 0 & 0 & 0 \end{vmatrix}.$$

*) SYLVESTER, *On the relation between the volume of a tetrahedron and the product of the sixteen algebraical values of its superficies* [The Cambridge and Dublin Mathematical Journal, t. VIII (1853), pp. 171-178].

Si en général on considère n éléments $x_1, x_2, \ldots, x_n$, en posant

$$X_n = x_1 + x_2 + \cdots + x_n,$$

et en désignant par

$$|X_n(1, 2, \ldots, m)|$$

le produit des facteurs linéaires qu'on déduit de X_n en changeant les signes à m des éléments $x_1, x_2, \ldots, x_n$; on aura pour n impair:

$$(1) \qquad X_n|X_n(1)||X_n(1, 2)| \ldots \left|X_n\left(1, 2, 3, \ldots, \frac{n-1}{2}\right)\right| = -\Delta,$$

et pour n pair:

$$(2) \quad X_n|X_n(1)||X_n(1, 2)| \ldots \left|X_n\left(1, 2, \ldots, \frac{n-2}{2}\right)\right|\left|X_n\left(\bar{1}, 2, 3, \ldots, \frac{n}{2}\right)\right| = \Delta,$$

où le symbole

$$|X_n(\bar{1}, 2, \ldots, \tfrac{1}{2}n)|$$

dénote que dans ce produit l'élément x_1 entre toujours parmi les éléments auxquels on a changé de signe. Le déterminant Δ résultera de la multiplication successive de l'équation $X_n = 0$ par l'unité, et par chacune des combinaisons deux à deux, quatre à quatre, etc. $(n-1)$ à $(n-1)$ si n est impair, n à n si n est pair, des éléments $x_1, x_2, \ldots, x_n$.

Il est évident que le nombre des facteurs linéaires du produit (1) sera

$$1 + n + \frac{n(n-1)}{2} + \cdots + \frac{n(n-1)\ldots\frac{(n-3)}{2}}{1.2\ldots\frac{n-1}{2}} = 2^{n-1},$$

et le nombre des facteurs du produit (2) sera

$$1+n+\frac{n(n-1)}{2}+\cdots+\frac{n(n-1)\ldots\left(\frac{n}{2}+2\right)}{1.2\ldots\left(\frac{n}{2}-1\right)}+\frac{1}{2}\,\frac{n(n-1)\ldots\left(\frac{n}{2}+1\right)}{1.2\ldots\frac{n}{2}}=2^{n-1},$$

et que le nombre des équations qui découlent de l'équation $X_n = 0$ sera, soit pour n impair, soit pour n pair,

$$1 + \frac{n(n-1)}{2} + \cdots + \frac{n(n-1)\ldots 3.2.1}{1.2.3\ldots(n-1)} = 2^{n-1}.$$

Il importe d'observer que, en supposant que les éléments $x_1, x_2, \ldots$ soient des radicaux quadratiques, le produit Δ des fonctions linéaires de ces radicaux est rationnel.

Si l'on désigne par 1, α, β les trois racines de l'équation $w^3 - 1 = 0$, les expressions

$$x + y, \qquad x + \alpha y, \qquad x + \beta y$$

sont les seules essentiellement différentes qu'on peut former en combinant deux éléments x, y. Supposons

$$x + y = 0, \qquad x + \alpha y = 0, \qquad x + \beta y = 0,$$
$$x^3 = a, \qquad y^3 = b.$$

En multipliant chacune des équations supérieures par 1, $x^2 y$, $x y^2$, on aura:

$$\Delta = \begin{vmatrix} 0 & 1 & 1 \\ 1 & 0 & a \\ 1 & b & 0 \end{vmatrix} = 0, \qquad \Delta_1 = \begin{vmatrix} 0 & 1 & \alpha \\ \alpha & 0 & a \\ 1 & \alpha b & 0 \end{vmatrix} = 0, \qquad \Delta_2 = \begin{vmatrix} 0 & 1 & \beta \\ \beta & 0 & a \\ 1 & \beta b & 0 \end{vmatrix} = 0,$$

et puisque Δ_1 se réduit identique à Δ en multipliant la dernière ligne et la seconde colonne par α, et en divisant la première ligne et la première colonne par α; et analoguement on réduit $\Delta_2 = \Delta$, on aura:

$$(x + y)(x + \alpha y)(x + \beta y) = \Delta.$$

Trois éléments x, y, z donnent neuf expressions différentes:

$$(3) \qquad \begin{array}{lll} x + y + z, & x + y + \alpha z, & x + y + \beta z, \\ x + \alpha y + \beta z, & x + \alpha y + z, & x + \beta y + z, \\ x + \beta y + \alpha z, & \alpha x + y + z, & \beta x + y + z, \end{array}$$

chacune desquelles égalée à zéro, et multipliée par 1, $z^2 y$, $z^2 x$, $y^2 z$, $y^2 x$, $x^2 z$, $x^2 y$, $x^2 y^2 z^2$, xyz donnera:

$$\Delta = \begin{vmatrix} 0 & 0 & 0 & 0 & 0 & 0 & 1 & 1 & 1 \\ 0 & 0 & 1 & 0 & 0 & 1 & 0 & c & 0 \\ 0 & 0 & 1 & 0 & 1 & 0 & c & 0 & 0 \\ 0 & 1 & 0 & 0 & 0 & 1 & 0 & 0 & b \\ 0 & 1 & 0 & 1 & 0 & 0 & b & 0 & 0 \\ 1 & 0 & 0 & 0 & 1 & 0 & 0 & 0 & a \\ 1 & 0 & 0 & 1 & 0 & 0 & 0 & a & 0 \\ 0 & 0 & 0 & c & b & a & 0 & 0 & 0 \\ 1 & 1 & 1 & 0 & 0 & 0 & 0 & 0 & 0 \end{vmatrix} = 0,$$

ayant posé

$$x^3 = a, \qquad y^3 = b, \qquad z^3 = c;$$

et le produit des expressions (3) égalera $\pm \Delta$. La valeur de Δ est remarquable pour sa forme; en effet on a

$$\Delta = (a + b + c)^3 - (3abc)^3,$$

et il est remarquable aussi que les produits trois à trois des expressions (3) soit

$$a + b + c - 3xyz,$$

$$\alpha(a + b + c) - 3\beta xyz,$$

$$\beta(a + b + c) - 3\alpha xyz.$$

En considérant quatre éléments x, y, z, t on aura vingt-sept expressions; c'est-à-dire l'expression $x+y+z+t$; douze expressions analogues à la $x+y+\alpha z+\beta t$; les six

$$x + y + \alpha z + \alpha t, \qquad x + y + \beta z + \beta t,$$

$$x + \alpha y + z + \alpha t, \qquad x + \beta y + z + \beta t,$$

$$x + \alpha y + \alpha z + t, \qquad x + \beta y + \beta z + t,$$

et les huit analogues aux deux

$$x + y + z + \alpha t, \qquad x + y + z + \beta t.$$

Ces expressions égalées à zéro, et multipliées respectivement par les vingt-sept quantités

$$1, \quad t^2 z, \ldots, \quad y^2 z^2 t^2, \ldots, \quad yzt, \ldots, \quad xy^2 z^2 t^2, \ldots, \quad x^2 y^2 z^2 t^2, \quad xyzt,$$

donneront par l'élimination un déterminant qui sera égal au produit des vingt-sept expressions supérieures.

En général le nombre des expressions sera 3^{n-1} pour n éléments; et l'on aura 3^{n-1} quantités par lesquelles on doit multiplier les équations qui en découlent; et par conséquent le déterminant sera de l'ordre 3^{n-1}. Et si les éléments seront des radicaux cubiques, leur produit sera rationnel. Cette loi s'étend évidemment aux produit d'un nombre déterminé de radicaux de l'ennième ordre. Nous ajouterons seulement le cas du produit des quatre expressions qu'on obtient en combinant deux éléments avec les quatre racines de l'équation $w^4 - 1 = 0$. En désignant ces racines avec 1, α, β, γ on aura les équations

$$x + y = 0, \qquad x + \alpha y = 0, \qquad x + \beta y = 0, \qquad x + \gamma y = 0;$$

chacune desquelles multipliée par 1, xy^3, x^3y, x^2y^2 donne

$$\Delta = \begin{vmatrix} 0 & 0 & 1 & 1 \\ 1 & 0 & b & 0 \\ 0 & 1 & 0 & a \\ 1 & 1 & 0 & 0 \end{vmatrix} = 0,$$

en posant $x^4 = a$, $y^4 = b$; et par conséquent

$$(x+y)(x+\alpha y)(x+\beta y)(x+\gamma y) = -\Delta,$$

et on sait que, si x, y étaient des radicaux biquadratiques, le produit serait rationnel.

Nous ajouterons une dernière remarque sur une propriété des sommes des puissances égales de expressions supérieures. Par exemple le trinôme

$$(x+y)^2 + \beta(x+\alpha y)^2 + \alpha(x+\beta y)^2 = H,$$

qui évidemment s'annule pour $x = 0$, $y = 0$, sera divisible par le produit xy; et le quotient sera 3×2; parce que le produit xy est répété trois fois, et chaque fois avec le coefficient 2. Par conséquent sera

$$H = 3.2\,xy.$$

Analoguement on peut démontrer l'équation

$$\begin{aligned} &(x+y+z)^3 + (x+\alpha y+\beta z)^3 + (x+\beta y+\alpha z)^3 \\ &+\beta[(x+y+\alpha z)^3 + (x+\alpha y+z)^3 + (\alpha x+x+z)^3] \\ &+\alpha[(x+y+\beta z)^3 + (x+\beta y+z)^3 + (\beta x+y+z)^3] = 3^2.2.3\,xyz, \end{aligned}$$

et ainsi de suite. Ces relations sont analogues à quelques-unes de celles que M. CAUCHY *) a trouvées en considérant seulement les deux racines de l'équation $w^2 - 1 = 0$.

NOTE **). Si $\alpha = 0$, $\beta = 0$, $\gamma = 0$ sont les équations des trois côtés d'un triangle et l, m, n, trois indéterminées, on a

$$\begin{vmatrix} 0 & \alpha & \beta & \gamma \\ \alpha & 0 & n & m \\ \beta & n & 0 & l \\ \gamma & m & l & 0 \end{vmatrix} = 0$$

*) CAUCHY, *Exercices d'Analyse et de Physique Mathématique*, Paris 1841, pag. 144.

**) Voir le «*Problem* 7» à page 189 du tome VIII de ce «Journal».

pour l'équation d'une conique inscrite. Eu égard à ce qu'on a démontré supérieurment, cette équation pourra s'écrire

$$\pm (l\alpha)^{\frac{1}{2}} \pm (m\beta)^{\frac{1}{2}} \pm (n\gamma)^{\frac{1}{2}} = 0.$$

Pour déterminer l, m, n, j'observe que l'ellipse *maximum* inscrite dans un triangle touche les milieux de ces côtés. Or, les équations des droites qui unissent deux à deux les points de contact étant en général

$$m\beta + n\gamma - l\alpha = 0, \qquad n\gamma + l\alpha - m\beta = 0, \qquad l\alpha + m\beta - n\gamma = 0,$$

et dans ce cas ces droites étant respectivement parallèles aux côtés du triangle, on aura les équations :

$$m \sin(\alpha - \beta) + n \sin(\alpha - \gamma) = 0,$$

$$n \sin(\beta - \gamma) + l \sin(\beta - \alpha) = 0,$$

$$l \sin(\gamma - \alpha) + m \sin(\gamma - \beta) = 0,$$

d'où

$$l:m:n = a:b:c,$$

a, b, c étant les longueurs des trois côtés. Par conséquent l'équation de l'ellipse *maximum* inscrite sera

$$\pm (a\alpha)^{\frac{1}{2}} \pm (b\beta)^{\frac{1}{2}} \pm (c\gamma)^{\frac{1}{2}} = 0.$$

On trouvera l'équation de l'ellipse *minimum* circonscrite en observant qu'elle est concentrique et semblable à l'ellipse *maximum* inscrite.

Pavie, le 19 juillet 1853.

CCLXXIV.

SUR UNE ÉQUATION DIFFÉRENTIELLE DU 3me ORDRE.

Proceedings of the Royal Society of London, t. XXVII (1878), pp. 126-128.

1. Dans une Note qui va paraitre dans le t. IX des « Annali di Matematica » *) et de la quelle j'ai l'honneur de présenter un exemplaire à part à la « Société Royale », j'ai considéré l'équation différentielle linéaire du second ordre

$$\frac{d^2 y}{d u^2} = \left[\frac{n(n+2)}{4} k^2 \operatorname{sn}^2 u + h\right] y, \tag{1}$$

étant h une constante et n un nombre positif entier. Cette équation différentielle, qui pour n pair coïncide avec celle que Lamé avait rencontré dans ses études sur les surfaces isothermes, et à laquelle M. Hermite a dédié récemment ses importantes recherches, a la propriété très remarquable, pour le cas de n impair, d'être intégrable *algébriquement*.

Soient y_1, y_2 deux intégrales particulières de l'équation différentielle (1); on a, comme il est connu:

$$y_2 \frac{d y_1}{d u} - y_1 \frac{d y_2}{d u} = C \tag{2}$$

(C constante), et en conséquence, si l'on pose $\eta = \frac{y_1}{y_2}$, on aura l'équation différentielle du troisième ordre

$$[\eta]_u + 2\left[\frac{n(n+2)}{4} k^2 \operatorname{sn}^2 u + h\right] = 0, \tag{3}$$

*) *Sopra una classe di equazioni differenziali lineari del secondo ordine* [LXXIII: t. II, pp. 177-187].

ayant désigné avec M. KLEIN par $[\eta]_u$ l'expression

$$\frac{d^2 \log \frac{d\eta}{du}}{du^2} - \frac{1}{2}\left(\frac{d \log \frac{d\eta}{du}}{du}\right)^2.$$

2. En posant

$$x - e_1 = (e_2 - e_1)\operatorname{sn}^2 u, \quad x - e_2 = (e_1 - e_2)\operatorname{cn}^2 u, \quad x - e_3 = (e_1 - e_3)\operatorname{dn}^2 u,$$

et

$$k^2 = \frac{e_2 - e_1}{e_3 - e_1},$$

on peut transformer l'équation différentielle (3) au moyen de la formule générale

$$[\eta]_x = [u]_x + [\eta]_u \left(\frac{du}{dx}\right)^2,$$

et l'on obtient après quelques réductions l'équation suivante:

(4)
$$[\eta]_x = \frac{1}{8\varphi^2}(16\varphi\psi - 4\varphi\varphi'' + 3\varphi'^2),$$

dans laquelle

$$\varphi = 4x^3 - g_2 x - g_3 = 4(x - e_1)(x - e_2)(x - e_3),$$

$$\psi = -\left[\frac{n(n+2)}{4}(x - e_1) + h(e_3 - e_1)\right].$$

Cette équation différentielle (4), qui est de la forme de celle considérée il y a longtemps par M. KUMMER dans ses recherches sur les séries hypergéométriques de GAUSS, peut s'intégrer au moyen des résultats obtenus dans la Note rappelée ci-dessus.

En effet, en posant $y_1 y_2 = v$, on déduit très facilement de l'équation (2):

$$\frac{d\eta}{du} = \frac{C\eta}{v},$$

ou aussi :

$$\frac{1}{\eta}\frac{d\eta}{dx} = \frac{C}{v\sqrt{\varphi(x)}}.$$

Mais, pour le cas de n pair $= 2m$, on a: $v = \zeta(x)$, étant $\zeta(x)$ un polynôme en x du degré m, dont les coefficients sont des fonctions déterminées de h, e_1, e_2, e_3. On aura dans ce cas:

$$\eta = e^{CZ(x)},$$

ayant posé

$$Z(x) = \int \frac{dx}{\zeta(x)\sqrt{\varphi(x)}}.$$

Dans le cas de n impair $= 2m + 1$, on a:

$$v = \zeta(x)\sqrt{x - \xi},$$

$\zeta(x)$ étant encore un polynôme en x du degré m, et ξ une racine de l'équation $\varphi(x) = 0$, c'est-à-dire: $\xi = e_1, e_2, e_3$. Dans ce cas, en posant

$$\varphi(x) = (x - \xi)\mu(x),$$

on aura

$$Z(x) = \int \frac{dx}{\zeta(x)(x - \xi)\sqrt{\mu(x)}}$$

intégrable par des fonctions logarithmiques. En posant

$$t_1(a) = \sqrt{\mu(x)} - \sqrt{\mu(a)} - 2(x - a),$$

$$t_2(a) = \sqrt{\mu(x)} + \sqrt{\mu(a)} - 2(x - a),$$

on a ainsi pour n impair:

$$\eta = \left[\frac{t_1(\xi)}{t_2(\xi)}\right]^{\frac{1}{2}} \prod_s \frac{t_1(x_s)}{t_2(x_s)},$$

où x_s est une racine de l'équation $\zeta(x) = 0$.

3. Si dans l'équation (4) on suppose

$$h(e_3 - e_1) = \frac{n(n + 2)}{4} e_1,$$

ou

$$h = -\frac{n(n + 2)}{12}(1 + k^2),$$

et $g_2 = 0$, l'équation même devient:

$$[\eta]_x = \frac{x}{2(4x^3 - g_3)^2}[(n^2 + 2n + 24)g_3 - 4(n - 1)(n + 3)x^3].$$

Soit $x^3 = \frac{1}{4}g_3 z$, on aura:

$$[\eta]_x = \frac{x}{2g_3(1 - z)^2}[n^2 + 2n + 24 - (n - 1)(n + 3)z],$$

et

$$[x]_z = \frac{4}{9z^2};$$

en conséquence l'équation de transformation

$$[\eta]_z = [x]_z + [\eta]_x \left(\frac{dx}{dz}\right)^2$$

donnera :

$$[\eta]_z = \frac{1-\lambda^2}{2z^2} + \frac{1-\nu^2}{2(1-z)^2} - \frac{\lambda^2-\mu^2+\nu^2-1}{2z(1-z)},$$

étant

$$\lambda = \frac{1}{3}, \qquad \mu = \frac{n+1}{6}, \qquad \nu = \frac{1}{2}.$$

On déduit que, en posant

$$\alpha = \frac{n+2}{12}, \qquad \beta = -\frac{n}{12}, \qquad \gamma = \frac{2}{3},$$

on aura :

$$\eta = \frac{F(\alpha, \beta, \gamma, z)}{F(\alpha, \beta, \alpha+\beta-\gamma+1, 1-z)},$$

désignant par F une série hypergéométrique.

Ces séries sont donc exprimables, dans le cas que j'ai ici considéré, par la fonction $Z(x)$ introduite supérieurement.

Analoguement, si l'on suppose $g_3 = 0$, on trouvera, en posant $g_2 z = 4x^2$, pour α, β, γ les valeurs suivantes:

$$\alpha = \frac{n+2}{8}, \qquad \beta = -\frac{n}{8}, \qquad \gamma = \frac{2}{3}.$$

18 février 1878.

CCLXXV.

NOTICE SUR LA VIE ET LES TRAVAUX DE GEORGES-HENRY HALPHEN *).

Bulletin des Sciences Mathématiques, 2me série, t. XIV (1890), pp. 62-72.

CCLXXVI.

NOTICE SUR CAYLEY **).

Bulletin des Sciences Mathématiques, 2me série, t. XIX (1895), pp. 189-200.

CCLXXVII.

ÜBER MALFATTI'S RESOLVENTE DER GLEICHUNGEN DES FÜNFTEN GRADES ***).

Archiv der Mathematik und Physik, Theil XLV (1866), pp. 186-193.

---

*) [Quest'articolo non è che la traduzione di un altro pubblicato in italiano nei «Rendiconti della R. Accademia dei Lincei», s. IV, t. V (1889, 1° sem.), pp. 815-823, col titolo: *Notizie sulla vita e sulle opere di* GIORGIO ENRICO HALPHEN, il quale è stato ristampato nel t. IV (CLII: pp. 71-79) di queste «Opere Matematiche»].

**) [Quest'articolo non è che la traduzione di un altro pubblicato in italiano nei «Rendiconti della R. Accademia dei Lincei», s. V, t. IV (1895, 1° sem.), pp. 177-185, col titolo: *Notizie sulla vita e sulle opere di* ARTURO CAYLEY, il quale è stato ristampato nel t. IV (CLVII: pp. 121-131) di queste «Opere Matematiche»].

***) [È questo un riassunto in lingua tedesca, fatto da GRUNERT, della Memoria: *Sulla risolvente di* MALFATTI *per le equazioni del quinto grado,* inserita nel t. IX (1863), pp. 215-231 delle «Memorie dell'Istituto Lombardo di Scienze e Lettere», e ristampata da BRIOSCHI con modificazioni ed aggiunte negli «Annali di Matematica pura ed applicata», s. I, t. V (1863), pp. 233-250, la quale è già stata riprodotta nel t. II (LXIV: pp. 39-56) di queste «Opere Matematiche»; manca nella traduzione la Nota III: *Risoluzione della equazione di quinto grado* (t. II: pp. 51-56)].

CCLXXVIII.

QUISTIONE *).

Giornale di Matematiche ad uso degli studenti delle Università Italiane, volume II (1864), pag. 256.

Se dei $6n + 3$ punti, che sono i vertici e le intersezioni delle coppie di lati opposti di un poligono di $4n + 2$ lati, ve ne sono $6n + 2$ situati in una curva di terz'ordine, anche il punto rimanente apparterrà alla medesima curva.

CCLXXIX.

SULL'INSEGNAMENTO DELLA GEOMETRIA ELEMENTARE IN ITALIA **).

(Lettera al Direttore del «Giornale di Matematiche»).

Giornale di Matematiche ad uso degli studenti delle Università Italiane, volume VII (1869), pp. 51-54.

*) [Fra le quistioni proposte a pag. 256 del volume II del «Giornale di Matematiche», questa che porta la firma di BRIOSCHI è contrassegnata dal n° 40. La risoluzione di essa è stata data nello stesso volume da E. D'OVIDIO (pp. 317-319) e da N. SALVATORE DINO (pp. 319-320)].

**) [Questo articolo, scritto in collaborazione con L. CREMONA, non si riproduce in queste «Opere», perchè è di indole polemica. Cfr. la CCXXIV a pag. 159 di questo tomo V].

INDICE ALFABETICO

DEI NOMI RICORDATI IN QUESTO VOLUME.

Il numero indica la pagina e l'esponente quante volte il nome è ripetuto nella stessa pagina.

OSSERVAZIONI SUI CRITERI SEGUITI NELLA PUBBLICAZIONE

DELLE

"OPERE MATEMATICHE DI FRANCESCO BRIOSCHI"

E SULLE MEMORIE ESCLUSE.

Nel terminare il nostro lungo lavoro siamo debitori al lettore di alcune importanti avvertenze sui criteri che ci hanno di mano in mano guidati.

FRANCESCO BRIOSCHI durante la sua non breve vita si occupò di molte altre cose, oltrechè di matematica. Egli fece parte di innumerevoli Commissioni governative e private, e il suo consiglio in svariate quistioni tecniche, scolastiche, politiche fu molto ricercato. Ond'è che, oltre le pubblicazioni di carattere strettamente matematico, esistono moltissimi altri opuscoli che portano il suo nome, e che sono o discorsi, o relazioni sopra quistioni di carattere tecnico (ferroviario, idraulico, etc.). È naturale che in una raccolta di « Opere Matematiche », quale doveva essere la presente, tutte queste altre pubblicazioni del BRIOSCHI dovevano essere escluse.

Ma, oltre di questo, abbiamo creduto di escludere anche le tre opere seguenti che sono bensì matematiche, ma di carattere prevalentemente didattico:

Intorno ad alcuni punti di statica, in-8°, Pavia, 1853, di pag. 42.

La teorica dei determinanti e le sue principali applicazioni, in-4°, Pavia, 1854, di pag. V-116.

La statica dei sistemi di forma invariabile, in-8°, Milano, 1859, di pag. 80.

Specialmente la seconda di queste tre ha avuto una grandissima importanza nello sviluppo dell'algebra nella seconda metà del secolo passato. Essa fu subito tradotta in francese ed in tedesco *) ed ebbe diffusione grandissima nelle Scuole universitarie, nelle quali contribuì efficacemente a introdurre le nuove teorie sui determinanti, che si erano venute formando nella prima metà del secolo, per opera specialmente di CAUCHY, JACOBI, CAYLEY, SPOTTISWOODE. Questo trattato di BRIOSCHI, che fu poi seguito da moltissimi altri (e prima di tutti dal famoso trattato di BALTZER nel 1857, e da quello di TRUDI nel 1862), ebbe il gran merito di essere stato il primo a raccogliere, sotto forma metodica, tutto quanto era stato fino allora trovato su questa teoria.

Ma il ripubblicarlo ora non avrebbe avuto che un valore puramente storico, e noi, pur riconoscendo l'insigne valore di quell'opera alla quale il suo autore teneva giustamente moltissimo, abbiamo però creduto di tralasciarla.

---

*) *Théorie des déterminants et leurs principales applications,* par le Dr. F. BRIOSCHI, traduit de l'italien par M. É. COMBESCURE ; Paris, 1856. — *Theorie der Determinanten und ihre hauptsächlichen Anwendungen,* von Dr. F. BRIOSCHI, aus dem Italiänischen übersetzt; mit einem Vorwort von Prof. SCHELLBACH ; Berlin, 1856.

In un lavoro come quello che abbiamo condotto oggi a termine, la prima cosa che si imponeva era naturalmente una accurata revisione di tutte le Memorie da ristampare, e una coscienziosa correzione dei moltissimi errori, di stampa o di altro, che non poteano mancare in una produzione tanto abbondante. Ciò abbiamo fatto nel miglior modo che ci è stato possibile, aiutati anche in ciò da egregi colleghi, i nomi dei quali abbiamo a suo tempo inseriti sul principio dei primi tre volumi, ed abbiamo avuto anche cura di completare e ridurre sempre ad un tipo uniforme le numerose notazioni bibliografiche di cui abbondano le Memorie. Ma più in là non ci è parso che ci fosse permesso di inoltrarci, epperò ci è stato necessario qualche volta di lasciare inalterati certi difetti di dimostrazioni e di risultati, specialmente perchè una correzione parziale in tali casi non sarebbe stata assolutamente possibile senza snaturare l'indole stessa della Memoria, e poi perchè si tratta di errori che furono comuni ad altri sommi Matematici, errori che non si possono scompagnare dai tempi in cui furono concepiti e divulgati, e che hanno perciò un'importanza storica di prim'ordine. Alludiamo alle considerazioni contenute nella Memoria del 1859 (LIV: t. I, pp. 349-414) sulla teorica dei covarianti ed invarianti, in cui, seguendo un errore dei matematici inglesi, il Brioschi crede di dimostrare essere infinito il numero dei covarianti di una forma algebrica. Così in un equivoco incorse il Brioschi nella Memoria pubblicata negli « Annali di Matematica » del 1896 [IC: t. III, pp. 85-92], nel punto in cui si riferisce all'altra sua Memoria precedente in « Acta Mathematica » del 1891 [CCL: t. V, pp. 331-345] *); ma il togliere l'equivoco sarebbe equivalso a fare con altre considerazioni quasi l'intero lavoro, e a questo noi non abbiamo creduto di dover giungere.

L'ordine, col quale son disposti in queste « Opere » i lavori di Brioschi, è stato quello per *Periodici*, e più precisamente il seguente:

1) Annali di Scienze Matematiche e Fisiche: I-XL nel t. I.

2) Annali di Matematica pura ed applicata: XLI-LIV nel t. I, LV-LXXXIX nel t. II, XC-C nel t. III.

3) Giornale, Memorie, Atti, Rendiconti del R. Istituto Lombardo: CI-CXXV nel t. III.

4) Memorie di Matematica e di Fisica della Società Italiana delle Scienze: CXXVI e CXXVII nel t. III.

5) Atti, Transunti, Rendiconti, Memorie della R. Accademia dei Lincei: CXXVIII-CXLIV nel t. III, CXLV-CLX nel t. IV.

6) Rendiconto e Atti della R. Accademia delle Scienze fisiche e matematiche di Napoli: CLXI e CLXII nel t. IV.

7) Atti della R. Accademia delle Scienze di Torino: CLXIII e CLXIV nel t. IV.

8) Giornale di Matematiche: CLXV-CLXVIII nel t. IV, CCLXXVIII e CCLXXIX nel t. V.

9) Bullettino di Bibliografia e di Storia delle Scienze matematiche e fisiche: CLXIX nel t. IV.

10) Rendiconti del Circolo Matematico di Palermo: CLXX nel t. IV.

11) Collectanea Mathematica in memoriam D. Chelini: CLXXI e CLXXII nel t. IV.

12) Prefazione e appendici al « Trattato elementare delle funzioni ellittiche di A. Cayley (traduzione) »: CLXXIII nel t. IV.

13) Comptes rendus hebdomadaires des séances de l'Académie des Sciences: CLXXIV-CXC nel t. IV, CXCI-CCVI nel t. V.

14) Nouvelles Annales de Mathématiques: CCVII-CCXXIV nel t. V.

15) Journal de Mathématiques pures et appliquées: CCXXV nel t. V.

16) Annales scientifiques de l'École Normale supérieure: CCXXVI-CCXXVIII nel t. V.

---

*) Vedi su ciò Pascal e Burgatti, Rendiconti del R. Istituto Lombardo, serie 2, t. XL, 1907, pag. 306 e 308.

17) Annales de la Faculté des Sciences de l'Université de Toulouse: CCXXIX nel t. V.

18) Compte-rendu de l'Association Française pour l'Avancement des Sciences: CCXXX nel t. V.

19) Mathematische Annalen: CCXXXI-CCXXXIX nel t. V.

20) Zeitschrift für Mathematik und Physik: CCXL nel t. V.

21) Bulletin de la Société Mathématique de France: CCXLI nel t. V.

22) Journal für die reine und angewandte Mathematik: CCXLII-CCXLVIII, CCLXII e CCLXXII nel t. V.

23) Acta Mathematica: CCXLIX e CCL nel t. V.

24) American Journal of Mathematics: CCLI nel t. V.

25) Proceedings of the London Mathematical Society: CCLII e CCLIII nel t. V.

26) Bulletin de l'Académie Impériale des Sciences de St.-Pétersbourg: CCLIV nel t. V.

27) Nachrichten von der K. Gesellschaft der Wissenschaften zu Göttingen: CCXXXI e CCLV nel t. V.

28) Verhandlungen des ersten internationalen Mathematiker-Kongresses in Zürich: CCLVI nel t. V.

29) Sitzungsberichte der phys.-medic. Societät zu Erlangen: CCXXXVIII e CCLVII nel t. V.

30) Quarterly Journal of pure and applied Mathematics: CCLVIII-CCLX nel t. V.

31) Repertorium der reinen und angewandten Mathematik: CCLXI nel t. V.

32) Il Politecnico: CCLXIII-CCLXX nel t. V.

33) Introduzione alla Versione italiana d'un'opera di KUTTER: CCLXXI nel t. V.

34) The Cambridge and Dublin Mathematical Journal: CCLXXIII nel t. V.

35) Proceedings of the Royal Society of London: CCLXXIV nel t. V.

36) Bulletin des Sciences Mathématiques: CCLXXV e CCLXXVI nel t. V.

37) Archiv der Mathematik und Physik (GRUNERT): CCLXXVII nel t. V.

Sarebbe stato preferibile in queste «Opere» riprodurre i lavori di BRIOSCHI nell'ordine cronologico, che avrebbe meglio riuniti i varii gruppi di lavori su un medesimo soggetto fatti per lo più intorno allo stesso tempo, ed avrebbe meglio messo in luce i legami e gli intimi nessi di parecchi lavori fra loro. Ragioni di varia natura impedirono che si potesse cominciare la pubblicazione coll'indirizzo indicato, e dopo, per necessità di cose, si è dovuto proseguire col sistema già iniziato. Ad ogni modo crediamo raggiungere lo stesso scopo coll'*Indice per ordine cronologico,* col quale chiudiamo questo volume. Così pure riteniamo di qualche utilità gli *Indici alfabetici dei nomi ricordati* in ciascuno dei cinque volumi.

E ora a proposito dei lavori contenuti nelle raccolte sopra elencate dobbiamo fare le seguenti osservazioni:

1. Uno dei lavori inseriti negli «Annali di Scienze Matematiche e Fisiche», *Intorno ad alcune questioni di algebra superiore,* è stato riprodotto in lingua francese [XX: t. I, pp. 127-142], quale si trova nella traduzione fatta da COMBESCURE del libro di BRIOSCHI sulla teoria dei determinanti [vedi nota a pag. 127 del t. I di queste «Opere»].

2. Dei lavori compresi nelle pubblicazioni del R. Istituto Lombardo sono stati omessi:

a) la memoria *Sulla risolvente di* MALFATTI *per le equazioni di 5° grado* [Memorie, s. 3ª, t. IX (1863), pp. 215-231], perchè tale lavoro fu ripubblicato negli «Annali di Matematica pura ed applicata» [LXIV: t. II, pp. 39-56; vedi le note a pag. 39 del t. II e pag. 533 del t. V di queste «Opere»]. È da notare che a quella Memoria, divisa in tre *Note,* faceva seguito una appendice (pp. 229-231), che fu riprodotta negli «Annali» come seguito della Nota prima; e sotto questa forma è stata anche riprodotta nella nostra raccolta (t. II, pp. 46-48).

b) il *Rapporto sopra una Memoria del prof.* GIUSEPPE RECALCATI : « *Quadratura esatta del circolo* ». [Rendiconti, serie I, classe I, vol. I (1864), p. 160].

c) le Note che figurano solo annunziate, ma che non furono mai più pubblicate, e cioè: *Alcune proprietà degli invarianti di una forma di 6° grado* [Rendiconti, serie II, vol. I (1868), p. 197], e *Sopra una proprietà di alcune funzioni di cinque lettere* [ibid. p. 436].

d) i *Discorsi* pronunziati dal BRIOSCHI, quale Presidente dell'Istituto, nelle adunanze solenni. [Rendiconti, serie II, vol. I (1868), pp. 4-7, 756; vol. II (1869), p. 979].

e) gli articoli: *Intorno agli esami di licenza liceale.* [Rendiconti, serie II, vol. III (1870), p. 85]; *Osservazioni a proposito della lettura del prof.* ASCOLI : *La questione della Accademia scientifico-letteraria* [Ibid., vol. X (1877), p. 79]; *Cenni sugli « Acta Mathematica » editi a Stoccolma.* [Ibid., vol. XVI (1883), p. 1].

3. Dei lavori compresi negli « Atti della R. Accademia dei Lincei » sono stati esclusi:

a) la Memoria: *Le inondazioni del Tevere in Roma* [Atti, serie II, tomo III, parte II (1876), pp. 756-788].

b) la *Commemorazione di* MARCO MINGHETTI. [Rendiconti, serie IV, t. II (1886, 2° sem.) p. 361].

c) i *Discorsi* pronunziati da BRIOSCHI, quale Presidente della R. Accademia dei Lincei, nelle adunanze solenni [Rendiconti, serie IV, t. III (1887, 1° sem.), pp. 411-425; t. IV (1888, 1° sem.), pp. 603-617; t. V (1889, 2° sem.), pp. 273-299; t. VII (1891, 1° sem.), pp. 489-495; *Rendiconti delle sedute reali,* t. I, 1892-1897]; la *Prefazione alla ripubblicazione di alcuni lavori scientifici di* QUINTINO SELLA [*Memorie,* serie IV, t. II (1885), p. 3] e le *Relazioni* sui lavori presentati da estranei all'Accademia.

4. Dei lavori compresi nel « Giornale di Matematiche » non abbiamo qui ristampato un articolo polemico, ma ne abbiamo dato soltanto il titolo [CCLXXIX: t. V, pag. 535]; lo stesso abbiamo fatto per la traduzione francese del medesimo articolo apparsa nelle « Nouvelles Annales » [CCXXIV: t. V, pag. 159].

Così pure abbiamo trascritto soltanto i titoli di altri due lavori (CCXXII, CCXXIII) inseriti nelle « Nouvelles Annales », di uno (CCXXXIX) pubblicato nei « Mathematische Annalen », di uno (CCXL) compreso nel « Zeitschrift für Mathematik und Physik », di due (CCLXXV, CCLXXVI) apparsi nel « Bulletin des Sciences Mathématiques », e di uno (CCLXXVII) contenuto nell' « Archiv der Mathematik und Physik ». Si tratta di lavori che sono, in altra lingua, riprodotti in altri periodici [vedi le note a pag. 159, 253, 533 di questo tomo V].

Vi sono poi, oltre alla Memoria LXIV di cui sopra, altri due lavori (CCXXXI: t. V, pp. 193-197, e CCXXXVIII: t. V, pp. 249-252), ciascuno dei quali è stato pubblicato da BRIOSCHI nella stessa lingua in due periodici diversi.

5. Abbiamo riunito in uno solo quei lavori, che constano di due o più parti pubblicate collo stesso titolo in uno stesso periodico; essi sono i seguenti: XXI, XXXVIII, XL, LII, LIV, LXIX, CVI, CXIX, CXXV, CXLII, CXLV, CXLVIII, CL, CLI, CLXVII, CLXXX, CLXXXV, CLXXXVI, CXC, CXCVIII, CC, CCI, CCXLIII, CCLXIII, CCLXV.

Molto spesso il BRIOSCHI ha apposto in fine ad un lavoro la parola: *continua,* che noi abbiamo soppressa, perchè la continuazione non si è trovata; tuttavia non è difficile riconoscere talora la continuazione avvenuta in lavori che il BRIOSCHI ha pubblicato con titoli diversi ed in altri periodici; così ad es. alcune Note sulle funzioni iperellittiche, inserite nei « Rendiconti dell'Accademia dei Lincei » (CXLVIII,

CLI, CLIV) si possono ritenere tanti capitoli, che formano la continuazione della grande Memoria (LXXXIX) *Sulla teorica delle funzioni iperellittiche di 1° ordine,* inserita nel t. XIV, serie II, degli « Annali di Matematica ».

6. In queste « Opere Matematiche » abbiamo anche voluto inserire i pochi lavori di argomento idraulico e tecnico pubblicati nel « Politecnico »: CCLXIII-CCLXX; ma abbiamo tralasciato il *Manifesto alla IV Serie* di questo giornale, già fondato da Carlo Cattaneo, e del quale nel 1866 il Brioschi assunse la direzione.

Abbiamo poi creduto opportuno di escludere i lavori seguenti:

a) *Indice dei trattati e delle memorie pubblicate dal Professor* Antonio Bordoni, inserito dal Brioschi, con poche parole d'introduzione, nel « Giornale degli Ingegneri, Architetti ed Agronomi » [Milano, anno VIII (1860), pp. 131-133], e riprodotto in una Necrologia di Bordoni pubblicata da Grunert in « Archiv der Mathematik und Physik » [t. XL (1863), pp. 6-8].

b) *Discorso letto nella solenne inaugurazione dell'Accademia Scientifico-Letteraria e dell'Istituto Tecnico Superiore di Milano* [Rivista Italiana, Torino 1863], che è stato tradotto in tedesco da Grunert: *Rede gehalten bei der feierlichen Eröffnung der « Accademia Scientifico-Letteraria » und des « Istituto Tecnico Superiore » zu Mailand* [Archiv der Mathematik und Physik, t. XLII (1864), pp. 42-54].

c) *Discorso per il venticinquesimo anniversario della fondazione dell'Istituto Tecnico di Milano* [Milano, marzo 1889].

d) Prefazione alla edizione degli *Elementi di* Euclide, fatta in collaborazione con Enrico Betti [Firenze, 1867].

e) Prefazione alle *Opere di* Leonardo da Vinci [Roma, 1894].

f) Introduzione agli *Esercizii sulle equazioni differenziali,* esposti dall'ing. G. Tomaselli [Milano 1883].

7. A mostrare infine quale e quanta fu la versatilità dell'ingegno del Brioschi, ci piace redigere un elenco, tutt'altro però che completo, di alcune altre tra le principali pubblicazioni, di argomento tecnico del Brioschi stesso, oltre quelle citate di volta in volta nelle pagine precedenti. Così, meglio che in altro modo, il lettore potrà porsi in grado di avere un'idea più concreta della multiforme mirabile attività di quest'uomo, che rappresentò una delle parti più importanti nello sviluppo intellettuale e politico della nuova Italia:

a) *Della istruzione tecnica superiore in alcuni Stati di Europa* [La Perseveranza, Milano, 1863].

b) *I progetti di legge del Ministro della Pubblica Istruzione* [La Perseveranza, Milano, 1865].

c) *Rapporto all'On. Comitato dell'Associazione Mutua dei proprietari,* etc. [in 8°, pag. 14+4, Milano 1864].

d) *Relazione sul trattato di commercio conchiuso tra l'Italia e la Francia* [Atti del Senato, Roma, 1878, di pag. 65].

e) *Relazione sulla convenzione addizionale con la Germania e la Svizzera per la costruzione d'una ferrovia attraverso il Gottardo.* [Atti del Senato, Roma, 1878-79, di pag. 9].

f) *Lo sbocco occidentale della ferrovia faentina.* [Roma, 1881, di pag. 23].

g) *Introduzione alle conferenze sull'Esposizione Nazionale del 1881 in Milano.* [Milano, 1881].

h) *Interpellanza al Ministro della P. I. sui concorsi per le cattedre universitarie.* [Atti del Senato, Roma, 1883, di pag. 18].

i) *Discorso sulle disposizioni per provvedere alla pubblica igiene nella città di Napoli* [Roma, 1885, di pag. 29].

j) *Esercizio delle Reti Mediterranea, Adriatica e Sicula, e costruzione delle strade ferrate complementari* [Atti del Senato, Roma, 1885, di pag. 30].

k) *Relazioni sullo studio di progetti di irrigazione autorizzato dalla legge 28 giugno 1885*. [Camera dei Deputati, Legislatura XV, Roma, 1886, di pag. 38 e 3 tavole].

l) *Parere intorno al tracciato della strada provinciale Codogno-Castiglione d'Adda-Crema* [Milano 1888, di pag. 24].

m) *Sulla utilizzazione industriale e agricola delle acque dell'Aniene e sui progetti a questo scopo diretti.* [Roma, 1889, di pag. 19].

n) *Perizia giudiziaria tra la Società anonima dell'Acqua Marcia e il Principe* MASSIMO [Roma, 1891 di pag. 31].

o) *Appunti tecnici circa l'appello del Procuratore del Re di Potenza contro l'assolutoria del macchinista* GIUSEPPE BRAMBILLA [Milano 1892, di pag. 8].

p) *Parere intorno al Lago di Lugano. Lettera al Presidente del Consorzio del canale derivante dal Lago di Lugano,* di pag. 18.

q) *Idrometria del Po.* Relazione provvisoria pubblicata per cura del Ministero dei Lavori Pubblici. [Roma, 1898].

r) *Relazione della Commissione d'Inchiesta sull'Esercizio delle Ferrovie Italiane.* (In collaborazione con F. GENALA). [Atti Parlamentari, Legislatura XIV (Prima sessione 1880-81), Camera dei Deputati.—Atti della Commissione d'Inchiesta sull'Esercizio delle Ferrovie Italiane, Parte III, Roma 1881].

s) *Atto di collaudo dell'acquedotto Scillato-Palermo.* [Atti del Collegio degli Ingegneri e degli Architetti in Palermo, 1898, Memorie, pp. 1-86].

Ecc., ecc.

Giugno 1909.

VALENTINO CERRUTI.
FRANCESCO GERBALDI.
ERNESTO PASCAL.

INDICE PER ORDINE CRONOLOGICO DELLE MEMORIE

CONTENUTE NELLE

« OPERE MATEMATICHE DI FRANCESCO BRIOSCHI » *).

---

*) Nel compilare il presente *Indice per ordine cronologico* ho preso a fondamento le date che il **Brioschi** stesso ha apposto alla fine di molte sue memorie; ma in molte altre questa data manca, ed allora: *a*) per le memorie inserite in atti di società od accademie mi sono attenuto alle date delle sedute in cui esse furono presentate; *b*) per quelle inserite in alcuni periodici (*Nouvelles Annales de Mathématiques, Journal de Mathématiques pures et appliquées, Annales scientifiques de l'École Normale supérieure*) ho rilevato la data segnata in calce al foglio nel quale la memoria è stampata; *c*) per altri periodici, che si pubblicano a fascicoli (*Annali di Matematica, Giornale di Matematiche, Politecnico, Mathematische Annalen*), ho tenuta presente la data del fascicolo in cui la memoria è contenuta; *d*) per pochissimi lavori (1, 3, 12, 102, 122, 128, 193), in mancanza di più precise indicazioni, ho dovuto assumere come data l'anno indicato nel frontispizio del volume che contiene il lavoro. Le memorie che furono pubblicate in due luoghi diversi (113, 141, 227) e quelle che constano di più parti pubblicate in tempi diversi (31, 61, 76, 90, 96, 114, 127, 129, 148, 150, 153, 165, 170, 205, 213, 215, 217, 220, 222, 227, 229, 233, 236, 259) portano più date e sono ordinate rispetto alla prima di esse.

F. Gerbaldi.

FINE DEL TOMO QUINTO ED ULTIMO DELLE OPERE MATEMATICHE
DI FRANCESCO BRIOSCHI.

OPERE MATEMATICHE

DI

FRANCESCO BRIOSCHI

PUBBLICATE

PER CURA DEL *COMITATO PER LE ONORANZE A FRANCESCO BRIOSCHI*

(G. ASCOLI, V. CERRUTI, G. COLOMBO, L. CREMONA, G. NEGRI, G. SCHIAPARELLI).

TOMO QUINTO

ED ULTIMO.

ULRICO HOEPLI

EDITORE-LIBRAJO DELLA REAL CASA

MILANO

1909